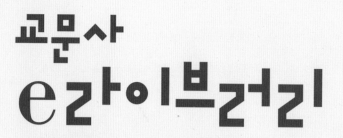

식영과인데...
아직 **구독** 안 했다고?

월 7천원이면 50여 종 **식영 도서가 무제한.**
태블릿 하나로 공부 걱정 해결.

영양사 자격증도
교문사.e.라이브러리
하나면 돼!

함께읽기 방법
자세히 보기

북이오(buk.io)에서
공부하고 **과탑 되는 법.**

STEP 1. 교문사 e 라이브러리 '식품영양' 구독
'함께 읽는 전자책 플랫폼' 북이오에서 교문사 e-라이브러리를
구독하고 전공책, 수험서를 마음껏 본다.

STEP 2. 원하는 교재로 함께 공부할 사람 모으기
다른 사람들과 함께 공부하고 싶은 교재에 '그룹'을 만들고, 같은
수업 듣는 동기들 / 함께 시험 준비하는 스터디원들을 초대한다.

STEP 3. 책 속에서 실시간으로 정보 공유하기
'함께읽기' 모드를 선택하고, 그룹원들과 실시간으로 메모/하이라이트를
공유하며 중요한 부분, 암기 꿀팁, 교수님 말씀 등 정보를 나눈다.

STEP 4. 마지막 점검은 '혼자읽기' 모드에서!
이번에는 '혼자읽기' 모드를 선택해서 '함께읽기'에서
얻은 정보들을 차분히 정리하며 나만의 만점 노트를 만든다.

식품위생관계법규

핵심 예제와 기출문제로 최신 법규 이해하기

식품위생관계법규

핵심 예제와 기출문제로 최신 법규 이해하기

초판 발행 2025년 1월 3일

지은이 한국급식학회
펴낸이 류원식
펴낸곳 교문사

편집팀장 성혜진 | **책임진행** 윤정선 | **디자인** 신나리 | **본문편집** 디자인이투이

주소 10881, 경기도 파주시 문발로 116
대표전화 031-955-6111 | **팩스** 031-955-0955
홈페이지 www.gyomoon.com | **이메일** genie@gyomoon.com
등록번호 1968.10.28. 제406-2006-000035호

ISBN 978-89-363-2606-7(93590)
정가 31,000원

한국급식학회 지음

식품위생관계법규

핵심 예제와 기출문제로 최신 법규 이해하기

All That

교문사

안전한 식품, 건강한 사회를 위한 법규의 길잡이

현재 식품산업은 어느 산업보다도 급격한 변화를 겪고 있습니다. 2020년의 코로나19 팬데믹은 전 세계적으로 다양한 업종에 경기 침체를 초래하였으나, 동시에 비대면 서비스의 급격한 확장을 불러일으켰습니다. 이러한 변화는 식품 소비패턴의 변화와 푸드테크의 발전을 통해 생산과 소비 과정에 혁신을 가져왔습니다. 더불어 이전보다 적극적인 위생관리와 질병예방이 필수 과제로 부상하였습니다.

식품은 우리의 일상생활을 유지하는 데 가장 중요한 요소 중 하나입니다. 식품섭취 시 안전성 확보는 필수적이며, 이를 위해 위생관리는 매우 중요합니다. 식품의 부적절한 위생관리에 따른 식중독, 알레르기 반응, 심각한 질병 등은 개인의 건강에 큰 위협이 되므로, 적절한 위생관리를 통해 이러한 위험을 줄임으로써 개개인의 건강을 보호하고, 나아가 사회의 안전을 실현할 수 있습니다. 식품의 적절한 위생관리는 병원성 세균, 바이러스, 기생충 등의 식품 매개 질병을 예방할 수 있으며, 식품안전 규정을 준수하면 이러한 질병 발생을 효과적으로 예방하는 데 기여할 수 있습니다. 그러므로 식품안전과 위생관리는 소비자들에게 안전하고 신뢰할 수 있는 제품을 제공해야 하는 기업의 사회적 책임을 다하는 것이며, 사회 전체의 건강과 안전을 지키는 중요한 책무입니다.

국민의 건강을 지키기 위해 식품 관련 법규와 규정을 준수하는 것은 필수적입니다. 각국의 식품 관련 법규와 규정을 준수하지 않으면 법적 처벌을 받을 수 있으며, 이는 식품산업에서 큰 경제적 손실과 평판 손상으로 이어질 수 있어 식품위생 법적 규제를 준수하는 것은 식품산업의 지속가능성을 위한 기본 요건이라고 할 수 있습니다.

이러한 배경에서 본 교재는 산업계와 사회에서 안전의 중요성을 실현하기 위해, 식품을 안전하게 관리하고 소비자에게 신뢰를 제공하기 위한 필수적인 법규와 규정을 다루고 있습니다. 본 교재는 식품위생법규 및 관련 법규의 기본 개념부터 최신 법규 및 규정까지 체계적으로 분석·정리하여, 실무와 학습에 모두 활용할 수 있도록 구성되었습니다. 또한 다양한 사례와 실제 적용 방안을 통해 여러분이 현장에서 법규를 올바르게 이해하고 실천할 수 있도록 돕고자 합니다. 특히, 법규라는 다소 어려우면서도 접근하기 까다로운 분야를 시험과목으로 하는 위생사나 영양사 시험을 준비하는 학생들에게도 도움이 되었으면 합니다.

식품위생법규는 단순히 법적 의무를 넘어서, 국민의 건강을 지키고 식품의 안전성을 확보하기 위한 중요한 지침입니다. 여러분이 이 교재를 통해 법규의 중요성을 깨닫고, 실천할 수 있는 능력을 키워나가길 바랍니다. 여러분의 성실한 학습과 노력으로 현장에서 식품위생의 수준을 높이고 안전성을 확보함으로써, 건강한 사회를 만드는 데 기여하는 식품전문가로서 국민의 건강 증진에 도움을 줄 수 있기를 기대합니다.

2025년 1월
저자 일동

차 례 ●

머리말 4

PART 1   기본 편

CHAPTER 1 법에 대한 기본 지식 10

1. 법의 체계 10
2. 용어 정리 10
3. 영양사가 꼭 알아야 할 법률 11
4. 법률의 입법 절차 11

CHAPTER 2 식품위생 관련 법규 12

1. 식품위생법 12
2. 학교급식법 118
3. 국민건강증진법 148
4. 국민영양관리법 211
5. 농수산물의 원산지 표시 등에 관한 법률 244
6. 식품 등의 표시 · 광고에 관한 법률 284

PART 2   실무 편

CHAPTER 3 영양사 관련 법과 배치 기준 344

1. 영양사 관련 법 344
2. 영양사 배치 기준 346
3. 우리나라 영양사 현황 347

CHAPTER 4 식품위생법규 관련 벌칙 및 과태료 350

1. 식품위생법규 관련 벌칙 350
2. 식품위생법규 관련 과태료 357

CHAPTER 5 영양사 위생안전사고 및 업무 서식과 위생설비 360

1. 위생안전사고의 사례와 방지법 360
2. 영양사 업무 관련 서식 366
3. 반드시 갖춰야 할 급식소 위생설비 372

PART 3   시험 대비 편

CHAPTER 6 위생 관련 자격증 376

1. 영양사 376
2. 위생사 379

CHAPTER 7 식품위생 관련 법규 요약 381

1. 식품위생법 381
2. 학교급식법 399
3. 국민건강증진법 406
4. 국민영양관리법 418
5. 농수산물의 원산지 표시 등에 관한 법률 426
6. 식품 등의 표시 · 광고에 관한 법률 433

CHAPTER 8 최근 5개년 영양사 국가시험 기출문제 440

CHAPTER 9 출제예상문제 453

FOOD SANITATION

CHAPTER 1 법에 대한 기본 지식

1. 법의 체계
2. 용어 정리
3. 영양사가 꼭 알아야 할 법률
4. 법률의 입법 절차

CHAPTER 2 식품위생 관련 법규

1. 식품위생법
2. 학교급식법
3. 국민건강증진법
4. 국민영양관리법
5. 농수산물의 원산지 표시 등에 관한 법률
6. 식품 등의 표시·광고에 관한 법률

1

기본편

법에 대한 기본 지식

1. 법의 체계

구 분	내 용		
1단계	헌법		
2단계	법률 대통령긴급명령 대통령긴급재정경제명령	조약, 국제법규	
3단계	대통령령	국회규칙, 대법원규칙	
		헌법재판소규칙	
		중앙선거관리위원회규칙	
4단계	총리령, 부령		
5단계	행정규칙(훈령, 예규, 고시, 지침 등)	자치법규(조례, 규칙)	

2. 용어 정리

용 어	정 의
헌 법	• 한 나라에서 최상위의 법 규범으로 국민의 권리 · 의무 등 기본권에 관한 내용과 국가기관 등 통치기구의 구성에 대한 내용을 담고 있으며, 모든 법령의 기준과 근거가 됨 • 법률, 대통령령 등 법령은 헌법정신과 이념에 따라야 하고, 헌법이 보장하고 있는 국민의 기본권을 침해하지 않아야 하며, 법률이 헌법에 위배되면 헌법재판소에서 위헌 결정을 하여 그 효력을 없애기도 함
법 률	• 보통 우리가 말하는 법 • 법률은 헌법에 비해 보다 구체적으로 국민의 권리 · 의무에 관한 사항을 규율하며, 행정의 근거로 작용하고 있기 때문에 법 체계상 가장 중요한 근간을 이루고 있음
조 약	• 국제법 주체 간에 국제법률 관계를 설정하기 위한 명시적(문서에 의한) 합의 • 우리나라 헌법은 대통령이 다른 국가와 맺은 조약에 대하여 국제법상 효력뿐만 아니라 국내법적 효력을 인정하고 있으므로 외국과 맺은 조약이 국민의 권리 · 의무에 관한 사항이나 국가 안보에 관한 사항을 담고 있으면 법률과 동등한 효력이 있음

(계속)

용 어	정 의
시행령	• 법률을 실제로 시행하는 데 필요한 상세한 세부 규정을 담은 것 • 법령에는 모든 상황을 모두 규정할 수 없으므로 큰 원칙만 정해놓고 시행령(대통령령)을 통해 케이스별 자세한 실천방식을 규정
시행규칙	• 시행세칙이나 총리령 혹은 부령이라고도 불리며, 법률의 시행에 관련하여 모법의 위임을 받아 필요한 세부적 규정을 담은 법규명령
조례와 규칙	• 조례 : 지방자치단체가 법령의 범위 안에서 그 권한에 속하는 사무에 관하여 지방의회가 정하는 규범 • 규칙 : 지방자치단체의 장이 정하는 규범 • 조례와 규칙은 자치법규라고 하며, 자치법규의 효력은 관할 지역에 한정된다는 점이 다른 법령과 다름
행정규칙(고시)	• 법령의 시행 또는 행정사무처리 등과 관련하여 발령하는 훈령 · 예규 · 고시 · 규정 · 규칙 · 지침 등을 '훈령 · 예규 등'으로 약칭하고 있고, 이를 실무상이나 강학상 행정규칙이라고 부름

3. 영양사가 꼭 알아야 할 법률

구 분	제정 연도	관할 부처	내 용
식품위생법	1962년	식품의약품안전처	총칙, 식품 등의 기준, 규격과 판매금지, 표시 영업, 조리사 · 영양사 등, 집단급식소와 식중독
학교급식법	1981년	교육부	학교급식 관리 운영
국민건강증진법	1994년	보건복지부	국민영양조사, 영양개선
국민영양관리법	2010년	보건복지부	영양관리사업, 영양사면허
농수산물의 원산지 표시 등에 관한 법률	2010년	농림축산식품부	집단급식소의 원산지 표시
식품 등의 표시 · 광고에 관한 법률	2019년	식품의약품안전처	영양소 표시

* 최근에 추가되거나 개정된 영양사 관련 법 : 식품위생 분야 종사자의 건강진단 규칙(2023년)_총리령

4. 법률의 입법 절차

순 서	절 차	순 서	절 차
1	입법계획의 수립	8	차관회의 · 국무회의 심의
2	법령안의 입안	9	대통령재가 및 국무총리와 관계 국무위원의 부서
3	관계 기관과의 협의	10	국회 제출
4	사전 영향평가	11	국회 심의 · 의결
5	입법예고	12	공포안 정부 이송
6	규제심사	13	국무회의 상정
7	법제처 심사	14	공포

여러분은 이미 글과 영상, 음악을 만들어 내는 창작자이자 미래의 전문 크리에이터입니다.

식품위생 관련 법규

1. 식품위생법

식품위생법은 총 13장으로 구성되어 있다. 식품위생법 시행령과 식품위생법 시행규칙에서는 식품위생법 시행을 위한 필요 사항을 규정하고 있다.

　제1장 총칙은 식품위생법의 목적, 정의, 식품 등의 취급으로 구성되어 있다. 제2장 식품과 식품첨가물은 위해식품 등의 판매 등 금지, 병든 동물 고기 등의 판매 등 금지, 기준·규격이 정하여지지 아니한 화학적 합성품 등의 판매 등 금지, 식품 또는 식품첨가물에 관한 기준 및 규격, 권장규격, 농약 등의 잔류허용기준 설정 요청 등, 식품 등의 기준 및 규격 관리계획 등, 식품 등의 기준 및 규격의 재평가 등으로 구성되어 있다. 제3장 기구와 용기·포장은 유독기구 등의 판매·사용 금지, 기구 및 용기·포장에 관한 기준 및 규격, 기구 및 용기·포장에 사용하는 재생원료에 관한 인정, 인정받지 않은 재생원료의 기구 및 용기·포장에의 사용 등 금지로 구성되어 있다. 제4장 표시는 유전자변형식품 등의 표시에 대한 내용이며, 제5장은 식품 등의 공전으로 구성되어 있다. 제6장 검사 등은 위해평가, 위해평가 결과 등에 관한 공표, 소비자 등의 위생검사 등 요청, 위해식품 등에 대한 긴급대응, 유전자변형식품 등의 안전성 심사 등, 검사명령 등, 특정 식품 등의 수입·판매 등 금지, 출입·검사·수거 등, 영업소 등에 대한 비대면 조사 등, 식품 등의 재검사, 자가품질검사 의무, 자가품질검사 의무의 면제, 자가품질검사의 확인검사, 식품위생감시원, 소비자식품위생감시원, 소비자 위생점검 참여 등으로 구성되어 있다. 제7장 영업은 시설기준, 영업허가 등, 영업허가 등의 제한, 영업 승계, 건강진단, 식품위생교육, 위생관리책임자, 실적보고, 영업 제한, 영업자 등의 준수사항, 보험 가입, 위해식품 등의 회수, 식품 등의 이물 발견보고 등, 식품 등의 오염사고의 보고 등, 모범업소의 지정 등, 식품접객업소의 위생등급 지정 등, 식품안전관리인증기준, 인증 유효기간, 식품안전관리인증기준적용업소에 대한 조사·평가 등, 식품안전관리인증기준의 교육훈련기관 지정 등, 교육훈련기관의 지정취소 등, 식품이력추적관리 등록기준 등, 식품이력추적관리정보의 기록·보관 등, 식품이력추적관리시스템의 구축 등으로 구성되어 있다. 제8장

조리사 등은 조리사, 영양사, 조리사의 면허, 결격사유, 명칭 사용 금지, 교육으로 구성되어 있다. 제12장 보칙은 국고 보조, 식중독에 관한 조사 보고, 식중독대책협의기구 설치, 집단급식소, 식품진흥기금, 영업자 등에 대한 행정적 · 기술적 지원, 포상금 지급, 정보공개, 식품안전관리 업무 평가, 벌칙 적용에서 공무원 의제, 권한의 위임, 수수료로 구성되어 있다. 제13장 벌칙에서는 벌칙과 양벌규정, 과태료, 과태료에 관한 규정 적용의 특례를 다룬다.

식품위생법 및 동법의 시행령, 시행규칙을 정리한 표는 다음과 같다.

식품위생법 · 시행령 · 시행규칙 주요 법조문 목차

구 분	식품위생법	식품위생법 시행령	식품위생법 시행규칙
법 시행 · 공포일	[시행 2024. 1. 2.] [법률 제19917호, 2024. 1. 2., 일부개정]	[시행 2024. 3. 29.] [대통령령 제34372호, 2024. 3. 29., 일부개정]	[시행 2024. 1. 1.] [총리령 제1879호, 2023. 5. 19., 일부개정]
제1장 총칙	제1조(목적)	제1조(목적)	제1조(목적)
	제2조(정의) 예제 20 · 21 · 22 기출	제2조(집단급식소의 범위) 예제	
	제3조(식품 등의 취급)		제2조(식품 등의 위생적인 취급에 관한 기준) 제2조 관련 별표 1
제2장 식품과 식품첨가물	제4조(위해식품 등의 판매 등 금지) 예제		제3조(판매 등이 허용되는 식품 등)
	제5조(병든 동물 고기 등의 판매 등 금지)		제4조(판매 등이 금지되는 병든 동물 고기 등) 20 기출 예제 제4조 제1호 관련 「축산물 위생관리법」 별표 3
	제6조(기준 · 규격이 정하여지지 아니한 화학적 합성품 등의 판매 등 금지)		
	제7조(식품 또는 식품첨가물에 관한 기준 및 규격) 22 기출 예제		제5조(식품 등의 한시적 기준 및 규격의 인정 등)
	제7조의2(권장규격)		
	제7조의3(농약 등의 잔류허용기준 설정 요청 등)		제5조의2(농약 또는 동물용 의약품 잔류허용기준의 설정)
	제7조의4(식품 등의 기준 및 규격 관리계획 등)		제5조의4(식품 등의 기준 및 규격 관리 기본계획 등의 수립 · 시행)
제3장 기구와 용기 · 포장	제8조(유독기구 등의 판매 · 사용 금지)		
	제9조(기구 및 용기 · 포장에 관한 기준 및 규격) 예제		
	제9조의2(기구 및 용기 · 포장에 사용하는 재생원료에 관한 인정)		제6조(기구 및 용기 · 포장에 사용하는 재생원료에 관한 인정 절차 등)
제4장 표시	제12조의2(유전자변형식품 등의 표시)		

(계속)

구 분	식품위생법	식품위생법 시행령	식품위생법 시행규칙
제5장 식품 등의 공전	제14조 식품 등의 공전 19 기출 제2. 식품일반에 대한 공통기준 및 규격 제3. 영ㆍ유아 또는 고령자를 섭취대상으로 표시하여 판매하는 식품의 기준 및 규격 제4. 장기보존식품의 기준 및 규격 제6. 식품접객업소(집단급식소 포함)의 조리식품 등에 대한 기준 및 규격	식품공전	
제6장 검사 등	제16조(소비자 등의 위생검사 등 요청)	제6조(소비자 등의 위생검사 등 요청)	제9조의2(위생검사 등 요청기관)
	제18조(유전자변형식품 등의 안전성 심사 등)	제9조(유전자변형식품 등의 안전성 심사)	
	제22조(출입ㆍ검사ㆍ수거 등) 예제		제19조(출입ㆍ검사ㆍ수거 등) 예제 제20조(수거량 및 검사 의뢰 등)
	제31조(자가품질검사 의무)		제31조(자가품질검사)
	제32조(식품위생감시원)	제16조(식품위생감시원의 자격 및 임명)	제31조의6(식품위생감시원의 교육시간 등)
제7장 영업	제36조(시설기준)	제21조(영업의 종류) 예제	제36조(업종별 시설기준) 별표 14
	제37조(영업허가 등)	제22조(유흥종사자의 범위) 제23조(허가를 받아야 하는 영업 및 허가관청) 제24조(허가를 받아야 하는 변경사항) 제25조(영업신고를 하여야 하는 업종) 제26조(신고를 하여야 하는 변경사항) 제26조의2(등록하여야 하는 영업) 제26조의3(등록하여야 하는 변경사항)	제37조(즉석판매제조ㆍ가공업의 대상) 별표 15 제38조(식품소분업의 신고대상) 예제 제39조(기타 식품판매업의 신고대상) 제40조(영업허가의 신청) 제41조(허가사항의 변경) 제42조(영업의 신고 등) 제43조(신고사항의 변경) 제43조의2(영업의 등록 등) 제43조의3(등록사항의 변경) 제44조(폐업신고) 제45조(품목제조의 보고 등) 제46조(품목제조보고사항 등의 변경) 제47조(영업허가 등의 보고) 제47조의2(영업 신고 또는 등록사항의 직권말소 절차)
	제38조(영업허가 등의 제한)		
	제39조(영업 승계)		제48조(영업자 지위승계 신고)
	제40조(건강진단) 예제		제49조(건강진단 대상자) 21 기출 예제 「식품위생 분야 종사자의 건강진단 규칙」 20 기출 예제

(계속)

14   식품위생관계법규

구 분	식품위생법	식품위생법 시행령	식품위생법 시행규칙
제7장 영업	제40조(건강진단) 예제		제50조(영업에 종사하지 못하는 질병의 종류) 19 기출 예제
	제41조(식품위생교육)	제27조(식품위생교육의 대상)	제51조(식품위생교육기관 등) 제52조(교육시간) 19 · 22 · 23 기출 예제 제53조(교육교재 등) 제54조(도서 · 벽지 등의 영업자 등에 대한 식품위생교육)
	제41조의2(위생관리책임자)	제27조의2(위생관리책임자의 자격기준)	제55조(위생관리책임자의 선임 · 해임 신고) 제55조의2(위생관리책임자의 기록 · 보관) 제55조의3(위생관리책임자의 교육훈련)
	제42조(실적보고)		제56조(생산실적 등의 보고)
	제43조(영업 제한)	제28조(영업의 제한 등)	
	제44조(영업자 등의 준수사항)	제29조(준수사항 적용 대상 영업자의 범위)	제57조(식품접객영업자 등의 준수사항 등)
	제44조의2(보험 가입)	제30조(책임보험의 종류 등)	
	제45조(위해식품 등의 회수)	제31조(위해식품 등을 회수한 영업자에 대한 행정처분의 감면)	제58조(회수대상 식품 등의 기준) 제59조(위해식품 등의 회수계획 및 절차 등)
	제46조(식품 등의 이물 발견보고 등) 예제		제60조(이물 보고의 대상 등)
	제47조의2(식품접객업소의 위생등급 지정 등)	제32조(위생등급) 제32조의2(위생등급 지정에 관한 업무의 위탁)	제61조(우수업소 · 모범업소의 지정 등) 제61조의2(위생등급의 지정절차 및 위생등급 공표 · 표시의 방법 등) 제61조의3(위생등급 유효기간의 연장 등)
	제48조(식품안전관리인증기준)	제33조(식품안전관리인증기준)	제62조(식품안전관리인증기준 대상 식품) 19 기출 예제 제63조(식품안전관리인증기준 적용업소의 인증신청 등) 제64조(식품안전관리인증기준 적용업소의 영업자 및 종업원에 대한 교육훈련) 제65조(식품안전관리인증기준 적용업소에 대한 지원 등) 제66조(식품안전관리인증기준 적용업소에 대한 조사 · 평가) 제67조(식품안전관리인증기준 적용업소 인증취소 등) 제68조(식품안전관리인증기준적용업소에 대한 출입 · 검사 면제)

(계속)

구 분	식품위생법	식품위생법 시행령	식품위생법 시행규칙
제7장 영업	제48조의2(인증 유효기간)		제68조의2(인증유효기간의 연장신청 등)
	제48조의3(식품안전관리인증기준적용업소에 대한 조사·평가 등)	제34조(식품안전관리인증기준적용업소에 관한 업무의 위탁 등)	
	제48조의4(식품안전관리인증기준의 교육훈련기관 지정 등)		제68조의3(식품안전관리인증기준의 교육훈련기관 지정 등) 제68조의4(교육훈련기관의 교육내용 및 준수사항 등)
	제48조의5(교육훈련기관의 지정취소 등)		제68조의5(교육훈련기관의 행정처분 기준)
	제49조(식품이력추적관리 등록기준 등)		제69조의2(식품이력추적관리 등록 대상) 제70조(등록사항) 제71조(등록사항의 변경신고) 제72조(조사·평가 등) 제73조(자금지원 대상 등) 제74조(식품이력추적관리 등록증의 반납) 제74조의2(식품이력추적관리 등록취소 등의 기준)
	제49조의2(식품이력추적관리정보의 기록·보관 등)		제74조의3(식품이력추적관리 정보의 기록·보관)
	제49조의3(식품이력추적관리시스템의 구축 등)		제74조의4(식품이력추적관리시스템에 연계된 정보의 공개)
제8장 조리사 등	제51조(조리사) 21 기출 예제	제36조(조리사를 두어야 하는 식품접객업자)	
	제52조(영양사) 22 기출		
	제53조(조리사의 면허) 22 기출		제80조(조리사의 면허신청 등) 제81조(면허증의 재발급 등) 제82조(조리사 면허증의 반납)
	제54조(결격사유)		
	제55조(명칭 사용 금지)		
	제56조(교육)	제38조(교육의 위탁)	제83조(조리사 및 영양사의 교육) 제84조(조리사 및 영양사의 교육기관 등) 19·22·23 기출
제12장 보칙	제85조(국고 보조)		
	제86조(식중독에 관한 조사 보고)	제59조(식중독 원인의 조사)	제93조(식중독환자 또는 그 사체에 관한 보고)
	제87조(식중독대책협의기구 설치)	제60조(식중독대책협의기구의 구성·운영 등)	

(계속)

구 분	식품위생법	식품위생법 시행령	식품위생법 시행규칙
제12장 보칙	제88조(집단급식소)		제94조(집단급식소의 신고 등) 제95조(집단급식소의 설치 · 운영자 준수사항) 별표 24 제96조(집단급식소의 시설기준) 별표 25
	제89조(식품진흥기금)	제61조(기금사업) 제62조(기금의 운용)	
	제89조의2(영업자 등에 대한 행정적 · 기술적 지원)		
	제90조(포상금 지급)	제63조(포상금의 지급기준) 제64조(신고자 비밀보장)	
	제90조의2(정보공개)	제64조의2(정보공개)	
	제90조의3(식품안전관리 업무 평가)		제96조의2(식품안전관리 업무 평가 기준 및 방법 등)
	제90조의4(벌칙 적용에서 공무원 의제)		
	제91조(권한의 위임)	제65조(권한의 위임)	
	제92조(수수료)		제97조(수수료) 별표 26
제13장 벌칙	제93조(벌칙) 예제		
	제94조(벌칙)		
	제95조(벌칙)		
	제96조(벌칙)		
	제97조(벌칙)		제98조(벌칙에서 제외되는 사항)
	제98조(벌칙)		
	제99조 삭제		
	제100조(양벌규정)		
	제101조(과태료)	제67조(과태료의 부과기준) 별표 2	제101조(과태료의 부과대상) 별표 17
	제102조(과태료에 관한 규정 적용의 특례)		

1) 총 칙

구 분	식품위생법	식품위생법 시행령	식품위생법 시행규칙
제1장 총칙	제1조(목적)	제1조(목적)	제1조(목적)
	제2조(정의) 예제 20 · 21 · 22 기출	제2조(집단급식소의 범위) 예제	
	제3조(식품 등의 취급)		제2조(식품 등의 위생적인 취급에 관한 기준) 제2조 관련 별표1

1. 목 적

식품으로 인하여 생기는 위생상의 위해(危害)를 방지하고 식품영양의 질적 향상을 도모하며 식품에 관한 올바른 정보를 제공함으로써 국민 건강의 보호 · 증진에 이바지함

2. 정 의

- 식품 : 모든 음식물(의약으로 섭취하는 것은 제외)
- 식품첨가물 : 식품을 제조 · 가공 · 조리 또는 보존하는 과정에서 감미(甘味), 착색(着色), 표백(漂白) 또는 산화 방지 등을 목적으로 식품에 사용되는 물질. 이 경우 기구(器具) · 용기 · 포장을 살균 · 소독하는 데에 사용되어 간접적으로 식품으로 옮아갈 수 있는 물질을 포함
- 화학적 합성품 : 화학적 수단으로 원소(元素) 또는 화합물에 분해 반응 외의 화학 반응을 일으켜서 얻은 물질
- 기구 : 음식을 먹을 때 사용하거나 담는 것이나, 식품 또는 식품첨가물을 채취 · 제조 · 가공 · 조리 · 저장 · 소분 [(小分) : 완제품을 나누어 유통을 목적으로 재포장하는 것] · 운반 · 진열할 때 사용하는 것 중 어느 하나에 해당하는 것으로서 식품 또는 식품첨가물에 직접 닿는 기계 · 기구나 그 밖의 물건(농업과 수산업에서 식품을 채취하는 데에 쓰는 기계 · 기구나 그 밖의 물건 및 「위생용품 관리법」 제2조 제1호에 따른 위생용품은 제외)
- 용기 · 포장 : 식품 또는 식품첨가물을 넣거나 싸는 것으로서 식품 또는 식품첨가물을 주고받을 때 함께 건네는 물품
- 공유주방 : 식품의 제조 · 가공 · 조리 · 저장 · 소분 · 운반에 필요한 시설 또는 기계 · 기구 등을 여러 영업자가 함께 사용하거나, 동일한 영업자가 여러 종류의 영업에 사용할 수 있는 시설 또는 기계 · 기구 등이 갖춰진 장소
- 위해 : 식품, 식품첨가물, 기구 또는 용기 · 포장에 존재하는 위험요소로서 인체의 건강을 해치거나 해칠 우려가 있는 것
- 영업 : 식품 또는 식품첨가물을 채취 · 제조 · 가공 · 조리 · 저장 · 소분 · 운반 또는 판매하거나 기구 또는 용기 · 포장을 제조 · 운반 · 판매하는 업(농업과 수산업에 속하는 식품 채취업은 제외)
- 영업자 : 영업허가를 받은 자나 영업신고를 한 자 또는 영업등록을 한 자
- 식품위생 : 식품, 식품첨가물, 기구 또는 용기 · 포장을 대상으로 하는 음식에 관한 위생
- 집단급식소 : 영리를 목적으로 하지 아니하면서 특정 다수인에게 계속하여 음식물을 공급하는 급식시설로서 기숙사, 학교, 유치원, 어린이집, 병원, 사회복지시설, 산업체, 국가, 지방자치단체 및 공공기관, 그 밖의 후생기관 등. 1회 50명 이상에게 식사를 제공하는 급식소
- 식품이력추적관리 : 식품을 제조 · 가공 단계부터 판매 단계까지 각 단계별로 정보를 기록 · 관리하여 그 식품의 안전성 등에 문제가 발생할 경우 그 식품을 추적하여 원인을 규명하고 필요한 조치를 할 수 있도록 관리하는 것
- 식중독 : 식품 섭취로 인하여 인체에 유해한 미생물 또는 유독물질에 의하여 발생하였거나 발생한 것으로 판단되는 감염성 질환 또는 독소형 질환
- 집단급식소에서의 식단 : 급식대상 집단의 영양섭취기준에 따라 음식명, 식재료, 영양성분, 조리방법, 조리인력 등을 고려하여 작성한 급식계획서

3. 식품 등의 취급

- 판매를 목적으로 식품 또는 식품첨가물을 채취 · 제조 · 가공 · 사용 · 조리 · 저장 · 소분 · 운반 또는 진열을 할 때에는 깨끗하고 위생적으로 하여야 함
- 영업에 사용하는 기구 및 용기 · 포장은 깨끗하고 위생적으로 다루어야 함

법조문 속 예제 및 기출문제

제1조(목적) 이 법은 식품으로 인하여 생기는 위생상의 위해(危害)를 방지하고 식품영양의 질적 향상을 도모하며 식품에 관한 올바른 정보를 제공함으로써 국민 건강의 보호·증진에 이바지함을 목적으로 한다. 〈개정 2022. 6. 10.〉

제2조(정의) 이 법에서 사용하는 용어의 뜻은 다음과 같다. 〈개정 2011. 6. 7., 2013. 5. 22., 2013. 7. 30., 2015. 2. 3., 2016. 2. 3., 2017. 4. 18., 2020. 12. 29.〉

> **예제** 「식품위생법」에서 사용하는 용어의 정의로 옳은 것은?

1. "식품"이란 모든 음식물(의약으로 섭취하는 것은 제외한다)을 말한다.

> **22 기출** 「식품위생법」상 '식품'의 정의는?
> ① 음식물과 먹는 의약품 　　　　　② 음식물, 기구, 용기·포장
> ③ 의약품, 음식물, 식품첨가물 　　 ④ 식품첨가물을 제외한 모든 음식물
> ⑤ 의약으로 섭취하는 것을 제외한 모든 음식물
> 　　　　　　　　　　　　　　　　　　　　　　　　　　　　정답 ⑤

2. "식품첨가물"이란 식품을 제조·가공·조리 또는 보존하는 과정에서 감미(甘味), 착색(着色), 표백 (漂白) 또는 산화방지 등을 목적으로 식품에 사용되는 물질을 말한다. 이 경우 기구(器具)·용기· 포장을 살균·소독하는 데에 사용되어 간접적으로 식품으로 옮아갈 수 있는 물질을 포함한다.

3. "화학적 합성품"이란 화학적 수단으로 원소(元素) 또는 화합물에 분해 반응 외의 화학 반응을 일 으켜서 얻은 물질을 말한다.

4. "기구"란 다음 각 목의 어느 하나에 해당하는 것으로서 식품 또는 식품첨가물에 직접 닿는 기계· 기구나 그 밖의 물건(농업과 수산업에서 식품을 채취하는 데에 쓰는 기계·기구나 그 밖의 물건 및 「위생용품 관리법」 제2조 제1호에 따른 위생용품은 제외한다)을 말한다.

　　가. 음식을 먹을 때 사용하거나 담는 것

　　나. 식품 또는 식품첨가물을 채취·제조·가공·조리·저장·소분[(小分): 완제품을 나누어 유 통을 목적으로 재포장하는 것을 말한다. 이하 같다]·운반·진열할 때 사용하는 것

> **20 기출** 「식품위생법」상 기구에 해당되는 것은?
> ① 도마 　　　　　　　② 호미 　　　　　　　③ 종이 냅킨
> ④ 위생물수건 　　　　⑤ 조리용 시계
> 　　　　　　　　　　　　　　　　　　　　　　　　　　　　정답 ①

5. "용기·포장"이란 식품 또는 식품첨가물을 넣거나 싸는 것으로서 식품 또는 식품첨가물을 주고받을 때 함께 건네는 물품을 말한다.

5의2. "공유주방"이란 식품의 제조·가공·조리·저장·소분·운반에 필요한 시설 또는 기계·기구 등을 여러 영업자가 함께 사용하거나, 동일한 영업자가 여러 종류의 영업에 사용할 수 있는 시설 또는 기계·기구 등이 갖춰진 장소를 말한다.

6. "위해"란 식품, 식품첨가물, 기구 또는 용기·포장에 존재하는 위험요소로서 인체의 건강을 해치거나 해칠 우려가 있는 것을 말한다.

7. 삭제 〈2018. 3. 13.〉

8. 삭제 〈2018. 3. 13.〉

9. "영업"이란 식품 또는 식품첨가물을 채취·제조·가공·조리·저장·소분·운반 또는 판매하거나 기구 또는 용기·포장을 제조·운반·판매하는 업(농업과 수산업에 속하는 식품 채취업은 제외한다. 이하 이 호에서 "식품제조업 등"이라 한다)을 말한다. 이 경우 공유주방을 운영하는 업과 공유주방에서 식품제조업 등을 영위하는 업을 포함한다.

10. "영업자"란 제37조 제1항에 따라 영업허가를 받은 자나 같은 조 제4항에 따라 영업신고를 한 자 또는 같은 조 제5항에 따라 영업등록을 한 자를 말한다.

11. "식품위생"이란 식품, 식품첨가물, 기구 또는 용기·포장을 대상으로 하는 음식에 관한 위생을 말한다.

12. "집단급식소"란 영리를 목적으로 하지 아니하면서 특정 다수인에게 계속하여 음식물을 공급하는 다음 각 목의 어느 하나에 해당하는 곳의 급식시설로서 대통령령으로 정하는 시설을 말한다.

　가. 기숙사

　나. 학교, 유치원, 어린이집

　다. 병원

　라. 「사회복지사업법」 제2조 제4호의 사회복지시설

　마. 산업체

　바. 국가, 지방자치단체 및 「공공기관의 운영에 관한 법률」 제4조 제1항에 따른 공공기관

　사. 그 밖의 후생기관 등

---

21 기출 「식품위생법」상 '집단급식소' 정의에 해당하는 시설이 아닌 곳은?

① 병원　　　　　　② 학교　　　　　　③ 산업체

④ 유치원　　　　　⑤ 고속도로 휴게음식점

정답 ⑤

> 예제 「식품위생법」상 집단급식소의 정의로 옳은 것은?

13. "식품이력추적관리"란 식품을 제조 · 가공단계부터 판매단계까지 각 단계별로 정보를 기록 · 관리하여 그 식품의 안전성 등에 문제가 발생할 경우 그 식품을 추적하여 원인을 규명하고 필요한 조치를 할 수 있도록 관리하는 것을 말한다.

14. "식중독"이란 식품 섭취로 인하여 인체에 유해한 미생물 또는 유독물질에 의하여 발생하였거나 발생한 것으로 판단되는 감염성 질환 또는 독소형 질환을 말한다.

15. "집단급식소에서의 식단"이란 급식대상 집단의 영양섭취기준에 따라 음식명, 식재료, 영양성분, 조리방법, 조리인력 등을 고려하여 작성한 급식계획서를 말한다.

● 시행령

제2조(집단급식소의 범위) 「식품위생법」(이하 "법"이라 한다) 제2조 제12호에 따른 집단급식소는 1회 50명 이상에게 식사를 제공하는 급식소를 말한다.

> 예제 「식품위생법」에 따른 집단급식소의 범위는 몇 명 이상을 의미하는가?

제3조(식품 등의 취급) ① 누구든지 판매(판매 외의 불특정 다수인에 대한 제공을 포함한다. 이하 같다)를 목적으로 식품 또는 식품첨가물을 채취 · 제조 · 가공 · 사용 · 조리 · 저장 · 소분 · 운반 또는 진열을 할 때에는 깨끗하고 위생적으로 하여야 한다.

② 영업에 사용하는 기구 및 용기 · 포장은 깨끗하고 위생적으로 다루어야 한다.

③ 제1항 및 제2항에 따른 식품, 식품첨가물, 기구 또는 용기 · 포장(이하 "식품 등"이라 한다)의 위생적인 취급에 관한 기준은 총리령으로 정한다. 〈개정 2010. 1. 18., 2013. 3. 23.〉

● 시행규칙

제2조(식품 등의 위생적인 취급에 관한 기준) 「식품위생법」(이하 "법"이라 한다) 제3조 제3항에 따른 식품, 식품첨가물, 기구 또는 용기 · 포장(이하 "식품 등"이라 한다)의 위생적인 취급에 관한 기준은 별표 1과 같다.

> **식품위생법 시행규칙 별표1 〈개정 2022. 7. 28.〉**
>
> **식품 등의 위생적인 취급에 관한 기준(제2조 관련)**
> 1. 식품 또는 식품첨가물을 제조 · 가공 · 사용 · 조리 · 저장 · 소분 · 운반 또는 진열할 때에는 이물이 혼입되거나 병원성 미생물 등으로 오염되지 않도록 위생적으로 취급해야 한다.
> 2. 식품 등을 취급하는 원료보관실 · 제조가공실 · 조리실 · 포장실 등의 내부는 항상 청결하게 관리하여야 한다.

3. 식품 등의 원료 및 제품 중 부패·변질이 되기 쉬운 것은 냉동·냉장시설에 보관·관리하여야 한다.
4. 식품 등의 보관·운반·진열 시에는 식품 등의 기준 및 규격이 정하고 있는 보존 및 유통기준에 적합하도록 관리하여야 하고, 이 경우 냉동·냉장시설 및 운반시설은 항상 정상적으로 작동시켜야 한다.
5. 식품 등의 제조·가공·조리 또는 포장에 직접 종사하는 사람은 위생모 및 마스크를 착용하는 등 개인위생관리를 철저히 하여야 한다.
6. 제조·가공(수입품을 포함한다)하여 최소판매 단위로 포장(위생상 위해가 발생할 우려가 없도록 포장되고, 제품의 용기·포장에「식품 등의 표시·광고에 관한 법률」제4조 제1항에 적합한 표시가 되어 있는 것을 말한다)된 식품 또는 식품첨가물을 허가를 받지 아니하거나 신고를 하지 아니하고 판매의 목적으로 포장을 뜯어 분할하여 판매하여서는 아니 된다. 다만, 컵라면, 일회용 다류, 그 밖의 음식류에 뜨거운 물을 부어주거나, 호빵 등을 따뜻하게 데워 판매하기 위하여 분할하는 경우는 제외한다.
7. 식품 등의 제조·가공·조리에 직접 사용되는 기계·기구 및 음식기는 사용 후에 세척·살균하는 등 항상 청결하게 유지·관리하여야 하며, 어류·육류·채소류를 취급하는 칼·도마는 각각 구분하여 사용하여야 한다.
8. 소비기한이 경과된 식품 등을 판매하거나 판매의 목적으로 진열·보관하여서는 아니 된다.

2) 식품과 식품첨가물

구 분	식품위생법	식품위생법 시행령	식품위생법 시행규칙
제2장 식품과 식품첨가물	제4조(위해식품 등의 판매 등 금지) 예제		제3조(판매 등이 허용되는 식품 등)
	제5조(병든 동물 고기 등의 판매 등 금지)		제4조(판매 등이 금지되는 병든 동물 고기 등) 20 기출 예제 제4조 제1호 관련「축산물 위생관리법」별표 3
	제6조(기준·규격이 정하여지지 아니한 화학적 합성품 등의 판매 등 금지)		
	제7조(식품 또는 식품첨가물에 관한 기준 및 규격) 22 기출 예제		제5조(식품 등의 한시적 기준 및 규격의 인정 등)
	제7조의2(권장규격)		
	제7조의3(농약 등의 잔류허용기준 설정 요청 등)		제5조의2(농약 또는 동물용 의약품 잔류허용기준의 설정)
	제7조의4(식품 등의 기준 및 규격 관리계획 등)		제5조의4(식품 등의 기준 및 규격 관리 기본계획 등의 수립·시행)

법조문 요약

1. **위해식품 등의 판매 등(판매할 목적으로 채취·제조·수입·가공·사용·조리·저장·소분·운반 또는 진열) 금지**
- 썩거나 상하거나 설익어서 인체의 건강을 해칠 우려가 있는 것
- 유독·유해물질이 들어 있거나 묻어 있는 것 또는 그러할 염려가 있는 것. 다만, 식품의약품안전처장이 인체의 건강을 해칠 우려가 없다고 인정하는 것은 제외

- 병(病)을 일으키는 미생물에 오염되었거나 그러할 염려가 있어 인체의 건강을 해칠 우려가 있는 것
- 불결하거나 다른 물질이 섞이거나 첨가(添加)된 것 또는 그 밖의 사유로 인체의 건강을 해칠 우려가 있는 것
- 안전성 심사 대상인 농·축·수산물 등 가운데 안전성 심사를 받지 아니하였거나 안전성 심사에서 식용(食用)으로 부적합하다고 인정된 것
- 수입이 금지된 것 또는 「수입식품안전관리 특별법」에 따른 수입신고를 하지 아니하고 수입한 것
- 영업자가 아닌 자가 제조·가공·소분한 것

2. 병든 동물 고기 등의 판매 등 금지
- 「축산물 위생관리법 시행규칙」 별표 3 제1호 다목에 따라 도축이 금지되는 가축전염병
- 리스테리아병, 살모넬라병, 파스튜렐라병 및 선모충증

3. 기준·규격이 정하여지지 아니한 화학적 합성품 등의 판매 등 금지
식품의약품안전처장이 식품위생심의위원회의 심의를 거쳐 인체의 건강을 해칠 우려가 없다고 인정하는 경우에는 제외

4. 식품 또는 식품첨가물에 관한 기준 및 규격
식품의약품안전처장은 국민 건강을 보호·증진하기 위하여 필요하면 판매를 목적으로 하는 식품 또는 식품첨가물에 관한 제조·가공·사용·조리·보존 방법에 관한 기준, 성분에 관한 규격 사항을 정하여 고시

5. 권장규격
- 식품의약품안전처장은 판매를 목적으로 하는 기준 및 규격이 설정되지 아니한 식품 등이 국민 건강에 위해를 미칠 우려가 있어 예방조치가 필요하다고 인정하는 경우에는 그 기준 및 규격이 설정될 때까지 위해 우려가 있는 성분 등의 안전관리를 권장하기 위한 규격을 정할 수 있음
- 식품의약품안전처장은 권장규격을 정할 때에는 국제식품규격위원회 및 외국의 규격 또는 다른 식품 등에 이미 규격이 신설되어 있는 유사한 성분 등을 고려하여야 하고 심의위원회의 심의를 거쳐야 함
- 식품의약품안전처장은 영업자가 권장규격을 준수하도록 요청할 수 있으며 이행하지 아니한 경우 그 사실을 공개할 수 있음

6. 농약 등의 잔류허용기준 설정 요청 등
식품에 잔류하는 농약, 동물용 의약품의 잔류허용기준 설정이 필요한 자, 수입식품에 대한 농약 및 동물용 의약품의 잔류허용기준 설정을 원하는 자는 식품의약품안전처장에게 신청

7. 식품 등의 기준 및 규격 관리계획 등
- 식품의약품안전처장은 관계 중앙행정기관의 장과 협의 및 심의위원회의 심의를 거쳐 식품 등의 기준 및 규격 관리 기본계획을 5년마다 수립·추진
- 식품의약품안전처장은 관리계획을 시행하기 위하여 해마다 관계 중앙행정기관의 장과 협의하여 식품 등의 기준 및 규격 관리 시행계획을 수립
- 식품의약품안전처장은 관리계획 및 시행계획을 수립·시행하기 위하여 필요한 때에는 관계 중앙행정기관의 장 및 지방자치단체의 장에게 협조를 요청할 수 있고, 협조를 요청받은 관계 중앙행정기관의 장 등은 특별한 사유가 없으면 이에 따름
- 관리계획에 포함되는 노출량 평가·관리의 대상이 되는 유해물질의 종류, 관리계획 및 시행계획의 수립·시행 등에 필요한 사항은 총리령으로 정함

제4조(위해식품 등의 판매 등 금지) 누구든지 다음 각 호의 어느 하나에 해당하는 식품 등을 판매하거나 판매할 목적으로 채취 · 제조 · 수입 · 가공 · 사용 · 조리 · 저장 · 소분 · 운반 또는 진열하여서는 아니 된다. 〈개정 2013. 3. 23., 2015. 2. 3., 2016. 2. 3.〉

1. 썩거나 상하거나 설익어서 인체의 건강을 해칠 우려가 있는 것

2. 유독 · 유해물질이 들어 있거나 묻어 있는 것 또는 그러할 염려가 있는 것. 다만, 식품의약품안전처장이 인체의 건강을 해칠 우려가 없다고 인정하는 것은 제외한다.

3. 병(病)을 일으키는 미생물에 오염되었거나 그러할 염려가 있어 인체의 건강을 해칠 우려가 있는 것

4. 불결하거나 다른 물질이 섞이거나 첨가(添加)된 것 또는 그 밖의 사유로 인체의 건강을 해칠 우려가 있는 것

5. 제18조에 따른 안전성 심사 대상인 농 · 축 · 수산물 등 가운데 안전성 심사를 받지 아니하였거나 안전성 심사에서 식용(食用)으로 부적합하다고 인정된 것

6. 수입이 금지된 것 또는 「수입식품안전관리 특별법」 제20조 제1항에 따른 수입신고를 하지 아니하고 수입한 것

7. 영업자가 아닌 자가 제조 · 가공 · 소분한 것

> 예제 「식품위생법」상 판매할 수 없는 식품은?

● **시행규칙**

> **제3조(판매 등이 허용되는 식품 등)** 유독 · 유해물질이 들어 있거나 묻어 있는 식품 등 또는 그러할 염려가 있는 식품 등으로서 법 제4조 제2호 단서에 따라 인체의 건강을 해칠 우려가 없다고 식품의약품안전처장이 인정하여 판매 등의 금지를 하지 아니할 수 있는 것은 다음 각 호의 어느 하나에 해당하는 것으로 한다. 〈개정 2013. 3. 23.〉
> 1. 법 제7조 제1항 · 제2항 또는 법 제9조 제1항 · 제2항에 따른 식품 등의 제조 · 가공 등에 관한 기준 및 성분에 관한 규격(이하 "식품 등의 기준 및 규격"이라 한다)에 적합한 것
> 2. 제1호의 식품 등의 기준 및 규격이 정해지지 아니한 것으로서 식품의약품안전처장이 법 제57조에 따른 식품위생심의위원회(이하 "식품위생심의위원회"라 한다)의 심의를 거쳐 유해의 정도가 인체의 건강을 해칠 우려가 없다고 인정한 것

제5조(병든 동물 고기 등의 판매 등 금지) 누구든지 총리령으로 정하는 질병에 걸렸거나 걸렸을 염려가 있는 동물이나 그 질병에 걸려 죽은 동물의 고기 · 뼈 · 젖 · 장기 또는 혈액을 식품으로 판매하거나 판

매할 목적으로 채취 · 수입 · 가공 · 사용 · 조리 · 저장 · 소분 또는 운반하거나 진열하여서는 아니된다. 〈개정 2010. 1. 18., 2013. 3. 23.〉

● **시행규칙**

제4조(판매 등이 금지되는 병든 동물 고기 등) 법 제5조에서 "총리령으로 정하는 질병"이란 다음 각 호의 질병을 말한다. 〈개정 2010. 3. 19., 2012. 6. 29., 2013. 3. 23., 2014. 2. 19.〉

1. 「축산물 위생관리법 시행규칙」 별표 3 제1호 다목에 따라 도축이 금지되는 가축전염병
2. 리스테리아병, 살모넬라병, 파스튜렐라병 및 선모충증

---

20 기출 「식품위생법」상 질병에 걸린 동물의 고기를 식품으로 판매할 수 있는 경우에 해당하는 질병은?

① 선모충증   ② 살모넬라병   ③ 제1위비장염
④ 리스테리아병   ⑤ 파스튜렐라병

정답 ③

예제 「식품위생법」상 동물의 고기, 뼈, 젖, 장기 또는 혈액을 식품으로 판매할 수 있는 질병은?

「축산물 위생관리법」 **별표 3** 〈개정 2023. 3. 2.〉

도축하는 가축 및 그 식육의 검사기준(제9조 제3항 관련)

다. 검사관은 가축의 검사 결과 다음에 해당되는 가축에 대해서는 도축을 금지하도록 해야 한다.

1) 다음의 가축질병에 걸렸거나 걸렸다고 믿을 만한 역학조사 · 정밀검사 결과나 임상증상이 있는 가축

  가) 우역(牛疫) · 우폐역(牛肺疫) · 구제역(口蹄疫) · 탄저(炭疽) · 기종저(氣腫疽) · 불루텅병 · 리프트계곡열 · 럼프스킨병 · 가성우역(假性牛疫) · 소유행열 · 결핵병(結核病) · 브루셀라병 · 요네병(전신증상을 나타낸 것만 해당한다) · 스크래피 · 소해면상뇌증(海綿狀腦症 : BSE) · 소류코시스(임상증상을 나타낸 것만 해당한다) · 아나플라즈마병(아나플라즈마 마지나레만 해당한다) · 바베시아병(바베시아 비제미나 및 보비스만 해당한다) · 타이레리아병(타이레리아 팔마 및 에눌라타만 해당한다)

  나) 돼지열병 · 아프리카돼지열병 · 돼지수포병(水疱病) · 돼지텟센병 · 돼지단독 · 돼지일본뇌염

  다) 양두(羊痘) · 수포성구내염(水疱性口內炎) · 비저(鼻疽) · 말전염성빈혈 · 아프리카마역(馬疫) · 광견병(狂犬病)

  라) 뉴캣슬병 · 가금콜레라 · 추백리(雛白痢) · 조류(鳥類)인플루엔자 · 닭전염성후두기관염 · 닭전염성기관지염 · 가금티푸스

  마) 현저한 증상을 나타내거나 인체에 위해를 끼칠 우려가 있다고 판단되는 파상풍 · 농독증 · 패혈증 · 요독증 · 황달 · 수종 · 종양 · 중독증 · 전신쇠약 · 전신빈혈증 · 이상고열증상 · 주사반응(생물학적 제제에 의하여 현저한 반응을 나타낸 것만 해당한다)

2) 강제로 물을 먹였거나 먹였다고 믿을 만한 역학조사 · 정밀검사 결과나 임상증상이 있는 가축

제6조(기준 · 규격이 정하여지지 아니한 화학적 합성품 등의 판매 등 금지) 누구든지 다음 각 호의 어느 하나에 해당하는 행위를 하여서는 아니 된다. 다만, 식품의약품안전처장이 제57조에 따른 식품위생심의

위원회(이하 "심의위원회"라 한다)의 심의를 거쳐 인체의 건강을 해칠 우려가 없다고 인정하는 경우에는 그러하지 아니하다. 〈개정 2013. 3. 23., 2016. 2. 3.〉

1. 제7조 제1항 및 제2항에 따라 기준·규격이 정하여지지 아니한 화학적 합성품인 첨가물과 이를 함유한 물질을 식품첨가물로 사용하는 행위

2. 제1호에 따른 식품첨가물이 함유된 식품을 판매하거나 판매할 목적으로 제조·수입·가공·사용·조리·저장·소분·운반 또는 진열하는 행위

[제목개정 2016. 2. 3.]

제7조(식품 또는 식품첨가물에 관한 기준 및 규격) ① 식품의약품안전처장은 국민 건강을 보호·증진하기 위하여 필요하면 판매를 목적으로 하는 식품 또는 식품첨가물에 관한 다음 각 호의 사항을 정하여 고시한다. 〈개정 2013. 3. 23., 2016. 2. 3., 2022. 6. 10.〉

1. 제조·가공·사용·조리·보존 방법에 관한 기준

2. 성분에 관한 규격

---

22 기출 「식품위생법」상 식품 또는 식품첨가물에 관한 제조·가공·사용·조리·보존 방법에 관한 기준, 성분에 관한 규격을 정하여 고시하는 자는?

① 시·도지사   ② 해양수산부장관

③ 농림축산식품부장관   ④ 식품의약품안전처장

⑤ 식품위생심의위원회 위원장

정답 ④

예제 「식품위생법」에서 식품의 규격은 무엇에 관한 규격을 의미하는가?

---

② 식품의약품안전처장은 제1항에 따라 기준과 규격이 고시되지 아니한 식품 또는 식품첨가물의 기준과 규격을 인정받으려는 자에게 제1항 각 호의 사항을 제출하게 하여 「식품·의약품분야 시험·검사 등에 관한 법률」 제6조 제3항 제1호에 따라 식품의약품안전처장이 지정한 식품전문 시험·검사기관 또는 같은 조 제4항 단서에 따라 총리령으로 정하는 시험·검사기관의 검토를 거쳐 제1항에 따른 기준과 규격이 고시될 때까지 그 식품 또는 식품첨가물의 기준과 규격으로 인정할 수 있다. 〈개정 2013. 3. 23., 2013. 7. 30., 2016. 2. 3.〉

③ 수출할 식품 또는 식품첨가물의 기준과 규격은 제1항 및 제2항에도 불구하고 수입자가 요구하는 기준과 규격을 따를 수 있다.

④ 제1항 및 제2항에 따라 기준과 규격이 정하여진 식품 또는 식품첨가물은 그 기준에 따라 제조·수입·가공·사용·조리·보존하여야 하며, 그 기준과 규격에 맞지 아니하는 식품 또는 식품첨

가물은 판매하거나 판매할 목적으로 제조·수입·가공·사용·조리·저장·소분·운반·보존
또는 진열하여서는 아니 된다.

⑤ 식품의약품안전처장은 거짓이나 그 밖의 부정한 방법으로 제2항에 따른 기준 및 규격의 인정을
받은 자에 대하여 그 인정을 취소하여야 한다.〈신설 2024. 2. 13.〉

[시행일 2024. 5. 14.] 제7조

● **시행규칙**

제5조(식품 등의 한시적 기준 및 규격의 인정 등) ① 법 제7조 제2항 또는 법 제9조 제2항에 따라 한시적으
로 제조·가공 등에 관한 기준과 성분에 관한 규격을 인정받을 수 있는 식품 등은 다음 각 호와 같다.
〈개정 2011. 8. 19., 2013. 3. 23., 2016. 8. 4., 2023. 5. 19.〉

1. 식품(원료로 사용되는 경우만 해당한다)

　　가. 국내에서 새로 원료로 사용하려는 농산물·축산물·수산물 등

　　나. 농산물·축산물·수산물 등으로부터 추출·농축·분리 등의 방법으로 얻은 것으로서 식품으
　　　　로 사용하려는 원료

　　다. 세포·미생물 배양 등 새로운 기술을 이용하여 얻은 것으로서 식품으로 사용하려는 원료

2. 식품첨가물 : 법 제7조 제1항에 따라 개별 기준 및 규격이 정하여지지 아니한 식품첨가물

3. 기구 또는 용기·포장 : 법 제9조 제1항에 따라 개별 기준 및 규격이 고시되지 아니한 식품 및 식품첨
가물에 사용되는 기구 또는 용기·포장

② 식품의약품안전처장은 「식품·의약품분야 시험·검사 등에 관한 법률」 제6조 제3항 제1호에 따
라 지정된 식품전문 시험·검사기관 또는 같은 조 제4항 단서에 따라 총리령으로 정하는 시험·검
사기관(이하 이 조에서 "식품 등 시험·검사기관"이라 한다)이 한시적으로 인정하는 식품 등의 제
조·가공 등에 관한 기준과 성분의 규격에 대하여 검토한 내용이 제4항에 따른 검토기준에 적합
하지 아니하다고 인정하는 경우에는 그 식품 등 시험·검사기관에 시정을 요청할 수 있다.〈개정
2013. 3. 23., 2014. 8. 20.〉

③ 식품 등 시험·검사기관은 제2항에 따른 검토를 하는 데에 필요한 경우에는 그 검토를 의뢰한 자에
게 관계 문헌, 원료 및 시험에 필요한 특수시약의 제출을 요청할 수 있다.〈개정 2014. 8. 20.〉

④ 한시적으로 인정하는 식품 등의 제조·가공 등에 관한 기준과 성분의 규격에 관하여 필요한 세부
검토기준 등에 대해서는 식품의약품안전처장이 정하여 고시한다.〈개정 2013. 3. 23.〉

제7조의2(권장규격) ① 식품의약품안전처장은 판매를 목적으로 하는 제7조 및 제9조에 따른 기준 및 규
격이 설정되지 아니한 식품 등이 국민 건강에 위해를 미칠 우려가 있어 예방조치가 필요하다고 인정

하는 경우에는 그 기준 및 규격이 설정될 때까지 위해 우려가 있는 성분 등의 안전관리를 권장하기 위한 규격(이하 "권장규격"이라 한다)을 정할 수 있다. 〈개정 2013. 3. 23., 2022. 6. 10.〉

② 식품의약품안전처장은 제1항에 따라 권장규격을 정할 때에는 국제식품규격위원회 및 외국의 규격 또는 다른 식품 등에 이미 규격이 신설되어 있는 유사한 성분 등을 고려하여야 하고 심의위원회의 심의를 거쳐야 한다. 〈개정 2013. 3. 23., 2022. 6. 10.〉

③ 식품의약품안전처장은 영업자가 제1항에 따른 권장규격을 준수하도록 요청할 수 있으며 이행하지 아니한 경우 그 사실을 공개할 수 있다. 〈개정 2013. 3. 23.〉

[본조신설 2011. 6. 7.] [제목개정 2022. 6. 10.]

제7조의3(농약 등의 잔류허용기준 설정 요청 등) ① 식품에 잔류하는 「농약관리법」에 따른 농약, 「약사법」에 따른 동물용 의약품의 잔류허용기준 설정이 필요한 자는 식품의약품안전처장에게 신청하여야 한다.

② 수입식품에 대한 농약 및 동물용 의약품의 잔류허용기준 설정을 원하는 자는 식품의약품안전처장에게 관련 자료를 제출하여 기준 설정을 요청할 수 있다.

③ 식품의약품안전처장은 제1항의 신청에 따라 잔류허용기준을 설정하는 경우 관계 행정기관의 장에게 자료제공 등의 협조를 요청할 수 있다. 이 경우 요청을 받은 관계 행정기관의 장은 특별한 사유가 없으면 이에 따라야 한다.

④ 제1항 및 제2항에 따른 신청 절차 · 방법 및 자료제출의 범위 등 세부사항은 총리령으로 정한다.

[본조신설 2013. 7. 30.]

● **시행규칙**

제5조의2(농약 또는 동물용 의약품 잔류허용기준의 설정) ① 식품에 대하여 법 제7조의3 제1항에 따라 농약 또는 동물용 의약품 잔류허용기준(이하 "잔류허용기준"이라 한다)의 설정을 신청하려는 자는 별지 제1호 서식의 국내식품 중 농약 · 동물용 의약품 잔류허용기준 설정 신청서(전자문서로 된 신청서를 포함한다)에 다음 각 호의 자료(전자문서를 포함한다)를 첨부하여 식품의약품안전처장에게 제출해야 한다. 〈개정 2023. 5. 19.〉

1. 농약 또는 동물용 의약품의 독성에 관한 자료와 그 요약서
2. 농약 또는 동물용 의약품의 식품 잔류에 관한 자료와 그 요약서
3. 농약 또는 동물용 의약품의 표준품

② 법 제7조의3 제2항에 따라 수입식품에 대한 잔류허용기준의 설정을 요청하려는 자는 별지 제1호의2 서식의 설정 요청서(전자문서로 된 요청서를 포함한다)에 다음 각 호의 자료(전자문서를 포함한다)를 첨부하여 식품의약품안전처장에게 제출하여야 한다.

1. 농약 또는 동물용 의약품의 독성에 관한 자료와 그 요약서

2. 농약 또는 동물용 의약품의 식품 잔류에 관한 자료와 그 요약서

3. 국제식품규격위원회의 잔류허용기준에 관한 자료와 잔류허용기준의 설정에 관한 자료

4. 수출국의 잔류허용기준에 관한 자료와 잔류허용기준의 설정에 관한 자료

5. 수출국의 농약 또는 동물용 의약품의 표준품

③ 식품의약품안전처장은 제1항에 따른 신청이나 제2항에 따른 요청 내용이 타당한 경우에는 잔류허용기준을 설정할 수 있으며, 잔류허용기준 설정 여부가 결정되면 지체 없이 그 사실을 별지 제1호의3 서식에 따라 신청인 또는 요청인에게 통보하여야 한다.

④ 제1항부터 제3항까지에서 규정한 사항 외에 잔류허용기준 설정의 신청 또는 요청 등에 필요한 사항은 식품의약품안전처장이 정하여 고시한다. 〈신설 2023. 5. 19.〉

[본조신설 2014. 3. 6.]

제7조의4(식품 등의 기준 및 규격 관리계획 등) ① 식품의약품안전처장은 관계 중앙행정기관의 장과의 협의 및 심의위원회의 심의를 거쳐 식품 등의 기준 및 규격 관리 기본계획(이하 "관리계획"이라 한다)을 5년마다 수립·추진할 수 있다. 〈개정 2016. 2. 3.〉

② 관리계획에는 다음 각 호의 사항이 포함되어야 한다.

1. 식품 등의 기준 및 규격 관리의 기본 목표 및 추진방향

2. 식품 등의 유해물질 노출량 평가

3. 식품 등의 유해물질의 총노출량 적정관리 방안

4. 식품 등의 기준 및 규격의 재평가에 관한 사항

5. 그 밖에 식품 등의 기준 및 규격 관리에 필요한 사항

③ 식품의약품안전처장은 관리계획을 시행하기 위하여 해마다 관계 중앙행정기관의 장과 협의하여 식품 등의 기준 및 규격 관리 시행계획(이하 "시행계획"이라 한다)을 수립하여야 한다.

④ 식품의약품안전처장은 관리계획 및 시행계획을 수립·시행하기 위하여 필요한 때에는 관계 중앙행정기관의 장 및 지방자치단체의 장에게 협조를 요청할 수 있다. 이 경우 협조를 요청받은 관계 중앙행정기관의 장 등은 특별한 사유가 없으면 이에 따라야 한다.

⑤ 관리계획에 포함되는 노출량 평가·관리의 대상이 되는 유해물질의 종류, 관리계획 및 시행계획의 수립·시행 등에 필요한 사항은 총리령으로 정한다.

[본조신설 2014. 5. 28.]

제5조의4(식품 등의 기준 및 규격 관리 기본계획 등의 수립 · 시행) ① 법 제7조의4 제1항에 따른 식품 등의 기준 및 규격 관리 기본계획(이하 "관리계획"이라 한다)에 포함되는 노출량 평가 · 관리의 대상이 되는 유해물질의 종류는 다음 각 호와 같다.

1. 중금속

2. 곰팡이 독소

3. 유기성 오염물질

4. 제조 · 가공 과정에서 생성되는 오염물질

5. 그 밖에 식품 등의 안전관리를 위하여 식품의약품안전처장이 노출량 평가 · 관리가 필요하다고 인정한 유해물질

② 식품의약품안전처장은 관리계획 및 법 제7조의4 제3항에 따른 식품 등의 기준 및 규격 관리 시행계획을 수립 · 시행할 때에는 다음 각 호의 자료를 바탕으로 하여야 한다.

1. 식품 등의 유해물질 오염도에 관한 자료

2. 식품 등의 유해물질 저감화(低減化)에 관한 자료

3. 총식이조사(TDS, Total Diet Study)에 관한 자료

4. 「국민영양관리법」 제7조 제2항 제2호 다목에 따른 영양 및 식생활 조사에 관한 자료

[본조신설 2015. 8. 18.]

3) 기구와 용기 · 포장

구 분	식품위생법	식품위생법 시행령	식품위생법 시행규칙
제3장 기구와 용기 · 포장	제8조(유독기구 등의 판매 · 사용 금지)		
	제9조(기구 및 용기 · 포장에 관한 기준 및 규격) 예제		
	제9조의2(기구 및 용기 · 포장에 사용하는 재생원료에 관한 인정)		제6조(기구 및 용기 · 포장에 사용하는 재생원료에 관한 인정 절차 등)

법조문 요약

1. 유독기구 등의 판매 · 사용 금지

유독 · 유해물질이 들어 있거나 묻어 있어 인체의 건강을 해칠 우려가 있는 기구 및 용기 · 포장과 식품 또는 식품첨가물에 직접 닿으면 해로운 영향을 끼쳐 인체의 건강을 해칠 우려가 있는 기구 및 용기 · 포장을 판매하거나 판매할 목적으로 제조 · 수입 · 저장 · 운반 · 진열하거나 영업에 사용하여서는 아니 됨

2. 기구 및 용기 · 포장에 관한 기준 및 규격

- 식품의약품안전처장은 국민보건을 위하여 필요한 경우에는 판매하거나 영업에 사용하는 기구 및 용기 · 포장에 관하여 제조 방법에 관한 기준, 기구 및 용기 · 포장과 그 원재료에 관한 규격사항을 정하여 고시함
- 식품의약품안전처장은 기준과 규격이 고시되지 아니한 기구 및 용기 · 포장의 기준과 규격을 인정받으려는 자에게 제조 방법에 관한 기준, 기구 및 용기 · 포장과 그 원재료에 관한 규격사항을 제출하게 하여 식품의약품안전처장이 지정한 식품전문 시험 · 검사기관 또는 총리령으로 정하는 시험 · 검사기관의 검토를 거쳐 기준과 규격이 고시될 때까지 해당 기구 및 용기 · 포장의 기준과 규격으로 인정할 수 있음
- 수출할 기구 및 용기 · 포장과 그 원재료에 관한 기준과 규격은 수입자가 요구하는 기준과 규격을 따를 수 있음
- 기준과 규격이 정하여진 기구 및 용기 · 포장은 그 기준에 따라 제조하여야 하며, 그 기준과 규격에 맞지 아니한 기구 및 용기 · 포장은 판매하거나 판매할 목적으로 제조 · 수입 · 저장 · 운반 · 진열하거나 영업에 사용하여서는 아니 됨

3. 기구 및 용기 · 포장에 사용하는 재생원료에 관한 인정

식품의약품안전처장은 기구 및 용기 · 포장을 제조할 때 원재료로 사용하기에 적합한 재생원료(이미 사용한 기구 및 용기 · 포장을 다시 사용할 수 있도록 처리한 원료물질)의 기준을 정하여 고시

법조문 속 예제 및 기출문제

제8조(유독기구 등의 판매 · 사용 금지) 유독 · 유해물질이 들어 있거나 묻어 있어 인체의 건강을 해칠 우려가 있는 기구 및 용기 · 포장과 식품 또는 식품첨가물에 직접 닿으면 해로운 영향을 끼쳐 인체의 건강을 해칠 우려가 있는 기구 및 용기 · 포장을 판매하거나 판매할 목적으로 제조 · 수입 · 저장 · 운반 · 진열하거나 영업에 사용하여서는 아니 된다.

제9조(기구 및 용기 · 포장에 관한 기준 및 규격) ① 식품의약품안전처장은 국민보건을 위하여 필요한 경우에는 판매하거나 영업에 사용하는 기구 및 용기 · 포장에 관하여 다음 각 호의 사항을 정하여 고시한다. 〈개정 2013. 3. 23.〉

1. 제조 방법에 관한 기준

2. 기구 및 용기 · 포장과 그 원재료에 관한 규격

② 식품의약품안전처장은 제1항에 따라 기준과 규격이 고시되지 아니한 기구 및 용기 · 포장의 기준과 규격을 인정받으려는 자에게 제1항 각 호의 사항을 제출하게 하여 「식품 · 의약품분야 시험 · 검사 등에 관한 법률」 제6조 제3항 제1호에 따라 식품의약품안전처장이 지정한 식품전문 시험 · 검사기관 또는 같은 조 제4항 단서에 따라 총리령으로 정하는 시험 · 검사기관의 검토를 거쳐 제1항에 따라 기준과 규격이 고시될 때까지 해당 기구 및 용기 · 포장의 기준과 규격으로 인정할 수 있다. 〈개정 2013. 3. 23., 2013. 7. 30., 2016. 2. 3.〉

③ 수출할 기구 및 용기 · 포장과 그 원재료에 관한 기준과 규격은 제1항 및 제2항에도 불구하고 수입자가 요구하는 기준과 규격을 따를 수 있다.

④ 제1항 및 제2항에 따라 기준과 규격이 정하여진 기구 및 용기 · 포장은 그 기준에 따라 제조하여야 하며, 그 기준과 규격에 맞지 아니한 기구 및 용기 · 포장은 판매하거나 판매할 목적으로 제조 · 수입 · 저장 · 운반 · 진열하거나 영업에 사용하여서는 아니 된다.

⑤ 식품의약품안전처장은 거짓이나 그 밖의 부정한 방법으로 제2항에 따른 기준 및 규격의 인정을 받은 자에 대하여 그 인정을 취소하여야 한다. 〈신설 2024. 2. 13.〉

[시행일 2024. 5. 14.] 제9조

> 예제 「식품위생법」의 기구 및 용기 · 포장에 관한 기준 및 규격에 대한 설명으로 옳은 것은?

제9조의2(기구 및 용기 · 포장에 사용하는 재생원료에 관한 인정) ① 식품의약품안전처장은 기구 및 용기 · 포장을 제조할 때 원재료로 사용하기에 적합한 재생원료(이미 사용한 기구 및 용기 · 포장을 다시 사용할 수 있도록 처리한 원료물질을 말한다. 이하 같다)의 기준을 정하여 고시한다.

② 기구 및 용기 · 포장의 원재료로 사용할 재생원료를 제조하려는 자는 해당 재생원료가 제1항에 따른 기준에 적합한지에 관하여 식품의약품안전처장의 인정을 받아야 한다. 다만, 가열 · 화학반응 등에 의해 분해 · 정제 · 중합하는 등 총리령으로 정하는 공정을 거친 재생원료의 경우에는 그러하지 아니하다.

③ 제2항에 따라 인정을 받으려는 자는 총리령으로 정하는 서류를 첨부하여 식품의약품안전처장에게 신청하여야 한다.

④ 제3항에 따라 신청을 받은 식품의약품안전처장은 인정을 신청한 자에게 재생원료의 안전성 확인 등 인정에 필요한 자료를 제출하게 할 수 있다.

⑤ 식품의약품안전처장은 제3항에 따라 인정을 신청한 재생원료가 제1항에 따른 기준에 적합하면 제2항에 따라 재생원료에 관한 인정을 하고, 총리령으로 정하는 바에 따라 인정서를 발급하여야 한다.

⑥ 식품의약품안전처장은 거짓이나 그 밖의 부정한 방법으로 제5항에 따른 재생원료에 관한 인정을 받은 자에 대하여 그 인정을 취소하여야 한다. 〈신설 2024. 2. 13.〉

⑦ 제1항부터 제5항까지에서 규정한 사항 외에 재생원료의 인정 절차, 인정서 발급 절차 등에 필요한 세부사항은 총리령으로 정한다. 〈개정 2024. 2. 13.〉

[본조신설 2022. 6. 10.]

[시행일 2024. 5. 14.] 제9조의2

● 시행규칙

제6조(기구 및 용기 · 포장에 사용하는 재생원료에 관한 인정 절차 등) ① 법 제9조의2 제2항 단서에서 "가열 · 화학반응 등에 의해 분해 · 정제 · 중합하는 등 총리령으로 정하는 공정"이란 합성수지를 가열 · 화학반응 등에 의해 원료물질로 분해한 후 증류, 결정화 등을 거쳐 순수하게 정제한 것을 다시 중합(重合)하는 공정을 말한다.

② 법 제9조의2 제3항에 따라 기구 및 용기 · 포장의 원재료로 사용할 재생원료가 같은 조 제1항에 따른 기준에 적합한지에 관하여 인정을 받으려는 자는 별지 제1호의4 서식의 기구 및 용기 · 포장의 재생원료 인정 신청서에 다음 각 호의 서류를 첨부하여 식품의약품안전처장에게 제출해야 한다.

1. 재생공정에 투입하는 원료에 관한 서류

2. 재생공정에 관한 서류

3. 오염물질 제거방법에 관한 서류

4. 그 밖에 법 제9조의2 제1항에 따른 기준에 적합한지 판단하기 위하여 필요하다고 식품의약품안전처장이 정하여 고시하는 서류

③ 식품의약품안전처장은 제2항에 따라 인정 신청한 재생원료가 법 제9조의2 제1항에 따른 기준에 적합한 경우에는 신청인에게 별지 제1호의5 서식의 기구 및 용기 · 포장의 재생원료 인정서를 발급해야 한다.

[본조신설 2022. 12. 9.]

4) 표 시

구 분	식품위생법	식품위생법 시행령	식품위생법 시행규칙
제4장 표시	제12조의2(유전자변형식품 등의 표시)		

법조문 요약

1. 유전자변형식품 등의 표시

• 인위적으로 유전자를 재조합하거나 유전자를 구성하는 핵산을 세포 또는 세포 내 소기관으로 직접 주입하는 기술이나 분류학에 따른 과(科)의 범위를 넘는 세포융합기술 중 하나에 해당하는 생명공학기술을 활용하여 재배 · 육성된 농산물 · 축산물 · 수산물 등을 원재료로 하여 제조 · 가공한 식품 또는 식품첨가물은 유전자변형식품임을 표시하여야 함. 다만, 제조 · 가공 후에 유전자변형 디엔에이(DNA, Deoxyribonucleic acid) 또는 유전자변형 단백질이 남아 있는 유전자변형식품 등에 한정

• 표시하여야 하는 유전자변형식품 등은 표시가 없으면 판매하거나 판매할 목적으로 수입 · 진열 · 운반하거나 영업에 사용하여서는 아니 됨

• 표시의무자, 표시대상 및 표시방법 등에 필요한 사항은 식품의약품안전처장이 정함

제12조의2(유전자변형식품 등의 표시) ① 다음 각 호의 어느 하나에 해당하는 생명공학기술을 활용하여 재배 · 육성된 농산물 · 축산물 · 수산물 등을 원재료로 하여 제조 · 가공한 식품 또는 식품첨가물(이하 "유전자변형식품 등"이라 한다)은 유전자변형식품임을 표시하여야 한다. 다만, 제조 · 가공 후에 유전자변형 디엔에이(DNA, Deoxyribonucleic acid) 또는 유전자변형 단백질이 남아 있는 유전자변형식품 등에 한정한다. 〈개정 2016. 2. 3.〉

1. 인위적으로 유전자를 재조합하거나 유전자를 구성하는 핵산을 세포 또는 세포 내 소기관으로 직접 주입하는 기술

2. 분류학에 따른 과(科)의 범위를 넘는 세포융합기술

② 제1항에 따라 표시하여야 하는 유전자변형식품 등은 표시가 없으면 판매하거나 판매할 목적으로 수입 · 진열 · 운반하거나 영업에 사용하여서는 아니 된다. 〈개정 2016. 2. 3.〉

③ 제1항에 따른 표시의무자, 표시대상 및 표시방법 등에 필요한 사항은 식품의약품안전처장이 정한다. 〈개정 2013. 3. 23.〉

[본조신설 2011. 6. 7.] [제목개정 2016. 2. 3.]

5) 식품 등의 공전

구 분	식품위생법		식품위생법 시행령	식품위생법 시행규칙
제5장 식품 등의 공전	제14조 식품 등의 공전 19 기출		식품공전	
	제2. 식품일반에 대한 공통기준 및 규격			
	제3. 영 · 유아 또는 고령자를 섭취대상으로 표시하여 판매하는 식품의 기준 및 규격			
	제4. 장기보존식품의 기준 및 규격			
	제6. 식품접객업소(집단급식소 포함)의 조리식품 등에 대한 기준 및 규격			

제14조(식품 등의 공전) 식품의약품안전처장은 다음 각 호의 기준 등을 실은 식품 등의 공전을 작성 · 보급하여야 한다. 〈개정 2013. 3. 23.〉

1. 제7조 제1항에 따라 정하여진 식품 또는 식품첨가물의 기준과 규격

2. 제9조 제1항에 따라 정하여진 기구 및 용기 · 포장의 기준과 규격

3. 삭제 〈2018. 3. 13.〉

---

19 기출 「식품위생법」상 식품 등의 공전을 작성·보급하여야 하는 자는?

① 국립보건원장   ② 보건복지부장관

③ 질병관리본부장   ④ 식품의약품안전처장

⑤ 식품위생심의위원회 위원장

정답 ④

● **식품공전**

1. 식품공전의 정의

식품의 기준 및 규격(식품공전)은 식품위생법 제7조 제1항 및 「축산물 위생관리법」 제4조 제2항에 따라 식품 등의 제조, 가공, 사용, 조리, 보존 방법에 관한 기준과 성분에 대한 규격을 싣고 있음

> **식품위생법 제7조(식품 또는 식품첨가물에 관한 기준 및 규격)** ① 식품의약품안전처장은 국민 건강을 보호·증진하기 위하여 필요하면 판매를 목적으로 하는 식품 또는 식품첨가물에 관한 다음 각 호의 사항을 정하여 고시한다.
>
> 1. 제조·가공·사용·조리·보존 방법에 관한 기준
>
> 2. 성분에 관한 규격
>
> **축산물 위생관리법 제4조(축산물의 기준 및 규격)** ② 식품의약품안전처장은 공중위생상 필요한 경우 다음 각 호의 사항을 정하여 고시할 수 있다.
>
> 1. 축산물의 가공·포장·보존 및 유통의 방법에 관한 기준(이하 "가공기준"이라 한다)
>
> 2. 축산물의 성분에 관한 규격(이하 "성분규격"이라 한다)
>
> 3. 축산물의 위생등급에 관한 기준

2. 작성·보급자

식품의약품안전처장

3. 식품공전에 수록된 식품의 기준 및 규격

1) 식품 기준 및 규격

① 식품원료 기준 : 식품의 제조·가공·조리 시 사용하여서는 안 될 식품원료
- 식용을 목적으로 채취, 취급, 가공, 제조 또는 관리되지 아니한 것
- 식품원료로서 안전성 및 건전성이 입증되지 아니한 것
- 기타 식약처장이 식용으로 부적당하다고 인정한 것

② 제조·가공 기준
- 어류의 육질 이외의 부분은 비가식 부분을 충분히 제거한 후 중심부 온도를 −18℃ 이하에서 냉동보관
- 동물용 의약품을 사용할 수 없음

③ 식중독균 : 식육 및 기타 동물성 가공식품은 결핵균, 탄저균, 브루셀라균이 검출되면 안 됨

④ 수산물의 중금속 기준

- 어류의 중금속 잔류허용 기준
  - 수은 : 0.5mg/kg 이하(심해성 어류, 다랑어류 및 새치류 제외)
  - 메틸수은 : 1.0mg/kg 이하(심해성 어류, 다랑어류 및 새치류 해당)
  - 납 : 0.5mg/kg 이하
  - 카드뮴 : 0.1mg/kg 이하(민물어류), 0.2mg/kg 이하(해양어류)
- 연체류 중금속 잔류허용 기준
  - 수은 : 0.5mg/kg 이하
  - 납 : 2.0mg/kg 이하
  - 카드뮴 : 2.0mg/kg 이하

⑤ 식품 조사처리기준

- 사용방사선의 선원 및 선종 : CO-60(γ선), 전자선 가속기(전자선)
- 사용 목적 : 식품의 발아 억제, 살충, 살균 및 숙도 조절
- 일단 조사한 식품을 다시 조사해서는 안 됨

⑥ 보존 및 유통기준

- 상온에서 7일 이상 보존성이 없는 식품은 냉장 또는 냉동시설에서 보관 · 유통하여야 함
- 도시락, 김밥 : 냉장은 10℃ 이하, 온장은 60℃ 이상을 유지할 수 있어야 함
- 어육가공품, 두유류 중 살균제품, 양념젓갈류, 가공두부는 10℃ 이하에서 보존하여야 함. 신선 편의식품 및 훈제연어는 5℃ 이하 보존
- 두부, 묵류는 4시간 이상의 장거리 이동 판매를 할 경우에는 제품의 품질유지가 가능하도록 냉장차량을 이용. 가공두부도 운반 시에는 냉장차량 이용

2) 장기보존 식품의 기준 및 규격

① 통 · 병조림 식품 제조 · 가공 기준과 규격

- 멸균 시에는 제품의 중심온도가 120℃에서 4분간 또는 이와 동등 이상의 효력이 있는 방법으로 열처리하여야 함
- pH가 4.6 이하인 산성식품은 가열 등의 방법으로 살균처리할 수 있음
- 통 · 병조림 식품의 규격
  - 주석 : 150mg/kg 이하(알루미늄 캔을 제외한 캔식품에 한하며, 산성통조림은 200 이하)
  - 세균 : 세균발육 음성

② 냉동식품 : 냉동하기 전에 가열하는 냉동제품의 제조 시에는 식품의 중심부온도를 63℃ 이상에서 30분간 가열하거나 이와 동등 이상의 효력이 있는 방법으로 가열살균

③ 레토르트 식품

- 멸균 시에는 제품의 중심온도가 120℃에서 4분간 또는 이와 동등 이상의 효력이 있는 방법으로 열처리하여야 함
- pH가 4.6 이하인 산성식품은 가열 등의 방법으로 살균처리할 수 있음(보존료는 사용 금지).

3) 식품접객업소(집단급식소 포함)의 조리식품 등에 대한 기준 및 규격

[원료 기준]

① 원료의 구비 요건

- 원료는 선도가 양호한 것으로서 부패 · 변질되었거나 유독 · 유해물질 등에 오염되지 아니한 것이어야 함
- 원료 및 기구 등의 세척, 식품의 조리, 먹는물 등으로 사용되는 물은 「먹는물 관리법」의 수질기준에 적합한 것이어야 하며, 노로바이러스가 검출되어서는 아니 됨(수돗물은 제외)
- 식품접객업소에서 사용하는 얼음은 세균 수가 1mL당 1,000 이하, 대장균 및 살모넬라가 250mL당 음성
- 식용을 목적으로 채취, 취급, 가공, 제조 또는 관리되지 아니한 동식물성 원료는 식품의 조리용으로 사용하여서는 아니 됨

② 원료의 보관 및 저장

㉠ 공통

- 모든 식품 등은 위생적으로 취급하여야 하며 쥐, 바퀴벌레 등 위해생물에 의하여 오염되지 않도록 보관
- 식품 등은 세척제나 인체에 유해한 화학물질, 농약, 독극물 등과 함께 보관하여서는 아니 됨
- 기준규격이 정해진 식품 등은 정해진 기준에 따라 보관 · 저장하여야 하며, 농 · 임 · 축 · 수산물 중 선도를 유지해야 하는 원료의 경우에는 냉장 또는 냉동 보관
- 세척 등 전처리를 거쳐 식품에 바로 사용할 수 있는 식품이나 가공식품은 바닥으로부터 오염되지 않도록 용기 등에 담아서 청결한 장소에 보관
- 개별표시된 식품 등을 제외하고, 냉장으로 보관하여야 하는 경우에는 10℃ 이하, 냉동으로 보관하여야 하는 경우에는 -18℃ 이하에서 보관
- 냉동식품의 해동
  - 냉동식품의 해동은 위생적으로 실시
  - 해동 후 바로 사용하지 않는 경우 조리 시까지 냉장보관
  - 한 번 해동한 식품의 경우 다시 냉동하여서는 아니 됨

㉡ 식품별

- 곡류(쌀, 보리, 밀가루 등)
  - 건조하고 서늘한 곳에 위생적으로 보관

- 곰팡이가 피거나 색깔이 변하지 않도록 보관
- 유지류(참기름, 들기름, 현미유, 옥수수기름, 콩기름 등) 및 유지함유량이 많은 견과류 등은 직사광선을 받지 아니하는 서늘한 곳에 보관하거나, 냉장 또는 냉동 보관
- 축 · 수산물(소고기, 돼지고기, 생선 등)은 각각 위생적으로 포장하여 다른 식품과 용기, 포장 등으로 구분하여 냉장 또는 냉동 보관
- 과일 및 채소류(사과, 배, 복숭아, 포도, 배추, 무, 양파, 오이, 양배추, 시금치 등)는 세척한 과일 · 채소와 세척하지 않은 과일 · 채소가 섞이지 않도록 따로 보관
- 기타 식품
  - 조미식품은 이물의 혼입이나 오염방지를 위하여 마개나 덮개를 닫아 보관
  - 두부는 냉장보관

[조리 및 관리기준]
- 사용 중인 튀김용 유지는 산가 3.0 이하
- 식품의 조리에 직접 접촉하는 기구류는 부식 등으로 인한 오염이 되지 않도록 관리
- 조리한 식품은 위생적인 용기 등에 넣어 조리하지 않은 식품과 교차오염되지 않도록 관리
- 조리한 식품 중 냉면육수 등 찬 음식의 보관은 10℃ 이하에서, 따뜻한 음식의 보관은 60℃ 이상에서 보관
- 수산물을 보관하기 위한 수족관 물은 위생적으로 관리되어야 함
- 야채 또는 과실의 세척에 세척제를 사용하는 경우에는 세척제의 규격에 적합한 것을 사용하여야 하며, 야채 또는 과실 이외에는 세척제를 사용하여서는 아니 됨
- 소비자가 그대로 섭취할 수 있는 냉동제품은 해동 후 24시간 이내에 한하여 해동 판매할 수 있음

[규격]
① 조리식품 등
- 대장균 1g당 10 이하(직접 조리한 식품에 한함)
- 세균 수 : 3,000g 이하(슬러시에 한함, 유가공품, 유산균, 발효식품 및 비살균제품이 함유된 경우 제외)
② 접객용 음용수
- 대장균 : 음성 250mL
- 살모넬라 : 음성 250mL
- 여시니아 엔테로콜리티카 : 음성 250mL
③ 칼 · 도마 및 숟가락, 젓가락, 식기, 찬기 등 음식을 먹을 때 사용하거나 담는 것(사용 중인 것은 제외) : 살모넬라, 대장균 → 음성

6) 검사 등

구분	식품위생법	식품위생법 시행령	식품위생법 시행규칙
제6장 검사 등	제16조(소비자 등의 위생검사 등 요청)	제6조(소비자 등의 위생검사 등 요청)	제9조의2(위생검사 등 요청기관)
	제18조(유전자변형식품 등의 안전성 심사 등)	제9조(유전자변형식품 등의 안전성 심사)	
	제22조(출입·검사·수거 등) 예제		제19조(출입·검사·수거 등) 예제 제20조(수거량 및 검사 의뢰 등)
	제31조(자가품질검사 의무)		제31조(자가품질검사)
	제32조(식품위생감시원)	제16조(식품위생감시원의 자격 및 임명)	제31조의6(식품위생감시원의 교육시간 등)

법조문 요약

1. 소비자 등의 위생검사 등 요청
- 식품의약품안전처장(대통령령으로 정하는 그 소속 기관의 장을 포함), 시·도지사 또는 시장·군수·구청장은 대통령령으로 정하는 일정 수 이상의 소비자, 소비자단체 또는 시험·검사기관 중 총리령으로 정하는 시험·검사기관이 식품 등 또는 영업시설 등에 대하여 출입·검사·수거 등(위생검사 등)을 요청하는 경우에는 이에 따라야 함. 다만, 다음 중 어느 하나에 해당하는 경우에는 그러하지 아니함
  - 같은 소비자, 소비자단체 또는 시험·검사기관이 특정 영업자의 영업을 방해할 목적으로 같은 내용의 위생검사 등을 반복적으로 요청하는 경우
  - 식품의약품안전처장, 시·도지사 또는 시장·군수·구청장이 기술 또는 시설, 재원(財源) 등의 사유로 위생검사 등을 할 수 없다고 인정하는 경우
- 식품의약품안전처장, 시·도지사 또는 시장·군수·구청장은 위생검사 등의 요청에 따르는 경우 14일 이내에 위생검사 등을 하고 그 결과를 대통령령으로 정하는 바에 따라 위생검사 등의 요청을 한 소비자, 소비자단체 또는 시험·검사기관에 알리고 인터넷 홈페이지에 게시하여야 함
- 위생검사 등의 요청 요건 및 절차, 그 밖에 필요한 사항은 대통령령으로 정함

2. 유전자변형식품 등의 안전성 심사 등
- 유전자변형식품 등을 식용으로 수입·개발·생산하는 자는 최초로 유전자변형식품 등을 수입하는 경우 등 대통령령으로 정하는 경우에는 식품의약품안전처장에게 해당 식품 등에 대한 안전성 심사를 받아야 함
  - 최초로 유전자변형식품 등을 수입하거나 개발 또는 생산하는 경우
  - 안전성 심사를 받은 후 10년이 지난 유전자변형식품 등으로서 시중에 유통되어 판매되고 있는 경우
  - 안전성 심사를 받은 후 10년이 지나지 아니한 유전자변형식품 등으로서 식품의약품안전처장이 새로운 위해요소가 발견되었다는 등의 사유로 인체의 건강을 해칠 우려가 있다고 인정하여 심의위원회의 심의를 거쳐 고시하는 경우
- 식품의약품안전처장은 유전자변형식품 등의 안전성 심사를 위하여 식품의약품안전처에 유전자변형식품 등 안전성심사위원회를 둠

3. 출입 · 검사 · 수거 등

- 식품의약품안전처장(대통령령으로 정하는 그 소속 기관의 장을 포함), 시 · 도지사 또는 시장 · 군수 · 구청장은 식품 등의 위해방지 · 위생관리와 영업질서의 유지를 위하여 필요하면 영업자나 그 밖의 관계인에게 필요한 서류나 그 밖의 자료의 제출 요구, 관계 공무원으로 출입 · 검사 · 수거 등의 조치를 할 수 있음
- 행정처분을 받은 업소에 대한 출입 · 검사 · 수거 등은 그 처분일부터 6개월 이내에 1회 이상 실시하여야 함. 다만, 행정처분을 받은 영업자가 그 처분의 이행 결과를 보고하는 경우에는 제외

4. 자가품질검사 의무

- 식품 등을 제조 · 가공하는 영업자는 총리령으로 정하는 바에 따라 제조 · 가공하는 식품 등이 기준과 규격에 맞는지를 검사하여야 함
- 자가품질검사에 관한 기록서는 2년간 보관

5. 식품위생감시원

- 관계 공무원의 직무와 그 밖에 식품위생에 관한 지도 등을 하기 위하여 식품의약품안전처(대통령령으로 정하는 그 소속 기관을 포함), 특별시 · 광역시 · 특별자치시 · 도 · 특별자치도(시 · 도) 또는 시 · 군 · 구(자치구)에 식품위생감시원을 둠
- 식품위생감시원의 자격 · 임명 · 직무범위, 그 밖에 필요한 사항은 대통령령으로 정함
- 식품위생감시원은 매년 7시간 이상 식품위생감시원 직무교육을 받아야 함. 다만, 식품위생감시원으로 임명된 최초의 해에는 21시간 이상을 받아야 함

법조문 속 예제 및 기출문제

제16조(소비자 등의 위생검사 등 요청) ① 식품의약품안전처장(대통령령으로 정하는 그 소속 기관의 장을 포함한다. 이하 이 조에서 같다), 시 · 도지사 또는 시장 · 군수 · 구청장은 대통령령으로 정하는 일정 수 이상의 소비자, 소비자단체 또는 「식품 · 의약품분야 시험 · 검사 등에 관한 법률」 제6조에 따른 시험 · 검사기관 중 총리령으로 정하는 시험 · 검사기관이 식품 등 또는 영업시설 등에 대하여 제22조에 따른 출입 · 검사 · 수거 등(이하 이 조에서 "위생검사 등"이라 한다)을 요청하는 경우에는 이에 따라야 한다. 다만, 다음 각 호의 어느 하나에 해당하는 경우에는 그러하지 아니하다. 〈개정 2013. 3. 23., 2013. 7. 30.〉

1. 같은 소비자, 소비자단체 또는 시험 · 검사기관이 특정 영업자의 영업을 방해할 목적으로 같은 내용의 위생검사 등을 반복적으로 요청하는 경우

2. 식품의약품안전처장, 시 · 도지사 또는 시장 · 군수 · 구청장이 기술 또는 시설, 재원(財源) 등의 사유로 위생검사 등을 할 수 없다고 인정하는 경우

② 식품의약품안전처장, 시 · 도지사 또는 시장 · 군수 · 구청장은 제1항에 따라 위생검사 등의 요청에 따르는 경우 14일 이내에 위생검사 등을 하고 그 결과를 대통령령으로 정하는 바에 따라 위생

검사 등의 요청을 한 소비자, 소비자단체 또는 시험 · 검사기관에 알리고 인터넷 홈페이지에 게시하여야 한다. 〈개정 2011. 6. 7., 2013. 3. 23., 2013. 7. 30.〉

③ 위생검사 등의 요청 요건 및 절차, 그 밖에 필요한 사항은 대통령령으로 정한다.

[제목개정 2013. 7. 30.]

● **시행령**

제6조(소비자 등의 위생검사 등 요청) ① 법 제16조 제1항 각 호 외의 부분 본문에서 "대통령령으로 정하는 그 소속 기관의 장"이란 지방식품의약품안전청장을 말하고, "대통령령으로 정하는 일정 수 이상의 소비자"란 같은 영업소에 의하여 같은 피해를 입은 5명 이상의 소비자를 말한다. 〈개정 2014. 1. 28.〉

② 법 제16조 제1항에 따라 법 제22조에 따른 출입 · 검사 · 수거 등(이하 이 조에서 "위생검사 등"이라 한다)을 요청하려는 자는 총리령으로 정하는 요청서를 식품의약품안전처장(지방식품의약품안전청장을 포함한다. 이하 이 조에서 같다), 특별시장 · 광역시장 · 특별자치시장 · 도지사 · 특별자치도지사(이하 "시 · 도지사"라 한다) 또는 시장 · 군수 · 구청장(자치구의 구청장을 말한다. 이하 같다)에게 제출하되, 소비자의 대표자, 「소비자기본법」 제29조에 따른 소비자단체의 장 또는 「식품 · 의약품분야 시험 · 검사 등에 관한 법률」 제6조에 따른 시험 · 검사기관의 장을 통하여 제출하여야 한다. 〈개정 2010. 3. 15., 2013. 3. 23., 2014. 1. 28., 2014. 7. 28., 2016. 7. 26.〉

③ 식품의약품안전처장, 시 · 도지사 또는 시장 · 군수 · 구청장은 법 제16조 제2항에 따라 위생검사 등의 결과를 알리는 경우에는 소비자의 대표자, 소비자단체의 장 또는 시험 · 검사기관의 장이 요청하는 방법으로 하되, 따로 정하지 아니한 경우에는 문서로 한다. 〈개정 2013. 3. 23., 2014. 1. 28., 2014. 7. 28.〉

[제목개정 2014. 1. 28.]

● **시행규칙**

제9조의2(위생검사 등 요청기관) 법 제16조 제1항 각 호 외의 부분 본문에서 "총리령으로 정하는 식품위생검사기관"이란 다음 각 호의 기관을 말한다. 〈개정 2019. 6. 12.〉

1. 식품의약품안전평가원
2. 지방식품의약품안전청
3. 「보건환경연구원법」 제2조 제1항에 따른 보건환경연구원

[본조신설 2014. 3. 6.]

제18조(유전자변형식품 등의 안전성 심사 등) ① 유전자변형식품 등을 식용(食用)으로 수입 · 개발 · 생산하는 자는 최초로 유전자변형식품 등을 수입하는 경우 등 대통령령으로 정하는 경우에는 식품의약

품안전처장에게 해당 식품 등에 대한 안전성 심사를 받아야 한다. 〈개정 2013. 3. 23., 2016. 2. 3.〉

② 식품의약품안전처장은 제1항에 따른 유전자변형식품 등의 안전성 심사를 위하여 식품의약품안전처에 유전자변형식품 등 안전성심사위원회(이하 "안전성심사위원회"라 한다)를 둔다. 〈개정 2013. 3. 23., 2016. 2. 3.〉

③ 안전성심사위원회는 위원장 1명을 포함한 20명 이내의 위원으로 구성한다. 이 경우 공무원이 아닌 위원이 전체 위원의 과반수가 되도록 하여야 한다. 〈신설 2019. 1. 15.〉

④ 안전성심사위원회의 위원은 유전자변형식품 등에 관한 학식과 경험이 풍부한 사람으로서 다음 각 호의 어느 하나에 해당하는 사람 중에서 식품의약품안전처장이 위촉하거나 임명한다. 〈신설 2019. 1. 15.〉

1. 유전자변형식품 관련 학회 또는 「고등교육법」 제2조 제1호 및 제2호에 따른 대학 또는 산업대학의 추천을 받은 사람

2. 「비영리민간단체 지원법」 제2조에 따른 비영리민간단체의 추천을 받은 사람

3. 식품위생 관계 공무원

⑤ 안전성심사위원회의 위원장은 위원 중에서 호선한다. 〈신설 2019. 1. 15.〉

⑥ 위원의 임기는 2년으로 한다. 다만, 공무원인 위원의 임기는 해당 직(職)에 재직하는 기간으로 한다. 〈신설 2019. 1. 15.〉

⑦ 식품의약품안전처장은 거짓이나 그 밖의 부정한 방법으로 제1항에 따른 안전성 심사를 받은 자에 대하여 그 심사에 따른 안전성 승인을 취소하여야 한다. 〈신설 2024. 2. 13.〉

⑧ 제2항부터 제6항까지에서 규정한 사항 외에 안전성심사위원회의 구성·기능·운영에 필요한 사항은 대통령령으로 정한다. 〈개정 2016. 2. 3., 2019. 1. 15., 2024. 2. 13.〉

⑨ 제1항에 따른 안전성 심사의 대상, 안전성 심사를 위한 자료제출의 범위 및 심사절차 등에 관하여는 식품의약품안전처장이 정하여 고시한다. 〈개정 2013. 3. 23., 2016. 2. 3., 2019. 1. 15., 2024. 2. 13.〉

[제목개정 2016. 2. 3.]

[시행일 2024. 5. 14.] 제18조

● **시행령**

제9조(유전자변형식품 등의 안전성 심사) 법 제18조 제1항에서 "최초로 유전자변형식품 등을 수입하는 경우 등 대통령령으로 정하는 경우"란 다음 각 호의 어느 하나에 해당하는 경우를 말한다.
〈개정 2013. 3. 23., 2016. 7. 26., 2019. 7. 9.〉

1. 최초로 유전자변형식품 등[인위적으로 유전자를 재조합하거나 유전자를 구성하는 핵산을 세포나 세포 내 소기관으로 직접 주입하는 기술 또는 분류학에 따른 과(科)의 범위를 넘는 세포융합기술에 해당하는 생명공학기술을 활용하여 재배·육성된 농산물·축산물·수산물 등을 원재료로 하여 제조·가공한 식품 또는 식품첨가물을 말한다. 이하 이 조에서 같다]을 수입하거나 개발 또는 생산하는 경우

2. 법 제18조에 따른 안전성 심사를 받은 후 10년이 지난 유전자변형식품 등으로서 시중에 유통되어 판매되고 있는 경우

3. 그 밖에 법 제18조에 따른 안전성 심사를 받은 후 10년이 지나지 아니한 유전자변형식품 등으로서 식품의약품안전처장이 새로운 위해요소가 발견되었다는 등의 사유로 인체의 건강을 해칠 우려가 있다고 인정하여 심의위원회의 심의를 거쳐 고시하는 경우

[제목개정 2016. 7. 26.]

제22조(출입·검사·수거 등) ① 식품의약품안전처장(대통령령으로 정하는 그 소속 기관의 장을 포함한다. 이하 이 조에서 같다), 시·도지사 또는 시장·군수·구청장은 식품 등의 위해방지·위생관리와 영업질서의 유지를 위하여 필요하면 다음 각 호의 구분에 따른 조치를 할 수 있다. 〈개정 2009. 5. 21., 2011. 6. 7., 2013. 3. 23.〉

1. 영업자나 그 밖의 관계인에게 필요한 서류나 그 밖의 자료의 제출 요구

2. 관계 공무원으로 하여금 다음 각 목에 해당하는 출입·검사·수거 등의 조치

   가. 영업소(사무소, 창고, 제조소, 저장소, 판매소, 그 밖에 이와 유사한 장소를 포함한다)에 출입하여 판매를 목적으로 하거나 영업에 사용하는 식품 등 또는 영업시설 등에 대하여 하는 검사

   나. 가목에 따른 검사에 필요한 최소량의 식품 등의 무상 수거

   다. 영업에 관계되는 장부 또는 서류의 열람

② 식품의약품안전처장은 시·도지사 또는 시장·군수·구청장이 제1항에 따른 출입·검사·수거 등의 업무를 수행하면서 식품 등으로 인하여 발생하는 위생 관련 위해방지 업무를 효율적으로 하기 위하여 필요한 경우에는 관계 행정기관의 장, 다른 시·도지사 또는 시장·군수·구청장에게 행정응원(行政應援)을 하도록 요청할 수 있다. 이 경우 행정응원을 요청받은 관계 행정기관의 장, 시·도지사 또는 시장·군수·구청장은 특별한 사유가 없으면 이에 따라야 한다. 〈개정 2013. 3. 23.〉

③ 제1항 및 제2항의 경우에 출입·검사·수거 또는 열람하려는 공무원은 그 권한을 표시하는 증표 및 조사기간, 조사범위, 조사담당자, 관계 법령 등 대통령령으로 정하는 사항이 기재된 서류를 지니고 이를 관계인에게 내보여야 한다. 〈개정 2016. 2. 3.〉

④ 제2항에 따른 행정응원의 절차, 비용 부담 방법, 그 밖에 필요한 사항은 대통령령으로 정한다.

> **예제** 「식품위생법」의 출입 · 검사 · 수거에 대한 설명으로 옳은 것은?

● **시행규칙**

제19조(출입 · 검사 · 수거 등) ① 법 제22조에 따른 출입 · 검사 · 수거 등은 국민의 보건위생을 위하여 필요하다고 판단되는 경우에는 수시로 실시한다.

② 제1항에도 불구하고 제89조에 따라 행정처분을 받은 업소에 대한 출입 · 검사 · 수거 등은 그 처분일부터 6개월 이내에 1회 이상 실시하여야 한다. 다만, 행정처분을 받은 영업자가 그 처분의 이행 결과를 보고하는 경우에는 그러하지 아니하다.

> **예제** 「식품위생법」에서 행정처분을 받은 업소에 대한 출입 · 검사 · 수거는 언제 실시하는가?

제20조(수거량 및 검사 의뢰 등) ① 법 제22조 제1항 제2호 나목에 따라 무상으로 수거할 수 있는 식품 등의 대상과 그 수거량은 별표 8과 같다.

② 관계 공무원이 제1항에 따라 식품 등을 수거한 경우에는 별지 제16호 서식의 수거증(전자문서를 포함한다)을 발급하여야 한다. 〈개정 2011. 8. 19.〉

③ 제1항에 따라 식품 등을 수거한 관계 공무원은 그 수거한 식품 등을 그 수거 장소에서 봉함하고 관계 공무원 및 피수거자의 인장 등으로 봉인하여야 한다.

④ 식품의약품안전처장, 시 · 도지사 또는 시장 · 군수 · 구청장은 제1항에 따라 수거한 식품 등에 대해서는 지체 없이 「식품 · 의약품분야 시험 · 검사 등에 관한 법률」 제6조 제3항 제1호에 따라 식품의약품안전처장이 지정한 식품전문 시험 · 검사기관 또는 같은 조 제4항 단서에 따라 총리령으로 정하는 시험 · 검사기관에 검사를 의뢰하여야 한다. 〈개정 2013. 3. 23., 2014. 3. 6., 2014. 8. 20.〉

⑤ 식품의약품안전처장, 시 · 도지사 또는 시장 · 군수 · 구청장은 법 제22조 제1항에 따라 관계 공무원으로 하여금 출입 · 검사 · 수거를 하게 한 경우에는 별지 제17호 서식의 수거검사 처리대장(전자문서를 포함한다)에 그 내용을 기록하고 이를 갖춰 두어야 한다. 〈개정 2011. 8. 19., 2013. 3. 23.〉

⑥ 법 제22조 제3항에 따른 출입 · 검사 · 수거 또는 열람하려는 공무원의 권한을 표시하는 증표는 별지 제18호 서식과 같다.

제31조(자가품질검사 의무) ① 식품 등을 제조 · 가공하는 영업자는 총리령으로 정하는 바에 따라 제조 · 가공하는 식품 등이 제7조 또는 제9조에 따른 기준과 규격에 맞는지를 검사하여야 한다. 〈개정 2010. 1. 18., 2013. 3. 23.〉

② 식품 등을 제조 · 가공하는 영업자는 제1항에 따른 검사를 「식품 · 의약품분야 시험 · 검사 등에 관한 법률」 제6조 제3항 제2호에 따른 자가품질위탁 시험 · 검사기관에 위탁하여 실시할 수 있다. 〈개정 2013. 3. 23., 2013. 7. 30., 2018. 12. 11.〉

③ 제1항에 따른 검사를 직접 행하는 영업자는 제1항에 따른 검사 결과 해당 식품 등이 제4조부터 제6조까지, 제7조 제4항, 제8조, 제9조 제4항 또는 제9조의3을 위반하여 국민 건강에 위해가 발생하거나 발생할 우려가 있는 경우에는 지체 없이 식품의약품안전처장에게 보고하여야 한다. 〈신설 2011. 6. 7., 2013. 3. 23., 2013. 7. 30., 2022. 6. 10.〉

④ 제1항에 따른 검사의 항목 · 절차, 그 밖에 검사에 필요한 사항은 총리령으로 정한다. 〈개정 2010. 1. 18., 2011. 6. 7., 2013. 3. 23., 2013. 7. 30.〉

● 시행규칙

제31조(자가품질검사) ① 법 제31조 제1항에 따른 자가품질검사는 별표 12의 자가품질검사기준에 따라 하여야 한다.

② 삭제 〈2014. 8. 20.〉

③ 삭제 〈2014. 8. 20.〉

④ 자가품질검사에 관한 기록서는 2년간 보관하여야 한다.

제32조(식품위생감시원) ① 제22조 제1항에 따른 관계 공무원의 직무와 그 밖에 식품위생에 관한 지도 등을 하기 위하여 식품의약품안전처(대통령령으로 정하는 그 소속 기관을 포함한다), 특별시 · 광역시 · 특별자치시 · 도 · 특별자치도(이하 "시 · 도"라 한다) 또는 시 · 군 · 구(자치구를 말한다. 이하 같다)에 식품위생감시원을 둔다. 〈개정 2013. 3. 23., 2016. 2. 3.〉

② 제1항에 따른 식품위생감시원의 자격 · 임명 · 직무범위, 그 밖에 필요한 사항은 대통령령으로 정한다.

● 시행령

제16조(식품위생감시원의 자격 및 임명) ① 법 제32조 제1항에서 "대통령령으로 정하는 그 소속 기관"이란 지방식품의약품안전청을 말한다.

② 법 제32조 제1항에 따른 식품위생감시원(이하 "식품위생감시원"이라 한다)은 식품의약품안전처장(지방식품의약품안전청장을 포함한다), 시 · 도지사 또는 시장 · 군수 · 구청장이 다음 각 호의 어느 하나에 해당하는 소속 공무원 중에서 임명한다. 〈개정 2013. 3. 23., 2018. 12. 11., 2021. 12. 30.〉

1. 위생사, 식품제조기사(식품기술사·식품기사·식품산업기사·수산제조기술사·수산제조기사 및 수산제조산업기사를 말한다. 이하 같다) 또는 영양사

2. 「고등교육법」 제2조 제1호 및 제4호에 따른 대학 또는 전문대학에서 의학·한의학·약학·한약학·수의학·축산학·축산가공학·수산제조학·농산제조학·농화학·화학·화학공학·식품가공학·식품화학·식품제조학·식품공학·식품과학·식품영양학·위생학·발효공학·미생물학·조리학·생물학 분야의 학과 또는 학부를 졸업한 사람 또는 이와 같은 수준 이상의 자격이 있는 사람

3. 외국에서 위생사 또는 식품제조기사의 면허를 받거나 제2호와 같은 과정을 졸업한 것으로 식품의약품안전처장이 인정하는 사람

4. 1년 이상 식품위생행정에 관한 사무에 종사한 경험이 있는 사람

③ 식품의약품안전처장(지방식품의약품안전청장을 포함한다), 시·도지사 또는 시장·군수·구청장은 제2항 각 호의 요건에 해당하는 사람만으로는 식품위생감시원의 인력 확보가 곤란하다고 인정될 경우에는 식품위생행정에 종사하는 사람 중 소정의 교육을 2주 이상 받은 사람에 대하여 그 식품위생행정에 종사하는 기간 동안 식품위생감시원의 자격을 인정할 수 있다. 〈개정 2013. 3. 23., 2021. 12. 30.〉

● **시행규칙**

제31조의6(식품위생감시원의 교육시간 등) ① 법 제32조 제1항에 따른 식품위생감시원(이하 이 조에서 "식품위생감시원"이라 한다)은 영 제17조의2에 따라 매년 7시간 이상 식품위생감시원 직무교육을 받아야 한다. 다만, 식품위생감시원으로 임명된 최초의 해에는 21시간 이상을 받아야 한다.

② 영 제17조의2에 따른 식품위생감시원 직무교육에는 다음 각 호의 내용이 포함되어야 한다.

1. 식품안전 법령에 관한 사항

2. 식품 등의 기준 및 규격에 관한 사항

3. 영 제17조에 따른 식품위생감시원의 직무에 관한 사항

4. 그 밖에 제1호부터 제3호까지에 준하는 사항으로서 식품의약품안전처장, 시·도지사 또는 시장·군수·구청장이 식품위생감시원의 전문성 및 직무역량 강화를 위해 필요하다고 인정하는 사항

③ 제1항 및 제2항에서 규정한 사항 외에 식품위생감시원의 교육 운영 등에 필요한 세부 사항은 식품의약품안전처장이 정하여 고시한다.

[본조신설 2019. 11. 20.] [제31조의3에서 이동 〈2022. 7. 28.〉]

7) 영 업

구 분	식품위생법	식품위생법 시행령	식품위생법 시행규칙
제7장 영업	제36조(시설기준)	제21조(영업의 종류) 예제	제36조(업종별 시설기준) 별표 14
	제37조(영업허가 등)	제22조(유흥종사자의 범위) 제23조(허가를 받아야 하는 영업 및 허가관청) 제24조(허가를 받아야 하는 변경사항) 제25조(영업신고를 하여야 하는 업종) 제26조(신고를 하여야 하는 변경사항) 제26조의2(등록하여야 하는 영업) 제26조의3(등록하여야 하는 변경사항)	제37조(즉석판매제조·가공업의 대상) 별표 15 제38조(식품소분업의 신고대상) 예제 제39조(기타 식품판매업의 신고대상) 제40조(영업허가의 신청) 제41조(허가사항의 변경) 제42조(영업의 신고 등) 제43조(신고사항의 변경) 제43조의2(영업의 등록 등) 제43조의3(등록사항의 변경) 제44조(폐업신고) 제45조(품목제조의 보고 등) 제46조(품목제조보고사항 등의 변경) 제47조(영업허가 등의 보고) 제47조의2(영업 신고 또는 등록사항의 직권말소 절차)
	제38조(영업허가 등의 제한)		
	제39조(영업 승계)		제48조(영업자 지위승계 신고)
	제40조(건강진단) 예제		제49조(건강진단 대상자) 21 기출 예제 「식품위생 분야 종사자의 건강진단 규칙」 20 기출 예제 제50조(영업에 종사하지 못하는 질병의 종류) 19 기출 예제
	제41조(식품위생교육)	제27조(식품위생교육의 대상)	제51조(식품위생교육기관 등) 제52조(교육시간) 19·22·23 기출 예제 제53조(교육교재 등) 제54조(도서·벽지 등의 영업자 등에 대한 식품위생교육)
	제41조의2(위생관리책임자)	제27조의2(위생관리책임자의 자격기준)	제55조(위생관리책임자의 선임·해임 신고) 제55조의2(위생관리책임자의 기록·보관) 제55조의3(위생관리책임자의 교육훈련)
	제42조(실적보고)		제56조(생산실적 등의 보고)
	제43조(영업 제한)	제28조(영업의 제한 등)	
	제44조(영업자 등의 준수사항)	제29조(준수사항 적용 대상 영업자의 범위)	제57조(식품접객영업자 등의 준수사항 등)

(계속)

구분	식품위생법	식품위생법 시행령	식품위생법 시행규칙
제7장 영업	제44조의2(보험 가입)	제30조(책임보험의 종류 등)	
	제45조(위해식품 등의 회수)	제31조(위해식품 등을 회수한 영업자에 대한 행정처분의 감면)	제58조(회수대상 식품 등의 기준) 제59조(위해식품 등의 회수계획 및 절차 등)
	제46조(식품 등의 이물 발견보고 등) 예제		제60조(이물 보고의 대상 등)
	제47조의2(식품접객업소의 위생등급 지정 등)	제32조(위생등급) 제32조의2(위생등급 지정에 관한 업무의 위탁)	제61조(우수업소 · 모범업소의 지정 등) 제61조의2(위생등급의 지정절차 및 위생등급 공표 · 표시의 방법 등) 제61조의3(위생등급 유효기간의 연장 등)
	제48조(식품안전관리인증기준)	제33조(식품안전관리인증기준)	제62조(식품안전관리인증기준 대상 식품) 19 기출 예제 제63조(식품안전관리인증기준 적용업소의 인증신청 등) 제64조(식품안전관리인증기준 적용업소의 영업자 및 종업원에 대한 교육훈련) 제65조(식품안전관리인증기준 적용 업소에 대한 지원 등) 제66조(식품안전관리인증기준 적용업소에 대한 조사 · 평가) 제67조(식품안전관리인증기준 적용업소 인증취소 등) 제68조(식품안전관리인증기준 적용업소에 대한 출입 · 검사 면제)
	제48조의2(인증 유효기간)		제68조의2(인증유효기간의 연장신청 등)
	제48조의3(식품안전관리인증기준적용업소에 대한 조사 · 평가 등)	제34조(식품안전관리인증기준적용업소에 관한 업무의 위탁 등)	
	제48조의4(식품안전관리인증기준의 교육훈련기관 지정 등)		제68조의3(식품안전관리인증기준의 교육훈련기관 지정 등) 제68조의4(교육훈련기관의 교육내용 및 준수사항 등)
	제48조의5(교육훈련기관의 지정취소 등)		제68조의5(교육훈련기관의 행정처분 기준)
	제49조(식품이력추적관리 등록기준 등)		제69조의2(식품이력추적관리 등록 대상) 제70조(등록사항) 제71조(등록사항의 변경신고) 제72조(조사 · 평가 등)

(계속)

구 분	식품위생법	식품위생법 시행령	식품위생법 시행규칙
제7장 영업	제49조(식품이력추적관리 등록기준 등)		제73조(자금지원 대상 등) 제74조(식품이력추적관리 등록증의 반납) 제74조의2(식품이력추적관리 등록취소 등의 기준)
	제49조의2(식품이력추적관리정보의 기록·보관 등)		제74조의3(식품이력추적관리 정보의 기록·보관)
	제49조의3(식품이력추적관리시스템의 구축 등)		제74조의4(식품이력추적관리시스템에 연계된 정보의 공개)

법조문 요약

1. 영업의 종류
- 식품 제조·가공업 : 식품을 제조, 가공하는 영업
- 즉석 판매 제조·가공업 : 총리령이 정하는 식품을 제조, 가공업소에서 직접 최종 소비자에게 판매하는 영업
- 식품 첨가물 제조업
- 식품 운반업
- 식품 소분·판매업
- 식품 보존업
- 용기·포장류 제조업
- 식품 접객업
- 공유주방 운영업

2. 영업의 허가
3. 영업의 신고와 등록
4. 영업의 승계

5. 건강진단
- 건강진단 대상자 : 식품 또는 식품첨가물(화학적 합성품 또는 기구 등의 살균, 소독제 제외)을 채취·제조·가공·조리·저장·운반 또는 판매하는 데 직접 종사하는 자(단, 영업자 또는 종업원 중 완전 포장된 식품 또는 식품첨가물을 운반 또는 판매하는 데 종사하는 자 제외)
- 영업에 종사하지 못하는 질병의 종류
  - 콜레라, 장티푸스, 파라티푸스, 세균성 이질, 장출혈성 대장균감염증, A형간염
  - 제2급 감염병 : 결핵(비감염성인 경우 제외)
  - 피부병 또는 그 밖의 고름 형성(화농성) 질환
  - 후천성면역결핍증(성병에 관한 건강진단을 받아야 하는 영업에 종사하는 자에 한함 예 유흥접객원)

6. 식품위생교육
7. 식품안전관리인증기준

제36조(시설기준) ① 다음의 영업을 하려는 자는 총리령으로 정하는 시설기준에 맞는 시설을 갖추어야 한다.〈개정 2010. 1. 18., 2013. 3. 23., 2020. 12. 29.〉

1. 식품 또는 식품첨가물의 제조업, 가공업, 운반업, 판매업 및 보존업

2. 기구 또는 용기 · 포장의 제조업

3. 식품접객업

4. 공유주방 운영업(제2조 제5호의2에 따라 여러 영업자가 함께 사용하는 공유주방을 운영하는 경우로 한정한다. 이하 같다)

② 제1항에 따른 시설은 영업을 하려는 자별로 구분되어야 한다. 다만, 공유주방을 운영하는 경우에는 그러하지 아니하다.〈신설 2020. 12. 29.〉

③ 제1항 각 호에 따른 영업의 세부 종류와 그 범위는 대통령령으로 정한다.〈개정 2020. 12. 29.〉

● **시행령**

제21조(영업의 종류) 법 제36조 제2항에 따른 영업의 세부 종류와 그 범위는 다음 각 호와 같다. 〈개정 2010. 3. 15., 2011. 3. 30., 2013. 3. 23., 2013. 12. 30., 2016. 1. 22., 2017. 12. 12., 2021. 12. 30., 2022. 6. 7., 2023. 7. 25.〉

1. 식품제조 · 가공업 : 식품을 제조 · 가공하는 영업

2. 즉석판매제조 · 가공업 : 총리령으로 정하는 식품을 제조 · 가공업소에서 직접 최종소비자에게 판매하는 영업

3. 식품첨가물제조업

　가. 감미료 · 착색료 · 표백제 등의 화학적 합성품을 제조 · 가공하는 영업

　나. 천연 물질로부터 유용한 성분을 추출하는 등의 방법으로 얻은 물질을 제조 · 가공하는 영업

　다. 식품첨가물의 혼합제재를 제조 · 가공하는 영업

　라. 기구 및 용기 · 포장을 살균 · 소독할 목적으로 사용되어 간접적으로 식품에 이행(移行)될 수 있는 물질을 제조 · 가공하는 영업

4. 식품운반업 : 직접 마실 수 있는 유산균음료(살균유산균음료를 포함한다)나 어류 · 조개류 및 그 가공품 등 부패 · 변질되기 쉬운 식품을 전문적으로 운반하는 영업. 다만, 해당 영업자의 영업소에서 판매할 목적으로 식품을 운반하는 경우와 해당 영업자가 제조 · 가공한 식품을 운반하는 경우는 제외한다.

5. 식품소분 · 판매업

　가. 식품소분업 : 총리령으로 정하는 식품 또는 식품첨가물의 완제품을 나누어 유통할 목적으로 재포장 · 판매하는 영업

나. 식품판매업

　1) 식용얼음판매업 : 식용얼음을 전문적으로 판매하는 영업

　2) 식품자동판매기영업 : 식품을 자동판매기에 넣어 판매하는 영업. 다만, 소비기한이 1개월 이상인 완제품만을 자동판매기에 넣어 판매하는 경우는 제외한다.

　3) 유통전문판매업 : 식품 또는 식품첨가물을 스스로 제조·가공하지 아니하고 제1호의 식품 제조·가공업자 또는 제3호의 식품첨가물제조업자에게 의뢰하여 제조·가공한 식품 또는 식품첨가물을 자신의 상표로 유통·판매하는 영업

　4) 집단급식소 식품판매업 : 집단급식소에 식품을 판매하는 영업

　5) 삭제 〈2016. 1. 22.〉

　6) 기타 식품판매업 : 1)부터 4)까지를 제외한 영업으로서 총리령으로 정하는 일정 규모 이상의 백화점, 슈퍼마켓, 연쇄점 등에서 식품을 판매하는 영업

6. 식품보존업

　가. 식품조사처리업 : 방사선을 쬐어 식품의 보존성을 물리적으로 높이는 것을 업(業)으로 하는 영업

　나. 식품냉동·냉장업 : 식품을 얼리거나 차게 하여 보존하는 영업. 다만, 수산물의 냉동·냉장은 제외한다.

7. 용기·포장류제조업

　가. 용기·포장지제조업 : 식품 또는 식품첨가물을 넣거나 싸는 물품으로서 식품 또는 식품첨가물에 직접 접촉되는 용기(옹기류는 제외한다)·포장지를 제조하는 영업

　나. 옹기류제조업 : 식품을 제조·조리·저장할 목적으로 사용되는 독, 항아리, 뚝배기 등을 제조하는 영업

8. 식품접객업

> **예제** 「식품위생법」에 따른 식품접객업 중 일반음식점영업에 대한 설명으로 옳은 것은?

　가. 휴게음식점영업 : 주로 다류(茶類), 아이스크림류 등을 조리·판매하거나 패스트푸드점, 분식점 형태의 영업 등 음식류를 조리·판매하는 영업으로서 음주행위가 허용되지 아니하는 영업. 다만, 편의점, 슈퍼마켓, 휴게소, 그 밖에 음식류를 판매하는 장소(만화가게 및 「게임산업진흥에 관한 법률」 제2조 제7호에 따른 인터넷컴퓨터게임시설제공업을 하는 영업소 등 음식류를 부수적으로 판매하는 장소를 포함한다)에서 컵라면, 일회용 다류 또는 그 밖의 음식류에 물을 부어 주는 경우는 제외한다.

　나. 일반음식점영업 : 음식류를 조리·판매하는 영업으로서 식사와 함께 부수적으로 음주행위가 허용되는 영업

다. 단란주점영업 : 주로 주류를 조리 · 판매하는 영업으로서 손님이 노래를 부르는 행위가 허용되는 영업

라. 유흥주점영업 : 주로 주류를 조리 · 판매하는 영업으로서 유흥종사자를 두거나 유흥시설을 설치할 수 있고 손님이 노래를 부르거나 춤을 추는 행위가 허용되는 영업

마. 위탁급식영업 : 집단급식소를 설치 · 운영하는 자와의 계약에 따라 그 집단급식소에서 음식류를 조리하여 제공하는 영업

바. 제과점영업 : 주로 빵, 떡, 과자 등을 제조 · 판매하는 영업으로서 음주행위가 허용되지 아니하는 영업

9. 공유주방 운영업 : 여러 영업자가 함께 사용하는 공유주방을 운영하는 영업

● **시행규칙**

제36조(업종별 시설기준) 법 제36조에 따른 업종별 시설기준은 별표 14와 같다.

식품위생법 시행규칙 별표 14

업종별 시설기준(제36조 관련)

1. 식품제조 · 가공업의 시설기준

가. 식품의 제조시설과 원료 및 제품의 보관시설 등이 설비된 건축물(이하 "건물"이라 한다)의 위치 등

　　1) 건물의 위치는 축산폐수 · 화학물질, 그 밖에 오염물질의 발생시설로부터 식품에 나쁜 영향을 주지 아니하는 거리를 두어야 한다.

　　2) 건물의 구조는 제조하려는 식품의 특성에 따라 적정한 온도가 유지될 수 있고, 환기가 잘 될 수 있어야 한다.

　　3) 건물의 자재는 식품에 나쁜 영향을 주지 아니하고 식품을 오염시키지 아니하는 것이어야 한다.

나. 작업장

　　1) 작업장은 독립된 건물이거나 식품제조 · 가공 외의 용도로 사용되는 시설과 분리(별도의 방을 분리함에 있어 벽이나 층 등으로 구분하는 경우를 말한다. 이하 같다)되어야 한다.

　　2) 작업장은 원료처리실 · 제조가공실 · 포장실 및 그 밖에 식품의 제조 · 가공에 필요한 작업실을 말하며, 각각의 시설은 분리 또는 구획(칸막이 · 커튼 등으로 구분하는 경우를 말한다. 이하 같다)되어야 한다. 다만, 제조공정의 자동화 또는 시설 · 제품의 특수성으로 인하여 분리 또는 구획할 필요가 없다고 인정되는 경우로서 각각의 시설이 서로 구분(선 · 줄 등으로 구분하는 경우를 말한다. 이하 같다)될 수 있는 경우에는 그러하지 아니하다.

　　3) 작업장의 바닥 · 내벽 및 천장 등은 다음과 같은 구조로 설비되어야 한다.

　　　가) 바닥은 콘크리트 등으로 내수처리를 하여야 하며, 배수가 잘 되도록 하여야 한다.

　　　나) 내벽은 바닥으로부터 1.5미터까지 밝은색의 내수성으로 설비하거나 세균방지용 페인트로 도색하여야 한다. 다만, 물을 사용하지 않고 위생상 위해발생의 우려가 없는 경우에는 그러하지 아니하다.

　　　다) 작업장의 내부 구조물, 벽, 바닥, 천장, 출입문, 창문 등은 내구성, 내부식성 등을 가지고, 세척 · 소독이 용이하여야 한다.

　　4) 작업장 안에서 발생하는 악취 · 유해가스 · 매연 · 증기 등을 환기시키기에 충분한 환기시설을 갖추어야 한다.

5) 작업장은 외부의 오염물질이나 해충, 설치류, 빗물 등의 유입을 차단할 수 있는 구조이어야 한다.

6) 작업장은 폐기물·폐수 처리시설과 격리된 장소에 설치하여야 한다.

다. 식품취급시설 등

1) 식품을 제조·가공하는 데 필요한 기계·기구류 등 식품취급시설은 식품의 특성에 따라 식품의약품안전처장이 고시하는 식품 등의 기준 및 규격(이하 "식품 등의 기준 및 규격"이라 한다)에서 정하고 있는 제조·가공기준에 적합한 것이어야 한다.

2) 식품취급시설 중 식품과 직접 접촉하는 부분은 위생적인 내수성재질[스테인리스·알루미늄·강화플라스틱(FRP)·테프론 등 물을 흡수하지 아니하는 것을 말한다. 이하 같다]로서 씻기 쉬운 것이거나 위생적인 목재로서 씻는 것이 가능한 것이어야 하며, 열탕·증기·살균제 등으로 소독·살균이 가능한 것이어야 한다.

3) 냉동·냉장시설 및 가열처리시설에는 온도계 또는 온도를 측정할 수 있는 계기를 설치하여야 한다.

라. 급수시설

1) 수돗물이나 「먹는물관리법」 제5조에 따른 먹는 물의 수질기준에 적합한 지하수 등을 공급할 수 있는 시설을 갖추어야 한다.

2) 지하수 등을 사용하는 경우 취수원은 화장실·폐기물처리시설·동물사육장, 그 밖에 지하수가 오염될 우려가 있는 장소로부터 영향을 받지 아니하는 곳에 위치하여야 한다.

3) 먹기에 적합하지 않은 용수는 교차 또는 합류되지 않아야 한다.

마. 화장실

1) 작업장에 영향을 미치지 아니하는 곳에 정화조를 갖춘 수세식 화장실을 설치하여야 한다. 다만, 인근에 사용하기 편리한 화장실이 있는 경우에는 화장실을 따로 설치하지 아니할 수 있다.

2) 화장실은 콘크리트 등으로 내수처리를 하여야 하고, 바닥과 내벽(바닥으로부터 1.5미터까지)에는 타일을 붙이거나 방수페인트로 색칠하여야 한다.

바. 창고 등의 시설

1) 원료와 제품을 위생적으로 보관·관리할 수 있는 창고를 갖춰야 한다. 다만, 다음의 어느 하나에 해당하는 경우에는 창고를 갖추지 않을 수 있다.

가) 창고에 갈음할 수 있는 냉동·냉장시설을 따로 갖춘 경우

나) 같은 영업자가 다음의 어느 하나에 해당하는 영업을 하면서 해당 영업소의 창고 등 시설을 공동으로 이용하는 경우

(1) 영 제21조 제3호에 따른 식품첨가물제조업

(2) 「약사법」 제31조 제1항에 따른 의약품제조업 또는 같은 조 제4항에 따른 의약외품제조업

(3) 「축산물 위생관리법」 제21조 제1항 제3호에 따른 축산물가공업

(4) 「건강기능식품에 관한 법률 시행령」 제2조 제1호 가목에 따른 건강기능식품전문제조업

2) 창고의 바닥에는 양탄자를 설치하여서는 아니 된다.

사. 검사실

1) 식품 등의 기준 및 규격을 검사할 수 있는 검사실을 갖추어야 한다. 다만, 다음 각 호의 어느 하나에 해당하는 경우에는 이를 갖추지 아니할 수 있다.

가) 법 제31조 제2항에 따라 「식품·의약품분야 시험·검사 등에 관한 법률」 제6조 제3항 제2호에 따른 자가품질위탁 시험·검사기관 등에 위탁하여 자가품질검사를 하려는 경우

나) 같은 영업자가 다른 장소에 영업신고한 같은 업종의 영업소에 검사실을 갖추고 그 검사실에서 법 제31조 제1항에 따른 자가품질검사를 하려는 경우

다) 같은 영업자가 설립한 식품 관련 연구·검사기관에서 자사 제품에 대하여 법 제31조 제1항에 따른 자가품질검사를 하려는 경우

라) 「독점규제 및 공정거래에 관한 법률」 제2조 제2호에 따른 기업집단에 속하는 식품 관련 연구 · 검사기
　관 또는 같은 조 제3호에 따른 계열회사가 영업신고한 같은 업종의 영업소의 검사실에서 법 제31조
　제1항에 따른 자가품질검사를 하려는 경우
마) 같은 영업자, 동일한 기업집단(「독점규제 및 공정거래에 관한 법률」 제2조 제2호에 따른 기업집단을
　말한다)에 속하는 식품 관련 연구 · 검사기관 또는 영업자의 계열회사(같은 법 제2조 제3호에 따른 계
　열회사를 말한다)가 영 제21조 제3호에 따른 식품첨가물제조업, 「축산물 위생관리법」 제21조 제1항
　제3호에 따른 축산물가공업, 「건강기능식품에 관한 법률 시행령」 제2조 제1호 가목에 따른 건강기능
　식품전문제조업, 「약사법」 제2조 제4호 · 제7호에 따른 의약품 · 의약외품의 제조업, 「화장품법」 제2조
　제10호에 따른 화장품제조업, 「위생용품 관리법」 제2조 제2호에 따른 위생용품제조업을 하면서 해당
　영업소에 검사실 또는 시험실을 갖추고 법 제31조 제1항에 따른 자가품질검사를 하려는 경우
2) 검사실을 갖추는 경우에는 자가품질검사에 필요한 기계 · 기구 및 시약류를 갖추어야 한다.

아. 운반시설
　식품을 운반하기 위한 차량, 운반도구 및 용기를 갖춘 경우 식품과 직접 접촉하는 부분의 재질은 인체에 무
　해하며 내수성 · 내부식성을 갖추어야 한다.

자. 시설기준 적용의 특례
1) 선박에서 수산물을 제조 · 가공하는 경우에는 다음의 시설만 설비할 수 있다.
　가) 작업장 : 작업장에서 발생하는 악취 · 유해가스 · 매연 · 증기 등을 환기시키는 시설을 갖추어야 한다.
　나) 창고 등의 시설 등 : 냉동 · 냉장시설을 갖추어야 한다.
　다) 화장실 : 수세식 화장실을 두어야 한다.
2) 식품제조 · 가공업자가 제조 · 가공시설 등이 부족한 경우에는 다음의 어느 하나에 해당하는 영업자에게
　위탁하여 식품을 제조 · 가공할 수 있다.
　가) 영 제21조 제1호에 따른 식품제조 · 가공업의 영업자
　나) 영 제21조 제2호에 따른 즉석판매제조 · 가공업의 영업자
　다) 영 제21조 제3호에 따른 식품첨가물제조업의 영업자
　라) 「축산물 위생관리법」 제21조 제1항 제3호에 따른 축산물가공업의 영업자
　마) 「건강기능식품에 관한 법률 시행령」 제2조 제1호 가목에 따른 건강기능식품전문제조업의 영업자
3) 하나의 업소가 둘 이상의 업종의 영업을 할 경우 또는 둘 이상의 식품을 제조 · 가공하고자 할 경우로서 각
　각의 제품이 전부 또는 일부의 동일한 공정을 거쳐 생산되는 경우에는 그 공정에 사용되는 시설 및 작업장
　을 함께 쓸 수 있다. 이 경우 「축산물 위생관리법」 제22조에 따라 축산물가공업의 허가를 받은 업소, 「먹는
　물관리법」 제21조에 따라 먹는샘물제조업의 허가를 받은 업소, 「주세법」 제6조에 따라 주류제조의 면허를
　받아 주류를 제조하는 업소 및 「건강기능식품에 관한 법률」 제5조에 따라 건강기능식품제조업의 허가를
　받은 업소 및 「양곡관리법」 제19조에 따라 양곡가공업 등록을 한 업소의 시설 및 작업장도 또한 같다.
4) 「농업 · 농촌 및 식품산업 기본법」 제3조 제2호에 따른 농업인, 같은 조 제4호에 따른 생산자단체, 「수산업 ·
　어촌 발전 기본법」 제3조 제2호에 따른 수산인, 같은 조 제3호에 따른 어업인, 같은 조 제5호에 따른 생산자
　단체, 「농어업경영체 육성 및 지원에 관한 법률」 제16조에 따른 영농조합법인 · 영어조합법인 또는 같은 법
　제19조에 따른 농업회사법인 · 어업회사법인이 국내산 농산물과 수산물을 주된 원료로 식품을 직접 제조 ·
　가공하는 영업과 「전통시장 및 상점가 육성을 위한 특별법」 제2조 제1호에 따른 전통시장에서 식품을 제조 ·
　가공하는 영업에 대해서는 특별자치도지사 · 시장 · 군수 · 구청장은 그 시설기준을 따로 정할 수 있다.
5) 식품제조 · 가공업을 함께 영위하려는 의약품제조업자 또는 의약외품제조업자는 제조하는 의약품 또는
　의약외품 중 내복용 제제가 식품에 전이될 우려가 없다고 식품의약품안전처장이 인정하는 경우에는 해당
　의약품 또는 의약외품 제조시설을 식품제조 · 가공시설로 이용할 수 있다. 이 경우 식품제조 · 가공시설로
　이용할 수 있는 기준 및 방법 등 세부사항은 식품의약품안전처장이 정하여 고시한다.

6) 「곤충산업의 육성 및 지원에 관한 법률」제2조 제3호에 따른 곤충농가가 곤충을 주된 원료로 하여 식품을 제조·가공하는 영업을 하려는 경우 특별자치시장·특별자치도지사·시장·군수·구청장은 그 시설기준을 따로 정할 수 있다.

7) 식품제조·가공업자가 바목 1)에 따른 창고의 용량이 부족하여 생산한 반제품을 보관할 수 없는 경우에는 영업등록을 한 영업소의 소재지와 다른 곳에 설치하거나 임차한 창고에 일시적으로 보관할 수 있다.

8) 공유주방 운영업의 시설을 사용하는 경우에는 제10호의 공유주방 운영업의 시설기준에 따른다.

2. 즉석판매제조·가공업의 시설기준

가. 건물의 위치 등

1) 독립된 건물이거나 즉석판매제조·가공 외의 용도로 사용되는 시설과 분리 또는 구획되어야 한다. 다만, 백화점 등 식품을 전문으로 취급하는 일정장소(식당가·식품매장 등을 말한다) 또는 일반음식점·휴게음식점·제과점 영업장과 직접 접한 장소에서 즉석판매제조·가공업의 영업을 하려는 경우, 「축산물 위생관리법」제21조 제7호 가목에 따른 식육판매업소에서 식육을 이용하여 즉석판매제조·가공업의 영업을 하려는 경우 및 「건강기능식품에 관한 법률 시행령」제2조 제3호 가목에 따른 건강기능식품일반판매업소에서 즉석판매제조·가공업의 영업을 하려는 경우로서 식품위생상 위해발생의 우려가 없다고 인정되는 경우에는 그러하지 아니하다.

2) 건물의 위치·구조 및 자재에 관하여는 1. 식품제조·가공업의 시설기준 중 가. 건물의 위치 등의 관련 규정을 준용한다.

나. 작업장

1) 식품을 제조·가공할 수 있는 기계·기구류 등이 설치된 제조·가공실을 두어야 한다. 다만, 식품제조·가공업 영업자가 제조·가공한 식품 또는 「수입식품안전관리 특별법」제15조 제1항에 따라 등록한 수입식품 등 수입·판매업 영업자가 수입·판매한 식품을 소비자가 원하는 만큼 덜어서 판매하는 것만 하고, 식품의 제조·가공은 하지 아니하는 영업자인 경우에는 제조·가공실을 두지 아니할 수 있다.

2) 제조가공실의 시설 등에 관하여는 1. 식품제조·가공업의 시설기준 중 나. 작업장의 관련 규정을 준용한다.

다. 식품취급시설 등

식품취급시설 등에 관하여는 1. 식품제조·가공업의 시설기준 중 다. 식품취급시설 등의 관련 규정을 준용한다.

라. 급수시설

급수시설은 1. 식품제조·가공업의 시설기준 중 라. 급수시설의 관련 규정을 준용한다. 다만, 인근에 수돗물이나 「먹는물관리법」제5조에 따른 먹는물 수질기준에 적합한 지하수 등을 공급할 수 있는 시설이 있는 경우에는 이를 설치하지 아니할 수 있다.

마. 판매시설

식품을 위생적으로 유지·보관할 수 있는 진열·판매시설을 갖추어야 한다. 다만, 신고관청은 즉석판매제조·가공업의 영업자가 제조·가공하는 식품의 형태 및 판매 방식 등을 고려해 진열·판매의 필요성 및 식품위생에의 위해성이 모두 없다고 인정하는 경우에는 진열·판매시설의 설치를 생략하게 할 수 있다.

바. 화장실

1) 화장실을 작업장에 영향을 미치지 아니하는 곳에 설치하여야 한다.

2) 정화조를 갖춘 수세식 화장실을 설치하여야 한다. 다만, 상·하수도가 설치되지 아니한 지역에서는 수세식이 아닌 화장실을 설치할 수 있다.

3) 2)단서에 따라 수세식이 아닌 화장실을 설치하는 경우에는 변기의 뚜껑과 환기시설을 갖추어야 한다.

4) 공동화장실이 설치된 건물 안에 있는 업소 및 인근에 사용이 편리한 화장실이 있는 경우에는 따로 설치하지 아니할 수 있다.

사. 시설기준 적용의 특례

　　1) 「전통시장 및 상점가 육성을 위한 특별법」제2조 제1호에 따른 전통시장 또는 「관광진흥법 시행령」제2조 제1항 제5호 가목에 따른 종합유원시설업의 시설 안에서 이동판매형태의 즉석판매제조 · 가공업을 하려는 경우에는 특별자치시장 · 특별자치도지사 · 시장 · 군수 · 구청장이 그 시설기준을 따로 정할 수 있다.

　　2) 「도시와 농어촌 간의 교류촉진에 관한 법률」제10조에 따라 농어촌체험 · 휴양마을사업자가 지역 농 · 수 · 축산물을 주재료로 이용한 식품을 제조 · 판매 · 가공하는 경우에는 특별자치시장 · 특별자치도지사 · 시장 · 군수 · 구청장이 그 시설기준을 따로 정할 수 있다.

　　3) 지방자치단체의 장이 주최 · 주관 또는 후원하는 지역행사 등에서 즉석판매제조 · 가공업을 하려는 경우에는 특별자치시장 · 특별자치도지사 · 시장 · 군수 · 구청장이 그 시설기준을 따로 정할 수 있다.

　　4) 지방자치단체 및 농림축산식품부장관이 인정한 생산자단체 등에서 국내산 농 · 수 · 축산물을 주재료로 이용한 식품을 제조 · 판매 · 가공하는 경우에는 특별자치시장 · 특별자치도지사 · 시장 · 군수 · 구청장이 그 시설기준을 따로 정할 수 있다.

　　5) 「전시산업발전법」제2조 제4호에 따른 전시시설 또는 「국제회의산업 육성에 관한 법률」제2조 제3호에 따른 국제회의시설에서 즉석판매제조 · 가공업을 하려는 경우에는 특별자치시장 · 특별자치도지사 · 시장 · 군수 · 구청장이 그 시설기준을 따로 정할 수 있다.

　　6) 그 밖에 특별자치시장 · 특별자치도지사 · 시장 · 군수 · 구청장이 별도로 지정하는 장소에서 즉석판매제조 · 가공업을 하려는 경우에는 특별자치시장 · 특별자치도지사 · 시장 · 군수 · 구청장이 그 시설기준을 따로 정할 수 있다.

　　7) 공유주방 운영업의 시설을 사용하는 경우에는 제10호의 공유주방 운영업의 시설기준에 따른다.

아. 삭제 <2017. 12. 29.>

자. 삭제 <2017. 12. 29.>

3. 식품첨가물제조업의 시설기준

식품제조 · 가공업의 시설기준을 준용한다. 다만, 건물의 위치 · 구조 및 작업장에 대하여는 신고관청이 위생상 위해발생의 우려가 없다고 인정하는 경우에는 그러하지 아니하다.

4. 식품운반업의 시설기준

가. 운반시설

　　1) 냉동 또는 냉장시설을 갖춘 적재고(積載庫)가 설치된 운반 차량 또는 선박이 있어야 한다. 다만, 다음의 어느 하나에 해당하는 경우에는 냉동 또는 냉장시설을 갖춘 적재고를 갖추지 않을 수 있다.

　　　가) 어패류에 식용얼음을 넣어 운반하는 경우

　　　나) 냉동 또는 냉장시설이 필요 없는 식품만을 취급하는 경우

　　　다) 염수로 냉동된 통조림제조용 어류를 식품 등의 기준 및 규격에서 정하고 있는 보존 및 유통기준에 따라 운반하는 경우

　　　라) 식품운반자가 「축산물 위생관리법 시행령」제21조 제6호에 따른 축산물운반업을 함께 하면서 해당 영업소의 적재고를 공동으로 이용하여 밀봉 포장된 식품과 밀봉 포장된 축산물(「축산물 위생관리법」에 따른 축산물을 말한다. 이하 같다)을 섞이지 않게 구별하여 보관 · 운반하는 경우

　　2) 냉동 또는 냉장시설로 된 적재고의 내부는 식품 등의 기준 및 규격 중 운반식품의 보존 및 유통기준에 적합한 온도를 유지하여야 하며, 시설외부에서 내부의 온도를 알 수 있도록 온도계를 설치하여야 한다. 이 경우 온도계의 온도를 식품 등의 기준 및 규격에서 정한 기준에 적합하게 보이도록 조작(造作)할 수 있는 장치를 설치해서는 안 된다.

　　3) 적재고는 혈액 등이 누출되지 아니하고 냄새를 방지할 수 있는 구조이어야 한다.

나. 세차시설

세차장은 「수질환경보전법」에 적합하게 전용세차장을 설치하여야 한다. 다만, 동일 영업자가 공동으로 세차장을 설치하거나 타인의 세차장을 사용계약한 경우에는 그러하지 아니하다.

다. 차고

식품운반용 차량을 주차시킬 수 있는 전용차고를 두어야 한다. 다만, 타인의 차고를 사용계약한 경우와 「화물자동차 운수사업법」 제55조에 따른 사용신고 대상이 아닌 자가용 화물자동차의 경우에는 그러하지 아니하다.

라. 사무소

영업활동을 위한 사무소를 두어야 한다. 다만, 영업활동에 지장이 없는 경우에는 다른 사무소를 함께 사용할 수 있고, 「화물자동차 운수사업법」 제3조 제1항 제2호에 따른 개인화물자동차 운송사업의 영업자가 식품운반업을 하려는 경우에는 사무소를 두지 않을 수 있다.

5. 식품소분 · 판매업의 시설기준

가. 공통시설기준

1) 작업장 또는 판매장(식품자동판매기영업 및 유통전문판매업을 제외한다)

가) 건물은 독립된 건물이거나 주거장소 또는 식품소분 · 판매업 외의 용도로 사용되는 시설과 분리 또는 구획되어야 한다.

나) 식품소분업의 소분실은 1. 식품제조 · 가공업의 시설기준 중 나. 작업장의 관련 규정을 준용한다.

2) 급수시설(식품소분업 등 물을 사용하지 아니하는 경우를 제외한다)

수돗물이나 「먹는물관리법」 제5조에 따른 먹는 물의 수질기준에 적합한 지하수 등을 공급할 수 있는 시설을 갖추어야 한다.

3) 화장실(식품자동판매기영업을 제외한다)

가) 화장실은 작업장 및 판매장에 영향을 미치지 아니하는 곳에 설치하여야 한다.

나) 정화조를 갖춘 수세식 화장실을 설치하여야 한다. 다만, 상 · 하수도가 설치되지 아니한 지역에서는 수세식이 아닌 화장실을 설치할 수 있다.

다) 나) 단서에 따라 수세식이 아닌 화장실을 설치한 경우에는 변기의 뚜껑과 환기시설을 갖추어야 한다.

라) 공동화장실이 설치된 건물 안에 있는 업소 및 인근에 사용이 편리한 화장실이 있는 경우에는 따로 화장실을 설치하지 아니할 수 있다.

4) 공통시설기준의 적용특례

가) 지방자치단체 및 농림축산식품부장관이 인정한 생산자단체 등에서 국내산 농 · 수 · 축산물의 판매촉진 및 소비홍보 등을 위하여 14일 이내의 기간에 한하여 특정장소에서 농 · 수 · 축산물의 판매행위를 하려는 경우에는 공통시설기준에 불구하고 특별자치도지사 · 시장 · 군수 · 구청장(시 · 도에서 농 · 수 · 축산물의 판매행위를 하는 경우에는 시 · 도지사)이 시설기준을 따로 정할 수 있다.

나) 공유주방 운영업의 시설을 사용하여 식품소분업을 하는 경우에는 제10호의 공유주방 운영업의 시설기준에 따른다.

나. 업종별 시설기준

1) 식품소분업

가) 식품 등을 소분 · 포장할 수 있는 시설을 설치하여야 한다.

나) 소분 · 포장하려는 제품과 소분 · 포장한 제품을 보관할 수 있는 창고를 설치하여야 한다.

2) 식용얼음판매업

가) 판매장은 얼음을 저장하는 창고와 취급실이 구획되어야 한다.

나) 취급실의 바닥은 타일 · 콘크리트 또는 두꺼운 목판자 등으로 설비하여야 하고, 배수가 잘 되어야 한다.

다) 판매장의 주변은 배수가 잘 되어야 한다.

라) 배수로에는 덮개를 설치하여야 한다.

마) 얼음을 저장하는 창고에는 보기 쉬운 곳에 온도계를 비치하여야 한다.

바) 소비자에게 배달판매를 하려는 경우에는 위생적인 용기가 있어야 한다.

3) 식품자동판매기영업

가) 식품자동판매기(이하 "자판기"라 한다)는 위생적인 장소에 설치하여야 하며, 옥외에 설치하는 경우에는 비ㆍ눈ㆍ직사광선으로부터 보호되는 구조이어야 한다.

나) 더운 물을 필요로 하는 제품의 경우에는 제품의 음용온도는 68℃ 이상이 되도록 하여야 하고, 자판기 내부에는 살균등(더운 물을 필요로 하는 경우를 제외한다)ㆍ정수기 및 온도계가 부착되어야 한다. 다만, 물을 사용하지 않는 경우는 제외한다.

다) 자판기 안의 물탱크는 내부 청소가 쉽도록 뚜껑을 설치하고 녹이 슬지 아니하는 재질을 사용하여야 한다.

라) 삭제 <2011. 8. 19.>

4) 유통전문판매업

가) 영업활동을 위한 독립된 사무소가 있어야 한다. 다만, 영업활동에 지장이 없는 경우에는 다른 사무소를 함께 사용할 수 있으며, 「방문판매 등에 관한 법률」 제2조 제1호ㆍ제3호ㆍ제5호에 따른 방문판매ㆍ전화권유판매ㆍ다단계판매 및 「전자상거래 등에서의 소비자보호에 관한 법률」 제2조 제1호ㆍ제2호에 따른 전자상거래ㆍ통신판매 형태의 영업으로서 구매자가 직접 영업활동을 위한 사무소를 방문하지 않는 경우에는 「건축법」에 따른 주택 용도의 건축물을 사무소로 사용할 수 있다.

나) 식품을 위생적으로 보관할 수 있는 창고를 갖추어야 한다. 이 경우 보관창고는 영업신고를 한 영업소의 소재지와 다른 곳에 설치하거나 임차하여 사용할 수 있다.

다) 나)에 따른 창고를 전용으로 갖출 수 없거나 전용 창고만으로는 그 용량이 부족할 경우에는 다음의 어느 하나에 해당하는 시설을 구분하여 사용할 수 있다.

(1) 같은 영업자가 식품제조ㆍ가공업 또는 식품첨가물제조업을 하는 경우 해당 영업에 사용되는 창고 등 시설

(2) 식품 또는 식품첨가물의 제조ㆍ가공을 의뢰받은 식품제조ㆍ가공업 또는 식품첨가물제조업을 하는 자와 창고 등 시설 사용에 관한 계약을 체결한 경우 해당 영업에 사용되는 창고 등 시설

(3) 같은 영업자가 「먹는물관리법」 제21조 제4항에 따라 유통전문판매업을 하는 경우 해당 영업에 사용되는 「먹는물관리법 시행규칙」 별표 3 제3호 나목에 따른 보관시설

라) 상시 운영하는 반품ㆍ교환품의 보관시설을 두어야 한다.

5) 집단급식소 식품판매업

가) 사무소

영업활동을 위한 독립된 사무소가 있어야 한다. 다만, 영업활동에 지장이 없는 경우에는 다른 사무소를 함께 사용할 수 있다.

나) 작업장

(1) 식품을 선별ㆍ분류하는 작업은 항상 찬 곳(0~18℃)에서 할 수 있도록 하여야 한다.

(2) 작업장은 식품을 위생적으로 보관하거나 선별 등의 작업을 할 수 있도록 독립된 건물이거나 다른 용도로 사용되는 시설과 분리되어야 한다.

(3) 작업장 바닥은 콘크리트 등으로 내수처리를 하여야 하고, 물이 고이거나 습기가 차지 아니하게 하여야 한다.

(4) 작업장에는 쥐, 바퀴 등 해충이 들어오지 못하게 하여야 한다.

(5) 작업장에서 사용하는 칼, 도마 등 조리기구는 육류용과 채소용 등 용도별로 구분하여 그 용도로만 사용하여야 한다.

(6) 신고관청은 집단급식소 식품판매업의 영업자가 판매하는 식품 형태 및 판매 방식 등을 고려해 작업장의 필요성과 식품위생에의 위해성이 모두 없다고 인정하는 경우에는 작업장의 설치를 생략하게 할 수 있다.

다) 창고 등 보관시설

(1) 식품 등을 위생적으로 보관할 수 있는 창고를 갖추어야 한다. 이 경우 창고는 영업신고를 한 소재지와 다른 곳에 설치하거나 임차하여 사용할 수 있다.

(2) 창고에는 식품의약품안전처장이 정하는 보존 및 유통기준에 적합한 온도에서 보관할 수 있도록 냉장시설 및 냉동시설을 갖추어야 한다. 다만, 창고에서 냉장처리나 냉동처리가 필요하지 아니한 식품을 처리하는 경우에는 냉장시설 또는 냉동시설을 갖추지 아니하여도 된다.

(3) 서로 오염원이 될 수 있는 식품을 보관·운반하는 경우 구분하여 보관·운반하여야 한다.

라) 운반차량

(1) 식품을 위생적으로 운반하기 위하여 냉동시설이나 냉장시설을 갖춘 적재고가 설치된 운반차량을 1대 이상 갖추어야 한다. 다만, 법 제37조에 따라 허가, 신고 또는 등록한 영업자와 계약을 체결하여 냉동 또는 냉장시설을 갖춘 운반차량을 이용하는 경우에는 운반차량을 갖추지 아니하여도 된다.

(2) (1)의 규정에도 불구하고 냉동 또는 냉장시설이 필요 없는 식품만을 취급하는 경우에는 운반차량에 냉동시설이나 냉장시설을 갖춘 적재고를 설치하지 아니하여도 된다.

6) 삭제 <2016. 2. 4.>

7) 기타 식품판매업

가) 냉동시설 또는 냉장고·진열대 및 판매대를 설치하여야 한다. 다만, 냉장·냉동 보관 및 유통을 필요로 하지 않는 제품을 취급하는 경우는 제외한다.

나) 삭제 <2012. 1. 17.>

6. 식품보존업의 시설기준

가. 식품조사처리업

원자력관계법령에서 정한 시설기준에 적합하여야 한다.

나. 식품냉동·냉장업

1) 작업장은 독립된 건물이거나 다른 용도로 사용되는 시설과 분리되어야 한다. 다만, 다음 각 호의 어느 하나에 해당하는 경우에는 그러하지 아니할 수 있다.

가) 밀봉 포장된 식품과 밀봉 포장된 축산물을 같은 작업장에 보관하는 경우

나) 「수입식품안전관리 특별법」 제15조 제1항에 따라 등록한 수입식품 등 보관업의 시설과 함께 사용하는 작업장의 경우

2) 작업장에는 적하실(積下室)·냉동예비실·냉동실 및 냉장실이 있어야 하고, 각각의 시설은 분리 또는 구획되어야 한다. 다만, 냉동을 하지 아니할 경우에는 냉동예비실과 냉동실을 두지 아니할 수 있다.

3) 작업장의 바닥은 콘크리트 등으로 내수처리를 하여야 하고, 물이 고이거나 습기가 차지 아니하도록 하여야 한다.

4) 냉동예비실·냉동실 및 냉장실에는 보기 쉬운 곳에 온도계를 비치하여야 한다.

5) 작업장에는 작업장 안에서 발생하는 악취·유해가스·매연·증기 등을 배출시키기 위한 환기시설을 갖추어야 한다.

6) 작업장에는 쥐·바퀴 등 해충이 들어오지 못하도록 하여야 한다.

7) 상호오염원이 될 수 있는 식품을 보관하는 경우에는 서로 구별할 수 있도록 하여야 한다.

8) 작업장 안에서 사용하는 기구 및 용기·포장 중 식품에 직접 접촉하는 부분은 씻기 쉬우며, 살균소독이 가능한 것이어야 한다.

9) 수돗물이나 「먹는물관리법」 제5조에 따른 먹는 물의 수질기준에 적합한 지하수 등을 공급할 수 있는 시설을 갖추어야 한다.

10) 화장실을 설치하여야 하며, 화장실의 시설은 2. 즉석판매제조 · 가공업의 시설기준 중 바. 화장실의 관련 규정을 준용한다.

7. 용기 · 포장류 제조업의 시설기준

식품제조 · 가공업의 시설기준을 준용한다. 다만, 신고관청이 위생상 위해발생의 우려가 없다고 인정하는 경우에는 그러하지 아니하다.

8. 식품접객업의 시설기준

가. 공통시설기준

1) 영업장

가) 독립된 건물이거나 식품접객업의 영업허가를 받거나 영업신고를 한 업종 외의 용도로 사용되는 시설과 분리, 구획 또는 구분되어야 한다(일반음식점에서 「축산물 위생관리법 시행령」 제21조 제7호 가목의 식육판매업을 하려는 경우, 휴게음식점에서 「음악산업진흥에 관한 법률」 제2조 제10호에 따른 음반 · 음악영상물판매업을 하는 경우 및 관할 세무서장의 의제 주류판매 면허를 받고 제과점에서 영업을 하는 경우는 제외한다). 다만, 다음의 어느 하나에 해당하는 경우에는 분리되어야 한다.

(1) 식품접객업의 영업허가를 받거나 영업신고를 한 업종과 다른 식품접객업의 영업을 하려는 경우. 다만, 휴게음식점에서 일반음식점영업 또는 제과점영업을 하는 경우, 일반음식점에서 휴게음식점영업 또는 제과점영업을 하는 경우 또는 제과점에서 휴게음식점영업 또는 일반음식점영업을 하는 경우는 제외한다.

(2) 「음악산업진흥에 관한 법률」 제2조 제13호의 노래연습장업을 하려는 경우

(3) 「다중이용업소의 안전관리에 관한 특별법 시행규칙」 제2조 제3호의 콜라텍업을 하려는 경우

(4) 「체육시설의 설치 · 이용에 관한 법률」 제10조 제1항 제2호에 따른 무도학원업 또는 무도장업을 하려는 경우

(5) 「동물보호법」 제2조 제1호에 따른 동물의 출입, 전시 또는 사육이 수반되는 영업을 하려는 경우

나) 영업장은 연기 · 유해가스 등의 환기가 잘 되도록 하여야 한다.

다) 음향 및 반주시설을 설치하는 영업자는 「소음 · 진동관리법」 제21조에 따른 생활소음 · 진동이 규제기준에 적합한 방음장치 등을 갖추어야 한다.

라) 공연을 하려는 휴게음식점 · 일반음식점 및 단란주점의 영업자는 무대시설을 영업장 안에 객석과 구분되게 설치하되, 객실 안에 설치하여서는 아니 된다.

마) 「동물보호법」 제2조 제1호에 따른 동물의 출입, 전시 또는 사육이 수반되는 시설과 직접 접한 영업장의 출입구에는 손을 소독할 수 있는 장치, 용품 등을 갖추어야 한다.

2) 조리장

가) 조리장은 손님이 그 내부를 볼 수 있는 구조로 되어 있어야 한다. 다만, 영 제21조 제8호 바목에 따른 제과점영업소로서 같은 건물 안에 조리장을 설치하는 경우와 「관광진흥법 시행령」 제2조 제1항 제2호 가목 및 같은 항 제3호 마목에 따른 관광호텔업 및 관광공연장업의 조리장의 경우에는 그러하지 아니하다.

나) 조리장 바닥에 배수구가 있는 경우에는 덮개를 설치하여야 한다.

다) 조리장 안에는 취급하는 음식을 위생적으로 조리하기 위하여 필요한 조리시설 · 세척시설 · 폐기물용기 및 손 씻는 시설을 각각 설치하여야 하고, 폐기물용기는 오물 · 악취 등이 누출되지 아니하도록 뚜껑이 있고 내수성 재질로 된 것이어야 한다.

라) 1명의 영업자가 하나의 조리장을 둘 이상의 영업에 공동으로 사용할 수 있는 경우는 다음과 같다.

    (1) 같은 건물 내에서 휴게음식점, 제과점, 일반음식점 및 즉석판매제조 · 가공업의 영업 중 둘 이상의 영업을 하려는 경우

    (2) 「관광진흥법 시행령」에 따른 전문휴양업, 종합휴양업 및 유원시설업 시설 안의 같은 장소에서 휴게음식점 · 제과점영업 또는 일반음식점영업 중 둘 이상의 영업을 하려는 경우

    (3) 삭제 <2017. 12. 29.>

    (4) 제과점 영업자가 식품제조 · 가공업 또는 즉석판매제조 · 가공업의 제과 · 제빵류 품목 등을 제조 · 가공하려는 경우

    (5) 제과점 영업자가 다음의 구분에 따라 둘 이상의 제과점영업을 하는 경우

        (가) 기존 제과점의 영업신고관청과 같은 관할 구역에서 제과점영업을 하는 경우

        (나) 기존 제과점의 영업신고관청과 다른 관할 구역에서 제과점영업을 하는 경우로서 제과점 간 거리가 5킬로미터 이내인 경우

마) 조리장에는 주방용 식기류를 소독하기 위한 자외선 또는 전기살균소독기를 설치하거나 열탕세척소독시설(식중독을 일으키는 병원성 미생물 등이 살균될 수 있는 시설이어야 한다. 이하 같다)을 갖추어야 한다. 다만, 주방용 식기류를 기구 등의 살균 · 소독제로만 소독하는 경우에는 그러하지 아니하다.

바) 충분한 환기를 시킬 수 있는 시설을 갖추어야 한다. 다만, 자연적으로 통풍이 가능한 구조의 경우에는 그러하지 아니하다.

사) 식품 등의 기준 및 규격 중 식품별 보존 및 유통기준에 적합한 온도가 유지될 수 있는 냉장시설 또는 냉동시설을 갖추어야 한다.

아) 조리장 내부에는 쥐, 바퀴 등 설치류 또는 위생해충 등이 들어오지 못하게 해야 한다.

3) 급수시설

가) 수돗물이나 「먹는물관리법」 제5조에 따른 먹는 물의 수질기준에 적합한 지하수 등을 공급할 수 있는 시설을 갖추어야 한다.

나) 지하수를 사용하는 경우 취수원은 화장실 · 폐기물처리시설 · 동물사육장, 그 밖에 지하수가 오염될 우려가 있는 장소로부터 영향을 받지 아니하는 곳에 위치하여야 한다.

4) 화장실

가) 화장실은 콘크리트 등으로 내수처리를 하여야 한다. 다만, 공중화장실이 설치되어 있는 역 · 터미널 · 유원지 등에 위치하는 업소, 공동화장실이 설치된 건물 안에 있는 업소 및 인근에 사용하기 편리한 화장실이 있는 경우에는 따로 화장실을 설치하지 아니할 수 있다.

나) 화장실은 조리장에 영향을 미치지 아니하는 장소에 설치하여야 한다.

다) 정화조를 갖춘 수세식 화장실을 설치하여야 한다. 다만, 상 · 하수도가 설치되지 아니한 지역에서는 수세식이 아닌 화장실을 설치할 수 있다.

라) 다) 단서에 따라 수세식이 아닌 화장실을 설치하는 경우에는 변기의 뚜껑과 환기시설을 갖추어야 한다.

마) 화장실에는 손을 씻는 시설을 갖추어야 한다.

5) 공통시설기준의 적용특례

가) 공통시설기준에도 불구하고 다음의 경우에는 특별자치시장 · 특별자치도지사 · 시장 · 군수 · 구청장(시 · 도에서 음식물의 조리 · 판매행위를 하는 경우에는 시 · 도지사)이 시설기준을 따로 정할 수 있다.

    (1) 「전통시장 및 상점가 육성을 위한 특별법」 제2조 제1호에 따른 전통시장에서 음식점영업을 하는 경우

    (2) 해수욕장 등에서 계절적으로 음식점영업을 하는 경우

    (3) 고속도로 · 자동차전용도로 · 공원 · 유원시설 등의 휴게장소에서 영업을 하는 경우

    (4) 건설공사현장에서 영업을 하는 경우

(5) 지방자치단체 및 농림축산식품부장관이 인정한 생산자단체 등에서 국내산 농·수·축산물의 판매촉진 및 소비홍보 등을 위하여 특정장소에서 음식물의 조리·판매행위를 하려는 경우

(6) 「전시산업발전법」 제2조 제4호에 따른 전시시설에서 휴게음식점영업, 일반음식점영업 또는 제과점영업을 하는 경우

(7) 지방자치단체의 장이 주최, 주관 또는 후원하는 지역행사 등에서 휴게음식점영업, 일반음식점영업 또는 제과점영업을 하는 경우

(8) 「국제회의산업 육성에 관한 법률」 제2조 제3호에 따른 국제회의시설에서 휴게음식점, 일반음식점, 제과점 영업을 하려는 경우

(9) 그 밖에 특별자치시장·특별자치도지사·시장·군수·구청장이 별도로 지정하는 장소에서 휴게음식점, 일반음식점, 제과점 영업을 하려는 경우

나) 「도시와 농어촌 간의 교류촉진에 관한 법률」 제10조에 따라 농어촌체험·휴양마을사업자가 농어촌체험·휴양프로그램에 부수하여 음식을 제공하는 경우로서 그 영업시설기준을 따로 정한 경우에는 그 시설기준에 따른다.

다) 백화점, 슈퍼마켓 등에서 휴게음식점영업 또는 제과점영업을 하려는 경우와 음식물을 전문으로 조리하여 판매하는 백화점 등의 일정장소(식당가를 말한다)에서 휴게음식점영업·일반음식점영업 또는 제과점영업을 하려는 경우로서 위생상 위해발생의 우려가 없다고 인정되는 경우에는 각 영업소와 영업소 사이를 분리 또는 구획하는 별도의 차단벽이나 칸막이 등을 설치하지 아니할 수 있다.

라) 공유주방 운영업의 시설을 사용하여 영 제21조 제8호 가목의 휴게음식점영업, 같은 호 나목의 일반음식점영업 및 같은 호 바목의 제과점영업을 하는 경우에는 제10호의 공유주방 운영업의 시설기준에 따른다.

마) 삭제 <2020. 12. 31.>

나. 업종별 시설기준

1) 휴게음식점영업·일반음식점영업 및 제과점영업

가) 일반음식점에 객실을 설치하는 경우 객실에는 잠금장치, 침대(침대 형태로 변형 가능한 소파 등의 가구를 포함한다. 이하 같다) 또는 욕실을 설치할 수 없다.

나) 휴게음식점 또는 제과점에는 객실(투명한 칸막이 또는 투명한 차단벽을 설치하여 내부가 전체적으로 보이는 경우는 제외한다)을 둘 수 없으며, 객석을 설치하는 경우 객석에는 높이 1.5미터 미만의 칸막이(이동식 또는 고정식)를 설치할 수 있다. 이 경우 2면 이상을 완전히 차단하지 아니하여야 하고, 다른 객석에서 내부가 서로 보이도록 하여야 한다.

다) 기차·자동차·선박 또는 수상구조물로 된 유선장(遊船場)·도선장(渡船場) 또는 수상레저사업장을 이용하는 경우 다음 시설을 갖추어야 한다.

(1) 1일의 영업시간에 사용할 수 있는 충분한 양의 물을 저장할 수 있는 내구성이 있는 식수탱크

(2) 1일의 영업시간에 발생할 수 있는 음식물 찌꺼기 등을 처리하기에 충분한 크기의 오물통 및 폐수탱크

(3) 음식물의 재료(원료)를 위생적으로 보관할 수 있는 시설

라) 영업장으로 사용하는 바닥면적(「건축법 시행령」 제119조 제1항 제3호에 따라 산정한 면적을 말한다)의 합계가 100제곱미터(영업장이 지하층에 설치된 경우에는 그 영업장의 바닥면적 합계가 66제곱미터) 이상인 경우에는 「다중이용업소의 안전관리에 관한 특별법」 제9조 제1항에 따른 소방시설등 및 영업장 내부 피난통로 그 밖의 안전시설을 갖추어야 한다. 다만, 영업장(내부계단으로 연결된 복층구조의 영업장을 제외한다)이 지상 1층 또는 지상과 직접 접하는 층에 설치되고 그 영업장의 주된 출입구가 건축물 외부의 지면과 직접 연결되는 곳에서 하는 영업을 제외한다.

마) 휴게음식점·일반음식점 또는 제과점의 영업장에는 손님이 이용할 수 있는 자막용 영상장치 또는 자동반주장치를 설치하여서는 아니 된다. 다만, 연회석을 보유한 일반음식점에서 회갑연, 칠순연 등 가정의 의례로서 행하는 경우에는 그러하지 아니하다.

바) 일반음식점의 객실 안에는 무대장치, 음향 및 반주시설, 우주볼 등의 특수조명시설을 설치하여서는 아니 된다.

사) 건물의 외부에 있는 영업장에는 손님의 안전을 확보하기 위해 「건축법」 등 관계 법령에서 정하는 바에 따라 필요한 시설·설비 또는 기구 등을 설치해야 한다.

2) 단란주점영업

가) 영업장 안에 객실이나 칸막이를 설치하려는 경우에는 다음 기준에 적합하여야 한다.

(1) 객실을 설치하는 경우 주된 객장의 중앙에서 객실 내부가 전체적으로 보일 수 있도록 설비하여야 하며, 통로형태 또는 복도형태로 설비하여서는 아니 된다.

(2) 객실로 설치할 수 있는 면적은 객석면적의 2분의 1을 초과할 수 없다.

(3) 주된 객장 안에서는 높이 1.5미터 미만의 칸막이(이동식 또는 고정식)를 설치할 수 있다. 이 경우 2면 이상을 완전히 차단하지 아니하여야 하고, 다른 객석에서 내부가 서로 보이도록 하여야 한다.

나) 객실에는 잠금장치를 설치할 수 없다.

다) 「다중이용업소의 안전관리에 관한 특별법」 제9조 제1항에 따른 소방시설등 및 영업장 내부 피난통로 그 밖의 안전시설을 갖추어야 한다.

3) 유흥주점영업

가) 객실에는 잠금장치를 설치할 수 없다.

나) 「다중이용업소의 안전관리에 관한 특별법」 제9조 제1항에 따른 소방시설등 및 영업장 내부 피난통로 그 밖의 안전시설을 갖추어야 한다.

9. 위탁급식영업의 시설기준

가. 사무소

영업활동을 위한 독립된 사무소가 있어야 한다. 다만, 영업활동에 지장이 없는 경우에는 다른 사무소를 함께 사용할 수 있다.

나. 창고 등 보관시설

1) 식품 등을 위생적으로 보관할 수 있는 창고를 갖추어야 한다. 이 경우 창고는 영업신고를 한 소재지와 다른 곳에 설치하거나 임차하여 사용할 수 있다.

2) 창고에는 식품 등을 법 제7조 제1항에 따른 식품 등의 기준 및 규격에서 정하고 있는 보존 및 유통기준에 적합한 온도에서 보관할 수 있도록 냉장·냉동시설을 갖추어야 한다.

다. 운반시설

1) 식품을 위생적으로 운반하기 위하여 냉동시설이나 냉장시설을 갖춘 적재고가 설치된 운반차량을 1대 이상 갖추어야 한다. 다만, 법 제37조에 따라 허가 또는 신고한 영업자와 계약을 체결하여 냉동 또는 냉장시설을 갖춘 운반차량을 이용하는 경우에는 운반차량을 갖추지 아니하여도 된다.

2) 1)의 규정에도 불구하고 냉동 또는 냉장시설이 필요 없는 식품만을 취급하는 경우에는 운반차량에 냉동시설이나 냉장시설을 갖춘 적재고를 설치하지 아니하여도 된다.

라. 식재료 처리시설

식품첨가물이나 다른 원료를 사용하지 아니하고 농·임·수산물을 단순히 자르거나 껍질을 벗기거나 말리거나 소금에 절이거나 숙성하거나 가열(살균의 목적 또는 성분의 현격한 변화를 유발하기 위한 목적의 경우를 제외한다)하는 등의 가공과정 중 위생상 위해발생의 우려가 없고 식품의 상태를 관능검사[인간의 오감(五感)에 의하여 평가하는 제품검사]로 확인할 수 있도록 가공하는 경우 그 재료처리시설의 기준은 제1호 나목부터 마목까지의 규정을 준용한다.

마. 나.부터 라.까지의 시설기준에도 불구하고 집단급식소의 창고 등 보관시설 및 식재료 처리시설을 이용하는 경우에는 창고 등 보관시설과 식재료 처리시설을 설치하지 아니할 수 있으며, 위탁급식업자가 식품을 직접 운반하지 않는 경우에는 운반시설을 갖추지 아니할 수 있다.

10. 공유주방 운영업의 시설기준

가. 건물의 위치 등

1) 독립된 건물이거나 식품의 제조·가공·조리 등 용도 외에 사용되는 시설과 분리 또는 구획되어야 한다.

2) 건물의 위치는 축산폐수·화학물질, 그 밖에 오염물질의 발생시설로부터 식품에 나쁜 영향을 주지 아니하는 거리를 두어야 한다.

3) 건물의 구조는 제조하려는 식품의 특성에 따라 적정한 온도가 유지될 수 있고, 환기가 잘 될 수 있어야 한다.

4) 건물의 자재는 식품에 나쁜 영향을 주지 아니하고 식품을 오염시키지 아니하는 것이어야 한다.

나. 작업장 등

1) 영 제21조 제1호의 식품제조·가공업, 같은 조 제2호의 즉석판매제조·가공업, 같은 조 제3호의 식품첨가물제조업, 같은 조 제5호 가목의 식품소분업의 영업자가 사용하는 공유주방의 작업장은 제1호 나목의 요건을 갖춰야 한다.

2) 영 제21조 제8호 가목의 휴게음식점영업, 같은 호 나목의 일반음식점영업 및 같은 호 바목의 제과점영업의 영업자가 사용하는 공유주방의 영업장, 조리장은 제8호 가목 1)·2) 요건을 갖춰야 한다.

다. 식품취급시설 등

1) 여러 영업자가 함께 사용할 수 있는 시설 또는 기계·기구 등은 공용 사용임을 표시해야 한다.

2) 여러 영업자가 함께 사용하는 시설 또는 기계·기구 등은 모든 공유시설 사용자들이 사용할 수 있도록 충분히 구비해야 한다.

3) 영 제21조 제1호의 식품제조·가공업, 같은 조 제2호의 즉석판매제조·가공업, 같은 조 제3호의 식품첨가물제조업, 같은 조 제5호 가목의 식품소분업의 영업자가 사용하는 공유주방의 식품취급시설 등은 제1호 다목의 요건을 갖추어야 한다.

라. 급수시설

1) 수돗물이나 「먹는물관리법」 제5조에 따른 먹는 물의 수질기준에 적합한 지하수 등을 공급할 수 있는 시설을 갖춰야 한다.

2) 지하수 등을 사용하는 경우 취수원은 화장실·폐기물처리시설·동물사육장, 그 밖에 지하수가 오염될 우려가 있는 장소로부터 영향을 받지 않는 곳에 위치해야 한다.

3) 먹기에 적합하지 않은 용수는 교차 또는 합류되지 않아야 한다.

마. 화장실

화장실은 제1호 마목의 요건을 갖춰야 한다.

바. 창고 등의 시설

영업자별로 식품 등을 위생적으로 구분 보관·관리할 수 있는 창고를 갖춰야 한다. 다만, 영업자별로 구분하여 보관·관리할 수 있도록 창고를 대신할 수 있는 냉동·냉장시설을 따로 갖춘 경우 이를 설치하지 않을 수 있다.

사. 검사실

영 제21조 제1호의 식품제조·가공업, 같은 조 제2호의 즉석판매제조·가공업, 같은 조 제3호의 식품첨가물제조업의 영업자가 사용하는 공유주방의 검사실은 제1호 사목의 요건을 갖추어야 한다.

아. 시설기준 적용의 특례

공유주방의 작업장을 사용하는 영 제21조 제1호의 식품·제조가공업, 같은 조 제2호의 즉석판매제조·가공업, 같은 조 제3호의 식품첨가물제조업, 같은 조 제5호 가목의 식품소분업, 같은 조 제8호 가목의 휴게음식점영업, 같은 호 나목의 일반음식점영업 및 같은 호 바목의 제과점영업은 영업자별로 시설의 분리, 구획 또는 구분 없이 작업장 등을 함께 사용할 수 있다.

제37조(영업허가 등) ① 제36조 제1항 각 호에 따른 영업 중 대통령령으로 정하는 영업을 하려는 자는 대통령령으로 정하는 바에 따라 영업 종류별 또는 영업소별로 식품의약품안전처장 또는 특별자치시장 · 특별자치도지사 · 시장 · 군수 · 구청장의 허가를 받아야 한다. 허가받은 사항 중 대통령령으로 정하는 중요한 사항을 변경할 때에도 또한 같다. 〈개정 2013. 3. 23., 2016. 2. 3.〉

● 시행령

제23조(허가를 받아야 하는 영업 및 허가관청) 법 제37조 제1항 전단에 따라 허가를 받아야 하는 영업 및 해당 허가관청은 다음 각 호와 같다. 〈개정 2013. 3. 23., 2016. 7. 26.〉

1. 제21조 제6호 가목의 식품조사처리업 : 식품의약품안전처장

2. 제21조 제8호 다목의 단란주점영업과 같은 호 라목의 유흥주점영업 : 특별자치시장 · 특별자치도지사 또는 시장 · 군수 · 구청장

제25조(영업신고를 하여야 하는 업종) ① 법 제37조 제4항 전단에 따라 특별자치시장 · 특별자치도지사 또는 시장 · 군수 · 구청장에게 신고를 하여야 하는 영업은 다음 각 호와 같다. 〈개정 2016. 7. 26.〉

1. 삭제 〈2011. 12. 19.〉

2. 제21조 제2호의 즉석판매제조 · 가공업

3. 삭제 〈2011. 12. 19.〉

4. 제21조 제4호의 식품운반업

5. 제21조 제5호의 식품소분 · 판매업

6. 제21조 제6호 나목의 식품냉동 · 냉장업

7. 제21조 제7호의 용기 · 포장류제조업(자신의 제품을 포장하기 위하여 용기 · 포장류를 제조하는 경우는 제외한다)

8. 제21조 제8호 가목의 휴게음식점영업, 같은 호 나목의 일반음식점영업, 같은 호 마목의 위탁급식영업 및 같은 호 바목의 제과점영업

● 시행규칙

제37조(즉석판매제조 · 가공업의 대상) 영 제21조 제2호에서 "총리령으로 정하는 식품"이란 별표 15와 같다. 〈개정 2010. 3. 19., 2013. 3. 23.〉

식품위생법 시행규칙 별표 15
즉석판매제조 · 가공 대상식품(제37조 관련)
1. 영 제21조 제1호에 따른 식품제조 · 가공업 및 「축산물 위생관리법 시행령」 제21조 제3호에 따른 축산물가공업에서 제조 · 가공할 수 있는 식품에 해당하는 모든 식품(통 · 병조림 식품 제외)

2. 영 제21조 제1호에 따른 식품제조·가공업의 영업자 및 「축산물 위생관리법 시행령」 제21조 제3호에 따른 축산물가공업의 영업자가 제조·가공한 식품 또는 「수입식품안전관리 특별법」 제15조 제1항에 따라 등록한 수입식품 등 수입·판매업 영업자가 수입·판매한 식품으로 즉석판매제조·가공업소 내에서 소비자가 원하는 만큼 덜어서 직접 최종 소비자에게 판매하는 식품. 다만, 다음 각 목의 어느 하나에 해당하는 식품은 제외한다.
  가. 통·병조림 제품
  나. 레토르트식품
  다. 냉동식품
  라. 어육제품
  마. 특수용도식품(체중조절용 조제식품은 제외한다)
  바. 식초
  사. 전분
  아. 알가공품
  자. 유가공품

제38조(식품소분업의 신고대상)

① 영 제21조 제5호 가목에서 "총리령으로 정하는 식품 또는 식품첨가물"이란 영 제21조 제1호 및 제3호에 따른 영업의 대상이 되는 식품 또는 식품첨가물(수입되는 식품 또는 식품첨가물을 포함한다)과 벌꿀[영업자가 자가채취하여 직접 소분(小分)·포장하는 경우를 제외한다]을 말한다. 다만, 다음 각 호의 어느 하나에 해당하는 경우에는 소분·판매해서는 안 된다. 〈개정 2010. 3. 19., 2013. 3. 23., 2014. 10. 13., 2020. 8. 24.〉

> 예제 「식품위생법」에 따른 소분·판매해서는 안 되는 식품으로 옳지 않은 것은?

1. 어육 제품
2. 특수용도식품(체중조절용 조제식품은 제외한다)
3. 통·병조림 제품
4. 레토르트식품
5. 전분
6. 장류 및 식초(제품의 내용물이 외부에 노출되지 않도록 개별 포장되어 있어 위해가 발생할 우려가 없는 경우는 제외한다)

② 식품 또는 식품첨가물제조업의 신고를 한 자가 자기가 제조한 제품의 소분·포장만을 하기 위하여 신고를 한 제조업소 외의 장소에서 식품소분업을 하려는 경우에는 그 제품이 제1항의 식품소분업 신고대상 품목이 아니더라도 식품소분업 신고를 할 수 있다.

제40조(건강진단) ① 총리령으로 정하는 영업자 및 그 종업원은 건강진단을 받아야 한다. 다만, 다른 법령에 따라 같은 내용의 건강진단을 받는 경우에는 이 법에 따른 건강진단을 받은 것으로 본다. 〈개정 2010. 1. 18., 2013. 3. 23.〉

> **예제** 「식품위생법」상 건강진단을 받아야 할 사람은?

② 제1항에 따라 건강진단을 받은 결과 타인에게 위해를 끼칠 우려가 있는 질병이 있다고 인정된 자는 그 영업에 종사하지 못한다.

③ 영업자는 제1항을 위반하여 건강진단을 받지 아니한 자나 제2항에 따른 건강진단 결과 타인에게 위해를 끼칠 우려가 있는 질병이 있는 자를 그 영업에 종사시키지 못한다.

④ 제1항에 따른 건강진단의 실시방법 등과 제2항 및 제3항에 따른 타인에게 위해를 끼칠 우려가 있는 질병의 종류는 총리령으로 정한다. 〈개정 2010. 1. 18., 2013. 3. 23.〉

● **시행규칙**

제49조(건강진단 대상자)

> **21 기출** 「식품위생법」상 건강진단을 받아야 하는 사람은?
> ① 화학적 합성품 제조자 　　　　　　② 식품 조리자
> ③ 완전 포장된 식품 운반자 　　　　　④ 기구 등의 살균 · 소독제 제조자
> ⑤ 완전 포장된 식품첨가물 판매자
>
> 정답 ②

> **예제** 다음 중 「식품위생법」에 따른 건강진단 대상자에 대한 설명으로 옳지 않은 것은?

① 법 제40조 제1항 본문에 따라 건강진단을 받아야 하는 사람은 식품 또는 식품첨가물(화학적 합성품 또는 기구 등의 살균 · 소독제는 제외한다)을 채취 · 제조 · 가공 · 조리 · 저장 · 운반 또는 판매하는 일에 직접 종사하는 영업자 및 종업원으로 한다. 다만, 완전 포장된 식품 또는 식품첨가물을 운반하거나 판매하는 일에 종사하는 사람은 제외한다.

② 제1항에 따라 건강진단을 받아야 하는 영업자 및 그 종업원은 영업 시작 전 또는 영업에 종사하기 전에 미리 건강진단을 받아야 한다.

③ 제1항에 따른 건강진단은 「식품위생 분야 종사자의 건강진단 규칙」에서 정하는 바에 따른다. 〈개정 2013. 3. 23.〉

제2조(건강진단 항목 등)

20 기출 「식품위생법」상 식품의 조리에 직접 종사하는 종업원이 받아야 하는 건강진단의 횟수에 관한 설명이다. (   ) 안에 들어갈 것으로 옳은 것은?

> (   ) 1회(건강진단 검진을 받은 날을 기준으로 한다)

① 매월   ② 매년   ③ 매 3개월
④ 매 2년   ⑤ 매 5년

정답 ②

예제 「식품위생법」상 건강진단을 받아야 하는 사람은 직전 건강진단을 받은 날을 기준으로 얼마나 자주 건강진단을 받아야 하는가?

① 「식품위생법」(이하 "법"이라 한다) 제40조 제1항 본문에 따른 건강진단(이하 "건강진단"이라 한다)의 항목은 다음 각 호와 같다. 〈개정 2023. 12. 7.〉

1. 장티푸스   2. 파라티푸스   3. 폐결핵

② 법 제40조 제1항 본문 및 같은 법 시행규칙 제49조 제1항 본문에 따른 영업자 및 그 종업원은 매 1년마다 건강진단을 받아야 한다. 〈개정 2023. 12. 7.〉

③ 건강진단의 유효기간은 1년으로 하며, 직전 건강진단의 유효기간이 만료되는 날의 다음 날부터 기산한다. 〈신설 2023. 12. 7.〉

④ 건강진단은 건강진단의 유효기간 만료일 전후 각각 30일 이내에 실시해야 한다. 다만, 식품의약품안전처장 또는 특별자치시장·특별자치도지사·시장·군수·구청장은 천재지변, 사고, 질병 등의 사유로 건강진단 대상자가 건강진단 실시기간 이내에 건강진단을 받을 수 없다고 인정하는 경우에는 1회에 한하여 1개월 이내의 범위에서 그 기한을 연장할 수 있다. 〈신설 2023. 12. 7.〉

⑤ 제4항에도 불구하고 식품의약품안전처장이 「감염병의 예방 및 관리에 관한 법률」에 따른 감염병의 유행으로 인하여 제3조에 따른 실시 기관에서 정상적으로 건강진단을 받을 수 없다고 인정하는 경우에는 해당 사유가 해소될 때까지 건강진단을 유예할 수 있다. 〈신설 2022. 4. 28., 2023. 12. 7.〉

⑥ 제5항에 따른 건강진단의 유예기간 및 방법 등에 관하여 필요한 사항은 식품의약품안전처장이 정하여 공고한다. 〈신설 2022. 4. 28., 2023. 12. 7.〉

제3조(건강진단 실시) ① 이 규칙에 따른 건강진단은 「지역보건법」에 따른 보건소(이하 "보건소"라 한다), 「의료법」에 따른 종합병원·병원 또는 의원(이하 "의료기관"이라 한다)에서 실시한다. 다

만, 영업자가 요청하는 경우에는 의료기관의 의료인이 해당 영업소에 방문하여 건강진단을 실시할 수 있다. 〈개정 2018. 12. 31., 2023. 12. 7.〉

② 제1항에 따라 건강진단을 실시한 의료기관은 별지 서식의 식품위생 분야 종사자 건강진단 결과서를 발급해야 한다. 〈신설 2023. 12. 7.〉

제50조(영업에 종사하지 못하는 질병의 종류) 법 제40조 제4항에 따라 영업에 종사하지 못하는 사람은 다음의 질병에 걸린 사람으로 한다. 〈개정 2010. 12. 30., 2020. 4. 13., 2020. 8. 24., 2021. 6. 30.〉

> **19 기출** 「식품위생법」상 건강진단 결과 영업에 종사하지 못하는 사람의 질병은?
>
> ① 성홍열　　　　　　② 폴리오　　　　　　③ B형간염
>
> ④ 디프테리아　　　　⑤ 피부병
>
> 정답 ⑤

> **예제** 「식품위생법」에 따른 집단급식소 및 식품접객업 영업에 감염력이 소멸되는 날까지 일시적으로 종사하지 못하는 질병이 아닌 것은?

1. 「감염병의 예방 및 관리에 관한 법률」 제2조 제3호 가목에 따른 결핵(비감염성인 경우는 제외한다)

2. 「감염병의 예방 및 관리에 관한 법률 시행규칙」 제33조 제1항 각 호의 어느 하나에 해당하는 감염병

> **감염병의 예방 및 관리에 관한 법률 시행규칙**
> [시행 2024. 7. 24.] [보건복지부령 제1038호, 2024. 7. 24., 일부개정]

제33조(업무 종사의 일시 제한) ① 법 제45조 제1항에 따라 일시적으로 업무 종사의 제한을 받는 감염병환자 등은 다음 각 호의 감염병에 해당하는 감염병환자 등으로 하고, 그 제한 기간은 감염력이 소멸되는 날까지로 한다. 〈개정 2019. 11. 22.〉

1. 콜레라　　　　　　　　2. 장티푸스

3. 파라티푸스　　　　　　4. 세균성이질

5. 장출혈성대장균감염증　6. A형간염

② 법 제45조 제1항에 따라 업무 종사의 제한을 받는 업종은 다음 각 호와 같다.

1. 「식품위생법」 제2조 제12호에 따른 집단급식소

2. 「식품위생법」 제36조 제1항 제3호 따른 식품접객업

3. 피부병 또는 그 밖의 고름형성(화농성) 질환

4. 후천성면역결핍증(「감염병의 예방 및 관리에 관한 법률」 제19조에 따라 성매개감염병에 관한 건강진단을 받아야 하는 영업에 종사하는 사람만 해당한다)

제41조(식품위생교육) ① 대통령령으로 정하는 영업자 및 유흥종사자를 둘 수 있는 식품접객업 영업자의 종업원은 매년 식품위생에 관한 교육(이하 "식품위생교육"이라 한다)을 받아야 한다.

② 제36조 제1항 각 호에 따른 영업을 하려는 자는 미리 식품위생교육을 받아야 한다. 다만, 부득이한 사유로 미리 식품위생교육을 받을 수 없는 경우에는 영업을 시작한 뒤에 식품의약품안전처장이 정하는 바에 따라 식품위생교육을 받을 수 있다. 〈개정 2010. 1. 18., 2013. 3. 23.〉

③ 제1항 및 제2항에 따라 교육을 받아야 하는 자가 영업에 직접 종사하지 아니하거나 두 곳 이상의 장소에서 영업을 하는 경우에는 종업원 중에서 식품위생에 관한 책임자를 지정하여 영업자 대신 교육을 받게 할 수 있다. 다만, 집단급식소에 종사하는 조리사 및 영양사(「국민영양관리법」 제15조에 따라 영양사 면허를 받은 사람을 말한다. 이하 같다)가 식품위생에 관한 책임자로 지정되어 제56조 제1항 단서에 따라 교육을 받은 경우에는 제1항 및 제2항에 따른 해당 연도의 식품위생교육을 받은 것으로 본다. 〈개정 2010. 3. 26.〉

④ 제2항에도 불구하고 다음 각 호의 어느 하나에 해당하는 면허를 받은 자가 제36조 제1항 제3호에 따른 식품접객업을 하려는 경우에는 식품위생교육을 받지 아니하여도 된다. 〈개정 2015. 3. 27., 2016. 2. 3.〉

1. 제53조에 따른 조리사 면허

2. 「국민영양관리법」 제15조에 따른 영양사 면허

3. 「공중위생관리법」 제6조의2에 따른 위생사 면허

⑤ 영업자는 특별한 사유가 없는 한 식품위생교육을 받지 아니한 자를 그 영업에 종사하게 하여서는 아니 된다.

⑥ 식품위생교육은 집합교육 또는 정보통신매체를 이용한 원격교육으로 실시한다. 다만, 제2항(제88조 제3항에서 준용하는 경우를 포함한다)에 따라 영업을 하려는 자가 미리 받아야 하는 식품위생교육은 집합교육으로 실시한다. 〈신설 2019. 12. 3.〉

⑦ 제6항에도 불구하고 식품위생교육을 받기 어려운 도서·벽지 등의 영업자 및 종업원인 경우 또는 식품의약품안전처장이 「감염병의 예방 및 관리에 관한 법률」 제2조에 따른 감염병이 유행하여 국민건강을 해칠 우려가 있다고 인정하는 경우 등 불가피한 사유가 있는 경우에는 총리령으로 정하는 바에 따라 식품위생교육을 실시할 수 있다. 〈신설 2019. 12. 3., 2020. 12. 29.〉

⑧ 제1항 및 제2항에 따른 교육의 내용, 교육비 및 교육 실시 기관 등에 관하여 필요한 사항은 총리령으로 정한다. 〈개정 2010. 1. 18., 2013. 3. 23., 2019. 12. 3.〉

● 시행령

제27조(식품위생교육의 대상) 법 제41조 제1항에서 "대통령령으로 정하는 영업자"란 다음 각 호의 영업자를 말한다. 〈개정 2021. 12. 30.〉

1. 제21조 제1호의 식품제조 · 가공업자

2. 제21조 제2호의 즉석판매제조 · 가공업자

3. 제21조 제3호의 식품첨가물제조업자

4. 제21조 제4호의 식품운반업자

5. 제21조 제5호의 식품소분 · 판매업자(식용얼음판매업자 및 식품자동판매기영업자는 제외한다)

6. 제21조 제6호의 식품보존업자

7. 제21조 제7호의 용기 · 포장류제조업자

8. 제21조 제8호의 식품접객업자

9. 제21조 제9호의 공유주방 운영업자

● 시행규칙

제52조(교육시간)

> `19 · 22 · 23 기출` 「식품위생법」상 집단급식소를 설치 · 운영하는 자가 매년 받아야 하는 식품위생 교육시간은?
>
> ① 2시간   ② 3시간   ③ 4시간
> ④ 5시간   ⑤ 6시간
>
> 정답 ⑤

> `예제` 「식품위생법」상 식품접객업 영업을 하려는 자의 교육시간으로 옳은 것은?

> `예제` 「식품위생법」상 제88조 제1항에 따르면 집단급식소를 설치 · 운영하려는 자는 총리령으로 정하는 바에 따라 특별자치시장 · 특별자치도지사 · 시장 · 군수 · 구청장에게 신고하여야 한다. 집단급식소를 설치 · 운영하는 자가 받아야 하는 교육시간은 몇 시간인가?

① 법 제41조 제1항(제88조 제3항에 따라 준용되는 경우를 포함한다)에 따라 영업자와 종업원이 받아야 하는 식품위생교육 시간은 다음 각 호와 같다. 〈개정 2021. 12. 30.〉

1. 영 제21조 제1호부터 제9호까지의 영업자[같은 조 제5호 나목 1)의 식용얼음판매업자와 같은 목 2)의 식품자동판매기영업자는 제외한다] : 3시간

2. 영 제21조 제8호 라목에 따른 유흥주점영업의 유흥종사자 : 2시간

3. 법 제88조 제2항에 따라 집단급식소를 설치 · 운영하는 자 : 3시간

② 법 제41조 제2항(법 제88조 제3항에 따라 준용되는 경우를 포함한다)에 따라 영업을 하려는 자가 받아야 하는 식품위생 교육시간은 다음 각 호와 같다. 〈개정 2021. 12. 30., 2023. 5. 19.〉

1. 영 제21조 제1호, 제3호 및 제9호의 영업을 하려는 자 : 8시간
2. 영 제21조 제4호부터 제7호까지의 영업을 하려는 자 : 4시간
3. 영 제21조 제2호 및 제8호의 영업을 하려는 자 : 6시간
4. 법 제88조 제1항에 따라 집단급식소를 설치 · 운영하려는 자 : 6시간

제46조(식품 등의 이물 발견보고 등)

[예제] 「식품위생법」에 제46조 식품 등의 이물 발견보고 등에 따르면 섭취 시 위생상 위해가 발생할 우려가 있거나 섭취하기에 부적합한 물질을 발견한 사실을 신고받은 경우 보고해야 할 대상이 아닌 것은?

① 판매의 목적으로 식품 등을 제조 · 가공 · 소분 · 수입 또는 판매하는 영업자는 소비자로부터 판매제품에서 식품의 제조 · 가공 · 조리 · 유통 과정에서 정상적으로 사용된 원료 또는 재료가 아닌 것으로서 섭취할 때 위생상 위해가 발생할 우려가 있거나 섭취하기에 부적합한 물질[이하 "이물(異物)"이라 한다]을 발견한 사실을 신고받은 경우 지체 없이 이를 식품의약품안전처장, 시 · 도지사 또는 시장 · 군수 · 구청장에게 보고하여야 한다. 〈개정 2013. 3. 23.〉

② 「소비자기본법」에 따른 한국소비자원 및 소비자단체와 「전자상거래 등에서의 소비자보호에 관한 법률」에 따른 통신판매중개업자로서 식품접객업소에서 조리한 식품의 통신판매를 전문적으로 알선하는 자는 소비자로부터 이물 발견의 신고를 접수하는 경우 지체 없이 이를 식품의약품안전처장에게 통보하여야 한다. 〈개정 2013. 3. 23., 2019. 1. 15.〉

③ 시 · 도지사 또는 시장 · 군수 · 구청장은 소비자로부터 이물 발견의 신고를 접수하는 경우 이를 식품의약품안전처장에게 통보하여야 한다. 〈개정 2013. 3. 23.〉

④ 식품의약품안전처장은 제1항부터 제3항까지의 규정에 따라 이물 발견의 신고를 통보받은 경우 이물혼입 원인 조사를 위하여 필요한 조치를 취하여야 한다. 〈개정 2013. 3. 23.〉

⑤ 제1항에 따른 이물 보고의 기준 · 대상 및 절차 등에 필요한 사항은 총리령으로 정한다. 〈개정 2010. 1. 18., 2013. 3. 23.〉

제48조(식품안전관리인증기준)
① 식품의약품안전처장은 식품의 원료관리 및 제조 · 가공 · 조리 · 소분 · 유통의 모든 과정에서 위해한 물질이 식품에 섞이거나 식품이 오염되는 것을 방지하기 위하여 각 과정의 위해요소를 확인 · 평가하여 중점적으로 관리하는 기준(이하 "식품안전관리인증기준"이라 한다)을 식품별로 정하여 고시할 수 있다. 〈개정 2011. 6. 7., 2013. 3. 23., 2014. 5. 28.〉

제62조(식품안전관리인증기준 대상 식품)

> **19 기출** 「식품위생법」상 식품안전관리인증기준 대상 식품은?
>
> ① 다류   ② 오이지   ③ 특수용도식품
>
> ④ 요구르트   ⑤ 냉동감자
>
> 정답 ③

> **예제** 「식품위생법」상 식품안전관리인증기준 대상 식품으로 옳지 않은 것은?

① 법 제48조 제2항에서 "총리령으로 정하는 식품"이란 다음 각 호의 어느 하나에 해당하는 식품을 말한다. 〈개정 2010. 3. 19., 2013. 3. 23., 2014. 5. 9., 2016. 4. 19., 2017. 12. 29.〉

1. 수산가공식품류의 어육가공품류 중 어묵 · 어육소시지

2. 기타수산물가공품 중 냉동 어류 · 연체류 · 조미가공품

3. 냉동식품 중 피자류 · 만두류 · 면류

4. 과자류, 빵류 또는 떡류 중 과자 · 캔디류 · 빵류 · 떡류

5. 빙과류 중 빙과

6. 음료류[다류(茶類) 및 커피류는 제외한다]

7. 레토르트식품

8. 절임류 또는 조림류의 김치류 중 김치(배추를 주원료로 하여 절임, 양념혼합과정 등을 거쳐 이를 발효시킨 것이거나 발효시키지 아니한 것 또는 이를 가공한 것에 한한다)

9. 코코아가공품 또는 초콜릿류 중 초콜릿류

10. 면류 중 유탕면 또는 곡분, 전분, 전분질원료 등을 주원료로 반죽하여 손이나 기계 따위로 면을 뽑아내거나 자른 국수로서 생면 · 숙면 · 건면

11. 특수용도식품

12. 즉석섭취 · 편의식품류 중 즉석섭취식품

12의2. 즉석섭취 · 편의식품류의 즉석조리식품 중 순대

13. 식품제조 · 가공업의 영업소 중 전년도 총 매출액이 100억 원 이상인 영업소에서 제조 · 가공하는 식품

② 제1항에 따른 식품에 대한 식품안전관리인증기준의 적용 · 운영에 관한 세부적인 사항은 식품의약품안전처장이 정하여 고시한다. 〈개정 2013. 3. 23., 2015. 8. 18.〉

[제목개정 2015. 8. 18.]

8) 조리사 등

구 분	식품위생법	식품위생법 시행령	식품위생법 시행규칙
제8장 조리사 등	제51조(조리사) 21 기출 예제	제36조(조리사를 두어야 하는 식품접객업자)	
	제52조(영양사) 22 기출		
	제53조(조리사의 면허) 22 기출		제80조(조리사의 면허신청 등) 제81조(면허증의 재발급 등) 제82조(조리사 면허증의 반납)
	제54조(결격사유)		
	제55조(명칭 사용 금지)		
	제56조(교육)	제38조(교육의 위탁)	제83조(조리사 및 영양사의 교육) 제84조(조리사 및 영양사의 교육기관 등) 19·22·23 기출

법조문 요약

1. 조리사

2. 영양사

3. 조리사 결격사유 및 면허취소

4. 교육
- 식약처장은 현직에 종사하고 있는 조리사 및 영양사에게 교육을 받을 것을 명할 수 있음
  ※ 감염병이 식품으로 인해 유행되거나 집단식중독의 발생 및 확산 등으로 국민건강을 해칠 우려가 있다고 인정되거나 시·도지사가 국제적 행사나 대규모 특별행사 등으로 식품위생 수준의 향상이 필요하여 교육 실시를 요청 시 교육을 명할 수 있음
- 집단급식소에 종사하는 조리사와 영양사는 1년마다 교육을 받아야 함
  - 조리사를 두어야 하는 식품접객업소 또는 집단급식소에 종사하는 조리사
  - 영양사를 두어야 하는 집단급식소에 종사하는 영양사
- 교육을 받아야 하는 조리사, 영양사가 보건복지부장관이 정하는 질병치료 등 부득이한 사유로 교육 참석이 어려운 경우 교육교재를 배부하여 익히고 활용
- 교육내용과 시간(6시간)
  - 식품위생법령 및 시책
  - 집단급식 위생관리
  - 식중독 예방 및 관리 대책
  - 조리사 및 영양사의 자질 향상에 관한 사항
  - 그 밖에 식품위생을 위하여 필요한 사항

법조문 속 예제 및 기출문제

제51조(조리사)

> **21 기출** 「식품위생법」상 집단급식소에 근무하는 조리사의 직무가 아닌 것은?
> ① 식재료의 전처리
> ② 식단에 따른 조리
> ③ 구매식품의 검수 지원
> ④ 종업원에 대한 영양 지도 및 식품위생교육
> ⑤ 급식설비 및 기구의 위생 · 안전 실무
>
> 정답 ④

> **예제** 다음 중 「식품위생법」에서 설명하고 있는 조리사에 대한 내용으로 옳지 않은 것은?

① 집단급식소 운영자와 대통령령으로 정하는 식품접객업자는 조리사(調理士)를 두어야 한다. 다만, 다음 각 호의 어느 하나에 해당하는 경우에는 조리사를 두지 아니하여도 된다. 〈개정 2011. 6. 7., 2013. 5. 22., 2024. 2. 20., 2024. 2. 20.〉

1. 집단급식소 운영자 또는 식품접객영업자 자신이 조리사로서 직접 음식물을 조리하는 경우

2. 1회 급식인원 100명 미만의 산업체인 경우

3. 제52조 제1항에 따른 영양사가 조리사의 면허를 받은 경우. 다만, 총리령으로 정하는 규모 이하의 집단급식소에 한정한다.

> **예제** 「식품위생법」상 집단급식소에 근무하는 조리사의 직무로 옳지 않은 것은?

② 집단급식소에 근무하는 조리사는 다음 각 호의 직무를 수행한다. 〈신설 2011. 6. 7.〉

1. 집단급식소에서의 식단에 따른 조리업무[식재료의 전(前)처리에서부터 조리, 배식 등의 전 과정을 말한다]

2. 구매식품의 검수 지원

3. 급식설비 및 기구의 위생 · 안전 실무

4. 그 밖에 조리실무에 관한 사항

[시행일 2025. 2. 21.] 제51조

● 시행령

> **제36조(조리사를 두어야 하는 식품접객업자)** 법 제51조 제1항 각 호 외의 부분 본문에서 "대통령령으로 정하는 식품접객업자"란 제21조 제8호의 식품접객업 중 복어독 제거가 필요한 복어를 조리·판매하는 영업을 하는 자를 말한다. 이 경우 해당 식품접객업자는 「국가기술자격법」에 따른 복어 조리 자격을 취득한 조리사를 두어야 한다.
>
> [전문개정 2017. 12. 12.]

제52조(영양사)

---

22 기출 「식품위생법」상 집단급식소에 근무하는 영양사의 직무가 아닌 것은?

① 집단급식소에서의 배식관리
② 구매식품의 검수 지원
③ 집단급식소에서의 식단 작성
④ 집단급식소의 운영일지 작성
⑤ 종업원에 대한 영양 지도 및 식품위생교육

정답 ②

---

① 집단급식소 운영자는 영양사(營養士)를 두어야 한다. 다만, 다음 각 호의 어느 하나에 해당하는 경우에는 영양사를 두지 아니하여도 된다. 〈개정 2011. 6. 7., 2013. 5. 22., 2024. 2. 20.〉

1. 집단급식소 운영자 자신이 영양사로서 직접 영양 지도를 하는 경우

2. 1회 급식인원 100명 미만의 산업체인 경우

3. 제51조 제1항에 따른 조리사가 영양사의 면허를 받은 경우. 다만, 총리령으로 정하는 규모 이하의 집단급식소에 한정한다.

② 집단급식소에 근무하는 영양사는 다음 각 호의 직무를 수행한다. 〈신설 2011. 6. 7.〉

1. 집단급식소에서의 식단 작성, 검식(檢食) 및 배식관리

2. 구매식품의 검수(檢受) 및 관리

3. 급식시설의 위생적 관리

4. 집단급식소의 운영일지 작성

5. 종업원에 대한 영양 지도 및 식품위생교육

[시행일 2025. 2. 21.] 제52조

제53조(조리사의 면허)

> **22 기출** 「식품위생법」상 조리사가 되려는 자는 「국가기술자격법」에 따라 해당 기능분야의 자격을 얻은 후 누구의 면허를 받아야 하는가?
>
> ① 한국산업인력공단 이사장
>
> ② 지방식품의약품안전청장
>
> ③ 특별자치시장 · 특별자치도지사 · 시장 · 군수 · 구청장
>
> ④ 보건복지부장관
>
> ⑤ 질병관리청장
>
> 정답 ③

① 조리사가 되려는 자는 「국가기술자격법」에 따라 해당 기능분야의 자격을 얻은 후 특별자치시장 · 특별자치도지사 · 시장 · 군수 · 구청장의 면허를 받아야 한다. 〈개정 2016. 2. 3.〉

② 제1항에 따른 조리사의 면허 등에 관하여 필요한 사항은 총리령으로 정한다. 〈개정 2010. 3. 26., 2013. 3. 23.〉

③ 삭제 〈2010. 3. 26.〉

④ 삭제 〈2010. 3. 26.〉

[제목개정 2010. 3. 26.]

● **시행규칙**

제80조(조리사의 면허신청 등) ① 법 제53조 제1항에 따라 조리사의 면허를 받으려는 자는 별지 제60호 서식의 조리사 면허증 발급 · 재발급 신청서에 다음 각 호의 서류를 첨부하여 특별자치시장 · 특별자치도지사 · 시장 · 군수 · 구청장에게 제출해야 한다. 이 경우 특별자치시장 · 특별자치도지사 · 시장 · 군수 · 구청장은 「전자정부법」 제36조 제1항에 따른 행정정보의 공동이용을 통하여 조리사 국가기술자격증을 확인해야 하며, 신청인이 그 확인에 동의하지 않는 경우에는 국가기술자격증 사본을 첨부하도록 해야 한다. 〈개정 2010. 9. 1., 2012. 1. 17., 2016. 8. 4., 2020. 12. 31., 2021. 6. 30.〉

1. 사진(최근 6개월 이내에 모자를 쓰지 않고 정면 상반신을 찍은 가로 3센티미터, 세로 4센티미터의 사진을 말하며, 전자적 파일 형태의 사진을 포함한다. 이하 제81조 제1항에서 같다) 1장

2. 법 제54조 제1호 본문에 해당하는 사람이 아님을 증명하는 최근 6개월 이내의 의사의 진단서 또는 법 제54조 제1호 단서에 해당하는 사람임을 증명하는 최근 6개월 이내의 전문의의 진단서

3. 법 제54조 제2호 및 제3호에 해당하는 사람이 아님을 증명하는 최근 6개월 이내의 의사의 진단서

② 특별자치시장 · 특별자치도지사 · 시장 · 군수 · 구청장은 조리사의 면허를 한 때에는 별지 제61호 서식의 조리사명부에 기록하고 별지 제62호 서식의 조리사 면허증을 발급하여야 한다. 〈개정 2016. 8. 4.〉

제54조(결격사유) 다음 각 호의 어느 하나에 해당하는 자는 조리사 면허를 받을 수 없다. 〈개정 2009. 12. 29., 2010. 3. 26., 2018. 3. 27., 2018. 12. 11.〉

1. 「정신건강증진 및 정신질환자 복지서비스 지원에 관한 법률」 제3조 제1호에 따른 정신질환자. 다만, 전문의가 조리사로서 적합하다고 인정하는 자는 그러하지 아니하다.

2. 「감염병의 예방 및 관리에 관한 법률」 제2조 제13호에 따른 감염병환자. 다만, 같은 조 제4호 나목에 따른 B형간염환자는 제외한다.

3. 「마약류관리에 관한 법률」 제2조 제2호에 따른 마약이나 그 밖의 약물 중독자

4. 조리사 면허의 취소처분을 받고 그 취소된 날부터 1년이 지나지 아니한 자

제56조(교육) ① 식품의약품안전처장은 식품위생 수준 및 자질의 향상을 위하여 필요한 경우 조리사와 영양사에게 교육(조리사의 경우 보수교육을 포함한다. 이하 이 조에서 같다)을 받을 것을 명할 수 있다. 다만, 집단급식소에 종사하는 조리사와 영양사는 1년마다 교육을 받아야 한다. 〈개정 2010. 1. 18., 2011. 6. 7., 2013. 3. 23., 2021. 7. 27.〉

② 제1항에 따른 교육의 대상자 · 실시기관 · 내용 및 방법 등에 관하여 필요한 사항은 총리령으로 정한다. 〈개정 2010. 1. 18., 2013. 3. 23.〉

③ 식품의약품안전처장은 제1항에 따른 교육 등 업무의 일부를 대통령령으로 정하는 바에 따라 관계 전문기관이나 단체에 위탁할 수 있다. 〈개정 2010. 1. 18., 2013. 3. 23.〉

● **시행령**

제38조(교육의 위탁) ① 식품의약품안전처장은 법 제56조 제3항에 따라 조리사 및 영양사에 대한 교육업무를 위탁하려는 경우에는 조리사 및 영양사에 대한 교육을 목적으로 설립된 전문기관 또는 단체에 위탁하여야 한다. 〈개정 2010. 3. 15., 2013. 3. 23.〉

② 제1항에 따라 교육업무를 위탁받은 전문기관 또는 단체는 조리사 및 영양사에 대한 교육을 실시하고, 교육이수자 및 교육시간 등 교육실시 결과를 식품의약품안전처장에게 보고하여야 한다. 〈개정 2010. 3. 15., 2013. 3. 23.〉

● 시행규칙

제83조(조리사 및 영양사의 교육) ① 식품의약품안전처장은 법 제56조 제2항에 따라 식품으로 인하여 「감염병의 예방 및 관리에 관한 법률」 제2조에 따른 감염병이 유행하거나 집단식중독의 발생 및 확산 등으로 국민건강을 해칠 우려가 있다고 인정되는 경우 또는 시·도지사가 국제적 행사나 대규모 특별행사 등으로 식품위생 수준의 향상이 필요하여 식품위생에 관한 교육의 실시를 요청하는 경우에는 다음 각 호의 어느 하나에 해당하는 조리사 및 영양사에게 식품의약품안전처장이 정하는 시간에 해당하는 교육을 받을 것을 명할 수 있다. 이 경우 교육실시기관은 제84조 제1항에 따라 식품의약품안전처장이 지정한 기관으로 한다. 〈개정 2010. 3. 19., 2010. 12. 30., 2013. 3. 23., 2014. 5. 9.〉

1. 법 제51조 제1항에 따라 조리사를 두어야 하는 식품접객업소 또는 집단급식소에 종사하는 조리사

2. 법 제52조 제1항에 따라 영양사를 두어야 하는 집단급식소에 종사하는 영양사

② 법 제51조 제1항 제3호에 따른 조리사 면허를 받은 영양사나 법 제52조 제1항 제3호에 따른 영양사 면허를 받은 조리사가 제1항에 따른 교육을 이수한 경우에는 해당 조리사 교육과 영양사 교육을 모두 받은 것으로 본다. 〈개정 2014. 5. 9.〉

③ 제1항에 따라 교육을 받아야 하는 조리사 및 영양사가 식품의약품안전처장이 정하는 질병 치료 등 부득이한 사유로 교육에 참석하기가 어려운 경우에는 교육교재를 배부하여 이를 익히고 활용하도록 함으로써 교육을 갈음할 수 있다. 〈개정 2010. 3. 19., 2013. 3. 23.〉

제84조(조리사 및 영양사의 교육기관 등)

> **19·22·23 기출** 「식품위생법」상 집단급식소를 설치·운영하려는 자가 받아야 하는 식품위생 교육시간은?
>
> ① 2시간   ② 3시간   ③ 4시간
>
> ④ 5시간   ⑤ 6시간
>
> 정답 ⑤

① 법 제56조 제1항 단서에 따른 집단급식소에 종사하는 조리사 및 영양사에 대한 교육은 식품의약품안전처장이 식품위생 관련 교육을 목적으로 하는 전문기관 또는 단체 중에서 지정한 기관이 실시한다. 〈개정 2010. 3. 19., 2013. 3. 23.〉

② 제1항에 따른 교육기관은 다음 각 호의 내용에 대한 교육을 실시한다.

1. 식품위생법령 및 시책

2. 집단급식 위생관리

3. 식중독 예방 및 관리를 위한 대책

4. 조리사 및 영양사의 자질 향상에 관한 사항

5. 그 밖에 식품위생을 위하여 필요한 사항

③ 교육시간은 6시간으로 한다.

④ 제1항부터 제3항까지에서 규정한 사항 외에 교육방법 및 내용 등에 관하여 필요한 사항은 식품의
약품안전처장이 정하여 고시한다. 〈개정 2010. 3. 19., 2013. 3. 23.〉

9) 보 칙

구 분	식품위생법	식품위생법 시행령	식품위생법 시행규칙
제12장 보칙	제85조(국고 보조)		
	제86조(식중독에 관한 조사 보고)	제59조(식중독 원인의 조사)	제93조(식중독환자 또는 그 사체에 관한 보고)
	제87조(식중독대책협의기구 설치)	제60조(식중독대책협의기구의 구성·운영 등)	
	제88조(집단급식소)		제94조(집단급식소의 신고 등) 제95조(집단급식소의 설치·운영자 준수사항) 별표 24 제96조(집단급식소의 시설기준) 별표 25
	제89조(식품진흥기금)	제61조(기금사업) 제62조(기금의 운용)	
	제89조의2(영업자 등에 대한 행정적·기술적 지원)		
	제90조(포상금 지급)	제63조(포상금의 지급기준) 제64조(신고자 비밀보장)	
	제90조의2(정보공개)	제64조의2(정보공개)	
	제90조의3(식품안전관리 업무 평가)		제96조의2(식품안전관리 업무 평가 기준 및 방법 등)
	제90조의4(벌칙 적용에서 공무원 의제)		
	제91조(권한의 위임)	제65조(권한의 위임)	
	제92조(수수료)		제97조(수수료) 별표 26

법조문 요약

1. 국고 보조

식품의약품안전처장의 경비 보조 범위 : 수거비, 교육훈련비, 식품위생감시원·소비자식품위생감시원 운영비, 정보원 설립·운영비 외

2. 식중독에 관한 조사 보고

식중독 환자나 식중독이 의심되는 자를 진단하였거나 그 사체를 검안한 의사 또는 한의사, 집단급식소에서 제공한 식품 등으로 인하여 식중독 환자나 식중독으로 의심되는 증세를 보이는 자를 발견한 집단급식소의 설치·운영자는 지체 없이 관할 특별자치시장·시장·군수·구청장에게 보고하여야 함

3. 식중독대책협의기구 설치

식품의약품안전처장은 식중독 발생의 효율적인 예방 및 확산 방지를 위하여 교육부, 농림축산식품부, 보건복지부, 환경부, 해양수산부, 식품의약품안전처, 질병관리청, 시·도 등 유관기관으로 구성된 식중독대책협의기구를 설치·운영하여야 함

4. 집단급식소

집단급식소 신고 의무 및 시설의 유지·관리를 위해 지켜야 할 사항 : 철저한 위생관리, 보존식 보관, 영양사의 업무 방해 금지, 사용 가능한 식재료 범위 외

5. 식품진흥기금

식품위생과 국민의 영양 수준 향상을 위한 사업을 하는 데에 필요한 재원을 충당하기 위하여 시·도 및 시·군·구에 식품진흥기금을 설치할 수 있음

6. 영업자 등에 대한 행정적·기술적 지원

국가와 지방자치단체는 식품안전에 대한 영업자 등의 관리 능력을 향상하기 위해 행정적·기술적 지원을 할 수 있음

7. 포상금 지급

식품위생법에 위반되는 행위를 신고한 자에게 신고 내용별로 1천만 원까지 포상금을 줄 수 있음

8. 정보공개

식품의약품안전처장은 식품 등의 안전에 관한 정보 중 국민이 알아야 할 필요가 있다고 인정하는 정보에 대하여는 제공하도록 노력해야 함

9. 식품안전관리 업무 평가

식품의약품안전처장은 시·도 및 시·군·구에서 수행하는 식품안전관리업무를 평가할 수 있음

10. 벌칙 적용에서 공무원 의제

안전성심사위원회 및 심의위원회 위원 중 공무원이 아닌 사람은 형법 제129조부터 132조까지의 규정을 적용할 때에는 공무원으로 봄

11. 권한의 위임

식품의약품안전처장의 권한 일부를 대통령령으로 정하는 바에 따라 위임할 수 있음

법조문 속 예제 및 기출문제

제85조(국고 보조) 식품의약품안전처장은 예산의 범위에서 다음 경비의 전부 또는 일부를 보조할 수 있다. 〈개정 2010. 1. 18., 2011. 8. 4., 2013. 3. 23.〉

1. 제22조 제1항(제88조에서 준용하는 경우를 포함한다)에 따른 수거에 드는 경비

2. 삭제 〈2013. 7. 30.〉

3. 조합에서 실시하는 교육훈련에 드는 경비

4. 제32조 제1항에 따른 식품위생감시원과 제33조에 따른 소비자식품위생감시원 운영에 드는 경비

5. 정보원의 설립·운영에 드는 경비

6. 제60조 제6호에 따른 조사·연구 사업에 드는 경비

7. 제63조 제1항(제66조에서 준용하는 경우를 포함한다)에 따른 조합 또는 협회의 자율지도원 운영에 드는 경비

8. 제72조(제88조에서 준용하는 경우를 포함한다)에 따른 폐기에 드는 경비

제86조(식중독에 관한 조사 보고) ① 다음 각 호의 어느 하나에 해당하는 자는 지체 없이 관할 특별자치시장·시장(「제주특별자치도 설치 및 국제자유도시 조성을 위한 특별법」에 따른 행정시장을 포함한다. 이하 이 조에서 같다)·군수·구청장에게 보고하여야 한다. 이 경우 의사나 한의사는 대통령령으로 정하는 바에 따라 식중독 환자나 식중독이 의심되는 자의 혈액 또는 배설물을 보관하는 데에 필요한 조치를 하여야 한다. 〈개정 2013. 5. 22., 2018. 12. 11.〉

1. 식중독 환자나 식중독이 의심되는 자를 진단하였거나 그 사체를 검안(檢案)한 의사 또는 한의사

2. 집단급식소에서 제공한 식품 등으로 인하여 식중독 환자나 식중독으로 의심되는 증세를 보이는 자를 발견한 집단급식소의 설치·운영자

② 특별자치시장·시장·군수·구청장은 제1항에 따른 보고를 받은 때에는 지체 없이 그 사실을 식품의약품안전처장 및 시·도지사(특별자치시장은 제외한다)에게 보고하고, 대통령령으로 정하는 바에 따라 원인을 조사하여 그 결과를 보고하여야 한다. 〈개정 2010. 1. 18., 2013. 3. 23., 2013. 5. 22., 2018. 12. 11.〉

③ 식품의약품안전처장은 제2항에 따른 보고의 내용이 국민 건강상 중대하다고 인정하는 경우에는 해당 시·도지사 또는 시장·군수·구청장과 합동으로 원인을 조사할 수 있다. 〈신설 2013. 5. 22., 2022. 6. 10.〉

④ 식품의약품안전처장은 식중독 발생의 원인을 규명하기 위하여 식중독 의심환자가 발생한 원인시설 등에 대한 조사절차와 시험·검사 등에 필요한 사항을 정할 수 있다. 〈개정 2013. 3. 23., 2013. 5. 22.〉

● **시행령**

제59조(식중독 원인의 조사) ① 식중독 환자나 식중독이 의심되는 자를 진단한 의사나 한의사는 다음 각 호의 어느 하나에 해당하는 경우 법 제86조 제1항 각 호 외의 부분 후단에 따라 해당 식중독 환자나 식중독이 의심되는 자의 혈액 또는 배설물을 채취하여 법 제86조 제2항에 따라 특별자치시장·시장(「제주특별자치도 설치 및 국제자유도시 조성을 위한 특별법」에 따른 행정시장을 포함한다. 이하 이

조에서 같다) · 군수 · 구청장이 조사하기 위하여 인수할 때까지 변질되거나 오염되지 아니하도록 보관하여야 한다. 이 경우 보관용기에는 채취일, 식중독 환자나 식중독이 의심되는 자의 성명 및 채취자의 성명을 표시하여야 한다. 〈개정 2014. 1. 28., 2019. 5. 21.〉

1. 구토 · 설사 등의 식중독 증세를 보여 의사 또는 한의사가 혈액 또는 배설물의 보관이 필요하다고 인정한 경우

2. 식중독 환자나 식중독이 의심되는 자 또는 그 보호자가 혈액 또는 배설물의 보관을 요청한 경우

② 법 제86조 제2항에 따라 특별자치시장 · 시장 · 군수 · 구청장이 하여야 할 조사는 다음 각 호와 같다. 〈개정 2014. 1. 28., 2019. 5. 21.〉

1. 식중독의 원인이 된 식품 등과 환자 간의 연관성을 확인하기 위해 실시하는 설문조사, 섭취음식 위험도 조사 및 역학적(疫學的) 조사

2. 식중독 환자나 식중독이 의심되는 자의 혈액 · 배설물 또는 식중독의 원인이라고 생각되는 식품 등에 대한 미생물학적 또는 이화학적(理化學的) 시험에 의한 조사

3. 식중독의 원인이 된 식품 등의 오염경로를 찾기 위하여 실시하는 환경조사

③ 특별자치시장 · 시장 · 군수 · 구청장은 제2항 제2호에 따른 조사를 할 때에는 「식품 · 의약품분야 시험 · 검사 등에 관한 법률」 제6조 제4항 단서에 따라 총리령으로 정하는 시험 · 검사기관에 협조를 요청할 수 있다. 〈신설 2011. 4. 22., 2014. 1. 28., 2014. 7. 28., 2019. 5. 21.〉

● **시행규칙**

제93조(식중독환자 또는 그 사체에 관한 보고) ① 의사 또는 한의사가 법 제86조 제1항에 따라 하는 보고에는 다음 각 호의 사항이 포함되어야 한다.

1. 보고자의 주소 및 성명

2. 식중독을 일으킨 환자, 식중독이 의심되는 사람 또는 식중독으로 사망한 사람의 주소 · 성명 · 생년월일 및 사체의 소재지

3. 식중독의 원인

4. 발병 연월일

5. 진단 또는 검사 연월일

② 법 제86조 제2항에 따라 특별자치시장 · 시장(「제주특별자치도 설치 및 국제자유도시 조성을 위한 특별법」에 따른 행정시장을 포함한다) · 군수 · 구청장이 하는 식중독 발생 보고 및 식중독 조사결과 보고는 각각 별지 제66호 서식 및 별지 제67호 서식에 따른다. 〈개정 2014. 3. 6., 2019. 6. 12.〉

제87조(식중독대책협의기구 설치) ① 식품의약품안전처장은 식중독 발생의 효율적인 예방 및 확산 방지를 위하여 교육부, 농림축산식품부, 보건복지부, 환경부, 해양수산부, 식품의약품안전처, 질병관리청, 시·도 등 유관기관으로 구성된 식중독대책협의기구를 설치·운영하여야 한다. 〈개정 2010. 1. 18., 2013. 3. 23., 2020. 8. 11.〉

② 제1항에 따른 식중독대책협의기구의 구성과 세부적인 운영사항 등은 대통령령으로 정한다.

● **시행령**

제60조(식중독대책협의기구의 구성·운영 등) ① 법 제87조 제1항에 따른 식중독대책협의기구(이하 "협의기구"라 한다)의 위원은 다음 각 호에 해당하는 자로 한다. 〈개정 2010. 3. 15., 2013. 3. 23., 2017. 12. 12., 2020. 9. 11.〉

1. 교육부, 법무부, 국방부, 농림축산식품부, 보건복지부, 환경부 및 질병관리청 등 중앙행정기관의 장이 해당 중앙행정기관의 고위공무원단에 속하는 일반직공무원 또는 이에 상당하는 공무원[법무부 및 국방부의 경우에는 각각 이에 해당하는 검사(檢事) 및 장성급(將星級) 장교를 포함한다] 중에서 지명하는 자

2. 지방자치단체의 장이 해당 지방행정기관의 고위공무원단에 속하는 일반직공무원 또는 이에 상당하는 지방공무원 중에서 지명하는 자

3. 그 밖에 식품의약품안전처장이 지정하는 기관 및 단체의 장

② 식품의약품안전처장은 협의기구의 회의를 소집하고 그 의장이 된다. 〈개정 2013. 3. 23.〉

③ 협의기구의 회의는 재적위원 과반수의 출석으로 개의하고, 출석위원 과반수의 찬성으로 의결한다.

④ 협의기구는 그 직무를 수행하기 위하여 필요한 경우에는 관계 공무원이나 관계 전문가를 협의기구의 회의에 출석시켜 의견을 듣거나 관계 기관·단체 등으로 하여금 자료나 의견을 제출하도록 하는 등 필요한 협조를 요청할 수 있다.

⑤ 협의기구는 업무 수행을 위하여 필요한 경우에는 관계 전문가 또는 관계 기관·단체 등에 전문적인 조사나 연구를 의뢰할 수 있다.

⑥ 이 영에서 규정한 사항 외에 협의기구의 운영에 필요한 사항은 협의기구의 의결을 거쳐 식품의약품안전처장이 정한다. 〈개정 2013. 3. 23.〉

제88조(집단급식소) ① 집단급식소를 설치·운영하려는 자는 총리령으로 정하는 바에 따라 특별자치시장·특별자치도지사·시장·군수·구청장에게 신고하여야 한다. 신고한 사항 중 총리령으로 정하는 사항을 변경하려는 경우에도 또한 같다. 〈개정 2010. 1. 18., 2013. 3. 23., 2016. 2. 3., 2018. 12. 11.〉

② 집단급식소를 설치 · 운영하는 자는 집단급식소 시설의 유지 · 관리 등 급식을 위생적으로 관리하기 위하여 다음 각 호의 사항을 지켜야 한다. 〈개정 2010. 1. 18., 2013. 3. 23., 2020. 12. 29., 2021. 8. 17.〉

1. 식중독 환자가 발생하지 아니하도록 위생관리를 철저히 할 것

2. 조리 · 제공한 식품의 매회 1인분 분량을 총리령으로 정하는 바에 따라 144시간 이상 보관할 것

3. 영양사를 두고 있는 경우 그 업무를 방해하지 아니할 것

4. 영양사를 두고 있는 경우 영양사가 집단급식소의 위생관리를 위하여 요청하는 사항에 대하여는 정당한 사유가 없으면 따를 것

5. 「축산물 위생관리법」 제12조에 따라 검사를 받지 아니한 축산물 또는 실험 등의 용도로 사용한 동물을 음식물의 조리에 사용하지 말 것

6. 「야생생물 보호 및 관리에 관한 법률」을 위반하여 포획 · 채취한 야생생물을 음식물의 조리에 사용하지 말 것

7. 소비기한이 경과한 원재료 또는 완제품을 조리할 목적으로 보관하거나 이를 음식물의 조리에 사용하지 말 것

8. 수돗물이 아닌 지하수 등을 먹는 물 또는 식품의 조리 · 세척 등에 사용하는 경우에는 「먹는물관리법」 제43조에 따른 먹는물 수질검사기관에서 총리령으로 정하는 바에 따라 검사를 받아 마시기에 적합하다고 인정된 물을 사용할 것. 다만, 둘 이상의 업소가 같은 건물에서 같은 수원(水源)을 사용하는 경우에는 하나의 업소에 대한 시험결과로 나머지 업소에 대한 검사를 갈음할 수 있다.

9. 제15조 제2항에 따라 위해평가가 완료되기 전까지 일시적으로 금지된 식품 등을 사용 · 조리하지 말 것

10. 식중독 발생 시 보관 또는 사용 중인 식품은 역학조사가 완료될 때까지 폐기하거나 소독 등으로 현장을 훼손하여서는 아니 되고 원상태로 보존하여야 하며, 식중독 원인규명을 위한 행위를 방해하지 말 것

11. 그 밖에 식품 등의 위생적 관리를 위하여 필요하다고 총리령으로 정하는 사항을 지킬 것

③ 집단급식소에 관하여는 제3조부터 제6조까지, 제7조 제4항, 제8조, 제9조 제4항, 제9조의3, 제22조, 제37조 제7항 · 제9항, 제39조, 제40조, 제41조, 제48조, 제71조, 제72조 및 제74조를 준용한다. 〈개정 2018. 3. 13., 2020. 12. 29., 2022. 6. 10.〉

④ 특별자치시장 · 특별자치도지사 · 시장 · 군수 · 구청장은 제1항에 따른 신고 또는 변경신고를 받은 날부터 3일 이내에 신고수리 여부를 신고인에게 통지하여야 한다. 〈신설 2018. 12. 11.〉

⑤ 특별자치시장·특별자치도지사·시장·군수·구청장이 제4항에서 정한 기간 내에 신고수리 여부 또는 민원 처리 관련 법령에 따른 처리기간의 연장을 신고인에게 통지하지 아니하면 그 기간 (민원 처리 관련 법령에 따라 처리기간이 연장 또는 재연장된 경우에는 해당 처리기간을 말한다)이 끝난 날의 다음 날에 신고를 수리한 것으로 본다. 〈신설 2018. 12. 11.〉

⑥ 제1항에 따라 신고한 자가 집단급식소 운영을 종료하려는 경우에는 특별자치시장·특별자치도지사·시장·군수·구청장에게 신고하여야 한다. 〈신설 2018. 12. 11.〉

⑦ 집단급식소의 시설기준과 그 밖의 운영에 관한 사항은 총리령으로 정한다. 〈개정 2010. 1. 18., 2013. 3. 23., 2018. 12. 11.〉

● **시행규칙**

제94조(집단급식소의 신고 등) ① 법 제88조 제1항에 따라 집단급식소를 설치·운영하려는 자는 제96조에 따른 시설을 갖춘 후 별지 제68호 서식의 집단급식소 설치·운영신고서(전자문서로 된 신고서를 포함한다)에 제42조 제1항 제1호 및 제4호의 서류(전자문서를 포함한다)를 첨부하여 신고관청에 제출하여야 한다. 〈개정 2011. 4. 7., 2012. 5. 31., 2014. 5. 9., 2017. 1. 4.〉

② 제9항에 따라 집단급식소 설치·운영 종료 신고가 된 집단급식소를 운영하려는 자(종료 신고를 한 설치·운영자가 아닌 자를 포함한다)는 별지 제68호 서식의 집단급식소 설치·운영신고서(전자문서로 된 신고서를 포함한다)에 다음 각 호의 서류(전자문서를 포함한다)를 첨부하여 신고관청에 제출하여야 한다. 〈신설 2014. 5. 9., 2017. 1. 4.〉

1. 제42조 제1항 제1호의 서류

2. 제42조 제4호의 서류. 다만, 종전 집단급식소의 수도시설을 그대로 사용하는 경우는 제외한다.

3. 양도·양수 계약서 사본이나 그 밖에 신고인이 해당 집단급식소의 설치·운영자임을 증명하는 서류

③ 제1항 또는 제2항(종전 집단급식소의 시설·설비 및 운영 체계를 유지하는 경우는 제외한다)에 따른 신고를 받은 신고관청은 「전자정부법」 제36조 제1항에 따른 행정정보의 공동이용을 통하여 액화석유가스 사용시설완성검사증명서(「액화석유가스의 안전관리 및 사업법」 제44조 제2항에 따라 액화석유가스 사용시설의 완성검사를 받아야 하는 경우만 해당한다) 및 건강진단결과서(제49조에 따른 건강진단 대상자의 경우만 해당한다)를 확인하여야 하며, 신청인이 확인에 동의하지 아니하는 경우에는 그 사본을 첨부하도록 하여야 한다. 〈신설 2014. 5. 9., 2017. 1. 4., 2020. 4. 13.〉

④ 제1항 또는 제2항에 따라 신고를 받은 신고관청은 지체 없이 별지 제69호 서식의 집단급식소 설치·운영신고증을 내어주고, 15일 이내에 신고받은 사항을 확인하여야 한다. 〈개정 2014. 5. 9.〉

⑤ 제4항에 따라 신고증을 내어준 신고관청은 별지 제70호 서식의 집단급식소의 설치·운영신고대장에 기록·보관하거나 같은 서식에 따른 전산망에 입력하여 관리하여야 한다. 〈개정 2014. 5. 9.〉

⑥ 제4항에 따라 신고증을 받은 집단급식소의 설치·운영자가 해당 신고증을 잃어버렸거나 헐어 못 쓰게 되어 신고증을 다시 받으려는 경우에는 별지 제35호 서식의 재발급신청서(전자문서로 된 신청서를 포함한다)에 헐어 못 쓰게 된 신고증(헐어 못 쓰게 된 경우만 해당한다)을 첨부하여 신고관청에 제출하여야 한다. 〈개정 2012. 6. 29., 2014. 5. 9.〉

⑦ 집단급식소의 설치·운영자가 신고사항 중 다음 각 호의 구분에 따른 사항을 변경하는 경우에는 별지 제71호 서식의 신고사항 변경신고서(전자문서로 된 신청서를 포함한다)에 집단급식소 설치·운영신고증을 첨부하여 신고관청에 제출하여야 한다. 이 경우 집단급식소의 소재지를 변경하는 경우에는 제42조 제1항 제1호 및 제4호의 서류(전자문서를 포함한다)를 추가로 첨부하여야 한다. 〈개정 2012. 5. 31., 2012. 12. 17., 2014. 5. 9.〉

1. 집단급식소의 설치·운영자가 법인인 경우 : 그 대표자, 그 대표자의 성명, 소재지 또는 위탁급식영업자

2. 집단급식소의 설치·운영자가 법인이 아닌 경우 : 설치·운영자의 성명, 소재지 또는 위탁급식영업자

⑧ 제7항 각 호 외의 부분 후단에 따라 집단급식소의 소재지를 변경하는 변경신고서를 제출받은 신고관청은 「전자정부법」 제36조 제1항에 따른 행정정보의 공동이용을 통하여 액화석유가스 사용시설완성검사증명서(「액화석유가스의 안전관리 및 사업법」 제44조 제2항에 따라 액화석유가스 사용시설의 완성검사를 받아야 하는 경우만 해당한다)를 확인하여야 한다. 다만, 신청인이 확인에 동의하지 아니하는 경우에는 그 사본을 첨부하도록 하여야 한다. 〈신설 2012. 5. 31., 2014. 5. 9., 2020. 4. 13.〉

⑨ 집단급식소의 설치·운영자가 그 운영을 그만하려는 경우에는 별지 제72호 서식의 집단급식소 설치·운영 종료신고서(전자문서로 된 신고서를 포함한다)에 집단급식소 설치·운영신고증을 첨부하여 신고관청에 제출하여야 한다. 〈개정 2012. 5. 31., 2014. 5. 9.〉

⑩ 법 제88조 제3항에서 준용되는 같은 법 제39조에 따라 집단급식소의 설치·운영자의 지위승계 신고를 하려는 자는 별지 제73호 서식의 집단급식소 설치·운영자 지위승계 신고서에 다음 각 호의 서류를 첨부하여 신고관청에 제출해야 한다. 〈신설 2021. 6. 30., 2022. 4. 28.〉

1. 집단급식소의 설치·운영신고증

2. 권리의 이전을 증명하는 다음 각 목의 구분에 따른 서류

   가. 양도의 경우에는 양도·양수를 증명할 수 있는 서류 사본

   나. 상속의 경우에는 상속인임을 증명하는 서류

   다. 그 밖에 해당 사유별로 설치·운영자의 지위를 승계하였음을 증명할 수 있는 서류

3. 교육이수증(법 제41조 제2항 본문에 따라 미리 식품위생교육을 받은 경우만 해당한다)

4. 위임인의 자필서명이 있는 위임장 및 위임인의 신분증명서 사본(양수인이 지위승계 신고를 위임한 경우만 해당한다)

⑪ 제10항에 따라 신청서를 제출받은 신고관청은 「전자정부법」 제36조 제1항에 따른 행정정보의 공동이용을 통해 다음 각 호의 구분에 따른 행정정보를 확인해야 한다. 다만, 신청인이 확인에 동의하지 않는 경우에는 그 사본을 첨부하도록 해야 한다. 〈신설 2022. 4. 28.〉

1. 제49조에 따른 건강진단 대상자의 경우 : 건강진단결과서

2. 상속의 경우 : 상속인의 가족관계증명서

⑫ 제10항에 따라 집단급식소의 설치 · 운영자의 지위승계 신고를 하려는 상속인이 제9항에 따른 종료신고를 함께 하려는 경우에는 제10항 제1호 · 제2호 나목의 서류(상속인이 지위승계 신고를 위임한 경우에는 같은 항 제4호의 서류를 포함한다)만을 첨부하여 제출할 수 있다. 〈신설 2021. 6. 30., 2022. 4. 28.〉

제95조(집단급식소의 설치 · 운영자 준수사항) ① 법 제88조 제2항 제2호에 따라 조리 · 제공한 식품(법 제2조 제12호 다목에 따른 병원의 경우에는 일반식만 해당한다)을 보관할 때에는 매회 1인분 분량을 섭씨 영하 18도 이하로 보관해야 한다. 〈개정 2011. 8. 19., 2017. 12. 29., 2022. 6. 30., 2023. 5. 19.〉

② 제1항에도 불구하고 완제품 형태로 제공한 가공식품은 소비기한 내에서 해당 식품의 제조업자가 정한 보관방법에 따라 보관할 수 있다. 다만, 완제품 형태로 제공하는 식품 중 식품의약품안전처장이 정하여 고시하는 가공식품을 완제품 형태로 제공한 경우에는 해당 제품의 제품명, 제조업소명, 제조일자 또는 소비기한 등 제품을 확인 · 추적할 수 있는 정보를 기록 · 보관함으로써 해당 가공식품의 보관을 갈음할 수 있다. 〈신설 2023. 5. 19.〉

③ 법 제88조 제2항 제11호에서 "총리령으로 정하는 사항"이란 별표 24와 같다. 〈개정 2010. 3. 19., 2013. 3. 23., 2021. 6. 30., 2023. 5. 19.〉

식품위생법 시행규칙 별표 24 〈개정 2023. 5. 19.〉

집단급식소의 설치 · 운영자 준수사항(제95조 제3항 관련)

1. 물수건, 숟가락, 젓가락, 식기, 찬기, 도마, 칼, 행주 및 그 밖의 주방용구는 기구 등의 살균 · 소독제, 열탕, 자외선 살균 또는 전기살균의 방법으로 소독한 것을 사용해야 한다.

2. 배식하고 남은 음식물을 다시 사용 · 조리 또는 보관(폐기용이라는 표시를 명확하게 하여 보관하는 경우는 제외한다)해서는 안 된다.

3. 식재료의 검수 및 조리 등에 대해서는 식품의약품안전처장이 정하여 고시하는 위생관리 사항의 점검 결과를 사실대로 기록해야 한다. 이 경우 그 기록에 관한 서류는 해당 기록을 한 날부터 3개월간 보관해야 한다.

4. 법 제88조 제2항 제8호에 따라 수돗물이 아닌 지하수 등을 먹는 물 또는 식품의 조리 · 세척 등에 사용하는 경우에는 「먹는물관리법」 제43조에 따른 먹는물 수질검사기관에서 다음의 구분에 따른 검사를 받아야 한다.

가. 일부 항목 검사 : 1년마다(모든 항목 검사를 하는 연도의 경우를 제외한다)「먹는물 수질기준 및 검사 등에 관한 규칙」제4조 제1항 제2호에 따른 마을상수도의 검사기준에 따른 검사(잔류염소에 관한 검사를 제외한다). 다만, 시·도지사가 오염의 우려가 있다고 판단하여 지정한 지역에서는 같은 규칙 제2조에 따른 먹는물의 수질기준에 따른 검사를 해야 한다.

나. 모든 항목 검사 : 2년마다「먹는물 수질기준 및 검사 등에 관한 규칙」제2조에 따른 먹는물의 수질기준에 따른 검사

5. 동물의 내장을 조리하면서 사용한 기계·기구류 등을 세척하고 살균해야 한다.

6. 법 제47조 제1항에 따라 모범업소로 지정받은 자 외의 자는 모범업소임을 알리는 지정증, 표지판, 현판 등의 어떠한 표시도 해서는 안 된다.

7. 제과점영업자 또는 즉석판매제조·가공업자로부터 당일 제조·가공한 빵류·과자류 및 떡류를 구입하여 구입 당일 급식자에게 제공하는 경우 이를 확인할 수 있는 증명서(제품명, 제조일자 및 판매량 등이 포함된 거래명세서나 영수증 등을 말한다)를 6개월간 보관해야 한다.

제96조(집단급식소의 시설기준) 법 제88조 제7항에 따른 집단급식소의 시설기준은 별표 25와 같다. 〈개정 2021. 6. 30.〉

식품위생법 시행규칙 별표 25 〈개정 2023. 5. 19.〉

집단급식소의 시설기준(제96조 관련)

1. 조리장

가. 조리장은 음식물을 먹는 객석에서 그 내부를 볼 수 있는 구조로 되어 있어야 한다. 다만, 병원·학교의 경우에는 그러하지 아니하다.

나. 조리장 바닥은 배수구가 있는 경우에는 덮개를 설치하여야 한다.

다. 조리장 안에는 취급하는 음식을 위생적으로 조리하기 위하여 필요한 조리시설·세척시설·폐기물용기 및 손 씻는 시설을 각각 설치하여야 하고, 폐기물용기는 오물·악취 등이 누출되지 아니하도록 뚜껑이 있고 내수성 재질[스테인리스·알루미늄·강화플라스틱(FRP)·테프론 등 물을 흡수하지 아니하는 것을 말한다. 이하 같다]로 된 것이어야 한다.

라. 조리장에는 주방용 식기류를 소독하기 위한 자외선 또는 전기살균소독기를 설치하거나 열탕세척소독시설(식중독을 일으키는 병원성 미생물 등이 살균될 수 있는 시설이어야 한다)을 갖추어야 한다.

마. 충분한 환기를 시킬 수 있는 시설을 갖추어야 한다. 다만, 자연적으로 통풍이 가능한 구조의 경우에는 그러하지 아니하다.

바. 식품 등의 기준 및 규격 중 식품별 보존 및 유통기준에 적합한 온도가 유지될 수 있는 냉장시설 또는 냉동시설을 갖추어야 한다.

사. 식품과 직접 접촉하는 부분은 위생적인 내수성 재질로서 씻기 쉬우며, 열탕·증기·살균제 등으로 소독·살균이 가능한 것이어야 한다.

아. 냉동·냉장시설 및 가열처리시설에는 온도계 또는 온도를 측정할 수 있는 계기를 설치하여야 하며, 적정온도가 유지되도록 관리하여야 한다.

자. 조리장에는 쥐·해충 등을 막을 수 있는 시설을 갖추어야 한다.

2. 급수시설

가. 수돗물이나「먹는물관리법」제5조에 따른 먹는 물의 수질기준에 적합한 지하수 등을 공급할 수 있는 시설을 갖추어야 한다. 다만, 지하수를 사용하는 경우에는 용수저장탱크에 염소자동주입기 등 소독장치를 설치하여야 한다.

나. 지하수를 사용하는 경우 취수원은 화장실·폐기물처리시설·동물사육장 그 밖에 지하수가 오염될 우려가 있는 장소로부터 영향을 받지 아니하는 곳에 위치하여야 한다.

3. 창고 등 보관시설

　가. 식품 등을 위생적으로 보관할 수 있는 창고를 갖추어야 한다.

　나. 창고에는 식품 등을 법 제7조 제1항에 따른 식품 등의 기준 및 규격에서 정하고 있는 보존 및 유통기준에 적합한 온도에서 보관할 수 있도록 냉장·냉동시설을 갖추어야 한다. 다만, 조리장에 갖춘 냉장시설 또는 냉동시설에 해당 급식소에서 조리·제공되는 식품을 충분히 보관할 수 있는 경우에는 창고에 냉장시설 및 냉동시설을 갖추지 아니하여도 된다.

4. 화장실

　가. 화장실은 조리장에 영향을 미치지 아니하는 장소에 설치하여야 한다. 다만, 집단급식소가 위치한 건축물 안에 나목부터 라목까지의 기준을 갖춘 공동화장실이 설치되어 있거나 인근에 사용하기 편리한 화장실이 있는 경우에는 따로 화장실을 설치하지 아니할 수 있다.

　나. 화장실은 정화조를 갖춘 수세식 화장실을 설치하여야 한다. 다만, 상·하수도가 설치되지 아니한 지역에서는 수세식이 아닌 화장실을 설치할 수 있다. 이 경우 변기의 뚜껑과 환기시설을 갖추어야 한다.

　다. 화장실은 콘크리트 등으로 내수처리를 하여야 하고, 바닥과 내벽(바닥으로부터 1.5미터까지)에는 타일을 붙이거나 방수페인트로 색칠하여야 한다.

　라. 화장실에는 손을 씻는 시설을 갖추어야 한다.

5. 객 석

　집단급식소의 설치·운영을 신고한 사업장은 해당 사업장 내에 객석을 추가로 설치할 수 있다. 이 경우 음식물을 위생적으로 운반할 수 있는 기구 또는 운반차량 및 위생적인 배식도구를 갖추어야 한다.

제89조(식품진흥기금) ① 식품위생과 국민의 영양수준 향상을 위한 사업을 하는 데에 필요한 재원에 충당하기 위하여 시·도 및 시·군·구에 식품진흥기금(이하 "기금"이라 한다)을 설치한다.

② 기금은 다음 각 호의 재원으로 조성한다. 〈개정 2018. 3. 13.〉

1. 식품위생단체의 출연금

2. 제82조, 제83조 및 「건강기능식품에 관한 법률」 제37조, 「식품 등의 표시·광고에 관한 법률」 제19조 및 제20조에 따라 징수한 과징금

3. 기금 운용으로 생기는 수익금

4. 그 밖에 대통령령으로 정하는 수입금

③ 기금은 다음 각 호의 사업에 사용한다. 〈개정 2010. 3. 26., 2015. 5. 18., 2016. 12. 2.〉

1. 영업자(「건강기능식품에 관한 법률」에 따른 영업자를 포함한다)의 위생관리시설 및 위생설비시설 개선을 위한 융자 사업

2. 식품위생에 관한 교육·홍보 사업(소비자단체의 교육·홍보 지원을 포함한다)과 소비자식품위생감시원의 교육·활동 지원

3. 식품위생과 「국민영양관리법」에 따른 영양관리(이하 "영양관리"라 한다)에 관한 조사 · 연구 사업

4. 제90조에 따른 포상금 지급 지원

4의 2. 「공익신고자 보호법」 제29조 제2항에 따라 지방자치단체가 부담하는 보상금(이 법 및 「건강기능식품에 관한 법률」 위반행위에 관한 신고를 원인으로 한 보상금에 한정한다) 상환액의 지원

5. 식품위생에 관한 교육 · 연구 기관의 육성 및 지원

6. 음식문화의 개선과 좋은 식단 실천을 위한 사업 지원

7. 집단급식소(위탁에 의하여 운영되는 집단급식소만 해당한다)의 급식시설 개수 · 보수를 위한 융자 사업

7의2. 제47조의2에 따른 식품접객업소의 위생등급 지정 사업 지원

8. 그 밖에 대통령령으로 정하는 식품위생, 영양관리, 식품산업 진흥 및 건강기능식품에 관한 사업

④ 기금은 시 · 도지사 및 시장 · 군수 · 구청장이 관리 · 운용하되, 그에 필요한 사항은 대통령령으로 정한다.

● **시행령**

제61조(기금사업) ① 법 제89조 제3항 제8호에 따라 기금을 사용할 수 있는 사업은 다음 각 호의 사업으로 한다. 〈개정 2011. 4. 22., 2014. 7. 28., 2014. 11. 28., 2021. 2. 2.〉

1. 식품의 안전성과 식품산업진흥에 대한 조사 · 연구사업

2. 식품사고 예방과 사후관리를 위한 사업

3. 식중독 예방과 원인 조사, 위생관리 및 식중독 관련 홍보사업

4. 식품의 재활용을 위한 사업

5. 식품위생과 식품산업진흥을 위한 전산화사업

6. 식품산업진흥사업

7. 시 · 도지사가 식품위생과 주민 영양을 개선하기 위하여 민간단체에 연구를 위탁한 사업

8. 남은 음식 재사용 안 하기 활동에 대한 지원

9. 제18조 제5항에 따른 수당 등의 지급

10. 「식품 · 의약품분야 시험 · 검사 등에 관한 법률」 제6조 제3항 제2호에 따른 자가품질위탁 시험 · 검사기관의 시험 · 검사실 설치 지원

11. 법 제47조 제2항에 따른 우수업소와 모범업소에 대한 지원

12. 법 제48조 제11항에 따른 식품안전관리인증기준을 지키는 영업자와 이를 지키기 위하여 관련 시설 등을 설치하려는 영업자에 대한 지원

13. 법 제63조 제1항에 따른 자율지도원의 활동 지원

14. 「건강기능식품에 관한 법률」 제22조 제6항에 따른 우수건강기능식품제조기준을 지키는 영업자와 이를 지키기 위하여 관련 시설 등을 설치하려는 영업자에 대한 지원

15. 「어린이 식생활안전관리 특별법」 제6조 제2항에 따른 어린이 기호식품 전담 관리원의 지정 및 운영

16. 「어린이 식생활안전관리 특별법」 제7조 제3항에 따른 어린이 기호식품 우수판매업소에 대한 보조 또는 융자

17. 「어린이 식생활안전관리 특별법」 제21조 제4항에 따른 어린이급식관리지원센터 설치 및 운영 비용 보조

18. 그 밖에 제1호부터 제17호까지의 규정에 따른 사업에 준하는 것으로서 식품위생, 영양관리 또는 식품산업진흥 등을 위해 식품의약품안전처장이 필요하다고 인정하여 고시하는 사업

② 식품의약품안전처장은 제62조 제2항에 따른 기금운용계획에 따라 시 · 도지사 또는 시장 · 군수 · 구청장이 행하는 사업의 이행 여부를 확인하거나 해당 사업의 추진 현황을 시 · 도지사 또는 시장 · 군수 · 구청장으로 하여금 보고하도록 할 수 있다. 이 경우 시장 · 군수 · 구청장은 시 · 도지사를 거쳐 보고하여야 한다. 〈개정 2010. 3. 15., 2013. 3. 23.〉

제62조(기금의 운용) ① 기금의 회계연도는 정부회계연도에 따른다.

② 시 · 도지사 또는 시장 · 군수 · 구청장은 매년 기금운용계획을 수립하여야 한다. 이 경우 기금운용계획에는 기금의 운용 및 관리에 드는 비용을 포함시킬 수 있다.

③ 시 · 도지사 또는 시장 · 군수 · 구청장은 기금의 융자업무를 취급하기 위하여 기금을 금융기관에 위탁하여 관리하게 할 수 있다.

④ 시 · 도지사 또는 시장 · 군수 · 구청장은 기금의 수입과 지출에 관한 사무를 하게 하기 위하여 소속 공무원 중에서 기금수입징수관, 기금재무관, 기금지출관 및 기금출납공무원을 임명한다.

⑤ 시 · 도지사 또는 시장 · 군수 · 구청장은 기금계정을 설치할 은행을 지정하고, 지정한 은행에 수입계정과 지출계정을 구분하여 기금계정을 설치하여야 한다.

⑥ 시 · 도지사 또는 시장 · 군수 · 구청장은 기금재무관에게 지출원인행위를 하도록 하는 경우 기금운용계획에 따라 지출한도액을 배정하여야 한다.

⑦ 제1항부터 제6항까지에서 규정한 사항 외에 기금의 운용에 필요한 사항은 시 · 도 및 시 · 군 · 구의 조례로 정한다.

제89조의2(영업자 등에 대한 행정적 · 기술적 지원) 국가와 지방자치단체는 식품안전에 대한 영업자 등의 관리능력을 향상하기 위한 기반조성 및 역량 강화에 필요한 시책을 수립 · 시행하여야 하며, 이를 위한 재원을 마련하고 기술개발, 조사 · 연구 사업, 해외 정보의 제공 및 국제협력체계의 구축 등에 필요한 행정적 · 기술적 지원을 할 수 있다.

[본조신설 2020. 12. 29.]

제90조(포상금 지급) ① 식품의약품안전처장, 시 · 도지사 또는 시장 · 군수 · 구청장은 이 법에 위반되는 행위를 신고한 자에게 신고 내용별로 1천만 원까지 포상금을 줄 수 있다. 〈개정 2013. 3. 23.〉

② 제1항에 따른 포상금 지급의 기준 · 방법 및 절차 등에 관하여 필요한 사항은 대통령령으로 정한다.

● 시행령

제63조(포상금의 지급기준) ① 법 제90조 제1항에 따라 포상금을 지급하는 경우 그 기준은 다음 각 호와 같다. 〈개정 2010. 8. 11., 2013. 12. 30., 2016. 1. 22., 2016. 7. 26., 2019. 3. 14.〉

1. 법 제93조를 위반한 자를 신고한 경우 : 1천만 원 이하

2. 법 제4조부터 제6조(법 제88조에서 준용하는 경우를 포함한다)까지, 제8조(법 제88조에서 준용하는 경우를 포함한다) 또는 제37조 제1항을 위반한 자를 신고한 경우 : 30만 원 이하

3. 법 제7조 제4항(법 제88조에서 준용하는 경우를 포함한다), 제9조 제4항(법 제88조에서 준용하는 경우를 포함한다), 제37조 제5항, 제44조 제1항 · 제2항을 위반한 자 또는 법 제75조 제1항에 따른 영업정지명령을 위반하여 영업을 계속한 자를 신고한 경우 : 20만 원 이하

4. 「식품 등의 표시 · 광고에 관한 법률」 제8조, 법 제37조 제4항을 위반한 자 또는 법 제76조 제1항에 따른 품목제조정지명령을 위반한 자를 신고한 경우 : 10만 원 이하

5. 법 제40조 제3항 또는 제88조 제1항을 위반한 자를 신고한 경우 : 5만 원 이하

6. 제1호부터 제5호까지의 규정 외에 법을 위반한 자 중 위생상 위해 발생 우려가 있는 위반사항을 신고한 경우 : 3만 원 이하

② 제1항에 따른 포상금의 세부적인 지급대상, 지급금액, 지급방법 및 지급절차 등은 식품의약품안전처장이 정하여 고시한다. 〈개정 2013. 3. 23.〉

제64조(신고자 비밀보장) ① 식품의약품안전처장, 시 · 도지사 또는 시장 · 군수 · 구청장은 법 제90조 제1항에 따라 법을 위반한 행위를 신고한 자의 인적사항 등 그 신분이 누설되지 아니하도록 하여야 한다. 〈개정 2013. 3. 23.〉

② 식품의약품안전처장, 시 · 도지사 또는 시장 · 군수 · 구청장은 신고자의 신분이 공개된 경우 그 경위를 확인하여 신고자의 신분을 누설한 자에 대하여 징계를 요청하는 등 필요한 조치를 할 수 있다. 〈개정 2013. 3. 23.〉

제90조의2(정보공개) ① 식품의약품안전처장은 보유 · 관리하고 있는 식품 등의 안전에 관한 정보 중 국민이 알아야 할 필요가 있다고 인정하는 정보에 대하여는 「공공기관의 정보공개에 관한 법률」에서 허용하는 범위에서 이를 국민에게 제공하도록 노력하여야 한다. 〈개정 2013. 3. 23.〉

② 제1항에 따라 제공되는 정보의 범위, 제공 방법 및 절차 등에 필요한 사항은 대통령령으로 정한다.

[본조신설 2011. 8. 4.]

● **시행령**

제64조의2(정보공개) ① 법 제90조의2 제1항에 따라 제공되는 식품 등의 안전에 관한 정보의 범위는 다음 각 호와 같다. 〈개정 2013. 3. 23., 2016. 7. 26.〉

1. 심의위원회의 조사 · 심의 내용

2. 안정성심사위원회의 심사 내용

3. 국내외에서 유해물질이 함유된 것으로 알려지는 등 위해의 우려가 제기되는 식품 등에 관한 정보

4. 그 밖에 식품 등의 안전에 관한 정보로서 식품의약품안전처장이 공개할 필요가 있다고 인정하는 정보

② 식품의약품안전처장은 법 제90조의2 제1항에 따라 식품 등의 안전에 관한 정보를 인터넷 홈페이지, 신문, 방송 등을 통하여 공개할 수 있다. 〈개정 2013. 3. 23.〉

[본조신설 2011. 12. 19.]

제90조의3(식품안전관리 업무 평가) ① 식품의약품안전처장은 식품안전관리 업무 수행 실적이 우수한 시 · 도 또는 시 · 군 · 구에 표창 수여, 포상금 지급 등의 조치를 하기 위하여 시 · 도 및 시 · 군 · 구에서 수행하는 식품안전관리업무를 평가할 수 있다.

② 제1항에 따른 평가 기준 · 방법 등에 관하여 필요한 사항은 총리령으로 정한다.

[본조신설 2016. 2. 3.]

● **시행규칙**

제96조의2(식품안전관리 업무 평가 기준 및 방법 등) ① 법 제90조3 제1항에 따른 식품안전관리 업무 평가의 기준은 다음 각 호와 같다.

1. 식품안전관리 사업 목표 달성도 또는 사업의 성과

2. 그 밖에 식품안전관리를 위하여 식품의약품안전처장이 정하는 사항

② 식품의약품안전처장은 제1항에 따른 평가를 할 때에는 시 · 도와 시 · 군 · 구를 구분하여 실시할 수 있다.

[본조신설 2016. 8. 4.]

제90조의4(벌칙 적용에서 공무원 의제) 안전성심사위원회 및 심의위원회의 위원 중 공무원이 아닌 사람은 「형법」 제129조부터 제132조까지의 규정을 적용할 때에는 공무원으로 본다.

[본조신설 2018. 12. 11.]

제91조(권한의 위임) 이 법에 따른 식품의약품안전처장의 권한은 대통령령으로 정하는 바에 따라 그 일부를 시 · 도지사, 식품의약품안전평가원장 또는 지방식품의약품안전청장에게, 시 · 도지사의 권한은 그 일부를 시장 · 군수 · 구청장 또는 보건소장에게 각각 위임할 수 있다. 〈개정 2010. 1. 18., 2013. 3. 23., 2018. 12. 11.〉

● **시행령**

제65조(권한의 위임) 식품의약품안전처장은 법 제91조에 따라 다음 각 호의 권한을 지방식품의약품안전청장에게 위임한다. 〈개정 2011. 12. 19., 2013. 3. 23., 2013. 12. 30., 2014. 1. 28., 2014. 11. 28., 2016. 1. 22., 2017. 12. 12., 2018. 5. 15., 2022. 7. 19.〉

1. 법 제31조의3 제1항 후단에 따른 확인검사 요청 사실 보고의 접수(제21조 제1호의 식품제조 · 가공업 중 「주세법」에 따른 주류를 제조 · 가공하는 영업자의 보고에 관한 권한으로 한정한다)

1의2. 삭제 〈2016. 1. 22.〉

1의3. 삭제 〈2016. 1. 22.〉

2. 삭제 〈2014. 7. 28.〉

3. 삭제 〈2014. 7. 28.〉

4. 법 제37조 제1항 및 제2항에 따른 영업의 허가 및 변경허가

4의2. 법 제37조 제3항에 따른 폐업신고 및 변경신고

4의3. 법 제37조 제5항 본문에 따른 영업의 등록 및 변경등록

4의4. 법 제37조 제6항에 따른 보고 및 변경보고

4의5. 법 제37조 제7항에 따른 등록 사항의 직권말소

5. 법 제39조에 따른 영업 승계 신고의 수리

6. 법 제45조에 따른 위해식품 등의 회수계획 보고에 관한 업무 및 행정처분 감면

6의2. 법 제46조 제1항에 따른 이물(異物) 발견보고

7. 삭제 〈2014. 11. 28.〉

8. 법 제48조 제8항에 따른 식품안전관리인증기준적용업소에 대한 조사 · 평가 및 인증취소 또는 시정명령

8의2. 법 제49조 제1항 및 제3항에 따른 식품이력추적관리 등록 및 변경신고

8의3. 법 제49조 제5항에 따른 식품이력추적관리기준 준수 여부 등에 대한 조사 · 평가

8의4. 법 제49조 제7항에 따른 식품이력추적관리 등록을 한 자에 대한 등록취소 또는 시정명령

9. 법 제71조에 따른 시정명령

10. 법 제72조에 따른 식품 등의 압류 · 폐기처분 또는 위해 방지 조치 명령

11. 법 제73조에 따른 위해식품 등의 공표

12. 법 제74조에 따른 시설 개수명령

13. 법 제75조에 따른 허가 · 등록 취소 또는 영업정지명령

14. 법 제76조에 따른 품목 또는 품목류 제조정지명령

15. 법 제79조에 따른 영업소를 폐쇄하기 위한 조치 및 그 해제를 위한 조치

16. 법 제81조 제2호 및 제3호에 따른 청문

17. 법 제82조 및 제83조에 따른 과징금 부과 · 징수

18. 법 제90조 제1항에 따른 포상금 지급

19. 법 제92조 제5호(이 조 제4호, 제4호의2 및 제4호의3에 따라 위임된 권한에 따른 수수료만 해당한다)에 따른 수수료의 징수

20. 법 제101조에 따른 과태료 부과 · 징수

제92조(수수료) 다음 각 호의 어느 하나에 해당하는 자는 총리령으로 정하는 수수료를 내야 한다. 〈개정 2010. 1. 18., 2010. 3. 26., 2011. 6. 7., 2013. 3. 23., 2013. 7. 30., 2014. 5. 28., 2016. 2. 3., 2016. 12. 2.〉

1. 제7조 제2항 또는 제9조 제2항에 따른 기준과 규격의 인정을 신청하는 자

1의2. 제7조의3 제2항에 따른 농약 및 동물용 의약품의 잔류허용기준 설정을 요청하는 자

1의3. 삭제 〈2018. 3. 13.〉

2. 제18조에 따른 안전성 심사를 받는 자

3. 삭제 〈2015. 2. 3.〉

3의2. 삭제 〈2015. 2. 3.〉

3의3. 제23조 제2항에 따른 재검사를 요청하는 자

4. 삭제 〈2013. 7. 30.〉

5. 제37조에 따른 허가를 받거나 신고 또는 등록을 하는 자

6. 제48조 제3항(제88조에서 준용하는 경우를 포함한다)에 따른 식품안전관리인증기준적용업소 인증 또는 변경 인증을 신청하는 자

6의2. 제48조의2 제2항에 따른 식품안전관리인증기준적용업소 인증 유효기간의 연장신청을 하는 자

7. 제49조 제1항에 따른 식품이력추적관리를 위한 등록을 신청하는 자

8. 제53조에 따른 조리사 면허를 받는 자

9. 제88조에 따른 집단급식소의 설치 · 운영을 신고하는 자

● 시행규칙

제97조(수수료) ① 법 제92조에 따른 수수료는 별표 26과 같다.

② 제1항에 따른 수수료는 정부수입인지, 해당 지방자치단체의 수입증지, 현금, 신용카드 · 직불카드 또는 정보통신망을 이용한 전자화폐 · 전자결제 등의 방법으로 낼 수 있다.

[전문개정 2021. 5. 27.]

식품위생법 시행규칙 별표 26 <개정 2023. 5. 19.>

수수료(제97조 관련)

1. 영업허가, 신고 및 등록 등
　가. 신규 : 28,000원
　나. 변경 : 9,300원(소재지 변경은 26,500원으로 하되, 영 제26조 제1호, 제41조 제3항 제1호, 제43조의3 제2항 제1호 및 제94조 제7항의 변경사항인 경우는 수수료를 면제한다)
　다. 조건부영업허가 : 28,000원
　라. 집단급식소 설치 · 운영신고 : 28,000원(제94조 제2항에 따른 신고의 경우는 수수료를 면제한다)
　마. 허가증(신고증 또는 등록증) 재발급 : 5,300원
　바. 영업자 지위승계 신고 : 9,300원. 다만, 제48조 제2항에 따라 상속인이 영업자의 지위승계 신고와 폐업신고를 함께하는 경우에는 수수료를 면제한다.

2. 지정 등 신청
　가. 유전자변형식품 등 안전성 심사 신청
　　1) 유전자변형식품 등 안전성 심사 : 5,000,000원
　　2) 후대교배종의 안전성 심사 대상 여부 검토 : 2,900,000원
　나. 식품안전관리인증기준적용업소의 인증신청(인증유효기간의 연장신청을 포함한다) 및 인증사항의 변경신청 : 「한국식품안전관리인증원의 설립 및 운영에 관한 법률」에 따른 한국식품안전관리인증원의 장(이하 "한국식품안전관리인증원장"이라 한다)이 식품의약품안전처장의 승인을 받아 정하는 수수료
　다. 식품 등의 한시적 기준 및 규격 인정 신청
　　1) 식품 원료 중 세포 · 미생물 배양 등 새로운 기술을 이용하여 얻은 것으로서 식품으로 사용하려는 원료 : 45,000,000원
　　2) 식품 원료 중 1)에 해당하지 않는 원료 : 100,000원
　　3) 식품첨가물(기구 등의 살균 · 소독제를 포함한다), 기구 및 용기 · 포장 : 30,000원

3. 조리사면허
　가. 신규 : 5,500원
　나. 면허증 재발급 : 3,000원
　다. 조리사면허증 기재사항 변경신청 : 890원(개명으로 조리사의 성명을 변경하는 경우에는 수수료를 면제한다)

4. 삭제 <2016. 2. 4.>
5. 삭제 <2016. 2. 4.>
6. 삭제 <2022. 7. 28.>
7. 농약 또는 동물용 의약품 잔류허용기준의 설정 등
　가. 농약 및 동물용 의약품의 독성에 관한 자료 검토 수수료(각 품목별로 수수료를 부과한다)
　　1) 신규 설정 : 30,000,000원

10) 벌 칙

구 분	식품위생법	식품위생법 시행령	식품위생법 시행규칙
제13장 벌칙	제93조(벌칙) 예제		
	제94조(벌칙)		
	제95조(벌칙)		
	제96조(벌칙)		
	제97조(벌칙)		제98조(벌칙에서 제외되는 사항)
	제98조(벌칙)		
	제99조 삭제		
	제100조(양벌규정)		
	제101조(과태료)	제67조(과태료의 부과기준) 별표 2	제101조(과태료의 부과대상) 별표 17
	제102조(과태료에 관한 규정 적용의 특례)		

법조문 요약

1. 벌 칙

식품 또는 식품첨가물로 사용 불가능한 동물 및 원료 · 성분

2. 벌 칙

10년 이하의 징역 또는 1억 원 이하의 벌금에 처하거나 이를 병과할 수 있는 사안 : 판매금지된 식재료를 판매한 경우, 유독기구를 판매한 경우, 영업허가를 받지 않은 경우

3. 벌 칙

5년 이하의 징역 또는 5천만 원 이하의 벌금에 처하거나 이를 병과할 수 있는 사안 : 식품첨가물 규격에 위반한 경우, 기구 및 용기 · 포장에 관한 규격을 어긴 경우, 영업허가를 어긴 경우 외

4. 벌 칙

3년 이하의 징역 또는 3천만 원 이하의 벌금에 처하거나 이를 병과할 수 있는 사안 : 조리사 및 영양사를 두어야 하는 경우를 어기거나 해당 직무를 어긴 경우

5. 벌 칙

3년 이하의 징역 또는 3천만 원 이하의 벌금에 처하거나 이를 병과할 수 있는 사안 : 유전자변형식품 표시 위반, 시설 기준 위반, 영업정지 위반, 제조정비 명령 위반 외

6. 벌 칙

1년 이하의 징역 또는 1천만 원 이하의 벌금에 처하거나 이를 병과할 수 있는 사안 : 이물 발견의 신고를 접수하고 거짓으로 보고한 경우, 이물의 발견을 거짓으로 신고한 경우 외

7. 삭 제

8. 양벌규정

행위자를 벌하는 외에 그 법인 또는 개인에게도 벌금형을 과할 수 있음

9. 과태료

- 1천만 원 이하 : 식중독 보고 위반, 집단급식소 신고 위반, 집단급식소 시설의 유지 · 관리 등 급식을 위생적으로 관리하지 않았을 경우
- 500만 원 이하 : 식품 등 취급 위반, 식품검사기한 내에 검사를 받지 아니하거나 자료 등을 제출하지 않았을 경우, 영업허가 위반, 소비자로부터 이물 발견신고를 받고 보고하지 아니한 자, 식품안전관리인증기준 위반, 시설 개수 위반
- 300만 원 이하 : 위생관리책임자의 업무를 방해한 경우, 위생관리책임자 선임 · 해임 신고를 하지 아니한 경우, 직무 수행내역 등을 기록 · 보관하지 아니하거나 거짓으로 기록 · 보관한 경우 외
- 100만 원 이하 : 식품위생교육 보고를 하지 않거나 허위의 보고를 한 경우, 영업자가 지켜야 할 사항을 지키지 않았을 경우 외

10. 과태료에 관한 규정 적용의 특례

과징금을 부과한 행위에 대해 과태료를 부과할 수 없음

법조문 속 예제 및 기출문제

제93조(벌칙) ① 다음 각 호의 어느 하나에 해당하는 질병에 걸린 동물을 사용하여 판매할 목적으로 식품 또는 식품첨가물을 제조 · 가공 · 수입 또는 조리한 자는 3년 이상의 징역에 처한다. 〈개정 2011. 6. 7.〉

1. 소해면상뇌증(狂牛病)
2. 탄저병
3. 가금 인플루엔자

> 예제 「식품위생법」상 식품 제조 원료로 사용할 수 있는 것은?

② 다음 각 호의 어느 하나에 해당하는 원료 또는 성분 등을 사용하여 판매할 목적으로 식품 또는 식품첨가물을 제조·가공·수입 또는 조리한 자는 1년 이상의 징역에 처한다. 〈개정 2011. 6. 7.〉

1. 마황(麻黃)
2. 부자(附子)
3. 천오(川烏)
4. 초오(草烏)
5. 백부자(白附子)
6. 섬수(蟾酥)
7. 백선피(白鮮皮)
8. 사리풀

③ 제1항 및 제2항의 경우 제조·가공·수입·조리한 식품 또는 식품첨가물을 판매하였을 때에는 그 판매금액의 2배 이상 5배 이하에 해당하는 벌금을 병과(倂科)한다. 〈개정 2011. 6. 7., 2018. 12. 11.〉

④ 제1항 또는 제2항의 죄로 형을 선고받고 그 형이 확정된 후 5년 이내에 다시 제1항 또는 제2항의 죄를 범한 자가 제3항에 해당하는 경우 제3항에서 정한 형의 2배까지 가중한다. 〈신설 2013. 7. 30.〉

제94조(벌칙) ① 다음 각 호의 어느 하나에 해당하는 자는 10년 이하의 징역 또는 1억 원 이하의 벌금에 처하거나 이를 병과할 수 있다. 〈개정 2013. 7. 30., 2014. 3. 18.〉

1. 제4조부터 제6조까지(제88조에서 준용하는 경우를 포함하고, 제93조 제1항 및 제3항에 해당하는 경우는 제외한다)를 위반한 자

2. 제8조(제88조에서 준용하는 경우를 포함한다)를 위반한 자

2의2. 삭제 〈2018. 3. 13.〉

3. 제37조 제1항을 위반한 자

② 제1항의 죄로 금고 이상의 형을 선고받고 그 형이 확정된 후 5년 이내에 다시 제1항의 죄를 범한 자는 1년 이상 10년 이하의 징역에 처한다. 〈신설 2013. 7. 30., 2016. 2. 3., 2018. 12. 11., 2024. 2. 13.〉

③ 제2항의 경우 그 해당 식품 또는 식품첨가물을 판매한 때에는 그 판매금액의 4배 이상 10배 이하에 해당하는 벌금을 병과한다. 〈신설 2013. 7. 30., 2018. 12. 11.〉

제95조(벌칙) 다음 각 호의 어느 하나에 해당하는 자는 5년 이하의 징역 또는 5천만 원 이하의 벌금에 처하거나 이를 병과할 수 있다. 〈개정 2013. 7. 30., 2015. 2. 3., 2016. 2. 3., 2018. 3. 13., 2022. 6. 10., 2024. 2. 13.〉

1. 제7조 제4항(제88조에서 준용하는 경우를 포함한다), 제9조 제4항(제88조에서 준용하는 경우를 포함한다) 또는 제9조의3(제88조에서 준용하는 경우를 포함한다)을 위반한 자

1의2. 거짓이나 그 밖의 부정한 방법으로 제7조 제2항·제9조 제2항·제9조의2 제5항에 따른 인정 또는 제18조 제1항에 따른 안전성 심사를 받은 자

2. 삭제 〈2013. 7. 30.〉

2의2. 제37조 제5항을 위반한 자

3. 제43조에 따른 영업 제한을 위반한 자

3의2. 제45조 제1항 전단을 위반한 자

4. 제72조 제1항 · 제3항(제88조에서 준용하는 경우를 포함한다) 또는 제73조 제1항에 따른 명령을 위반한 자

5. 제75조 제1항에 따른 영업정지 명령을 위반하여 영업을 계속한 자(제37조 제1항에 따른 영업허가를 받은 자만 해당한다)

[시행일 2024. 5. 14.] 제95조

제96조(벌칙) 제51조 또는 제52조를 위반한 자는 3년 이하의 징역 또는 3천만 원 이하의 벌금에 처하거나 이를 병과할 수 있다.

[단순위헌, 2019헌바141, 2023. 3. 23., 식품위생법(2011. 6. 7. 법률 제10787호로 개정된 것) 제96조 중 '제52조 제2항을 위반한 자'에 관한 부분은 헌법에 위반된다.]

제97조(벌칙) 다음 각 호의 어느 하나에 해당하는 자는 3년 이하의 징역 또는 3천만 원 이하의 벌금에 처한다. 〈개정 2010. 1. 18., 2011. 6. 7., 2013. 3. 23., 2013. 7. 30., 2015. 2. 3., 2015. 3. 27., 2016. 2. 3., 2018. 3. 13., 2020. 12. 29., 2024. 1. 2.〉

1. 제12조의2 제2항, 제17조 제4항, 제31조 제1항 · 제3항, 제37조 제3항 · 제4항, 제39조 제3항, 제48조 제2항 · 제10항, 제49조 제1항 단서 또는 제55조를 위반한 자

2. 제22조 제1항(제88조에서 준용하는 경우를 포함한다) 또는 제72조 제1항 · 제2항(제88조에서 준용하는 경우를 포함한다)에 따른 검사 · 출입 · 수거 · 압류 · 폐기를 거부 · 방해 또는 기피한 자

3. 삭제 〈2015. 2. 3.〉

4. 제36조에 따른 시설기준을 갖추지 못한 영업자

5. 제37조 제2항에 따른 조건을 갖추지 못한 영업자

6. 제44조 제1항에 따라 영업자가 지켜야 할 사항을 지키지 아니한 자. 다만, 총리령으로 정하는 경미한 사항을 위반한 자는 제외한다.

6의2. 제46조의2 제1항을 위반하여 오염예방조치를 하지 아니한 자

7. 제75조 제1항에 따른 영업정지 명령을 위반하여 계속 영업한 자(제37조 제4항 또는 제5항에 따라 영업신고 또는 등록을 한 자만 해당한다) 또는 같은 조 제1항 및 제2항에 따른 영업소 폐쇄명령을 위반하여 영업을 계속한 자

8. 제76조 제1항에 따른 제조정지 명령을 위반한 자

9. 제79조 제1항에 따라 관계 공무원이 부착한 봉인 또는 게시문 등을 함부로 제거하거나 손상시킨 자

10. 제86조 제2항·제3항에 따른 식중독 원인조사를 거부·방해 또는 기피한 자

[시행일 2025. 1. 3.] 제97조 제6호의2

● **시행규칙**

제98조(벌칙에서 제외되는 사항) 법 제97조 제6호에서 "총리령으로 정하는 경미한 사항"이란 다음 각 호의 어느 하나에 해당하는 경우를 말한다. 〈개정 2010. 3. 19., 2013. 3. 23., 2022. 6. 30.〉

1. 영 제21조 제1호의 식품제조·가공업자가 식품광고 시 소비기한을 확인하여 제품을 구입하도록 권장하는 내용을 포함하지 아니한 경우

2. 영 제21조 제1호의 식품제조·가공업자 및 제21조 제5호의 식품소분·판매업자가 해당 식품 거래기록을 보관하지 아니한 경우

3. 영 제21조 제8호의 식품접객업자가 영업신고증 또는 영업허가증을 보관하지 아니한 경우

4. 영 제21조 제8호 라목의 유흥주점영업자가 종업원 명부를 비치·관리하지 아니한 경우

제98조(벌칙) 다음 각 호의 어느 하나에 해당하는 자는 1년 이하의 징역 또는 1천만 원 이하의 벌금에 처한다. 〈개정 2011. 6. 7., 2014. 3. 18.〉

1. 제44조 제3항을 위반하여 접객행위를 하거나 다른 사람에게 그 행위를 알선한 자

2. 제46조 제1항을 위반하여 소비자로부터 이물 발견의 신고를 접수하고 이를 거짓으로 보고한 자

3. 이물의 발견을 거짓으로 신고한 자

4. 제45조 제1항 후단을 위반하여 보고를 하지 아니하거나 거짓으로 보고한 자

제99조 삭제 〈2013. 7. 30.〉

제100조(양벌규정) 법인의 대표자나 법인 또는 개인의 대리인, 사용인, 그 밖의 종업원이 그 법인 또는 개인의 업무에 관하여 제93조 제3항 또는 제94조부터 제97조까지의 어느 하나에 해당하는 위반행위를 하면 그 행위자를 벌하는 외에 그 법인 또는 개인에게도 해당 조문의 벌금형을 과(科)하고, 제93조 제1항의 위반행위를 하면 그 법인 또는 개인에 대하여도 1억 5천만 원 이하의 벌금에 처하며, 제93조 제2항의 위반행위를 하면 그 법인 또는 개인에 대하여도 5천만 원 이하의 벌금에 처한다. 다만, 법인 또는 개인이 그 위반행위를 방지하기 위하여 해당 업무에 관하여 상당한 주의와 감독을 게을리하지 아니한 경우에는 그러하지 아니하다.

제101조(과태료) ① 다음 각 호의 어느 하나에 해당하는 자에게는 1천만 원 이하의 과태료를 부과한다. 〈신설 2020. 12. 29., 2024. 1. 2.〉

1. 제46조의2 제2항에 따른 현장조사를 거부하거나 방해한 자

2. 제86조 제1항을 위반한 자

3. 제88조 제1항 전단을 위반하여 신고하지 아니하거나 허위의 신고를 한 자

4. 제88조 제2항을 위반한 자. 다만, 총리령으로 정하는 경미한 사항을 위반한 자는 제외한다.

② 다음 각 호의 어느 하나에 해당하는 자에게는 500만 원 이하의 과태료를 부과한다. 〈개정 2011. 6. 7., 2018. 12. 11., 2020. 12. 29., 2021. 7. 27.〉

1. 제3조를 위반한 자

1의2. 삭제 〈2015. 2. 3.〉

1의3. 제19조의4 제2항을 위반하여 검사기한 내에 검사를 받지 아니하거나 자료 등을 제출하지 아니한 영업자

1의4. 삭제 〈2016. 2. 3.〉

2. 삭제 〈2015. 3. 27.〉

3. 제37조 제6항을 위반하여 보고를 하지 아니하거나 허위의 보고를 한 자

4. 삭제 〈2021. 7. 27.〉

5. 삭제 〈2011. 6. 7.〉

5의2. 제46조 제1항을 위반하여 소비자로부터 이물 발견신고를 받고 보고하지 아니한 자

6. 제48조 제9항(제88조에서 준용하는 경우를 포함한다)을 위반한 자

7. 삭제 〈2021. 7. 27.〉

8. 제74조 제1항(제88조에서 준용하는 경우를 포함한다)에 따른 명령에 위반한 자

9. 삭제 〈2020. 12. 29.〉

10. 삭제 〈2020. 12. 29.〉

③ 다음 각 호의 어느 하나에 해당하는 자에게는 300만 원 이하의 과태료를 부과한다. 〈개정 2010. 1. 18., 2013. 3. 23., 2013. 7. 30., 2014. 5. 28., 2016. 2. 3., 2020. 12. 29., 2021. 7. 27.〉

1. 제40조 제1항 및 제3항(제88조에서 준용하는 경우를 포함한다)을 위반한 자

1의2. 제41조의2 제3항을 위반하여 위생관리책임자의 업무를 방해한 자

1의3. 제41조의2 제4항에 따른 위생관리책임자 선임 · 해임 신고를 하지 아니한 자

1의4. 제41조의2 제7항을 위반하여 직무 수행내역 등을 기록 · 보관하지 아니하거나 거짓으로 기록 · 보관한 자

1의5. 제41조의2 제8항에 따른 교육을 받지 아니한 자

2. 삭제 〈2021. 7. 27.〉

2의2. 제44조의2 제1항을 위반하여 책임보험에 가입하지 아니한 자

3. 삭제 〈2021. 7. 27.〉

4. 제49조 제3항을 위반하여 식품이력추적관리 등록사항이 변경된 경우 변경사유가 발생한 날부터 1개월 이내에 신고하지 아니한 자

5. 제49조의3 제4항을 위반하여 식품이력추적관리정보를 목적 외에 사용한 자

6. 제88조 제2항에 따라 집단급식소를 설치·운영하는 자가 지켜야 할 사항 중 총리령으로 정하는 경미한 사항을 지키지 아니한 자

④ 다음 각 호의 어느 하나에 해당하는 자에게는 100만 원 이하의 과태료를 부과한다. 〈신설 2021. 7. 27.〉

1. 제41조 제1항 및 제5항(제88조에서 준용하는 경우를 포함한다)을 위반한 자

2. 제42조 제2항을 위반하여 보고를 하지 아니하거나 허위의 보고를 한 자

3. 제44조 제1항에 따라 영업자가 지켜야 할 사항 중 총리령으로 정하는 경미한 사항을 지키지 아니한 자

4. 제56조 제1항을 위반하여 교육을 받지 아니한 자

⑤ 제1항부터 제4항까지의 규정에 따른 과태료는 대통령령으로 정하는 바에 따라 식품의약품안전처장, 시·도지사 또는 시장·군수·구청장이 부과·징수한다. 〈개정 2013. 3. 23., 2021. 7. 27.〉

[시행일 2025. 1. 3.] 제101조 제1항

● **시행령**

제67조(과태료의 부과기준) 법 제101조 제1항부터 제3항까지의 규정에 따른 과태료의 부과기준은 별표 2와 같다.

〈개정 2023. 7. 25.〉 [전문개정 2015. 12. 30.]

식품위생법 시행령 [별표 2] 〈개정 2023. 7. 25.〉

과태료의 부과기준(제67조 관련)

1. 일반기준

   가. 위반행위의 횟수에 따른 과태료의 가중된 부과기준은 최근 2년간 같은 위반행위로 과태료 부과처분을 받은 경우에 적용한다. 이 경우 기간의 계산은 위반행위에 대하여 과태료 부과처분을 받은 날과 그 처분 후에 다시 같은 위반행위를 하여 적발한 날을 기준으로 한다.

   나. 가목에 따라 가중된 부과처분을 하는 경우 가중처분의 적용 차수는 그 위반행위 전 부과처분 차수(가목에 따른 기간 내에 과태료 부과처분이 둘 이상 있었던 경우에는 높은 차수를 말한다)의 다음 차수로 한다.

다. 식품의약품안전처장, 시·도지사 또는 시장·군수·구청장은 다음의 어느 하나에 해당하는 경우에는 제2호의 개별기준에 따른 과태료 금액의 2분의 1 범위에서 그 금액을 줄일 수 있다. 다만, 과태료를 체납하고 있는 위반행위자의 경우에는 그 금액을 줄일 수 없다.

    1) 위반행위자가 「질서위반행위규제법 시행령」 제2조의2 제1항 각 호의 어느 하나에 해당하는 경우

    2) 위반행위자가 위반행위를 바로 정정하거나 시정하여 위반상태를 해소한 경우

    3) 고의 또는 중과실이 없는 위반행위자가 「소상공인기본법」 제2조에 따른 소상공인인 경우로서 위반행위자의 현실적인 부담능력, 경제위기 등으로 위반행위자가 속한 시장·산업 여건이 현저하게 변동되거나 지속적으로 악화된 상태인지 여부를 고려할 때 과태료를 감경할 필요가 있다고 인정되는 경우

라. 식품의약품안전처장, 시·도지사 또는 시장·군수·구청장은 다음의 어느 하나에 해당하는 경우에는 제2호의 개별기준에 따른 과태료 금액의 2분의 1 범위에서 그 금액을 늘릴 수 있다. 다만, 금액을 늘리는 경우에도 법 제101조 제1항부터 제3항까지의 규정에 따른 과태료 금액의 상한을 넘을 수 없다.

    1) 위반의 내용 및 정도가 중대하여 이로 인한 피해가 크다고 인정되는 경우

    2) 법 위반상태의 기간이 6개월 이상인 경우

    3) 그 밖에 위반행위의 정도, 동기 및 그 결과 등을 고려하여 과태료를 늘릴 필요가 있다고 인정되는 경우

2. 개별기준

위반행위	근거 법조문	과태료 금액(단위 : 만 원)		
		1차 위반	2차 위반	3차 이상 위반
가. 법 제3조(법 제88조에서 준용하는 경우를 포함한다)를 위반한 경우	법 제101조 제2항 제1호	20만 원 이상 200만 원 이하의 범위에서 총리령으로 정하는 금액		
나. 삭제 <2019. 3. 14.>				
다. 삭제 <2019. 3. 14.>				
라. 영업자가 법 제19조의4 제2항을 위반하여 검사기한 내에 검사를 받지 않거나 자료 등을 제출하지 않은 경우	법 제101조 제2항 제1호의3	300	400	500
마. 삭제 <2016. 7. 26.>				
바. 법 제37조 제6항을 위반하여 보고를 하지 않거나 허위의 보고를 한 경우	법 제101조 제2항 제3호	200	300	400
사. 법 제40조 제1항(법 제88조에서 준용하는 경우를 포함한다)을 위반한 경우	법 제101조 제3항 제1호			
1) 건강진단을 받지 않은 영업자 또는 집단급식소의 설치·운영자(위탁급식영업자에게 위탁한 집단급식소의 경우는 제외한다)		20	40	60
2) 건강진단을 받지 않은 종업원		10	20	30
아. 법 제40조 제3항(법 제88조에서 준용하는 경우를 포함한다)을 위반한 경우				
1) 건강진단을 받지 않은 자를 영업에 종사시킨 영업자				
가) 종업원 수가 5명 이상인 경우				
(1) 건강진단 대상자의 100분의 50 이상 위반		50	100	150
(2) 건강진단 대상자의 100분의 50 미만 위반		30	60	90

위반행위	근거 법조문	과태료 금액(단위 : 만 원)		
		1차 위반	2차 위반	3차 이상 위반
나) 종업원 수가 4명 이하인 경우	법 제101조 제3항 제1호			
(1) 건강진단 대상자의 100분의 50 이상 위반		30	60	90
(2) 건강진단 대상자의 100분의 50 미만 위반		20	40	60
2) 건강진단 결과 다른 사람에게 위해를 끼칠 우려 가 있는 질병이 있다고 인정된 자를 영업에 종사 시킨 영업자		100	200	300
자. 법 제41조 제1항(법 제88조에서 준용하는 경우를 포함한다)을 위반한 경우	법 제101조 제4항 제1호			
1) 위생교육을 받지 않은 영업자 또는 집단급식소의 설치ㆍ운영자(위탁급식영업자에게 위탁한 집단 급식소의 경우는 제외한다)		20	40	60
2) 위생교육을 받지 않은 종업원		10	20	30
차. 법 제41조 제5항(법 제88조에서 준용하는 경우를 포함한다)을 위반하여 위생교육을 받지 않은 종업 원을 영업에 종사시킨 영업자 또는 집단급식소의 설치ㆍ운영자(위탁급식영업자에게 위탁한 집단급 식소의 경우는 제외한다)	법 제101조 제4항 제1호	20	40	60
카. 법 제41조의2 제3항을 위반하여 위생관리책임자의 업무를 방해한 경우	법 제101조 제3항 제1호의2	100	200	300
타. 법 제41조의2 제4항에 따른 위생관리책임자의 선 임ㆍ해임신고를 하지 않은 경우	법 제101조 제3항 제1호의3	100	200	300
파. 법 제41조의2 제7항을 위반하여 직무 수행내역 등 을 기록ㆍ보관하지 않거나 거짓으로 기록ㆍ보관하 는 경우	법 제101조 제3항 제1호의4	100	200	300
하. 법 제41조의2 제8항에 따른 교육을 받지 않은 경우	법 제101조 제3항 제1호의5	100	200	300
거. 법 제42조 제2항을 위반하여 보고를 하지 않거나 허위의 보고를 한 경우	법 제101조 제4항 제2호	30	60	90
너. 법 제44조 제1항에 따라 영업자가 지켜야 할 사항 중 총리령으로 정하는 경미한 사항을 지키지 않은 경우	법 제101조 제4항 제3호	10	20	30
더. 법 제44조의2 제1항을 위반하여 책임보험에 가입 하지 않은 경우	법 제101조 제3항 제2호의2			
1) 가입하지 않은 기간이 1개월 미만인 경우		35		
2) 가입하지 않은 기간이 1개월 이상 3개월 미만인 경우		70		
3) 가입하지 않은 기간이 3개월 이상인 경우		100		
러. 법 제46조 제1항을 위반하여 소비자로부터 이물 발 견신고를 받고 보고하지 않은 경우	법 제101조 제2항 제5호의2			
1) 이물 발견신고를 보고하지 않은 경우		300	400	500
2) 이물 발견신고의 보고를 지체한 경우		100	200	300

위반행위	근거 법조문	과태료 금액(단위 : 만 원)		
		1차 위반	2차 위반	3차 이상 위반
머. 법 제48조 제9항(법 제88조에서 준용하는 경우를 포함한다)을 위반한 경우	법 제101조 제2항 제6호	300	400	500
버. 법 제49조 제3항을 위반하여 식품이력추적관리 등록사항이 변경된 경우 변경사유가 발생한 날부터 1개월 이내에 신고하지 않은 경우	법 제101조 제3항 제4호	30	60	90
서. 법 제49조의3 제4항을 위반하여 식품이력추적관리 정보를 목적 외에 사용한 경우	법 제101조 제3항 제5호	100	200	300
어. 법 제56조 제1항을 위반하여 교육을 받지 않은 경우	법 제101조 제4항 제4호	20	40	60
저. 법 제74조 제1항(법 제88조에서 준용하는 경우를 포함한다)에 따른 명령을 위반한 경우	법 제101조 제2항 제8호	200	300	400
처. 법 제86조 제1항을 위반한 경우				
1) 식중독 환자나 식중독이 의심되는 자를 진단하였거나 그 사체를 검안한 의사 또는 한의사	법 제101조 제1항 제1호	100	200	300
2) 집단급식소에서 제공한 식품 등으로 인하여 식중독 환자나 식중독으로 의심되는 증세를 보이는 자를 발견한 집단급식소의 설치 · 운영자		500	750	1000
커. 법 제88조 제1항 전단을 위반하여 신고를 하지 않거나 허위의 신고를 한 경우	법 제101조 제1항 제2호	300	400	500
터. 법 제88조 제2항을 위반한 경우(위탁급식영업자에게 위탁한 집단급식소의 경우는 제외한다)				
1) 집단급식소(법 제86조 제2항 및 이 영 제59조 제2항에 따른 식중독 원인의 조사 결과 해당 집단급식소에서 조리 · 제공한 식품이 식중독의 발생 원인으로 확정된 집단급식소를 말한다)에서 식중독 환자가 발생한 경우	법 제101조 제1항 제3호	500	750	1000
2) 조리 · 제공한 식품의 매회 1인분 분량을 총리령으로 정하는 바에 따라 144시간 이상 보관하지 않은 경우		400	600	800
3) 영양사의 업무를 방해한 경우		300	400	500
4) 영양사가 집단급식소의 위생관리를 위해 요청하는 사항에 대해 정당한 사유 없이 따르지 않은 경우		300	400	500
5) 「축산물 위생관리법」 제12조에 따른 검사를 받지 않은 축산물 또는 실험 등의 용도로 사용한 동물을 음식물의 조리에 사용한 경우		300	400	500
6) 「야생생물 보호 및 관리에 관한 법률」을 위반하여 포획 · 채취한 야생생물을 음식물의 조리에 사용한 경우		300	400	500
7) 소비기한이 경과한 원재료 또는 완제품을 조리할 목적으로 보관하거나 이를 음식물의 조리에 사용한 경우		300	400	500

위반행위	근거 법조문	과태료 금액(단위 : 만 원)		
		1차 위반	2차 위반	3차 이상 위반
8) 「먹는물관리법」 제43조에 따른 먹는물 수질검사 기관에서 수질검사를 실시한 결과 부적합 판정된 지하수 등을 먹는 물 또는 식품의 조리·세척 등에 사용한 경우	법 제101조 제1항 제3호	400	600	800
9) 법 제15조 제2항에 따라 일시적으로 금지된 식품 등을 위해평가가 완료되기 전에 사용·조리한 경우		300	400	500
10) 식중독 발생 시 역학조사가 완료되기 전에 보관 또는 사용 중인 식품의 폐기·소독 등으로 현장을 훼손하여 원상태로 보존하지 않는 등 식중독 원인규명을 위한 행위를 방해한 경우		500	750	1000
11) 그 밖에 총리령으로 정하는 준수사항을 지키지 않은 경우	법 제101조 제3항 제6호	50만 원 이상 300만 원 이하의 범위에서 총리령으로 정하는 금액		

● 시행규칙

제101조(과태료의 부과대상) ① 법 제101조 제1항 제3호 단서 및 같은 조 제3항 제6호에서 "총리령으로 정하는 경미한 사항"이란 법 제88조 제2항 제11호에 해당하는 사항을 말한다. 〈신설 2021. 6. 30.〉

② 법 제101조 제4항 제3호에서 "총리령으로 정하는 경미한 사항"이란 다음 각 호의 어느 하나에 해당하는 경우를 말한다. 〈개정 2013. 3. 23., 2017. 12. 29., 2021. 6. 30., 2023. 1. 30.〉

1. 영 제21조 제8호의 식품접객업자가 별표 17 제7호 자목에 따른 영업신고증, 영업허가증 또는 조리사면허증 보관의무를 준수하지 아니한 경우

2. 영 제21조 제8호 라목의 유흥주점영업자가 별표 17 제7호 파목에 따른 종업원명부 비치·기록 및 관리 의무를 준수하지 아니한 경우

식품위생법 시행규칙 별표17 〈개정 2023. 5. 19.〉

식품접객업영업자 등의 준수사항(제57조 관련)

1. 식품제조·가공업자 및 식품첨가물제조업자와 그 종업원의 준수사항

가. 생산 및 작업기록에 관한 서류와 원료의 입고·출고·사용에 대한 원료출납 관계 서류를 작성하되 이를 거짓으로 작성해서는 안 된다. 이 경우 해당 서류는 최종 기재일부터 3년간 보관하여야 한다.

나. 식품제조·가공업자는 제품의 거래기록을 작성하여야 하고, 최종 기재일부터 2년간 보관하여야 한다.

다. 소비기한이 경과된 제품·식품 또는 그 원재료를 제조·가공·판매의 목적으로 운반·진열·보관(대리점으로 하여금 진열·보관하게 하는 경우를 포함한다)하거나 이를 판매(대리점으로 하여금 판매하게 하는 경우를 포함한다) 또는 식품의 제조·가공에 사용해서는 안 되며, 해당 제품·식품 또는 그 원재료를 진열·보관할 때에는 폐기용 또는 교육용이라는 표시를 명확하게 해야 한다.

라. 삭제 <2019. 4. 25.>

마. 식품제조·가공업자는 장난감 등을 식품과 함께 포장하여 판매하는 경우 장난감 등이 식품의 보관·섭취에 사용되는 경우를 제외하고는 식품과 구분하여 별도로 포장하여야 한다. 이 경우 장난감 등은 「전기용품 및 생활용품 안전관리법」 제5조 제3항 본문에 따른 제품시험의 안전기준에 적합한 것이어야 한다.

바. 식품제조·가공업자 또는 식품첨가물제조업자는 별표 14 제1호 자목 2) 또는 제3호에 따라 식품제조·가공업 또는 식품첨가물제조업의 영업등록을 한 자에게 위탁하여 식품 또는 식품첨가물을 제조·가공하는 경우에는 위탁한 그 제조·가공업자에 대하여 반기별 1회 이상 위생관리상태 등을 점검하여야 한다. 다만, 위탁하려는 식품과 동일한 식품에 대하여 법 제48조에 따라 식품안전관리인증기준적용업소로 인증받거나 「어린이 식생활안전관리 특별법」 제14조에 따라 품질인증을 받은 영업자에게 위탁하는 경우는 제외한다.

사. 식품제조·가공업자 및 식품첨가물제조업자는 이물이 검출되지 아니하도록 필요한 조치를 하여야 하고, 소비자로부터 이물 검출 등 불만사례 등을 신고받은 경우 그 내용을 기록하여 2년간 보관하여야 하며, 이 경우 소비자가 제시한 이물과 증거품(사진, 해당 식품 등을 말한다)은 6개월간 보관하여야 한다. 다만, 부패하거나 변질될 우려가 있는 이물 또는 증거품은 2개월간 보관할 수 있다.

아. 식품제조·가공업자는 「식품 등의 표시·광고에 관한 법률」 제4조 및 제5조에 따른 표시사항을 모두 표시하지 않은 축산물, 「축산물 위생관리법」 제7조 제1항을 위반하여 허가받지 않은 작업장에서 도축·집유·가공·포장 또는 보관된 축산물, 같은 법 제12조 제1항·제2항에 따른 검사를 받지 않은 축산물, 같은 법 제22조에 따른 영업 허가를 받지 아니한 자가 도축·집유·가공·포장 또는 보관된 축산물 또는 같은 법 제33조 제1항에 따른 축산물 또는 실험 등의 용도로 사용한 동물을 식품의 제조 또는 가공에 사용하여서는 아니 된다.

자. 수돗물이 아닌 지하수 등을 먹는 물 또는 식품의 제조·가공 등에 사용하는 경우에는 「먹는물관리법」 제43조에 따른 먹는 물 수질검사기관에서 1년(음료류 등 마시는 용도의 식품인 경우에는 6개월)마다 「먹는물관리법」 제5조에 따른 먹는 물의 수질기준에 따라 검사를 받아 마시기에 적합하다고 인정된 물을 사용하여야 한다.

차. 삭제 <2019. 4. 25.>

카. 법 제15조 제2항에 따라 위해평가가 완료되기 전까지 일시적으로 금지된 제품에 대하여는 이를 제조·가공·유통·판매하여서는 아니 된다.

타. 식품제조·가공업자가 자신의 제품을 만들기 위하여 수입한 반가공 원료 식품 및 용기·포장과 「대외무역법」에 따른 외화획득용 원료로 수입한 식품 등을 부패하거나 변질되어 또는 소비기한이 경과하여 폐기한 경우에는 이를 증명하는 자료를 작성하고, 최종 작성일부터 2년간 보관하여야 한다.

파. 법 제47조 제1항에 따라 우수업소로 지정받은 자 외의 자는 우수업소로 오인·혼동할 우려가 있는 표시를 하여서는 아니 된다.

하. 법 제31조 제1항에 따라 자가품질검사를 하는 식품제조·가공업자 또는 식품첨가물제조업자는 검사설비에 검사 결과의 변경 시 그 변경내용이 기록·저장되는 시스템을 설치·운영하여야 한다.

거. 초산($C_2H_4O_2$)량 비율이 99% 이상인 빙초산을 제조하는 식품첨가물제조업자는 빙초산에 「전기용품 및 생활용품 안전관리법」 제2조 제14호에 따른 어린이보호포장을 하여야 한다.

너. 식품제조·가공업자가 제조·가공 과정에서 생산한 반제품을 별표 14 제1호 자목 7)에 따라 일시적으로 보관하려는 때에는 그 반제품을 사용하여 제조·가공하려는 제품의 명칭, 보관조건, 보관조건에서 설정한 보관기한, 제조 및 반입일자를 표시하여 보관해야 한다. 이 경우 해당 제품의 입고·출고에 대한 기록을 작성하고, 최종 기재일부터 3년간 보관해야 한다.

더. 공유주방 운영업자와의 계약을 통해 공유주방을 사용하는 영업자는 다음 각 호의 사항을 준수해야 한다.
   1) 영업자 간 원재료 및 제품을 공동으로 사용하지 말 것
   2) 위생관리책임자가 실시하는 위생교육을 매월 1시간 이상 받을 것

2. 즉석판매제조 · 가공업자와 그 종업원의 준수사항

가. 제조 · 가공한 식품을 유통 · 판매를 목적으로 하는 자에게 판매해서는 안 된다. 다만, 제조 · 가공한 빵류 · 과자류 및 떡류를 휴게음식점영업자 · 일반음식점영업자 · 위탁급식영업자 또는 집단급식소 설치 · 운영자에게 제조 · 가공한 당일 판매하는 경우는 제외한다.

나. 가목 단서에 따라 제조 · 가공한 빵류 · 과자류 및 떡류를 제조 · 가공 당일 판매하는 경우에는 이를 확인할 수 있는 증명서(제품명, 제조일자 및 판매량 등이 포함된 거래명세서나 영수증 등을 말한다)를 6개월간 보관해야 한다.

다. 제조 · 가공한 식품을 영업장 외의 장소에서 판매해서는 안 된다. 다만, 다음의 어느 하나에 해당하는 방법으로 배달하는 경우는 제외한다.

1) 영업자나 그 종업원이 최종소비자에게 직접 배달

2) 식품의약품안전처장이 정하여 고시하는 기준에 따라 우편 또는 택배 등의 방법으로 최종소비자에게 배달

라. 손님이 보기 쉬운 곳에 가격표를 붙여야 하며, 가격표대로 요금을 받아야 한다.

마. 영업신고증을 업소 안에 보관하여야 한다.

바. 「식품 등의 표시 · 광고에 관한 법률」 제4조 및 제5조에 따른 표시사항을 모두 표시하지 않은 축산물, 「축산물 위생관리법」 제7조 제1항을 위반하여 허가받지 않은 작업장에서 도축 · 집유 · 가공 · 포장 또는 보관된 축산물, 같은 법 제12조 제1항 · 제2항에 따른 검사를 받지 않은 축산물, 같은 법 제22조에 따른 영업 허가를 받지 아니한 자가 도축 · 집유 · 가공 · 포장 또는 보관된 축산물 또는 같은 법 제33조 제1항에 따른 축산물 또는 실험 등의 용도로 사용한 동물은 식품의 제조 · 가공에 사용해서는 안 된다. 다만, 자신이 직접 생산한 원유(原乳)를 원료로 하여 제조 · 가공하는 경우로서 「축산물 위생관리법 시행규칙」 제12조 및 별표 4 제1호에 따른 검사에서 적합으로 판정된 원유는 식품의 제조 · 가공에 사용할 수 있다.

사. 「야생생물 보호 및 관리에 관한 법률」을 위반하여 포획한 야생동물은 이를 식품의 제조 · 가공에 사용하여서는 아니 된다.

아. 소비기한이 경과된 제품 · 식품 또는 그 원재료를 제조 · 가공 · 판매의 목적으로 운반 · 진열 · 보관하거나 이를 판매 또는 식품의 제조 · 가공에 사용해서는 안 되며, 해당 제품 · 품 또는 그 원재료를 진열 · 보관할 때에는 폐기용 또는 교육용이라는 표시를 명확하게 해야 한다.

자. 수돗물이 아닌 지하수 등을 먹는 물 또는 식품의 조리 · 세척 등에 사용하는 경우에는 「먹는물관리법」 제43조에 따른 먹는 물 수질검사기관에서 다음의 검사를 받아 마시기에 적합하다고 인정된 물을 사용하여야 한다. 다만, 둘 이상의 업소가 같은 건물에서 같은 수원(水原)을 사용하는 경우에는 하나의 업소에 대한 시험결과로 해당 업소에 대한 검사에 갈음할 수 있다.

1) 일부항목 검사 : 1년마다(모든 항목 검사를 하는 연도의 경우는 제외한다) 「먹는물 수질기준 및 검사 등에 관한 규칙」 제4조 제1항 제2호에 따른 마을상수도의 검사기준에 따른 검사(잔류염소검사를 제외한다). 다만, 시 · 도지사가 오염의 염려가 있다고 판단하여 지정한 지역에서는 같은 규칙 제2조에 따른 먹는 물의 수질기준에 따른 검사를 하여야 한다.

2) 모든 항목 검사 : 2년마다 「먹는물 수질기준 및 검사 등에 관한 규칙」 제2조에 따른 먹는 물의 수질기준에 따른 검사

차. 법 제15조 제2항에 따라 위해평가가 완료되기 전까지 일시적으로 금지된 식품 등을 제조 · 가공 · 판매하여서는 아니 된다.

카. 공유주방 운영업자와의 계약을 통해 공유주방을 사용하는 영업자는 다음 각 호의 사항을 준수해야 한다.

1) 영업자 간 원재료 및 제품을 공동으로 사용하지 말 것

2) 위생관리책임자가 실시하는 위생교육을 매월 1시간 이상 받을 것

3. 식품소분 · 판매(식품자동판매기영업 및 집단급식소 식품판매업은 제외한다) · 운반업자와 그 종업원의 준수사항

가. 영업자 간의 거래에 관하여 식품의 거래기록(전자문서를 포함한다)을 작성하고, 최종 기재일부터 2년 동안 이를 보관하여야 한다.

나. 영업허가증 또는 신고증을 영업소 안에 보관하여야 한다.

다. 수돗물이 아닌 지하수 등을 먹는 물 또는 식품의 조리 · 세척 등에 사용하는 경우에는 「먹는물관리법」 제43조에 따른 먹는 물 수질검사기관에서 다음의 구분에 따라 검사를 받아 마시기에 적합하다고 인정된 물을 사용하여야 한다. 다만, 같은 건물에서 같은 수원을 사용하는 경우에는 하나의 업소에 대한 시험결과로 갈음할 수 있다.

　　1) 일부항목 검사 : 1년마다(모든 항목 검사를 하는 연도의 경우를 제외한다) 「먹는물 수질기준 및 검사 등에 관한 규칙」 제4조 제1항 제2호에 따른 마을 상수도의 검사기준에 따른 검사(잔류염소검사를 제외한다). 다만, 시 · 도지사가 오염의 염려가 있다고 판단하여 지정한 지역에서는 같은 규칙 제2조에 따른 먹는 물의 수질기준에 따른 검사를 하여야 한다.

　　2) 모든 항목 검사 : 2년마다 「먹는물 수질기준 및 검사 등에 관한 규칙」 제2조에 따른 먹는 물의 수질기준에 따른 검사

라. 삭제 <2019. 4. 25.>

마. 식품판매업자는 제1호 마목을 위반한 식품을 판매하여서는 아니 된다.

바. 삭제 <2016. 2. 4.>

사. 식품운반업자는 운반차량을 이용하여 살아 있는 동물을 운반하여서는 아니 되며, 운반목적 외에 운반차량을 사용하여서는 아니 된다.

아. 「식품 등의 표시 · 광고에 관한 법률」 제4조 및 제5조에 따른 표시사항을 모두 표시하지 않은 축산물, 「축산물 위생관리법」 제7조 제1항을 위반하여 허가받지 않은 작업장에서 도축 · 집유 · 가공 · 포장 또는 보관된 축산물, 같은 법 제12조 제1항 · 제2항에 따른 검사를 받지 않은 축산물, 같은 법 제22조에 따른 영업 허가를 받지 아니한 자가 도축 · 집유 · 가공 · 포장 또는 보관된 축산물 또는 같은 법 제33조 제1항에 따른 축산물 또는 실험 등의 용도로 사용한 동물은 운반 · 보관 · 진열 또는 판매하여서는 아니 된다.

자. 소비기한이 경과된 제품 · 식품 또는 그 원재료를 판매의 목적으로 소분 · 운반 · 진열 · 보관하거나 이를 판매해서는 안 되며, 해당 제품 · 식품 또는 그 원재료를 진열 · 보관할 때에는 폐기용 또는 교육용이라는 표시를 명확하게 해야 한다.

차. 식품판매영업자는 즉석판매제조 · 가공영업자가 제조 · 가공한 식품을 진열 · 판매하여서는 아니 된다.

카. 삭제 <2019. 4. 25.>

타. 삭제 <2016.2.4.>

파. 식품소분 · 판매업자는 법 제15조 제2항에 따라 위해평가가 완료되기 전까지 일시적으로 금지된 식품 등에 대하여는 이를 수입 · 가공 · 사용 · 운반 등을 하여서는 아니 된다.

하. 식품소분업자 및 유통전문판매업자는 소비자로부터 이물 검출 등 불만사례 등을 신고받은 경우에는 그 내용을 2년간 기록 · 보관하여야 하며, 소비자가 제시한 이물과 증거품(사진, 해당 식품 등을 말한다)은 6개월간 보관하여야 한다. 다만, 부패하거나 변질될 우려가 있는 이물 또는 증거품은 2개월간 보관할 수 있다.

거. 유통전문판매업자는 제조 · 가공을 위탁한 제조 · 가공업자에 대하여 반기마다 1회 이상 위생관리 상태를 점검하여야 한다. 다만, 위탁받은 제조 · 가공업자가 위탁받은 식품과 동일한 식품에 대하여 법 제48조에 따른 식품안전관리인증기준적용업소인 경우 또는 위탁받은 식품과 동일한 식품에 대하여 「어린이 식생활안전관리 특별법」 제14조에 따라 품질인증을 받은 자인 경우는 제외한다.

너. 공유주방 운영업자와의 계약을 통해 공유주방을 사용하는 식품소분업자는 다음 각 호의 사항을 준수해야 한다.

　　1) 영업자 간 원재료 및 제품을 공동으로 사용하지 말 것

　　2) 위생관리책임자가 실시하는 위생교육을 매월 1시간 이상 받을 것

4. 식품자동판매기영업자와 그 종업원의 준수사항

　가. 자판기용 제품은 적법하게 가공된 것을 사용해야 하며, 소비기한이 경과된 제품·식품 또는 그 원재료를 판매의 목적으로 진열·보관하거나 이를 판매해서는 안 되며, 해당 제품·식품 또는 그 원재료를 진열·보관할 때에는 폐기용 또는 교육용이라는 표시를 명확하게 해야 한다.

　나. 자판기 내부의 정수기 또는 살균장치 등이 낡거나 닳아 없어진 경우에는 즉시 바꾸어야 하고, 그 기능이 떨어진 경우에는 즉시 그 기능을 보강하여야 한다.

　다. 자판기 내부(재료혼합기, 급수통, 급수호스 등)는 하루 1회 이상 세척 또는 소독하여 청결히 하여야 하고, 그 기능이 떨어진 경우에는 즉시 교체하여야 한다.

　라. 자판기 설치장소 주변은 항상 청결하게 하고, 뚜껑이 있는 쓰레기통 또는 종이컵 수거대(종이컵을 사용하는 자판기만 해당한다)를 비치하여야 하며, 쥐·바퀴 등 해충이 자판기 내부에 침입하지 아니하도록 하여야 한다.

　마. 매일 위생상태 및 고장 여부를 점검하여야 하고, 그 내용을 다음과 같은 점검표에 기록하여 보기 쉬운 곳에 항상 비치하여야 한다.

점검일시	점검자	점검결과		비 고
		내부 청결상태	정상 가동 여부	

　바. 자판기에는 영업신고번호, 자판기별 일련관리번호(제42조 제7항에 따라 2대 이상을 일괄신고한 경우에 한한다), 제품의 명칭 및 고장 시의 연락전화번호를 12포인트 이상의 글씨로 판매기 앞면의 보기 쉬운 곳에 표시하여야 한다.

5. 집단급식소 식품판매업자와 그 종업원의 준수사항

　가. 영업자는 식품의 구매·운반·보관·판매 등의 과정에 대한 거래내역을 2년간 보관하여야 한다.

　나. 「식품 등의 표시·광고에 관한 법률」 제4조 및 제5조에 따른 표시사항을 모두 표시하지 않은 축산물, 「축산물위생관리법」 제7조 제1항을 위반하여 허가받지 않은 작업장에서 도축·집유·가공·포장 또는 보관된 축산물, 같은 법 제12조 제1항·제2항에 따른 검사를 받지 않은 축산물, 같은 법 제22조에 따른 영업 허가를 받지 아니한 자가 도축·집유·가공·포장 또는 보관된 축산물 또는 같은 법 제33조 제1항에 따른 축산물, 실험 등의 용도로 사용한 동물 또는 「야생동·식물보호법」을 위반하여 포획한 야생동물은 판매하여서는 아니 된다.

　다. 냉동식품을 공급할 때에 해당 집단급식소의 영양사 및 조리사가 해동(解凍)을 요청할 경우 해동을 위한 별도의 보관 장치를 이용하거나 냉장운반을 할 수 있다. 이 경우 해당 제품이 해동 중이라는 표시, 해동을 요청한 자, 해동 시작시간, 해동한 자 등 해동에 관한 내용을 표시하여야 한다.

　라. 작업장에서 사용하는 기구, 용기 및 포장은 사용 전, 사용 후 및 정기적으로 살균·소독하여야 하며, 동물·수산물의 내장 등 세균의 오염원이 될 수 있는 식품 부산물을 처리한 경우에는 사용한 기구에 따른 오염을 방지하여야 한다.

　마. 소비기한이 경과된 제품·식품 또는 그 원재료를 판매의 목적으로 운반·진열·보관하거나 이를 판매해서는 안 되며, 해당 제품·식품 또는 그 원재료를 진열·보관할 때에는 폐기용 또는 교육용이라는 표시를 명확하게 해야 한다.

　바. 수돗물이 아닌 지하수 등을 먹는 물 또는 식품의 조리·세척 등에 사용하는 경우에는 「먹는물관리법」 제43조에 따른 먹는 물 수질검사기관에서 다음의 검사를 받아 마시기에 적합하다고 인정된 물을 사용하여야 한다. 다만, 둘 이상의 업소가 같은 건물에서 같은 수원을 사용하는 경우에는 하나의 업소에 대한 시험결과로 해당 업소에 대한 검사에 갈음할 수 있다.

　　1) 일부항목 검사 : 1년(모든 항목 검사를 하는 연도는 제외한다)마다 「먹는물 수질기준 및 검사 등에 관한 규칙」 제4조에 따른 마을상수도의 검사기준에 따른 검사(잔류염소검사는 제외한다)를 하여야 한다. 다만, 시·도지사가 오염의 염려가 있다고 판단하여 지정한 지역에서는 같은 규칙 제2조에 따른 먹는 물의 수질기준에 따른 검사를 하여야 한다.

2) 모든 항목 검사 : 2년마다 「먹는물 수질기준 및 검사 등에 관한 규칙」 제2조에 따른 먹는 물의 수질기준에 따른 검사

사. 법 제15조에 따른 위해평가가 완료되기 전까지 일시적으로 금지된 식품 등을 사용하여서는 아니 된다.

아. 식중독 발생 시 보관 또는 사용 중인 식품은 역학조사가 완료될 때까지 폐기하거나 소독 등으로 현장을 훼손하여서는 아니 되고 원상태로 보존하여야 하며, 식중독 원인규명을 위한 행위를 방해하여서는 아니 된다.

6. 식품조사처리업자 및 그 종업원의 준수사항

조사연월일 및 시간, 조사대상식품명칭 및 무게 또는 수량, 조사선량 및 선량보증, 조사목적에 관한 서류를 작성하여야 하고, 최종 기재일부터 3년간 보관하여야 한다.

7. 식품접객업자(위탁급식영업자는 제외한다)와 그 종업원의 준수사항

가. 물수건, 숟가락, 젓가락, 식기, 찬기, 도마, 칼, 행주, 그 밖의 주방용구는 기구 등의 살균·소독제, 열탕, 자외선살균 또는 전기살균의 방법으로 소독한 것을 사용하여야 한다.

나. 「식품 등의 표시·광고에 관한 법률」 제4조 및 제5조에 따른 표시사항을 모두 표시하지 않은 축산물, 「축산물 위생관리법」 제7조 제1항을 위반하여 허가받지 않은 작업장에서 도축·집유·가공·포장 또는 보관된 축산물, 같은 법 제12조 제1항·제2항에 따른 검사를 받지 않은 축산물, 같은 법 제22조에 따른 영업 허가를 받지 아니한 자가 도축·집유·가공·포장 또는 보관된 축산물 또는 같은 법 제33조 제1항에 따른 축산물 또는 실험 등의 용도로 사용한 동물은 음식물의 조리에 사용하여서는 아니 된다.

다. 업소 안에서는 도박이나 그 밖의 사행행위 또는 풍기문란행위를 방지하여야 하며, 배달판매 등의 영업행위 중 종업원의 이러한 행위를 조장하거나 묵인하여서는 아니 된다.

라. 삭제 <2011. 8. 19.>

마. 삭제 <2011. 8. 19.>

바. 제과점영업자가 별표 14 제8호 가목 2) 라) (5)에 따라 조리장을 공동 사용하는 경우 빵류를 실제 제조한 업소명과 소재지를 소비자가 알아볼 수 있도록 별도로 표시하여야 한다. 이 경우 게시판, 팻말 등 다양한 방법으로 표시할 수 있다.

사. 간판에는 영 제21조에 따른 해당 업종명과 허가를 받거나 신고한 상호를 표시하여야 한다. 이 경우 상호와 함께 외국어를 병행하여 표시할 수 있으나 업종 구분에 혼동을 줄 수 있는 사항은 표시하여서는 아니 된다.

아. 손님이 보기 쉽도록 영업소의 외부 또는 내부에 가격표(부가가치세 등이 포함된 것으로서 손님이 실제로 내야 하는 가격이 표시된 가격표를 말한다)를 붙이거나 게시하되, 신고한 영업장 면적이 150제곱미터 이상인 휴게음식점 및 일반음식점은 영업소의 외부와 내부에 가격표를 붙이거나 게시하여야 하고, 가격표대로 요금을 받아야 한다.

자. 영업허가증·영업신고증·조리사면허증(조리사를 두어야 하는 영업에만 해당한다)을 영업소 안에 보관하고, 허가관청 또는 신고관청이 식품위생·식생활개선 등을 위하여 게시할 것을 요청하는 사항을 손님이 보기 쉬운 곳에 게시하여야 한다.

차. 식품의약품안전처장 또는 시·도지사가 국민에게 혐오감을 준다고 인정하는 식품을 조리·판매하여서는 아니 되며, 「멸종위기에 처한 야생동식물종의 국제거래에 관한 협약」에 위반하여 포획·채취한 야생동물·식물을 사용하여 조리·판매하여서는 아니 된다.

카. 소비기한이 경과된 제품·식품 또는 그 원재료를 조리·판매의 목적으로 운반·진열·보관하거나 이를 판매 또는 식품의 조리에 사용해서는 안 되며, 해당 제품·식품 또는 그 원재료를 진열·보관할 때에는 폐기용 또는 교육용이라는 표시를 명확하게 해야 한다.

타. 허가를 받거나 신고한 영업 외의 다른 영업시설을 설치하거나 다음에 해당하는 영업행위를 하여서는 아니 된다.

1) 휴게음식점영업자·일반음식점영업자 또는 단란주점영업자가 유흥접객원을 고용하여 유흥접객행위를 하게 하거나 종업원의 이러한 행위를 조장하거나 묵인하는 행위

2) 휴게음식점영업자·일반음식점영업자가 음향 및 반주시설을 갖추고 손님이 노래를 부르도록 허용하는 행위. 다만, 연회석을 보유한 일반음식점에서 회갑연, 칠순연 등 가정의 의례로서 행하는 경우에는 그러하지 아니하다.

3) 일반음식점영업자가 주류만을 판매하거나 주로 다류를 조리·판매하는 다방형태의 영업을 하는 행위

4) 휴게음식점영업자가 손님에게 음주를 허용하는 행위

5) 식품접객업소의 영업자 또는 종업원이 영업장을 벗어나 시간적 소요의 대가로 금품을 수수하거나, 영업자가 종업원의 이러한 행위를 조장하거나 묵인하는 행위

6) 휴게음식점영업 중 주로 다류 등을 조리·판매하는 영업소에서 「청소년보호법」 제2조 제1호에 따른 청소년인 종업원에게 영업소를 벗어나 다류 등을 배달하게 하여 판매하는 행위

7) 휴게음식점영업자·일반음식점영업자가 음향시설을 갖추고 손님이 춤을 추는 것을 허용하는 행위. 다만, 특별자치도·시·군·구의 조례로 별도의 안전기준, 시간 등을 정하여 별도의 춤을 추는 공간이 아닌 객석에서 춤을 추는 것을 허용하는 경우는 제외한다.

파. 유흥주점영업자는 성명, 주민등록번호, 취업일, 이직일, 종사분야를 기록한 종업원(유흥접객원만 해당한다) 명부를 비치하여 기록·관리하여야 한다.

하. 손님을 꾀어서 끌어들이는 행위를 하여서는 아니 된다.

거. 업소 안에서 선량한 미풍양속을 해치는 공연, 영화, 비디오 또는 음반을 상영하거나 사용하여서는 아니 된다.

너. 수돗물이 아닌 지하수 등을 먹는 물 또는 식품의 조리·세척 등에 사용하는 경우에는 「먹는물관리법」 제43조에 따른 먹는 물 수질검사기관에서 다음의 검사를 받아 마시기에 적합하다고 인정된 물을 사용하여야 한다. 다만, 둘 이상의 업소가 같은 건물에서 같은 수원을 사용하는 경우에는 하나의 업소에 대한 시험결과로 해당 업소에 대한 검사에 갈음할 수 있다.

1) 일부항목 검사 : 1년(모든 항목 검사를 하는 연도는 제외한다)마다 「먹는물 수질기준 및 검사 등에 관한 규칙」 제4조에 따른 마을상수도의 검사기준에 따른 검사(잔류염소검사는 제외한다)를 하여야 한다. 다만, 시·도지사가 오염의 염려가 있다고 판단하여 지정한 지역에서는 같은 규칙 제2조에 따른 먹는 물의 수질기준에 따른 검사를 하여야 한다.

2) 모든 항목 검사 : 2년마다 「먹는물 수질기준 및 검사 등에 관한 규칙」 제2조에 따른 먹는 물의 수질기준에 따른 검사

더. 동물의 내장을 조리한 경우에는 이에 사용한 기계·기구류 등을 세척하여 살균하여야 한다.

러. 식품접객업영업자는 손님이 먹고 남긴 음식물이나 먹을 수 있게 진열 또는 제공한 음식물에 대해서는 다시 사용·조리 또는 보관(폐기용이라는 표시를 명확하게 하여 보관하는 경우는 제외한다)해서는 안 된다. 다만, 식품의약품안전처장이 인터넷 홈페이지에 별도로 정하여 게시한 음식물에 대해서는 다시 사용·조리 또는 보관할 수 있다.

머. 식품접객업자는 공통찬통, 소형·복합 찬기, 국·찌개·반찬 등을 덜어 먹을 수 있는 기구 또는 1인 반상을 사용하거나, 손님이 남은 음식물을 싸서 가지고 갈 수 있도록 포장용기를 비치하고 이를 손님에게 알리는 등 음식문화 개선과 「감염병의 예방 및 관리에 관한 법률」 제49조에 따른 감염병의 예방 조치사항 준수를 위해 노력해야 한다.

버. 휴게음식점영업자·일반음식점영업자 또는 단란주점영업자는 영업장 안에 설치된 무대시설 외의 장소에서 공연을 하거나 공연을 하는 행위를 조장·묵인하여서는 아니 된다. 다만, 일반음식점영업자가 손님의 요구에 따라 회갑연, 칠순연 등 가정의 의례로서 행하는 경우에는 그러하지 아니하다.

서. 「야생생물 보호 및 관리에 관한 법률」을 위반하여 포획한 야생동물을 사용한 식품을 조리·판매하여서는 아니 된다.

어. 법 제15조 제2항에 따른 위해평가가 완료되기 전까지 일시적으로 금지된 식품 등을 사용·조리하여서는 아니 된다.

저. 식품접객업자는 조리·제조한 식품을 주문한 손님에게 판매해야 하며, 유통·판매를 목적으로 하는 자에게 판매하거나 다른 식품접객업자가 조리·제조한 식품을 자신의 영업에 사용해서는 안 된다. 다만, 다음의 경우는 제외한다.

    1) 제과점영업자가 당일 제조한 빵류·과자류 및 떡류를 휴게음식점영업자·일반음식점영업자·위탁급식영업자 또는 집단급식소 설치·운영자에게 당일 판매하는 경우

    2) 휴게음식점영업자·일반음식점영업자가 제과점영업자 또는 즉석판매제조·가공업자로부터 당일 제조·가공한 빵류·과자류 및 떡류를 구입하여 구입 당일 판매하는 경우

처. 저목 1) 및 2)에 따라 당일 제조·가공한 빵류·과자류 및 떡류를 당일 판매하는 경우 이를 확인할 수 있는 증명서(제품명, 제조일자 및 판매량 등이 포함된 거래명세서나 영수증 등을 말한다)를 6개월간 보관해야 한다.

커. 법 제47조 제1항에 따른 모범업소가 아닌 업소의 영업자는 모범업소로 오인·혼동할 우려가 있는 표시를 하여서는 아니 된다.

터. 손님에게 조리하여 제공하는 식품의 주재료, 중량 등이 아목에 따른 가격표에 표시된 내용과 달라서는 아니 된다.

퍼. 아목에 따른 가격표에는 불고기, 갈비 등 식육의 가격을 100그램당 가격으로 표시하여야 하며, 조리하여 제공하는 경우에는 조리하기 이전의 중량을 표시할 수 있다. 100그램당 가격과 함께 1인분의 가격도 표시하려는 경우에는 다음의 예와 같이 1인분의 중량과 가격을 함께 표시하여야 한다.

    예 불고기 100그램 ○○원(1인분 120그램 △△원)
        갈비 100그램 ○○원(1인분 150그램 △△원)

허. 음식판매자동차를 사용하는 휴게음식점영업자 및 제과점영업자는 신고한 장소가 아닌 장소에서 그 음식판매자동차로 휴게음식점영업 및 제과점영업을 하여서는 아니 된다.

고. 법 제47조의2 제1항에 따라 위생등급을 지정받지 아니한 식품접객업소의 영업자는 위생등급 지정업소로 오인·혼동할 우려가 있는 표시를 해서는 아니 된다.

노. 식품접객영업자는 「재난 및 안전관리 기본법」 제38조 제2항 본문에 따라 경계 또는 심각의 위기경보(「감염병의 예방 및 관리에 관한 법률」에 따른 감염병 확산의 경우만 해당한다)가 발령된 경우에는 손님의 보건위생을 위해 해당 영업장에 손을 소독할 수 있는 용품이나 장치를 갖춰 두어야 한다.

도. 휴게음식점영업자·일반음식점영업자 또는 제과점영업자는 건물 외부에 있는 영업장에서는 건물 내부에서 조리·제조한 음식류 등만을 제공해야 한다. 다만, 주거지역과 인접하지 않아 환경 위해 우려가 적은 장소·지역으로서 특별자치시·특별자치도·시·군·구의 조례로 별도의 기준을 정한 경우는 건물 외부에서 조리·제조한 음식류 등을 제공할 수 있다.

    1) 삭제 <2023. 5. 19.>

    2) 삭제 <2023. 5. 19.>

로. 손님에게 조리·제공할 목적으로 이미 양념에 재운 불고기, 갈비 등을 새로이 조리한 것처럼 보이도록 세척하는 등 재처리하여 사용·조리 또는 보관해서는 안 된다.

모. 공유주방 운영업자와의 계약을 통해 공유주방을 사용하는 휴게음식점영업자·일반음식점영업자 또는 제과점영업자는 다음 각 호의 사항을 준수해야 한다.

    1) 영업자 간 원재료 및 제품을 공동으로 사용하지 말 것

    2) 위생관리책임자가 실시하는 위생교육을 매월 1시간 이상 받을 것

8. 위탁급식영업자와 그 종업원의 준수사항

가. 집단급식소를 설치·운영하는 자와 위탁 계약한 사항 외의 영업행위를 하여서는 아니 된다.

나. 물수건, 숟가락, 젓가락, 식기, 찬기, 도마, 칼, 행주 그 밖에 주방용구는 기구 등의 살균·소독제, 열탕, 자외선살균 또는 전기살균의 방법으로 소독한 것을 사용하여야 한다.

다. 「식품 등의 표시·광고에 관한 법률」 제4조 및 제5조에 따른 표시사항을 모두 표시하지 않은 축산물, 「축산물 위생관리법」 제7조 제1항을 위반하여 허가받지 않은 작업장에서 도축·집유·가공·포장 또는 보관된 축산물, 같은 법 제12조 제1항·제2항에 따른 검사를 받지 않은 축산물, 같은 법 제22조에 따른 영업 허가를 받지 아니한 자가 도축·집유·가공·포장 또는 보관된 축산물 또는 같은 법 제33조 제1항에 따른 축산물 또는 실험 등의 용도로 사용한 동물을 음식물의 조리에 사용하여서는 아니 되며, 「야생생물 보호 및 관리에 관한 법률」에 위반하여 포획한 야생동물을 사용하여 조리하여서는 아니 된다.

라. 소비기한이 경과된 제품·식품 또는 그 원재료를 조리의 목적으로 진열·보관하거나 이를 판매 또는 식품의 조리에 사용해서는 안 되며, 해당 제품·식품 또는 그 원재료를 진열·보관할 때에는 폐기용 또는 교육용이라는 표시를 명확하게 해야 한다.

마. 수돗물이 아닌 지하수 등을 먹는 물 또는 식품의 조리·세척 등에 사용하는 경우에는 「먹는물관리법」 제43조에 따른 먹는 물 수질검사기관에서 다음의 구분에 따라 검사를 받아 마시기에 적합하다고 인정된 물을 사용하여야 한다. 다만, 같은 건물에서 같은 수원을 사용하는 경우에는 하나의 업소에 대한 시험결과로 갈음할 수 있다.

  1) 일부항목 검사 : 1년마다(모든 항목 검사를 하는 연도의 경우를 제외한다) 「먹는물 수질기준 및 검사 등에 관한 규칙」 제4조 제1항 제2호에 따른 마을상수도의 검사기준에 따른 검사(잔류염소검사를 제외한다). 다만, 시·도지사가 오염의 염려가 있다고 판단하여 지정한 지역에서는 같은 규칙 제2조에 따른 먹는 물의 수질기준에 따른 검사를 하여야 한다.

  2) 모든 항목 검사 : 2년마다 「먹는물 수질기준 및 검사 등에 관한 규칙」 제2조에 따른 먹는 물의 수질기준에 따른 검사

바. 동물의 내장을 조리한 경우에는 이에 사용한 기계·기구류 등을 세척하고 살균하여야 한다.

사. 조리·제공한 식품(법 제2조 제12호 다목에 따른 병원의 경우에는 일반식만 해당한다)을 보관할 때에는 매회 1인분 분량을 섭씨 영하 18도 이하에서 144시간 이상 보관해야 한다.

아. 사목에도 불구하고 완제품 형태로 제공한 가공식품은 소비기한 내에서 해당 식품의 제조업자가 정한 보관방법에 따라 보관할 수 있다. 다만, 완제품 형태로 제공하는 식품 중 식품의약품안전처장이 정하여 고시하는 가공식품을 완제품 형태로 제공한 경우에는 해당 제품의 제품명, 제조업소명, 제조일자 또는 소비기한 등 제품을 확인·추적할 수 있는 정보를 기록·보관함으로써 해당 가공식품의 보관을 갈음할 수 있다.

자. 삭제 <2011.8.19>

차. 법 제15조 제2항에 따라 위해평가가 완료되기 전까지 일시적으로 금지된 식품 등에 대하여는 이를 사용·조리하여서는 아니 된다.

카. 식중독 발생 시 보관 또는 사용 중인 보존식이나 식재료는 역학조사가 완료될 때까지 폐기하거나 소독 등으로 현장을 훼손하여서는 아니 되고 원상태로 보존하여야 하며, 원인규명을 위한 행위를 방해하여서는 아니 된다.

타. 법 제47조 제1항에 따른 모범업소가 아닌 업소의 영업자는 모범업소로 오인·혼동할 우려가 있는 표시를 하여서는 아니 된다.

파. 배식하고 남은 음식물을 다시 사용·조리 또는 보관(폐기용이라는 표시를 명확하게 하여 보관하는 경우는 제외한다)해서는 안 된다.

하. 식재료의 검수 및 조리 등에 대해서는 식품의약품안전처장이 정하여 고시하는 바에 따라 위생관리 사항의 점검 결과를 사실대로 기록해야 한다. 이 경우 그 기록에 관한 서류는 해당 기록을 한 날부터 3개월간 보관해야 한다.

거. 제과점영업자 또는 즉석판매제조 · 가공업자로부터 당일 제조 · 가공한 빵류 · 과자류 및 떡류를 구입하여 구입 당일 급식자에게 제공하는 경우 이를 확인할 수 있는 증명서(제품명, 제조일자 및 판매량 등이 포함된 거래명세서나 영수증 등을 말한다)를 6개월간 보관해야 한다.

9. 공유주방 운영업자와 그 종업원의 준수사항

가. 공유주방 운영업자는 식품의 제조 · 가공 · 소분 · 조리 등의 과정에서 보건위생상 위해가 없도록 제조 · 가공 · 소분 · 조리시설 및 기구 등을 위생적으로 관리해야 한다.

나. 영업등록증 및 공유주방을 사용하는 영업자와의 계약서류를 영업기간 동안 보관해야 한다.

다. 공유주방을 사용하는 영업자의 출입 및 시설 사용에 대해 기록하고, 그 기록을 6개월간 보관해야 한다.

라. 공유주방 운영업에 종사하는 종업원은 위생관리책임자가 실시하는 위생교육을 매월 1시간 이상 받아야 한다.

제102조(과태료에 관한 규정 적용의 특례) 제101조의 과태료에 관한 규정을 적용하는 경우 제82조에 따라 과징금을 부과한 행위에 대하여는 과태료를 부과할 수 없다. 다만, 제82조 제4항 본문에 따라 과징금 부과처분을 취소하고 영업정지 또는 제조정지 처분을 한 경우에는 그러하지 아니하다.

2. 학교급식법

학교급식법은 총 5장(총칙, 학교급식 시설·설비 기준, 학교급식 관리·운영, 보칙, 벌칙)으로 구성되어 있다. 학교급식법 시행령과 학교급식법 시행규칙에서는 학교급식법 시행을 위한 필요 사항을 규정하고 있다.

제1장 총칙은 학교급식의 목적, 정의, 국가·지방자치단체의 임무, 학교급식 대상, 학교급식위원회 등으로 구성되어 있다. 제2장 학교급식 시설·설비 기준 등은 급식시설·설비, 영양교사의 배치 등, 경비 부담 등, 급식에 관한 경비의 지원으로 구성되어 있다. 제3장 학교급식 관리·운영은 식재료, 영양관리, 위생·안전관리, 식생활 지도 등, 영양상담, 학교급식의 운영방식, 품질 및 안전을 위한 준수사항, 생산품의 직접사용 등으로 구성되어 있다. 제4장 보칙은 학교급식 운영평가, 출입·검사·수거 등, 권한의 위임, 행정처분 등의 요청, 징계로 구성되어 있다. 제5장 벌칙은 벌칙, 양벌규정, 과태료로 구성되어 있다.

학교급식법 및 동법의 시행령, 시행규칙을 정리한 표는 다음과 같다.

학교급식법·시행령·시행규칙 주요 법조문 목차

구 분	학교급식법	학교급식법 시행령	학교급식법 시행규칙
법 시행·공포일	[시행 2022. 6. 29.] [법률 제18639호, 2021. 12. 28., 일부개정]	[시행 2023. 4. 25.] [대통령령 제33434호, 2023. 4. 25., 타법개정]	[시행 2021. 6. 30.] [교육부령 제240호, 2021. 6. 30., 타법개정]
제1장 총칙	제1조(목적) 제2조(정의) 제3조(국가·지방자치단체의 임무)	제1조(목적) 제2조(학교급식의 운영원칙) 제3조(학교급식의 개시보고 등) 제4조(학교급식 운영계획의 수립 등)	제1조(목적) 제2조(학교급식의 개시보고 등)
	제4조(학교급식 대상)	제2조의2(학교급식 대상)	
	제5조(학교급식위원회 등)	제5조(학교급식위원회의 구성) 제6조(학교급식위원회의 운영)	
제2장 학교급식 시설·설비 기준 등	제6조(급식시설·설비)	제7조(시설·설비의 종류와 기준)	제3조(급식시설의 세부기준) 별표 1 22 기출 예제 제11조(규제의 재검토)
	제7조(영양교사의 배치 등)	제8조(영양교사의 직무) 예제 제8조의2(유치원에 두는 교사의 배치기준 등)	
	제8조(경비부담 등)	제9조(급식운영비 부담) 예제	
	제9조(급식에 관한 경비의 지원)	제10조(급식비 지원기준 등)	
제3장 학교급식 관리·운영	제10조(식재료)		제4조(학교급식 식재료의 품질 관리기준 등) 별표 2 예제
	제11조(영양관리)		제5조(학교급식의 영양관리기준 등) 예제 별표 3

(계속)

구 분	학교급식법	학교급식법 시행령	학교급식법 시행규칙
제3장 학교급식 관리 · 운영	제12조(위생 · 안전관리)		제6조(학교급식의 위생 · 안전 관리기준 등) 별표 4 20 · 21 기출 예제
	제13조(식생활 지도 등) 제14조(영양상담)	제16조(급식연구학교 등의 지 정 · 운영)	
	제15조(학교급식의 운영방식) 예제	제11조(업무위탁의 범위 등) 제12조(업무위탁 등의 계약방법)	
	제16조(품질 및 안전을 위한 준수사항)		제7조(품질 및 안전을 위한 준 수사항)
	제17조(생산품의 직접사용 등)		
제4장 보칙	제18조(학교급식 운영평가)	제13조(학교급식 운영평가 방 법 및 기준) 19 기출	
	제19조(출입 · 검사 · 수거 등)	제14조(출입 · 검사 · 수거 등 대상시설) 제15조(관계공무원의 교육)	제8조(출입 · 검사 등) 제9조(수거 및 검사의뢰 등)
	제20조(권한의 위임)	제17조(권한의 위임)	
	제21조(행정처분 등의 요청)		제10조(행정처분의 요청 등)
	제22조(징계)		
제5장 벌칙	제23조(벌칙) 21 기출 제24조(양벌규정)		
	제25조(과태료)	제18조(과태료의 부과기준) 별표 과태료의 부과기준	

1) 총 칙

구 분	학교급식법	학교급식법 시행령	학교급식법 시행규칙
제1장 총칙	제1조(목적) 제2조(정의) 제3조(국가 · 지방자치단체의 임무)	제1조(목적) 제2조(학교급식의 운영원칙) 제3조(학교급식의 개시보고 등) 제4조(학교급식 운영계획의 수립 등)	제1조(목적) 제2조(학교급식의 개시보고 등)
	제4조(학교급식 대상)	제2조의2(학교급식 대상)	
	제5조(학교급식위원회 등)	제5조(학교급식위원회의 구성) 제6조(학교급식위원회의 운영)	

법조문 요약

1. 목 적
학교급식의 질 향상, 학생의 건전한 심신의 발달, 국민 식생활 개선에 기여

2. 정 의
• 학교급식 : 학교 또는 학생을 대상으로 학교의 장이 실시하는 급식

- 학교급식공급업자 : 학교의 장과 계약에 의하여 학교급식에 관한 업무를 위탁받아 행하는 자
- 급식에 관한 경비 : 학교급식을 위한 식품비, 급식운영비, 급식시설 · 설비비

3. 국가 · 지방자치단체의 임무
양질의 안전한 학교급식을 위한 행정적 · 재정적 지원, 영양교육 시책 강구, 학교급식에 관한 계획 수립 · 시행

4. 대 상
- 유치원. 다만, 대통령령으로 정하는 규모 이하의 유치원(사립유치원 중 매년 10월에 공시되는 연령별 원아 수 현원의 합계가 50명 미만인 유치원)은 제외
- 초 · 중등교육법에 해당하는 학교(초, 중 · 고등공민, 고등 · 고등기술, 특수학교)
- 근로청소년을 위한 특별학급 및 산업체부설 중 · 고등학교
- 대안학교
- 그 밖에 교육감이 필요하다고 인정하는 학교

5. 학교급식위원회 등
- 구성 : 위원장 1인 포함 15인 이내
- 심의내용 : 학교급식에 관한 계획, 급식에 관한 경비 및 식재료 등의 지원, 그 밖에 학교급식의 운영 및 지원에 관한 사항으로 교육감이 필요하다고 인정한 사항

법조문 속 예제 및 기출문제

제1조(목적) 이 법은 학교급식 등에 관한 사항을 규정함으로써 학교급식의 질을 향상시키고 학생의 건전한 심신의 발달과 국민 식생활 개선에 기여함을 목적으로 한다.

제2조(정의) 이 법에서 사용하는 용어의 정의는 다음과 같다.
1. "학교급식"이라 함은 제1조의 목적을 달성하기 위하여 제4조의 규정에 따른 학교 또는 학급의 학생을 대상으로 학교의 장이 실시하는 급식을 말한다.
2. "학교급식공급업자"라 함은 제15조의 규정에 따라 학교의 장과 계약에 의하여 학교급식에 관한 업무를 위탁받아 행하는 자를 말한다.
3. "급식에 관한 경비"라 함은 학교급식을 위한 식품비, 급식운영비 및 급식시설 · 설비비를 말한다.

제3조(국가 · 지방자치단체의 임무) ① 국가와 지방자치단체는 양질의 학교급식이 안전하게 제공될 수 있도록 행정적 · 재정적으로 지원하여야 하며, 영양교육을 통한 학생의 올바른 식생활 관리능력 배양과 전통 식문화의 계승 · 발전을 위하여 필요한 시책을 강구하여야 한다.
② 특별시 · 광역시 · 도 · 특별자치도의 교육감(이하 "교육감"이라 한다)은 매년 학교급식에 관한 계획을 수립 · 시행하여야 한다.

● 시행령

제1조(목적) 이 영은 「학교급식법」에서 위임된 사항과 그 시행에 관하여 필요한 사항을 규정함을 목적으로 한다.

제2조(학교급식의 운영원칙) ① 학교급식은 수업일의 점심시간[「학교급식법」(이하 "법"이라 한다) 제4조 제2호에 따른 근로청소년을 위한 특별학급 및 산업체부설학교에 있어서는 저녁시간]에 법 제11조 제2항에 따른 영양관리기준에 맞는 주식과 부식 등을 제공하는 것을 원칙으로 한다.

② 학교급식에 관한 다음 각 호의 사항은 「유아교육법」 제19조의3에 따른 유치원운영위원회 또는 「초·중등교육법」 제31조에 따른 학교운영위원회(이하 "학교운영위원회"라 한다)의 심의를 거쳐 학교의 장이 결정해야 한다. 〈개정 2009. 2. 25., 2021. 1. 29., 2022. 3. 22., 2022. 6. 28.〉

1. 학교급식 운영방식, 급식대상, 급식횟수, 급식시간 및 구체적 영양기준 등에 관한 사항

2. 학교급식 운영계획 및 예산·결산에 관한 사항

3. 식재료의 원산지, 품질등급, 그 밖의 구체적인 품질기준 및 완제품 사용 승인에 관한 사항

4. 식재료 등의 조달방법 및 업체선정 기준에 관한 사항

5. 보호자(친권자, 후견인이나 그 밖에 학생을 부양할 법률상 의무가 있는 자를 말한다. 이하 같다)가 부담하는 경비 및 급식비의 결정에 관한 사항

6. 급식비 지원대상자 선정 등에 관한 사항

7. 급식활동에 관한 보호자의 참여와 지원에 관한 사항

8. 학교우유급식 실시에 관한 사항

9. 그 밖에 학교의 장이 학교급식 운영에 관하여 중요하다고 인정하는 사항

제3조(학교급식의 개시보고 등) ① 법 제4조에 따라 학교급식을 실시하려는 학교의 장은 법 제6조에 따른 급식시설·설비를 갖추고 교육부령이 정하는 바에 따라 교육부장관 또는 교육감에게 학교급식의 개시보고를 하여야 한다. 다만, 교내에 급식시설을 갖추지 못하여 외부에서 제조·가공한 식품을 운반하여 급식을 실시하는 경우 등에는 급식시설·설비를 갖추지 않고 학교급식의 개시보고를 할 수 있다. 〈개정 2008. 2. 29., 2013. 3. 23.〉

② 제1항에 따른 학교급식의 개시보고 후 급식운영방식의 변경, 급식시설 대수선 또는 증·개축, 급식시설의 운영중단 또는 폐지 등 중요한 사항이 변경된 경우에는 그 내용을 교육부장관 또는 교육감에게 보고하여야 한다. 〈개정 2008. 2. 29., 2013. 3. 23.〉

제4조(학교급식 운영계획의 수립 등) ① 학교의 장은 학교급식의 관리·운영을 위하여 매 학년도 시작 전까지 학교운영위원회의 심의를 거쳐 학교급식 운영계획을 수립하여야 한다. 〈개정 2022. 3. 22.〉

② 제1항에 따른 학교급식 운영계획에는 급식계획, 영양·위생·식재료·작업·예산관리 및 식생활 지도 등 학교급식 운영관리에 필요한 사항이 포함되어야 한다.

③ 학교의 장은 운영계획의 이행상황을 연 1회 이상 학교운영위원회에 보고하여야 한다.

● 시행규칙

제1조(목적) 이 규칙은 「학교급식법」 및 동법 시행령에서 위임된 사항과 그 시행에 관하여 필요한 사항을 규정함을 목적으로 한다.

제2조(학교급식의 개시보고 등) ① 「학교급식법 시행령」(이하 "영"이라 한다) 제3조 제1항에 따른 학교급식의 개시보고는 급식 개시 전 10일까지 별지 제1호 서식의 학교급식 개시 보고서에 따라 하여야 한다.

② 영 제3조 제2항에 따른 변경보고는 변경 후 20일 이내에 그 내용을 보고하여야 한다.

③ 학교의 장은 매 학년도 말 현재의 급식현황을 2월 28일까지 별지 제2호 서식의 급식실시현황에 따라 교육부장관 또는 교육감에게 보고하고, 교육감은 이를 3월 20일까지 교육부장관에게 보고하여야 한다. 〈개정 2008. 3. 4., 2013. 3. 23.〉

④ 교육부장관 또는 교육감은 제1항 내지 제3항의 보고를 받은 사항에 대하여 「초·중등교육법」 제30조의4에 따른 교육정보시스템에 입력하여 관리하여야 한다. 〈개정 2008. 3. 4., 2013. 3. 23.〉

제4조(학교급식 대상) 학교급식은 대통령령으로 정하는 바에 따라 다음 각 호의 어느 하나에 해당하는 학교 또는 학급에 재학하는 학생을 대상으로 실시한다. 〈개정 2012. 3. 21., 2019. 12. 10., 2020. 1. 29., 2021. 3. 23.〉

1. 「유아교육법」 제2조 제2호에 따른 유치원. 다만, 대통령령으로 정하는 규모 이하의 유치원은 제외한다.

2. 「초·중등교육법」 제2조 제1호부터 제4호까지의 어느 하나에 해당하는 학교

3. 「초·중등교육법」 제52조의 규정에 따른 근로청소년을 위한 특별학급 및 산업체부설 중·고등학교

4. 「초·중등교육법」 제60조의3에 따른 대안학교

5. 그 밖에 교육감이 필요하다고 인정하는 학교

● 시행령

제2조의2(학교급식 대상) 법 제4조 제1호 단서에서 "대통령령으로 정하는 규모 이하의 유치원"이란 「유아교육법」 제7조 제3호의 사립유치원(이하 "사립유치원"이라 한다) 중 원아 수(「교육관련기관의 정보공개에 관한 특례법 시행령」 별표 1의3에 따라 매년 10월에 공시되는 연령별 원아 수 현원의 합계를 말한다. 이하 같다)가 50명 미만인 유치원을 말한다. 〈개정 2022. 6. 28.〉 [본조신설 2021. 1. 29.]

제5조(학교급식위원회 등) ① 교육감은 학교급식에 관한 다음 각 호의 사항을 심의하기 위하여 그 소속하에 학교급식위원회를 둔다. 〈개정 2021. 12. 28.〉

1. 제3조 제2항의 규정에 따른 학교급식에 관한 계획

2. 제9조의 규정에 따른 급식에 관한 경비 및 식재료 등의 지원

3. 그 밖에 학교급식의 운영 및 지원에 관한 사항으로서 교육감이 필요하다고 인정하는 사항

② 제1항의 규정에 따른 학교급식위원회의 구성·운영 등에 관하여 필요한 사항은 대통령령으로 정한다.

③ 특별시장·광역시장·도지사·특별자치도지사 및 시장·군수·자치구의 구청장은 제8조 제4항의 규정에 따른 학교급식 지원에 관한 중요사항을 심의하기 위하여 그 소속하에 학교급식지원심의위원회를 둘 수 있다.

④ 특별자치도지사·시장·군수·자치구의 구청장은 우수한 식자재 공급 등 학교급식을 지원하기 위하여 그 소속하에 학교급식지원센터를 설치·운영할 수 있다.

⑤ 제3항의 규정에 따른 학교급식지원심의위원회의 구성·운영과 제4항의 규정에 따른 학교급식지원센터의 설치·운영에 관하여 필요한 사항은 해당 지방자치단체의 조례로 정한다.

● 시행령

제5조(학교급식위원회의 구성) ① 법 제5조 제1항에 따른 학교급식위원회(이하 "학교급식위원회"라 한다)는 위원장 1명을 포함하여 15명 이내의 위원으로 구성한다. 〈개정 2022. 6. 28.〉

② 학교급식위원회의 위원장(이하 "위원장"이라 한다)은 특별시·광역시·특별자치시·도·특별자치도교육청(이하 "시·도교육청"이라 한다)의 부교육감(부교육감이 2인일 때에는 제1부교육감을 말한다)이 된다. 〈개정 2022. 6. 28.〉

③ 위원은 시·도교육청 학교급식업무 담당국장, 특별시·광역시·특별자치시·도·특별자치도의 학교급식지원업무 담당국장 및 보건위생업무 담당국장, 학교의 장, 학부모, 학교급식분야 전문가, 「비영리민간단체 지원법」에 따른 비영리민간단체가 추천한 사람이나 그 밖에 교육감이 필요하다고 인정하는 사람 중에서 교육감이 임명 또는 위촉한다. 〈개정 2022. 6. 28.〉

④ 학교급식위원회에는 간사 1명을 두되, 시·도교육청 공무원 중에서 위원장이 임명한다. 〈개정 2022. 6. 28.〉

제6조(학교급식위원회의 운영) ① 위원장은 학교급식위원회의 사무를 총괄하고, 학교급식위원회를 대표한다.

② 위원장은 학교급식위원회의 회의를 소집하고, 그 의장이 된다.

③ 학교급식위원회의 회의는 재적위원 과반수의 출석으로 개의하고, 출석위원 과반수의 찬성으로 의결한다.

④ 간사는 위원장의 명을 받아 학교급식위원회의 사무를 처리한다.

⑤ 위촉위원의 임기는 2년으로 하되, 1차에 한하여 연임할 수 있다.

⑥ 그 밖에 학교급식위원회의 운영에 관하여 필요한 사항은 학교급식위원회의 의결을 거쳐 위원장이 정한다.

2) 학교급식 시설 · 설비 기준 등

구 분	학교급식법	학교급식법 시행령	학교급식법 시행규칙
제2장 학교급식 시설 · 설비 기준 등	제6조(급식시설 · 설비)	제7조(시설 · 설비의 종류와 기준)	제3조(급식시설의 세부기준) 별표 1 22 기출 예제 제11조(규제의 재검토)
	제7조(영양교사의 배치 등)	제8조(영양교사의 직무) 예제 제8조의2(유치원에 두는 교사의 배치기준 등)	
	제8조(경비부담 등)	제9조(급식운영비 부담) 예제	
	제9조(급식에 관한 경비의 지원)	제10조(급식비 지원기준 등)	

법조문 요약

1. 급식시설 · 설비
• 학교급식을 실시할 학교는 학교급식을 위하여 필요한 시설과 설비를 갖추어야 함
• 둘 이상의 학교가 인접하여 있는 경우에는 학교급식을 위한 시설과 설비를 공동으로 할 수 있음
• 급식시설 · 설비의 종류 및 세부기준
  - 조리장 : 교실과 떨어지거나 차단, 식품의 운반과 배식이 편리한 곳, 능률적이고 안전한 시설 · 기기 등
  - 식품보관실 : 환기 · 방습 용이, 식품과 식재료를 위생적으로 보관하기에 적합한 위치, 방충 및 쥐막기 시설
  - 급식관리실 : 조리장과 인접한 위치, 컴퓨터 등 사무장비
  - 편의시설 : 조리장과 인접한 위치, 조리종사자 수에 맞는 옷장과 샤워시설 등
  - 식당 : 안전하고 위생적인 공간, 급식인원 수를 고려한 크기, 식당을 따로 갖추기 곤란한 학교는 교실배식에 필요한 운반기구와 위생적인 배식도구
  - 기타 : 식품위생법령의 집단급식소 시설기준에 따름

2. 영양교사의 배치
• 학교급식을 위한 시설과 설비를 갖춘 학교
• 학교급식 대상 학교(유치원의 경우 국립 · 공립유치원과 원아 수가 100명 이상인 사립유치원)
• 영양교사를 두어야 하는 유치원 중 원아 수가 200명 미만인 유치원으로 같은 교육지원청의 관할구역에 있는 유치원의 경우, 2개의 유치원마다 공동으로 영양교사 1명 배치 가능
• 영양교사를 두어야 하는 유치원이 아닌 경우(100명 미만의 사립유치원), 시 · 도 교육청 또는 교육지원청의 영양교사가 급식 관리 지원 가능

3. 영양교사의 직무

- 식단 작성, 식재료의 선정 및 검수
- 식생활 지도, 정보 제공 및 영양상담
- 그 밖에 학교급식에 관한 사항
- 위생 · 안전 · 작업관리 및 검수
- 조리실 종사자의 지도 · 감독

4. 경비부담

- 급식시설 · 설비비 : 해당 학교의 설립 · 경영자가 부담, 국가 또는 지방자치단체가 지원 가능
- 급식운영비(급식시설, 설비의 유지비, 종사자의 인건비, 연료비, 소모품비 등의 경비) : 학교의 설립 · 경영자가 부담하는 것이 원칙, 보호자가 경비 일부를 부담할 수 있음
- 식품비 : 보호자가 부담하는 것이 원칙
  ※ 특별시장 · 광역시장 · 도지사 · 특별자치도지사 및 시장 · 군수 · 자치구의 구청장은 학교급식에 품질이 우수한 농수산물 사용 등 급식의 질 향상과 급식시설 · 설비의 확충을 위하여 식품비 및 시설 · 설비비 등 급식에 관한 경비를 지원할 수 있음
  ※ 급식에 관한 경비지원 : 국가 또는 지방자치단체는 보호자가 부담할 경비의 전부 또는 일부를 지원할 수 있음

법조문 속 예제 및 기출문제

제6조(급식시설 · 설비) ① 학교급식을 실시할 학교는 학교급식을 위하여 필요한 시설과 설비를 갖추어야 한다. 다만, 둘 이상의 학교가 인접하여 있는 경우에는 학교급식을 위한 시설과 설비를 공동으로 할 수 있다. 〈개정 2021. 3. 23.〉

② 제1항의 규정에 따른 시설 · 설비의 종류와 기준은 대통령령으로 정한다.

● 시행령

제7조(시설 · 설비의 종류와 기준) ① 법 제6조 제2항에 따라 학교급식시설에서 갖추어야 할 시설 · 설비의 종류와 기준은 다음 각 호와 같다. 〈개정 2019. 7. 2.〉

1. 조리장 : 교실과 떨어지거나 차단되어 학생의 학습에 지장을 주지 않는 시설로 하되, 식품의 운반과 배식이 편리한 곳에 두어야 하며, 능률적이고 안전한 조리기기, 냉장 · 냉동시설, 세척 · 소독시설 등을 갖추어야 한다.
2. 식품보관실 : 환기 · 방습이 용이하며, 식품과 식재료를 위생적으로 보관하는 데 적합한 위치에 두되, 방충 및 쥐막기 시설을 갖추어야 한다.
3. 급식관리실 : 조리장과 인접한 위치에 두되, 컴퓨터 등 사무장비를 갖추어야 한다.
4. 편의시설 : 조리장과 인접한 위치에 두되, 조리종사자의 수에 따라 필요한 옷장과 샤워시설 등을 갖추어야 한다.

② 제1항에 따른 시설에서 갖추어야 할 시설과 그 부대시설의 세부적인 기준은 교육부령으로 정한다. 〈개정 2008. 2. 29., 2013. 3. 23.〉

제3조(급식시설의 세부기준) ① 영 제7조 제2항에 따른 시설과 부대시설의 세부기준은 별표 1과 같다.

② 제1항에 따른 기준 중 냉장 · 냉동시설, 조리 및 급식 관련 설비 · 기계 · 기구에 대한 용량 등 구체적 기준은 교육감이 정한다.

학교급식법 시행규칙 별표1 <개정 2021. 1. 29.>

급식시설의 세부기준(제3조 제1항 관련)

1. 조리장

> **예제** 조리장의 시설 · 설비 기준에 대한 설명 중 옳지 않은 것은?

가. 시설 · 설비

1) 조리장은 침수될 우려가 없고, 먼지 등의 오염원으로부터 차단될 수 있는 등 주변 환경이 위생적이며 쾌적한 곳에 위치하여야 하고, 조리장의 소음 · 냄새 등으로 인하여 학생의 학습에 지장을 주지 않도록 해야 한다.

2) 조리장은 작업과정에서 교차오염이 발생되지 않도록 전처리실(前處理室), 조리실 및 식기구세척실 등을 벽과 문으로 구획하여 일반작업구역과 청결작업구역으로 분리한다. 다만, 이러한 구획이 적절하지 않을 경우에는 교차오염을 방지할 수 있는 다른 조치를 취하여야 한다.

3) 조리장은 급식설비 · 기구의 배치와 작업자의 동선(動線) 등을 고려하여 작업과 청결유지에 필요한 적정한 면적이 확보되어야 한다.

4) 내부벽은 내구성, 내수성(耐水性)이 있는 표면이 매끄러운 재질이어야 한다.

5) 바닥은 내구성, 내수성이 있는 재질로 하되, 미끄럽지 않아야 한다.

6) 천장은 내수성 및 내화성(耐火性)이 있고 청소가 용이한 재질로 한다.

7) 바닥에는 적당한 위치에 상당한 크기의 배수구 및 덮개를 설치하되 청소하기 쉽게 설치한다.

8) 출입구와 창문에는 해충 및 쥐의 침입을 막을 수 있는 방충망 등 적절한 설비를 갖추어야 한다.

9) 조리장 출입구에는 신발소독 설비를 갖추어야 한다.

10) 조리장 내의 증기, 불쾌한 냄새 등을 신속히 배출할 수 있도록 환기시설을 설치하여야 한다.

11) 조리장의 조명은 220룩스(lx) 이상이 되도록 한다. 다만, 검수구역은 540룩스(lx) 이상이 되도록 한다.

12) 조리장에는 필요한 위치에 손 씻는 시설을 설치하여야 한다.

13) 조리장에는 온도 및 습도관리를 위하여 적정 용량의 급배기시설, 냉 · 난방시설 또는 공기조화시설(空氣調和施設) 등을 갖추도록 한다.

> **22 기출** 「학교급식법」상 조리장의 시설 · 설비 기준에 대한 설명 중 옳지 않은 것은?
>
> ① 출입구에는 신발소독 설비를 갖추어야 한다.
>
> ② 내부벽은 내수성이 없는 표면이 매끄러운 재질이어야 한다.
>
> ③ 검수구역의 조명은 540룩스 이상이 되도록 한다.
>
> ④ 필요한 위치에 손 씻는 시설을 설치하여야 한다.
>
> ⑤ 주변 환경이 위생적이며 쾌적한 곳에 위치하여야 한다.
>
> 정답 ②

> **예제** 조리장의 설비 · 기구 기준에 대한 설명 중 옳지 않은 것은?
>
> 나. 설비 · 기구
>
> 　　1) 밥솥, 국솥, 가스테이블 등의 조리기기는 화재, 폭발 등의 위험성이 없는 제품을 선정하되, 재질의 안전성과 기기의 내구성, 경제성 등을 고려하여 능률적인 기기를 설치하여야 한다.
>
> 　　2) 냉장고(냉장실)와 냉동고는 식재료의 보관, 냉동 식재료의 해동(解凍), 가열조리된 식품의 냉각 등에 충분한 용량과 온도(냉장고 5℃ 이하, 냉동고 -18℃ 이하)를 유지하여야 한다.
>
> 　　3) 조리, 배식 등의 작업을 위생적으로 하기 위하여 식품 세척시설, 조리시설, 식기구 세척시설, 식기구 보관장, 덮개가 있는 폐기물 용기 등을 갖추어야 하며, 식품과 접촉하는 부분은 내수성 및 내부식성 재질로 씻기 쉽고 소독 · 살균이 가능한 것이어야 한다.
>
> 　　4) 식기세척기는 세척, 헹굼 기능이 자동적으로 이루어지는 것이어야 한다.
>
> 　　5) 식기구를 소독하기 위하여 전기살균소독기, 자외선소독기 또는 열탕소독시설을 갖추거나 충분히 세척 · 소독할 수 있는 세정대(洗淨臺)를 설치하여야 한다.
>
> 　　6) 급식기구 및 배식도구 등을 안전하고 위생적으로 세척할 수 있도록 온수공급 설비를 갖추어야 한다.
>
> 2. 식품보관실 등
>
> 　가. 식품보관실과 소모품보관실을 별도로 설치하여야 한다. 다만, 부득이하게 별도로 설치하지 못할 경우에는 공간구획 등으로 구분하여야 한다.
>
> 　나. 바닥의 재질은 물청소가 쉽고 미끄럽지 않으며, 배수가 잘 되어야 한다.
>
> 　다. 환기시설과 충분한 보관선반 등이 설치되어야 하며, 보관선반은 청소 및 통풍이 쉬운 구조이어야 한다.
>
> 3. 급식관리실, 편의시설
>
> 　가. 급식관리실, 휴게실은 외부로부터 조리실을 통하지 않고 출입이 가능하여야 하며, 외부로 통하는 환기시설을 갖추어야 한다. 다만, 시설 구조상 외부로의 출입문 설치가 어려운 경우에는 출입 시에 조리실 오염이 일어나지 않도록 필요한 조치를 취하여야 한다.
>
> 　나. 휴게실은 외출복장으로 인하여 위생복장이 오염되지 않도록 외출복장과 위생복장을 구분하여 보관할 수 있는 옷장을 두어야 한다.
>
> 　다. 샤워실을 설치하는 경우 외부로 통하는 환기시설을 설치하여 조리실 오염이 일어나지 않도록 하여야 한다.
>
> 4. 식당 : 안전하고 위생적인 공간에서 식사를 할 수 있도록 급식인원 수를 고려한 크기의 식당을 갖추어야 한다. 다만, 공간이 부족한 경우 등 식당을 따로 갖추기 곤란한 학교는 교실배식에 필요한 운반기구와 위생적인 배식도구를 갖추어야 한다.
>
> 5. 이 기준에서 정하지 않은 사항에 대하여는 식품위생법령의 집단급식소 시설기준에 따른다.

제11조(규제의 재검토) 교육부장관은 제3조 및 별표 1에 따른 급식시설의 세부기준에 대하여 2015년 1월 1일을 기준으로 2년마다(매 2년이 되는 해의 기준일과 같은 날 전까지를 말한다) 그 타당성을 검토하여 개선 등의 조치를 하여야 한다. [본조신설 2014. 12. 31.]

제7조(영양교사의 배치 등) ① 제6조의 규정에 따라 학교급식을 위한 시설과 설비를 갖춘 학교는 「초 · 중등교육법」 제21조 제2항의 규정에 따른 영양교사와 「식품위생법」 제53조 제1항에 따른 조리사를 둔

다. 다만, 제4조 제1호에 따른 유치원에 두는 영양교사의 배치기준 등에 관하여 필요한 사항은 대통령령으로 정한다. 〈개정 2009. 2. 6., 2020. 1. 29.〉

② 교육감은 학교급식에 관한 업무를 전담하게 하기 위하여 그 소속하에 학교급식에 관한 전문지식이 있는 직원을 둘 수 있다.

③ 교육감은 제1항 단서의 영양교사의 배치기준 등에 따른 유치원 중 일정 규모 이하 유치원에 대한 급식관리를 지원하기 위하여 특별시·광역시·특별자치시·도 및 특별자치도의 교육청 또는 「지방교육자치에 관한 법률」 제34조 및 「제주특별자치도 설치 및 국제자유도시 조성을 위한 특별법」 제80조에 따른 교육지원청에 영양교사를 둘 수 있다. 〈신설 2021. 12. 28.〉

④ 제3항에 따라 영양교사가 급식관리를 지원하는 유치원의 규모 및 지원의 범위 등에 필요한 사항은 대통령령으로 정한다. 〈신설 2021. 12. 28.〉

● **시행령**

제8조(영양교사의 직무) 법 제7조 제1항에 따른 영양교사는 학교의 장을 보좌하여 다음 각 호의 직무를 수행한다.

> 예제 **영양교사의 직무가 아닌 것은?**

1. 식단 작성, 식재료의 선정 및 검수
2. 위생·안전·작업관리 및 검식
3. 식생활 지도, 정보 제공 및 영양상담
4. 조리실 종사자의 지도·감독
5. 그 밖에 학교급식에 관한 사항

제8조의2(유치원에 두는 교사의 배치기준 등) ① 법 제7조 제1항 단서에 따라 「유아교육법」 제7조 제1호 및 제2호의 국립·공립유치원(이하 "국공립유치원"이라 한다)과 원아 수가 100명 이상인 사립유치원에는 「초·중등교육법」 제21조 제2항에 따른 영양교사의 자격을 갖춘 사람(국공립유치원의 경우에는 「교육공무원임용령」 제9조 제1항에 따라 영양교사로 선발된 사람으로 한다)을 1명 이상 교사로 두어 제8조 각 호의 직무를 전담하도록 해야 한다. 〈개정 2022. 6. 28.〉

② 제1항에 따라 영양교사를 두어야 하는 유치원 중 원아 수가 200명 미만인 유치원으로서 같은 교육지원청(「지방교육자치에 관한 법률」 제34조 제1항 및 「제주특별자치도 설치 및 국제자유도시 조성을 위한 특별법」 제80조 제1항에 따른 교육지원청을 말한다. 이하 같다)의 관할구역에 있는 유치원의 경우에는 2개의 유치원마다 공동으로 제1항에 따른 교사를 1명씩 둘 수 있다. 〈개정 2022. 6. 28.〉

③ 교육감은 법 제4조 제1호 및 이 영 제2조의2에 따른 학교급식 대상인 사립유치원 중 제1항 및 제2항에 따라 영양교사를 두어야 하는 유치원이 아닌 유치원에 대하여 시·도교육청 또는 교육지원청에 두는 영양교사로 하여금 급식관리를 지원하게 할 수 있다. 〈신설 2022. 6. 28.〉

④ 법 제7조 제3항에 따라 시·도교육청 또는 교육지원청에 두는 영양교사는 제3항의 유치원에 대하여 다음 각 호의 사항을 지원한다. 〈신설 2022. 6. 28.〉

1. 식단 작성 및 영양관리

2. 위생·안전관리

3. 식생활 지도 및 영양상담

4. 그 밖에 유치원에 대한 급식관리를 지원하기 위하여 교육감이 필요하다고 인정하는 사항

⑤ 교육감은 법 제7조 제3항에 따라 시·도교육청 또는 교육지원청에 영양교사를 배치할 때에는 관할구역에 있는 유치원의 수, 유치원 간의 이동 거리, 유치원별 원아 수 등을 고려해야 한다. 〈신설 2022. 6. 28.〉

[본조신설 2021. 1. 29.] [제목개정 2022. 6. 28.]

제8조(경비부담 등) ① 학교급식의 실시에 필요한 급식시설·설비비는 해당 학교의 설립·경영자가 부담하되, 국가 또는 지방자치단체가 지원할 수 있다. 〈개정 2021. 3. 23.〉

② 급식운영비는 해당 학교의 설립·경영자가 부담하는 것을 원칙으로 하되, 대통령령으로 정하는 바에 따라 보호자(친권자, 후견인 그 밖에 법률에 따라 학생을 부양할 의무가 있는 자를 말한다. 이하 같다)가 그 경비의 일부를 부담할 수 있다. 〈개정 2021. 3. 23.〉

③ 학교급식을 위한 식품비는 보호자가 부담하는 것을 원칙으로 한다.

④ 특별시장·광역시장·도지사·특별자치도지사 및 시장·군수·자치구의 구청장은 학교급식에 품질이 우수한 농수산물 사용 등 급식의 질 향상과 급식시설·설비의 확충을 위하여 식품비 및 시설·설비비 등 급식에 관한 경비를 지원할 수 있다. 〈개정 2019. 4. 23.〉

● **시행령**

제9조(급식운영비 부담) ① 법 제8조 제2항에 따른 급식운영비는 다음 각 호와 같다.

> 예제 급식운영비에 해당하지 않는 항목은?

1. 급식시설·설비의 유지비

2. 종사자의 인건비

3. 연료비, 소모품비 등의 경비

② 제1항 제2호와 제3호에 따른 경비는 학교운영위원회의 심의를 거쳐 그 경비의 일부를 보호자로 하여금 부담하게 할 수 있다. 〈개정 2022. 3. 22.〉

③ 학교의 설립 · 경영자는 제2항에 따른 보호자의 부담이 경감되도록 노력하여야 한다.

제9조(급식에 관한 경비의 지원) ① 국가 또는 지방자치단체는 제8조의 규정에 따라 보호자가 부담할 경비의 전부 또는 일부를 지원할 수 있다.

② 제1항의 규정에 따라 보호자가 부담할 경비를 지원하는 경우에는 다음 각 호의 어느 하나에 해당하는 학생을 우선적으로 지원한다. 〈개정 2007. 10. 17., 2010. 7. 23., 2021. 3. 23.〉

1. 학생 또는 그 보호자가 「국민기초생활 보장법」 제2조에 따른 수급권자이거나 차상위계층에 속하는 학생, 「한부모가족지원법」 제5조의 규정에 따른 보호대상자인 학생

2. 「도서 · 벽지 교육진흥법」 제2조의 규정에 따른 도서벽지에 있는 학교와 그에 준하는 지역으로서 대통령령으로 정하는 지역의 학교에 재학하는 학생

3. 「농어업인 삶의 질 향상 및 농어촌지역 개발촉진에 관한 특별법」 제3조 제4호에 따른 농어촌학교와 그에 준하는 지역으로서 대통령령으로 정하는 지역의 학교에 재학하는 학생

4. 그 밖에 교육감이 필요하다고 인정하는 학생

③ 교육감은 「재난 및 안전관리 기본법」 제3조 제1호에 따른 재난이 발생하여 학교급식이 어려운 경우에는 제5조 제1항에 따른 학교급식위원회의 심의를 거쳐 대통령령으로 정하는 바에 따라 학생의 가정에 식재료 등을 지원할 수 있다. 이 경우 지원 범위는 제8조 제4항 및 제9조 제1항에 따라 국가 또는 지방자치단체가 지원한 급식에 관한 경비에 한정한다. 〈신설 2021. 12. 28.〉

● **시행령**

제10조(급식비 지원기준 등) ① 법 제9조 제1항에 따라 보호자가 부담할 경비를 지원하는 경우 그 지원액 및 지원대상은 학교급식위원회의 심의를 거쳐 교육감이 정한다.

② 법 제9조 제2항 제2호와 제3호에서 "대통령령이 정하는 지역의 학교"라 함은 각각 다음 각 호의 학교를 말한다. 〈개정 2011. 1. 17.〉

1. 법 제9조 제2항 제2호 : 「도서 · 벽지 교육진흥법」 제2조에 따른 도서벽지에 준하는 지역에 소재하는 학교로서 7할 이상에 해당하는 학생의 학부모가 도서벽지의 학부모와 유사한 생활 여건에 처하여 있다고 교육감이 인정하는 학교

2. 법 제9조 제2항 제3호 : 「농어업인 삶의 질 향상 및 농어촌지역 개발촉진에 관한 특별법」 제3조 제1호에 따른 농어촌에 준하는 지역에 소재하는 학교로서 7할 이상에 해당하는 학생의 학부모가 농어촌의 학부모와 유사한 생활 여건에 처하여 있다고 교육감이 인정하는 학교

③ 교육감은 법 제9조 제3항 전단에 따라 학생의 가정에 식재료 등을 지원할 때에는 다음 각 호의 방법으로 한다. 〈신설 2022. 6. 28.〉

1. 다음 각 목의 센터 또는 업체로 하여금 법 제10조에 따른 품질관리기준에 적합한 식재료를 가정으로 배송하게 하는 방법

　가. 법 제5조 제4항에 따른 학교급식지원센터

　나. 학교급식에 필요한 식재료나 제조·가공한 식품을 공급하는 업체

2. 보호자에게 식재료를 구매하거나 교환할 수 있는 상품권 또는 교환권을 지급하는 방법

3. 그 밖에 교육감이 학교급식위원회의 심의를 거쳐 정하는 방법

3) 학교급식 관리·운영

구 분	학교급식법	학교급식법 시행령	학교급식법 시행규칙
제3장 학교급식 관리·운영	제10조(식재료)		제4조(학교급식 식재료의 품질 관리기준 등) 별표2 예제
	제11조(영양관리)		제5조(학교급식의 영양관리기준 등) 예제 별표3
	제12조(위생·안전관리)		제6조(학교급식의 위생·안전 관리기준 등) 별표4 20·21 기출 예제
	제13조(식생활 지도 등) 제14조(영양상담)	제16조(급식연구학교 등의 지정·운영)	
	제15조(학교급식의 운영방식) 예제	제11조(업무위탁의 범위 등) 제12조(업무위탁 등의 계약방법)	
	제16조(품질 및 안전을 위한 준수사항)		제7조(품질 및 안전을 위한 준수사항)
	제17조(생산품의 직접사용 등)		

법조문 요약

1. 식재료

• 품질이 우수하고 안전한 식재료 사용

• 학교급식 식재료의 품질관리기준 : 농산물, 축산물, 수산물, 가공식품 및 기타

　※ 수해, 가뭄, 천재지변 등으로 식품수급이 원활하지 않은 경우에는 품질관리기준 미적용 가능

2. 영양관리

• 학생의 발육과 건강에 필요한 영양을 충족하고 올바른 식생활습관 형성에 도움을 줄 수 있도록 다양한 식품으로 구성

• 학교급식의 영양관리 기준

• 식단 작성 시 고려해야 할 사항

3. 위생·안전관리

- 식단 작성, 식재료 구매·검수·보관·세척·조리, 운반, 배식, 급식기구 세척 및 소독 등 모든 과정에서 위해한 물질이 식품에 혼입되거나 식품이 오염되지 않도록 위생과 안전관리를 철저히 해야 함
- 학교급식의 위생·안전관리기준 : 시설관리, 개인위생, 식재료 관리, 작업위생, 배식 및 검식, 세척 및 소독 등, 안전관리, 기타

4. 식생활 지도

학교의 장은 학생에게 식생활 관련 교육 및 지도를 하며, 보호자에게는 관련 정보를 제공함

5. 영양상담

학교의 장은 식생활에서 기인하는 영양불균형을 시정하고 질병을 사전에 예방하기 위하여 영양상담과 필요한 지도를 실시함

6. 학교급식의 운영방식

- 학교의 장은 학교급식을 직접 관리·운영하되, 유치원운영위원회 및 학교운영위원회의 심의·자문을 거쳐 일정한 요건을 갖춘 자에게 학교급식에 관한 업무를 위탁하여 이를 행하게 할 수 있음. 다만, 식재료의 선정 및 구매·검수에 관한 업무는 학교급식 여건상 불가피한 경우를 제외하고는 위탁하지 않음
- 업무위탁을 하고자 하는 경우에는 미리 관할청의 승인을 얻어야 함

7. 품질 및 안전을 위한 준수사항

- 사용 불가능한 식재료 : 원산지 표시, 유전자변형농수산물 표시, 축산물 등급, 표준규격품 표시, 품질인증 표시, 지리적 표시를 거짓으로 적은 식재료
- 지켜야 하는 사항 : 학교급식 식재료 품질관리기준, 학교급식 영양관리기준, 학교급식 위생·안전관리기준
- 알레르기를 유발할 수 있는 식재료가 사용되는 경우 : 급식 전에 급식 대상 학생에게 알리고, 급식 시에 표시함
  - 공지방법 : 알레르기를 유발할 수 있는 식재료가 표시된 월간 식단표를 가정통신문으로 안내, 학교 인터넷 홈페이지에 게재
  - 표시방법 : 알레르기를 유발할 수 있는 식재료가 표시된 주간 식단표를 식당 및 교실에 게시
- 매 학기별 보호자부담 급식비 중 식품비 사용비율의 공개, 학교급식 관련 서류의 비치 및 3년간 보관(학교급식일지, 식재료 검수일지, 거래명세표)

8. 생산품의 직접사용 등

학교에서 작물재배·동물사육 그 밖에 각종 생산활동으로 얻은 생산품이나 그 생산품의 매각대금은 다른 법률의 규정에도 불구하고 학교급식을 위하여 직접 사용할 수 있음

법조문 속 예제 및 기출문제

제10조(식재료) ① 학교급식에는 품질이 우수하고 안전한 식재료를 사용하여야 한다.

② 식재료의 품질관리기준 그 밖에 식재료에 관하여 필요한 사항은 교육부령으로 정한다. 〈개정 2008. 2. 29., 2013. 3. 23.〉

● 시행규칙

제4조(학교급식 식재료의 품질관리기준 등) ① 「학교급식법」(이하 "법"이라 한다) 제10조 제2항에 따른 식재료의 품질관리기준은 별표 2와 같다.

② 학교급식의 질 제고 및 안전성 확보를 위하여 품질을 우선적으로 고려하여야 하는 경우 식재료의 구매에 관한 계약은 「국가를 당사자로 하는 계약에 관한 법률 시행령」 제43조 또는 「지방자치단체를 당사자로 하는 계약에 관한 법률 시행령」 제43조에 따른 협상에 의한 계약체결방법을 활용할 수 있다.

학교급식법 시행규칙 **별표 2** <개정 2021. 1. 29.>

학교급식 식재료의 품질관리기준(제4조 제1항 관련)

예제 식재료의 품질관리기준으로 옳은 것은?

1. 농산물
    가. 「농수산물의 원산지 표시 등에 관한 법률」 제5조 및 「대외무역법」 제33조에 따라 원산지가 표시된 농산물을 사용한다. 다만, 원산지 표시 대상 식재료가 아닌 농산물은 그러하지 아니하다.
    나. 다음의 농산물에 해당하는 것 중 하나를 사용한다.
        1) 「친환경농어업 육성 및 유기식품 등의 관리ㆍ지원에 관한 법률」 제19조 및 제34조에 따라 인증받은 유기식품 등 및 무농약농산물
        2) 「농수산물 품질관리법」 제5조에 따른 표준규격품 중 농산물표준규격이 "상" 등급 이상인 농산물. 다만, 표준규격이 정해져 있지 아니한 농산물은 상품가치가 "상" 이상에 해당하는 것을 사용한다.
        3) 「농수산물 품질관리법」 제6조에 따른 우수관리인증농산물
        4) 「농수산물 품질관리법」 제24조에 따른 이력추적관리농산물
        5) 「농수산물 품질관리법」 제32조에 따라 지리적 표시의 등록을 받은 농산물
    다. 쌀은 수확연도부터 1년 이내의 것을 사용한다.
    라. 부득이하게 전처리(前處理)농산물(수확 후 세척, 선별, 박피 및 절단 등의 가공을 통하여 즉시 조리에 이용할 수 있는 형태로 처리된 식재료)을 사용할 경우에는 나목과 다목에 해당되는 품목으로 다음 사항이 표시된 것으로 한다.
        1) 제품명(내용물의 명칭 또는 품목)
        2) 업소명(생산자 또는 생산자단체명)
        3) 제조연월일(전처리작업일 및 포장일)
        4) 전처리 전 식재료의 품질(원산지, 품질등급, 생산연도)
        5) 내용량
        6) 보관 및 취급방법
    마. 수입농산물은 「대외무역법」, 「식품위생법」 등 관계 법령에 적합하고, 나목부터 라목까지의 규정에 상당하는 품질을 갖춘 것을 사용한다.

2. 축산물
    가. 공통 기준은 다음과 같다. 다만, 「축산물 위생관리법」 제2조 제6호에 따른 식용란(食用卵)은 공통 기준을 적용하지 아니한다.

---

1) 「축산물 위생관리법」제9조 제2항에 따라 위해요소중점관리기준을 적용하는 도축장에서 처리된 식육을 사용한다.

2) 「축산물 위생관리법」제9조 제3항에 따라 위해요소중점관리기준 적용 작업장으로 지정받은 축산물가공장 또는 식육포장처리장에서 처리된 축산물(수입축산물을 국내에서 가공 또는 포장처리하는 경우에도 동일하게 적용)을 사용한다.

나. 개별기준은 다음과 같다. 다만, 닭고기, 계란 및 오리고기의 경우에는 등급제도 전면 시행 전까지는 권장사항으로 한다.

1) 쇠고기 : 「축산법」제35조에 따른 등급판정의 결과 3등급 이상인 한우 및 육우를 사용한다.

2) 돼지고기 : 「축산법」제35조에 따른 등급판정의 결과 2등급 이상을 사용한다.

3) 닭고기 : 「축산법」제35조에 따른 등급판정의 결과 1등급 이상을 사용한다.

4) 계란 : 「축산법」제35조에 따른 등급판정의 결과 2등급 이상을 사용한다.

5) 오리고기 : 「축산법」제35조에 따른 등급판정의 결과 1등급 이상을 사용한다.

6) 수입축산물 : 「대외무역법」, 「식품위생법」, 「축산물 위생관리법」 등 관련 법령에 적합하며, 1)부터 5)까지에 상당하는 품질을 갖춘 것을 사용한다.

3. 수산물

가. 「농수산물의 원산지 표시 등에 관한 법률」제5조 및 「대외무역법」제33조에 따른 원산지가 표시된 수산물을 사용한다.

나. 「농수산물 품질관리법」제14조에 따른 품질인증품, 같은 법 제32조에 따라 지리적 표시의 등록을 받은 수산물 또는 상품가치가 "상" 이상에 해당하는 것을 사용한다.

다. 전처리수산물

1) 전처리수산물(세척, 선별, 절단 등의 가공을 통해 즉시 조리에 이용할 수 있는 형태로 처리된 식재료를 말한다. 이하 같다)을 사용할 경우 나목에 해당되는 품목으로서 다음 시설 또는 영업소에서 가공 처리(수입수산물을 국내에서 가공 처리하는 경우에도 동일하게 적용한다)된 것으로 한다.

가) 「농수산물 품질관리법」제74조에 따라 위해요소중점관리기준을 이행하는 시설로서 해양수산부장관에게 등록한 생산 · 가공시설

나) 「식품위생법」제48조 제1항에 따른 식품안전관리인증기준을 적용하는 업소로서 「식품위생법 시행규칙」제62조 제1항 제2호에 따른 냉동수산식품 중 어류 · 연체류 식품제조 · 가공업소

2) 전처리수산물을 사용할 경우 다음 사항이 표시된 것으로 한다.

가) 제품명(내용물의 명칭 또는 품목)

나) 업소명(생산자 또는 생산자단체명)

다) 제조연월일(전처리작업일 및 포장일)

라) 전처리 전 식재료의 품질(원산지, 품질등급, 생산연도)

마) 내용량

바) 보관 및 취급방법

라. 수입수산물은 「대외무역법」, 「식품위생법」 등 관련 법령에 적합하고 나목 및 다목에 상당하는 품질을 갖춘 것을 사용한다.

4. 가공식품 및 기타

가. 다음에 해당하는 것 중 하나를 사용한다.

1) 「식품산업진흥법」제22조에 따라 품질인증을 받은 전통식품

2) 「산업표준화법」제15조에 따라 산업표준 적합 인증을 받은 농축수산물 가공품

3) 「농수산물 품질관리법」 제32조에 따라 지리적 표시의 등록을 받은 식품

4) 「농수산물 품질관리법」 제14조에 따른 품질인증품

5) 「식품위생법」 제48조 제1항에 따른 식품안전관리인증기준을 적용하는 업소에서 생산된 가공식품

6) 「식품위생법」 제37조에 따라 영업 등록된 식품제조·가공업소에서 생산된 가공식품

7) 「축산물 위생관리법」 제9조에 따라 위해요소중점관리기준을 적용하는 업소에서 가공 또는 처리된 축산물가공품

8) 「축산물 위생관리법」 제6조 제1항에 따른 표시기준에 따라 제조업소, 유통기한 등이 표시된 축산물 가공품

나. 김치 완제품은 「식품위생법」 제48조 제1항에 따른 식품안전관리인증기준을 적용하는 업소에서 생산된 제품을 사용한다.

다. 수입 가공식품은 「대외무역법」, 「식품위생법」 등 관련 법령에 적합하고 가목에 상당하는 품질을 갖춘 것을 사용한다.

라. 위에서 명시되지 아니한 식품 및 식품첨가물은 식품위생법령에 적합한 것을 사용한다.

5. 예외

가. 수해, 가뭄, 천재지변 등으로 식품수급이 원활하지 않은 경우에는 품질관리기준을 적용하지 않을 수 있다.

나. 이 표에서 정하지 않는 식재료, 도서(島嶼)·벽지(僻地) 및 소규모학교 또는 지역 여건상 학교급식 식재료의 품질관리기준 적용이 곤란하다고 인정되는 경우에는, 교육감이 학교급식위원회의 심의를 거쳐 별도의 품질관리기준을 정하여 시행할 수 있다.

제11조(영양관리) ① 학교급식은 학생의 발육과 건강에 필요한 영양을 충족하고 올바른 식생활습관 형성에 도움을 줄 수 있도록 다양한 식품으로 구성되어야 한다. 〈개정 2021. 12. 28.〉

② 학교급식의 영양관리기준은 교육부령으로 정하고, 식품구성기준은 필요한 경우 교육감이 정한다. 〈개정 2008. 2. 29., 2013. 3. 23., 2021. 12. 28.〉

● **시행규칙**

제5조(학교급식의 영양관리기준 등) ① 법 제11조 제2항에 따른 학교급식의 영양관리기준은 별표 3과 같다.

예제 학교급식의 영양관리기준으로 옳지 않은 것은?

② 제1항의 기준에 따라 식단 작성 시 고려하여야 할 사항은 다음 각 호와 같다.

1. 전통 식문화(食文化)의 계승·발전을 고려할 것

2. 곡류 및 전분류, 채소류 및 과일류, 어육류 및 콩류, 우유 및 유제품 등 다양한 종류의 식품을 사용할 것

3. 염분·유지류·단순당류 또는 식품첨가물 등을 과다하게 사용하지 않을 것

4. 가급적 자연식품과 계절식품을 사용할 것

5. 다양한 조리방법을 활용할 것

학교급식법 시행규칙 별표 3 <개정 2021. 1. 29.>

학교급식의 영양관리기준(제5조 제1항 관련)

성별	구분		에너지 (kcal)	단백질 (g)	비타민 A (µg RAE)		티아민 (비타민 B₁) (mg)		리보플라빈 (비타민 B₂) (mg)		비타민 C (mg)		칼슘 (mg)		철 (mg)	
					평균 필요량	권장 섭취량	평균 필요량	권장 섭취량	평균 필요량	권장 섭취량	평균 필요량	권장 섭취량	평균 필요량	권장 섭취량	평균 필요량	권장 섭취량
	유치원생		400	7.1	66	85	0.12	0.15	0.15	0.17	10.0	12.8	142	170	1.5	2.0
남	초등학생	1~3학년	570	11.7	104	150	0.17	0.24	0.24	0.30	13.4	16.7	200	234	2.4	3.0
		4~6학년	670	16.7	137	200	0.24	0.30	0.30	0.37	18.4	23.4	217	267	2.7	3.7
	중학생		840	20.0	177	250	0.30	0.37	0.40	0.50	23.4	30.0	267	334	3.7	4.7
	고등학생		900	21.7	207	284	0.37	0.44	0.47	0.57	26.7	33.4	250	300	3.7	4.7
여	초등학생	1~3학년	500	11.7	97	134	0.20	0.24	0.20	0.27	13.4	16.7	200	234	2.4	3.0
		4~6학년	600	15.0	130	184	0.27	0.30	0.27	0.34	18.4	23.4	217	267	2.7	3.4
	중학생		670	18.4	160	217	0.30	0.37	0.34	0.40	23.4	30.0	250	300	4.0	5.4
	고등학생		670	18.4	150	217	0.30	0.37	0.34	0.40	26.7	33.4	234	267	3.7	4.7

[비고] 유치원생의 경우 제공되는 간식을 제외하고 산출된 수치임
1. 학교급식의 영양관리기준은 한끼의 기준량을 제시한 것으로 학생 집단의 성장 및 건강상태, 활동정도, 지역적 상황 등을 고려하여 탄력적으로 적용할 수 있다.
2. 영양관리기준은 계절별로 연속 5일씩 1인당 평균영양공급량을 평가하되, 준수범위는 다음과 같다.
　　가. 에너지는 학교급식의 영양관리기준 에너지의 ±10%로 하되, 탄수화물 : 단백질 : 지방의 에너지 비율이 각각 55~65% : 7~20% : 15~30%가 되도록 한다.
　　나. 단백질은 학교급식 영양관리기준의 단백질량 이상으로 공급하되, 총공급에너지 중 단백질 에너지가 차지하는 비율이 20%를 넘지 않도록 한다.
　　다. 비타민 A, 티아민, 리보플라빈, 비타민 C, 칼슘, 철은 학교급식 영양관리기준의 권장섭취량 이상으로 공급하는 것을 원칙으로 하되, 최소한 평균필요량 이상이어야 한다.

제12조(위생ㆍ안전관리) ① 학교급식은 식단 작성, 식재료 구매ㆍ검수ㆍ보관ㆍ세척ㆍ조리, 운반, 배식, 급식기구 세척 및 소독 등 모든 과정에서 위해한 물질이 식품에 혼입되거나 식품이 오염되지 아니하도록 위생과 안전관리를 철저히 하여야 한다. 〈개정 2021. 3. 23.〉

② 학교급식의 위생ㆍ안전관리기준은 교육부령으로 정한다. 〈개정 2008. 2. 29., 2013. 3. 23.〉

● **시행규칙**

제6조(학교급식의 위생ㆍ안전관리기준 등) ① 법 제12조 제2항에 따른 학교급식의 위생ㆍ안전관리기준은 별표 4와 같다.

② 교육부장관은 제1항에 따른 기준의 준수 및 향상을 위한 지침을 정할 수 있다. 〈개정 2008. 3. 4., 2013. 3. 23.〉

학교급식법 시행규칙 별표 4 <개정 2021. 1. 29.>

학교급식의 위생ㆍ안전관리기준(제6조 제1항 관련)

1. 시설관리
　가. 급식시설ㆍ설비, 기구 등에 대한 청소 및 소독계획을 수립ㆍ시행하여 항상 청결하게 관리하여야 한다.
　나. 냉장ㆍ냉동고의 온도, 식기세척기의 최종 헹굼수 온도 또는 식기소독보관고의 온도를 기록ㆍ관리하여야 한다.
　다. 급식용수로 수돗물이 아닌 지하수를 사용하는 경우 소독 또는 살균하여 사용하여야 한다.

2. 개인위생

「학교급식법」상 학교급식 조리작업자의 건강진단 주기는?

① 월 1회   ② 3개월에 1회   ③ 6개월에 1회

④ 9개월에 1회   ⑤ 연 1회

정답 ③

가. 식품취급 및 조리작업자는 6개월에 1회 건강진단을 실시하고, 그 기록을 2년간 보관하여야 한다. 다만, 폐결핵검사는 연 1회 실시할 수 있다.

나. 손을 잘 씻어 손에 의한 오염이 일어나지 않도록 하여야 한다. 다만, 손 소독은 필요시 실시할 수 있다.

3. 식재료 관리

가. 잠재적으로 위험한 식품 여부를 고려하여 식단을 계획하고, 공정관리를 철저히 하여야 한다.

나. 식재료 검수 시 「학교급식 식재료의 품질관리기준」에 적합한 품질 및 신선도와 수량, 위생상태 등을 확인하여 기록하여야 한다.

4. 작업위생

「학교급식법」상 학교급식의 위생·안전관리기준과 관련하여 (   ) 안에 들어갈 것으로 옳은 것은?

패류를 제외한 가열조리 식품은 중심부가 (㉠)℃ 이상에서 (㉡)분 이상으로 가열되고 있는지 온도계로 확인하고, 그 온도를 기록·유지하여야 한다.

① ㉠ 65, ㉡ 3   ② ㉠ 70, ㉡ 1   ③ ㉠ 70, ㉡ 3

④ ㉠ 75, ㉡ 1   ⑤ ㉠ 85, ㉡ 1

정답 ④

가. 칼과 도마, 고무장갑 등 조리기구 및 용기는 원료나 조리과정에서 교차오염을 방지하기 위하여 용도별로 구분하여 사용하고 수시로 세척·소독하여야 한다.

나. 식품 취급 등의 작업은 바닥으로부터 60cm 이상의 높이에서 실시하여 식품의 오염이 방지되어야 한다.

다. 조리가 완료된 식품과 세척·소독된 배식기구·용기 등은 교차오염의 우려가 있는 기구·용기 또는 원재료 등과 접촉에 의해 오염되지 않도록 관리하여야 한다.

라. 해동은 냉장해동(10℃ 이하), 전자레인지 해동 또는 흐르는 물(21℃ 이하)에서 실시하여야 한다.

예제 해동은 냉장해동 (   )℃ 이하, 전자레인지 해동 또는 흐르는 물 (   )℃ 이하에서 실시하여야 한다.

마. 해동된 식품은 즉시 사용하여야 한다.

바. 날로 먹는 채소류, 과일류는 충분히 세척·소독하여야 한다.

사. 가열조리 식품은 중심부가 75℃(패류는 85℃) 이상에서 1분 이상으로 가열되고 있는지 온도계로 확인하고, 그 온도를 기록·유지하여야 한다.

아. 조리가 완료된 식품은 온도와 시간관리를 통하여 미생물 증식이나 독소 생성을 억제하여야 한다.

5. 배식 및 검식

가. 조리된 음식은 안전한 급식을 위하여 운반 및 배식기구 등을 청결히 관리하여야 하며, 배식 중에 운반 및 배식기구 등으로 인하여 오염이 일어나지 않도록 조치하여야 한다.

나. 급식실 외의 장소로 운반하여 배식하는 경우 배식용 운반기구 및 운송차량 등을 청결히 관리하여 배식 시까지 식품이 오염되지 않도록 하여야 한다.

다. 조리된 식품에 대하여 배식하기 직전에 음식의 맛, 온도, 조화(영양적인 균형, 재료의 균형), 이물(異物), 불쾌한 냄새, 조리상태 등을 확인하기 위한 검식을 실시하여야 한다.

라. 급식시설에서 조리한 식품은 온도관리를 하지 아니하는 경우에는 조리 후 2시간 이내에 배식을 마쳐야 한다.

마. 조리된 식품은 매회 1인분 분량을 섭씨 영하 18도 이하에서 144시간 이상 보관해야 한다.

> [예제] 학교급식으로 조리된 식품은 매회 1인분 분량을 섭씨 영하 (   )도 이하에서 (   )시간 이상 보관해야 한다.

6. 세척 및 소독 등

가. 식기구는 세척·소독 후 배식 전까지 위생적으로 보관·관리하여야 한다.

나. 「감염병의 예방 및 관리에 관한 법률 시행령」 제24조에 따라 급식시설에 대하여 소독을 실시하고 소독필증을 비치하여야 한다.

7. 안전관리

가. 관계규정에 따른 정기안전검사[가스·소방·전기안전, 보일러·압력용기·덤웨이터(dumbwaiter) 검사 등]를 실시하여야 한다.

나. 조리기계·기구의 안전사고 예방을 위하여 안전작동방법을 게시하고 교육을 실시하며, 관리책임자를 지정, 그 표시를 부착하고 철저히 관리하여야 한다.

다. 조리장 바닥은 안전사고 방지를 위하여 미끄럽지 않게 관리하여야 한다.

8. 기타 : 이 기준에서 정하지 않은 사항에 대해서는 식품위생법령의 위생·안전 관련 기준에 따른다.

제13조(식생활 지도 등) 학교의 장은 올바른 식생활습관의 형성, 식량생산 및 소비에 관한 이해 증진 및 전통 식문화의 계승·발전을 위하여 학생에게 식생활 관련 교육 및 지도를 하며, 보호자에게는 관련 정보를 제공한다. 〈개정 2021. 12. 28.〉

제14조(영양상담) 학교의 장은 식생활에서 기인하는 영양불균형을 시정하고 질병을 사전에 예방하기 위하여 저체중 및 성장부진, 빈혈, 과체중 및 비만학생 등을 대상으로 영양상담과 필요한 지도를 실시한다.

● **시행령**

제16조(급식연구학교 등의 지정·운영) 교육감은 학교급식의 교육효과 증진과 발전을 위하여 학교급식 연구학교 또는 시범학교를 지정·운영할 수 있다.

제15조(학교급식의 운영방식) ① 학교의 장은 학교급식을 직접 관리 · 운영하되,「유아교육법」제19조의 3에 따른 유치원운영위원회 및 「초 · 중등교육법」제31조에 따른 학교운영위원회의 심의 · 자문을 거쳐 일정한 요건을 갖춘 자에게 학교급식에 관한 업무를 위탁하여 이를 행하게 할 수 있다. 다만, 식재료의 선정 및 구매 · 검수에 관한 업무는 학교급식 여건상 불가피한 경우를 제외하고는 위탁하지 아니한다. 〈개정 2020. 1. 29.〉

> **예제** 학교의 장이 불가피한 경우를 제외하고 위탁하지 아니하는 업무는?

② 제1항의 규정에 따라 의무교육기관에서 업무위탁을 하고자 하는 경우에는 미리 관할청의 승인을 얻어야 한다.

③ 제1항의 규정에 따른 학교급식에 관한 업무위탁의 범위, 학교급식공급업자가 갖추어야 할 요건 그 밖에 업무위탁에 관하여 필요한 사항은 대통령령으로 정한다.

● **시행령**

제11조(업무위탁의 범위 등) ① 법 제15조 제1항에서 "학교급식 여건상 불가피한 경우"라 함은 다음 각 호의 경우를 말한다.

1. 공간적 또는 재정적 사유 등으로 학교급식시설을 갖추지 못한 경우
2. 학교의 이전 또는 통 · 폐합 등의 사유로 장기간 학교의 장이 직접 관리 · 운영함이 곤란한 경우
3. 그 밖에 학교급식의 위탁이 불가피한 경우로서 교육감이 학교급식위원회의 심의를 거쳐 정하는 경우

② 법 제15조 제3항에 따른 학교급식공급업자가 갖추어야 할 요건은 다음 각 호와 같다. 〈개정 2009. 8. 6.〉

1. 법 제12조 제1항에 따른 학교급식 과정 중 조리, 운반, 배식 등 일부업무를 위탁하는 경우 :「식품위생법 시행령」제21조 제8호 마목에 따른 위탁급식영업의 신고를 할 것
2. 법 제12조 제1항에 따른 학교급식 과정 전부를 위탁하는 경우
   가. 학교 밖에서 제조 · 가공한 식품을 운반하여 급식하는 경우 :「식품위생법 시행령」제21조 제1호에 따른 식품제조 · 가공업의 신고를 할 것
   나. 학교급식시설을 운영위탁하는 경우 :「식품위생법 시행령」제21조 제8호 마목에 따른 위탁급식영업의 신고를 할 것

③ 학교의 장은 법 제15조 제1항에 따라 학교급식에 관한 업무를 위탁하고자 하는 경우 「식품위생법」제88조에 따른 집단급식소 신고에 필요한 면허소지자를 둔 학교급식공급업자에게 위탁하여야 한다. 〈개정 2009. 8. 6.〉

제12조(업무위탁 등의 계약방법) 법 제15조에 따른 학교급식업무의 위탁에 관한 계약은 국가를 당사자로 하는 계약에 관한 법령 또는 지방자치단체를 당사자로 하는 계약에 관한 법령의 관계 규정을 적용 또는 준용한다.

제16조(품질 및 안전을 위한 준수사항) ① 학교의 장과 그 학교의 학교급식 관련 업무를 담당하는 관계 교직원(이하 "학교급식관계교직원"이라 한다) 및 학교급식공급업자는 학교급식의 품질 및 안전을 위하여 다음 각 호의 어느 하나에 해당하는 식재료를 사용하여서는 아니 된다. 〈개정 2007. 4. 11., 2009. 6. 9., 2011. 7. 21., 2021. 11. 30.〉

1. 「농수산물의 원산지 표시 등에 관한 법률」 제5조 제1항에 따른 원산지 표시를 거짓으로 적은 식재료
2. 「농수산물 품질관리법」 제56조에 따른 유전자변형농수산물의 표시를 거짓으로 적은 식재료
3. 「축산법」 제40조의 규정에 따른 축산물의 등급을 거짓으로 기재한 식재료
4. 「농수산물 품질관리법」 제5조 제2항에 따른 표준규격품의 표시, 같은 법 제14조 제3항에 따른 품질인증의 표시 및 같은 법 제34조 제3항에 따른 지리적 표시를 거짓으로 적은 식재료

② 학교의 장과 그 소속 학교급식관계교직원 및 학교급식공급업자는 다음 사항을 지켜야 한다. 〈개정 2008. 2. 29., 2013. 3. 23., 2021. 3. 23.〉

1. 제10조 제2항의 규정에 따른 식재료의 품질관리기준, 제11조 제2항의 규정에 따른 영양관리기준 및 제12조 제2항의 규정에 따른 위생·안전관리기준
2. 그 밖에 학교급식의 품질 및 안전을 위하여 필요한 사항으로서 교육부령으로 정하는 사항

③ 학교의 장과 그 소속 학교급식관계교직원 및 학교급식공급업자는 학교급식에 알레르기를 유발할 수 있는 식재료가 사용되는 경우에는 이 사실을 급식 전에 급식 대상 학생에게 알리고, 급식 시에 표시하여야 한다. 〈신설 2013. 5. 22.〉

④ 알레르기를 유발할 수 있는 식재료의 종류 등 제3항에 따른 공지 및 표시와 관련하여 필요한 사항은 교육부령으로 정한다. 〈신설 2013. 5. 22.〉

● **시행규칙**

제7조(품질 및 안전을 위한 준수사항) ① 법 제16조 제2항 제2호에서 "그 밖에 학교급식의 품질 및 안전을 위하여 필요한 사항"이라 함은 다음 각 호의 사항을 말한다. 〈개정 2013. 11. 22.〉

1. 매 학기별 보호자부담 급식비 중 식품비 사용비율의 공개
2. 학교급식 관련 서류의 비치 및 보관(보존연한은 3년)
   가. 급식인원, 식단, 영양 공급량 등이 기재된 학교급식일지

나. 식재료 검수일지 및 거래명세표

② 법 제16조 제3항에 따라 학교의 장과 그 소속 학교급식관계교직원 및 학교급식공급업자는 학교급식에 「식품 등의 표시·광고에 관한 법률 시행규칙」 제5조 제1항 및 별표 2에 따라 알레르기 유발물질 표시 대상이 되는 식품을 사용하는 경우 다음 각 호의 방법으로 알리고 표시해야 한다. 다만, 해당 식품으로부터 추출 등의 방법으로 얻은 성분을 함유하고 있는 식품에 대해서는 다음 각 호의 방법에 따를 수 있다. 〈신설 2013. 11. 22., 2021. 1. 29.〉

1. 공지방법 : 알레르기를 유발할 수 있는 식재료가 표시된 월간 식단표를 가정통신문으로 안내하고 학교 인터넷 홈페이지에 게재할 것

2. 표시방법 : 알레르기를 유발할 수 있는 식재료가 표시된 주간 식단표를 식당 및 교실에 게시할 것

제17조(생산품의 직접사용 등) 학교에서 작물재배·동물사육 그 밖에 각종 생산활동으로 얻은 생산품이나 그 생산품의 매각대금은 다른 법률의 규정에도 불구하고 학교급식을 위하여 직접 사용할 수 있다. 〈개정 2021. 3. 23.〉

4) 보 칙

구 분	학교급식법	학교급식법 시행령	학교급식법 시행규칙
제4장 보칙	제18조(학교급식 운영평가)	제13조(학교급식 운영평가 방법 및 기준) 19 기출	
	제19조(출입·검사·수거 등)	제14조(출입·검사·수거 등 대상시설) 제15조(관계공무원의 교육)	제8조(출입·검사 등) 제9조(수거 및 검사의뢰 등)
	제20조(권한의 위임)	제17조(권한의 위임)	
	제21조(행정처분 등의 요청)		제10조(행정처분의 요청 등)
	제22조(징계)		

법조문 요약

1. 학교급식 운영평가 기준
- 학교급식 위생·영양·경영 등 급식운영관리
- 학교급식에 대한 수요자의 만족도
- 그 밖에 평가기준으로 필요하다고 인정하는 사항
- 학생 식생활 지도 및 영양상담
- 급식예산의 편성 및 운용

2. 출입·검사·수거 등
- 대상시설 : 학교 안에 설치된 학교급식시설, 학교급식에 식재료 또는 제조·가공한 식품을 공급하는 업체의 제조·가공시설
- 학교급식 위생·안전관리기준 이행 여부의 확인·지도 : 연 2회 이상 실시

- 학교급식 식재료 품질관리기준, 영양관리기준, 학교급식법 시행규칙 제7조의 준수사항 이행 여부의 확인·지도 : 연 1회 이상 실시(위생·안전관리기준 이행 여부의 확인·지도 시 함께 실시 가능)
- 출입·검사를 실시한 관계공무원은 해당 학교급식 관련 시설에 비치된 출입·검사 등 기록부에 결과 기록
- 검사의 종류 : 미생물 검사, 식재료의 원산지, 품질 및 안전성 검사

3. 권한의 위임
- 교육부장관, 교육감의 권한은 그 일부를 교육감 또는 교육장에게 위임 가능
- 교육감은 출입·검사·수거 등, 행정처분 등의 요청, 과태료 부과·징수권한을 교육장에게 위임 가능

4. 행정처분 등의 요청
검사 등의 결과가 법령을 위반한 경우 행정처분 등을 요청할 수 있음

5. 징계대상자
- 고의 또는 과실로 식중독 등 위생·안전상의 사고를 발생하게 한 자
- 계약해지 사유가 발생하였음에도 불구하고 정당한 사유 없이 계약해지를 하지 아니한 자
- 시정명령을 받았음에도 불구하고 정당한 사유 없이 이행하지 아니한 자
- 학교급식과 관련하여 비리가 적발된 자

법조문 속 예제 및 기출문제

제18조(학교급식 운영평가) ① 교육부장관 또는 교육감은 학교급식 운영의 내실화와 질적 향상을 위하여 학교급식의 운영에 관한 평가를 실시할 수 있다. 〈개정 2008. 2. 29., 2013. 3. 23.〉

② 제1항의 규정에 따른 평가의 방법·기준 그 밖에 학교급식 운영평가에 관하여 필요한 사항은 대통령령으로 정한다.

● 시행령

제13조(학교급식 운영평가 방법 및 기준) ① 법 제18조 제1항에 따른 학교급식 운영평가를 효율적으로 실시하기 위하여 교육부장관 또는 교육감은 평가위원회를 구성·운영할 수 있다. 〈개정 2008. 2. 29., 2013. 3. 23.〉

② 법 제18조 제2항에 따른 학교급식 운영평가기준은 다음 각 호와 같다.

1. 학교급식 위생·영양·경영 등 급식운영관리
2. 학생 식생활지도 및 영양상담
3. 학교급식에 대한 수요자의 만족도
4. 급식예산의 편성 및 운용
5. 그 밖에 평가기준으로 필요하다고 인정하는 사항

> **19 기출** 「학교급식법」상 학교급식 운영의 내실화와 질적 향상을 위하여 실시하는 학교급식의 운영평가 기준이 아닌 것은?
>
> ① 학교급식에 대한 수요자의 만족도   ② 학생 식생활지도 및 영양상담
> ③ 급식예산의 편성 및 운용   ④ 학교급식 위생 · 영양 · 경영 등 급식운영관리
> ⑤ 조리실 종사자의 지도 · 감독
>
> 정답 ⑤

제19조(출입 · 검사 · 수거 등) ① 교육부장관 또는 교육감은 필요하다고 인정하는 때에는 식품위생 또는 학교급식 관계공무원으로 하여금 학교급식 관련 시설에 출입하여 식품 · 시설 · 서류 또는 작업상황 등을 검사 또는 열람을 하게 할 수 있으며, 검사에 필요한 최소량의 식품을 무상으로 수거하게 할 수 있다. 〈개정 2008. 2. 29., 2013. 3. 23.〉

② 제1항의 규정에 따라 출입 · 검사 · 열람 또는 수거를 하고자 하는 공무원은 그 권한을 표시하는 증표를 지니고, 이를 관계인에게 내보여야 한다.

③ 제1항의 규정에 따른 검사 등의 결과 제16조 제2항 제1호 · 제2호 또는 같은 조 제3항의 규정을 위반한 때에는 교육부장관 또는 교육감은 해당 학교의 장 또는 학교급식공급업자에게 시정을 명할 수 있다. 〈개정 2008. 2. 29., 2013. 3. 23., 2013. 5. 22.〉

● **시행령**

제14조(출입 · 검사 · 수거 등 대상시설) 법 제19조 제1항에 따른 학교급식 관련 시설은 다음 각 호와 같다.
  1. 학교 안에 설치된 학교급식시설
  2. 학교급식에 식재료 또는 제조 · 가공한 식품을 공급하는 업체의 제조 · 가공시설

제15조(관계공무원의 교육) 교육감은 법 제19조에 따른 공무원의 검사기술 및 자질 향상을 위하여 교육을 실시할 수 있다.

● **시행규칙**

제8조(출입 · 검사 등) ① 영 제14조 제1호의 시설에 대한 출입 · 검사 등은 다음 각 호와 같이 실시하되, 교육부장관 또는 교육감이 필요하다고 인정하는 경우에는 연간 실시 횟수를 조정할 수 있다. 〈개정 2021. 1. 29.〉
  1. 제4조 제1항에 따른 식재료 품질관리기준, 제5조 제1항에 따른 영양관리기준 및 제7조에 따른 준수사항 이행 여부의 확인 · 지도 : 연 1회 이상 실시하되, 제2호의 확인 · 지도 시 함께 실시할 수 있음

2. 제6조 제1항에 따른 위생 · 안전관리기준 이행 여부의 확인 · 지도 : 연 2회 이상

② 영 제14조 제2호의 시설에 대한 출입 · 검사 등을 효율적으로 시행하기 위하여 필요하다고 인정하는 경우 교육부장관, 교육감 또는 교육장은 식품의약품안전처장, 특별시장 · 광역시장 · 특별자치시장 · 도지사 · 특별자치도지사 또는 시장 · 군수 · 구청장(자치구의 구청장을 말한다)에게 행정응원을 요청할 수 있다. 〈개정 2008. 3. 4., 2013. 3. 23., 2013. 11. 22.〉

③ 제1항 및 제2항에 따른 출입 · 검사를 실시한 관계공무원은 해당 학교급식 관련 시설에 비치된 별지 제3호 서식의 출입 · 검사 등 기록부에 그 결과를 기록하여야 한다.

④ 법 제19조 제2항에 따른 공무원의 권한을 표시하는 증표는 별지 제4호 서식과 같다.

제9조(수거 및 검사의뢰 등) ① 법 제19조 제1항에 따라 다음 각 호의 검사를 실시할 수 있다.

1. 미생물 검사

2. 식재료의 원산지, 품질 및 안전성 검사

② 제1항에 따라 검체를 수거한 관계공무원은 검체를 수거한 장소에서 봉함(封函)하고 관계공무원 및 피수거자의 날인이나 서명으로 봉인(封印)한 후 지체 없이 특별시 · 광역시 · 도 · 특별자치도의 보건환경연구원, 시 · 군 · 구의 보건소 등 관계검사기관에 검사를 의뢰하거나 자체적으로 검사를 실시한다. 다만, 제1항 제2호의 검사에 대하여는 국립농산물품질관리원, 농림축산검역본부, 국립수산물품질관리원 등 관계행정기관에 수거 및 검사를 의뢰할 수 있다. 〈개정 2013. 11. 22.〉

③ 제2항에 따라 검체를 수거한 때에는 별지 제5호 서식의 수거증을 교부하여야 하며, 검사를 의뢰한 때에는 별지 제6호 서식의 수거검사처리대장에 그 내용을 기록하고 이를 비치하여야 한다.

제20조(권한의 위임) 이 법에 의한 교육부장관 또는 교육감의 권한은 그 일부를 대통령령으로 정하는 바에 따라 교육감 또는 교육장에게 위임할 수 있다. 〈개정 2008. 2. 29., 2013. 3. 23., 2021. 3. 23.〉

● **시행령**

제17조(권한의 위임) 교육감은 법 제20조에 따라 법 제19조에 따른 출입 · 검사 · 수거 등, 법 제21조에 따른 행정처분 등의 요청 및 법 제25조에 따른 과태료 부과 · 징수권한을 조례로 정하는 바에 따라 교육장에게 위임할 수 있다. 〈개정 2010. 6. 29.〉

제21조(행정처분 등의 요청) ① 교육부장관 또는 교육감은 「식품위생법」 · 「농수산물 품질관리법」 · 「축산법」 · 「축산물 위생관리법」의 규정에 따라 허가 및 신고 · 지정 또는 인증을 받은 자가 제19조의 규정에 따른 검사 등의 결과 각 해당 법령을 위반한 경우에는 관계행정기관의 장에게 행정처분 등의 필요한 조치를 할 것을 요청할 수 있다. 〈개정 2008. 2. 29., 2010. 5. 25., 2011. 7. 21., 2013. 3. 23.〉

② 제1항의 규정에 따라 요청을 받은 관계행정기관의 장은 특별한 사유가 없으면 그 요청을 따라야 하며, 그 조치결과를 교육부장관 또는 해당 교육감에게 알려야 한다. 〈개정 2008. 2. 29., 2013. 3. 23., 2021. 3. 23.〉

● **시행규칙**

> **제10조(행정처분의 요청 등)** 법 제21조에 따라 관할 행정기관의 장에게 행정처분 등 필요한 조치를 요청하고자 하는 때에는 별지 제7호 서식의 확인서 또는 제9조 제1항의 검사결과를 첨부하여 요청하여야 한다.

제22조(징계) 학교급식의 적정한 운영과 안전성 확보를 위하여 징계의결 요구권자는 관할학교의 장 또는 그 소속 교직원 중 다음 각 호의 어느 하나에 해당하는 자에 대하여 해당 징계사건을 관할하는 징계위원회에 그 징계를 요구하여야 한다. 〈개정 2008. 2. 29., 2013. 3. 23., 2021. 3. 23.〉

1. 고의 또는 과실로 식중독 등 위생 · 안전상의 사고를 발생하게 한 자
2. 학교급식 관련 계약상의 계약해지 사유가 발생하였음에도 불구하고 정당한 사유 없이 계약해지를 하지 아니한 자
3. 제19조 제3항의 규정에 따라 교육부장관 또는 교육감으로부터 시정명령을 받았음에도 불구하고 정당한 사유 없이 이를 이행하지 아니한 자
4. 학교급식과 관련하여 비리가 적발된 자

5) 벌 칙

구 분	학교급식법	학교급식 시행령	학교급식법 시행규칙
제5장 벌칙	제23조(벌칙) 21 기출		
	제24조(양벌규정)		
	제25조(과태료)	제18조(과태료의 부과기준) 별표 과태료의 부과기준	

법조문 요약

1. 벌 칙
- 7년 이하의 징역 또는 1억 원 이하의 벌금 : 원산지 표시, 유전자변형농수산물 표시 규정을 위반한 학교급식공급업자
- 5년 이하의 징역 또는 5천만 원 이하의 벌금 : 축산물의 등급 규정을 위반한 학교급식공급업자
- 3년 이하의 징역 또는 3천만 원 이하의 벌금

- 표준규격품 표시, 품질인증 표시, 지리적 표시 규정을 위반한 학교급식공급업자
- 출입·검사·수거 등의 규정에 따른 출입·검사·열람 또는 수거를 정당한 사유 없이 거부하거나 방해 또는 기피한 자

2. 양벌규정

벌칙 위반 행위자(법인의 대표자, 종업원 등) 외에 그 법인 또는 개인에게도 벌금을 과함. 단, 법인 또는 개인이 그 위반행위를 방지하기 위한 상당한 주의와 감독을 게을리하지 않은 경우는 부과하지 않음

3. 과태료

- 500만 원 이하의 과태료 : 학교급식 식재료 품질관리기준, 학교급식 영양관리기준, 학교급식 위생·안전관리기준을 위반하여 시정명령을 받았음에도 정당한 사유 없이 이를 이행하지 아니한 학교급식공급업자(1회 위반 100만 원, 2회 위반 300만 원, 3회 위반 500만 원)
- 300만 원 이하의 과태료 : 매 학기별 보호자부담 급식비 중 식품비 사용비율의 공개, 학교급식 관련 서류의 비치 및 3년간 보관(학교급식일지, 식재료 검수일지, 거래명세표), 알레르기를 유발할 수 있는 식재료가 사용되는 경우 급식 전에 급식 대상 학생에게 알리고 급식 시에 표시하는 규정을 위반하여 시정명령을 받았음에도 불구하고 정당한 사유 없이 이를 이행하지 아니한 학교급식공급업자(1회 위반 100만 원, 2회 위반 200만 원, 3회 위반 300만 원)

법조문 속 예제 및 기출문제

제23조(벌칙) ① 제16조 제1항 제1호 또는 제2호의 규정을 위반한 학교급식공급업자는 7년 이하의 징역 또는 1억 원 이하의 벌금에 처한다. 〈개정 2008. 3. 21.〉

② 제16조 제1항 제3호의 규정을 위반한 학교급식공급업자는 5년 이하의 징역 또는 5천만 원 이하의 벌금에 처한다. 〈개정 2008. 3. 21.〉

③ 다음 각 호의 어느 하나에 해당하는 자는 3년 이하의 징역 또는 3천만 원 이하의 벌금에 처한다.

---

21 기출 「학교급식법」상 ( ) 안에 들어갈 벌칙 내용으로 옳은 것은?

학교급식 관계공무원이 학교급식 관련 시설에 출입하여 식품·시설·서류 또는 작업상황 등을 검사하는 것을 정당한 사유 없이 거부하거나 방해 또는 기피한 자는 (㉠) 이하의 징역 또는 (㉡) 이하의 벌금에 처한다.

① ㉠ 6개월, ㉡ 500만 원   ② ㉠ 6개월, ㉡ 1천만 원

③ ㉠ 1년, ㉡ 1천만 원   ④ ㉠ 1년, ㉡ 3천만 원

⑤ ㉠ 3년, ㉡ 3천만 원

정답 ⑤

---

1. 제16조 제1항 제4호의 규정을 위반한 학교급식공급업자
2. 제19조 제1항의 규정에 따른 출입·검사·열람 또는 수거를 정당한 사유 없이 거부하거나 방해 또는 기피한 자

제24조(양벌규정) 법인의 대표자나 법인 또는 개인의 대리인, 사용인, 그 밖의 종업원이 그 법인 또는 개인의 업무에 관하여 제23조의 위반행위를 하면 그 행위자를 벌하는 외에 그 법인 또는 개인에게도 해당 조문의 벌금형을 과(科)한다. 다만, 법인 또는 개인이 그 위반행위를 방지하기 위하여 해당 업무에 관하여 상당한 주의와 감독을 게을리하지 아니한 경우에는 그러하지 아니하다.

[전문개정 2010. 3. 17.]

제25조(과태료) ① 제16조 제2항 제1호의 규정을 위반하여 제19조 제3항의 규정에 따른 시정명령을 받았음에도 불구하고 정당한 사유 없이 이를 이행하지 아니한 학교급식공급업자에게는 500만 원 이하의 과태료를 부과한다. 〈개정 2021. 3. 23.〉

② 제16조 제2항 제2호 또는 같은 조 제3항의 규정을 위반하여 제19조 제3항의 규정에 따른 시정명령을 받았음에도 불구하고 정당한 사유 없이 이를 이행하지 아니한 학교급식공급업자에게는 300만 원 이하의 과태료를 부과한다. 〈개정 2013. 5. 22., 2021. 3. 23.〉

③ 제1항 및 제2항의 규정에 따른 과태료는 대통령령으로 정하는 바에 따라 교육부장관 또는 교육감이 부과·징수한다. 〈개정 2008. 2. 29., 2013. 3. 23., 2021. 3. 23.〉

④ 삭제 〈2010. 3. 17.〉 ⑤ 삭제 〈2010. 3. 17.〉 ⑥ 삭제 〈2010. 3. 17.〉

● **시행령**

제18조(과태료의 부과기준) 법 제25조 제1항 및 제2항에 따른 과태료의 부과기준은 별표와 같다.

[전문개정 2011. 4. 5.]

학교급식법 시행령 **별표** 〈개정 2023. 4. 25.〉

과태료의 부과기준(제18조 관련)

1. 일반기준

가. 위반행위의 횟수에 따른 과태료의 기준은 최근 3년간 같은 위반행위로 과태료를 부과받은 경우에 적용한다. 이 경우 위반행위에 대하여 과태료 부과처분을 한 날과 다시 같은 위반행위를 적발한 날을 각각 기준으로 하여 위반횟수를 계산한다.

나. 부과권자는 다음의 어느 하나에 해당하는 경우에는 제2호에 따른 과태료 금액의 2분의 1의 범위에서 그 금액을 감경할 수 있다. 다만, 과태료를 체납하고 있는 위반행위자의 경우에는 그러하지 아니하다.

1) 위반행위자가 「질서위반행위규제법 시행령」 제2조의2 제1항 각 호의 어느 하나에 해당하는 경우

2) 위반행위자가 위법행위로 인한 결과를 시정하거나 해소한 경우

3) 위반행위가 사소한 부주의나 오류 등 과실로 인한 것으로 인정되는 경우

4) 위반행위의 결과가 경미한 경우

5) 그 밖에 위반행위의 정도, 위반행위의 동기와 그 결과 등을 고려하여 감경할 필요가 있다고 인정되는 경우

다. 부과권자는 고의 또는 중과실이 없는 위반행위자가 「소상공인기본법」 제2조에 따른 소상공인에 해당하고, 과태료를 체납하고 있지 않은 경우에는 다음의 사항을 고려하여 제2호의 개별기준에 따른 과태료의 100분의 70 범위에서 그 금액을 줄여 부과할 수 있다. 다만, 나목에 따른 감경과 중복하여 적용하지 않는다.

---

1) 위반행위자의 현실적인 부담능력
2) 경제위기 등으로 위반행위자가 속한 시장·산업 여건이 현저하게 변동되거나 지속적으로 악화된 상태인지 여부

2. 개별기준

위반행위	근거 법조문	과태료 금액(만 원)		
		1회 위반	2회 위반	3회 이상 위반
가. 학교급식공급업자가 법 제16조 제2항 제1호를 위반하여 법 제19조 제3항에 따른 시정명령을 받았음에도 불구하고 정당한 사유 없이 이를 이행하지 않은 경우	법 제25조 제1항	100	300	500
나. 학교급식공급업자가 법 제16조 제2항 제2호를 위반하여 법 제19조 제3항에 따른 시정명령을 받았음에도 불구하고 정당한 사유 없이 이를 이행하지 않은 경우	법 제25조 제2항	100	200	300
다. 학교급식공급업자가 법 제16조 제3항을 위반하여 법 제19조 제3항에 따른 시정명령을 받았음에도 불구하고 정당한 사유 없이 이를 이행하지 않은 경우	법 제25조 제2항	100	200	300

3. 국민건강증진법

국민건강증진법은 총 5장(총칙, 국민건강의 관리, 국민건강증진기금, 보칙, 벌칙)으로 구성되어 있다. 국민건강증진법 시행령과 국민건강증진법 시행규칙에서는 국민건강증진법 시행을 위한 필요 사항을 규정하고 있다.

제1장 총칙은 국민건강증진법의 목적, 정의, 책임, 국민건강증진종합계획의 수립, 국민건강증진정책심의위원회로 구성되어 있다. 제2장 국민건강의 관리는 건강친화 환경 조성 및 건강생활의 지원 등, 광고의 금지 등, 금연 및 절주운동 등, 금연을 위한 조치, 건강생활실천협의회, 보건교육의 관장, 보건교육의 실시 등, 보건교육의 평가, 보건교육의 개발 등, 영양개선, 국민건강영양조사 등, 구강건강사업의 계획수립·시행, 구강건강사업, 건강증진사업 등, 검진, 검진결과의 공개금지로 구성되어 있다. 제3장 국민건강증진기금은 기금의 설치 등, 국민건강증진부담금의 부과·징수 등, 기금의 관리·운용, 기금의 사용 등으로 구성되어 있다. 제4장 보칙은 비용의 보조, 지도·훈련, 보고·검사, 권한의 위임·위탁, 수수료로 구성되어 있다. 제5장 벌칙은 벌칙, 양벌규정, 과태료로 구성되어 있다.

국민건강증진법 및 동법의 시행령, 시행규칙을 정리한 표는 다음과 같다.

국민건강증진법 · 시행령 · 시행규칙 주요 법조문 목차

구 분	국민건강증진법	국민건강증진법 시행령	국민건강증진법 시행규칙
법 시행 · 공포일	[시행 2024. 2. 20.] [법률 제20325호, 2024. 2. 20., 일부개정]	[시행 2023. 9. 29.] [대통령령 제33755호, 2023. 9. 26., 일부개정]	[시행 2023. 12. 22.] [보건복지부령 제980호, 2023. 11. 29., 일부개정]
제1장 총칙	제1조(목적) 23 기출		
	제2조(정의)		
	제3조(책임)		
	제3조의2(보건의 날)		
	제4조(국민건강증진종합계획의 수립)		
	제4조의2(실행계획의 수립 등)		
	제4조의3(계획수립의 협조)		
	제5조(국민건강증진정책심의위원회)		
	제5조의2(위원회의 구성과 운영)	제4조(국민건강증진정책심의위원회 위원의 임기 및 운영 등) 제4조의2(위원회 위원의 해촉 등) 제5조(수당의 지급 등) 제6조(간사)	
	제5조의3(한국건강증진개발원의 설립 및 운영)		
제2장 국민건강의 관리	제6조(건강친화 환경 조성 및 건강생활의 지원 등)		제3조(건강확인의 내용 및 절차)
	제6조의2(건강친화기업 인증)		
	제6조의3(인증의 유효기간)		
	제6조의4(인증의 취소)		
	제6조의5(건강도시의 조성 등)		
	제7조(광고의 금지 등)		
	제8조(금연 및 절주운동 등)	제13조(경고문구의 표기대상 주류)	제4조(과음에 관한 경고문구의 표시내용 등)
	제8조의2(주류광고의 제한 · 금지 특례)	제10조(주류광고의 기준) 별표1	
	제8조의3(절주문화 조성 및 알코올 남용 · 의존 관리)		제4조의2(음주폐해예방위원회의 구성 및 운영)
	제8조의4(금주구역 지정)		제5조(금주구역 안내표지의 설치 방법) 별표 1의3
	제9조(금연을 위한 조치)	제15조(담배자동판매기의 설치장소)	제5조의2(성인인증장치) 제6조(금연구역 등) 제6조의2(공동주택 금연구역의 지정) 제6조의3(공동주택 금연구역 안내표지)
	제9조의2(담배에 관한 경고문구 등 표시)	제16조(담배갑포장지에 대한 경고그림 등의 표기내용 및 표기방법)	

(계속)

구 분	국민건강증진법	국민건강증진법 시행령	국민건강증진법 시행규칙
제2장 국민건강의 관리	제9조의2(담배에 관한 경고문구 등 표시)	제16조의2(전자담배 등에 대한 경고그림 등의 표기내용 및 표기방법) 별표 1의2 제16조의3(담배광고에 대한 경고문구 등의 표기내용 및 표기방법) 별표 1의3	제7조(담배에 관한 광고) 제6조의4(금연상담전화 전화번호)
	제9조의3(가향물질 함유 표시 제한)		
	제9조의4(담배에 관한 광고의 금지 또는 제한)	제16조의4(광고내용의 검증 방법 및 절차 등)	제6조의6(광고내용의 사실 여부에 대한 검증 신청) 제7조(담배에 관한 광고)
	제9조의5(금연지도원)	제16조의5(금연지도원의 자격 등) 별표 1의4	
	제10조(건강생활실천협의회)		
	제11조(보건교육의 관장)		
	제12조(보건교육의 실시 등)	제17조(보건교육의 내용)	
	제12조의2(보건교육사자격증의 교부 등)	제18조(보건교육사 등급별 자격기준 등) 별표 2	제7조의3(보건교육사 자격증 발급절차)
	제12조의3(국가시험)	제18조의2(국가시험의 시행 등) 제18조의3(시험의 응시자격 및 시험관리) 제18조의4(시험위원) 제18조의5(관계 기관 등에의 협조요청)	제7조의4(응시수수료)
	제12조의4(보건교육사의 채용)		
	제12조의5(보건교육사의 자격취소)		
	제12조의6(청문)		
	제13조(보건교육의 평가)		제8조(보건교육의 평가방법 및 내용)
	제14조(보건교육의 개발 등)		
	제15조(영양개선)		제9조(영양개선사업)
	제16조(국민건강영양조사 등) 예제	제19조(국민건강영양조사의 주기) 제20조(조사대상) 제21조(조사항목) 제22조(국민건강영양조사원 및 영양지도원) 19 기출	제12조(조사내용) 예제 21·22 기출 제13조(국민건강영양조사원) 제14조(조사원증) 제17조(영양지도원)
	제16조의2(신체활동장려사업의 계획수립·시행)		
	제16조의3(신체활동장려사업)	제22조의2(신체활동장려사업)	제17조의2(신체활동장려사업)
	제17조(구강건강사업의 계획수립·시행)		
	제18조(구강건강사업)	제23조(구강건강사업)	제18조(구강건강사업의 내용 등)

(계속)

구 분	국민건강증진법	국민건강증진법 시행령	국민건강증진법 시행규칙
제2장 국민건강의 관리	제19조(건강증진사업 등)		제19조(건강증진사업의 실시 등) 예제
	제19조의2(시 · 도건강증진사업지원단 설치 및 운영 등)		제19조의2(시 · 도건강증진사업지원단의 운영 등)
	제20조(검진)		제20조(건강검진)
	제21조(검진결과의 공개금지)		
제3장 국민건강 증진기금	제22조(기금의 설치 등)		
	제23조(국민건강증진부담금의 부과 · 징수 등)	제27조의2(담배의 구분)	
	제23조의2(부담금의 납부담보)	제27조의3(국민건강증진부담금의 납부담보) 제27조의4(담보의 제공방법 및 평가 등) 제27조의5(담보제공요구의 제외)	제20조의3(납부담보확인서 등)
	제23조의3(부담금 부과 · 징수의 협조)		
	제24조(기금의 관리 · 운용)	제26조(기금계정) 제27조(기금의 회계기관)	
	제25조(기금의 사용 등)	제30조(기금의 사용)	
제4장 보칙	제26조(비용의 보조)		
	제27조(지도 · 훈련)		제21조(지도 · 훈련대상) 제22조(훈련방법 등)
	제28조(보고 · 검사)		
	제29조(권한의 위임 · 위탁)	제31조(권한의 위임) 제32조(업무위탁)	
	제30조(수수료)		
제5장 벌칙	제31조(벌칙)		
	제31조의2(벌칙)		
	제32조(벌칙)		
	제33조(양벌규정)		
	제34조(과태료)	제33조(과태료의 부과기준 등) 별표 5 제34조(과태료 감면의 기준 및 절차)	제22조의2(과태료 감면 신청서 등)
	제35조 삭제		
	제36조 삭제		

1) 총 칙

구 분	국민건강증진법	국민건강증진법 시행령	국민건강증진법 시행규칙
제1장 총칙	제1조(목적) 23 기출		
	제2조(정의)		
	제3조(책임)		
	제3조의2(보건의 날)		
	제4조(국민건강증진종합계획의 수립)		
	제4조의2(실행계획의 수립 등)		
	제4조의3(계획수립의 협조)		
	제5조(국민건강증진정책심의위원회)		
	제5조의2(위원회의 구성과 운영)	제4조(국민건강증진정책심의위 원회 위원의 임기 및 운영 등) 제4조의2(위원회 위원의 해촉 등) 제5조(수당의 지급 등) 제6조(간사)	
	제5조의3(한국건강증진개발원의 설 립 및 운영)		

법조문 요약

1. 목 적
국민에게 건강에 대한 가치와 책임의식을 함양하도록 건강에 관한 바른 지식을 보급하고 스스로 건강생활을 실천할 수 있는 여건을 조성함으로써 국민의 건강 증진을 목적으로 함

2. 정 의
- "국민건강증진사업"이라 함은 보건교육, 질병예방, 영양개선, 신체활동장려, 건강관리 및 건강생활의 실천 등을 통하여 국민의 건강을 증진시키는 사업을 말함
- "보건교육"이라 함은 개인 또는 집단으로 하여금 건강에 유익한 행위를 자발적으로 수행하도록 하는 교육을 말함
- "영양개선"이라 함은 개인 또는 집단이 균형된 식생활을 통하여 건강을 개선시키는 것을 말함
- "신체활동장려"란 개인 또는 집단이 일상생활 중 신체의 근육을 활용하여 에너지를 소비하는 모든 활동을 자발적으로 적극 수행하도록 장려하는 것을 말함
- "건강관리"란 개인 또는 집단이 건강에 유익한 행위를 지속적으로 수행함으로써 건강한 상태를 유지하는 것을 말함
- "건강친화제도"란 근로자의 건강증진을 위하여 직장 내 문화 및 환경을 건강친화적으로 조성하고, 근로자가 자신의 건강관리를 적극적으로 수행할 수 있도록 교육·상담 프로그램 등을 지원하는 것을 말함

3. 국민건강증진종합계획의 수립
보건복지부장관은 국민건강증진정책심의위원회의 심의를 거쳐 국민건강증진종합계획을 5년마다 수립하여야 함

4. 한국건강증진개발원의 설립 및 운영
보건복지부장관은 국민건강증진기금의 효율적인 운영과 국민건강증진사업의 원활한 추진을 위하여 필요한 정책 수립의 지원과 사업평가 등의 업무를 수행할 수 있도록 한국건강증진개발원을 설립 및 운영하도록 함

법조문 속 예제 및 기출문제

제1조(목적) 이 법은 국민에게 건강에 대한 가치와 책임의식을 함양하도록 건강에 관한 바른 지식을 보급하고 스스로 건강생활을 실천할 수 있는 여건을 조성함으로써 국민의 건강을 증진함을 목적으로 한다.

---

23 기출 「국민건강증진법」의 목적으로 옳은 것은?

① 국가 영양정책 수립　　　　　　　② 식품영양의 질적 향상 도모

③ 식품에 관한 올바른 정보 제공　　④ 식생활에 대한 과학적인 조사 · 연구

⑤ 국민의 건강을 증진

정답 ⑤

제2조(정의) 이 법에서 사용하는 용어의 정의는 다음과 같다. 〈개정 2016. 3. 2., 2019. 12. 3.〉

1. "국민건강증진사업"이라 함은 보건교육, 질병예방, 영양개선, 신체활동장려, 건강관리 및 건강생활의 실천 등을 통하여 국민의 건강을 증진시키는 사업을 말한다.

2. "보건교육"이라 함은 개인 또는 집단으로 하여금 건강에 유익한 행위를 자발적으로 수행하도록 하는 교육을 말한다.

3. "영양개선"이라 함은 개인 또는 집단이 균형된 식생활을 통하여 건강을 개선시키는 것을 말한다.

4. "신체활동장려"란 개인 또는 집단이 일상생활 중 신체의 근육을 활용하여 에너지를 소비하는 모든 활동을 자발적으로 적극 수행하도록 장려하는 것을 말한다.

5. "건강관리"란 개인 또는 집단이 건강에 유익한 행위를 지속적으로 수행함으로써 건강한 상태를 유지하는 것을 말한다.

6. "건강친화제도"란 근로자의 건강증진을 위하여 직장 내 문화 및 환경을 건강친화적으로 조성하고, 근로자가 자신의 건강관리를 적극적으로 수행할 수 있도록 교육, 상담 프로그램 등을 지원하는 것을 말한다.

[제목개정 2019. 12. 3.]

제3조(책임) ① 국가 및 지방자치단체는 건강에 관한 국민의 관심을 높이고 국민건강을 증진할 책임을 진다.

② 모든 국민은 자신 및 가족의 건강을 증진하도록 노력하여야 하며, 타인의 건강에 해를 끼치는 행위를 하여서는 아니 된다.

제3조의2(보건의 날) ① 보건에 대한 국민의 이해와 관심을 높이기 위하여 매년 4월 7일을 보건의 날로 정하며, 보건의 날부터 1주간을 건강주간으로 한다.

② 국가와 지방자치단체는 보건의 날의 취지에 맞는 행사 등 사업을 시행하도록 노력하여야 한다.

[본조신설 2014. 1. 28.]

제4조(국민건강증진종합계획의 수립) ① 보건복지부장관은 제5조의 규정에 따른 국민건강증진정책심의위원회의 심의를 거쳐 국민건강증진종합계획(이하 "종합계획"이라 한다)을 5년마다 수립하여야 한다. 이 경우 미리 관계중앙행정기관의 장과 협의를 거쳐야 한다. 〈개정 2008. 2. 29., 2010. 1. 18.〉

② 종합계획에 포함되어야 할 사항은 다음과 같다. 〈개정 2014. 3. 18.〉

1. 국민건강증진의 기본목표 및 추진방향

2. 국민건강증진을 위한 주요 추진과제 및 추진방법

3. 국민건강증진에 관한 인력의 관리 및 소요재원의 조달방안

4. 제22조의 규정에 따른 국민건강증진기금의 운용방안

4의2. 아동·여성·노인·장애인 등 건강취약 집단이나 계층에 대한 건강증진 지원방안

5. 국민건강증진 관련 통계 및 정보의 관리 방안

6. 그 밖에 국민건강증진을 위하여 필요한 사항

[전문개정 2006. 9. 27.]

제4조의2(실행계획의 수립 등) ① 보건복지부장관, 관계중앙행정기관의 장, 특별시장·광역시장·특별자치시장·도지사·특별자치도지사(이하 "시·도지사"라 한다) 및 시장·군수·구청장(자치구의 구청장에 한한다. 이하 같다)은 종합계획을 기초로 하여 소관 주요시책의 실행계획(이하 "실행계획"이라 한다)을 매년 수립·시행하여야 한다. 〈개정 2008. 2. 29., 2010. 1. 18., 2017. 12. 30.〉

② 국가는 실행계획의 시행에 필요한 비용의 전부 또는 일부를 지방자치단체에 보조할 수 있다.

[본조신설 2006. 9. 27.]

제4조의3(계획수립의 협조) ① 보건복지부장관, 관계중앙행정기관의 장, 시·도지사 및 시장·군수·구청장은 종합계획과 실행계획의 수립·시행을 위하여 필요한 때에는 관계 기관·단체 등에 대하여 자료 제공 등의 협조를 요청할 수 있다. 〈개정 2008. 2. 29., 2010. 1. 18.〉

② 제1항의 규정에 따른 협조요청을 받은 관계 기관·단체 등은 특별한 사유가 없는 한 이에 응하여야 한다.

[본조신설 2006. 9. 27.]

제5조(국민건강증진정책심의위원회) ① 국민건강증진에 관한 주요사항을 심의하기 위하여 보건복지부에 국민건강증진정책심의위원회(이하 "위원회"라 한다)를 둔다. 〈개정 2008. 2. 29., 2010. 1. 18.〉

② 위원회는 다음 각 호의 사항을 심의한다. 〈개정 2010. 3. 26., 2016. 5. 29.〉

1. 종합계획

2. 제22조의 규정에 따른 국민건강증진기금의 연도별 운용계획안·결산 및 평가

3. 2 이상의 중앙행정기관이 관련되는 주요 국민건강증진시책에 관한 사항으로서 관계중앙행정기관의 장이 심의를 요청하는 사항

4. 「국민영양관리법」 제9조에 따른 심의사항

5. 다른 법령에서 위원회의 심의를 받도록 한 사항

6. 그 밖에 위원장이 심의에 부치는 사항

[전문개정 2006. 9. 27.]

제5조의2(위원회의 구성과 운영) ① 위원회는 위원장 1인 및 부위원장 1인을 포함한 15인 이내의 위원으로 구성한다.

② 위원장은 보건복지부차관이 되고, 부위원장은 위원장이 공무원이 아닌 위원 중에서 지명한 자가 된다. 〈개정 2008. 2. 29., 2010. 1. 18.〉

③ 위원은 국민건강증진·질병관리에 관한 학식과 경험이 풍부한 자, 「소비자기본법」에 따른 소비자단체 및 「비영리민간단체 지원법」에 따른 비영리민간단체가 추천하는 자, 관계공무원 중에서 보건복지부장관이 위촉 또는 지명한다. 〈개정 2008. 2. 29., 2010. 1. 18.〉

④ 그 밖에 위원회의 구성·운영 등에 관하여 필요한 사항은 대통령령으로 정한다.

[본조신설 2006. 9. 27.]

● **시행령**

제4조(국민건강증진정책심의위원회 위원의 임기 및 운영 등) ① 법 제5조에 따른 국민건강증진정책심의위원회(이하 "위원회"라 한다) 위원의 임기는 2년으로 하되, 연임할 수 있다. 다만, 공무원인 위원의 임기는 그 재직기간으로 한다.

② 위원회의 위원장은 위원회를 대표하고 위원회의 사무를 총괄한다.

③ 위원회의 회의는 재적위원 과반수의 출석으로 개의하고 출석위원 과반수의 찬성으로 의결한다.

④ 위원회는 심의사항을 전문적으로 연구·검토하기 위하여 분야별로 전문위원회를 둘 수 있다.

⑤ 이 영에서 정한 것 외에 위원회의 운영에 관하여 필요한 사항은 위원회의 의결을 거쳐 위원장이 정한다.

[본조신설 2007. 2. 8.]

제4조의2(위원회 위원의 해촉 등) 보건복지부장관은 법 제5조의2 제3항에 따른 위원이 다음 각 호의 어느 하나에 해당하는 경우에는 해당 위원을 해촉(解嘱)하거나 지명을 철회할 수 있다.

1. 심신장애로 인하여 직무를 수행할 수 없게 된 경우

2. 직무와 관련된 비위사실이 있는 경우

3. 직무태만, 품위손상이나 그 밖의 사유로 인하여 위원으로 적합하지 아니하다고 인정되는 경우

4. 위원 스스로 직무를 수행하는 것이 곤란하다고 의사를 밝히는 경우

[본조신설 2015. 12. 31.]

제5조(수당의 지급 등) 위원회 회의에 출석한 위원에게 예산의 범위 안에서 수당 및 여비를 지급할 수 있다. 다만, 공무원인 위원이 그 소관업무와 직접 관련하여 출석하는 경우에는 그러하지 아니하다.

[본조신설 2007. 2. 8.]

제6조(간사) 위원회의 사무를 처리하기 위하여 위원회에 간사 1인을 두되, 간사는 보건복지부 소속공무원 중에서 보건복지부장관이 임명한다. 〈개정 2008. 2. 29., 2010. 3. 15.〉

[본조신설 2007. 2. 8.]

제5조의3(한국건강증진개발원의 설립 및 운영) ① 보건복지부장관은 제22조에 따른 국민건강증진기금의 효율적인 운영과 국민건강증진사업의 원활한 추진을 위하여 필요한 정책 수립의 지원과 사업평가 등의 업무를 수행할 수 있도록 한국건강증진개발원(이하 이 조에서 "개발원"이라 한다)을 설립한다. 〈개정 2008. 2. 29., 2010. 1. 18., 2014. 1. 28.〉

② 개발원은 다음 각 호의 업무를 수행한다. 〈개정 2014. 1. 28., 2015. 5. 18., 2019. 12. 3.〉

1. 국민건강증진 정책수립을 위한 자료개발 및 정책분석

2. 종합계획 수립의 지원

3. 위원회의 운영지원

4. 제24조에 따른 기금의 관리 · 운용의 지원 업무

5. 제25조 제1항 제1호부터 제10호까지의 사업에 관한 업무

6. 국민건강증진사업의 관리, 기술 지원 및 평가

7. 「지역보건법」 제7조부터 제9조까지에 따른 지역보건의료계획에 대한 기술 지원

8. 「지역보건법」 제24조에 따른 보건소의 설치와 운영에 필요한 비용의 보조

9. 국민건강증진과 관련된 연구과제의 기획 및 평가

10. 「농어촌 등 보건의료를 위한 특별조치법」 제2조의 공중보건의사의 효율적 활용을 위한 지원

11. 지역보건사업의 원활한 추진을 위한 지원

12. 그 밖에 국민건강증진과 관련하여 보건복지부장관이 필요하다고 인정한 업무

③ 개발원은 법인으로 하고, 주된 사무소의 소재지에 설립등기를 함으로써 성립한다. 〈신설 2014. 1. 28.〉

④ 개발원은 다음 각 호를 재원으로 한다. 〈신설 2014. 1. 28.〉

1. 제22조에 따른 기금

2. 정부출연금

3. 기부금

4. 그 밖의 수입금

⑤ 정부는 개발원의 운영에 필요한 예산을 지급할 수 있다. 〈신설 2014. 1. 28.〉

⑥ 개발원에 관하여 이 법과 「공공기관의 운영에 관한 법률」에서 정한 사항 외에는 「민법」 중 재단법인에 관한 규정을 준용한다. 〈신설 2014. 1. 28.〉

[본조신설 2006. 9. 27.] [제목개정 2014. 1. 28.]

2) 국민건강의 관리

구 분	국민건강증진법	국민건강증진법 시행령	국민건강증진법 시행규칙
제2장 국민건강의 관리	제6조(건강친화 환경 조성 및 건강생활의 지원 등)		제3조(건강확인의 내용 및 절차)
	제6조의2(건강친화기업 인증)		
	제6조의3(인증의 유효기간)		
	제6조의4(인증의 취소)		
	제6조의5(건강도시의 조성 등)		
	제7조(광고의 금지 등)		
	제8조(금연 및 절주운동 등)	제13조(경고문구의 표기대상 주류)	제4조(과음에 관한 경고문구의 표시내용 등)
	제8조의2(주류광고의 제한·금지 특례)	제10조(주류광고의 기준) 별표 1	
	제8조의3(절주문화 조성 및 알코올 남용·의존 관리)		제4조의2(음주폐해예방위원회의 구성 및 운영)
	제8조의4(금주구역 지정)		제5조(금주구역 안내표지의 설치 방법) 별표 1의3
	제9조(금연을 위한 조치)	제15조(담배자동판매기의 설치장소)	제5조의2(성인인증장치) 제6조(금연구역 등) 제6조의2(공동주택 금연구역의 지정) 제6조의3(공동주택 금연구역 안내표지)

(계속)

구 분	국민건강증진법	국민건강증진법 시행령	국민건강증진법 시행규칙
제2장 국민건강의 관리	제9조의2(담배에 관한 경고문구 등 표시)	제16조(담배갑포장지에 대한 경고그림 등의 표기내용 및 표기방법) 제16조의2(전자담배 등에 대한 경고그림 등의 표기내용 및 표기방법) 별표 1의2 제16조의3(담배광고에 대한 경고문구 등의 표기내용 및 표기방법) 별표 1의3	제7조(담배에 관한 광고) 제6조의4(금연상담전화 전화번호)
	제9조의3(가향물질 함유 표시 제한)		
	제9조의4(담배에 관한 광고의 금지 또는 제한)	제16조의4(광고내용의 검증 방법 및 절차 등)	제6조의6(광고내용의 사실 여부에 대한 검증 신청) 제7조(담배에 관한 광고)
	제9조의5(금연지도원)	제16조의5(금연지도원의 자격 등) 별표 1의4	
	제10조(건강생활실천협의회)		
	제11조(보건교육의 관장)		
	제12조(보건교육의 실시 등)	제17조(보건교육의 내용)	
	제12조의2(보건교육사자격증의 교부 등)	제18조(보건교육사 등급별 자격기준 등) 별표 2	제7조의3(보건교육사 자격증 발급절차)
	제12조의3(국가시험)	제18조의2(국가시험의 시행 등) 제18조의3(시험의 응시자격 및 시험관리) 제18조의4(시험위원) 제18조의5(관계 기관 등에의 협조요청)	제7조의4(응시수수료)
	제12조의4(보건교육사의 채용)		
	제12조의5(보건교육사의 자격취소)		
	제12조의6(청문)		
	제13조(보건교육의 평가)		제8조(보건교육의 평가방법 및 내용)
	제14조(보건교육의 개발 등)		
	제15조(영양개선)		제9조(영양개선사업)
	제16조(국민건강영양조사 등) 예제	제19조(국민건강영양조사의 주기) 제20조(조사대상) 제21조(조사항목) 제22조(국민건강영양조사원 및 영양지도원) 19 기출	제12조(조사내용) 예제 21·22 기출 제13조(국민건강영양조사원) 제14조(조사원증) 제17조(영양지도원)
	제16조의2(신체활동장려사업의 계획 수립·시행)		
	제16조의3(신체활동장려사업)	제22조의2(신체활동장려사업)	제17조의2(신체활동장려사업)

(계속)

구 분		국민건강증진법	국민건강증진법 시행령	국민건강증진법 시행규칙
제2장 국민건강의 관리		제17조(구강건강사업의 계획수립ㆍ 시행)		
		제18조(구강건강사업)	제23조(구강건강사업)	제18조(구강건강사업의 내용 등)
		제19조(건강증진사업 등)		제19조(건강증진사업의 실시 등) 예제
		제19조의2(시ㆍ도건강증진사업지원 단 설치 및 운영 등)		제19조의2(시ㆍ도건강증진사 업지원단의 운영 등)
		제20조(검진)		제20조(건강검진)
		제21조(검진결과의 공개금지)		

법조문 요약

1. 건강친화 환경 조성 및 건강생활의 지원

국가 및 지방자치단체는 건강친화 환경을 조성하고, 국민이 건강생활을 실천할 수 있도록 지원하여야 함

2. 건강친화기업 인증

보건복지부장관은 건강친화 환경의 조성을 촉진하기 위하여 건강친화제도를 모범적으로 운영하고 있는 기업에 대하여 건강친화인증을 할 수 있음

- 인증의 유효기간은 인증을 받은 날부터 3년
- 거짓이나 그 밖의 부정한 방법으로 인증을 받거나, 인증기준에 적합할 때는 인증을 취소할 수 있음

3. 건강도시의 조성

국가와 지방자치단체는 지역사회 구성원들의 건강을 실현하도록 시민의 건강을 증진하고 도시의 물리적ㆍ사회적 환경을 지속적으로 조성ㆍ개선하는 도시를 이루도록 노력하여야 함

4. 광고의 금지

보건복지부장관은 국민건강의식을 잘못 이끄는 광고를 한 자에 대하여 그 내용의 변경 등 시정을 요구하거나 금지를 명할 수 있음

5. 금연 및 절주운동

국가 및 지방자치단체는 국민에게 담배의 직접흡연 또는 간접흡연과 과다한 음주가 국민건강에 해롭다는 것을 교육ㆍ홍보하여야 함

6. 주류광고의 제한ㆍ금지 특례

주류 제조면허나 주류 판매업면허를 받은 자 및 주류를 수입하는 자를 제외하고는 주류에 관한 광고를 하여서는 안 됨

7. 절주문화 조성 및 알코올 남용ㆍ의존 관리

국가 및 지방자치단체는 절주문화 조성 및 알코올 남용ㆍ의존의 예방 및 치료를 위하여 노력하여야 하며, 이를 위한 조사ㆍ연구 또는 사업을 추진할 수 있음

8. 담배에 관한 경고문구 등 표시

담배의 제조자 또는 수입판매업자(이하 "제조자 등"이라 한다)는 담배갑포장지 앞면 · 뒷면 · 옆면 및 대통령령으로 정하는 광고에 법률에서 정하는 내용을 인쇄하여 표기하여야 함

9. 금연지도원

시 · 도지사 또는 시장 · 군수 · 구청장은 금연을 위한 조치를 위하여 대통령령으로 정하는 자격이 있는 사람 중에서 금연지도원을 위촉할 수 있음

10. 보건교육의 실시

국가 및 지방자치단체는 모든 국민이 올바른 보건의료의 이용과 건강한 생활습관을 실천할 수 있도록 그 대상이 되는 개인 또는 집단의 특성 · 건강상태 · 건강의식 수준 등에 따라 적절한 보건교육을 실시함

- 보건교육사자격증의 교부 : 보건복지부장관은 국민건강증진 및 보건교육에 관한 전문지식을 가진 자에게 보건교육사의 자격증을 교부할 수 있음
- 국가시험 : 보건복지부장관은 국가시험의 관리를 대통령령이 정하는 바에 의하여 「한국보건의료인국가시험원법」에 따른 한국보건의료인국가시험원에 위탁할 수 있음

11. 보건교육의 개발

보건복지부장관은 「정부출연연구기관 등의 설립 · 운영 및 육성에 관한 법률」에 의한 한국보건사회연구원으로 하여금 보건교육에 관한 정보 · 자료의 수집 · 개발 및 조사, 그 교육의 평가 기타 필요한 업무를 행하게 할 수 있음

12. 영양개선

국가 및 지방자치단체는 국민의 영양상태를 조사하여 국민의 영양개선 방안을 강구하고 영양에 관한 지도를 실시하여야 함

13. 국민건강영양조사

질병관리청장은 보건복지부장관과 협의하여 국민의 건강상태 · 식품섭취 · 식생활조사 등 국민의 건강과 영양에 관한 조사를 정기적으로 실시함

- 조사 항목 : 국민건강영양조사는 건강조사와 영양조사로 구분하여 실시
  - 건강조사 : 건강상태[신체계측, 질환별 유병(有病) 및 치료 여부, 의료 이용 정도], 건강행태(흡연 · 음주 행태, 신체활동 정도, 안전의식 수준)
  - 영양조사 : 식품섭취(섭취 식품의 종류 및 섭취량 등), 식생활(식사 횟수 및 외식 빈도 등)
- 국민건강영양조사원 및 영양지도원 : 질병관리청장은 국민건강영양조사를 담당하는 사람으로 건강조사원 및 영양조사원을 두어야 함

14. 신체활동장려사업의 계획 수립 · 시행

국가 및 지방자치단체는 신체활동장려에 관한 사업 계획을 수립 · 시행하여야 하며, 국민의 건강증진을 위하여 신체활동을 장려할 수 있도록 교육사업, 조사 · 연구사업, 대통령령으로 정하는 사업을 해야 함

15. 구강건강사업

국가 및 지방자치단체는 국민의 구강질환 예방과 구강건강 증진을 위하여 사업을 해야 함

16. 건강증진사업

특별자치시장·특별자치도지사·시장·군수·구청장은 지역주민의 건강증진을 위하여 보건복지부령이 정하는 바에 의하여 보건소장으로 하여금 보건교육 및 건강상담, 영양관리, 신체활동장려, 구강건강 관리, 질병의 조기발견을 위한 검진 및 처방, 지역사회의 보건문제에 관한 조사·연구, 기타 건강교실의 운영 등 건강증진사업에 관한 사항사업을 하게 해야 함

17. 검 진

국가는 건강증진을 위하여 필요한 경우에 보건복지부령이 정하는 바에 의하여 국민에 대하여 건강검진을 실시할 수 있음

법조문 속 예제 및 기출문제

제6조(건강친화 환경 조성 및 건강생활의 지원 등) ① 국가 및 지방자치단체는 건강친화 환경을 조성하고, 국민이 건강생활을 실천할 수 있도록 지원하여야 한다. 〈개정 2019. 12. 3.〉

② 국가는 혼인과 가정생활을 보호하기 위하여 혼인 전에 혼인 당사자의 건강을 확인하도록 권장하여야 한다.

③ 제2항의 규정에 의한 건강확인의 내용 및 절차에 관하여 필요한 사항은 보건복지부령으로 정한다. 〈개정 1997. 12. 13., 2008. 2. 29., 2010. 1. 18.〉

[제목개정 2019. 12. 3.]

● 시행규칙

제3조(건강확인의 내용 및 절차) ① 「국민건강증진법」(이하 "법"이라 한다) 제6조 제3항의 규정에 의한 건강확인의 내용은 다음 각 호의 질환으로서 보건복지부장관이 정하는 질환으로 한다. 〈개정 2006. 4. 25., 2008. 3. 3., 2010. 3. 19.〉

1. 자녀에게 건강상 현저한 장애를 줄 수 있는 유전성질환

2. 혼인당사자 또는 그 가족에게 건강상 현저한 장애를 줄 수 있는 전염성질환

② 특별자치시장·특별자치도지사·시장·군수·구청장은 혼인하고자 하는 자가 제1항의 규정에 의한 내용을 확인하고자 할 때에는 보건소 또는 특별자치시장·특별자치도지사·시장·군수·구청장이 지정한 의료기관에서 그 내용을 확인받을 수 있도록 하여야 한다. 〈개정 2018. 6. 29.〉

③ 제2항의 규정에 의하여 보건소장 또는 의료기관의 장이 혼인하고자 하는 자의 건강을 확인한 경우에는 「의료법」에 의한 진단서에 그 확인내용을 기재하여 교부하여야 한다. 〈개정 2006. 4. 25.〉

제6조의2(건강친화기업 인증) ① 보건복지부장관은 건강친화 환경의 조성을 촉진하기 위하여 건강친화 제도를 모범적으로 운영하고 있는 기업에 대하여 건강친화인증(이하 "인증"이라 한다)을 할 수 있다.

② 인증을 받고자 하는 자는 대통령령으로 정하는 바에 따라 보건복지부장관에게 신청하여야 한다.

③ 인증을 받은 기업은 보건복지부령으로 정하는 바에 따라 인증의 표시를 할 수 있다.

④ 인증을 받지 아니한 기업은 인증표시 또는 이와 유사한 표시를 하여서는 아니 된다.

⑤ 국가 및 지방자치단체는 인증을 받은 기업에 대하여 대통령령으로 정하는 바에 따라 행정적·재정적 지원을 할 수 있다.

⑥ 인증의 기준 및 절차는 대통령령으로 정한다.

[본조신설 2019. 12. 3.]

제6조의3(인증의 유효기간) ① 인증의 유효기간은 인증을 받은 날부터 3년으로 하되, 대통령령으로 정하는 바에 따라 그 기간을 연장할 수 있다.

② 제1항에 따른 인증의 연장신청에 필요한 사항은 보건복지부령으로 정한다.

[본조신설 2019. 12. 3.]

제6조의4(인증의 취소) ① 보건복지부장관은 인증을 받은 기업이 다음 각 호의 어느 하나에 해당하면 보건복지부령으로 정하는 바에 따라 그 인증을 취소할 수 있다. 다만, 제1호에 해당하는 경우에는 인증을 취소하여야 한다.

1. 거짓이나 그 밖의 부정한 방법으로 인증을 받은 경우

2. 제6조의2 제6항에 따른 인증기준에 적합하지 아니하게 된 경우

② 보건복지부장관은 제1항 제1호에 따라 인증이 취소된 기업에 대해서는 그 취소된 날부터 3년이 지나지 아니한 경우에는 인증을 하여서는 아니 된다.

③ 보건복지부장관은 제1항에 따라 인증을 취소하고자 하는 경우에는 청문을 실시하여야 한다.

[본조신설 2019. 12. 3.]

제6조의5(건강도시의 조성 등) ① 국가와 지방자치단체는 지역사회 구성원들의 건강을 실현하도록 시민의 건강을 증진하고 도시의 물리적·사회적 환경을 지속적으로 조성·개선하는 도시(이하 "건강도시"라 한다)를 이루도록 노력하여야 한다.

② 보건복지부장관은 지방자치단체가 건강도시를 구현할 수 있도록 건강도시지표를 작성하여 보급하여야 한다.

③ 보건복지부장관은 건강도시 조성 활성화를 위하여 지방자치단체에 행정적·재정적 지원을 할 수 있다.

④ 그 밖에 건강도시지표의 작성 및 보급 등에 관하여 필요한 사항은 보건복지부령으로 정한다.

[본조신설 2021. 12. 21.]

제7조(광고의 금지 등) ① 보건복지부장관 또는 시 · 도지사는 국민건강의식을 잘못 이끄는 광고를 한 자에 대하여 그 내용의 변경 등 시정을 요구하거나 금지를 명할 수 있다. 〈개정 1997. 12. 13., 2008. 2. 29., 2010. 1. 18., 2016. 12. 2., 2024. 1. 30.〉

② 제1항에 따라 보건복지부장관 또는 시 · 도지사가 광고내용의 변경 또는 광고의 금지를 명할 수 있는 광고는 다음 각 호와 같다. 〈신설 2006. 9. 27., 2008. 2. 29., 2010. 1. 18., 2024. 1. 30.〉

1. 삭제 〈2020. 12. 29.〉

2. 의학 또는 과학적으로 검증되지 아니한 건강비법 또는 심령술의 광고

3. 그 밖에 건강에 관한 잘못된 정보를 전하는 광고로서 대통령령이 정하는 광고

③ 삭제 〈2016. 12. 2.〉

④ 제1항의 규정에 의한 광고내용의 기준, 변경 또는 금지절차 기타 필요한 사항은 대통령령으로 정한다. 〈개정 2006. 9. 27.〉

[제목개정 2016. 12. 2.] [시행일 2025. 7. 31.] 제7조

제8조(금연 및 절주운동 등) ① 국가 및 지방자치단체는 국민에게 담배의 직접흡연 또는 간접흡연과 과다한 음주가 국민건강에 해롭다는 것을 교육 · 홍보하여야 한다. 〈개정 2006. 9. 27.〉

② 국가 및 지방자치단체는 금연 및 절주에 관한 조사 · 연구를 하는 법인 또는 단체를 지원할 수 있다.

③ 삭제 〈2011. 6. 7.〉

④ 「주류 면허 등에 관한 법률」에 의하여 주류제조의 면허를 받은 자 또는 주류를 수입하여 판매하는 자는 대통령령이 정하는 주류의 판매용 용기에 과다한 음주는 건강에 해롭다는 내용과 임신 중 음주는 태아의 건강을 해칠 수 있다는 내용의 경고문구를 표기하여야 한다. 〈개정 2016. 3. 2., 2020. 12. 29.〉

⑤ 삭제 〈2002. 1. 19.〉

⑥ 제4항에 따른 경고문구의 표시내용, 방법 등에 관하여 필요한 사항은 보건복지부령으로 정한다. 〈개정 2002. 1. 19., 2007. 12. 14., 2008. 2. 29., 2010. 1. 18., 2011. 6. 7.〉

● **시행령**

제13조(경고문구의 표기대상 주류) 법 제8조 제4항에 따라 그 판매용 용기에 과다한 음주는 건강에 해롭다는 내용의 경고문구를 표기해야 하는 주류는 국내에 판매되는 「주세법」에 따른 주류 중 알코올분 1도 이상의 음료를 말한다. 〈개정 2007. 2. 8., 2018. 12. 18.〉

제4조(과음에 관한 경고문구의 표시내용 등) ① 법 제8조 제4항에 따른 경고문구 표기는 과다한 음주가 건강에 해롭다는 사실을 명확하게 알릴 수 있도록 하되, 그 구체적인 표시내용은 보건복지부장관이 정하여 고시한다. 〈개정 2008. 3. 3., 2008. 10. 10., 2010. 3. 19., 2012. 12. 7.〉

② 제1항에 따른 과음에 대한 경고문구의 표시방법은 별표 1의2와 같다. 〈개정 2012. 12. 7., 2021. 12. 3.〉

③ 보건복지부장관은 제1항에 따른 경고문구와 제2항에 따른 경고문구의 표시방법을 정하거나 이를 변경하려면 6개월 전에 그 내용을 일간지에 공고하거나 관보에 고시하여야 한다. 〈개정 2008. 3. 3., 2008. 10. 10., 2010. 3. 19., 2012. 12. 7.〉

④ 다음 각 호의 어느 하나에 해당하는 주류는 제3항에 따른 공고 또는 고시를 한 날부터 1년까지는 종전의 경고문구를 표기하여 판매할 수 있다. 〈개정 2008. 10. 10., 2012. 12. 7.〉

1. 공고 또는 고시 이전에 발주 · 제조 또는 수입된 주류

2. 공고 또는 고시 이후 6월 이내에 제조되거나 수입된 주류

[전문개정 2003. 4. 1.] [제목개정 2012. 12. 7.]

제8조의2(주류광고의 제한 · 금지 특례) ① 「주류 면허 등에 관한 법률」에 따라 주류 제조면허나 주류 판매업면허를 받은 자 및 주류를 수입하는 자를 제외하고는 주류에 관한 광고를 하여서는 아니 된다.

② 제1항에 따른 광고 또는 그에 사용되는 광고물은 다음 각 호의 사항을 준수하여야 한다.

1. 음주자에게 주류의 품명 · 종류 및 특징을 알리는 것 외에 주류의 판매촉진을 위하여 경품 및 금품을 제공한다는 내용을 표시하지 아니할 것

2. 직접적 또는 간접적으로 음주를 권장 또는 유도하거나 임산부 또는 미성년자의 인물, 목소리 혹은 음주하는 행위를 묘사하지 아니할 것

3. 운전이나 작업 중에 음주하는 행위를 묘사하지 아니할 것

4. 제8조 제4항에 따른 경고문구를 광고와 주류의 용기에 표기하여 광고할 것. 다만, 경고문구가 표기되어 있지 아니한 부분을 이용하여 광고를 하고자 할 때에는 경고문구를 주류의 용기하단에 별도로 표기하여야 한다.

5. 음주가 체력 또는 운동 능력을 향상시킨다거나 질병의 치료 또는 정신건강에 도움이 된다는 표현 등 국민의 건강과 관련하여 검증되지 아니한 내용을 주류광고에 표시하지 아니할 것

6. 그 밖에 대통령령으로 정하는 광고의 기준에 관한 사항

③ 보건복지부장관은 「주세법」에 따른 주류의 광고가 제2항 각 호의 기준을 위반한 경우 그 내용의 변경 등 시정을 요구하거나 금지를 명할 수 있다.

[본조신설 2020. 12. 29.]

● 시행령

제10조(주류광고의 기준) 법 제8조의2 제2항 제6호에서 "대통령령으로 정하는 광고의 기준"이란 별표 1에 따른 기준을 말한다.

[전문개정 2021. 6. 15.]

국민건강증진법 시행령 **별표1** <개정 2021. 6. 15.>

주류광고의 기준(제10조 관련)

1. 음주행위를 지나치게 미화하는 표현을 하지 않을 것
2. 알코올분 17도 이상의 주류를 방송광고하지 않을 것
3. 주류의 판매촉진을 위해 광고노래를 사용하지 않을 것
4. 다음 각 목의 어느 하나에 해당하는 방송광고를 하지 않을 것

   가. 「방송법」에 따른 텔레비전방송, 데이터방송, 이동멀티미디어방송 및 「인터넷 멀티미디어 방송사업법」에 따른 인터넷 멀티미디어 방송을 통한 7시부터 22시까지의 방송광고

   나. 「방송법」에 따른 라디오방송을 통한 17시부터 다음 날 8시까지의 방송광고 및 8시부터 17시까지 미성년자를 대상으로 하는 프로그램 전후의 방송광고

5. 「영화 및 비디오물의 진흥에 관한 법률」에 따른 영화상영관에서 같은 법 제29조 제2항 제1호부터 제3호까지의 규정에 따른 상영등급으로 분류된 영화의 상영 전후에 광고를 상영하지 않을 것
6. 다음 각 목의 시설, 장소나 행사에서 광고를 하지 않을 것

   가. 「대중교통의 육성 및 이용촉진에 관한 법률」 제2조 제2호에 따른 대중교통수단 또는 같은 조 제3호에 따른 대중교통시설

   나. 「택시운송사업의 발전에 관한 법률」 제2조 제1호에 따른 택시운송사업에 사용되는 자동차 또는 해당 자동차에 승객을 승차·하차시키거나 승객을 태우기 위해 대기하는 장소 또는 구역

   다. 「청소년 보호법」 제2조 제1호에 따른 청소년을 대상으로 개최하는 행사

7. 「옥외광고물 등의 관리와 옥외광고산업 진흥에 관한 법률 시행령」 제3조 제1호에 따른 벽면 이용 간판 또는 같은 조 제5호에 따른 옥상간판을 이용하여 7시부터 22시까지 동영상 광고를 하지 않을 것. 다만, 「주류 면허 등에 관한 법률」 제3조에 따라 주류 제조면허를 받은 자가 주류 제조장 시설의 간판을 이용하여 자사(自社)의 주류를 광고하는 경우는 제외한다.

제8조의3(절주문화 조성 및 알코올 남용·의존 관리) ① 국가 및 지방자치단체는 절주문화 조성 및 알코올 남용·의존의 예방 및 치료를 위하여 노력하여야 하며, 이를 위한 조사·연구 또는 사업을 추진할 수 있다.

② 삭제 〈2024. 1. 9.〉

1. 절주문화 조성을 위한 정책 수립
2. 주류의 광고기준 마련에 관한 사항
3. 알코올 남용·의존의 예방 및 관리를 위한 사항
4. 그 밖에 음주폐해 감소를 위하여 필요한 사항

③ 보건복지부장관은 5년마다 「정신건강증진 및 정신질환자 복지서비스 지원에 관한 법률」 제10조에 따른 실태조사와 연계하여 알코올 남용 · 의존 실태조사를 실시하여야 한다.

[본조신설 2020. 12. 29.] [시행일 2024. 7. 10.] 제8조의3

● 시행규칙

제4조의2(음주폐해예방위원회의 구성 및 운영) ① 법 제8조의3 제2항에 따른 음주폐해예방위원회(이하 이 조에서 "위원회"라 한다)는 위원장과 부위원장 각 1명을 포함하여 15명 이내의 위원으로 구성한다.

② 위원장은 위원 중에서 호선하고, 부위원장은 위원장이 지명한다.

③ 위원회의 위원은 알코올 남용 · 의존의 예방 및 치료 관련 분야에 관한 전문 지식과 경험이 풍부한 사람 중에서 성별을 고려하여 보건복지부장관이 위촉한다.

④ 위원회 위원의 임기는 2년으로 한다. 다만, 위원의 해촉 등으로 인하여 새로 위촉된 위원의 임기는 전임 위원 임기의 남은 기간으로 한다.

⑤ 보건복지부장관은 위원회의 위원이 다음 각 호의 어느 하나에 해당하는 경우에는 해당 위원을 해촉할 수 있다.

1. 심신장애로 인하여 직무를 수행할 수 없게 된 경우

2. 직무와 관련된 비위사실이 있는 경우

3. 직무태만, 품위손상이나 그 밖의 사유로 인하여 위원으로 적합하지 않다고 인정되는 경우

4. 위원 스스로 직무를 수행하는 것이 곤란하다고 의사를 밝히는 경우

⑥ 위원회의 회의는 위원 과반수의 출석으로 개의하고, 출석위원 과반수의 찬성으로 의결한다.

⑦ 제1항부터 제6항까지에서 규정한 사항 외에 위원회의 구성 및 운영에 관하여 필요한 사항은 위원회의 의결을 거쳐 위원장이 정한다.

[본조신설 2021. 6. 25.]

제8조의4(금주구역 지정) ① 지방자치단체는 음주폐해 예방과 주민의 건강증진을 위하여 필요하다고 인정하는 경우 조례로 다수인이 모이거나 오고가는 관할구역 안의 일정한 장소를 금주구역으로 지정할 수 있다.

② 제1항에 따라 지정된 금주구역에서는 음주를 하여서는 아니 된다.

③ 특별자치시장 · 특별자치도지사 · 시장 · 군수 · 구청장은 제1항에 따라 지정된 금주구역을 알리는 안내표지를 설치하여야 한다. 이 경우 금주구역 안내표지의 설치 방법 등에 필요한 사항은 보건복지부령으로 정한다.

[본조신설 2020. 12. 29.]

● **시행규칙**

제5조(금주구역 안내표지의 설치 방법) 법 제8조의4 제3항 전단에 따른 금주구역을 알리는 안내표지를 설치하는 방법은 별표 1의3과 같다. 〈개정 2021. 12. 3.〉

[본조신설 2021. 6. 25.]

국민건강증진법 시행규칙 별표 1의3 〈개정 2021. 12. 3.〉

금주구역을 알리는 안내표지를 설치하는 방법(제5조 관련)

1. 안내표지 부착 위치

　금주구역을 알리는 안내표지는 표지판이나 스티커의 형태로 해당 장소를 이용하는 일반 공중이 잘 볼 수 있도록 건물 담장, 벽면, 보도, 출입구 등에 설치하거나 부착해야 한다.

2. 안내표지 내용

　가. 안내표지는 다음의 사항을 포함해야 한다.

　　1) 금주를 상징하는 그림이나 문자

예시 1	예시 2	예시 3
	금 주 구 역	금 　주

　　2) 위반 시 조치사항

　　(예시)

　　이 장소는 금주구역으로서 이 구역에서 음주를 할 수 없습니다. 이를 위반하는 경우에는 「국민건강증진법」 제34조 제3항 제1호에 따라 10만 원 이하의 과태료가 부과됩니다.

　나. 지정된 금주구역의 규모나 구조에 따라 안내표지의 크기를 다르게 할 수 있으며, 바탕색 및 글씨 색상 등은 그 내용이 눈에 잘 띄도록 배색하여야 한다.

　다. 안내표지의 글자는 한글로 표기하되, 필요한 경우에는 영어나 일본어 또는 중국어 등 외국어를 함께 표기할 수 있다.

　라. 필요한 경우 안내표지 하단에 아래 사항을 기재할 수 있다.

　　위반사항을 발견하신 분은 전화번호 ○○○ - ○○○○로 신고해주시기 바랍니다.

제9조(금연을 위한 조치) ① 삭제 〈2011. 6. 7.〉

② 담배사업법에 의한 지정소매인 기타 담배를 판매하는 자는 대통령령이 정하는 장소 외에서 담배자동판매기를 설치하여 담배를 판매하여서는 아니 된다.

③ 제2항의 규정에 따라 대통령령이 정하는 장소에 담배자동판매기를 설치하여 담배를 판매하는 자는 보건복지부령이 정하는 바에 따라 성인인증장치를 부착하여야 한다. 〈신설 2003. 7. 29., 2008. 2. 29., 2010. 1. 18.〉

④ 다음 각 호의 공중이 이용하는 시설의 소유자ㆍ점유자 또는 관리자는 해당 시설의 전체를 금연구역으로 지정하고 금연구역을 알리는 표지를 설치하여야 한다. 이 경우 흡연자를 위한 흡연실을 설치할 수 있으며, 금연구역을 알리는 표지와 흡연실을 설치하는 기준ㆍ방법 등은 보건복지부령으로 정한다. 〈개정 2011. 6. 7., 2014. 1. 21., 2016. 12. 2., 2017. 12. 30., 2021. 12. 21.〉

1. 국회의 청사
2. 정부 및 지방자치단체의 청사
3. 「법원조직법」에 따른 법원과 그 소속 기관의 청사
4. 「공공기관의 운영에 관한 법률」에 따른 공공기관의 청사
5. 「지방공기업법」에 따른 지방공기업의 청사
6. 「유아교육법」ㆍ「초ㆍ중등교육법」에 따른 학교[교사(校舍)와 운동장 등 모든 구역을 포함한다]
7. 「고등교육법」에 따른 학교의 교사
8. 「의료법」에 따른 의료기관, 「지역보건법」에 따른 보건소ㆍ보건의료원ㆍ보건지소
9. 「영유아보육법」에 따른 어린이집
10. 「청소년활동 진흥법」에 따른 청소년수련관, 청소년수련원, 청소년문화의 집, 청소년특화시설, 청소년야영장, 유스호스텔, 청소년이용시설 등 청소년활동시설
11. 「도서관법」에 따른 도서관
12. 「어린이놀이시설 안전관리법」에 따른 어린이놀이시설
13. 「학원의 설립ㆍ운영 및 과외교습에 관한 법률」에 따른 학원 중 학교교과교습학원과 연면적 1천 제곱미터 이상의 학원
14. 공항ㆍ여객부두ㆍ철도역ㆍ여객자동차터미널 등 교통 관련 시설의 대기실ㆍ승강장, 지하보도 및 16인승 이상의 교통수단으로서 여객 또는 화물을 유상으로 운송하는 것
15. 「자동차관리법」에 따른 어린이운송용 승합자동차
16. 연면적 1천 제곱미터 이상의 사무용 건축물, 공장 및 복합용도의 건축물
17. 「공연법」에 따른 공연장으로서 객석 수 300석 이상의 공연장
18. 「유통산업발전법」에 따라 개설등록된 대규모점포와 같은 법에 따른 상점가 중 지하도에 있는 상점가
19. 「관광진흥법」에 따른 관광숙박업소
20. 「체육시설의 설치ㆍ이용에 관한 법률」에 따른 체육시설로서 1천 명 이상의 관객을 수용할 수 있는 체육시설과 같은 법 제10조에 따른 체육시설업에 해당하는 체육시설로서 실내에 설치된 체육시설

21. 「사회복지사업법」에 따른 사회복지시설

22. 「공중위생관리법」에 따른 목욕장

23. 「게임산업진흥에 관한 법률」에 따른 청소년게임제공업소, 일반게임제공업소, 인터넷컴퓨터게임 시설제공업소 및 복합유통게임제공업소

24. 「식품위생법」에 따른 식품접객업 중 영업장의 넓이가 보건복지부령으로 정하는 넓이 이상인 휴게음식점영업소, 일반음식점영업소 및 제과점영업소와 같은 법에 따른 식품소분·판매업 중 보건복지부령으로 정하는 넓이 이상인 실내 휴게공간을 마련하여 운영하는 식품자동판매기 영업소

25. 「청소년보호법」에 따른 만화대여업소

26. 그 밖에 보건복지부령으로 정하는 시설 또는 기관

⑤ 특별자치시장·특별자치도지사·시장·군수·구청장은 「주택법」 제2조 제3호에 따른 공동주택의 거주 세대 중 2분의 1 이상이 그 공동주택의 복도, 계단, 엘리베이터 및 지하주차장의 전부 또는 일부를 금연구역으로 지정하여 줄 것을 신청하면 그 구역을 금연구역으로 지정하고, 금연구역임을 알리는 안내표지를 설치하여야 한다. 이 경우 금연구역 지정 절차 및 금연구역 안내표지 설치 방법 등은 보건복지부령으로 정한다.〈신설 2016. 3. 2., 2017. 12. 30.〉

⑥ 특별자치시장·특별자치도지사·시장·군수·구청장은 흡연으로 인한 피해 방지와 주민의 건강증진을 위하여 다음 각 호에 해당하는 장소를 금연구역으로 지정하고, 금연구역임을 알리는 안내표지를 설치하여야 한다. 이 경우 금연구역 안내표지 설치 방법 등에 필요한 사항은 보건복지부령으로 정한다.〈신설 2017. 12. 30., 2023. 8. 16.〉

1. 「유아교육법」에 따른 유치원 시설의 경계선으로부터 30미터 이내의 구역(일반 공중의 통행·이용 등에 제공된 구역을 말한다)

2. 「영유아보육법」에 따른 어린이집 시설의 경계선으로부터 30미터 이내의 구역(일반 공중의 통행·이용 등에 제공된 구역을 말한다)

3. 「초·중등교육법」에 따른 학교 시설의 경계선으로부터 30미터 이내의 구역(일반 공중의 통행·이용 등에 제공된 구역을 말한다)

⑦ 지방자치단체는 흡연으로 인한 피해 방지와 주민의 건강증진을 위하여 필요하다고 인정하는 경우 조례로 다수인이 모이거나 오고가는 관할 구역 안의 일정한 장소를 금연구역으로 지정할 수 있다.〈신설 2010. 5. 27., 2016. 3. 2., 2017. 12. 30.〉

⑧ 누구든지 제4항부터 제7항까지의 규정에 따라 지정된 금연구역에서 흡연하여서는 아니 된다.〈개정 2010. 5. 27., 2016. 3. 2., 2017. 12. 30.〉

⑨ 특별자치시장·특별자치도지사·시장·군수·구청장은 제4항 각 호에 따른 시설의 소유자·점유자 또는 관리자가 다음 각 호의 어느 하나에 해당하면 일정한 기간을 정하여 그 시정을 명할 수 있다. 〈신설 2016. 12. 2., 2017. 12. 30.〉

1. 제4항 전단을 위반하여 금연구역을 지정하지 아니하거나 금연구역을 알리는 표지를 설치하지 아니한 경우

2. 제4항 후단에 따른 금연구역을 알리는 표지 또는 흡연실의 설치 기준·방법 등을 위반한 경우

[제목개정 2016. 12. 2.] [시행일 2024. 8. 17.] 제9조

● 시행령

제15조(담배자동판매기의 설치장소) ① 법 제9조 제2항에 따라 담배자동판매기의 설치가 허용되는 장소는 다음 각 호와 같다. 〈개정 2012. 12. 7.〉

1. 미성년자 등을 보호하는 법령에서 19세 미만의 자의 출입이 금지되어 있는 장소

2. 지정소매인 기타 담배를 판매하는 자가 운영하는 점포 및 영업장의 내부

3. 법 제9조 제4항 각 호 외의 부분 후단에 따라 공중이 이용하는 시설 중 흡연자를 위해 설치한 흡연실. 다만, 담배자동판매기를 설치하는 자가 19세 미만의 자에게 담배자동판매기를 이용하지 못하게 할 수 있는 흡연실로 한정한다.

② 제1항의 규정에 불구하고 미성년자 등을 보호하는 법령에서 담배자동판매기의 설치를 금지하고 있는 장소에 대하여는 담배자동판매기의 설치를 허용하지 아니한다.

● 시행규칙

제5조의2(성인인증장치) 법 제9조 제3항의 규정에 따라 담배자동판매기에 부착하여야 하는 성인인증장치는 다음 각 호의 1에 해당하는 장치로 한다. 〈개정 2008. 3. 3., 2010. 3. 19.〉

1. 담배자동판매기 이용자의 신분증(주민등록증 또는 운전면허증에 한한다)을 인식하는 방법에 의하여 이용자가 성인임을 인증할 수 있는 장치

2. 담배자동판매기 이용자의 신용카드·직불카드 등 금융신용거래를 위한 장치를 이용하여 이용자가 성인임을 인증할 수 있는 장치

3. 그 밖에 이용자가 성인임을 인증할 수 있는 장치로서 보건복지부장관이 정하여 고시하는 장치

[본조신설 2004. 7. 29.]

제9조의2(담배에 관한 경고문구 등 표시) ① 「담배사업법」에 따른 담배의 제조자 또는 수입판매업자(이하 "제조자 등"이라 한다)는 담배갑포장지 앞면·뒷면·옆면 및 대통령령으로 정하는 광고(판매촉진 활동을 포함한다. 이하 같다)에 다음 각 호의 내용을 인쇄하여 표기하여야 한다. 다만, 제1호의 표기

는 담배갑포장지에 한정하되 앞면과 뒷면에 하여야 한다. 〈개정 2015. 6. 22.〉

1. 흡연의 폐해를 나타내는 내용의 경고그림(사진을 포함한다. 이하 같다)

2. 흡연이 폐암 등 질병의 원인이 될 수 있다는 내용 및 다른 사람의 건강을 위협할 수 있다는 내용의 경고문구

3. 타르 흡입량은 흡연자의 흡연습관에 따라 다르다는 내용의 경고문구

4. 담배에 포함된 다음 각 목의 발암성물질

    가. 나프틸아민

    나. 니켈

    다. 벤젠

    라. 비닐 크롤라이드

    마. 비소

    바. 카드뮴

5. 보건복지부령으로 정하는 금연상담전화의 전화번호

② 제1항에 따른 경고그림과 경고문구는 담배갑포장지의 경우 그 넓이의 100분의 50 이상에 해당하는 크기로 표기하여야 한다. 이 경우 경고그림은 담배갑포장지 앞면, 뒷면 각각의 넓이의 100분의 30 이상에 해당하는 크기로 하여야 한다. 〈신설 2015. 6. 22.〉

③ 제1항 및 제2항에서 정한 사항 외의 경고그림 및 경고문구 등의 내용과 표기 방법 · 형태 등의 구체적인 사항은 대통령령으로 정한다. 다만, 경고그림은 사실적 근거를 바탕으로 하고, 지나치게 혐오감을 주지 아니하여야 한다. 〈개정 2015. 6. 22.〉

④ 제1항부터 제3항까지의 규정에도 불구하고 전자담배 등 대통령령으로 정하는 담배에 제조자 등이 표기하여야 할 경고그림 및 경고문구 등의 내용과 그 표기 방법 · 형태 등은 대통령령으로 따로 정한다. 〈신설 2014. 5. 20., 2015. 6. 22.〉

[본조신설 2011. 6. 7.]

● **시행령**

> **제16조(담배갑포장지에 대한 경고그림 등의 표기내용 및 표기방법)** ① 법 제9조의2 제1항 및 제3항에 따라 다음 각 호의 담배의 담배갑포장지에 표기하는 경고그림 및 경고문구의 표기내용은 법 제9조의2 제1항 제1호부터 제3호까지의 내용을 명확하게 알릴 수 있어야 한다.
>
> 1. 제27조의2 제1호의 궐련
>
> 2. 제27조의2 제3호의 파이프담배
>
> 3. 제27조의2 제4호의 엽궐련

4. 제27조의2 제5호의 각련

5. 제27조의2 제7호의 냄새 맡는 담배

② 제1항에 따른 경고그림 및 경고문구의 구체적 표기내용은 보건복지부장관이 정하여 고시한다. 이 경우 보건복지부장관은 그 표기내용의 사용기준 및 사용방법 등 그 사용에 필요한 세부사항을 함께 고시할 수 있다.

③ 보건복지부장관은 제2항에 따라 경고그림 및 경고문구의 구체적 표기내용을 고시하는 경우에는 다음 각 호의 구분에 따른다. 이 경우 해당 고시의 시행에 6개월 이상의 유예기간을 두어야 한다.

1. 정기 고시 : 10개 이하의 경고그림 및 경고문구를 24개월마다 고시한다.

2. 수시 고시 : 경고그림 및 경고문구의 표기내용을 새로 정하거나 변경하는 경우에는 수시로 고시한다.

④ 법 제9조의2 제1항 및 제3항에 따라 이 조 제1항 각 호의 담배의 담배갑포장지에 표기하는 경고그림 · 경고문구 · 발암성물질 및 금연상담전화의 전화번호(이하 "경고그림 등"이라 한다)의 표기방법은 별표 1의2와 같다.

⑤ 제4항에 따른 경고그림 등의 표기방법을 변경하는 경우에는 그 시행에 6개월 이상의 유예기간을 두어야 한다.

⑥ 「담배사업법」에 따른 담배(제1항 각 호의 담배를 말한다)의 제조자 또는 수입판매업자(이하 "제조자 등"이라 한다)는 다음 각 호의 어느 하나에 해당하는 담배에 대해서는 제3항에 따른 고시 또는 제5항에 따른 변경이 있는 날부터 1년까지는 종전의 내용과 방법에 따른 경고그림 등을 표기하여 판매할 수 있다.

1. 고시 또는 변경 이전에 발주 · 제조 또는 수입된 담배

2. 고시 또는 변경 이후 6개월 이내에 제조되거나 수입된 담배

⑦ 제1항부터 제6항까지에서 규정한 사항 외에 경고그림 등의 표기내용 및 표기방법 등에 필요한 세부사항은 보건복지부령으로 정한다.

[본조신설 2016. 6. 21.]

[종전 제16조는 제16조의2로 이동 〈2016. 6. 21.〉]

제16조의2(전자담배 등에 대한 경고그림 등의 표기내용 및 표기방법) ① 법 제9조의2 제4항에서 "전자담배 등 대통령령으로 정하는 담배"란 다음 각 호의 담배를 말한다.

1. 제27조의2 제2호의 전자담배

2. 제27조의2 제6호의 씹는 담배

3. 제27조의2 제8호의 물담배

4. 제27조의2 제9호의 머금는 담배

② 법 제9조의2 제4항에 따라 이 조 제1항 각 호에 해당하는 담배의 담배갑포장지에 표기하는 경고그림 및 경고문구의 표기내용은 흡연의 폐해, 흡연이 니코틴 의존 및 중독을 유발시킬 수 있다는 사실과 담배 특성에 따른 다음 각 호의 구분에 따른 사실 등을 명확하게 알릴 수 있어야 한다.

1. 제27조의2 제2호의 전자담배 : 담배 특이 니트로사민(tobacco specific nitrosamines), 포름알데히드(formaldehyde) 등이 포함되어 있다는 내용

2. 제27조의2 제6호의 씹는 담배 및 제27조의2 제9호의 머금는 담배 : 구강암 등 질병의 원인이 될 수 있다는 내용

3. 제27조의2 제8호의 물담배 : 타르 검출 등 궐련과 동일한 위험성이 있다는 내용과 사용 방법에 따라 결핵 등 호흡기 질환에 감염될 위험성이 있다는 내용

③ 법 제9조의2 제4항에 따라 이 조 제1항 각 호에 해당하는 담배의 담배갑포장지에 표기하는 경고그림 등(발암성물질은 제외한다. 이하 이 조에서 같다)의 표기방법은 별표 1의2와 같다.

④ 제1항 각 호에 해당하는 담배의 담배갑포장지에 표기하는 경고그림 등의 표기내용, 표기방법 및 시행유예 등에 관하여는 제16조 제2항, 제3항 및 제5항부터 제7항까지의 규정을 준용한다.

[전문개정 2016. 6. 21.]

[제16조에서 이동, 종전 제16조의2는 제16조의3으로 이동 〈2016. 6. 21.〉]

국민건강증진법 시행규칙 별표 1의2 〈개정 2021. 12. 3.〉

과음에 대한 경고문구의 표시방법(제4조 제2항 관련)

1. 표기방법
경고문구는 사각형의 선 안에 한글로 "경고 : "라고 표시하고, 보건복지부장관이 정하는 경고문구 중 하나를 선택하여 기재하여야 한다.

2. 글자의 크기 등
가. 경고문구는 판매용 용기에 부착되거나 새겨진 상표 또는 경고문구가 표시된 스티커에 상표면적의 10분의 1 이상에 해당하는 면적의 크기로 표기하여야 한다.
나. 글자의 크기는 상표에 사용된 활자의 크기로 하되, 그 최소크기는 다음과 같다.
    (1) 용기의 용량이 300밀리리터 미만인 경우 : 7포인트 이상
    (2) 용기의 용량이 300밀리리터 이상인 경우 : 9포인트 이상

3. 색 상
경고문구의 색상은 상표도안의 색상과 보색관계에 있는 색상으로서 선명하여야 한다.

4. 글자체
고딕체

5. 표시위치
상표에 표기하는 경우에는 상표의 하단에 표기하여야 하며, 스티커를 사용하는 경우에는 상표 밑의 잘 보이는 곳에 표기하여야 한다.

제16조의3(담배광고에 대한 경고문구 등의 표기내용 및 표기방법) ① 법 제9조의2 제1항 각 호 외의 부분 본문에서 "대통령령으로 정하는 광고"란 다음 각 호의 광고(판매촉진 활동을 포함한다. 이하 같다)를 말한다. 〈개정 2019. 7. 2.〉

1. 법 제9조의4 제1항 제1호에 따라 지정소매인의 영업소 내부에 전시(展示) 또는 부착하는 표시판, 포스터, 스티커(붙임딱지) 및 보건복지부령으로 정하는 광고물에 의한 광고

2. 법 제9조의4 제1항 제2호에 따라 잡지에 게재하는 광고

② 법 제9조의2 제1항 각 호 외의 부분 본문 및 같은 조 제3항에 따라 담배광고에 표기하는 경고문구의 표기내용은 다음 각 호의 구분에 따른다. 이 경우 경고문구의 구체적 표기내용은 보건복지부장관이 정하여 고시한다.

1. 담배(제16조의2 제1항 각 호에 해당하는 담배는 제외한다)의 경우 : 흡연이 건강에 해롭다는 사실, 흡연이 다른 사람의 건강을 위협할 수 있다는 사실 및 타르 흡입량은 흡연자의 흡연습관에 따라 다르다는 사실 등을 명확하게 알릴 수 있을 것

2. 제16조의2제1항 각 호에 해당하는 담배의 경우 : 흡연이 니코틴 의존 및 중독을 유발시킬 수 있다는 사실 등을 명확하게 알릴 수 있을 것

③ 보건복지부장관은 제2항 각 호 외의 부분 후단에 따라 경고문구의 구체적 표기내용을 고시하는 경우에는 그 시행에 6개월 이상의 유예기간을 두어야 한다.

④ 법 제9조의2 제1항 각 호 외의 부분 본문 및 같은 조 제3항에 따라 담배광고에 표기하는 경고문구 · 발암성물질 및 금연상담전화의 전화번호(이하 "경고문구 등"이라 한다)의 표기방법은 별표 1의3과 같다.

국민건강증진법 시행령 별표 1의3 〈신설 2016. 6. 21.〉

담배광고에 대한 경고문구 등의 표기방법(제16조의3 제4항 관련)

1. 위치
   담배광고의 하단 중앙에 경고문구 등을 표기한다.

2. 형태
   경고문구 등은 사각형의 테두리 안에 표기하되, 테두리 크기는 다음의 기준에 따른다. 다만, 담배광고의 면적이 다음 표에 해당하지 않는 경우에는 표준광고면적에 대한 테두리의 크기에 비례하여 소비자가 명확히 잘 볼 수 있는 크기로 하여야 한다.

3. 글자체
   경고문구 등에 사용되는 글자체는 고딕체로 표기한다.

(단위 : 밀리미터)

표준광고면적	테두리의 크기	표준광고면적	테두리의 크기
B4 초과(257×364 초과)	112×25 초과	B5(182×257)	80×17.5
B4(257×364)	112×25	A5(148×210)	62×15
A4(210×297)	94×20	A5 미만(148×210 미만)	62×15 미만

> 4. 색 상
>
>   경고문구 등에 사용되는 색상은 담배광고의 도안 색상과 보색 대비로 선명하게 표기한다.
>
> [비고]
> 1. 위 표의 제2호에 따른 사각형의 테두리는 두께 2밀리미터의 검정색 선으로 만들어야 한다.
> 2. 위 표의 제2호에 따른 사각형의 테두리 안에는 경고문구 등 외의 다른 그림이나 문구 등을 표기해서는 안 된다.

⑤ 제4항에 따른 경고문구 등의 표기방법을 변경하는 경우에는 그 시행에 6개월 이상의 유예기간을 두어야 한다.

[전문개정 2016. 6. 21.]

[제16조의2에서 이동, 종전 제16조의3은 제16조의4로 이동 〈2016. 6. 21.〉]

● **시행규칙**

제7조(담배에 관한 광고) ① 법 제9조의4 제1항 제1호 본문 및 영 제16조 제1호에서 "보건복지부령으로 정하는 광고물"이란 표시판, 스티커 및 포스터를 말한다. 〈개정 2012. 12. 7.〉

② 법 제9조의4 제1항 제2호 본문에서 "여성 또는 청소년을 대상으로 하는 것"이란 잡지의 명칭, 내용, 독자, 그 밖의 그 성격을 고려할 때 여성 또는 청소년이 주로 구독하는 것을 말한다.

③ 법 제9조의4 제1항 제2호 단서에서 "보건복지부령으로 정하는 판매부수"란 판매부수 1만 부를 말한다.

④ 법 제9조의4 제1항 제3호에서 "여성 또는 청소년을 대상으로 하는 행사"란 행사의 목적, 내용, 참가자, 관람자, 청중, 그 밖의 그 성격을 고려할 때 주로 여성 또는 청소년을 대상으로 하는 행사를 말한다.

[본조신설 2011. 12. 8.]

[종전 제7조는 제6조의2로 이동 〈2011. 12. 8.〉]

제6조의4(금연상담전화 전화번호) 법 제9조의2 제1항 제5호에서 "보건복지부령으로 정하는 금연상담전화의 전화번호"란 1544 - 9030을 말한다.

[전문개정 2016. 12. 23.]

제9조의3(가향물질 함유 표시 제한) 제조자 등은 담배에 연초 외의 식품이나 향기가 나는 물질(이하 "가향물질"이라 한다)을 포함하는 경우 이를 표시하는 문구나 그림 · 사진을 제품의 포장이나 광고에 사용하여서는 아니 된다.

[본조신설 2011. 6. 7.]

제9조의4(담배에 관한 광고의 금지 또는 제한) ① 담배에 관한 광고는 다음 각 호의 방법에 한하여 할 수 있다.

1. 지정소매인의 영업소 내부에서 보건복지부령으로 정하는 광고물을 전시(展示) 또는 부착하는 행위. 다만, 영업소 외부에 그 광고내용이 보이게 전시 또는 부착하는 경우에는 그러하지 아니하다.

2. 품종군별로 연간 10회 이내(1회당 2쪽 이내)에서 잡지[「잡지 등 정기간행물의 진흥에 관한 법률」에 따라 등록 또는 신고되어 주 1회 이하 정기적으로 발행되는 제책(製冊)된 정기간행물 및 「신문 등의 진흥에 관한 법률」에 따라 등록된 주 1회 이하 정기적으로 발행되는 신문과 「출판문화산업 진흥법」에 따른 외국간행물로서 동일한 제호로 연 1회 이상 정기적으로 발행되는 것(이하 "외국정기간행물"이라 한다)을 말하며, 여성 또는 청소년을 대상으로 하는 것은 제외한다]에 광고를 게재하는 행위. 다만, 보건복지부령으로 정하는 판매부수 이하로 국내에서 판매되는 외국정기간행물로서 외국문자로만 쓰여져 있는 잡지인 경우에는 광고게재의 제한을 받지 아니한다.

3. 사회·문화·음악·체육 등의 행사(여성 또는 청소년을 대상으로 하는 행사는 제외한다)를 후원하는 행위. 이 경우 후원하는 자의 명칭을 사용하는 외에 제품광고를 하여서는 아니 된다.

4. 국제선의 항공기 및 여객선, 그 밖에 보건복지부령으로 정하는 장소 안에서 하는 광고

② 제조자 등은 제1항에 따른 광고를 「담배사업법」에 따른 도매업자 또는 지정소매인으로 하여금 하게 할 수 있다. 이 경우 도매업자 또는 지정소매인이 한 광고는 제조자 등이 한 광고로 본다.

③ 제1항에 따른 광고 또는 그에 사용되는 광고물은 다음 각 호의 사항을 준수하여야 한다. 〈개정 2014. 5. 20.〉

1. 흡연자에게 담배의 품명·종류 및 특징을 알리는 정도를 넘지 아니할 것

2. 비흡연자에게 직접적 또는 간접적으로 흡연을 권장 또는 유도하거나 여성 또는 청소년의 인물을 묘사하지 아니할 것

3. 제9조의2에 따라 표기하는 흡연 경고문구의 내용 및 취지에 반하는 내용 또는 형태가 아닐 것

4. 국민의 건강과 관련하여 검증되지 아니한 내용을 표시하지 아니할 것. 이 경우 광고내용의 사실 여부에 대한 검증 방법·절차 등 필요한 사항은 대통령령으로 정한다.

④ 제조자 등은 담배에 관한 광고가 제1항 및 제3항에 위배되지 아니하도록 자율적으로 규제하여야 한다.

⑤ 보건복지부장관은 문화체육관광부장관에게 제1항 또는 제3항을 위반한 광고가 게재된 외국정기간행물의 수입업자에 대하여 시정조치 등을 할 것을 요청할 수 있다.

[본조신설 2011. 6. 7.]

● **시행령**

제16조의4(광고내용의 검증 방법 및 절차 등) ① 보건복지부장관은 담배 광고에 국민의 건강과 관련하여 검증되지 아니한 내용이 포함되어 있다고 인정되면 해당 광고내용의 사실 여부에 대한 검증을 실시할 수 있다.

② 제조자 등은 담배 광고를 실시하기 전에 보건복지부령으로 정하는 바에 따라 보건복지부장관에게 해당 광고내용의 사실 여부에 대한 검증을 신청할 수 있다.

③ 보건복지부장관은 제1항 또는 제2항에 따라 광고내용의 사실 여부에 대한 검증을 실시하기 위하여 필요한 경우에는 제조자 등에게 관련 자료의 제출을 요청할 수 있고, 제출된 자료에 대하여 조사·확인을 할 수 있다.

④ 보건복지부장관은 제1항 또는 제2항에 따라 광고내용의 사실 여부에 대한 검증을 실시한 경우에는 그 결과를 제조자 등에게 서면으로 통보하여야 한다.

[본조신설 2014. 11. 20.]

[제16조의3에서 이동, 종전 제16조의4는 제16조의5로 이동 〈2016. 6. 21.〉]

● **시행규칙**

제6조의6(광고내용의 사실 여부에 대한 검증 신청) 영 제16조의3 제2항에 따라 담배 광고내용의 사실 여부에 대한 검증을 신청하려는 자는 별지 제1호의6 서식의 담배광고 검증 신청서에 담배광고안과 광고내용을 증명할 수 있는 자료를 첨부하여 보건복지부장관에게 제출해야 한다. 〈개정 2016. 9. 2., 2021. 12. 3.〉

[본조신설 2014. 11. 21.]

[제6조의4에서 이동 〈2016. 9. 2.〉]

제7조(담배에 관한 광고) ① 법 제9조의4 제1항 제1호 본문 및 영 제16조 제1호에서 "보건복지부령으로 정하는 광고물"이란 표시판, 스티커 및 포스터를 말한다. 〈개정 2012. 12. 7.〉

② 법 제9조의4 제1항 제2호 본문에서 "여성 또는 청소년을 대상으로 하는 것"이란 잡지의 명칭, 내용, 독자, 그 밖의 그 성격을 고려할 때 여성 또는 청소년이 주로 구독하는 것을 말한다.

③ 법 제9조의4 제1항 제2호 단서에서 "보건복지부령으로 정하는 판매부수"란 판매부수 1만 부를 말한다.

④ 법 제9조의4 제1항 제3호에서 "여성 또는 청소년을 대상으로 하는 행사"란 행사의 목적, 내용, 참가자, 관람자, 청중, 그 밖의 그 성격을 고려할 때 주로 여성 또는 청소년을 대상으로 하는 행사를 말한다.

[본조신설 2011. 12. 8.]

[종전 제7조는 제6조의2로 이동 〈2011. 12. 8.〉]

제9조의5(금연지도원) ① 시 · 도지사 또는 시장 · 군수 · 구청장은 금연을 위한 조치를 위하여 대통령령
으로 정하는 자격이 있는 사람 중에서 금연지도원을 위촉할 수 있다.

② 금연지도원의 직무는 다음 각 호와 같다.

1. 금연구역의 시설기준 이행 상태 점검

2. 금연구역에서의 흡연행위 감시 및 계도

3. 금연을 위한 조치를 위반한 경우 관할 행정관청에 신고하거나 그에 관한 자료 제공

4. 그 밖에 금연 환경 조성에 관한 사항으로서 대통령령으로 정하는 사항

③ 금연지도원은 제2항의 직무를 단독으로 수행하려면 미리 시 · 도지사 또는 시장 · 군수 · 구청장
의 승인을 받아야 하며, 시 · 도지사 또는 시장 · 군수 · 구청장은 승인서를 교부하여야 한다.

④ 금연지도원이 제2항에 따른 직무를 단독으로 수행하는 때에는 승인서와 신분을 표시하는 증표를
지니고 이를 관계인에게 내보여야 한다.

⑤ 제1항에 따라 금연지도원을 위촉한 시 · 도지사 또는 시장 · 군수 · 구청장은 금연지도원이 그 직
무를 수행하기 전에 직무 수행에 필요한 교육을 실시하여야 한다.

⑥ 금연지도원은 제2항에 따른 직무를 수행하는 경우 그 권한을 남용하여서는 아니 된다.

⑦ 시 · 도지사 또는 시장 · 군수 · 구청장은 금연지도원이 다음 각 호의 어느 하나에 해당하면 그 금
연지도원을 해촉하여야 한다.

1. 제1항에 따라 대통령령으로 정한 자격을 상실한 경우

2. 제2항에 따른 직무와 관련하여 부정한 행위를 하거나 그 권한을 남용한 경우

3. 그 밖에 개인사정, 질병이나 부상 등의 사유로 직무 수행이 어렵게 된 경우

⑧ 금연지도원의 직무범위 및 교육, 그 밖에 필요한 사항은 대통령령으로 정한다.

[본조신설 2014. 1. 28.]

● **시행령**

제16조의5(금연지도원의 자격 등) ① 법 제9조의5 제1항에서 "대통령령으로 정하는 자격이 있는 사람"
이란 다음 각 호의 어느 하나에 해당하는 사람을 말한다. 〈개정 2020. 3. 17.〉

1. 「민법」 제32조에 따른 비영리법인 또는 「비영리민간단체 지원법」 제4조에 따라 등록된 비영리민
간단체에 소속된 사람으로서 해당 법인 또는 단체의 장이 추천하는 사람

2. 시 · 도지사 또는 시장 · 군수 · 구청장이 정하는 건강 · 금연 등 보건정책 관련 교육과정을 4시간
이상 이수한 사람

② 법 제9조의5 제2항 제4호에서 "대통령령으로 정하는 사항"이란 다음 각 호의 업무를 말한다.
〈개정 2021. 11. 30.〉

1. 지역사회 금연홍보 및 금연교육 지원 업무

2. 지역사회 금연 환경 조성을 위한 지도 업무

③ 법 제9조의5 제2항에 따른 금연지도원의 직무범위는 별표 1의4와 같다. 〈개정 2016. 6. 21.〉

국민건강증진법 시행령 별표 1의4 〈개정 2021. 11. 30.〉

금연지도원의 직무범위(제16조의5 제3항 관련)

직무	직무범위
1. 금연구역의 시설기준 이행 상태 점검	법 제9조 제4항에 따른 금연구역의 지정 여부를 점검하기 위한 다음 각 목의 상태 확인 업무 지원 가. 금연구역을 알리는 표지의 설치 위치 및 관리 상태 나. 금연구역의 재떨이 제거 등 금연 환경 조성 상태 다. 흡연실 설치 위치 및 설치 상태 라. 흡연실의 표지 부착 상태 마. 청소년 출입금지 표시 부착 상태
2. 금연구역에서의 흡연행위 감시 및 계도	금연구역에서의 흡연행위를 예방하기 위한 감시 활동 및 금연에 대한 지도 · 계몽 · 홍보
3. 금연을 위한 조치를 위반한 경우 관할 행정관청에 신고하거나 그에 관한 자료 제공	법 제9조 제8항을 위반한 사람을 발견한 경우 다음 각 목의 조치 가. 금연구역에서의 흡연행위 촬영 등 증거수집 나. 관할 행정관청에 신고를 하기 위한 위반자의 인적사항 확인 등
4. 금연홍보 및 금연교육 지원	가. 금연을 위한 캠페인 등 홍보 활동 나. 청소년 등을 대상으로 한 금연교육 다. 금연시설 점유자 · 소유자 및 관리자에 대한 금연구역 지정 · 관리에 관한 교육 지원
5. 금연 환경 조성을 위한 지도	법 제9조 제2항 및 제3항에 따른 담배자동판매기 설치 위치와 성인인증장치 부착 상태 확인 업무 지원

④ 시 · 도지사 또는 시장 · 군수 · 구청장은 법 제9조의5 제5항에 따라 금연지도원에 대하여 금연 관련 법령, 금연의 필요성, 금연지도원의 자세 등에 대한 교육을 실시하여야 한다. 이 경우 시 · 도지사 또는 시장 · 군수 · 구청장은 효율적인 교육을 위하여 금연지도원에 대한 합동교육을 실시할 수 있다.

⑤ 시 · 도지사 또는 시장 · 군수 · 구청장은 금연지도원의 활동을 지원하기 위하여 예산의 범위에서 수당을 지급할 수 있다.

⑥ 제1항부터 제5항까지에서 규정한 사항 외에 금연지도원 제도 운영에 필요한 사항은 해당 지방자치단체의 조례로 정한다.

[본조신설 2014. 7. 28.]

[제16조의4에서 이동 〈2016. 6. 21.〉]

제10조(건강생활실천협의회) ① 시 · 도지사 및 시장 · 군수 · 구청장은 건강생활의 실천운동을 추진하기 위하여 지역사회의 주민 · 단체 또는 공공기관이 참여하는 건강생활실천협의회를 구성하여야 한다.

② 제1항의 규정에 의한 건강생활실천협의회의 조직 및 운영에 관하여 필요한 사항은 지방자치단체의 조례로 정한다.

제11조(보건교육의 관장) 보건복지부장관은 국민의 보건교육에 관하여 관계중앙행정기관의 장과 협의하여 이를 총괄한다. 〈개정 1997. 12. 13., 2008. 2. 29., 2010. 1. 18.〉

제12조(보건교육의 실시 등) ① 국가 및 지방자치단체는 모든 국민이 올바른 보건의료의 이용과 건강한 생활습관을 실천할 수 있도록 그 대상이 되는 개인 또는 집단의 특성·건강상태·건강의식 수준 등에 따라 적절한 보건교육을 실시한다. 〈개정 2016. 3. 2.〉

② 국가 또는 지방자치단체는 국민건강증진사업 관련 법인 또는 단체 등이 보건교육을 실시할 경우 이에 필요한 지원을 할 수 있다. 〈개정 1999. 2. 8.〉

③ 보건복지부장관, 시·도지사 및 시장·군수·구청장은 제2항의 규정에 의하여 보건교육을 실시하는 국민건강증진사업관련 법인 또는 단체 등에 대하여 보건교육의 계획 및 그 결과에 관한 자료를 요청할 수 있다. 〈개정 1997. 12. 13., 1999. 2. 8., 2008. 2. 29., 2010. 1. 18.〉

④ 제1항의 규정에 의한 보건교육의 내용은 대통령령으로 정한다. 〈개정 1999. 2. 8.〉

[제목개정 2016. 3. 2.]

● **시행령**

제17조(보건교육의 내용) 법 제12조에 따른 보건교육에는 다음 각 호의 사항이 포함되어야 한다. 〈개정 2018. 12. 18.〉

1. 금연·절주 등 건강생활의 실천에 관한 사항
2. 만성퇴행성질환 등 질병의 예방에 관한 사항
3. 영양 및 식생활에 관한 사항
4. 구강건강에 관한 사항
5. 공중위생에 관한 사항
6. 건강증진을 위한 체육활동에 관한 사항
7. 그 밖에 건강증진사업에 관한 사항

제12조의2(보건교육사자격증의 교부 등) ① 보건복지부장관은 국민건강증진 및 보건교육에 관한 전문지식을 가진 자에게 보건교육사의 자격증을 교부할 수 있다. 〈개정 2008. 2. 29., 2010. 1. 18.〉

② 다음 각 호의 1에 해당하는 자는 보건교육사가 될 수 없다. 〈개정 2005. 3. 31., 2014. 3. 18.〉

1. 피성년후견인
2. 삭제 〈2013. 7. 30.〉
3. 금고 이상의 실형의 선고를 받고 그 집행이 종료되지 아니하거나 그 집행을 받지 아니하기로 확정되지 아니한 자

4. 법률 또는 법원의 판결에 의하여 자격이 상실 또는 정지된 자

③ 제1항의 규정에 의한 보건교육사의 등급은 1급 내지 3급으로 하고, 등급별 자격기준 및 자격증의 교부절차 등에 관하여 필요한 사항은 대통령령으로 정한다.

④ 보건교육사 1급의 자격증을 교부받고자 하는 자는 국가시험에 합격하여야 한다.

⑤ 보건복지부장관은 제1항의 규정에 의하여 보건교육사의 자격증을 교부하는 때에는 보건복지부령이 정하는 바에 의하여 수수료를 징수할 수 있다. 〈개정 2008. 2. 29., 2010. 1. 18.〉

⑥ 제1항에 따라 자격증을 교부받은 사람은 다른 사람에게 그 자격증을 빌려주어서는 아니 되고, 누구든지 그 자격증을 빌려서는 아니 된다. 〈신설 2020. 4. 7.〉

⑦ 누구든지 제6항에 따라 금지된 행위를 알선하여서는 아니 된다. 〈신설 2020. 4. 7.〉

[본조신설 2003. 9. 29.]

● 시행령

제18조(보건교육사 등급별 자격기준 등) ① 법 제12조의2 제3항에 따른 보건교육사의 등급별 자격기준은 별표 2와 같다.

② 보건교육사 자격증을 발급받으려는 자는 보건복지부령으로 정하는 바에 따라 보건교육사 자격증 발급신청서에 그 자격을 증명하는 서류를 첨부하여 보건복지부장관에게 제출하여야 한다. 〈개정 2010. 3. 15.〉

[본조신설 2008. 12. 31.]

국민건강증진법 시행령 별표 2 〈개정 2023. 9. 26.〉

보건교육사의 등급별 자격기준(제18조 제1항 관련)

등 급	자격기준
보건교육사 1급	보건교육사 1급 시험에 합격한 자
보건교육사 2급	1. 보건교육사 2급 시험에 합격한 자 2. 보건교육사 3급 자격을 취득한 후 보건복지부장관이 정하여 고시하는 보건교육 업무에 3년 이상 종사한 자
보건교육사 3급	보건교육사 3급 시험에 합격한 자

● 시행규칙

제7조의3(보건교육사 자격증 발급절차) ① 영 제18조에 따라 보건교육사의 자격증(이하 "자격증"이라 한다)을 발급받으려는 자는 별지 제1호의7 서식의 보건교육사 자격증 발급신청서(전자문서로 된 신청서를 포함한다)에 다음 각 호의 서류(전자문서를 포함한다)를 첨부하여 보건복지부장관(영 제32조에 따라 업무를 위탁한 경우에는 위탁받은 보건교육 관련 법인 또는 단체의 장을 말한다. 이하 이 조에서 같다)에게 제출해야 한다. 〈개정 2010. 3. 19., 2014. 11. 21., 2016. 9. 2., 2021. 12. 3., 2022. 3. 18.〉

1. 6개월 이내에 촬영한 탈모 정면 상반신 반명함판(3×4센티미터) 사진 2매

2. 보건복지부장관이 정하여 고시하는 보건교육 업무 경력을 증명하는 서류(보건교육사 1급 자격증 발급을 신청하는 자 및 보건교육사 3급 자격을 취득한 자로서 보건교육 업무에 3년 이상 종사하고 보건교육사 2급 자격증 발급을 신청하는 자만 제출한다)

3. 졸업증명서 및 별표 4의 보건교육 관련 교과목 이수를 증명하는 서류

② 제1항에 따라 자격증을 발급받은 자가 그 자격증을 잃어버리거나 헐어서 못쓰게 되어 재발급받으려는 때에는 별지 제2호 서식의 보건교육사 자격증 재발급 신청서(전자문서로 된 신청서를 포함한다)에 다음 각 호의 서류(전자문서를 포함한다)를 첨부하여 보건복지부장관에게 제출하여야 한다. 〈개정 2010. 3. 19., 2022. 3. 18.〉

1. 보건교육사 자격증(헐어서 못쓰게 된 경우에만 제출한다)

2. 6개월 이내에 촬영한 탈모 정면 상반신 반명함판(3×4센티미터) 사진 1매

③ 보건복지부장관은 제1항 및 제2항에 따라 자격증의 발급 또는 재발급신청을 받은 때에는 별지 제3호 서식의 보건교육사 자격증 발급대장에 이를 기재한 후 별지 제4호 서식의 보건교육사 자격증을 발급하여야 한다. 〈개정 2010. 3. 19.〉

④ 보건교육사 3급 자격을 취득하고 보건교육 업무에 3년 이상 종사하여 보건교육사 2급 자격증 발급을 신청하는 자 또는 자격증을 재발급받으려는 자는 법 제12조의2 제5항에 따라 수수료로 1만원을 납부하여야 한다.

[본조신설 2008. 12. 31.]

제12조의3(국가시험) ① 제12조의2 제4항의 규정에 의한 국가시험은 보건복지부장관이 시행한다. 다만, 보건복지부장관은 국가시험의 관리를 대통령령이 정하는 바에 의하여 「한국보건의료인국가시험원법」에 따른 한국보건의료인국가시험원에 위탁할 수 있다. 〈개정 2008. 2. 29., 2010. 1. 18., 2015. 6. 22.〉

② 보건복지부장관은 제1항 단서의 규정에 의하여 국가시험의 관리를 위탁한 때에는 그에 소요되는 비용을 예산의 범위 안에서 보조할 수 있다. 〈개정 2008. 2. 29., 2010. 1. 18.〉

③ 보건복지부장관(제1항 단서의 규정에 의하여 국가시험의 관리를 위탁받은 기관을 포함한다)은 보건복지부령이 정하는 금액을 응시수수료로 징수할 수 있다. 〈개정 2008. 2. 29., 2010. 1. 18.〉

④ 시험과목·응시자격 등 자격시험의 실시에 관하여 필요한 사항은 대통령령으로 정한다.

[본조신설 2003. 9. 29.]

● **시행령**

제18조의2(국가시험의 시행 등) ① 보건복지부장관은 법 제12조의3에 따른 보건교육사 국가시험(이하 "시험"이라 한다)을 매년 1회 이상 실시한다. 〈개정 2010. 3. 15.〉

② 보건복지부장관은 법 제12조의3 제1항 단서에 따라 시험의 관리를 「한국보건의료인국가시험원법」에 따른 한국보건의료인국가시험원에 위탁한다. 〈개정 2015. 12. 22.〉

③ 제2항에 따라 시험의 관리를 위탁받은 기관(이하 "시험관리기관"이라 한다)의 장은 시험을 실시하려면 미리 보건복지부장관의 승인을 받아 시험일시ㆍ시험장소 및 응시원서의 제출기간, 합격자 발표의 예정일 및 방법, 그 밖에 시험에 필요한 사항을 시험 90일 전까지 공고하여야 한다. 다만, 시험장소는 지역별 응시인원이 확정된 후 시험 30일 전까지 공고할 수 있다. 〈개정 2010. 3. 15., 2012. 5. 1.〉

④ 법 제12조의3 제4항에 따른 시험과목은 별표 3과 같다.

⑤ 시험방법은 필기시험으로 하며, 시험의 합격자는 각 과목 4할 이상, 전 과목 총점의 6할 이상을 득점한 자로 한다.

[본조신설 2008. 12. 31.]

제18조의3(시험의 응시자격 및 시험관리) ① 법 제12조의3 제4항에 따른 시험의 응시자격은 별표 4와 같다.

② 시험에 응시하려는 자는 시험관리기관의 장이 정하는 응시원서를 시험관리기관의 장에게 제출(전자문서에 따른 제출을 포함한다)하여야 한다.

③ 시험관리기관의 장은 시험을 실시한 경우 합격자를 결정ㆍ발표하고, 그 합격자에 대한 다음 각 호의 사항을 보건복지부장관에게 통보하여야 한다. 〈개정 2010. 3. 15.〉

1. 성명 및 주소

2. 시험 합격번호 및 합격연월일

[본조신설 2008. 12. 31.]

제18조의4(시험위원) ① 시험관리기관의 장은 시험을 실시하려는 경우 시험과목별로 전문지식을 갖춘 자 중에서 시험위원을 위촉한다.

② 제1항에 따른 시험위원에게는 예산의 범위에서 수당과 여비를 지급할 수 있다.

[본조신설 2008. 12. 31.]

제18조의5(관계 기관 등에의 협조요청) 시험관리기관의 장은 시험 관리업무를 원활하게 수행하기 위하여 필요하면 국가ㆍ지방자치단체 또는 관계 기관ㆍ단체에 대하여 시험장소 제공 및 시험감독 지원 등 협조를 요청할 수 있다.

[본조신설 2008. 12. 31.]

제7조의4(응시수수료) ① 법 제12조의3 제3항에 따른 보건교육사 국가시험의 응시수수료는 7만 8천 원으로 한다.

② 보건교육사 국가시험에 응시하려는 사람은 제1항에 따른 응시수수료를 수입인지로 내야 한다. 다만, 시험 시행기관의 장은 이를 현금으로 납부하게 하거나 정보통신망을 이용하여 전자화폐·전자결제 등의 방법으로 납부하게 할 수 있다. 〈신설 2012. 12. 7.〉

③ 제1항에 따른 응시수수료는 다음 각 호의 구분에 따라 반환한다. 〈개정 2011. 4. 7., 2012. 12. 7.〉

1. 응시수수료를 과오납한 경우 : 그 과오납한 금액의 전부

2. 시험 시행기관의 귀책사유로 시험에 응시하지 못한 경우 : 납입한 응시수수료의 전부

3. 응시원서 접수기간 내에 접수를 취소하는 경우 : 납입한 응시수수료의 전부

4. 시험 시행일 전까지 응시자격심사 과정에서 응시자격 결격사유로 접수가 취소된 경우 : 납입한 응시수수료의 전부

5. 응시원서 접수 마감일의 다음 날부터 시험 시행 20일 전까지 접수를 취소하는 경우 : 납입한 응시수수료의 100분의 60

6. 시험 시행 19일 전부터 시험 시행 10일 전까지 접수를 취소하는 경우 : 납입한 응시수수료의 100분의 50

[본조신설 2008. 12. 31.]

제12조의4(보건교육사의 채용) 국가 및 지방자치단체는 대통령령이 정하는 국민건강증진사업 관련 법인 또는 단체 등에 대하여 보건교육사를 그 종사자로 채용하도록 권장하여야 한다.

[본조신설 2003. 9. 29.]

제12조의5(보건교육사의 자격취소) 보건복지부장관은 보건교육사가 제12조의2 제6항을 위반하여 다른 사람에게 자격증을 빌려준 경우에는 그 자격을 취소하여야 한다.

[본조신설 2020. 4. 7.]

제12조의6(청문) 보건복지부장관은 제12조의5에 따라 자격을 취소하려는 경우에는 청문을 하여야 한다.

[본조신설 2020. 4. 7.]

제13조(보건교육의 평가) ① 보건복지부장관은 정기적으로 국민의 보건교육의 성과에 관하여 평가를 하여야 한다. 〈개정 1997. 12. 13., 2008. 2. 29., 2010. 1. 18.〉

② 제1항의 규정에 의한 평가의 방법 및 내용은 보건복지부령으로 정한다. 〈개정 1997. 12. 13., 2008. 2. 29., 2010. 1. 18.〉

● 시행규칙

제8조(보건교육의 평가방법 및 내용) ① 보건복지부장관이 법 제13조의 규정에 의하여 국민의 보건교육의 성과에 관한 평가를 할 때에는 세부계획 및 그 추진실적에 기초하여 평가하여야 한다. 〈개정 2008. 3. 3., 2010. 3. 19.〉

② 보건복지부장관은 필요하다고 인정하는 경우에는 제1항의 규정에 의한 평가 외에 다음 각 호의 사항을 조사하여 평가할 수 있다. 〈개정 2008. 3. 3., 2010. 3. 19., 2019. 9. 27.〉

1. 건강에 관한 지식 · 태도 및 실천

2. 주민의 질병 · 부상 유무 등 건강상태

③ 영 제17조 제7호에서 "기타 건강증진사업에 관한 사항"이라 함은 「산업안전보건법」에 의한 산업보건에 관한 사항 기타 국민의 건강을 증진시키는 사업에 관한 사항을 말한다. 〈개정 2006. 4. 25.〉

제14조(보건교육의 개발 등) 보건복지부장관은 정부출연연구기관 등의 설립 · 운영 및 육성에 관한 법률에 의한 한국보건사회연구원으로 하여금 보건교육에 관한 정보 · 자료의 수집 · 개발 및 조사, 그 교육의 평가 기타 필요한 업무를 행하게 할 수 있다. 〈개정 1997. 12. 13., 1999. 1. 29., 2008. 2. 29., 2010. 1. 18.〉

제15조(영양개선) ① 국가 및 지방자치단체는 국민의 영양상태를 조사하여 국민의 영양개선방안을 강구하고 영양에 관한 지도를 실시하여야 한다.

② 국가 및 지방자치단체는 국민의 영양개선을 위하여 다음 각 호의 사업을 행한다. 〈개정 1997. 12. 13., 2008. 2. 29., 2010. 1. 18.〉

1. 영양교육사업

2. 영양개선에 관한 조사 · 연구사업

3. 기타 영양개선에 관하여 보건복지부령이 정하는 사업

● 시행규칙

제9조(영양개선사업) 법 제15조 제2항 제3호에서 "보건복지부령이 정하는 사업"이라 함은 다음 각 호의 사업을 말한다. 〈개정 2008. 3. 3., 2010. 3. 19.〉

1. 국민의 영양상태에 관한 평가사업

2. 지역사회의 영양개선사업

제16조(국민건강영양조사 등) ① 질병관리청장은 보건복지부장관과 협의하여 국민의 건강상태·식품섭취·식생활조사 등 국민의 건강과 영양에 관한 조사(이하 "국민건강영양조사"라 한다)를 정기적으로 실시한다. 〈개정 1997. 12. 13., 2008. 2. 29., 2010. 1. 18., 2020. 8. 11., 2023. 3. 28.〉

② 특별시·광역시 및 도에는 국민건강영양조사와 영양에 관한 지도업무를 행하게 하기 위한 공무원을 두어야 한다. 〈개정 2023. 3. 28.〉

③ 국민건강영양조사를 행하는 공무원은 그 권한을 나타내는 증표를 관계인에게 내보여야 한다. 〈개정 2023. 3. 28.〉

④ 국민건강영양조사의 내용 및 방법, 그 밖에 국민건강영양조사와 영양에 관한 지도에 관하여 필요한 사항은 대통령령으로 정한다. 〈개정 2023. 3. 28.〉

[제목개정 2023. 3. 28.]

예제 「국민건강증진법」상 국민건강영양조사와 관련한 내용이 아닌 것은?

● **시행령**

제19조(국민건강영양조사의 주기) 법 제16조 제1항에 따른 국민건강영양조사(이하 "국민건강영양조사"라 한다)는 매년 실시한다. 〈개정 2023. 9. 26.〉
[전문개정 2017. 11. 7.] [제목개정 2023. 9. 26.]

제20조(조사대상) ① 질병관리청장은 보건복지부장관과 협의하여 매년 구역과 기준을 정하여 선정한 가구 및 그 가구원에 대하여 국민건강영양조사를 실시한다. 〈개정 2018. 12. 18., 2020. 9. 11., 2023. 9. 26.〉

② 질병관리청장은 보건복지부장관과 협의하여 노인·임산부 등 특히 건강 및 영양 개선이 필요하다고 판단되는 사람에 대해서는 따로 조사기간을 정하여 국민건강영양조사를 실시할 수 있다. 〈개정 2008. 2. 29., 2010. 3. 15., 2018. 12. 18., 2020. 9. 11., 2023. 9. 26.〉

③ 질병관리청장 또는 질병관리청장의 요청을 받은 시·도지사는 제1항에 따라 조사대상으로 선정된 가구와 제2항에 따라 조사대상이 된 사람에게 이를 통지해야 한다. 〈개정 2018. 12. 18., 2023. 9. 26.〉

제21조(조사항목) ① 국민건강영양조사는 건강조사와 영양조사로 구분하여 실시한다.

② 건강조사는 국민의 건강 수준을 파악하기 위하여 다음 각 호의 사항에 대하여 실시한다.

1. 가구에 관한 사항

2. 건강상태에 관한 사항

3. 건강행태에 관한 사항

③ 영양조사는 국민의 영양 수준을 파악하기 위하여 다음 각 호의 사항에 대하여 실시한다.

1. 식품섭취에 관한 사항

2. 식생활에 관한 사항

④ 제2항 및 제3항에 따른 조사사항의 세부내용은 보건복지부령으로 정한다.

[전문개정 2023. 9. 26.]

제22조(국민건강영양조사원 및 영양지도원) ① 질병관리청장은 국민건강영양조사를 담당하는 사람(이하 "국민건강영양조사원"이라 한다)으로 건강조사원 및 영양조사원을 두어야 한다. 이 경우 건강조사원 및 영양조사원은 다음 각 호의 구분에 따른 요건을 충족해야 한다. 〈개정 2023. 9. 26.〉

1. 건강조사원 : 다음 각 목의 어느 하나에 해당할 것

　　가.「의료법」제2조 제1항에 따른 의료인

　　나.「약사법」제2조 제2호에 따른 약사 또는 한약사

　　다.「의료기사 등에 관한 법률」제2조 제1항에 따른 의료기사

　　라.「고등교육법」제2조에 따른 학교에서 보건의료 관련 학과 또는 학부를 졸업한 사람 또는 이와 같은 수준 이상의 학력이 있다고 인정되는 사람

2. 영양조사원 : 다음 각 목의 어느 하나에 해당할 것

　　가.「국민영양관리법」제15조에 따른 영양사(이하 "영양사"라 한다)

　　나.「고등교육법」제2조에 따른 학교에서 식품영양 관련 학과 또는 학부를 졸업한 사람 또는 이와 같은 수준 이상의 학력이 있다고 인정되는 사람

② 특별자치시장 · 특별자치도지사 · 시장 · 군수 · 구청장은 법 제15조 및 법 제16조의 영양개선사업을 수행하기 위한 국민영양지도를 담당하는 사람(이하 "영양지도원"이라 한다)을 두어야 하며 그 영양지도원은 영양사의 자격을 가진 사람으로 임명한다. 다만, 영양사의 자격을 가진 사람이 없는 경우에는 「의료법」제2조 제1항에 따른 의사 또는 간호사의 자격을 가진 사람 중에서 임명할 수 있다. 〈개정 2018. 12. 18., 2023. 9. 26.〉

③ 국민건강영양조사원 및 영양지도원의 직무에 관하여 필요한 사항은 보건복지부령으로 정한다. 〈개정 2008. 2. 29., 2010. 3. 15., 2023. 9. 26.〉

---

19 기출 「국민건강증진법」상 영양조사원을 임명 또는 위촉할 수 있는 자는?

① 보건소장　　　　　　　　　　　　② 질병관리본부장

③ 대한영양사협회장　　　　　　　　④ 식품의약품안전처장

⑤ 보건복지부장관 또는 시 · 도지사

정답 ⑤

④ 질병관리청장 또는 특별자치시장·특별자치도지사·시장·군수·구청장은 국민건강영양조사원 또는 영양지도원의 원활한 업무 수행을 위하여 필요하다고 인정하는 경우에는 그 업무 지원을 위한 구체적 조치를 마련·시행할 수 있다. 〈신설 2017. 11. 7., 2020. 9. 11., 2023. 9. 26.〉
[제목개정 2023. 9. 26.]

● **시행규칙**

제12조(조사내용) ① 영 제21조 제2항에 따른 건강조사의 세부내용은 다음 각 호와 같다.

1. 가구에 관한 사항 : 가구유형, 주거형태, 소득수준, 경제활동상태 등

2. 건강상태에 관한 사항 : 신체계측, 질환별 유병(有病) 및 치료 여부, 의료 이용 정도 등

3. 건강행태에 관한 사항 : 흡연·음주 행태, 신체활동 정도, 안전의식 수준 등

4. 그 밖에 건강상태 및 건강행태에 관하여 질병관리청장이 정하는 사항

> **예제** 「국민건강증진법」상 국민영양조사 내용이 아닌 것은?

② 영 제21조 제3항에 따른 영양조사의 세부 내용은 다음 각 호와 같다.

1. 식품섭취에 관한 사항 : 섭취 식품의 종류 및 섭취량 등

2. 식생활에 관한 사항 : 식사 횟수 및 외식 빈도 등

3. 그 밖에 식품섭취 및 식생활에 관하여 질병관리청장이 정하는 사항

[전문개정 2023. 9. 27.]

> **21 기출** 「국민건강증진법」상 국민영양조사 조사사항의 세부내용 중 식품섭취조사에 해당하는 것은?
> ① 식품의 재료에 관한 사항   ② 혈압 등 신체계측에 관한 사항
> ③ 규칙적인 식사 여부에 관한 사항   ④ 영유아의 수유기간에 관한 사항
> ⑤ 식품섭취의 과다 여부에 관한 사항
>
> 정답 ①

> **22 기출** 「국민건강증진법」상 영양조사 항목 중 식생활조사 사항은?
> ① 신체상태   ② 영양관계 증후
> ③ 조사가구의 일반사항   ④ 일정한 기간의 식품섭취 상황
> ⑤ 조사가구의 조리시설과 환경
>
> 정답 ⑤

제13조(국민건강영양조사원) 영 제22조 제1항에 따른 건강조사원(이하 "건강조사원"이라 한다) 및 영양조사원(이하 "영양조사원"이라 한다)의 직무는 다음 각 호와 같다.

1. 건강조사원 : 제12조 제1항에 따른 건강조사의 세부 내용에 대한 조사 · 기록

2. 영양조사원 : 제12조 제2항에 따른 영양조사의 세부 내용에 대한 조사 · 기록

[전문개정 2023. 9. 27.]

제16조의2(신체활동장려사업의 계획 수립 · 시행) 국가 및 지방자치단체는 신체활동장려에 관한 사업 계획을 수립 · 시행하여야 한다.

[본조신설 2019. 12. 3.]

제16조의3(신체활동장려사업) ① 국가 및 지방자치단체는 국민의 건강증진을 위하여 신체활동을 장려할 수 있도록 다음 각 호의 사업을 한다.

1. 신체활동장려에 관한 교육사업

2. 신체활동장려에 관한 조사 · 연구사업

3. 그 밖에 신체활동장려를 위하여 대통령령으로 정하는 사업

② 제1항 각 호의 사업 내용 · 기준 및 방법은 보건복지부령으로 정한다.

[본조신설 2019. 12. 3.]

● **시행령**

제22조의2(신체활동장려사업) 법 제16조의3 제1항 제3호에서 "대통령령으로 정하는 사업"이란 다음 각 호의 사업을 말한다.

1. 신체활동증진 프로그램의 개발 및 운영 사업

2. 체육시설이나 공원시설 등 신체활동장려를 위한 기반시설 마련 사업

3. 신체활동장려에 관한 홍보사업

4. 그 밖에 보건복지부장관이 신체활동장려를 위해 필요하다고 인정하는 사업

[본조신설 2021. 11. 30.]

● **시행규칙**

제17조의2(신체활동장려사업) ① 법 제16조의3 제1항 제1호에 따른 신체활동장려에 관한 교육사업은 영 · 유아, 아동, 청소년, 중 · 장년, 노인 등 생애주기별 특성에 맞는 신체활동이 이루어질 수 있는 내용으로 구성한다.

② 법 제16조의3 제1항 제2호에 따른 신체활동장려에 관한 조사 · 연구사업은 국민건강영양조사와 함께 실시할 수 있다. 〈개정 2023. 9. 27.〉

③ 영 제22조의2 제1호에 따른 신체활동증진 프로그램의 개발 및 운영 사업은 직장, 학교 등 생활 환경을 고려하여 수립한다.

④ 제1항부터 제3항까지에서 규정한 사항 외에 신체활동장려사업의 구체적 내용 · 기준 및 방법은 보건복지부장관이 정할 수 있다.

[본조신설 2021. 12. 3.]

제17조(구강건강사업의 계획수립 · 시행) 국가 및 지방자치단체는 구강건강에 관한 사업의 계획을 수립 · 시행하여야 한다.

제18조(구강건강사업) ① 국가 및 지방자치단체는 국민의 구강질환의 예방과 구강건강의 증진을 위하여 다음 각 호의 사업을 행한다. 〈개정 2003. 7. 29., 2024. 2. 20.〉

1. 구강건강에 관한 교육사업

2. 수돗물불소농도조정사업

3. 구강건강에 관한 조사 · 연구사업

4. 기타 구강건강의 증진을 위하여 대통령령이 정하는 사업

② 제1항 각 호의 사업내용 · 기준 및 방법은 보건복지부령으로 정한다. 〈개정 1997. 12. 13., 2008. 2. 29., 2010. 1. 18.〉

[제목개정 2024. 2. 20.]

● **시행령**

제23조(구강건강사업) 법 제18조 제1항 제4호에서 "대통령령이 정하는 사업"이란 다음 각 호의 사업을 말한다. 〈개정 2008. 2. 29., 2010. 3. 15., 2011. 12. 6.〉

1. 충치예방을 위한 치아홈메우기사업

2. 불소용액양치사업

3. 구강건강의 증진을 위하여 보건복지부령이 정하는 사업

● **시행규칙**

제18조(구강건강사업의 내용 등) ① 시 · 도지사 또는 시장 · 군수 · 구청장은 법 제18조의 규정에 의하여 구강건강실태를 조사하여 지역주민의 구강건강증진을 위한 사업을 시행하여야 한다.

② 시 · 도지사 또는 시장 · 군수 · 구청장이 수돗물에 대한 불소농도조정사업을 시행하고자 할 때에는 미리 보건복지부장관과 협의하여야 한다. 〈개정 2004. 2. 28., 2008. 3. 3., 2010. 3. 19.〉

③ 수돗물에 대한 불소농도조정사업 · 불소용액양치사업 등 구강건강사업의 관리기준 및 운영방법은 보건복지부장관이 정한다. 〈개정 2004. 2. 28., 2008. 3. 3., 2010. 3. 19.〉

제19조(건강증진사업 등) ① 국가 및 지방자치단체는 국민건강증진사업에 필요한 요원 및 시설을 확보하고, 그 시설의 이용에 필요한 시책을 강구하여야 한다.

② 특별자치시장 · 특별자치도지사 · 시장 · 군수 · 구청장은 지역주민의 건강증진을 위하여 보건복지부령이 정하는 바에 의하여 보건소장으로 하여금 다음 각 호의 사업을 하게 할 수 있다. 〈개정 1997. 12. 13., 2008. 2. 29., 2010. 1. 18., 2017. 12. 30., 2019. 12. 3.〉

1. 보건교육 및 건강상담
2. 영양관리
3. 신체활동장려
4. 구강건강의 관리
5. 질병의 조기발견을 위한 검진 및 처방
6. 지역사회의 보건문제에 관한 조사 · 연구
7. 기타 건강교실의 운영 등 건강증진사업에 관한 사항

③ 보건소장이 제2항의 규정에 의하여 제2항 제1호 내지 제5호의 업무를 행한 때에는 이용자의 개인별 건강상태를 기록하여 유지 · 관리하여야 한다. 〈개정 2019. 12. 3.〉

④ 건강증진사업에 필요한 시설 · 운영에 관하여는 보건복지부령으로 정한다. 〈개정 1997. 12. 13., 2008. 2. 29., 2010. 1. 18.〉

[제목개정 2019. 12. 3.]

● **시행규칙**

제19조(건강증진사업의 실시 등) ① 법 제19조에 따라 건강증진사업을 행하는 특별자치시장 · 특별자치도지사 · 시장 · 군수 · 구청장은 보건교육 · 영양관리 · 신체활동장려 · 구강건강관리 · 건강검진 등에 필요한 인력을 확보해야 한다. 〈개정 2018. 6. 29., 2021. 12. 3.〉

② 보건복지부장관은 법 제4조에 따른 기본시책과 건강증진사업 실시지역의 생활 여건 등을 고려하여 법 제19조 제2항에 따라 보건소장이 행하는 건강증진사업을 단계적으로 실시하게 할 수 있다. 〈개정 2008. 3. 3., 2010. 3. 19., 2021. 7. 7.〉

③ 법 제19조 제2항에 따라 건강증진사업을 행하는 보건소장은 다음 각 호의 시설 및 장비를 확보하여 지역주민에 대한 건강증진사업을 수행해야 한다. 〈개정 2021. 12. 3.〉

제19조의2(시 · 도건강증진사업지원단 설치 및 운영 등) ① 시 · 도지사는 실행계획의 수립 및 제19조에 따른 건강증진사업의 효율적인 업무 수행을 지원하기 위하여 시 · 도건강증진사업지원단(이하 "지원단"이라 한다)을 설치 · 운영할 수 있다.

② 시 · 도지사는 제1항에 따른 지원단 운영을 건강증진사업에 관한 전문성이 있다고 인정하는 법인 또는 단체에 위탁할 수 있다. 이 경우 시 · 도지사는 그 운영에 필요한 경비의 전부 또는 일부를 지원할 수 있다.

③ 제1항 및 제2항에서 규정한 사항 외에 지원단의 설치 · 운영 및 위탁 등에 관하여 필요한 사항은 보건복지부령으로 정한다.

[본조신설 2021. 12. 21.]

● **시행규칙**

제19조의2(시 · 도건강증진사업지원단의 운영 등) ① 법 제19조의2 제1항에 따른 시 · 도건강증진사업지원단(이하 이 조에서 "지원단"이라 한다)의 업무는 다음 각 호와 같다.

1. 영 제3조에 따른 시 · 도 및 시 · 군 · 구 실행계획의 수립 · 시행 지원

2. 관할 지역 내 건강증진사업 수행에 대한 기술 지원

3. 관할 지역 내 민 · 관 건강증진 협력 사업 수행

4. 관할 지역 내 건강증진사업에 대한 성과 관리 지원

5. 그 밖에 관할 지역주민의 건강증진을 위하여 필요한 사항

② 시 · 도지사는 법 제19조의2 제2항에 따라 지원단의 운영을 다음 각 호의 어느 하나에 해당하는 법인 또는 단체에 위탁할 수 있다.

1. 『공공기관의 운영에 관한 법률』 제4조 제1항에 따른 공공기관

2. 『비영리민간단체 지원법』 제4조에 따라 등록된 비영리민간단체

3. 「고등교육법」제2조에 따른 학교

4. 「의료법」제3조 제2항 제3호에 따른 병원급 의료기관

5. 「민법」제32조에 따라 설립된 비영리법인

6. 그 밖에 보건복지부장관이 건강증진사업에 관한 전문성이 있다고 인정하는 법인 또는 단체

③ 시·도지사는 지원단의 운영을 위탁하려면 미리 위탁의 절차 및 방법 등을 7일 이상 공고해야 한다.

④ 지원단의 운영을 위탁받으려는 자는 다음 각 호의 서류(전자문서를 포함한다)를 시·도지사에게 제출해야 한다.

1. 사업계획서 및 예산서

2. 건강증진 업무 수행 실적에 관한 자료

3. 고유번호증 사본(사업자등록증이 없는 경우에 한정한다)

⑤ 제4항에 따른 신청을 받은 시·도지사는 「전자정부법」제36조 제1항에 따른 행정정보의 공동이용을 통하여 다음 각 호의 서류를 확인해야 한다. 다만, 제2호의 경우 위탁을 받으려는 자가 그 확인에 동의하지 않는 경우에는 해당 서류의 사본을 첨부하도록 해야 한다.

1. 법인 등기사항증명서(법인인 경우만 해당한다)

2. 사업자등록증

⑥ 제1항부터 제5항까지에서 규정한 사항 외에 지원단의 운영 및 운영의 위탁 등에 필요한 사항은 지방자치단체의 조례로 정한다.

[본조신설 2022. 6. 22.]

제20조(검진) 국가는 건강증진을 위하여 필요한 경우에 보건복지부령이 정하는 바에 의하여 국민에 대하여 건강검진을 실시할 수 있다. 〈개정 1997. 12. 13., 2008. 2. 29., 2010. 1. 18.〉

● **시행규칙**

제20조(건강검진) ① 법 제20조의 규정에 의하여 국가가 건강검진을 실시하는 경우에는 특별자치시장·특별자치도지사·시장·군수·구청장으로 하여금 보건소장이 이를 실시하도록 하여야 한다. 다만, 필요한 경우에는 영 제32조 제2항 제2호 또는 제3호의 기관에 위탁하여 실시하게 할 수 있다. 〈개정 2018. 6. 29.〉

② 제1항의 규정에 의한 건강검진은 연령별·대상별로 검진항목을 정하여 실시하여야 한다.

제21조(검진결과의 공개금지) 제20조의 규정에 의하여 건강검진을 한 자 또는 검진기관에 근무하는 자는 국민의 건강증진사업의 수행을 위하여 불가피한 경우를 제외하고는 정당한 사유 없이 검진결과를 공개하여서는 아니 된다.

3) 국민건강증진기금

구 분	국민건강증진법	국민건강증진법 시행령	국민건강증진법 시행규칙
제3장 국민건강 증진기금	제22조(기금의 설치 등)		
	제23조(국민건강증진부담금의 부과 · 징수 등)	제27조의2(담배의 구분)	
	제23조의2(부담금의 납부담보)	제27조의3(국민건강증진부담금의 납부담보) 제27조의4(담보의 제공방법 및 평가 등) 제27조의5(담보제공요구의 제외)	제20조의3(납부담보확인서 등)
	제23조의3(부담금 부과 · 징수의 협조)		
	제24조(기금의 관리 · 운용)	제26조(기금계정) 제27조(기금의 회계기관)	
	제25조(기금의 사용 등)	제30조(기금의 사용)	

법조문 요약

1. 국민건강증진기금
보건복지부장관은 국민건강증진사업의 원활한 추진에 필요한 재원을 확보하기 위하여 국민건강증진기금을 설치하도록 함

2. 국민건강증진기금의 관리 · 운용
보건복지부장관은 기금의 운용성과 및 재정상태를 명확히 하기 위하여 대통령령이 정하는 바에 의하여 회계처리하도록 함

3. 국민건강증진기금의 사용
· 금연교육 및 광고, 흡연피해 예방 및 흡연피해자 지원 등 국민건강관리사업
· 건강생활의 지원사업
· 보건교육 및 그 자료의 개발
· 보건통계의 작성 · 보급과 보건의료 관련 조사 · 연구 및 개발에 관한 사업
· 질병의 예방 · 검진 · 관리 및 암의 치료를 위한 사업
· 국민영양관리사업
· 신체활동장려사업
· 구강건강관리사업
· 시 · 도지사 및 시장 · 군수 · 구청장이 행하는 건강증진사업
· 공공보건의료 및 건강증진을 위한 시설 · 장비의 확충
· 기금의 관리 · 운용에 필요한 경비
· 그 밖에 국민건강증진사업에 소요되는 경비로서 대통령령이 정하는 사업

법조문 속 예제 및 기출문제

제22조(기금의 설치 등) ① 보건복지부장관은 국민건강증진사업의 원활한 추진에 필요한 재원을 확보하기 위하여 국민건강증진기금(이하 "기금"이라 한다)을 설치한다. 〈개정 1997. 12. 13., 2008. 2. 29., 2010. 1. 18.〉

② 기금은 다음 각 호의 재원으로 조성한다. 〈신설 2002. 1. 19.〉

1. 제23조 제1항의 규정에 의한 부담금

2. 기금의 운용 수익금

[제목개정 2002. 1. 19.]

제23조(국민건강증진부담금의 부과 · 징수 등) ① 보건복지부장관은 「지방세법」 제47조 제4호 및 제6호에 따른 제조자 및 수입판매업자가 판매하는 같은 조 제1호에 따른 담배(같은 법 제54조에 따라 담배소비세가 면제되는 것, 같은 법 제63조 제1항 제1호 및 제2호에 따라 담배소비세액이 공제 또는 환급되는 것은 제외한다. 이하 이 조 및 제23조의2에서 같다)에 다음 각 호의 구분에 따른 부담금(이하 "부담금"이라 한다)을 부과 · 징수한다. 〈개정 2011. 6. 7., 2014. 5. 20., 2014. 12. 23., 2017. 3. 21., 2017. 12. 30., 2021. 7. 27.〉

1. 궐련 : 20개비당 841원

2. 전자담배

　가. 니코틴 용액을 사용하는 경우 : 1밀리리터당 525원

　나. 연초 및 연초 고형물을 사용하는 경우

　　1) 궐련형 : 20개비당 750원

　　2) 기타 유형 : 1그램당 73원

3. 파이프담배 : 1그램당 30.2원

4. 엽궐련(葉卷煙) : 1그램당 85.8원

5. 각련(刻煙) : 1그램당 30.2원

6. 씹는 담배 : 1그램당 34.4원

7. 냄새 맡는 담배 : 1그램당 21.4원

8. 물담배 : 1그램당 1050.1원

9. 머금는 담배 : 1그램당 534.5원

② 제1항에 따른 제조자 및 수입판매업자는 매월 1일부터 말일까지 제조장 또는 보세구역에서 반출된 담배의 수량과 산출된 부담금의 내역에 관한 자료를 다음 달 15일까지 보건복지부장관에게 제출하여야 한다. 〈개정 2008. 2. 29., 2010. 1. 18., 2011. 6. 7., 2014. 5. 20., 2021. 7. 27.〉

③ 보건복지부장관은 제2항에 따른 자료를 제출받은 때에는 그 날부터 5일 이내에 부담금의 금액과 납부기한 등을 명시하여 해당 제조자 및 수입판매업자에게 납부고지를 하여야 한다. 〈개정 2008. 2. 29., 2010. 1. 18., 2021. 7. 27.〉

④ 제1항에 따른 제조자 및 수입판매업자는 제3항에 따른 납부고지를 받은 때에는 납부고지를 받은 달의 말일까지 이를 납부하여야 한다. 〈개정 2021. 7. 27.〉

⑤ 보건복지부장관은 부담금을 납부하여야 할 자가 제4항의 규정에 의한 납부기한 이내에 부담금을 내지 아니하는 경우 납부기한이 지난 후 10일 이내에 30일 이상의 기간을 정하여 독촉장을 발부하여야 하며, 체납된 부담금에 대해서는 「국세기본법」 제47조의4를 준용하여 가산금을 징수한다. 〈개정 2008. 2. 29., 2010. 1. 18., 2016. 3. 2., 2019. 12. 3.〉

⑥ 보건복지부장관은 제5항의 규정에 의하여 독촉을 받은 자가 그 기간 이내에 부담금과 가산금을 납부하지 아니한 때에는 국세체납처분의 예에 의하여 이를 징수한다. 〈개정 2008. 2. 29., 2010. 1. 18.〉

⑦ 제1항에 따른 담배의 구분에 관하여는 담배의 성질과 모양, 제조과정 등을 기준으로 하여 대통령령으로 정한다. 〈신설 2014. 5. 20.〉

[전문개정 2002. 1. 19.]

● 시행령

제27조의2(담배의 구분) 법 제23조 제1항에 따른 담배의 구분은 다음 각 호와 같다. 〈개정 2017. 5. 29., 2018. 12. 18., 2021. 11. 30.〉

1. 궐련(卷煙) : 연초에 향료 등을 첨가하여 일정한 폭으로 썬 후 궐련제조기를 이용하여 궐련지로 말아서 피우기 쉽게 만들어진 담배와 이와 유사한 형태의 것으로서 흡연용으로 사용될 수 있는 담배

2. 전자담배 : 니코틴 용액이나 연초 및 연초 고형물을 전자장치를 사용해 호흡기를 통해 체내에 흡입함으로써 흡연과 같은 효과를 낼 수 있도록 만든 담배와 이와 유사한 형태의 담배로서 그 구분은 다음 각 목에 따른다.

   가. 니코틴 용액을 사용하는 전자담배

   나. 연초 및 연초 고형물을 사용하는 전자담배

      1) 궐련형

      2) 기타 유형

3. 파이프담배 : 고급 특수 연초를 중가향(重加香) 처리하고 압착 · 열처리 등 특수가공을 하여 각 폭을 비교적 넓게 썰어서 파이프를 이용하여 피울 수 있도록 만든 담배와 이와 유사한 형태의 담배

4. 엽궐련(葉卷煙) : 흡연 맛의 주체가 되는 전충엽을 체제와 형태를 잡아 주는 중권엽으로 싸고 겉모습을 아름답게 하기 위하여 외권엽으로 만 잎말음 담배와 이와 유사한 형태의 담배

5. 각련(刻煙) : 하급 연초를 경가향(輕加香)하거나 다소 고급인 연초를 가향하여 가늘게 썰어, 담뱃대를 이용하거나 흡연자가 직접 궐련지로 말아 피울 수 있도록 만든 담배와 이와 유사한 형태의 담배

6. 씹는 담배 : 입에 넣고 씹음으로써 흡연과 같은 효과를 낼 수 있도록 가공처리된 담배와 이와 유사한 형태의 담배

7. 냄새 맡는 담배 : 특수 가공된 담배 가루를 코 주위 등에 발라 냄새를 맡음으로써 흡연과 같은 효과를 낼 수 있도록 만든 가루 형태의 담배와 이와 유사한 형태의 담배

8. 물담배 : 장치를 이용하여 담배연기를 물로 거른 후 흡입할 수 있도록 만든 담배와 이와 유사한 형태의 담배

9. 머금는 담배 : 입에 넣고 빨거나 머금으면서 흡연과 같은 효과를 낼 수 있도록 특수가공하여 포장된 담배가루, 니코틴이 포함된 사탕 및 이와 유사한 형태로 만든 담배

[본조신설 2014. 7. 28.]

[종전 제27조의2는 제27조의3으로 이동 〈2014. 7. 28.〉]

제23조의2(부담금의 납부담보) ① 보건복지부장관은 부담금의 납부 보전을 위하여 대통령령이 정하는 바에 따라 제23조 제1항에 따른 제조자 및 수입판매업자에게 담보의 제공을 요구할 수 있다. 〈개정 2008. 2. 29., 2010. 1. 18., 2021. 7. 27.〉

② 보건복지부장관은 제1항에 따라 담보제공의 요구를 받은 제조자 및 수입판매업자가 담보를 제공하지 아니하거나 요구분의 일부만을 제공한 경우 특별시장 · 광역시장 · 특별자치시장 · 특별자치도지사 · 시장 · 군수 및 세관장에게 담보의 반출금지를 요구할 수 있다. 〈개정 2008. 2. 29., 2010. 1. 18., 2021. 7. 27.〉

③ 제2항에 따라 담배의 반출금지 요구를 받은 특별시장 · 광역시장 · 특별자치시장 · 특별자치도지사 · 시장 · 군수 및 세관장은 이에 응하여야 한다. 〈개정 2021. 7. 27.〉

[본조신설 2006. 9. 27.]

● **시행령**

제27조의3(국민건강증진부담금의 납부담보) ① 법 제23조의2에 따라 담배의 제조자 또는 수입판매업자로부터 제공받을 수 있는 국민건강증진부담금(이하 "부담금"이라 한다)의 담보액은 다음 각 호에서 정한 금액의 100분의 120(현금 또는 납부보증보험증권의 경우에는 100분의 110) 이상으로 한다.

1. 담배제조자의 경우에는 다음 각 목의 금액을 합한 금액

　가. 법 제23조 제3항에 따라 당해 제조자에게 납부고지할 예정인 부담금의 금액

　나. 납부고지한 부담금 중 납부하지 아니한 금액

2. 담배수입판매업자의 경우에는 다음 각 목의 금액을 합한 금액

　　가. 법 제23조 제3항에 따라 당해 수입판매업자에게 납부고지할 예정인 부담금의 금액

　　나. 납부고지한 부담금 중 납부하지 아니한 금액

② 담보의 종류는 다음 각 호의 어느 하나에 해당하는 것에 한한다. 〈개정 2008. 2. 29., 2010. 3. 15.〉

1. 금전

2. 국채 또는 지방채

3. 보건복지부장관이 정하여 고시하는 유가증권

4. 납부보증보험증권

5. 토지

6. 보험에 든 등기 또는 등록된 건물 · 공장재단 · 광업재단 · 선박 · 항공기나 건설기계

③ 담배수입판매업자가 수입한 담배를 통관하려는 때에는 보건복지부장관이 보건복지부령이 정하는 바에 따라 발행한 국민건강증진부담금 납부담보확인서(이하 "납부담보확인서"라 한다)를 통관지 세관장에게 제출하여야 하며, 세관장은 납부담보확인서에 기재된 담보의 범위 내에서 통관을 허용하여야 한다. 〈개정 2008. 2. 29., 2010. 3. 15.〉

[본조신설 2007. 2. 8.]

[제27조의2에서 이동, 종전 제27조의3은 제27조의4로 이동 〈2014. 7. 28.〉]

제27조의4(담보의 제공방법 및 평가 등) ① 부담금의 담보제공방법은 다음 각 호와 같다. 〈개정 2008. 2. 29., 2010. 3. 15.〉

1. 부담금담보를 금전 또는 유가증권으로 제공하려는 자는 이를 공탁하고 그 공탁수령증을 보건복지부장관에게 제출하여야 한다. 다만, 등록된 국채 · 지방채 또는 사채의 경우에는 담보 제공의 뜻을 등록하고 그 등록필증을 제출하여야 한다.

2. 납부보증보험증권을 부담금담보로 제공하려는 자는 그 보험증권을 보건복지부장관에게 제출하여야 한다.

3. 토지 · 건물 · 공장재단 · 광업재단 · 선박 · 항공기 또는 건설기계를 부담금담보로 제공하려는 자는 그 등기필증 또는 등록필증을 보건복지부장관에게 제시하여야 하며, 보건복지부장관은 이에 따라 저당권의 설정을 위한 등기 또는 등록절차를 밟아야 한다.

② 납부담보 가액의 평가에 대하여는 「지방세기본법」 제66조를 준용한다. 이 경우 "납세보증보험증권"은 "납부보증보험증권"으로 본다. 〈개정 2010. 9. 20., 2017. 3. 27.〉

[본조신설 2007. 2. 8.]

[제27조의3에서 이동, 종전 제27조의4는 제27조의5로 이동 〈2014. 7. 28.〉]

제27조의5(담보제공요구의 제외) 보건복지부장관은 담배제조업 또는 수입판매업을 3년 이상 계속해서 영위하고 최근 3년간 부담금을 체납하거나 고의로 회피한 사실이 없는 자와 신용평가기관으로부터 보건복지부장관이 정하는 기준 이상의 평가를 받은 자에게는 부담금담보의 제공을 요구하지 아니할 수 있다. 〈개정 2008. 2. 29., 2010. 3. 15.〉

[본조신설 2007. 2. 8.]

[제27조의4에서 이동, 종전 제27조의5는 제27조의6으로 이동 〈2014. 7. 28.〉]

● 시행규칙

제20조의3(납부담보확인서 등) ① 영 제27조의2 제3항에 따라 수입담배를 통관하려는 담배수입판매업자는 별지 제13호 서식의 국민건강증진부담금 납부담보확인신청서에 담보제공사실을 증명할 수 있는 서류를 첨부하여 보건복지부장관에게 제출하여야 한다. 〈개정 2008. 3. 3., 2010. 3. 19.〉

② 보건복지부장관은 제1항에 따라 국민건강증진부담금 납부담보확인신청서를 접수한 때에는 그 내용을 확인하고 별지 제14호 서식의 국민건강증진부담금 납부담보확인서를 발급하여야 한다. 〈개정 2008. 3. 3., 2010. 3. 19.〉

[본조신설 2007. 2. 8.]

제23조의3(부담금 부과·징수의 협조) ① 보건복지부장관은 부담금의 부과·징수와 관련하여 필요한 경우에는 중앙행정기관·지방자치단체 그 밖의 관계 기관·단체 등에 대하여 자료제출 등의 협조를 요청할 수 있다. 〈개정 2008. 2. 29., 2010. 1. 18.〉

② 제1항의 규정에 따른 협조요청을 받은 중앙행정기관·지방자치단체 그 밖의 관계 기관·단체 등은 특별한 사유가 없는 한 이에 응하여야 한다.

③ 제1항 및 제2항의 규정에 따라 보건복지부장관에게 제출되는 자료에 대하여는 사용료·수수료 등을 면제한다. 〈개정 2008. 2. 29., 2010. 1. 18.〉

[본조신설 2006. 9. 27.]

제24조(기금의 관리·운용) ① 기금은 보건복지부장관이 관리·운용한다. 〈개정 1997. 12. 13., 2008. 2. 29., 2010. 1. 18.〉

② 보건복지부장관은 기금의 운용성과 및 재정상태를 명확히 하기 위하여 대통령령이 정하는 바에 의하여 회계처리하여야 한다. 〈개정 1997. 12. 13., 2008. 2. 29., 2010. 1. 18., 2017. 12. 30.〉

③ 기금의 관리·운용 기타 필요한 사항은 대통령령으로 정한다.

> **제26조(기금계정)** 보건복지부장관은 법 제22조의 규정에 의한 국민건강증진기금(이하 "기금"이라 한다)의 수입과 지출을 명확히 하기 위하여 한국은행에 기금계정을 설치하여야 한다. 〈개정 2002. 2. 25., 2008. 2. 29., 2010. 3. 15.〉
>
> **제27조(기금의 회계기관)** 보건복지부장관은 기금의 수입과 지출에 관한 사무를 수행하게 하기 위하여 소속공무원 중에서 기금수입징수관·기금재무관·기금지출관 및 기금출납공무원을 임명하여야 한다. 〈개정 2008. 2. 29., 2010. 3. 15.〉
>
> [전문개정 2002. 12.. 30.]

제25조(기금의 사용 등) ① 기금은 다음 각 호의 사업에 사용한다. 〈개정 2004. 12. 30., 2016. 3. 2., 2019. 12. 3.〉

1. 금연교육 및 광고, 흡연피해 예방 및 흡연피해자 지원 등 국민건강관리사업

2. 건강생활의 지원사업

3. 보건교육 및 그 자료의 개발

4. 보건통계의 작성·보급과 보건의료 관련 조사·연구 및 개발에 관한 사업

5. 질병의 예방·검진·관리 및 암의 치료를 위한 사업

6. 국민영양관리사업

7. 신체활동장려사업

8. 구강건강관리사업

9. 시·도지사 및 시장·군수·구청장이 행하는 건강증진사업

10. 공공보건의료 및 건강증진을 위한 시설·장비의 확충

11. 기금의 관리·운용에 필요한 경비

12. 그 밖에 국민건강증진사업에 소요되는 경비로서 대통령령이 정하는 사업

② 보건복지부장관은 기금을 제1항 각 호의 사업에 사용함에 있어서 아동·청소년·여성·노인·장애인 등에 대하여 특별히 배려·지원할 수 있다. 〈신설 2004. 12. 30., 2008. 2. 29., 2010. 1. 18., 2011. 6. 7.〉

③ 보건복지부장관은 기금을 제1항 각 호의 사업에 사용함에 있어서 필요한 경우에는 보조금으로 교부할 수 있다. 〈개정 1997. 12. 13., 2008. 2. 29., 2010. 1. 18.〉

[제목개정 2019. 12. 3.]

● **시행령**

제30조(기금의 사용) 법 제25조 제1항 제12호에서 "대통령령이 정하는 사업"이란 다음 각 호의 사업을 말한다. 〈개정 2011. 12. 6., 2014. 7. 28., 2021. 11. 30.〉

1. 만성퇴행성질환의 관리사업

2. 법 제27조의 규정에 의한 지도 · 훈련사업

3. 건강증진을 위한 신체활동 지원사업

4. 금연지도원 제도 운영 등 지역사회 금연 환경 조성 사업

5. 건강친화인증 기업 지원 사업

6. 절주문화 조성 사업

4) 보 칙

구 분	국민건강증진법	국민건강증진법 시행령	국민건강증진법 시행규칙
제4장 보칙	제26조(비용의 보조)		
	제27조(지도 · 훈련)		제21조(지도 · 훈련대상) 제22조(훈련방법 등)
	제28조(보고 · 검사)		
	제29조(권한의 위임 · 위탁)	제31조(권한의 위임) 제32조(업무위탁)	
	제30조(수수료)		

법조문 요약

1. 비용의 보조
국가 또는 지방자치단체는 매 회계연도마다 예산의 범위 안에서 건강증진사업의 수행에 필요한 비용의 일부를 부담하거나 이를 수행하는 법인 또는 단체에 보조할 수 있도록 함

2. 지도 · 훈련
보건복지부장관 또는 질병관리청장은 보건교육을 담당하거나 국민건강영양조사 및 영양에 관한 지도를 담당하는 공무원 또는 보건복지부령으로 정하는 단체 및 공공기관에 종사하는 담당자의 자질 향상을 위하여 필요한 지도와 훈련을 할 수 있도록 함

법조문 속 예제 및 기출문제

제26조(비용의 보조) 국가 또는 지방자치단체는 매 회계연도마다 예산의 범위 안에서 건강증진사업의 수행에 필요한 비용의 일부를 부담하거나 이를 수행하는 법인 또는 단체에 보조할 수 있다.

제27조(지도·훈련) ① 보건복지부장관 또는 질병관리청장은 보건교육을 담당하거나 국민건강영양조사 및 영양에 관한 지도를 담당하는 공무원 또는 보건복지부령으로 정하는 단체 및 공공기관에 종사하는 담당자의 자질 향상을 위하여 필요한 지도와 훈련을 할 수 있다. 〈개정 1997. 12. 13., 2008. 2. 29., 2010. 1. 18., 2020. 8. 11., 2023. 3. 28.〉

② 제1항에 따른 훈련에 관하여 필요한 사항은 보건복지부령으로 정한다. 〈개정 1997. 12. 13., 2008. 2. 29., 2010. 1. 18., 2023. 3. 28.〉

[제목개정 2023. 3. 28.]

● 시행규칙

제21조(지도·훈련대상) 법 제27조 제1항에서 "보건복지부령이 정하는 단체 및 공공기관"이라 함은 법 제29조 제2항의 규정에 의하여 보건복지부장관의 업무를 위탁받아 건강증진사업을 행하는 단체 및 공공기관을 말한다. 〈개정 2008. 3. 3., 2010. 3. 19.〉

제22조(훈련방법 등) ① 법 제27조의 규정에 의한 훈련은 보건복지부장관, 질병관리청장 또는 한국보건사회연구원장이 지정한 훈련기관이 행한다. 〈개정 2003. 12. 27., 2008. 3. 3., 2010. 3. 19., 2020. 9. 11.〉

② 제1항의 규정에 의한 훈련기관의 장이 훈련대상자를 선발할 때에는 보건복지부장관 또는 질병관리청장이 정하는 바에 의하여 훈련을 받을 자가 공무원인 경우에는 보건복지부장관, 질병관리청장 또는 시·도지사, 단체 및 공공기관의 종사자인 경우에는 당해소속단체 및 공공기관의 장의 추천을 받아야 한다. 〈개정 2008. 3. 3., 2010. 3. 19., 2020. 9. 11.〉

③ 기타 이 규칙에서 정한 것 외에 훈련방법·시기 등 훈련에 필요한 사항은 훈련기관의 장이 보건복지부장관 또는 질병관리청장의 승인을 얻어 정한다. 〈개정 2008. 3. 3., 2010. 3. 19., 2020. 9. 11.〉

제28조(보고·검사) ① 보건복지부장관, 시·도지사 및 시장·군수·구청장은 필요하다고 인정하는 때에는 제7조 제1항, 제8조 제4항, 제8조의2, 제9조 제2항부터 제4항까지, 제9조의2, 제9조의4 또는 제23조 제1항의 규정에 해당하는 자에 대하여 당해업무에 관한 보고를 명하거나 관계공무원으로 하여금 그의 사업소 또는 사업장에 출입하여 장부·서류 기타의 물건을 검사하게 할 수 있다. 〈개정 1997. 12. 13., 1999. 2. 8., 2008. 2. 29., 2010. 1. 18., 2011. 6. 7., 2020. 12. 29.〉

② 제1항의 규정에 의하여 검사를 하는 공무원은 그 권한을 나타내는 증표를 관계인에게 내보여야 한다.

제29조(권한의 위임 · 위탁) ① 이 법에 따른 보건복지부장관의 권한은 대통령령으로 정하는 바에 따라 그 일부를 시 · 도지사에게 위임할 수 있다. 〈개정 1997. 12. 13., 2008. 2. 29., 2010. 1. 18.〉

② 보건복지부장관은 이 법에 따른 업무의 일부를 대통령령으로 정하는 바에 따라 건강증진사업을 행하는 법인 또는 단체에 위탁할 수 있다. 〈개정 1997. 12. 13., 2008. 2. 29., 2010. 1. 18., 2023. 3. 28.〉

③ 이 법에 따른 질병관리청장의 권한은 대통령령으로 정하는 바에 따라 그 일부를 소속기관의 장에게 위임할 수 있다. 〈신설 2023. 3. 28.〉

[제목개정 2023. 3. 28.]

● **시행령**

제31조(권한의 위임) ① 법 제29조 제1항에 따라 보건복지부장관은 다음 각 호의 사항을 시 · 도지사에게 위임한다. 〈개정 2007. 2. 8., 2008. 2. 29., 2010. 1. 27., 2010. 3. 15., 2011. 12. 6., 2018. 12. 18.〉

1. 법 제7조에 따른 광고내용의 변경 · 금지명령 또는 관련 법령에 따른 시정의 요청(신문 · 잡지의 경우에는 관할지역에 발행소의 소재지가 있는 것에 한정하되 「신문 등의 진흥에 관한 법률」 제9조 제1항 제9호에 따라 주된 보급지역이 전국으로 등록된 것은 제외하며, 광고방송의 경우에는 관할지역의 주민을 주된 대상으로 하여 제작되어 방송되는 것에 한정하며, 그 밖의 광고의 경우에는 관할지역에 설치되거나 주로 배포되는 것에 한정한다)

2. 법 제9조의4에 따른 담배에 관한 광고의 금지 또는 제한(관할지역에서 행해지는 광고에 한정하며, 잡지에 게재하는 광고는 제외한다)

② 질병관리청장은 법 제29조 제3항에 따라 다음 각 호의 권한을 질병대응센터장에게 위임한다. 〈신설 2023. 9. 26.〉

1. 법 제16조 제1항 및 이 영 제20조에 따라 실시하는 국민건강영양조사의 수행

2. 제22조에 따른 국민건강영양조사원의 채용 및 운영

제32조(업무위탁) ① 법 제29조 제2항에 따라 보건복지부장관은 다음 각 호의 업무를 제2항에 따른 법인 또는 단체에 위탁할 수 있다. 〈개정 2008. 2. 29., 2008. 12. 31., 2010. 3. 15., 2014. 11. 20., 2016. 6. 21., 2018. 12. 18., 2020. 6. 2., 2021. 11. 30.〉

1. 법 제6조 제1항에 따른 건강친화 환경 조성과 건강생활의 지원사업

1의2. 법 제6조의2 및 제6조의3에 따른 건강친화인증과 그 유효기간 연장에 관한 접수 · 심사 · 평가

2. 법 제12조 제1항에 따른 보건교육의 실시

3. 법 제12조의2 제1항에 따른 보건교육사 자격증 교부를 위한 업무

4. 건강증진 및 만성퇴행성질환의 예방을 위한 조사 · 연구

5. 법 제20조에 따른 건강검진

6. 건강증진을 위한 신체활동장려와 절주문화 조성에 관한 사항

7. 제16조의4 제3항에 따른 담배 광고내용의 사실 여부에 대한 검증에 필요한 자료의 조사·확인 업무

8. 법 제34조 제5항에 따른 교육 또는 금연지원 서비스를 받았는지 여부의 확인 및 과태료 감면 대상자의 정보 관리에 관한 업무

② 보건복지부장관이 법 제29조 제2항에 따라 그 업무의 일부를 위탁할 수 있는 법인 또는 단체는 다음 각 호의 기관으로 한다. 〈개정 2002. 2. 25., 2007. 2. 8., 2008. 2. 29., 2008. 12. 31., 2010. 3. 15., 2014. 11. 20.〉

1. 「국민건강보험법」에 의한 국민건강보험공단

2. 「의료법」에 의한 종합병원 및 병원(치과병원 및 한방병원을 포함한다)

3. 보건복지부장관이 정하여 고시하는 보건교육 관련 법인 또는 단체

3의2. 법 제5조의3에 따른 한국건강증진개발원

4. 기타 건강증진사업을 행하는 법인 또는 단체

③ 보건복지부장관은 제1항 각 호에 따른 업무를 위탁한 때에는 수탁기관 및 위탁업무의 내용을 고시하여야 한다. 〈신설 2014. 11. 20.〉

제30조(수수료) ① 지방자치단체의 장은 건강증진사업에 소요되는 경비 중 일부에 대하여 그 이용자로부터 조례가 정하는 바에 의하여 수수료를 징수할 수 있다.

② 제1항의 규정에 의하여 수수료를 징수하는 경우 지방자치단체의 장은 노인, 장애인, 생활보호법에 의한 생활보호대상자 등에 대하여 수수료를 감면하여야 한다.

5) 벌 칙

구 분	국민건강증진법	국민건강증진법 시행령	국민건강증진법 시행규칙
제5장 벌칙	제31조(벌칙)		
	제31조의2(벌칙)		
	제32조(벌칙)		
	제33조(양벌규정)		
	제34조(과태료)	제33조(과태료의 부과기준 등) 별표 5 제34조(과태료 감면의 기준 및 절차)	제22조의2(과태료 감면 신청서 등)
	제35조 삭제		
	제36조 삭제		

법조문 요약

1. 벌 칙

- 제21조(검진결과의 공개금지)를 위반하여 정당한 사유 없이 건강검진의 결과를 공개한 자는 3년 이하의 징역 또는 3천만 원 이하의 벌금에 처함
- 다음 사항에 해당하는 자는 1년 이하의 징역 또는 1천만 원 이하의 벌금에 처함
  - 정당한 사유 없이 광고내용의 변경 등 명령이나 광고의 금지 명령을 이행하지 아니한 자
  - 주류 면허 등에 관한 법률에 의하여 주류제조의 면허를 받은 자 또는 주류를 수입하여 판매하는 자는 대통령령이 정하는 주류의 판매용 용기에 과다한 음주는 건강에 해롭다는 내용과 임신 중 음주는 태아의 건강을 해칠 수 있다는 내용의 경고문구를 표기하여야 하는데, 이를 위반하여 경고문구를 표기하지 아니하거나 이와 다른 경고문구를 표기한 자
  - 담배에 관한 경고문구 등 표시를 위반하여 경고그림·경고문구·발암성물질·금연상담전화번호를 표기하지 아니하거나 이와 다른 경고그림·경고문구·발암성물질·금연상담전화번호를 표기한 자
  - 담배에 관한 광고의 금지 또는 제한을 위반하여 담배에 관한 광고를 한 자
  - 자격증을 교부받은 사람은 다른 사람에게 그 자격증을 빌려주어서는 아니 되고, 누구든지 그 자격증을 빌려서는 안 되는데, 이를 위반하여 다른 사람에게 자격증을 빌려주거나 빌린 자
  - 누구든지 금지된 행위를 알선하여서는 안 되는데, 이를 위반하여 자격증을 빌려주거나 빌리는 것을 알선한 자
- 보건복지부장관은 국민건강의식을 잘못 이끄는 광고를 한 자에 대하여 그 내용의 변경 등 시정을 요구하거나 금지를 명할 수 있다는 제7조 제1항의 규정을 위반하여 정당한 사유 없이 광고의 내용변경 또는 금지의 명령을 이행하지 아니한 자는 100만 원 이하의 벌금에 처함
- 다음 중 어느 하나에 해당하는 자에게는 500만 원 이하의 과태료를 부과
  - 거짓이나 그 밖의 부정한 방법으로 건강친화기업 인증을 받은 자
  - 인증을 받지 아니한 기업이 이를 위반하여 인증표시 또는 이와 유사한 표시를 한 자
  - 담배사업법에 의한 지정소매인 기타 담배를 판매하는 자는 대통령령이 정하는 장소 외에서 담배자동판매기를 설치하여 담배를 판매하여서는 아니 되는데, 이를 위반하여 담배자동판매기를 설치하여 담배를 판매한 자
  - 특별자치시장·특별자치도지사·시장·군수·구청장은 시설의 소유자·점유자 또는 관리자가 전단을 위반하여 금연구역을 지정하지 아니하거나 금연구역을 알리는 표지를 설치하지 아니하거나, 후단에 따른 금연구역을 알리는 표지 또는 흡연실의 설치 기준·방법 등을 위반한 경우에는 일정한 기간을 정하여 그 시정을 명할 수 있는데, 이에 따른 시정명령을 따르지 아니한 자
  - 가향물질 함유 표시 제한을 위반하여 가향물질을 표시하는 문구나 그림·사진을 제품의 포장이나 광고에 사용한 자
  - 제조자 및 수입판매업자는 매월 1일부터 말일까지 제조장 또는 보세구역에서 반출된 담배의 수량과 산출된 부담금의 내역에 관한 자료를 다음 달 15일까지 보건복지부장관에게 제출하여야 하는데, 이를 위반하여 자료를 제출하지 아니하거나 허위의 자료를 제출한 자

법조문 속 예제 및 기출문제

제31조(벌칙) 제21조를 위반하여 정당한 사유 없이 건강검진의 결과를 공개한 자는 3년 이하의 징역 또는 3천만 원 이하의 벌금에 처한다.

[종전 제31조는 제31조의2로 이동〈2014. 3. 18.〉]

제31조의2(벌칙) 다음 각 호의 어느 하나에 해당하는 자는 1년 이하의 징역 또는 1천만 원 이하의 벌금에 처한다. 〈개정 2001. 4. 7., 2006. 9. 27., 2007. 12. 14., 2011. 6. 7., 2014. 3. 18., 2015. 6. 22., 2020. 4. 7., 2020. 12. 29.〉

1. 정당한 사유 없이 제8조의2 제3항에 따른 광고내용의 변경 등 명령이나 광고의 금지 명령을 이행하지 아니한 자

2. 제8조 제4항을 위반하여 경고문구를 표기하지 아니하거나 이와 다른 경고문구를 표기한 자

3. 제9조의2를 위반하여 경고그림 · 경고문구 · 발암성물질 · 금연상담전화번호를 표기하지 아니하거나 이와 다른 경고그림 · 경고문구 · 발암성물질 · 금연상담전화번호를 표기한 자

4. 제9조의4를 위반하여 담배에 관한 광고를 한 자

5. 제12조의2 제6항을 위반하여 다른 사람에게 자격증을 빌려주거나 빌린 자

6. 제12조의2 제7항을 위반하여 자격증을 빌려주거나 빌리는 것을 알선한 자

[제31조에서 이동〈2014. 3. 18.〉]

제32조(벌칙) 제7조 제1항의 규정에 위반하여 정당한 사유 없이 광고의 내용변경 또는 금지의 명령을 이행하지 아니한 자는 100만 원 이하의 벌금에 처한다.

[전문개정 1999. 2. 8.]

제33조(양벌규정) 법인의 대표자나 법인 또는 개인의 대리인, 사용인 그 밖의 종업원이 그 법인 또는 개인의 업무에 관하여 제31조, 제31조의2 또는 제32조의 위반행위를 하면 그 행위자를 벌하는 외에 그 법인 또는 개인에게도 해당 조문의 벌금형을 과(科)한다. 다만, 법인 또는 개인이 그 위반행위를 방지하기 위하여 해당 업무에 관하여 상당한 주의와 감독을 게을리하지 아니한 경우에는 그러하지 아니하다. 〈개정 2014. 3. 18.〉

[전문개정 2010. 5. 27.]

제34조(과태료) ① 다음 각 호의 어느 하나에 해당하는 자에게는 500만 원 이하의 과태료를 부과한다. 〈개정 1999. 2. 8., 2002. 1. 19., 2011. 6. 7., 2016. 12. 2., 2017. 12. 30., 2019. 12. 3.〉

1. 거짓이나 그 밖의 부정한 방법으로 제6조의2 제1항에 따른 인증을 받은 자

1의2. 제6조의2 제4항을 위반하여 인증표시 또는 이와 유사한 표시를 한 자

1의3. 제9조 제2항의 규정에 위반하여 담배자동판매기를 설치하여 담배를 판매한 자

2. 제9조 제9항에 따른 시정명령을 따르지 아니한 자

3. 제9조의3을 위반하여 가향물질을 표시하는 문구나 그림·사진을 제품의 포장이나 광고에 사용한 자

4. 제23조 제2항의 규정에 위반하여 자료를 제출하지 아니하거나 허위의 자료를 제출한 자

② 다음 각 호의 1에 해당하는 자는 300만 원 이하의 과태료에 처한다. 〈신설 2002. 1. 19., 2003. 7. 29., 2011. 6. 7.〉

1. 제9조 제3항의 규정에 위반하여 성인인증장치가 부착되지 아니한 담배자동판매기를 설치하여 담배를 판매한 자

2. 삭제 〈2011. 6. 7.〉

3. 제28조의 규정에 의한 보고를 하지 아니하거나 허위로 보고한 자와 관계공무원의 검사를 거부·방해 또는 기피한 자

③ 다음 각 호의 어느 하나에 해당하는 자에게는 10만 원 이하의 과태료를 부과한다. 〈신설 2010. 5. 27., 2016. 3. 2., 2017. 12. 30., 2020. 12. 29.〉

1. 제8조의4 제2항을 위반하여 금주구역에서 음주를 한 사람

2. 제9조 제8항을 위반하여 금연구역에서 흡연을 한 사람

④ 제1항부터 제3항까지의 규정에 따른 과태료는 대통령령으로 정하는 바에 따라 보건복지부장관, 시·도지사 또는 시장·군수·구청장이 부과·징수한다. 〈신설 2017. 12. 30.〉

⑤ 제3항에도 불구하고 과태료 납부 대상자가 대통령령으로 정하는 바에 따라 일정 교육 또는 금연지원 서비스를 받은 경우 시·도지사 또는 시장·군수·구청장은 과태료를 감면할 수 있다. 〈신설 2019. 12. 3.〉

[제목개정 2016. 12. 2.]

● **시행령**

제33조(과태료의 부과기준 등) ① 법 제34조에 따른 과태료의 부과기준은 별표 5와 같다.

② 법 제34조에 따른 과태료의 부과권자는 다음 각 호의 구분에 따른다. 〈개정 2012. 12. 7., 2017. 5. 29., 2018. 12. 18., 2021. 6. 15., 2021. 11. 30.〉

1. 법 제34조 제1항 제1호 및 제1호의2의 경우 : 보건복지부장관

1의2. 법 제34조 제1항 제1호의3·제2호, 같은 조 제2항 제1호 및 같은 조 제3항 제2호(법 제9조 제4항부터 제6항까지의 규정에 따른 금연구역에서 흡연한 경우만 해당한다)의 경우 : 특별자치시장·특별자치도지사·시장·군수·구청장

2. 법 제34조 제1항 제3호 및 제4호의 경우 : 보건복지부장관

3. 법 제34조 제2항 제3호의 경우 : 보건복지부장관, 시 · 도지사 또는 시장 · 군수 · 구청장

3의2. 법 제34조 제3항 제1호의 경우 : 해당 금주구역을 지정한 시 · 도지사 또는 시장 · 군수 · 구청장

4. 법 제34조 제3항 제2호(법 제9조 제7항에 따른 금연구역에서 흡연한 경우만 해당한다)의 경우 : 해당 금연구역을 지정한 시 · 도지사 또는 시장 · 군수 · 구청장

[전문개정 2011. 12. 6.]

국민건강증진법 시행령 [별표 5] <개정 2021. 11. 30.>

과태료의 부과기준(제33조 제1항 관련)

1. 일반기준

가. 위반행위의 횟수에 따른 과태료의 부과기준은 최근 2년간 같은 위반행위로 과태료 부과처분을 받은 경우에 적용한다. 이 경우 위반행위에 대하여 과태료 부과처분을 한 날과 그 처분 후 다시 같은 위반행위를 한 날을 기준으로 하여 위반횟수를 계산한다.

나. 가목에 따라 가중된 부과처분을 하는 경우 가중처분의 적용 차수는 그 위반행위 전 부과처분 차수(가목에 따른 기간 내에 과태료 부과처분이 둘 이상 있었던 경우에는 높은 차수를 말한다)의 다음 차수로 한다.

다. 부과권자는 위반행위의 정도, 위반행위의 동기와 그 결과 등을 고려하여 과태료 금액을 줄일 필요가 있다고 인정되는 경우에는 제2호에 따른 과태료 금액의 2분의 1 범위에서 그 금액을 줄일 수 있다. 다만, 과태료를 체납하고 있는 위반행위자에 대해서는 그렇지 않다.

라. 부과권자는 다음의 어느 하나에 해당하는 경우에는 제2호에 따른 과태료 금액의 2분의 1 범위에서 그 금액을 늘릴 수 있다. 다만, 늘리는 경우에도 법 제34조에 따른 과태료 금액의 상한을 넘을 수 없다.

  1) 법 위반상태의 기간이 3개월 이상인 경우

  2) 그 밖에 위반행위의 정도, 위반행위의 동기와 그 결과 등을 고려하여 과태료 금액을 늘릴 필요가 있다고 인정되는 경우

2. 개별기준

(단위 : 만 원)

위반행위	근거 법조문	과태료 금액		
		1차 위반	2차 위반	3차 이상 위반
가. 거짓이나 그 밖의 부정한 방법으로 법 제6조의2 제1항에 따른 인증을 받은 경우	법 제34조 제1항 제1호	170	330	500
나. 법 제6조의2 제4항을 위반하여 인증표시나 이와 유사한 표시를 한 경우	법 제34조 제1항 제1호의2	170	330	500
다. 법 제8조의4 제2항을 위반하여 금주구역에서 음주를 한 경우	법 제34조 제3항 제1호	10만 원의 범위에서 해당 지방자치단체의 조례로 정하는 금액		
라. 법 제9조 제2항을 위반하여 담배자동판매기를 설치하여 담배를 판매한 경우	법 제34조 제1항 제1호의3	170	330	500
마. 법 제9조 제3항을 위반하여 성인인증장치가 부착되지 않은 담배자동판매기를 설치하여 담배를 판매한 경우	법 제34조 제2항 제1호	75	150	300
바. 법 제9조 제8항을 위반하여 금연구역에서 흡연을 한 경우	법 제34조 제3항 제2호			

위반행위	근거 법조문	과태료 금액		
		1차 위반	2차 위반	3차 이상 위반
1) 법 제9조 제4항에 따라 공중이 이용하는 시설의 소유자·점유자 또는 관리자가 지정한 금연구역에서 흡연을 한 경우	법 제34조 제3항 제2호	10	10	10
2) 법 제9조 제5항에 따라 특별자치시장·특별자치도지사·시장·군수·구청장이 지정한 공동주택의 금연구역에서 흡연을 한 경우		5	5	5
3) 법 제9조 제6항에 따라 특별자치시장·특별자치도지사·시장·군수·구청장이 지정한 금연구역에서 흡연을 한 경우		10	10	10
4) 법 제9조 제7항에 따라 지방자치단체가 지정한 금연구역에서 흡연을 한 경우		10만 원의 범위에서 해당 지방자치단체의 조례로 정하는 금액		
사. 법 제9조 제9항에 따른 시정명령을 따르지 않은 경우	법 제34조 제1항 제2호	170	330	500
아. 법 제9조의3을 위반하여 가향물질을 표시하는 문구나 그림·사진을 제품의 포장이나 광고에 사용한 경우	법 제34조 제1항 제3호	170	330	500
자. 법 제23조 제2항을 위반하여 자료를 제출하지 않거나 허위의 자료를 제출한 경우	법 제34조 제1항 제4호	170	330	500
차. 법 제28조에 따른 보고를 하지 않거나 허위로 보고한 경우와 관계공무원의 검사를 거부·방해 또는 기피한 경우	법 제34조 제2항 제3호	75	150	300

제34조(과태료 감면의 기준 및 절차) ① 법 제34조 제5항에 따라 과태료를 감면받으려는 사람은 보건복지부장관이 정하는 바에 따라 다음 각 호의 어느 하나에 해당하는 교육 또는 금연지원 서비스를 받아야 한다.

1. 법 제12조 제1항·제2항에 따른 보건교육(흡연의 폐해, 금연의 필요성 등에 관한 교육으로 한정한다) 또는 법 제25조 제1항 제1호에 따른 국민건강관리사업으로 실시하는 금연교육

2. 법 제25조 제1항 제1호에 따른 국민건강관리사업으로 실시하는 금연치료 및 금연상담 등 금연지원 서비스

② 법 제34조 제5항에 따라 과태료를 감면받으려는 사람은 해당 과태료에 대한 의견 제출 기한까지 보건복지부령으로 정하는 교육 및 금연지원 서비스 신청서를 시·도지사 또는 시장·군수·구청장에게 제출해야 한다. 이 경우 교육과 금연지원 서비스를 중복하여 신청할 수 없다.

③ 시·도지사 또는 시장·군수·구청장은 과태료 납부 대상자가 제2항에 따라 교육 및 금연지원 서비스를 신청한 경우에는 다음 각 호의 구분에 따른 기간 동안 과태료의 부과를 유예할 수 있다.

1. 제1항 제1호에 따른 교육을 신청한 경우: 교육을 신청한 날부터 1개월

2. 제1항 제2호에 따른 금연지원 서비스를 신청한 경우: 금연지원 서비스를 신청한 날부터 6개월

④ 법 제34조 제5항에 따라 시·도지사 또는 시장·군수·구청장은 제3항에 따라 과태료의 부과를 유예받은 사람이 그 유예기간 이내에 보건복지부령으로 정하는 과태료 감면 신청서에 제1항에 따른 교육 또는 금연지원 서비스를 받았음을 증명하는 자료를 첨부하여 제출하는 경우에는 다음 각 호의 구분에 따른 기준에 따라 과태료를 감면할 수 있다. 다만, 과태료를 체납하고 있는 사람 또는 최근 2년간 법 제34조 제5항에 따라 과태료를 2회 이상 감면받은 사람에 대해서는 과태료를 감면할 수 없다.

1. 제1항 제1호에 따른 교육을 받은 경우 : 100분의 50 감경
2. 제1항 제2호에 따른 금연지원 서비스를 받은 경우 : 전액 면제

⑤ 제4항 제1호에 따른 과태료의 감경은 「질서위반행위규제법」 제18조에 따른 자진납부자에 대한 과태료의 감경과 중복하여 적용하지 않는다.

⑥ 시·도지사 또는 시장·군수·구청장은 제3항에 따라 과태료의 부과를 유예받은 사람이 그 유예기간 이내에 제4항에 따른 자료를 제출하지 않은 경우에는 지체 없이 법 제34조 제3항에 따라 과태료를 부과해야 한다.

⑦ 시·도지사 또는 시장·군수·구청장은 제3항에 따라 과태료의 부과를 유예받은 사람이 그 유예기간 동안 법 제9조 제8항을 위반하여 금연구역에서 흡연을 한 사실이 적발된 경우에는 지체 없이 법 제34조 제3항에 따라 과태료를 부과해야 한다.

[본조신설 2020. 6. 2.]

● **시행규칙**

제22조의2(과태료 감면 신청서 등) ① 영 제34조 제2항에 따른 교육 및 금연지원 서비스 신청서는 별지 제15호 서식에 따른다.

② 영 제34조 제4항에 따른 과태료 감면 신청서는 별지 제16호 서식에 따른다.

[본조신설 2020. 6. 4.]

제35조 삭제〈2017. 12. 30.〉

제36조 삭제〈1999. 2. 5.〉

4. 국민영양관리법

국민영양관리법은 총 6장(총칙, 국민영양관리기본계획 등, 영양관리사업, 영양사의 면허 및 교육 등, 보칙, 벌칙)으로 구성되어 있다. 국민영양관리법 시행령과 국민영양관리법 시행규칙에서는 국민영양 관리법 시행을 위한 필요 사항을 규정하고 있다.

　제1장 총칙은 국민영양관리법의 목적, 정의, 국가 및 지방자치단체의 의무, 영양사 등의 책임, 국민의 권리 등, 다른 법률과의 관계로 구성되어 있다. 제2장 국민영양관리기본계획 등은 국민영양관리기 본계획, 국민영양관리시행계획, 국민영양정책 등의 심의로 구성되어 있다. 제3장 영양관리사업은 영양 · 식생활 교육사업, 영양취약계층 등의 영양관리사업, 통계 · 정보, 영양관리를 위한 영양 및 식생활 조사, 영양소 섭취기준 및 식생활 지침의 제정 및 보급으로 구성되어 있다. 제4장 영양사의 면허 및 교육 등은 영양사의 면허, 결격사유, 영양사의 업무, 면허의 등록, 명칭사용의 금지, 보수교육, 면허취소 등, 영양사협회로 구성되어 있다. 제5장 보칙은 임상영양사, 비용의 보조, 권한의 위임 · 위탁, 수수료, 벌칙 적용에서의 공무원 의제로 구성되어 있다. 제6장 벌칙은 벌칙으로 구성되어 있다.

　국민영양관리법 및 동법의 시행령, 시행규칙을 정리한 표는 다음과 같다.

국민영양관리법 · 시행령 · 시행규칙 주요 법조문 목차

구 분	국민영양관리법	국민영양관리법 시행령	국민영양관리법 시행규칙
법 시행 · 공포일	[시행 2020. 9. 12.] [법률 제17472호, 2020. 8. 11., 타법개정]	[시행 2023. 9. 29.] [대통령령 제33755호, 2023. 9. 26., 타법개정]	[시행 2022. 12. 13.] [보건복지부령 제922호, 2022. 12. 13., 일부개정]
제1장 총칙	제1조(목적)		
	제2조(정의)		
	제3조(국가 및 지방자치단체의 의무)		
	제4조(영양사 등의 책임) 예제		
	제5조(국민의 권리 등)		
	제6조(다른 법률과의 관계)		
제2장 국민영양 관리기본 계획 등	제7조(국민영양관리기본계획) 예제	제2조(영양관리사업의 유형)	제2조(국민영양관리기본계획 협의절차 등)
	제8조(국민영양관리시행계획)		제3조(시행계획의 수립시기 및 추진절차 등) 제4조(국민영양관리 시행계획 및 추진실적의 평가)
	제9조(국민영양정책 등의 심의)		
제3장 영양관리 사업	제10조(영양 · 식생활 교육사업) 예제		제5조(영양 · 식생활 교육의 대상 · 내용 · 방법 등) 21 기출

(계속)

구 분	국민영양관리법	국민영양관리법 시행령	국민영양관리법 시행규칙
제3장 영양관리 사업	제11조(영양취약계층 등의 영양관리 사업) 예제		
	제12조(통계 · 정보)		
	제13조(영양관리를 위한 영양 및 식생활 조사)	제3조(영양 및 식생활 조사의 유형) 제4조(영양 및 식생활 조사의 시기와 방법 등)	
	제14조(영양소 섭취기준 및 식생활 지침의 제정 및 보급)		제6조(영양소 섭취기준과 식생활 지침의 주요 내용 및 발간 주기 등) 예제
제4장 영양사의 면허 및 교육 등	제15조(영양사의 면허)		제7조(영양사 면허 자격 요건) 별표 1 별표 1의2 제8조(영양사 국가시험의 시행과 공고) 제9조(영양사 국가시험 과목 등) 제10조(영양사 국가시험 응시 제한) 별표 4 제11조(시험위원) 제12조(영양사 국가시험의 응시 및 합격자 발표 등) 제13조(관계 기관 등에의 협조 요청)
	제15조의2(응시자격의 제한 등)		제10조(영양사 국가시험 응시 제한) 별표 4
	제16조(결격사유)		제14조(감염병환자)
	제17조(영양사의 업무)		
	제18조(면허의 등록)		제15조(영양사 면허증의 교부) 제16조(면허증의 재발급) 제17조(면허증의 반환)
	제19조(명칭사용의 금지)		
	제20조(보수교육)		제18조(보수교육의 시기 · 대상 · 비용 · 방법 등) 제19조(보수교육계획 및 실적 보고 등) 제20조(보수교육 관계 서류의 보존)
	제20조의2(실태 등의 신고) 예제	제4조의2(영양사의 실태 등의 신고)	제20조의2(영양사의 실태 등의 신고 및 보고)
	제21조(면허취소 등) 19 · 22 · 23 기출	제5조(행정처분의 세부기준) 별표 예제	
	제22조(영양사협회)	제6조(협회의 설립허가) 제7조(정관의 기재사항) 제8조(정관의 변경허가) 제9조(협회의 지부 및 분회)	

(계속)

식품위생관계법규

구 분	국민영양관리법	국민영양관리법 시행령	국민영양관리법 시행규칙
제5장 보칙	제23조(임상영양사)		제22조(임상영양사의 업무) 제23조(임상영양사의 자격기준) 제24조(임상영양사의 교육과정) 제25조(임상영양사 교육기관의 　　지정 기준 및 절차) 제26조(임상영양사 교육생 정원) 제27조(임상영양사 교육과정의 　　과목 및 수료증 발급) 제28조(임상영양사 자격시험의 　　시행과 공고) 제29조(임상영양사 자격시험의 　　응시자격 및 응시절차) 제30조(임상영양사 자격시험 　　의 시험방법 등) 제31조(임상영양사 합격자 발 　　표 등) 제32조(임상영양사 자격증 발 　　급 등)
	제23조의2(임상영양사의 자격취소 등)		
	제24조(비용의 보조)		
	제25조(권한의 위임·위탁)	제10조(업무의 위탁)	
	제26조(수수료)		제33조(수수료)
	제27조(벌칙 적용에서의 공무원 의제)		
제6장 벌칙	제28조(벌칙) 20 기출 예제		
	제29조 삭제		

1) 총 칙

구 분	국민영양관리법	국민영양관리법 시행령	국민영양관리법 시행규칙
제1장 총칙	제1조(목적)		
	제2조(정의)		
	제3조(국가 및 지방자치단체의 의무)		
	제4조(영양사 등의 책임) 예제		
	제5조(국민의 권리 등)		
	제6조(다른 법률과의 관계)		

법조문 요약

1. 목 적

국민의 식생활에 대한 과학적인 조사·연구를 바탕으로 체계적인 국가영양정책을 수립·시행함으로써 국민의 영양 및 건강증진을 도모하고 삶의 질 향상에 이바지하는 것을 목적으로 함

2. 정 의

- "식생활"이란 식문화, 식습관, 식품의 선택 및 소비 등 식품의 섭취와 관련된 모든 양식화된 행위를 말함
- "영양관리"란 적절한 영양의 공급과 올바른 식생활 개선을 통하여 국민이 질병을 예방하고 건강한 상태를 유지하도록 하는 것을 말함
- "영양관리사업"이란 국민의 영양관리를 위하여 생애주기 등 영양관리 특성을 고려하여 실시하는 교육·상담 등의 사업을 말함

3. 국가 및 지방자치단체의 의무

국가 및 지방자치단체는 올바른 식생활 및 영양관리에 관한 정보를 국민에게 제공하여야 함

4. 영양사 등의 책임

- 영양사는 지속적으로 영양지식과 기술의 습득으로 전문능력을 향상시켜 국민영양 개선 및 건강증진을 위하여 노력하여야 함
- 식품·영양 및 식생활 관련 단체와 그 종사자, 영양관리사업 참여자는 자발적 참여와 연대를 통하여 국민의 건강증진을 위하여 노력하여야 함

법조문 속 예제 및 기출문제

제1조(목적) 이 법은 국민의 식생활에 대한 과학적인 조사·연구를 바탕으로 체계적인 국가영양정책을 수립·시행함으로써 국민의 영양 및 건강증진을 도모하고 삶의 질 향상에 이바지하는 것을 목적으로 한다.

제2조(정의) 이 법에서 사용하는 용어의 정의는 다음과 같다.

1. "식생활"이란 식문화, 식습관, 식품의 선택 및 소비 등 식품의 섭취와 관련된 모든 양식화된 행위를 말한다.
2. "영양관리"란 적절한 영양의 공급과 올바른 식생활 개선을 통하여 국민이 질병을 예방하고 건강한 상태를 유지하도록 하는 것을 말한다.
3. "영양관리사업"이란 국민의 영양관리를 위하여 생애주기 등 영양관리 특성을 고려하여 실시하는 교육·상담 등의 사업을 말한다.

제3조(국가 및 지방자치단체의 의무) ① 국가 및 지방자치단체는 올바른 식생활 및 영양관리에 관한 정보를 국민에게 제공하여야 한다.

② 국가 및 지방자치단체는 국민의 영양관리를 위하여 필요한 대책을 수립하고 시행하여야 한다.

③ 지방자치단체는 영양관리사업을 시행하기 위한 공무원을 둘 수 있다.

제4조(영양사 등의 책임) ① 영양사는 지속적으로 영양지식과 기술의 습득으로 전문능력을 향상시켜 국민영양개선 및 건강증진을 위하여 노력하여야 한다.

② 식품·영양 및 식생활 관련 단체와 그 종사자, 영양관리사업 참여자는 자발적 참여와 연대를 통하여 국민의 건강증진을 위하여 노력하여야 한다.

> 예제 「국민영양관리법」상 영양사 등의 책임에 해당하는 것은?

제5조(국민의 권리 등) ① 누구든지 영양관리사업을 통하여 건강을 증진할 권리를 가지며 성별, 연령, 종교, 사회적 신분 또는 경제적 사정 등을 이유로 이에 대한 권리를 침해받지 아니한다.

② 모든 국민은 올바른 영양관리를 통하여 자신과 가족의 건강을 보호·증진하기 위하여 노력하여야 한다.

제6조(다른 법률과의 관계) 국민의 영양관리에 대하여 다른 법률에 특별한 규정이 있는 경우를 제외하고는 이 법에서 정하는 바에 따른다.

2) 국민영양관리기본계획 등

구 분	국민영양관리법	국민영양관리법 시행령	국민영양관리법 시행규칙
제2장 국민영양 관리기본 계획 등	제7조(국민영양관리기본계획) 예제	제2조(영양관리사업의 유형)	제2조(국민영양관리기본계획 협의절차 등)
	제8조(국민영양관리시행계획)		제3조(시행계획의 수립시기 및 추진절차 등) 제4조(국민영양관리 시행계획 및 추진실적의 평가)
	제9조(국민영양정책 등의 심의)		

법조문 요약

1. 국민영양관리기본계획
보건복지부장관은 관계 중앙행정기관의 장과 협의하고 「국민건강증진법」 제5조에 따른 국민건강증진정책심의위원회의 심의를 거쳐 국민영양관리기본계획을 5년마다 수립하여야 함

2. 국민영양관리시행계획
시장·군수·구청장은 기본계획에 따라 매년 국민영양관리시행계획을 수립·시행하여야 하며, 그 시행계획 및 추진실적을 시·도지사를 거쳐 보건복지부장관에게 제출하여야 함

제7조(국민영양관리기본계획) ① 보건복지부장관은 관계 중앙행정기관의 장과 협의하고 「국민건강증진법」 제5조에 따른 국민건강증진정책심의위원회(이하 "위원회"라 한다)의 심의를 거쳐 국민영양관리기본계획(이하 "기본계획"이라 한다)을 5년마다 수립하여야 한다.

② 기본계획에는 다음 각 호의 사항이 포함되어야 한다.

1. 기본계획의 중장기적 목표와 추진방향

2. 다음 각 목의 영양관리사업 추진계획

　　가. 제10조에 따른 영양 · 식생활 교육사업

　　나. 제11조에 따른 영양취약계층 등의 영양관리사업

　　다. 제13조에 따른 영양관리를 위한 영양 및 식생활 조사

　　라. 그 밖에 대통령령으로 정하는 영양관리사업

3. 연도별 주요 추진과제와 그 추진방법

4. 필요한 재원의 규모와 조달 및 관리 방안

5. 그 밖에 영양관리정책수립에 필요한 사항

③ 보건복지부장관은 제1항에 따라 기본계획을 수립한 경우에는 관계 중앙행정기관의 장, 특별시장 · 광역시장 · 도지사 · 특별자치도지사(이하 "시 · 도지사"라 한다) 및 시장 · 군수 · 구청장(자치구의 구청장을 말한다. 이하 같다)에게 통보하여야 한다.

④ 제1항의 기본계획 수립에 따른 협의절차, 제3항의 통보방법 등에 관하여 필요한 사항은 보건복지부령으로 정한다.

> **예제** 「국민영양관리법」상 국민영양관리기본계획과 관련하여 (　) 안에 들어갈 것으로 옳은 것은?
>
> 보건복지부장관은 관계 중앙행정기관의 장과 협의하고 「국민건강증진법」 제5조에 따른 국민건강증진정책심의위원회의 심의를 거쳐 국민영양관리기본계획을 (　)년마다 수립하여야 한다.

● **시행령**

제2조(영양관리사업의 유형) 「국민영양관리법」(이하 "법"이라 한다) 제7조 제2항 제2호 라목에 따른 영양관리사업은 다음 각 호와 같다.

1. 법 제14조에 따른 영양소 섭취기준 및 식생활 지침의 제정 · 개정 · 보급 사업

2. 영양취약계층을 조기에 발견하여 관리할 수 있는 국가영양관리감시체계 구축 사업

3. 국민의 영양 및 식생활 관리를 위한 홍보 사업

4. 고위험군·만성질환자 등에게 영양관리식 등을 제공하는 영양관리서비스산업의 육성을 위한 사업

5. 그 밖에 국민의 영양관리를 위하여 보건복지부장관이 필요하다고 인정하는 사업

● **시행규칙**

제2조(국민영양관리기본계획 협의절차 등) ① 보건복지부장관은 「국민영양관리법」(이하 "법"이라 한다) 제7조에 따른 국민영양관리기본계획(이하 "기본계획"이라 한다) 수립 시 기본계획안을 작성하여 관계 중앙행정기관의 장에게 통보하여야 한다.

② 보건복지부장관은 제1항에 따른 기본계획안에 관계 중앙행정기관의 장으로부터 수렴한 의견을 반영하여 「국민건강증진법」 제5조에 따른 국민건강증진정책심의위원회의 심의를 거쳐 기본계획을 확정한다.

제8조(국민영양관리시행계획) ① 시장·군수·구청장은 기본계획에 따라 매년 국민영양관리시행계획(이하 "시행계획"이라 한다)을 수립·시행하여야 하며 그 시행계획 및 추진실적을 시·도지사를 거쳐 보건복지부장관에게 제출하여야 한다.

② 보건복지부장관은 시·도지사로부터 제출된 시행계획 및 추진실적에 관하여 보건복지부령으로 정하는 방법에 따라 평가하여야 한다.

③ 시행계획의 수립 및 추진 등에 필요한 사항은 보건복지부령으로 정하는 기준에 따라 해당 지방자치단체의 조례로 정한다.

● **시행규칙**

제3조(시행계획의 수립시기 및 추진절차 등) ① 법 제7조 제3항에 따라 기본계획을 통보받은 시장·군수·구청장(자치구의 구청장을 말한다. 이하 같다)은 법 제8조에 따른 국민영양관리시행계획(이하 "시행계획"이라 한다)을 수립하여 매년 1월 말까지 특별시장·광역시장·도지사·특별자치도지사(이하 "시·도지사"라 한다)에게 보고하여야 하며, 이를 보고받은 시·도지사는 관할 시·군·구(자치구를 말한다. 이하 같다)의 시행계획을 종합하여 매년 2월 말까지 보건복지부장관에게 제출하여야 한다.

② 시장·군수·구청장은 제1항에 따른 시행계획을 「지역보건법」 제7조 제2항에 따른 지역보건의료계획의 연차별 시행계획에 포함하여 수립할 수 있다. 〈개정 2015. 11. 18.〉

③ 시장·군수·구청장은 해당 연도의 시행계획에 대한 추진실적을 다음 해 2월 말까지 시·도지사에게 보고하여야 하며, 이를 보고받은 시·도지사는 관할 시·군·구의 추진실적을 종합하여 다음 해 3월 말까지 보건복지부장관에게 제출하여야 한다.

④ 시장·군수·구청장은 지역 내 인구의 급격한 변화 등 예측하지 못한 지역 환경의 변화에 따라 필요한 경우에는 관련 단체 및 전문가 등의 의견을 들어 시행계획을 변경할 수 있다.

⑤ 시장·군수·구청장은 제4항에 따라 시행계획을 변경한 때에는 지체 없이 이를 시·도지사에게 보고하여야 하며, 이를 보고받은 시·도지사는 지체 없이 이를 보건복지부장관에게 제출하여야 한다.

제4조(국민영양관리 시행계획 및 추진실적의 평가) ① 보건복지부장관은 시행계획의 내용이 국가의 영양 관리시책에 부합되지 아니하는 경우에는 조정을 권고할 수 있다.

② 보건복지부장관은 제3조에 따라 제출받은 추진실적을 현황분석·목표·활동전략의 적절성 등 보건복지부장관이 정하는 평가기준에 따라 평가하여야 한다.

③ 보건복지부장관은 제2항에 따라 추진실적을 평가하였을 때에는 그 결과를 공표할 수 있다.

제9조(국민영양정책 등의 심의) 위원회는 국민의 영양관리를 위하여 다음 각 호의 사항을 심의한다.

1. 국민영양정책의 목표와 추진방향에 관한 사항

2. 기본계획의 수립에 관한 사항

3. 그 밖에 영양관리를 위하여 위원장이 필요하다고 인정한 사항

3) 영양관리사업

구 분	국민영양관리법	국민영양관리법 시행령	국민영양관리법 시행규칙
제3장 영양관리 사업	제10조(영양·식생활 교육사업) 예제		제5조(영양·식생활 교육의 대상·내용·방법 등) 21 기출
	제11조(영양취약계층 등의 영양관리 사업) 예제		
	제12조(통계·정보)		
	제13조(영양관리를 위한 영양 및 식생활 조사)	제3조(영양 및 식생활 조사의 유형) 제4조(영양 및 식생활 조사의 시기와 방법 등)	
	제14조(영양소 섭취기준 및 식생활 지침의 제정 및 보급)		제6조(영양소 섭취기준과 식생활 지침의 주요 내용 및 발간 주기 등) 예제

법조문 요약

1. 영양·식생활 교육사업

국가 및 지방자치단체는 국민의 건강을 위하여 영양·식생활 교육을 실시하여야 하며, 영양·식생활 교육에 필요한 프로그램 및 자료를 개발하여 보급하여야 함

2. 영양취약계층 등의 영양관리사업

국가 및 지방자치단체는 다음의 영양관리사업을 실시할 수 있어야 함

- 영유아, 임산부, 아동, 노인, 노숙인 및 사회복지시설 수용자 등 영양취약계층을 위한 영양관리사업
- 어린이집, 유치원, 학교, 집단급식소, 의료기관 및 사회복지시설 등 시설 및 단체에 대한 영양관리사업
- 생활습관질병 등 질병예방을 위한 영양관리사업

3. 영양관리를 위한 영양 및 식생활 조사

국가 및 지방자치단체는 지역사회의 영양문제에 관한 연구를 위하여 다음의 조사를 실시할 수 있음

- 식품 및 영양소 섭취조사
- 식생활 행태 조사
- 영양상태 조사
- 그 밖에 영양문제에 필요한 조사로서 대통령령으로 정하는 사항

4. 영양소 섭취기준 및 식생활 지침의 제정 및 보급

보건복지부장관은 국민건강증진에 필요한 영양소 섭취기준을 제정하고 정기적으로 개정하여 학계·산업계 및 관련
기관 등에 체계적으로 보급하여야 함

법조문 속 예제 및 기출문제

제10조(영양·식생활 교육사업) ① 국가 및 지방자치단체는 국민의 건강을 위하여 영양·식생활 교육을
실시하여야 하며 영양·식생활 교육에 필요한 프로그램 및 자료를 개발하여 보급하여야 한다.

② 제1항에 따른 영양·식생활 교육의 대상·내용·방법 등에 필요한 사항은 보건복지부령으로 정
한다.

> 예제 「국민영양관리법」상 영양·식생활 교육 사업의 대상·내용·방법 등에 필요한 사항을 정하는 자는?

● **시행규칙**

제5조(영양·식생활 교육의 대상·내용·방법 등) ① 보건복지부장관, 시·도지사 및 시장·군수·구청
장은 국민 또는 지역 주민에게 영양·식생활 교육을 실시하여야 하며, 이 경우 생애주기 등 영양관리
특성을 고려하여야 한다.

② 영양·식생활 교육의 내용은 다음 각 호와 같다.

1. 생애주기별 올바른 식습관 형성·실천에 관한 사항
2. 식생활 지침 및 영양소 섭취기준
3. 질병 예방 및 관리
4. 비만 및 저체중 예방·관리
5. 바람직한 식생활문화 정립

6. 식품의 영양과 안전

7. 영양 및 건강을 고려한 음식만들기

8. 그 밖에 보건복지부장관, 시·도지사 및 시장·군수·구청장이 국민 또는 지역 주민의 영양관리 및 영양개선을 위하여 필요하다고 인정하는 사항

---

21 기출 「국민영양관리법」상 영양·식생활 교육의 내용이 아닌 것은?

① 질병 예방 및 관리

② 공중위생에 관한 사항

③ 비만 및 저체중 예방·관리

④ 식생활 지침 및 영양소 섭취기준

⑤ 생애주기별 올바른 식습관 형성·실천에 관한 사항

정답 ②

제11조(영양취약계층 등의 영양관리사업) 국가 및 지방자치단체는 다음 각 호의 영양관리사업을 실시할 수 있다. 〈개정 2011. 6. 7., 2024. 1. 2.〉

1. 영유아, 임산부, 아동, 노인, 노숙인, 장애인 및 사회복지시설 수용자 등 영양취약계층을 위한 영양관리사업

2. 어린이집, 유치원, 학교, 집단급식소, 의료기관 및 사회복지시설 등 시설 및 단체에 대한 영양관리사업

3. 생활습관질병 등 질병예방을 위한 영양관리사업

[시행일 2024. 7. 3.] 제11조

예제 「국민영양관리법」상 영양관리사업 대상이 아닌 것은?

제12조(통계·정보) ① 질병관리청장은 보건복지부장관과 협의하여 영양정책 및 영양관리사업 등에 활용할 수 있도록 식품 및 영양에 관한 통계 및 정보를 수집·관리하여야 한다. 〈개정 2020. 8. 11.〉

② 질병관리청장은 제1항에 따른 통계 및 정보를 수집·관리하기 위하여 필요한 경우 관련 기관 또는 단체에 자료를 요청할 수 있다. 〈개정 2020. 8. 11.〉

③ 제2항에 따라 자료를 요청받은 기관 또는 단체는 이에 성실히 응하여야 한다.

제13조(영양관리를 위한 영양 및 식생활 조사) ① 국가 및 지방자치단체는 지역사회의 영양문제에 관한 연구를 위하여 다음 각 호의 조사를 실시할 수 있다.

1. 식품 및 영양소 섭취조사

2. 식생활 행태 조사

3. 영양상태 조사

4. 그 밖에 영양문제에 필요한 조사로서 대통령령으로 정하는 사항

② 질병관리청장은 보건복지부장관과 협의하여 국민의 식품섭취 · 식생활 등에 관한 국민 영양 및 식생활 조사를 매년 실시하고 그 결과를 공표하여야 한다. 〈개정 2019. 4. 23., 2020. 8. 11.〉

③ 질병관리청장은 제2항에 따른 조사를 위하여 관련 기관 · 법인 또는 단체의 장에게 필요한 자료의 제출 또는 의견의 진술을 요청할 수 있다. 이 경우 요청을 받은 자는 정당한 사유가 없으면 이에 협조하여야 한다. 〈신설 2019. 4. 23., 2020. 8. 11.〉

④ 제1항 및 제2항에 따른 조사의 방법과 그 밖에 필요한 사항은 대통령령으로 정한다. 〈개정 2019. 4. 23.〉

● **시행령**

제3조(영양 및 식생활 조사의 유형) 법 제13조 제1항 제4호에 따른 영양문제에 필요한 조사는 다음 각 호와 같다. 〈개정 2020. 9. 11.〉

1. 식품의 영양성분 실태조사

2. 당 · 나트륨 · 트랜스지방 등 건강 위해가능 영양성분의 실태조사

3. 음식별 식품재료량 조사

4. 그 밖에 국민의 영양관리와 관련하여 보건복지부장관, 질병관리청장 또는 지방자치단체의 장이 필요하다고 인정하는 조사

제4조(영양 및 식생활 조사의 시기와 방법 등) ① 질병관리청장은 법 제13조 제1항 제1호부터 제3호까지 및 같은 조 제2항에 따른 조사를 「국민건강증진법」 제16조에 따른 국민건강영양조사에 포함하여 실시한다. 〈개정 2020. 9. 11., 2023. 9. 26.〉

② 질병관리청장은 제3조 제1호 및 제2호에 따른 실태조사를 가공식품과 식품접객업소 · 집단급식소 등에서 조리 · 판매 · 제공하는 식품 등에 대하여 질병관리청장이 정한 기준에 따라 매년 실시한다. 〈개정 2013. 3. 23., 2020. 9. 11.〉

③ 질병관리청장은 제3조 제3호에 따른 조사를 식품접객업소 및 집단급식소 등의 음식별 식품재료에 대하여 질병관리청장이 정한 기준에 따라 매년 실시한다. 〈개정 2020. 9. 11.〉

제14조(영양소 섭취기준 및 식생활 지침의 제정 및 보급) ① 보건복지부장관은 국민건강증진에 필요한 영양소 섭취기준을 제정하고 정기적으로 개정하여 학계 · 산업계 및 관련 기관 등에 체계적으로 보급하여야 한다.

② 보건복지부장관은 관계 중앙행정기관의 장과 협의하여 다음 각 호의 분야에서 제1항에 따른 영양소 섭취기준을 적극 활용할 수 있도록 하여야 한다. 〈신설 2018. 12. 11.〉

1. 「국민건강증진법」 제2조 제1호에 따른 국민건강증진사업
2. 「학교급식법」 제11조에 따른 학교급식의 영양관리
3. 「식품위생법」 제2조 제12호에 따른 집단급식소의 영양관리
4. 「식품 등의 표시·광고에 관한 법률」 제5조에 따른 식품 등의 영양표시
5. 「식생활교육지원법」 제2조 제2호에 따른 식생활 교육
6. 그 밖에 영양관리를 위하여 대통령령으로 정하는 분야

③ 보건복지부장관은 국민건강증진과 삶의 질 향상을 위하여 질병별·생애주기별 특성 등을 고려한 식생활 지침을 제정하고 정기적으로 개정·보급하여야 한다. 〈개정 2018. 12. 11.〉

④ 제1항에 따른 영양소 섭취기준 및 제3항에 따른 식생활 지침의 주요 내용 및 발간 주기 등 세부적인 사항은 보건복지부령으로 정한다. 〈개정 2018. 12. 11.〉

● **시행규칙**

제6조(영양소 섭취기준과 식생활 지침의 주요 내용 및 발간 주기 등) ① 법 제14조 제1항에 따른 영양소 섭취기준에는 다음 각 호의 내용이 포함되어야 한다.

1. 국민의 생애주기별 영양소 요구량(평균 필요량, 권장 섭취량, 충분 섭취량 등) 및 상한 섭취량
2. 영양소 섭취기준 활용을 위한 식사 모형
3. 국민의 생애주기별 1일 식사 구성안
4. 그 밖에 보건복지부장관이 영양소 섭취기준에 포함되어야 한다고 인정하는 내용

> 예제 「국민영양관리법」상 영양소 섭취기준의 내용이 아닌 것은?

② 법 제14조 제3항에 따른 식생활 지침에는 다음 각 호의 내용이 포함되어야 한다. 〈개정 2019. 10. 24.〉

1. 건강증진을 위한 올바른 식생활 및 영양관리의 실천
2. 생애주기별 특성에 따른 식생활 및 영양관리
3. 질병의 예방·관리를 위한 식생활 및 영양관리
4. 비만과 저체중의 예방·관리
5. 영양취약계층, 시설 및 단체에 대한 식생활 및 영양관리
6. 바람직한 식생활문화 정립
7. 식품의 영양과 안전
8. 영양 및 건강을 고려한 음식 만들기
9. 그 밖에 올바른 식생활 및 영양관리에 필요한 사항

③ 영양소 섭취기준 및 식생활 지침의 발간 주기는 5년으로 하되, 필요한 경우 그 주기를 조정할 수 있다.

> 예제 「국민영양관리법」상 식생활 지침의 내용이 아닌 것은?

4) 영양사의 면허 및 교육 등

구 분	국민영양관리법	국민영양관리법 시행령	국민영양관리법 시행규칙
제4장 영양사의 면허 및 교육 등	제15조(영양사의 면허)		제7조(영양사 면허 자격 요건) 별표 1 별표 1의2 제8조(영양사 국가시험의 시행과 공고) 제9조(영양사 국가시험 과목 등) 제10조(영양사 국가시험 응시 제한) 별표 4 제11조(시험위원) 제12조(영양사 국가시험의 응시 및 합격자 발표 등) 제13조(관계 기관 등에의 협조 요청)
	제15조의2(응시자격의 제한 등)		제10조(영양사 국가시험 응시 제한) 별표 4
	제16조(결격사유)		제14조(감염병환자)
	제17조(영양사의 업무)		
	제18조(면허의 등록)		제15조(영양사 면허증의 교부) 제16조(면허증의 재발급) 제17조(면허증의 반환)
	제19조(명칭사용의 금지)		
	제20조(보수교육)		제18조(보수교육의 시기·대상·비용·방법 등) 제19조(보수교육계획 및 실적 보고 등) 제20조(보수교육 관계 서류의 보존)
	제20조의2(실태 등의 신고) 예제	제4조의2(영양사의 실태 등의 신고)	제20조의2(영양사의 실태 등의 신고 및 보고)
	제21조(면허취소 등) 19·22·23 기출	제5조(행정처분의 세부기준) 별표 예제	
	제22조(영양사협회)	제6조(협회의 설립허가) 제7조(정관의 기재사항) 제8조(정관의 변경허가) 제9조(협회의 지부 및 분회)	

1. 영양사의 면허

영양사가 되고자 하는 사람은 다음의 어느 하나에 해당하는 사람으로서 영양사 국가시험에 합격한 후 보건복지부장관의 면허를 받아야 함

- 「고등교육법」에 따른 대학, 산업대학, 전문대학 또는 방송통신대학에서 식품학 또는 영양학을 전공한 자로서 교과목 및 학점이수 등에 관하여 보건복지부령으로 정하는 요건을 갖춘 사람
- 외국에서 영양사면허(보건복지부장관이 정하여 고시하는 인정기준에 해당하는 면허를 말한다)를 받은 사람
- 외국의 영양사 양성학교(보건복지부장관이 정하여 고시하는 인정기준에 해당하는 학교를 말한다)를 졸업한 사람

2. 결격사유

다음의 어느 하나에 해당하는 사람은 영양사의 면허를 받을 수 없음

- 「정신건강증진 및 정신질환자 복지서비스 지원에 관한 법률」에 따른 정신질환자. 다만, 전문의가 영양사로서 적합하다고 인정하는 사람은 그러하지 아니함
- 「감염병의 예방 및 관리에 관한 법률」에 따른 감염병환자 중 보건복지부령으로 정하는 사람
- 마약·대마 또는 향정신성의약품 중독자
- 영양사 면허의 취소처분을 받고 그 취소된 날부터 1년이 지나지 아니한 사람

3. 영양사의 업무

- 건강증진 및 환자를 위한 영양·식생활 교육 및 상담
- 식품영양정보의 제공
- 식단 작성, 검식(檢食) 및 배식관리
- 구매식품의 검수 및 관리
- 급식시설의 위생적 관리
- 집단급식소의 운영일지 작성
- 종업원에 대한 영양지도 및 위생교육

4. 보수교육

보건기관·의료기관·집단급식소 등에서 각각 그 업무에 종사하는 영양사는 영양관리 수준 및 자질 향상을 위하여 보수교육을 받아야 함(2년마다 6시간 이상 실시)

- 직업윤리에 관한 사항
- 업무 전문성 향상 및 업무 개선에 관한 사항
- 국민영양 관계 법령의 준수에 관한 사항
- 선진 영양관리 동향 및 추세에 관한 사항
- 그 밖에 보건복지부장관이 영양사의 전문성 향상에 필요하다고 인정하는 사항

5. 실태 등의 신고

영양사는 대통령령으로 정하는 바에 따라 최초로 면허를 받은 후부터 3년마다 그 실태와 취업상황 등을 보건복지부장관에게 신고하여야 함

6. 면허취소 등

보건복지부장관은 영양사가 다음의 어느 하나에 해당하는 경우 그 면허를 취소할 수 있음

- 다음 중의 어느 하나에 해당하는 경우
  - 「정신건강증진 및 정신질환자 복지서비스 지원에 관한 법률」에 따른 정신질환자. 다만, 전문의가 영양사로서 적합하다고 인정하는 사람은 그러하지 아니함
  - 「감염병의 예방 및 관리에 관한 법률」에 따른 감염병환자 중 보건복지부령으로 정하는 사람
  - 마약 · 대마 또는 향정신성의약품 중독자
- 면허정지처분 기간 중에 영양사의 업무를 하는 경우
- 3회 이상 면허정지처분을 받은 경우

7. 영양사협회

영양사는 영양에 관한 연구, 영양사의 윤리 확립 및 영양사의 권익 증진 및 자질 향상을 위하여 대통령령으로 정하는 바에 따라 영양사협회(이하 "협회"라 한다)를 설립할 수 있음

법조문 속 예제 및 기출문제

제15조(영양사의 면허) ① 영양사가 되고자 하는 사람은 다음 각 호의 어느 하나에 해당하는 사람으로서 영양사 국가시험에 합격한 후 보건복지부장관의 면허를 받아야 한다. 〈개정 2015. 12. 29., 2018. 12. 11.〉

1. 「고등교육법」에 따른 대학, 산업대학, 전문대학 또는 방송통신대학에서 식품학 또는 영양학을 전공한 자로서 교과목 및 학점이수 등에 관하여 보건복지부령으로 정하는 요건을 갖춘 사람

2. 외국에서 영양사면허(보건복지부장관이 정하여 고시하는 인정기준에 해당하는 면허를 말한다)를 받은 사람

3. 외국의 영양사 양성학교(보건복지부장관이 정하여 고시하는 인정기준에 해당하는 학교를 말한다)를 졸업한 사람

② 보건복지부장관은 제1항에 따른 국가시험의 관리를 보건복지부령으로 정하는 바에 따라 시험 관리능력이 있다고 인정되는 관계 전문기관에 위탁할 수 있다.

③ 영양사 면허와 국가시험 등에 필요한 사항은 보건복지부령으로 정한다.

● **시행규칙**

제7조(영양사 면허 자격 요건) ① 법 제15조 제1항 제1호에서 "보건복지부령으로 정하는 요건을 갖춘 사람"이란 별표 1에 따른 교과목 및 학점을 이수하고 별표 1의2에 따른 학과 또는 학부(전공)를 졸업한 사람 및 제8조에 따른 영양사 국가시험의 응시일로부터 3개월 이내에 졸업이 예정된 사람을 말한다. 이 경우 졸업이 예정된 사람은 그 졸업예정시기에 별표 1에 따른 교과목 및 학점을 이수하고 별표 1의2에 따른 학과 또는 학부(전공)를 졸업하여야 한다. 〈개정 2015. 5. 19.〉

② 법 제15조 제1항 제2호 및 제3호에서 "외국"이란 다음 각 호의 어느 하나에 해당하는 국가를 말한다. 〈개정 2013. 3. 23.〉

1. 대한민국과 국교(國交)를 맺은 국가

2. 대한민국과 국교를 맺지 아니한 국가 중 보건복지부장관이 외교부장관과 협의하여 정하는 국가

국민영양관리법 시행규칙 별표1 〈개정 2019. 9. 27.〉

교과목 및 학점이수 기준(제7조 제1항 관련)

다음 교과목 중 각 영역별 최소이수 과목(총 18과목) 및 학점(총 52학점) 이상을 전공과목(필수 또는 선택)으로 이수해야 한다.

영역	교과목	유사인정과목	최소이수 과목 및 학점
기초	생리학	인체생리학, 영양생리학	총 2과목 이상 (6학점 이상)
	생화학	영양생화학	
	공중보건학	환경위생학, 보건학	
영양	기초영양학	영양학, 영양과 현대사회, 영양과 건강, 인체영양학	총 6과목 이상 (19학점 이상)
	고급영양학	영양화학, 고급인체영양학, 영양소 대사	
	생애주기 영양학	특수영양학, 생활주기영양학, 가족영양학, 영양과 (성장)발달	
	식사요법	식이요법, 질병과 식사요법	
	영양교육	영양상담, 영양교육 및 상담, 영양정보관리 및 상담	
	임상영양학	영양병리학	
	지역사회 영양학	보건영양학, 지역사회 영양 및 정책	
	영양판정	영양(상태)평가	
식품 및 조리	식품학	식품과 현대사회, 식품재료학	총 5과목 이상 (14학점 이상)
	식품화학	고급식품학, 식품(영양)분석	
	식품 미생물학	발효식품학, 발효(미생물)학	
	식품가공 및 저장학	식품가공학, 식품저장학, 식품제조 및 관리	
	조리원리	한국음식연구, 외국음식연구, 한국조리, 서양조리	
	실험조리	조리과학, 실험조리 및 관능검사[오감(五感)을 이용한 검사], 실험조리 및 식품평가, 실험조리 및 식품개발	
급식 및 위생	단체급식 관리	급식관리, 다량조리, 외식산업과 다량조리	총 4과목 이상 (11학점 이상)
	급식경영학	급식경영 및 인사관리, 급식경영 및 회계, 급식경영 및 마케팅 전략	
	식생활관리	식생활계획, 식생활(과) 문화, 식문화사	
	식품위생학	식품위생 및 (관계) 법규	
	식품위생관계법규	식품위생법규	
실습	영양사 현장실습	영양사 실무	총 1과목 이상 (2학점 이상)

[비고]
1. 위의 교과목명이나 유사인정 과목명에 "~ 및 실험", "~ 및 실습", "~실험", "~실습", "~학", "~연습", "~ I 과 II", "~관리", "~개론"을 붙여도 해당 교과목으로 인정할 수 있다.
2. 위의 영양사 현장실습 교과목은 80시간 이상(2주 이상) 이수하여야 하며, 영양사가 배치된 집단급식소, 의료기관, 보건소 등에서 현장 실습하여야 한다.

국민영양관리법 시행규칙 별표 1의2 <신설 2015. 5. 19.>	
영양사 면허 취득에 필요한 학과, 학부(전공) 기준(제7조 제1항 관련)	
구 분	내 용
학과	영양학과, 식품영양학과, 영양식품학과
학부(전공)	식품학, 영양학, 식품영양학, 영양식품학

제8조(영양사 국가시험의 시행과 공고) ① 보건복지부장관은 매년 1회 이상 영양사 국가시험을 시행하여야 한다.

② 보건복지부장관은 영양사 국가시험의 관리를 시험관리능력이 있다고 인정하여 지정·고시하는 다음 각 호의 요건을 갖춘 관계전문기관(이하 "영양사 국가시험관리기관"이라 한다)으로 하여금 하도록 한다.

1. 정부가 설립·운영비용의 일부를 출연(出捐)한 비영리법인

2. 국가시험에 관한 조사·연구 등을 통하여 국가시험에 관한 전문적인 능력을 갖춘 비영리법인

③ 영양사 국가시험관리기관의 장이 영양사 국가시험을 실시하려면 미리 보건복지부장관의 승인을 받아 시험일시, 시험장소, 응시원서 제출기간, 응시 수수료의 금액 및 납부방법, 그 밖에 영양사 국가시험의 실시에 관하여 필요한 사항을 시험 실시 30일 전까지 공고하여야 한다.

제9조(영양사 국가시험 과목 등) ① 영양사 국가시험의 과목은 다음 각 호와 같다.〈개정 2015. 5. 19.〉

1. 영양학 및 생화학(기초영양학·고급영양학·생애주기영양학 등을 포함한다)

2. 영양교육, 식사요법 및 생리학(임상영양학·영양상담·영양판정 및 지역사회영양학을 포함한다)

3. 식품학 및 조리원리(식품화학·식품미생물학·실험조리·식품가공 및 저장학을 포함한다)

4. 급식, 위생 및 관계 법규(단체급식관리·급식경영학·식생활관리·식품위생학·공중보건학과 영양·보건의료·식품위생 관계 법규를 포함한다)

② 영양사 국가시험은 필기시험으로 한다.

③ 영양사 국가시험의 합격자는 전 과목 총점의 60퍼센트 이상, 매 과목 만점의 40퍼센트 이상을 득점하여야 한다.〈개정 2015. 5. 19.〉

④ 영양사 국가시험의 출제방법, 배점비율, 그 밖에 시험 시행에 필요한 사항은 영양사 국가시험관리기관의 장이 정한다.

제10조(영양사 국가시험 응시제한) 법 제15조의2 제2항에 따른 영양사 국가시험 응시제한의 기준은 별표 4와 같다.

[전문개정 2019. 10. 24.]

국민영양관리법 시행규칙 **별표 4** <신설 2019. 10. 24.>	
영양사 국가시험 응시제한의 기준(제10조 관련)	
위반행위	**응시제한 횟수**
1. 시험 중에 대화ㆍ손동작 또는 소리 등으로 서로 의사소통을 하는 행위	1회
2. 시험 중에 허용되지 않는 자료를 가지고 있거나 해당 자료를 이용하는 행위	
3. 제12조 제1항에 따른 응시원서를 허위로 작성하여 제출하는 행위	
4. 시험 중에 다른 사람의 답안지 또는 문제지를 엿보고 본인의 답안지를 작성하는 행위	2회
5. 시험 중에 다른 사람을 위해 답안 등을 알려주거나 엿보게 하는 행위	
6. 다른 사람의 도움을 받아 답안지를 작성하거나 다른 사람의 답안지 작성에 도움을 주는 행위	
7. 본인이 작성한 답안지를 다른 사람과 교환하는 행위	
8. 시험 중에 허용되지 않는 전자장비ㆍ통신기기 또는 전자계산기기 등을 사용하여 답안을 작성하거나 다른 사람에게 답안을 전송하는 행위	
9. 시험 중에 시험문제 내용과 관련된 물건(시험 관련 교재 및 요약자료를 포함한다)을 다른 사람과 주고받는 행위	
10. 본인이 대리시험을 치르거나 다른 사람으로 하여금 시험을 치르게 하는 행위	3회
11. 사전에 시험문제 또는 답안을 다른 사람에게 알려주는 행위	
12. 사전에 시험문제 또는 시험답안을 알고 시험을 치르는 행위	

제11조(시험위원) 영양사 국가시험관리기관의 장은 영양사 국가시험을 실시할 때마다 시험과목별로 전문지식을 갖춘 사람 중에서 시험위원을 위촉한다.

제12조(영양사 국가시험의 응시 및 합격자 발표 등) ① 영양사 국가시험에 응시하려는 사람은 영양사 국가시험관리기관의 장이 정하는 응시원서를 영양사 국가시험관리기관의 장에게 제출하여야 한다.

② 영양사 국가시험관리기관의 장은 영양사 국가시험을 실시한 후 합격자를 결정하여 발표한다.

③ 영양사 국가시험관리기관의 장은 합격자 발표 후 합격자에 대한 다음 각 호의 사항을 보건복지부장관에게 보고하여야 한다.

1. 성명, 성별 및 주민등록번호(외국인은 국적, 성명, 성별 및 생년월일)

2. 출신학교 및 졸업 연월일

3. 합격번호 및 합격 연월일

제13조(관계 기관 등에의 협조 요청) 영양사 국가시험관리기관의 장은 영양사 국가시험의 관리업무를 원활하게 수행하기 위하여 필요한 경우에는 국가ㆍ지방자치단체 또는 관계 기관ㆍ단체에 시험장소 및 시험감독의 지원 등 필요한 협조를 요청할 수 있다.

제15조의2(응시자격의 제한 등) ① 부정한 방법으로 영양사 국가시험에 응시한 사람이나 영양사 국가시험에서 부정행위를 한 사람에 대해서는 그 수험을 정지시키거나 합격을 무효로 한다.

② 보건복지부장관은 제1항에 따라 수험이 정지되거나 합격이 무효가 된 사람에 대하여 처분의 사유와 위반 정도 등을 고려하여 보건복지부령으로 정하는 바에 따라 3회의 범위에서 영양사 국가시험 응시를 제한할 수 있다.

[본조신설 2019. 4. 23.]

● **시행규칙**

제10조(영양사 국가시험 응시제한) 법 제15조의2 제2항에 따른 영양사 국가시험 응시제한의 기준은 별표 4와 같다.

[전문개정 2019. 10. 24.]

국민영양관리법 시행규칙 **별표 4** <신설 2019. 10. 24.>	
영양사 국가시험 응시제한의 기준(제10조 관련)	
위반행위	**응시제한 횟수**
1. 시험 중에 대화 · 손동작 또는 소리 등으로 서로 의사소통을 하는 행위 2. 시험 중에 허용되지 않는 자료를 가지고 있거나 해당 자료를 이용하는 행위 3. 제12조 제1항에 따른 응시원서를 허위로 작성하여 제출하는 행위	1회
4. 시험 중에 다른 사람의 답안지 또는 문제지를 엿보고 본인의 답안지를 작성하는 행위 5. 시험 중에 다른 사람을 위해 답안 등을 알려주거나 엿보게 하는 행위 6. 다른 사람의 도움을 받아 답안지를 작성하거나 다른 사람의 답안지 작성에 도움을 주는 행위 7. 본인이 작성한 답안지를 다른 사람과 교환하는 행위 8. 시험 중에 허용되지 않는 전자장비 · 통신기기 또는 전자계산기기 등을 사용하여 답안을 작성하거나 다른 사람에게 답안을 전송하는 행위 9. 시험 중에 시험문제 내용과 관련된 물건(시험 관련 교재 및 요약자료를 포함한다)을 다른 사람과 주고받는 행위	2회
10. 본인이 대리시험을 치르거나 다른 사람으로 하여금 시험을 치르게 하는 행위 11. 사전에 시험문제 또는 답안을 다른 사람에게 알려주는 행위 12. 사전에 시험문제 또는 시험답안을 알고 시험을 치르는 행위	3회

제16조(결격사유) 다음 각 호의 어느 하나에 해당하는 사람은 영양사의 면허를 받을 수 없다. 〈개정 2018. 12. 11.〉

1. 「정신건강증진 및 정신질환자 복지서비스 지원에 관한 법률」 제3조 제1호에 따른 정신질환자. 다만, 전문의가 영양사로서 적합하다고 인정하는 사람은 그러하지 아니하다.

2. 「감염병의 예방 및 관리에 관한 법률」 제2조 제13호에 따른 감염병환자 중 보건복지부령으로 정하는 사람

3. 마약 · 대마 또는 향정신성의약품 중독자

4. 영양사 면허의 취소처분을 받고 그 취소된 날부터 1년이 지나지 아니한 사람

제14조(감염병환자) 법 제16조 제2호에서 "감염병환자"란 「감염병의 예방 및 관리에 관한 법률」 제2조 제4호 나목에 따른 B형간염 환자를 제외한 감염병환자를 말한다. 〈개정 2022. 12. 13.〉

제17조(영양사의 업무) 영양사는 다음 각 호의 업무를 수행한다.

1. 건강증진 및 환자를 위한 영양 · 식생활 교육 및 상담

2. 식품영양정보의 제공

3. 식단 작성, 검식(檢食) 및 배식관리

4. 구매식품의 검수 및 관리

5. 급식시설의 위생적 관리

6. 집단급식소의 운영일지 작성

7. 종업원에 대한 영양지도 및 위생교육

제18조(면허의 등록) ① 보건복지부장관은 영양사의 면허를 부여할 때에는 영양사 면허대장에 그 면허에 관한 사항을 등록하고 면허증을 교부하여야 한다. 다만, 면허증 교부 신청일 기준으로 제16조에 따른 결격사유에 해당하는 자에게는 면허 등록 및 면허증 교부를 하여서는 아니 된다. 〈개정 2019. 12. 3.〉

② 제1항에 따라 면허증을 교부받은 사람은 다른 사람에게 그 면허증을 빌려주어서는 아니 되고, 누구든지 그 면허증을 빌려서는 아니 된다. 〈개정 2020. 4. 7.〉

③ 누구든지 제2항에 따라 금지된 행위를 알선하여서는 아니 된다. 〈신설 2020. 4. 7.〉

④ 제1항에 따른 면허의 등록 및 면허증의 교부 등에 관하여 필요한 사항은 보건복지부령으로 정한다. 〈개정 2020. 4. 7.〉

제15조(영양사 면허증의 교부) ① 영양사 국가시험에 합격한 사람은 합격자 발표 후 별지 제1호 서식의 영양사 면허증 교부신청서에 다음 각 호의 서류를 첨부하여 보건복지부장관에게 영양사 면허증의 교부를 신청하여야 한다. 〈개정 2016. 12. 30.〉

1. 다음 각 목의 구분에 따른 자격을 증명할 수 있는 서류

　　가. 법 제15조 제1항 제1호 : 졸업증명서 및 별표 1에 따른 교과목 및 학점이수 확인에 필요한 증명서

　　나. 법 제15조 제1항 제2호 : 면허증 사본

　　다. 법 제15조 제1항 제3호 : 졸업증명서

2. 법 제16조 제1호 본문에 해당되지 아니함을 증명하는 의사의 진단서 또는 같은 호 단서에 해당하는 경우에는 이를 증명할 수 있는 전문의의 진단서

3. 법 제16조 제2호 및 제3호에 해당되지 아니함을 증명하는 의사의 진단서

4. 응시원서의 사진과 같은 사진(가로 3.5센티미터, 세로 4.5센티미터) 2장

② 보건복지부장관은 영양사 국가시험에 합격한 사람이 제1항에 따른 영양사 면허증의 교부를 신청한 날부터 14일 이내에 별지 제2호 서식의 영양사 면허대장에 그 면허에 관한 사항을 등록하고 별지 제3호 서식의 영양사 면허증을 교부하여야 한다. 다만, 법 제15조 제1항 제2호 및 제3호에 해당하는 사람의 경우에는 외국에서 영양사 면허를 받은 사실 등에 대한 조회가 끝난 날부터 14일 이내에 영양사 면허증을 교부한다.

제16조(면허증의 재발급) ① 영양사는 다음 각 호의 어느 하나에 해당하는 경우에는 별지 제4호 서식의 면허증(자격증) 재발급신청서에 사진(신청 전 6개월 이내에 모자 등을 쓰지 않고 촬영한 상반신 정면사진으로 가로 3.5센티미터, 세로 4.5센티미터의 사진을 말한다. 이하 같다) 2장과 면허증(제1호에 해당하는 경우는 제외한다)을 첨부하여 보건복지부장관에게 제출해야 한다. 〈개정 2022. 12. 13.〉

1. 면허증을 잃어버린 경우

2. 면허증이 헐어 못 쓰게 된 경우

3. 성명 또는 주민등록번호가 변경된 경우

② 제1항에 따른 신청(제1항 제3호에 해당하는 경우로 한정한다)을 받은 보건복지부장관은 「전자정부법」 제36조 제1항에 따른 행정정보의 공동이용을 통하여 다음 각 호의 구분에 따라 해당 호의 서류를 확인해야 한다. 다만, 신청인이 확인에 동의하지 않는 경우에는 해당 서류를 첨부하도록 해야 한다. 〈신설 2022. 12. 13.〉

1. 성명이 변경된 경우 : 가족관계등록전산정보

2. 주민등록번호가 변경된 경우 : 주민등록표 초본

③ 보건복지부장관은 제1항에 따라 영양사 면허증의 재발급 신청을 받은 경우에는 해당 영양사 면허대장에 그 사유를 적고 영양사 면허증을 재발급해야 한다. 〈개정 2022. 12. 13.〉

[제목개정 2022. 12. 13.]

제17조(면허증의 반환) 영양사가 제16조에 따라 영양사 면허증을 재발급받은 후 분실하였던 영양사 면허증을 발견하였거나, 법 제21조에 따라 영양사 면허의 취소처분을 받았을 때에는 그 영양사 면허증을 지체 없이 보건복지부장관에게 반환해야 한다. 〈개정 2022. 12. 13.〉

제19조(명칭사용의 금지) 제15조에 따라 영양사 면허를 받지 아니한 사람은 영양사 명칭을 사용할 수 없다.

제20조(보수교육) ① 보건기관·의료기관·집단급식소 등에서 각각 그 업무에 종사하는 영양사는 영양관리수준 및 자질 향상을 위하여 보수교육을 받아야 한다.

② 제1항에 따른 보수교육의 시기·대상·비용 및 방법 등에 관하여 필요한 사항은 보건복지부령으로 정한다.

● **시행규칙**

제18조(보수교육의 시기·대상·비용·방법 등) ① 법 제20조에 따른 보수교육은 법 제22조에 따른 영양사협회(이하 "협회"라 한다)에 위탁한다.

② 협회의 장은 다음 각 호의 사항에 관한 보수교육을 2년마다 6시간 이상 실시해야 한다. 〈개정 2022. 12. 13.〉

1. 직업윤리에 관한 사항

2. 업무 전문성 향상 및 업무 개선에 관한 사항

3. 국민영양 관계 법령의 준수에 관한 사항

4. 선진 영양관리 동향 및 추세에 관한 사항

5. 그 밖에 보건복지부장관이 영양사의 전문성 향상에 필요하다고 인정하는 사항

③ 보수교육의 대상자는 다음 각 호와 같다. 〈개정 2015. 11. 18., 2019. 10. 24.〉

1. 「지역보건법」 제10조 및 제13조에 따른 보건소·보건지소(이하 "보건소·보건지소"라 한다), 「의료법」 제3조에 따른 의료기관(이하 "의료기관"이라 한다) 및 「식품위생법」 제2조 제12호에 따른 집단급식소(이하 "집단급식소"라 한다)에 종사하는 영양사

2. 「영유아보육법」 제7조에 따른 육아종합지원센터에 종사하는 영양사

3. 「어린이 식생활안전관리 특별법」 제21조에 따른 어린이급식관리지원센터에 종사하는 영양사

4. 「건강기능식품에 관한 법률」 제4조 제1항 제3호에 따른 건강기능식품판매업소에 종사하는 영양사

④ 제3항에 따른 보수교육 대상자 중 다음 각 호의 어느 하나에 해당하는 사람은 해당 연도의 보수교육을 면제한다. 이 경우 보수교육이 면제되는 사람은 해당 보수교육이 실시되기 전에 별지 제5호 서식의 보수교육 면제신청서에 면제 대상자임을 인정할 수 있는 서류를 첨부하여 협회의 장에게 제출해야 한다. 〈개정 2015. 5. 19., 2019. 10. 24.〉

1. 군복무 중인 사람

2. 본인의 질병 또는 그 밖의 불가피한 사유로 보수교육을 받기 어렵다고 보건복지부장관이 인정하는 사람

⑤ 보수교육은 집합교육, 온라인 교육 등 다양한 방법으로 실시해야 한다. 〈개정 2019. 10. 24.〉

⑥ 보수교육의 교과과정, 비용과 그 밖에 보수교육을 실시하는 데 필요한 사항은 보건복지부장관의 승인을 받아 협회의 장이 정한다.

제19조(보수교육계획 및 실적 보고 등) ① 협회의 장은 별지 제6호 서식의 해당 연도 보수교육계획서를 해당 연도 1월 말까지, 별지 제7호 서식의 해당 연도 보수교육 실적보고서를 다음 연도 2월 말까지 각각 보건복지부장관에게 제출하여야 한다.

② 협회의 장은 보수교육을 받은 사람에게 별지 제8호 서식의 보수교육 이수증을 발급하여야 한다.

제20조(보수교육 관계 서류의 보존) 협회의 장은 다음 각 호의 서류를 3년간 보존하여야 한다.

1. 보수교육 대상자 명단(대상자의 교육 이수 여부가 명시되어야 한다)

2. 보수교육 면제자 명단

3. 그 밖에 이수자의 교육 이수를 확인할 수 있는 서류

제20조의2(실태 등의 신고) ① 영양사는 대통령령으로 정하는 바에 따라 최초로 면허를 받은 후부터 3년마다 그 실태와 취업상황 등을 보건복지부장관에게 신고하여야 한다.

② 보건복지부장관은 제20조 제1항의 보수교육을 이수하지 아니한 영양사에 대하여 제1항에 따른 신고를 반려할 수 있다.

③ 보건복지부장관은 제1항에 따른 신고 수리 업무를 대통령령으로 정하는 바에 따라 관련 단체 등에 위탁할 수 있다.

[본조신설 2012. 5. 23.]

> **예제** 「국민영양관리법」상 실태 등의 신고와 관련하여 ( ) 안에 들어갈 것으로 옳은 것은?
>
> 영양사는 대통령령으로 정하는 바에 따라 최초로 면허를 받은 후부터 ( )년마다 그 실태와 취업상황 등을 보건복지부장관에게 신고하여야 한다.

● **시행령**

제4조의2(영양사의 실태 등의 신고) ① 영양사는 법 제20조의2 제1항에 따라 그 실태와 취업상황 등을 법 제18조 제1항에 따른 면허증의 교부일(법률 제11440호 국민영양관리법 일부개정법률 부칙 제2조 제1항에 따라 신고를 한 경우에는 그 신고를 한 날을 말한다)부터 매 3년이 되는 해의 12월 31일까지 보건복지부장관에게 신고하여야 한다.

② 보건복지부장관은 법 제20조의2 제3항에 따라 신고 수리 업무를 법 제22조에 따른 영양사협회(이하 "협회"라 한다)에 위탁한다.

③ 제1항에 따른 신고의 방법 및 절차 등에 관하여 필요한 사항은 보건복지부령으로 정한다.

[본조신설 2015. 4. 29.]

제20조의2(영양사의 실태 등의 신고 및 보고) ① 법 제20조의2 제1항 및 영 제4조의2 제1항에 따라 영양사의 실태와 취업상황 등을 신고하려는 사람은 별지 제8호의2 서식의 영양사의 실태 등 신고서에 다음 각 호의 서류를 첨부하여 협회의 장에게 제출하여야 한다.

1. 제19조 제2항에 따른 보수교육 이수증(이수한 사람만 해당한다)

2. 제18조 제4항에 따른 보수교육 면제 확인서(면제된 사람만 해당한다)

② 제1항에 따른 신고를 받은 협회의 장은 신고를 한 자가 제18조에 따른 보수교육을 이수하였는지 여부를 확인하여야 한다.

③ 협회의 장은 제1항에 따른 신고 내용과 그 처리 결과를 반기별로 보건복지부장관에게 보고하여야 한다. 다만, 법 제21조 제5항에 따라 면허의 효력이 정지된 영양사가 제1항에 따른 신고를 한 경우에는 신고 내용과 그 처리 결과를 지체 없이 보건복지부장관에게 보고하여야 한다.

[본조신설 2015. 5. 19.]

제21조(면허취소 등) ① 보건복지부장관은 영양사가 다음 각 호의 어느 하나에 해당하는 경우 그 면허를 취소할 수 있다. 다만, 제1호에 해당하는 경우 면허를 취소하여야 한다. 〈개정 2012. 5. 23.〉

1. 제16조 제1호부터 제3호까지의 어느 하나에 해당하는 경우

2. 제2항에 따른 면허정지처분 기간 중에 영양사의 업무를 하는 경우

3. 제2항에 따라 3회 이상 면허정지처분을 받은 경우

---

19 기출 「국민영양관리법」상 영양사가 향정신성의약품 중독자가 되었을 경우 행정처분은?

① 시정명령   ② 업무정지 3개월

③ 업무정지 6개월   ④ 업무정지 1년

⑤ 면허취소

정답 ⑤

---

22 기출 「국민영양관리법」상 1차 위반으로 영양사 면허를 취소할 수 있는 사유는?

① 영양사 보수교육에 불참한 경우

② 식중독 발생에 직무상의 책임이 있는 경우

③ 면허를 타인에게 대여하여 사용하게 한 경우

④ 면허정지처분 기간 중에 영양사의 업무를 하는 경우

⑤ 위생과 관련한 중대한 사고 발생에 직무상의 책임이 있는 경우

정답 ④

> **23 기출** 「국민영양관리법」상 중대한 식중독 사고 발생에 책임이 있는 영양사에게 명할 수 있는 면허정지 처분 기간은?
>
> ① 1개월 이내 ② 2개월 이내
> ③ 3개월 이내 ④ 6개월 이내
> ⑤ 1년 이내
>
> 정답 ④

② 보건복지부장관은 영양사가 다음 각 호의 어느 하나에 해당하는 경우 6개월 이내의 기간을 정하여 그 면허의 정지를 명할 수 있다.

1. 영양사가 그 업무를 행함에 있어서 식중독이나 그 밖에 위생과 관련한 중대한 사고 발생에 직무상의 책임이 있는 경우

2. 면허를 타인에게 대여하여 이를 사용하게 한 경우

③ 제1항, 제2항 및 제5항에 따른 행정처분의 세부적인 기준은 그 위반행위의 유형과 위반의 정도 등을 참작하여 대통령령으로 정한다. 〈개정 2012. 5. 23.〉

④ 보건복지부장관은 제1항의 면허취소처분 또는 제2항의 면허정지처분을 하고자 하는 경우에는 청문을 실시하여야 한다.

⑤ 보건복지부장관은 영양사가 제20조의2에 따른 신고를 하지 아니한 경우에는 신고할 때까지 면허의 효력을 정지할 수 있다. 〈신설 2012. 5. 23.〉

● **시행령**

제5조(행정처분의 세부기준) 법 제21조 제3항에 따른 행정처분의 세부적인 기준은 별표와 같다.

국민영양관리법 시행령 **별표** 〈개정 2015. 4. 29.〉

행정처분 기준(제5조 관련)

1. 일반기준
   가. 둘 이상의 위반행위가 적발된 경우에는 가장 중한 면허정지처분 기간에 나머지 각각의 면허정지처분 기간의 2분의 1을 더하여 처분한다.
   나. 위반행위에 대하여 행정처분을 하기 위한 절차가 진행되는 기간 중에 반복하여 같은 위반행위를 하는 경우에는 그 위반횟수마다 행정처분 기준의 2분의 1씩 더하여 처분한다.
   다. 위반행위의 횟수에 따른 행정처분의 기준은 최근 1년간 같은 위반행위를 한 경우에 적용한다.
   라. 제3호에 따른 행정처분 기준의 적용은 같은 위반행위에 대하여 행정처분을 한 날과 그 처분 후 다시 적발된 날을 기준으로 한다.
   마. 어떤 위반행위든 그 위반행위에 대하여 행정처분이 이루어진 경우에는 그 처분 이전에 이루어진 같은 위반행위에 대해서도 행정처분이 이루어진 것으로 보아 다시 처분해서는 아니 된다.

바. 제1호에 따른 행정처분을 한 후 다시 행정처분을 하게 되는 경우 그 위반행위의 횟수에 따른 행정처분의 기준을 적용할 때 종전의 행정처분의 사유가 된 각각의 위반행위에 대하여 각각 행정처분을 하였던 것으로 본다.

2. 개별기준

위반행위	근거 법령	행정처분 기준		
		1차 위반	2차 위반	3차 이상 위반
1. 법 제16조 제1호부터 제3호까지의 어느 하나에 해당하는 경우	법 제21조 제1항 제1호	면허취소		
2. 법 제21조 제1항에 따른 면허정지처분 기간 중에 영양사의 업무를 하는 경우	법 제21조 제1항 제2호	면허취소		
3. 영양사가 그 업무를 행함에 있어서 식중독이나 그 밖에 위생과 관련한 중대한 사고 발생에 직무상의 책임이 있는 경우	법 제21조 제2항 제1호	면허정지 1개월	면허정지 2개월	면허취소
4. 면허를 타인에게 대여하여 사용하게 한 경우	법 제21조 제2항 제2호	면허정지 2개월	면허정지 3개월	면허취소

예제 「국민영양관리법」상 행정처분과 관련하여 ( ) 안에 들어갈 것으로 옳은 것은?

영양사가 그 업무를 행함에 있어서 식중독이나 그 밖에 위생과 관련한 중대한 사고 발생에 직무상의 책임이 있는 경우 1차 위반 시 (㉠), 2차 위반 시 (㉡), 3차 이상 위반 시 (㉢) 행정처분에 처한다.

제22조(영양사협회) ① 영양사는 영양에 관한 연구, 영양사의 윤리 확립 및 영양사의 권익증진 및 자질 향상을 위하여 대통령령으로 정하는 바에 따라 영양사협회(이하 "협회"라 한다)를 설립할 수 있다.

② 협회는 법인으로 한다.

③ 협회에 관하여 이 법에 규정되지 아니한 사항은 「민법」 중 사단법인에 관한 규정을 준용한다.

● 시행령

제6조(협회의 설립허가) 법 제22조에 따라 협회를 설립하려는 자는 다음 각 호의 서류를 보건복지부장관에게 제출하여 설립허가를 받아야 한다. 〈개정 2015. 4. 29.〉

1. 정관
2. 사업계획서
3. 자산명세서
4. 설립결의서
5. 설립대표자의 선출 경위에 관한 서류

6. 임원의 취임승낙서와 이력서

제7조(정관의 기재사항) 협회의 정관에는 다음 각 호의 사항이 포함되어야 한다.

1. 목적

2. 명칭

3. 소재지

4. 재산 또는 회계와 그 밖에 관리 · 운영에 관한 사항

5. 임원의 선임에 관한 사항

6. 회원의 자격 및 징계에 관한 사항

7. 정관 변경에 관한 사항

8. 공고 방법에 관한 사항

제8조(정관의 변경 허가) 협회가 정관을 변경하려면 다음 각 호의 서류를 보건복지부장관에게 제출하고 허가를 받아야 한다.

1. 정관 변경의 내용과 그 이유를 적은 서류

2. 정관 변경에 관한 회의록

3. 신구 정관 대조표와 그 밖의 참고서류

제9조(협회의 지부 및 분회) 협회는 특별시 · 광역시 · 도와 특별자치도에 지부를 설치할 수 있으며, 시 · 군 · 구(자치구를 말한다)에 분회를 설치할 수 있다.

5) 보 칙

구 분	국민영양관리법	국민영양관리법 시행령	국민영양관리법 시행규칙
제5장 보칙	제23조(임상영양사)		제22조(임상영양사의 업무) 제23조(임상영양사의 자격기준) 제24조(임상영양사의 교육과정) 제25조(임상영양사 교육기관의 지정 기준 및 절차) 제26조(임상영양사 교육생 정원) 제27조(임상영양사 교육과정의 과목 및 수료증 발급) 제28조(임상영양사 자격시험의 시행과 공고) 제29조(임상영양사 자격시험의 응시자격 및 응시절차) 제30조(임상영양사 자격시험의 시험방법 등)

(계속)

구 분	국민영양관리법	국민영양관리법 시행령	국민영양관리법 시행규칙
제5장 보칙	제23조(임상영양사)		제31조(임상영양사 합격자 발표 등) 제32조(임상영양사 자격증 발급 등)
	제23조의2(임상영양사의 자격취소 등)		
	제24조(비용의 보조)		
	제25조(권한의 위임·위탁)	제10조(업무의 위탁)	
	제26조(수수료)		제33조(수수료)
	제27조(벌칙 적용에서의 공무원 의제)		

법조문 요약

1. 임상영양사
보건복지부장관은 건강관리를 위하여 영양판정, 영양상담, 영양소 모니터링 및 평가 등의 업무를 수행하는 영양사에게 영양사 면허 외에 임상영양사 자격을 인정할 수 있음

2. 비용의 보조
국가나 지방자치단체는 회계연도마다 예산의 범위에서 영양관리사업의 수행에 필요한 비용의 일부를 부담하거나 사업을 수행하는 법인 또는 단체에 보조할 수 있음

3. 권한의 위임·위탁
보건복지부장관의 권한은 대통령령으로 정하는 바에 따라 그 일부를 시·도지사에게 위임할 수 있음
※ 보건복지부장관은 법 제25조(권한의 위임·위탁) 제2항에 따라 법 제20조(보수교육)에 따른 보수교육업무를 협회에 위탁

4. 수수료
• 지방자치단체의 장은 영양관리사업에 드는 경비 중 일부에 대하여 그 이용자로부터 조례로 정하는 바에 따라 수수료를 징수할 수 있음
• 영양사의 면허를 받거나 면허증을 재교부받으려는 사람 또는 국가시험에 응시하려는 사람은 보건복지부령으로 정하는 바에 따라 수수료를 내야 함

법조문 속 예제 및 기출문제

제23조(임상영양사) ① 보건복지부장관은 건강관리를 위하여 영양판정, 영양상담, 영양소 모니터링 및 평가 등의 업무를 수행하는 영양사에게 영양사 면허 외에 임상영양사 자격을 인정할 수 있다.

② 제1항에 따른 임상영양사의 업무, 자격기준, 자격증 교부 등에 관하여 필요한 사항은 보건복지부령으로 정한다.

③ 제2항에 따라 자격증을 교부받은 사람은 다른 사람에게 그 자격증을 빌려주어서는 아니 되고, 누구든지 그 자격증을 빌려서는 아니 된다. 〈신설 2020. 4. 7.〉

④ 누구든지 제3항에 따라 금지된 행위를 알선하여서는 아니 된다. 〈신설 2020. 4. 7.〉

● **시행규칙**

제22조(임상영양사의 업무) 법 제23조에 따른 임상영양사(이하 "임상영양사"라 한다)는 질병의 예방과 관리를 위하여 질병별로 전문화된 다음 각 호의 업무를 수행한다.

1. 영양문제 수집 · 분석 및 영양요구량 산정 등의 영양판정

2. 영양상담 및 교육

3. 영양관리상태 점검을 위한 영양모니터링 및 평가

4. 영양불량상태 개선을 위한 영양관리

5. 임상영양 자문 및 연구

6. 그 밖에 임상영양과 관련된 업무

제23조(임상영양사의 자격기준) 임상영양사가 되려는 사람은 다음 각 호의 어느 하나에 해당하는 사람으로서 보건복지부장관이 실시하는 임상영양사 자격시험에 합격하여야 한다. 〈개정 2015. 5. 19.〉

1. 제24조에 따른 임상영양사 교육과정 수료와 보건소 · 보건지소, 의료기관, 집단급식소 등 보건복지부장관이 정하는 기관에서 1년 이상 영양사로서의 실무경력을 충족한 사람

2. 외국의 임상영양사 자격이 있는 사람 중 보건복지부장관이 인정하는 사람

제24조(임상영양사의 교육과정) ① 임상영양사의 교육은 보건복지부장관이 지정하는 임상영양사 교육기관이 실시하고 그 교육기간은 2년 이상으로 한다.

② 임상영양사 교육을 신청할 수 있는 사람은 영양사 면허를 가진 사람으로 한다.

제25조(임상영양사 교육기관의 지정 기준 및 절차) ① 제24조 제1항에 따른 임상영양사 교육기관으로 지정받을 수 있는 기관은 다음 각 호의 어느 하나의 기관으로서 별표 2의 임상영양사 교육기관 지정기준에 맞아야 한다.

1. 영양학, 식품영양학 또는 임상영양학 전공이 있는 「고등교육법」 제29조의2에 따른 일반대학원, 특수대학원 또는 전문대학원

2. 임상영양사 교육과 관련하여 전문 인력과 능력을 갖춘 비영리법인

② 제1항에 따른 임상영양사 교육기관으로 지정받으려는 자는 별지 제10호 서식의 임상영양사 교육기관 지정신청서에 다음 각 호의 서류를 첨부하여 보건복지부장관에게 제출하여야 한다.

1. 교수요원의 성명과 이력이 적혀 있는 서류

2. 실습협약기관 현황 및 협약 약정서

3. 교육계획서 및 교과과정표

4. 해당 임상영양사 교육과정에 사용되는 시설 및 장비 현황

③ 보건복지부장관은 제2항에 따른 신청이 제1항의 지정기준에 맞다고 인정하면 임상영양사 교육기관으로 지정하고, 별지 제11호 서식의 임상영양사 교육기관 지정서를 발급하여야 한다.

제26조(임상영양사 교육생 정원) ① 보건복지부장관은 제25조 제3항에 따라 임상영양사 교육기관을 지정하는 경우에는 교육생 정원을 포함하여 지정하여야 한다.

② 임상영양사 교육기관의 장은 제1항에 따라 정해진 교육생 정원을 변경하려는 경우에는 별지 제12호 서식의 임상영양사과정 교육생 정원 변경신청서에 제25조 제2항 각 호의 서류를 첨부하여 보건복지부장관에게 제출하여야 한다.

③ 보건복지부장관은 제2항에 따른 정원 변경신청이 제25조 제1항의 지정기준에 맞으면 정원 변경을 승인하고 지정서를 재발급하여야 한다.

제27조(임상영양사 교육과정의 과목 및 수료증 발급) ① 임상영양사 교육과정의 과목은 이론과목과 실습과목으로 구분하고, 과목별 이수학점 기준은 별표 3과 같다.

② 임상영양사 교육기관의 장은 임상영양사 교육과정을 마친 사람에게 별지 제13호 서식의 임상영양사 교육과정 수료증을 발급하여야 한다.

제28조(임상영양사 자격시험의 시행과 공고) ① 보건복지부장관은 매년 1회 이상 임상영양사 자격시험을 시행하여야 한다. 다만, 영양사 인력 수급(需給) 등을 고려하여 시험을 시행하는 것이 적절하지 않다고 인정하는 경우에는 임상영양사 자격시험을 시행하지 않을 수 있다.

② 보건복지부장관은 임상영양사 자격시험의 관리를 다음 각 호의 요건을 갖춘 관계 전문기관(이하 "임상영양사 자격시험관리기관"이라 한다)으로 하여금 하도록 한다.

1. 정부가 설립 · 운영비용의 일부를 출연한 비영리법인

2. 자격시험에 관한 전문적인 능력을 갖춘 비영리법인

③ 제2항에 따라 임상영양사 자격시험을 실시하는 임상영양사 자격시험관리기관의 장은 보건복지부장관의 승인을 받아 임상영양사 자격시험의 일시, 시험장소, 시험과목, 시험방법, 응시원서 및 서류 접수, 응시 수수료의 금액 및 납부방법, 그 밖에 시험 시행에 필요한 사항을 정하여 시험 실시 30일 전까지 공고하여야 한다.

제29조(임상영양사 자격시험의 응시자격 및 응시절차) ① 임상영양사 자격시험에 응시할 수 있는 사람은 제23조 각 호의 어느 하나에 해당하는 사람으로 한다.

② 임상영양사 자격시험에 응시하려는 사람은 별지 제14호 서식의 임상영양사 자격시험 응시원서를 임상영양사 자격시험관리기관의 장에게 제출하여야 한다.

제30조(임상영양사 자격시험의 시험방법 등) ① 임상영양사 자격시험은 필기시험으로 한다.

② 임상영양사 자격시험의 합격자는 총점의 60퍼센트 이상을 득점한 사람으로 한다.

③ 임상영양사 자격시험의 시험과목, 출제방법, 배점비율, 그 밖에 시험 시행에 필요한 사항은 임상영양사 자격시험관리기관의 장이 정한다.

제31조(임상영양사 합격자 발표 등) ① 임상영양사 자격시험관리기관의 장은 임상영양사 자격시험을 실시한 후 합격자를 결정하여 발표한다.

② 제1항의 합격자는 다음 각 호의 서류를 합격자 발표일로부터 10일 이내에 임상영양사 자격시험관리기관의 장에게 제출하여야 한다.

1. 제27조 제2항에 따른 수료증 사본 또는 외국의 임상영양사 자격증 사본

2. 영양사 면허증 사본

3. 사진 3장

③ 임상영양사 자격시험관리기관의 장은 합격자 발표 후 15일 이내에 다음 각 호의 서류를 보건복지부장관에게 제출하여야 한다.

1. 합격자의 성명, 주민등록번호, 영양사 면허번호 및 면허 연월일, 수험번호 등이 적혀 있는 합격자 대장

2. 제27조 제2항에 따른 수료증 사본 또는 외국의 임상영양사 자격증 사본

3. 사진 1장

제32조(임상영양사 자격증 발급 등) ① 보건복지부장관은 제31조 제3항에 따라 임상영양사 자격시험관리기관의 장으로부터 서류를 제출받은 경우에는 임상영양사 자격인정대장에 다음 각 호의 사항을 적고, 합격자에게 별지 제15호 서식의 임상영양사 자격증을 발급해야 한다. 〈개정 2022. 12. 13.〉

1. 성명 및 생년월일

2. 임상영양사 자격인정번호 및 자격인정 연월일

3. 임상영양사 자격시험 합격 연월일

4. 영양사 면허번호 및 면허 연월일

② 임상영양사의 자격증의 재발급에 관하여는 제16조를 준용한다. 이 경우 "영양사"는 "임상영양사"로, "면허증"은 "자격증"으로 본다. 〈개정 2022. 12. 13.〉

[제목개정 2022. 12. 13.]

제23조의2(임상영양사의 자격취소 등) ① 보건복지부장관은 임상영양사가 제23조 제3항을 위반하여 다른 사람에게 자격증을 빌려준 경우에는 그 자격을 6개월의 범위에서 정지시킬 수 있다.

② 보건복지부장관은 임상영양사가 제1항에 따라 3회 이상 자격정지처분을 받은 경우 그 자격을 취소할 수 있다.

③ 제1항 및 제2항에 따른 임상영양사에 대한 행정처분에 관하여는 제21조 제3항 및 제4항을 준용한다.

[본조신설 2020. 4. 7.]

제24조(비용의 보조) 국가나 지방자치단체는 회계연도마다 예산의 범위에서 영양관리사업의 수행에 필요한 비용의 일부를 부담하거나 사업을 수행하는 법인 또는 단체에 보조할 수 있다.

제25조(권한의 위임ㆍ위탁) ① 이 법에 따른 보건복지부장관의 권한은 대통령령으로 정하는 바에 따라 그 일부를 시ㆍ도지사에게 위임할 수 있다.

② 이 법에 따른 보건복지부장관의 업무는 대통령령으로 정하는 바에 따라 그 일부를 관계 전문기관에 위탁할 수 있다.

● **시행령**

제10조(업무의 위탁) ① 보건복지부장관은 법 제25조 제2항에 따라 법 제20조에 따른 보수교육업무를 협회에 위탁한다.

② 보건복지부장관은 법 제25조 제2항에 따라 다음 각 호의 업무를 관계 전문기관에 위탁한다.

1. 법 제10조에 따른 영양ㆍ식생활 교육사업

2. 법 제11조에 따른 영양취약계층 등의 영양관리사업

3. 삭제 〈2020. 9. 11.〉

4. 삭제 〈2020. 9. 11.〉

5. 법 제14조에 따른 영양소 섭취기준 및 식생활 지침의 제정ㆍ개정ㆍ보급

6. 법 제23조에 따른 임상영양사의 자격시험 관리

③ 제2항에서 "관계 전문기관"이란 다음 각 호의 어느 하나에 해당하는 기관 중에서 보건복지부장관이 지정하는 기관을 말한다.

1. 「고등교육법」에 따른 학교로서 식품학 또는 영양학 전공이 개설된 전문대학 이상의 학교

2. 협회

3. 정부가 설립하거나 정부가 운영비용의 전부 또는 일부를 지원하는 영양관리업무 관련 비영리법인

4. 그 밖에 영양관리업무에 관한 전문 인력과 능력을 갖춘 비영리법인

제26조(수수료) ① 지방자치단체의 장은 영양관리사업에 드는 경비 중 일부에 대하여 그 이용자로부터 조례로 정하는 바에 따라 수수료를 징수할 수 있다.

② 제1항에 따라 수수료를 징수하는 경우 지방자치단체의 장은 노인, 장애인, 「국민기초생활 보장법」에 따른 수급권자 등의 수수료를 감면하여야 한다.

③ 영양사의 면허를 받거나 면허증을 재교부받으려는 사람 또는 국가시험에 응시하려는 사람은 보건복지부령으로 정하는 바에 따라 수수료를 내야 한다.

④ 제15조 제2항에 따라 영양사 국가시험 관리를 위탁받은「한국보건의료인국가시험원법」에 따른 한국보건의료인국가시험원은 국가시험의 응시수수료를 보건복지부장관의 승인을 받아 시험관리에 필요한 경비에 직접 충당할 수 있다. 〈개정 2015. 6. 22.〉

● **시행규칙**

제33조(수수료) ① 영양사 국가시험에 응시하려는 사람은 법 제26조 제3항에 따라 영양사 국가시험관리기관의 장이 보건복지부장관의 승인을 받아 결정한 수수료를 내야 한다.

② 제16조(제32조 제2항에서 준용하는 경우를 포함한다)에 따라 면허증 또는 자격증의 재발급을 신청하거나 면허 또는 자격사항에 관한 증명을 신청하는 사람은 다음 각 호의 구분에 따른 수수료를 수입인지로 내거나 정보통신망을 이용하여 전자화폐 · 전자결제 등의 방법으로 내야 한다. 〈개정 2013. 4. 17., 2022. 12. 13.〉

1. 면허증 또는 자격증의 재발급수수료 : 2천 원

2. 면허 또는 자격사항에 관한 증명수수료 : 500원(정보통신망을 이용하여 발급받는 경우 무료)

③ 임상영양사 자격시험에 응시하려는 사람은 임상영양사 자격시험관리기관의 장이 보건복지부장관의 승인을 받아 결정한 수수료를 내야 한다.

제27조(벌칙 적용에서의 공무원 의제) 제15조 제2항에 따라 위탁받은 업무에 종사하는 전문기관의 임직원은「형법」제129조부터 제132조까지의 규정에 따른 벌칙의 적용에서는 공무원으로 본다.

6) 벌 칙

구 분	국민영양관리법	국민영양관리법 시행령	국민영양관리법 시행규칙
제6장 벌칙	제28조(벌칙) 20 기출 예제		
	제29조 삭제		

법조문 요약

1. 벌 칙

다음의 어느 하나에 해당하는 자는 1년 이하의 징역 또는 1천만 원 이하의 벌금에 처함

· 다른 사람에게 영양사의 면허증 또는 임상영양사의 자격증을 빌려주거나 빌린 자

· 영양사의 면허증 또는 임상영양사의 자격증을 빌려주거나 빌리는 것을 알선한 자

제28조(벌칙) ① 다음 각 호의 어느 하나에 해당하는 자는 1년 이하의 징역 또는 1천만 원 이하의 벌금에 처한다. 〈개정 2020. 4. 7.〉

1. 제18조 제2항 또는 제23조 제3항을 위반하여 다른 사람에게 영양사의 면허증 또는 임상영양사의 자격증을 빌려주거나 빌린 자

2. 제18조 제3항 또는 제23조 제4항을 위반하여 영양사의 면허증 또는 임상영양사의 자격증을 빌려주거나 빌리는 것을 알선한 자

---

20 기출 「국민영양관리법」상 벌칙과 관련하여 (   ) 안에 들어갈 것으로 옳은 것은?

다른 사람에게 영양사의 면허증을 빌려주거나 빌린 자는 (㉠) 이하의 징역 또는 (㉡) 이하의 벌금에 처한다.

① ㉠ 6월, ㉡ 5백만 원   ② ㉠ 1년, ㉡ 1천만 원

③ ㉠ 2년, ㉡ 2천만 원   ④ ㉠ 3년, ㉡ 3천만 원

⑤ ㉠ 5년, ㉡ 5천만 원

정답 ②

---

② 제19조를 위반하여 영양사라는 명칭을 사용한 사람은 300만 원 이하의 벌금에 처한다.

예제 「국민영양관리법」상 영양사가 아닌 자가 영양사라는 명칭을 사용할 경우 행정처분은?

제29조 삭제 〈2012. 5. 23.〉

5. 농수산물의 원산지 표시 등에 관한 법률

농수산물의 원산지 표시 등에 관한 법률은 총 4장(총칙, 농수산물 및 농수산물 가공품의 원산지 표시 등, 수입 농산물 및 농산물 가공품의 유통이력 관리, 보칙, 벌칙)으로 구성되어 있다. 농수산물의 원산지 표시 등에 관한 법률 시행령, 농수산물의 원산지 표시 등에 관한 법률 시행규칙에서는 농수산물의 원산지 표시 등에 관한 법률 시행을 위한 필요 사항을 규정하고 있다.

　제1장 총칙은 농수산물의 원산지 표시 등에 관한 법률의 목적, 정의, 다른 법률과의 관계, 농수산물의 원산지 표시의 심의로 구성되어 있다. 제2장 농수산물 및 농수산물 가공품의 원산지 표시 등은 원산지 표시, 거짓 표시 등의 금지, 원산지 표시 등의 조사, 영수증 등의 비치, 원산지 표시 등의 위반에 대한 처분 등, 농수산물의 원산지 표시에 관한 정보제공으로 구성되어 있다. 제2장의2 수입 농산물 및 농산

물 가공품의 유통이력 관리는 수입 농산물 등의 유통이력 관리, 유통이력관리수입농산물 등의 사후관리로 구성되어 있다. 제3장 보칙은 명예감시원, 포상금 지급 등, 권한의 위임 및 위탁으로 구성되어 있다. 제4장 벌칙은 벌칙, 양벌규정, 과태료로 구성되어 있다.

농수산물의 원산지 표시 등에 관한 법률 및 동법의 시행령, 시행규칙을 정리한 표는 다음과 같다.

농수산물의 원산지 표시 등에 관한 법률 · 시행령 · 시행규칙 주요 법조문 목차

구 분	농수산물의 원산지 표시 등에 관한 법률	농수산물의 원산지 표시 등에 관한 법률 시행령	농수산물의 원산지 표시 등에 관한 법률 시행규칙
법 시행 · 공포일	[시행 2022. 1. 1.] [법률 제18525호, 2021. 11. 30., 일부개정]	[시행 2023. 7. 1.] [대통령령 제33189호, 2022. 12. 30., 일부개정]	[시행 2022. 1. 1.] [농림축산식품부령 제511호, 2021. 12. 31., 일부개정] [해양수산부령 제524호, 2021. 12. 31., 일부개정]
제1장 총칙	제1조(목적)		
	제2조(정의)	제2조(통신판매의 범위)	제1조의2(유통이력의 범위)
	제3조(다른 법률과의 관계)		
	제4조(농수산물의 원산지 표시의 심의)		
제2장 농수산물 및 농수산물 가공품의 원산지 표시 등	제5조(원산지 표시)	제3조(원산지의 표시대상) 제4조(원산지 표시를 하여야 할 자) 제5조(원산지의 표시기준) 별표 1	제3조(원산지의 표시방법) 별표 2 별표 3 별표 4 예제 20 기출
	제6조(거짓 표시 등의 금지)		제4조(원산지를 혼동하게 할 우려가 있는 표시 등) 별표 5
	제6조의2(과징금)	제5조의2(과징금의 부과 및 징수) 별표 1의2	제4조의2(과징금 부과 · 징수절차)
	제7조(원산지 표시 등의 조사)	제6조(원산지 표시 등의 조사)	
	제8조(영수증 등의 비치)		
	제9조(원산지 표시 등의 위반에 대한 처분 등)	제7조(원산지 표시 등의 위반에 대한 처분 및 공표)	
	제9조의2(원산지 표시 위반에 대한 교육) 예제	제7조의2(농수산물 원산지 표시제도 교육) 21 기출	제6조(농수산물 원산지 표시제도 교육 등)
	제10조(농수산물의 원산지 표시에 관한 정보제공)		
제2장의2 수입 농산물 및 농산물 가공품의 유통이력 관리	제10조의2(수입 농산물 등의 유통이력 관리)		제6조의2(수입 농산물 등의 유통이력 신고 절차 등)
	제10조의3(유통이력관리수입농산물 등의 사후관리)	제7조의3(유통이력관리수입농수산물 등의 사후관리)	

(계속)

구 분		농수산물의 원산지 표시 등에 관한 법률	농수산물의 원산지 표시 등에 관한 법률 시행령	농수산물의 원산지 표시 등에 관한 법률 시행규칙
제3장 보칙		제11조(명예감시원)		
		제12조(포상금 지급 등)	제8조(포상금)	제7조(원산지 표시 우수사례에 대한 시상 등)
		제13조(권한의 위임 및 위탁)	제9조(권한의 위임)	
		제13조의2(행정기관 등의 업무협조)	제9조의3(행정기관 등의 업무협조 절차)	
제4장 벌칙		제14조(벌칙) 19 · 23 기출 예제		
		제15조 삭제		
		제16조(벌칙)		
		제16조의2(자수자에 대한 특례)		
		제17조(양벌규정)		
		제18조(과태료)	제10조(과태료의 부과기준) 별표 2	

1) 총 칙

구 분		농수산물의 원산지 표시 등에 관한 법률	농수산물의 원산지 표시 등에 관한 법률 시행령	농수산물의 원산지 표시 등에 관한 법률 시행규칙
제1장 총칙		제1조(목적)		
		제2조(정의)	제2조(통신판매의 범위)	제1조의2(유통이력의 범위)
		제3조(다른 법률과의 관계)		
		제4조(농수산물의 원산지 표시의 심의)		

법조문 요약

1. 목 적

농산물 · 수산물과 그 가공품 등에 대하여 적정하고 합리적인 원산지 표시와 유통이력 관리를 하도록 함으로써 공정한 거래를 유도하고 소비자의 알 권리를 보장하여 생산자와 소비자를 보호하는 것을 목적으로 함

2. 정 의

- "농산물"이란 「농업 · 농촌 및 식품산업 기본법」에 따른 농산물을 말함
- "수산물"이란 「수산업 · 어촌 발전 기본법」 제3조 제1호 가목에 따른 어업활동 및 같은 호 마목에 따른 양식업활동으로부터 생산되는 산물을 말함
- "농수산물"이란 농산물과 수산물을 말함
- "원산지"란 농산물이나 수산물이 생산 · 채취 · 포획된 국가 · 지역이나 해역을 말함
- "유통이력"이란 수입 농산물 및 농산물 가공품에 대한 수입 이후부터 소비자 판매 이전까지의 유통단계별 거래명세를 말하며, 그 구체적인 범위는 농림축산식품부령으로 정함
- "식품접객업"이란 「식품위생법」에 따른 식품접객업을 말함

- "집단급식소"란 「식품위생법」에 따른 집단급식소를 말함
- "통신판매"란 「전자상거래 등에서의 소비자보호에 관한 법률」에 따른 통신판매(같은 법 제2조 제1호의 전자상거래로 판매되는 경우를 포함한다. 이하 같다) 중 대통령령으로 정하는 판매를 말함
- 이 법에서 사용하는 용어의 뜻은 이 법에 특별한 규정이 있는 것을 제외하고는 「농수산물 품질관리법」, 「식품위생법」, 「대외무역법」이나 「축산물 위생관리법」에서 정하는 바에 따름

법조문 속 예제 및 기출문제

제1조(목적) 이 법은 농산물·수산물과 그 가공품 등에 대하여 적정하고 합리적인 원산지 표시와 유통 이력 관리를 하도록 함으로써 공정한 거래를 유도하고 소비자의 알 권리를 보장하여 생산자와 소비자를 보호하는 것을 목적으로 한다.

[전문개정 2021. 11. 30.]

제2조(정의) 이 법에서 사용하는 용어의 뜻은 다음과 같다. 〈개정 2011. 7. 21., 2015. 6. 22., 2016. 12. 2., 2020. 12. 8., 2021. 11. 30.〉

1. "농산물"이란 「농업·농촌 및 식품산업 기본법」 제3조 제6호 가목에 따른 농산물을 말한다.

2. "수산물"이란 「수산업·어촌 발전 기본법」 제3조 제1호 가목에 따른 어업활동 및 같은 호 마목에 따른 양식업활동으로부터 생산되는 산물을 말한다.

3. "농수산물"이란 농산물과 수산물을 말한다.

4. "원산지"란 농산물이나 수산물이 생산·채취·포획된 국가·지역이나 해역을 말한다.

4의2. "유통이력"이란 수입 농산물 및 농산물 가공품에 대한 수입 이후부터 소비자 판매 이전까지의 유통단계별 거래명세를 말하며, 그 구체적인 범위는 농림축산식품부령으로 정한다.

5. "식품접객업"이란 「식품위생법」 제36조 제1항 제3호에 따른 식품접객업을 말한다.

6. "집단급식소"란 「식품위생법」 제2조 제12호에 따른 집단급식소를 말한다.

7. "통신판매"란 「전자상거래 등에서의 소비자보호에 관한 법률」 제2조 제2호에 따른 통신판매(같은 법 제2조 제1호의 전자상거래로 판매되는 경우를 포함한다. 이하 같다) 중 대통령령으로 정하는 판매를 말한다.

8. 이 법에서 사용하는 용어의 뜻은 이 법에 특별한 규정이 있는 것을 제외하고는 「농수산물 품질관리법」, 「식품위생법」, 「대외무역법」이나 「축산물 위생관리법」에서 정하는 바에 따른다.

● 시행령

제2조(통신판매의 범위) 「농수산물의 원산지 표시 등에 관한 법률」(이하 "법"이라 한다) 제2조 제7호에서 "대통령령으로 정하는 판매"란 「전자상거래 등에서의 소비자보호에 관한 법률」 제12조에 따라 신고한 통신판매업자의 판매(전단지를 이용한 판매는 제외한다) 또는 같은 법 제20조 제2항에 따른 통신판매중개업자가 운영하는 사이버몰(컴퓨터 등과 정보통신설비를 이용하여 재화를 거래할 수 있도록 설정된 가상의 영업장을 말한다)을 이용한 판매를 말한다. 〈개정 2013. 3. 23., 2019. 6. 18., 2021. 12. 31.〉

● 시행규칙

제1조의2(유통이력의 범위) 「농수산물의 원산지 표시 등에 관한 법률」(이하 "법"이라 한다) 제2조 제4호의2에 따른 유통이력의 범위는 다음 각 호와 같다.
1. 양수자의 업체(상호)명·주소·성명(법인인 경우 대표자의 성명) 및 사업자등록번호(법인인 경우 법인등록번호)
2. 양도 물품의 명칭, 수량 및 중량
3. 양도일
4. 제1호부터 제3호까지 외의 사항으로서 농림축산식품부장관이 유통이력 관리에 필요하다고 인정하여 고시하는 사항
[본조신설 2021. 12. 31.]

제3조(다른 법률과의 관계) 이 법은 농수산물 또는 그 가공품의 원산지 표시와 수입 농산물 및 농산물 가공품의 유통이력 관리에 대하여 다른 법률에 우선하여 적용한다. 〈개정 2013. 7. 30., 2016. 12. 2., 2021. 11. 30.〉

제4조(농수산물의 원산지 표시의 심의) 이 법에 따른 농산물·수산물 및 그 가공품 또는 조리하여 판매하는 쌀·김치류, 축산물(「축산물 위생관리법」 제2조 제2호에 따른 축산물을 말한다. 이하 같다) 및 수산물 등의 원산지 표시 등에 관한 사항은 「농수산물 품질관리법」 제3조에 따른 농수산물품질관리심의회(이하 "심의회"라 한다)에서 심의한다. 〈개정 2011. 7. 21., 2016. 12. 2.〉

2) 농수산물 및 농수산물 가공품의 원산지 표시 등

구 분	농수산물의 원산지 표시 등에 관한 법률	농수산물의 원산지 표시 등에 관한 법률 시행령	농수산물의 원산지 표시 등에 관한 법률 시행규칙
제2장 농수산물 및 농수산물 가공품의 원산지 표시 등	제5조(원산지 표시)	제3조(원산지의 표시대상) 제4조(원산지 표시를 하여야 할 자) 제5조(원산지의 표시기준) 별표 1	제3조(원산지의 표시방법) 별표 2 별표 3 별표 4 예제 20 기출
	제6조(거짓 표시 등의 금지)		제4조(원산지를 혼동하게 할 우려가 있는 표시 등) 별표 5
	제6조의2(과징금)	제5조의2(과징금의 부과 및 징수) 별표 1의2	제4조의2(과징금 부과·징수절차)
	제7조(원산지 표시 등의 조사)	제6조(원산지 표시 등의 조사)	
	제8조(영수증 등의 비치)		
	제9조(원산지 표시 등의 위반에 대한 처분 등)	제7조(원산지 표시 등의 위반에 대한 처분 및 공표)	
	제9조의2(원산지 표시 위반에 대한 교육) 예제	제7조의2(농수산물 원산지 표시제도 교육) 21 기출	제6조(농수산물 원산지 표시제도 교육 등)
	제10조(농수산물의 원산지 표시에 관한 정보제공)		

법조문 요약

1. 원산지 표시

대통령령으로 정하는 농수산물 또는 그 가공품을 수입하는 자, 생산·가공하여 출하하거나 판매하는 자 또는 판매할 목적으로 보관·진열하는 자는 다음에 대하여 원산지를 표시하여야 함

- 농수산물
- 농수산물 가공품(국내에서 가공한 가공품은 제외한다)
- 농수산물 가공품(국내에서 가공한 가공품에 한정한다)의 원료

2. 원산지 표시를 하여야 할 자

식품접객업 및 집단급식소 중 대통령령으로 정하는 영업소나 집단급식소를 설치·운영하는 자는 다음의 어느 하나에 해당하는 경우에 그 농수산물이나 그 가공품의 원료에 대하여 원산지를 표시하여야 함

- 대통령령으로 정하는 농수산물이나 그 가공품을 조리하여 판매·제공(배달을 통한 판매·제공을 포함한다)하는 경우
- 농수산물이나 그 가공품을 조리하여 판매·제공할 목적으로 보관하거나 진열하는 경우

3. 원산지의 표시기준

대통령령에 따른 원산지의 표시기준에 맞게 표시해야 함

- 농수산물(국산 농수산물, 원양산 수산물, 원산지가 다른 동일 품목을 혼합한 농수산물)
- 수입 농수산물과 그 가공품 및 반입 농수산물과 그 가공품
- 농수산물 가공품(수입농수산물 등 또는 반입농수산물 등을 국내에서 가공한 것을 포함한다)

4. 원산지의 표시방법

- 농수산물 또는 그 가공품을 수입하는 자, 생산 · 가공하여 출하하거나 판매(통신판매를 포함한다. 이하 같다)하는 자 또는 판매할 목적으로 보관 · 진열하는 자 : 원산지의 표시기준(제5조 제1항 관련), 농수산물 가공품의 원산지 표시방법(제3조 제1호 관련), 통신판매의 경우 원산지 표시방법(제3조 제1호 및 제2호 관련)
- 식품접객업 및 집단급식소 : 통신판매의 경우 원산지 표시방법(제3조 제1호 및 제2호 관련), 영업소 및 집단급식소의 원산지 표시방법(제3조 제2호 관련)

5. 거짓 표시 등의 금지

- 원산지 표시를 거짓으로 하거나 이를 혼동하게 할 우려가 있는 표시를 하는 행위
- 원산지 표시를 혼동하게 할 목적으로 그 표시를 손상 · 변경하는 행위
- 원산지를 위장하여 판매하거나, 원산지 표시를 한 농수산물이나 그 가공품에 다른 농수산물이나 가공품을 혼합하여 판매하거나 판매할 목적으로 보관이나 진열하는 행위

6. 과징금

농림축산식품부장관, 해양수산부장관, 관세청장, 특별시장 · 광역시장 · 특별자치시장 · 도지사 · 특별자치도지사 또는 시장 · 군수 · 구청장은 제6조 제1항 또는 제2항을 2년 이내에 2회 이상 위반한 자에게 그 위반금액의 5배 이하에 해당하는 금액을 과징금으로 부과 · 징수할 수 있음. 이 경우 제6조 제1항을 위반한 횟수와 같은 조 제2항을 위반한 횟수는 합산함

- 제6조 제1항
  - 원산지 표시를 거짓으로 하거나 이를 혼동하게 할 우려가 있는 표시를 하는 행위
  - 원산지 표시를 혼동하게 할 목적으로 그 표시를 손상 · 변경하는 행위
  - 원산지를 위장하여 판매하거나, 원산지 표시를 한 농수산물이나 그 가공품에 다른 농수산물이나 가공품을 혼합하여 판매하거나 판매할 목적으로 보관이나 진열하는 행위
- 제6조 제2항
  - 원산지 표시를 거짓으로 하거나 이를 혼동하게 할 우려가 있는 표시를 하는 행위
  - 원산지를 위장하여 조리 · 판매 · 제공하거나, 조리하여 판매 · 제공할 목적으로 농수산물이나 그 가공품의 원산지 표시를 손상 · 변경하여 보관 · 진열하는 행위
  - 원산지 표시를 한 농수산물이나 그 가공품에 원산지가 다른 동일 농수산물이나 그 가공품을 혼합하여 조리 · 판매 · 제공하는 행위

7. 영수증 등의 비치

원산지를 표시하여야 하는 자는 「축산물 위생관리법」 제31조나 「가축 및 축산물 이력관리에 관한 법률」 제18조 등 다른 법률에 따라 발급받은 원산지 등이 기재된 영수증이나 거래명세서 등을 매입일부터 6개월간 비치 · 보관하여야 함

8. 원산지 표시 등의 위반에 대한 처분

농림축산식품부장관, 해양수산부장관, 관세청장, 시 · 도지사 또는 시장 · 군수 · 구청장은 원산지 표시나 거짓 표시 등의 금지를 위반한 자에 대하여 다음의 처분을 할 수 있음

- 표시의 이행 · 변경 · 삭제 등 시정명령
- 위반 농수산물이나 그 가공품의 판매 등 거래행위 금지

※ **원산지 표시 위반에 대한 교육**

농림축산식품부장관, 해양수산부장관, 관세청장, 시ㆍ도지사 또는 시장ㆍ군수ㆍ구청장은 원산지 표시를 위반하여 처분이 확정된 경우에는 농수산물 원산지 표시제도 교육을 이수하도록 명하여야 함
- 교육내용 : 원산지 표시 관련 법령 및 제도, 원산지 표시방법 및 위반자 처벌에 관한 사항
- 교육시간 : 2시간 이상 실시

법조문 속 예제 및 기출문제

제5조(원산지 표시) ① 대통령령으로 정하는 농수산물 또는 그 가공품을 수입하는 자, 생산ㆍ가공하여 출하하거나 판매(통신판매를 포함한다. 이하 같다)하는 자 또는 판매할 목적으로 보관ㆍ진열하는 자는 다음 각 호에 대하여 원산지를 표시하여야 한다. 〈개정 2016. 12. 2.〉

1. 농수산물

2. 농수산물 가공품(국내에서 가공한 가공품은 제외한다)

3. 농수산물 가공품(국내에서 가공한 가공품에 한정한다)의 원료

② 다음 각 호의 어느 하나에 해당하는 때에는 제1항에 따라 원산지를 표시한 것으로 본다. 〈개정 2011. 7. 21., 2011. 11. 22., 2015. 6. 22., 2016. 12. 2., 2020. 2. 18.〉

1. 「농수산물 품질관리법」 제5조 또는 「소금산업 진흥법」 제33조에 따른 표준규격품의 표시를 한 경우

2. 「농수산물 품질관리법」 제6조에 따른 우수관리인증의 표시, 같은 법 제14조에 따른 품질인증품의 표시 또는 「소금산업 진흥법」 제39조에 따른 우수천일염인증의 표시를 한 경우

2의2. 「소금산업 진흥법」 제40조에 따른 천일염생산방식인증의 표시를 한 경우

3. 「소금산업 진흥법」 제41조에 따른 친환경천일염인증의 표시를 한 경우

4. 「농수산물 품질관리법」 제24조에 따른 이력추적관리의 표시를 한 경우

5. 「농수산물 품질관리법」 제34조 또는 「소금산업 진흥법」 제38조에 따른 지리적 표시를 한 경우

5의2. 「식품산업진흥법」 제22조의2 또는 「수산식품산업의 육성 및 지원에 관한 법률」 제30조에 따른 원산지인증의 표시를 한 경우

5의3. 「대외무역법」 제33조에 따라 수출입 농수산물이나 수출입 농수산물 가공품의 원산지를 표시한 경우

6. 다른 법률에 따라 농수산물의 원산지 또는 농수산물 가공품의 원료의 원산지를 표시한 경우

③ 식품접객업 및 집단급식소 중 대통령령으로 정하는 영업소나 집단급식소를 설치ㆍ운영하는 자는 다음 각 호의 어느 하나에 해당하는 경우에 그 농수산물이나 그 가공품의 원료에 대하여 원산

지(쇠고기는 식육의 종류를 포함한다. 이하 같다)를 표시하여야 한다. 다만, 「식품산업진흥법」 제22조의2 또는 「수산식품산업의 육성 및 지원에 관한 법률」 제30조에 따른 원산지인증의 표시를 한 경우에는 원산지를 표시한 것으로 보며, 쇠고기의 경우에는 식육의 종류를 별도로 표시하여야 한다. 〈개정 2015. 6. 22., 2020. 2. 18., 2021. 4. 13.〉

1. 대통령령으로 정하는 농수산물이나 그 가공품을 조리하여 판매·제공(배달을 통한 판매·제공을 포함한다)하는 경우

2. 제1호에 따른 농수산물이나 그 가공품을 조리하여 판매·제공할 목적으로 보관하거나 진열하는 경우

④ 제1항이나 제3항에 따른 표시대상, 표시를 하여야 할 자, 표시기준은 대통령령으로 정하고, 표시방법과 그 밖에 필요한 사항은 농림축산식품부와 해양수산부의 공동 부령으로 정한다. 〈개정 2013. 3. 23.〉

● **시행령**

제3조(원산지의 표시대상) ① 법 제5조 제1항 각 호 외의 부분에서 "대통령령으로 정하는 농수산물 또는 그 가공품"이란 다음 각 호의 농수산물 또는 그 가공품을 말한다. 〈개정 2013. 3. 23., 2018. 12. 11.〉

1. 유통질서의 확립과 소비자의 올바른 선택을 위하여 필요하다고 인정하여 농림축산식품부장관과 해양수산부장관이 공동으로 고시한 농수산물 또는 그 가공품

2. 「대외무역법」 제33조에 따라 산업통상자원부장관이 공고한 수입 농수산물 또는 그 가공품. 다만, 「대외무역법 시행령」 제56조 제2항에 따라 원산지 표시를 생략할 수 있는 수입 농수산물 또는 그 가공품은 제외한다.

② 법 제5조 제1항 제3호에 따른 농수산물 가공품의 원료에 대한 원산지 표시대상은 다음 각 호와 같다. 다만, 물, 식품첨가물, 주정(酒精) 및 당류(당류를 주원료로 하여 가공한 당류가공품을 포함한다)는 배합 비율의 순위와 표시대상에서 제외한다. 〈개정 2011. 10. 10., 2012. 12. 27., 2013. 3. 23., 2014. 1. 28., 2015. 6. 1., 2016. 2. 3., 2017. 5. 29., 2018. 12. 11., 2019. 3. 14.〉

1. 원료 배합 비율에 따른 표시대상

　가. 사용된 원료의 배합 비율에서 한 가지 원료의 배합 비율이 98퍼센트 이상인 경우에는 그 원료

　나. 사용된 원료의 배합 비율에서 두 가지 원료의 배합 비율의 합이 98퍼센트 이상인 원료가 있는 경우에는 배합 비율이 높은 순서의 2순위까지의 원료

　다. 가목 및 나목 외의 경우에는 배합 비율이 높은 순서의 3순위까지의 원료

　라. 가목부터 다목까지의 규정에도 불구하고 김치류 및 절임류(소금으로 절이는 절임류에 한정한다)의 경우에는 다음의 구분에 따른 원료

1) 김치류 중 고춧가루(고춧가루가 포함된 가공품을 사용하는 경우에는 그 가공품에 사용된 고춧가루를 포함한다. 이하 같다)를 사용하는 품목은 고춧가루 및 소금을 제외한 원료 중 배합 비율이 가장 높은 순서의 2순위까지의 원료와 고춧가루 및 소금

2) 김치류 중 고춧가루를 사용하지 아니하는 품목은 소금을 제외한 원료 중 배합 비율이 가장 높은 순서의 2순위까지의 원료와 소금

3) 절임류는 소금을 제외한 원료 중 배합 비율이 가장 높은 순서의 2순위까지의 원료와 소금. 다만, 소금을 제외한 원료 중 한 가지 원료의 배합 비율이 98퍼센트 이상인 경우에는 그 원료와 소금으로 한다.

2. 제1호에 따른 표시대상 원료로서 「식품 등의 표시 · 광고에 관한 법률」 제4조에 따른 식품 등의 표시기준에서 정한 복합원재료를 사용한 경우에는 농림축산식품부장관과 해양수산부장관이 공동으로 정하여 고시하는 기준에 따른 원료

③ 제2항을 적용할 때 원료(가공품의 원료를 포함한다. 이하 이 항에서 같다) 농수산물의 명칭을 제품명 또는 제품명의 일부로 사용하는 경우에는 그 원료 농수산물이 같은 항에 따른 원산지 표시 대상이 아니더라도 그 원료 농수산물의 원산지를 표시해야 한다. 다만, 원료 농수산물이 다음 각 호의 어느 하나에 해당하는 경우에는 해당 원료 농수산물의 원산지 표시를 생략할 수 있다. 〈개정 2019. 6. 18.〉

1. 제1항 제1호에 따라 고시한 원산지 표시대상에 해당하지 않는 경우

2. 제2항 각 호 외의 부분 단서에 따른 식품첨가물, 주정 및 당류(당류를 주원료로 하여 가공한 당류 가공품을 포함한다)의 원료로 사용된 경우

3. 「식품 등의 표시 · 광고에 관한 법률」 제4조의 표시기준에 따라 원재료명 표시를 생략할 수 있는 경우

④ 삭제 〈2015. 6. 1.〉

⑤ 법 제5조 제3항 제1호에서 "대통령령으로 정하는 농수산물이나 그 가공품을 조리하여 판매 · 제공하는 경우"란 다음 각 호의 것을 조리하여 판매 · 제공하는 경우를 말한다. 이 경우 조리에는 날 것의 상태로 조리하는 것을 포함하며, 판매 · 제공에는 배달을 통한 판매 · 제공을 포함한다. 〈개정 2011. 10. 10., 2012. 12. 27., 2014. 1. 28., 2016. 2. 3., 2019. 6. 18., 2019. 10. 29., 2022. 12. 30.〉

1. 쇠고기(식육 · 포장육 · 식육가공품을 포함한다. 이하 같다)

2. 돼지고기(식육 · 포장육 · 식육가공품을 포함한다. 이하 같다)

3. 닭고기(식육 · 포장육 · 식육가공품을 포함한다. 이하 같다)

4. 오리고기(식육 · 포장육 · 식육가공품을 포함한다. 이하 같다)

5. 양고기(식육 · 포장육 · 식육가공품을 포함한다. 이하 같다)

5의2. 염소(유산양을 포함한다. 이하 같다)고기(식육·포장육·식육가공품을 포함한다. 이하 같다)

6. 밥, 죽, 누룽지에 사용하는 쌀(쌀가공품을 포함하며, 쌀에는 찹쌀, 현미 및 찐쌀을 포함한다. 이하 같다)

7. 배추김치(배추김치가공품을 포함한다)의 원료인 배추(얼갈이배추와 봄동배추를 포함한다. 이하 같다)와 고춧가루

7의2. 두부류(가공두부, 유바는 제외한다), 콩비지, 콩국수에 사용하는 콩(콩가공품을 포함한다. 이하 같다)

8. 넙치, 조피볼락, 참돔, 미꾸라지, 뱀장어, 낙지, 명태(황태, 북어 등 건조한 것은 제외한다. 이하 같다), 고등어, 갈치, 오징어, 꽃게, 참조기, 다랑어, 아귀, 주꾸미, 가리비, 우렁쉥이, 전복, 방어 및 부세(해당 수산물가공품을 포함한다. 이하 같다)

9. 조리하여 판매·제공하기 위하여 수족관 등에 보관·진열하는 살아 있는 수산물

⑥ 제5항 각 호의 원산지 표시대상 중 가공품에 대해서는 주원료를 표시해야 한다. 이 경우 주원료 표시에 관한 세부기준에 대해서는 농림축산식품부장관과 해양수산부장관이 공동으로 정하여 고시한다. 〈신설 2019. 6. 18.〉

⑦ 농수산물이나 그 가공품의 신뢰도를 높이기 위하여 필요한 경우에는 제1항부터 제3항까지, 제5항 및 제6항에 따른 표시대상이 아닌 농수산물과 그 가공품의 원료에 대해서도 그 원산지를 표시할 수 있다. 이 경우 법 제5조 제4항에 따른 표시기준과 표시방법을 준수하여야 한다. 〈신설 2015. 6. 1., 2019. 6. 18.〉

제4조(원산지 표시를 하여야 할 자) 법 제5조 제3항에서 "대통령령으로 정하는 영업소나 집단급식소를 설치·운영하는 자"란 「식품위생법 시행령」 제21조 제8호 가목의 휴게음식점영업, 같은 호 나목의 일반음식점영업 또는 같은 호 마목의 위탁급식영업을 하는 영업소나 같은 법 시행령 제2조의 집단급식소를 설치·운영하는 자를 말한다.

제5조(원산지의 표시기준) ① 법 제5조 제4항에 따른 원산지의 표시기준은 별표 1과 같다.

② 제1항에서 규정한 사항 외에 원산지의 표시기준에 관하여 필요한 사항은 농림축산식품부장관과 해양수산부장관이 공동으로 정하여 고시한다. 〈개정 2013. 3. 23.〉

농수산물의 원산지 표시 등에 관한 법률 시행령 [별표 1] 〈개정 2021. 1. 5.〉
원산지의 표시기준(제5조 제1항 관련)
1. 농수산물 　가. 국산 농수산물 　　1) 국산 농산물 : "국산"이나 "국내산" 또는 그 농산물을 생산·채취·사육한 지역의 시·도명이나 시·군·구명을 표시한다.

2) 국산 수산물 : "국산"이나 "국내산" 또는 "연근해산"으로 표시한다. 다만, 양식 수산물이나 연안정착성 수산물 또는 내수면 수산물의 경우에는 해당 수산물을 생산·채취·양식·포획한 지역의 시·도명이나 시·군·구명을 표시할 수 있다.

나. 원양산 수산물

1) 「원양산업발전법」제6조 제1항에 따라 원양어업의 허가를 받은 어선이 해외수역에서 어획하여 국내에 반입한 수산물은 "원양산"으로 표시하거나 "원양산" 표시와 함께 "태평양", "대서양", "인도양", "남극해", "북극해"의 해역명을 표시한다.

2) 1)에 따른 표시 외에 연안국 법령에 따라 별도로 표시하여야 하는 사항이 있는 경우에는 1)에 따른 표시와 함께 표시할 수 있다.

다. 원산지가 다른 동일 품목을 혼합한 농수산물

1) 국산 농수산물로서 그 생산 등을 한 지역이 각각 다른 동일 품목의 농수산물을 혼합한 경우에는 혼합 비율이 높은 순서로 3개 지역까지의 시·도명 또는 시·군·구명과 그 혼합 비율을 표시하거나 "국산", "국내산" 또는 "연근해산"으로 표시한다.

2) 동일 품목의 국산 농수산물과 국산 외의 농수산물을 혼합한 경우에는 혼합비율이 높은 순서로 3개 국가(지역, 해역 등)까지의 원산지와 그 혼합비율을 표시한다.

라. 2개 이상의 품목을 포장한 수산물 : 서로 다른 2개 이상의 품목을 용기에 담아 포장한 경우에는 혼합 비율이 높은 2개까지의 품목을 대상으로 가목 2), 나목 및 제2호의 기준에 따라 표시한다.

2. 수입 농수산물과 그 가공품 및 반입 농수산물과 그 가공품

가. 수입 농수산물과 그 가공품(이하 "수입농수산물 등"이라 한다)은 「대외무역법」에 따른 원산지를 표시한다.

나. 「남북교류협력에 관한 법률」에 따라 반입한 농수산물과 그 가공품(이하 "반입농수산물 등"이라 한다)은 같은 법에 따른 원산지를 표시한다.

3. 농수산물 가공품(수입농수산물 등 또는 반입농수산물 등을 국내에서 가공한 것을 포함한다)

가. 사용된 원료의 원산지를 제1호 및 제2호의 기준에 따라 표시한다.

나. 원산지가 다른 동일 원료를 혼합하여 사용한 경우에는 혼합 비율이 높은 순서로 2개 국가(지역, 해역 등)까지의 원료 원산지와 그 혼합 비율을 각각 표시한다.

다. 원산지가 다른 동일 원료의 원산지별 혼합 비율이 변경된 경우로서 그 어느 하나의 변경의 폭이 최대 15퍼센트 이하이면 종전의 원산지별 혼합 비율이 표시된 포장재를 혼합 비율이 변경된 날부터 1년의 범위에서 사용할 수 있다.

라. 사용된 원료(물, 식품첨가물, 주정 및 당류는 제외한다)의 원산지가 모두 국산일 경우에는 원산지를 일괄하여 "국산"이나 "국내산" 또는 "연근해산"으로 표시할 수 있다.

마. 원료의 수급 사정으로 인하여 원료의 원산지 또는 혼합 비율이 자주 변경되는 경우로서 다음의 어느 하나에 해당하는 경우에는 농림축산식품부장관과 해양수산부장관이 공동으로 정하여 고시하는 바에 따라 원료의 원산지와 혼합 비율을 표시할 수 있다.

1) 특정 원료의 원산지나 혼합 비율이 최근 3년 이내에 연평균 3개국(회) 이상 변경되거나 최근 1년 동안에 3개국(회) 이상 변경된 경우와 최초 생산일부터 1년 이내에 3개국 이상 원산지 변경이 예상되는 신제품인 경우

2) 원산지가 다른 동일 원료를 사용하는 경우

3) 정부가 농수산물 가공품의 원료로 공급하는 수입쌀을 사용하는 경우

4) 그 밖에 농림축산식품부장관과 해양수산부장관이 공동으로 필요하다고 인정하여 고시하는 경우

제3조(원산지의 표시방법) 법 제5조 제4항에 따른 원산지의 표시방법은 다음 각 호의 구분과 같다.
〈개정 2016. 2. 3., 2019. 9. 10., 2021. 12. 31.〉

1. 법 제5조 제1항에 따라 원산지를 표시하여야 하는 경우 : 「농수산물의 원산지 표시 등에 관한 법률 시행령」(이하 "영"이라 한다) 제5조의 원산지의 표시기준에 따라 표시하되, 세부적인 표시방법은 별표 1부터 별표 3까지에 따를 것

농수산물의 원산지 표시 등에 관한 법률 시행규칙 별표 2 〈개정 2019. 9. 10.〉

농수산물 가공품의 원산지 표시방법(제3조 제1호 관련)

1. 적용대상 : 영 별표 1 제3호에 따른 농수산물 가공품

2. 표시방법

  가. 포장재에 원산지를 표시할 수 있는 경우

    1) 위치 : 「식품 등의 표시 · 광고에 관한 법률」 제4조의 표시기준에 따른 원재료명 표시란에 추가하여 표시한다. 다만, 원재료명 표시란에 표시하기 어려운 경우에는 소비자가 쉽게 알아볼 수 있는 위치에 표시하되, 구매시점에 소비자가 원산지를 알 수 있도록 표시해야 한다.

    2) 문자 : 한글로 하되, 필요한 경우에는 한글 옆에 한문 또는 영문 등으로 추가하여 표시할 수 있다.

    3) 글자 크기

      가) 10포인트 이상의 활자로 진하게(굵게) 표시해야 한다. 다만, 정보표시면 면적이 부족한 경우에는 10포인트보다 작게 표시할 수 있으나, 「식품 등의 표시 · 광고에 관한 법률」 제4조에 따른 원재료명의 표시와 동일한 크기로 진하게(굵게) 표시해야 한다.

      나) 가)에 따른 글씨는 각각 장평 90% 이상, 자간 -5% 이상으로 표시해야 한다. 다만, 정보표시면 면적이 100cm^2 미만인 경우에는 각각 장평 50% 이상, 자간 -5% 이상으로 표시할 수 있다.

      다) 삭제 〈2019. 9. 10.〉

      라) 삭제 〈2019. 9. 10.〉

    4) 글자색 : 포장재의 바탕색과 다른 단색으로 선명하게 표시한다. 다만, 포장재의 바탕색이 투명한 경우 내용물과 다른 단색으로 선명하게 표시한다.

    5) 그 밖의 사항

      가) 포장재에 직접 인쇄하는 것을 원칙으로 하되, 지워지지 아니하는 잉크 · 각인 · 소인 등을 사용하여 표시하거나 스티커, 전자저울에 의한 라벨지 등으로도 표시할 수 있다.

      나) 그물망 포장을 사용하는 경우에는 꼬리표, 안쪽 표지 등으로도 표시할 수 있다.

      다) 최종소비자에게 판매되지 않는 농수산물 가공품을 「가맹사업거래의 공정화에 관한 법률」에 따른 가맹사업자의 직영점과 가맹점에 제조 · 가공 · 조리를 목적으로 공급하는 경우에 가맹사업자가 원산지 정보를 판매시점 정보관리(POS, Point of Sales) 시스템을 통해 이미 알고 있으면 포장재 표시를 생략할 수 있다.

  나. 포장재에 원산지를 표시하기 어려운 경우 : 별표 1 제2호 나목을 준용하여 표시한다.

3. 법 제5조 제3항에 따라 원산지를 표시하여야 하는 경우 : 별표 3 및 별표 4에 따를 것

농수산물의 원산지 표시 등에 관한 법률 시행규칙 별표 3 <개정 2019. 9. 10.>

통신판매의 경우 원산지 표시방법(제3조 제1호 및 제2호 관련)

1. 일반적인 표시방법

   가. 표시는 한글로 하되, 필요한 경우에는 한글 옆에 한문 또는 영문 등으로 추가하여 표시할 수 있다. 다만, 매체 특성상 문자로 표시할 수 없는 경우에는 말로 표시하여야 한다.

   나. 원산지를 표시할 때에는 소비자가 혼란을 일으키지 않도록 글자로 표시할 경우에는 글자의 위치·크기 및 색깔은 쉽게 알아볼 수 있어야 하고, 말로 표시할 경우에는 말의 속도 및 소리의 크기는 제품을 설명하는 것과 같아야 한다.

   다. 원산지가 같은 경우에는 일괄하여 표시할 수 있다. 다만, 제3호 나목의 경우에는 일괄하여 표시할 수 없다.

2. 판매 매체에 대한 표시방법

   가. 전자매체 이용

   1) 글자로 표시할 수 있는 경우(인터넷, PC통신, 케이블TV, IPTV, TV 등)

      가) 표시 위치 : 제품명 또는 가격표시 주위에 원산지를 표시하거나 제품명 또는 가격표시 주위에 원산지를 표시한 위치를 표시하고 매체의 특성에 따라 자막 또는 별도의 창을 이용하여 원산지를 표시할 수 있다.

      나) 표시 시기 : 원산지를 표시하여야 할 제품이 화면에 표시되는 시점부터 원산지를 알 수 있도록 표시해야 한다.

      다) 글자 크기 : 제품명 또는 가격표시와 같거나 그보다 커야 한다. 다만, 별도의 창을 이용하여 표시할 경우에는 「전자상거래 등에서의 소비자보호에 관한 법률」 제13조 제4항에 따른 통신판매업자의 재화 또는 용역정보에 관한 사항과 거래조건에 대한 표시·광고 및 고지의 내용과 방법을 따른다.

      라) 글자색 : 제품명 또는 가격표시와 같은 색으로 한다.

   2) 글자로 표시할 수 없는 경우(라디오 등)

      1회당 원산지를 두 번 이상 말로 표시하여야 한다.

   나. 인쇄매체 이용(신문, 잡지 등)

   1) 표시 위치 : 제품명 또는 가격표시 주위에 표시하거나, 제품명 또는 가격표시 주위에 원산지 표시 위치를 명시하고 그 장소에 표시할 수 있다.

   2) 글자 크기 : 제품명 또는 가격표시 글자 크기의 1/2 이상으로 표시하거나, 광고 면적을 기준으로 별표 1 제2호 가목 3)의 기준을 준용하여 표시할 수 있다.

   3) 글자색 : 제품명 또는 가격표시와 같은 색으로 한다.

3. 판매 제공 시의 표시방법

   가. 별표 1 제1호에 따른 농수산물 등의 원산지 표시방법

   별표 1 제2호 가목에 따라 원산지를 표시해야 한다. 다만, 포장재에 표시하기 어려운 경우에는 전단지, 스티커 또는 영수증 등에 표시할 수 있다.

   나. 별표 2 제1호에 따른 농수산물 가공품의 원산지 표시방법

   별표 2 제2호 가목에 따라 원산지를 표시해야 한다. 다만, 포장재에 표시하기 어려운 경우에는 전단지, 스티커 또는 영수증 등에 표시할 수 있다.

   다. 별표 4에 따른 영업소 및 집단급식소의 원산지 표시방법

   별표 4 제1호 및 제3호에 따라 표시대상 농수산물 또는 그 가공품의 원료의 원산지를 포장재에 표시한다. 다만, 포장재에 표시하기 어려운 경우에는 전단지, 스티커 또는 영수증 등에 표시할 수 있다.

농수산물의 원산지 표시 등에 관한 법률 시행규칙 별표 4 <개정 2020. 4. 27.>

영업소 및 집단급식소의 원산지 표시방법(제3조 제2호 관련)

1. 공통적 표시방법

가. 음식명 바로 옆이나 밑에 표시대상 원료인 농수산물명과 그 원산지를 표시한다. 다만, 모든 음식에 사용된 특정 원료의 원산지가 같은 경우 그 원료에 대해서는 다음 예시와 같이 일괄하여 표시할 수 있다.

　[예시]　우리 업소에서는 "국내산 쌀"만 사용합니다.

　　　　　우리 업소에서는 "국내산 배추와 고춧가루로 만든 배추김치"만 사용합니다.

　　　　　우리 업소에서는 "국내산 한우 쇠고기"만 사용합니다.

　　　　　우리 업소에서는 "국내산 넙치"만을 사용합니다.

나. 원산지의 글자 크기는 메뉴판이나 게시판 등에 적힌 음식명 글자 크기와 같거나 그보다 커야 한다.

다. 원산지가 다른 2개 이상의 동일 품목을 섞은 경우에는 섞음 비율이 높은 순서대로 표시한다.

　[예시 1] 국내산(국산)의 섞음 비율이 외국산보다 높은 경우

　• 쇠고기

　불고기(쇠고기 : 국내산 한우와 호주산을 섞음), 설렁탕(육수 : 국내산 한우, 쇠고기 : 호주산), 국내산 한우 갈비뼈에 호주산 쇠고기를 접착(接着)한 경우 : 소갈비(갈비뼈 : 국내산 한우, 쇠고기 : 호주산) 또는 소갈비(쇠고기 : 호주산)

　• 돼지고기, 닭고기 등 : 고추장불고기(돼지고기 : 국내산과 미국산을 섞음), 닭갈비(닭고기 : 국내산과 중국산을 섞음)

　• 쌀, 배추김치 : 쌀(국내산과 미국산을 섞음), 배추김치(배추 : 국내산과 중국산을 섞음, 고춧가루 : 국내산과 중국산을 섞음)

　• 넙치, 조피볼락 등 : 조피볼락회(조피볼락 : 국내산과 일본산을 섞음)

　[예시 2] 국내산(국산)의 섞음 비율이 외국산보다 낮은 경우

　• 불고기(쇠고기 : 호주산과 국내산 한우를 섞음), 죽(쌀 : 미국산과 국내산을 섞음), 낙지볶음(낙지 : 일본산과 국내산을 섞음)

라. 쇠고기, 돼지고기, 닭고기, 오리고기, 넙치, 조피볼락 및 참돔 등을 섞은 경우 각각의 원산지를 표시한다.

　[예시] 햄버그스테이크(쇠고기 : 국내산 한우, 돼지고기 : 덴마크산), 모둠회(넙치 : 국내산, 조피볼락 : 중국산, 참돔 : 일본산), 갈낙탕(쇠고기 : 미국산, 낙지 : 중국산)

> **예제** 집단급식소에서 쇠고기(국내산 한우)와 돼지고기(덴마크산)를 섞은 햄버그스테이크를 메뉴로 제공할 때 「농수산물의 원산지 표시 등에 관한 법률」상 원산지 표시방법은?

마. 원산지가 국내산(국산)인 경우에는 "국산"이나 "국내산"으로 표시하거나 해당 농수산물이 생산된 특별시·광역시·특별자치시·도·특별자치도명이나 시·군·자치구명으로 표시할 수 있다.

바. 농수산물 가공품을 사용한 경우에는 그 가공품에 사용된 원료의 원산지를 표시하되, 다음 1) 및 2)에 따라 표시할 수 있다.

　[예시] 부대찌개(햄(돼지고기 : 국내산)), 샌드위치(햄(돼지고기 : 독일산))

　1) 외국에서 가공한 농수산물 가공품 완제품을 구입하여 사용한 경우에는 그 포장재에 적힌 원산지를 표시할 수 있다.

　　[예시] 소세지야채볶음(소세지 : 미국산), 김치찌개(배추김치 : 중국산)

　2) 국내에서 가공한 농수산물 가공품의 원료의 원산지가 영 별표 1 제3호 마목에 따라 원료의 원산지가 자주 변경되어 "외국산"으로 표시된 경우에는 원료의 원산지를 "외국산"으로 표시할 수 있다.

　　[예시] 피자(햄(돼지고기 : 외국산)), 두부(콩 : 외국산)

3) 국내산 쇠고기의 식육가공품을 사용하는 경우에는 식육의 종류 표시를 생략할 수 있다.

사. 농수산물과 그 가공품을 조리하여 판매 또는 제공할 목적으로 냉장고 등에 보관·진열하는 경우에는 제품 포장재에 표시하거나 냉장고 등 보관장소 또는 보관용기별 앞면에 일괄하여 표시한다. 다만, 거래명세서 등을 통해 원산지를 확인할 수 있는 경우에는 원산지표시를 생략할 수 있다.

아. 삭제 <2017. 5. 30.>

자. 표시대상 농수산물이나 그 가공품을 조리하여 배달을 통하여 판매·제공하는 경우에는 해당 농수산물이나 그 가공품 원료의 원산지를 포장재에 표시한다. 다만, 포장재에 표시하기 어려운 경우에는 전단지, 스티커 또는 영수증 등에 표시할 수 있다.

2. 영업형태별 표시방법

가. 휴게음식점영업 및 일반음식점영업을 하는 영업소

1) 원산지는 소비자가 쉽게 알아볼 수 있도록 업소 내의 모든 메뉴판 및 게시판(메뉴판과 게시판 중 어느 한 종류만 사용하는 경우에는 그 메뉴판 또는 게시판을 말한다)에 표시하여야 한다. 다만, 아래의 기준에 따라 제작한 원산지 표시판을 아래 2)에 따라 부착하는 경우에는 메뉴판 및 게시판에는 원산지 표시를 생략할 수 있다.

가) 표제로 "원산지 표시판"을 사용할 것

나) 표시판 크기는 가로×세로(또는 세로×가로) 29cm×42cm 이상일 것

다) 글자 크기는 60포인트 이상(음식명은 30포인트 이상)일 것

라) 제3호의 원산지 표시대상별 표시방법에 따라 원산지를 표시할 것

마) 글자색은 바탕색과 다른 색으로 선명하게 표시

> 예제 「농수산물의 원산지 표시 등에 관한 법률」상 일반음식점에서 원산지 표시판을 별도로 사용할 때, 원산지 표시방법이 아닌 것은?

2) 원산지를 원산지 표시판에 표시할 때에는 업소 내에 부착되어 있는 가장 큰 게시판(크기가 모두 같은 경우 소비자가 가장 잘 볼 수 있는 게시판 1곳)의 옆 또는 아래에 소비자가 잘 볼 수 있도록 원산지 표시판을 부착하여야 한다. 게시판을 사용하지 않는 업소의 경우에는 업소의 주 출입구 입장 후 정면에서 소비자가 잘 볼 수 있는 곳에 원산지 표시판을 부착 또는 게시하여야 한다.

3) 1) 및 2)에도 불구하고 취식(取食)장소가 벽(공간을 분리할 수 있는 칸막이 등을 포함한다)으로 구분된 경우 취식장소별로 원산지가 표시된 게시판 또는 원산지 표시판을 부착해야 한다. 다만, 부착이 어려울 경우 타 위치의 원산지 표시판 부착 여부에 상관없이 원산지 표시가 된 메뉴판을 반드시 제공하여야 한다.

나. 위탁급식영업을 하는 영업소 및 집단급식소

1) 식당이나 취식장소에 월간 메뉴표, 메뉴판, 게시판 또는 푯말 등을 사용하여 소비자(이용자를 포함한다)가 원산지를 쉽게 확인할 수 있도록 표시하여야 한다.

2) 교육·보육시설 등 미성년자를 대상으로 하는 영업소 및 집단급식소의 경우에는 1)에 따른 표시 외에 원산지가 적힌 주간 또는 월간 메뉴표를 작성하여 가정통신문(전자적 형태의 가정통신문을 포함한다)으로 알려주거나 교육·보육시설 등의 인터넷 홈페이지에 추가로 공개하여야 한다.

> 예제 「농수산물의 원산지 표시 등에 관한 법률」상 ( ) 안에 들어갈 내용으로 옳은 것은?
>
> ( ) 대상 집단급식소의 경우 식당에 메뉴판이나 게시판 등에 원산지 표시를 하고 추가적으로 통신문 또는 인터넷 홈페이지에 공개하도록 한다.

다. 장례식장, 예식장 또는 병원 등에 설치·운영되는 영업소나 집단급식소의 경우에는 가목 및 나목에도 불구하고 소비자(취식자를 포함한다)가 쉽게 볼 수 있는 장소에 푯말 또는 게시판 등을 사용하여 표시할 수 있다.

3. 원산지 표시대상별 표시방법

　가. 축산물의 원산지 표시방법 : 축산물의 원산지는 국내산(국산)과 외국산으로 구분하고, 다음의 구분에 따라 표시한다.

　　1) 쇠고기

　　　가) 국내산(국산)의 경우 "국산"이나 "국내산"으로 표시하고, 식육의 종류를 한우, 젖소, 육우로 구분하여 표시한다. 다만, 수입한 소를 국내에서 6개월 이상 사육한 후 국내산(국산)으로 유통하는 경우에는 "국산"이나 "국내산"으로 표시하되, 괄호 안에 식육의 종류 및 출생국가명을 함께 표시한다.

　　　　[예시] 소갈비(쇠고기 : 국내산 한우), 등심(쇠고기 : 국내산 육우), 소갈비(쇠고기 : 국내산 육우(출생국 : 호주))

　　　나) 외국산의 경우에는 해당 국가명을 표시한다.

　　　　[예시] 소갈비(쇠고기 : 미국산)

　　2) 돼지고기, 닭고기, 오리고기 및 양고기(염소 등 산양 포함)

　　　가) 국내산(국산)의 경우 "국산"이나 "국내산"으로 표시한다. 다만, 수입한 돼지 또는 양을 국내에서 2개월 이상 사육한 후 국내산(국산)으로 유통하거나, 수입한 닭 또는 오리를 국내에서 1개월 이상 사육한 후 국내산(국산)으로 유통하는 경우에는 "국산"이나 "국내산"으로 표시하되, 괄호 안에 출생국가명을 함께 표시한다.

　　　　[예시] 삼겹살(돼지고기 : 국내산), 삼계탕(닭고기 : 국내산), 훈제오리(오리고기 : 국내산), 삼겹살(돼지고기 : 국내산(출생국 : 덴마크)), 삼계탕(닭고기 : 국내산(출생국 : 프랑스)), 훈제오리(오리고기 : 국내산(출생국 : 중국))

　　　나) 외국산의 경우 해당 국가명을 표시한다.

　　　　[예시] 삼겹살(돼지고기 : 덴마크산), 염소탕(염소고기 : 호주산), 삼계탕(닭고기 : 중국산), 훈제오리(오리고기 : 중국산)

　나. 쌀(찹쌀, 현미, 찐쌀을 포함한다. 이하 같다) 또는 그 가공품의 원산지 표시방법 : 쌀 또는 그 가공품의 원산지는 국내산(국산)과 외국산으로 구분하고, 다음의 구분에 따라 표시한다.

　　1) 국내산(국산)의 경우 "밥(쌀 : 국내산)", "누룽지(쌀 : 국내산)"로 표시한다.

　　2) 외국산의 경우 쌀을 생산한 해당 국가명을 표시한다.

　　　[예시] 밥(쌀 : 미국산), 죽(쌀 : 중국산)

　다. 배추김치의 원산지 표시방법

　　1) 국내에서 배추김치를 조리하여 판매ㆍ제공하는 경우에는 "배추김치"로 표시하고, 그 옆에 괄호로 배추김치의 원료인 배추(절인 배추를 포함한다)의 원산지를 표시한다. 이 경우 고춧가루를 사용한 배추김치의 경우에는 고춧가루의 원산지를 함께 표시한다.

　　　[예시]

　　　• 배추김치(배추 : 국내산, 고춧가루 : 중국산), 배추김치(배추 : 중국산, 고춧가루 : 국내산)

　　　• 고춧가루를 사용하지 않은 배추김치 : 배추김치(배추 : 국내산)

---

20 기출 국내산 배추와 중국산 고춧가루를 사용하여 국내에서 배추김치를 제조하였다. 집단급식소에서 이를 구입하여 제공할 때 「농수산물의 원산지 표시 등에 관한 법률」상 원산지 표시방법은?

① 배추김치(국내산)　　　　　　　　　　② 배추김치(중국산)

③ 배추김치(배추 : 국내산)　　　　　　　④ 배추김치(고춧가루 : 중국산)

⑤ 배추김치(배추 : 국내산, 고춧가루 : 중국산)

정답 ⑤

2) 외국에서 제조 · 가공한 배추김치를 수입하여 조리하여 판매 · 제공하는 경우에는 배추김치를 제조 · 가공한 해당 국가명을 표시한다.

[예시] 배추김치(중국산)

라. 콩(콩 또는 그 가공품을 원료로 사용한 두부류 · 콩비지 · 콩국수)의 원산지 표시방법 : 두부류, 콩비지, 콩국수의 원료로 사용한 콩에 대하여 국내산(국산)과 외국산으로 구분하여 다음의 구분에 따라 표시한다.

1) 국내산(국산) 콩 또는 그 가공품을 원료로 사용한 경우 "국산"이나 "국내산"으로 표시한다.

[예시] 두부(콩 : 국내산), 콩국수(콩 : 국내산)

2) 외국산 콩 또는 그 가공품을 원료로 사용한 경우 해당 국가명을 표시한다.

[예시] 두부(콩 : 중국산), 콩국수(콩 : 미국산)

> 예제 집단급식소에서 제공하는 콩류 식품 중 원산지 표시를 하지 않아도 되는 식품은?

마. 넙치, 조피볼락, 참돔, 미꾸라지, 뱀장어, 낙지, 명태, 고등어, 갈치, 오징어, 꽃게, 참조기, 다랑어, 아귀 및 주꾸미의 원산지 표시방법 : 원산지는 국내산(국산), 원양산 및 외국산으로 구분하고, 다음의 구분에 따라 표시한다.

1) 국내산(국산)의 경우 "국산"이나 "국내산" 또는 "연근해산"으로 표시한다.

[예시] 넙치회(넙치 : 국내산), 참돔회(참돔 : 연근해산)

2) 원양산의 경우 "원양산" 또는 "원양산, 해역명"으로 한다.

[예시] 참돔구이(참돔 : 원양산), 넙치매운탕(넙치 : 원양산, 태평양산)

3) 외국산의 경우 해당 국가명을 표시한다.

[예시] 참돔회(참돔 : 일본산), 뱀장어구이(뱀장어 : 영국산)

바. 살아 있는 수산물의 원산지 표시방법은 별표 1 제2호 다목에 따른다.

제6조(거짓 표시 등의 금지) ① 누구든지 다음 각 호의 행위를 하여서는 아니 된다.

1. 원산지 표시를 거짓으로 하거나 이를 혼동하게 할 우려가 있는 표시를 하는 행위

2. 원산지 표시를 혼동하게 할 목적으로 그 표시를 손상 · 변경하는 행위

3. 원산지를 위장하여 판매하거나, 원산지 표시를 한 농수산물이나 그 가공품에 다른 농수산물이나 가공품을 혼합하여 판매하거나 판매할 목적으로 보관이나 진열하는 행위

② 농수산물이나 그 가공품을 조리하여 판매 · 제공하는 자는 다음 각 호의 행위를 하여서는 아니 된다.

1. 원산지 표시를 거짓으로 하거나 이를 혼동하게 할 우려가 있는 표시를 하는 행위

2. 원산지를 위장하여 조리 · 판매 · 제공하거나, 조리하여 판매 · 제공할 목적으로 농수산물이나 그 가공품의 원산지 표시를 손상 · 변경하여 보관 · 진열하는 행위

3. 원산지 표시를 한 농수산물이나 그 가공품에 원산지가 다른 동일 농수산물이나 그 가공품을 혼합하여 조리 · 판매 · 제공하는 행위

③ 제1항이나 제2항을 위반하여 원산지를 혼동하게 할 우려가 있는 표시 및 위장판매의 범위 등 필요한 사항은 농림축산식품부와 해양수산부의 공동 부령으로 정한다. 〈개정 2013. 3. 23.〉

④「유통산업발전법」제2조 제3호에 따른 대규모점포를 개설한 자는 임대의 형태로 운영되는 점포 (이하 "임대점포"라 한다)의 임차인 등 운영자가 제1항 각 호 또는 제2항 각 호의 어느 하나에 해당하는 행위를 하도록 방치하여서는 아니 된다.〈신설 2011. 7. 25.〉

⑤「방송법」제9조 제5항에 따른 승인을 받고 상품소개와 판매에 관한 전문편성을 행하는 방송채널 사용사업자는 해당 방송채널 등에 물건 판매중개를 의뢰하는 자가 제1항 각 호 또는 제2항 각 호의 어느 하나에 해당하는 행위를 하도록 방치하여서는 아니 된다.〈신설 2016. 12. 2.〉

● 시행규칙

제4조(원산지를 혼동하게 할 우려가 있는 표시 등) 법 제6조 제3항에 따른 원산지를 혼동하게 할 우려가 있는 표시 및 위장판매의 범위는 별표 5와 같다.

농수산물의 원산지 표시 등에 관한 법률 시행규칙 **별표 5** 〈개정 2016. 2. 3.〉

원산지를 혼동하게 할 우려가 있는 표시 및 위장판매의 범위(제4조 관련)

1. 원산지를 혼동하게 할 우려가 있는 표시
   가. 원산지 표시란에는 원산지를 바르게 표시하였으나 포장재 · 푯말 · 홍보물 등 다른 곳에 이와 유사한 표시를 하여 원산지를 오인하게 하는 표시 등을 말한다.
   나. 가목에 따른 일반적인 예는 다음과 같으며 이와 유사한 사례 또는 그 밖의 방법으로 기망(欺罔)하여 판매하는 행위를 포함한다.
   1) 원산지 표시란에는 외국 국가명을 표시하고 인근에 설치된 현수막 등에는 "우리 농산물만 취급", "국산만 취급", "국내산 한우만 취급" 등의 표시 · 광고를 한 경우
   2) 원산지 표시란에는 외국 국가명 또는 "국내산"으로 표시하고 포장재 앞면 등 소비자가 잘 보이는 위치에는 큰 글씨로 "국내생산", "경기특미" 등과 같이 국내 유명 특산물 생산지역명을 표시한 경우
   3) 게시판 등에는 "국산 김치만 사용합니다"로 일괄 표시하고 원산지 표시란에는 외국 국가명을 표시하는 경우
   4) 원산지 표시란에는 여러 국가명을 표시하고 실제로는 그중 원료의 가격이 낮거나 소비자가 기피하는 국가산만을 판매하는 경우

2. 원산지 위장판매의 범위
   가. 원산지 표시를 잘 보이지 않도록 하거나, 표시를 하지 않고 판매하면서 사실과 다르게 원산지를 알리는 행위 등을 말한다.
   나. 가목에 따른 일반적인 예는 다음과 같으며 이와 유사한 사례 또는 그 밖의 방법으로 기망하여 판매하는 행위를 포함한다.
   1) 외국산과 국내산을 진열 · 판매하면서 외국 국가명 표시를 잘 보이지 않게 가리거나 대상 농수산물과 떨어진 위치에 표시하는 경우
   2) 외국산의 원산지를 표시하지 않고 판매하면서 원산지가 어디냐고 물을 때 국내산 또는 원양산이라고 대답하는 경우
   3) 진열장에는 국내산만 원산지를 표시하여 진열하고, 판매 시에는 냉장고에서 원산지 표시가 안 된 외국산을 꺼내 주는 경우

제6조의2(과징금) ① 농림축산식품부장관, 해양수산부장관, 관세청장, 특별시장·광역시장·특별자치시장·도지사·특별자치도지사(이하 "시·도지사"라 한다) 또는 시장·군수·구청장(자치구의 구청장을 말한다. 이하 같다)은 제6조 제1항 또는 제2항을 2년 이내에 2회 이상 위반한 자에게 그 위반금액의 5배 이하에 해당하는 금액을 과징금으로 부과·징수할 수 있다. 이 경우 제6조 제1항을 위반한 횟수와 같은 조 제2항을 위반한 횟수는 합산한다. 〈개정 2016. 5. 29., 2017. 10. 13., 2020. 5. 26.〉

② 제1항에 따른 위반금액은 제6조 제1항 또는 제2항을 위반한 농수산물이나 그 가공품의 판매금액으로서 각 위반행위별 판매금액을 모두 더한 금액을 말한다. 다만, 통관단계의 위반금액은 제6조 제1항을 위반한 농수산물이나 그 가공품의 수입 신고 금액으로서 각 위반행위별 수입 신고 금액을 모두 더한 금액을 말한다. 〈개정 2017. 10. 13.〉

③ 제1항에 따른 과징금 부과·징수의 세부기준, 절차, 그 밖에 필요한 사항은 대통령령으로 정한다.

④ 농림축산식품부장관, 해양수산부장관, 관세청장, 시·도지사 또는 시장·군수·구청장은 제1항에 따른 과징금을 내야 하는 자가 납부기한까지 내지 아니하면 국세 또는 지방세 체납처분의 예에 따라 징수한다. 〈개정 2017. 10. 13., 2020. 5. 26.〉

[본조신설 2014. 6. 3.]

● **시행령**

제5조의2(과징금의 부과 및 징수) ① 법 제6조의2 제1항에 따른 과징금의 부과기준은 별표 1의2와 같다.

농수산물의 원산지 표시 등에 관한 법률 시행령 **별표 1의2** 〈개정 2019. 6. 18.〉

과징금의 부과기준(제5조의2 제1항 관련)

1. 일반기준

가. 과징금 부과기준은 2년간 2회 이상 위반한 경우에 적용한다. 이 경우 위반행위로 적발된 날부터 다시 위반행위로 적발된 날을 각각 기준으로 하여 위반횟수를 계산한다.

나. 2년간 2회 위반한 경우에는 각각의 위반행위에 따른 위반금액을 합산한 금액을 기준으로 과징금을 산정부과하고, 3회 이상 위반한 경우에는 해당 위반행위에 따른 위반금액을 기준으로 과징금을 산정·부과한다.

다. 법 제6조의2 제2항에 따라 법 제6조 제1항 위반 시 각 위반행위에 의한 판매금액은 해당 농수산물이나 농수산물 가공품의 판매량에 판매가격(해당 업소의 판매가격을 알 수 없는 경우에는 인근 2개 업소의 동일 품목 판매가격의 평균을 기준으로 한다. 다만, 평균가격을 산정할 수 없는 경우에는 해당 농수산물이나 농수산물 가공품의 매입가격에 30퍼센트를 가산한 금액을 기준으로 한다)을 곱한 금액으로 한다.

라. 법 제6조의2 제2항에 따라 법 제6조 제2항 위반 시 각 위반행위에 의한 판매금액은 다음 1) 및 2)에 따라 산출한다.

1) [음식 판매가격 × (음식에 사용된 원산지를 거짓표시한 해당 농수산물이나 그 가공품의 원가 / 음식에 사용된 총원료원가)] × 해당 음식의 판매인분 수

2) 1)에 따른 판매금액 산출이 곤란할 경우, 원산지를 거짓표시한 해당 농수산물이나 그 가공품(음식에 사용되어 판매한 것에 한정한다)의 매입가격에 3배를 곱한 금액으로 한다.

마. 통관 단계의 수입 농수산물과 그 가공품(이하 "수입농수산물 등"이라 한다) 및 반입 농수산물과 그 가공품(이하 "반입농수산물 등"이라 한다)의 위반금액은 세관 수입신고 금액으로 한다.

2. 세부 산출기준

가. 통관 단계의 수입농수산물 등 및 반입농수산물 등의 경우에는 위반 수입농수산물 등 및 반입농수산물 등의 세관 수입신고 금액의 100분의 10 또는 3억 원 중 적은 금액

나. 가목을 제외한 농수산물 및 그 가공품(통관 단계 이후의 수입농수산물 등 및 반입농수산물 등을 포함한다)

위반금액	과징금의 금액
100만 원 이하	위반금액 × 0.5
100만 원 초과 500만 원 이하	위반금액 × 0.7
500만 원 초과 1,000만 원 이하	위반금액 × 1.0
1,000만 원 초과 2,000만 원 이하	위반금액 × 1.5
2,000만 원 초과 3,000만 원 이하	위반금액 × 2.0
3,000만 원 초과 4,500만 원 이하	위반금액 × 2.5
4,500만 원 초과 6,000만 원 이하	위반금액 × 3.0
6,000만 원 초과	위반금액 × 4.0(최고 3억 원)

② 농림축산식품부장관, 해양수산부장관, 관세청장 또는 특별시장·광역시장·특별자치시장·도지사·특별자치도지사(이하 "시·도지사"라 한다)나 시장·군수·구청장(자치구의 구청장을 말한다. 이하 같다)은 법 제6조의2 제1항에 따라 과징금을 부과하려면 그 위반행위의 종류와 과징금의 금액 등을 명시하여 과징금을 낼 것을 과징금 부과대상자에게 서면으로 알려야 한다. 〈개정 2016. 11. 15., 2018. 12. 11., 2021. 12. 31.〉

③ 제2항에 따라 통보를 받은 자는 납부 통지일부터 30일 이내에 과징금을 농림축산식품부장관, 해양수산부장관, 관세청장, 시·도지사나 시장·군수·구청장이 정하는 수납기관에 내야 한다. 〈개정 2016. 6. 30., 2018. 12. 11., 2021. 12. 31., 2023. 12. 12.〉

④ 삭제〈2023. 12. 12.〉

⑤ 과징금 납부 의무자는 「행정기본법」 제29조 각 호 외의 부분 단서에 따라 과징금 납부기한을 연기하거나 과징금을 분할 납부하려는 경우에는 납부기한 5일 전까지 과징금 납부기한의 연기나 과징금의 분할 납부를 신청하는 문서에 같은 조 각 호의 사유를 증명하는 서류를 첨부하여 농림축산식품부장관, 해양수산부장관, 관세청장, 시·도지사나 시장·군수·구청장에게 신청해야 한다. 〈개정 2023. 12. 12.〉

⑥ 농림축산식품부장관, 해양수산부장관, 관세청장, 시·도지사나 시장·군수·구청장이 「행정기본법」 제29조 각 호 외의 부분 단서에 따라 법 제6조의2제1항에 따른 과징금의 납부기한을 연기하는 경우 납부기한의 연기는 원래 납부기한의 다음 날부터 1년을 초과할 수 없다. 〈개정 2023. 12. 12.〉

⑦ 농림축산식품부장관, 해양수산부장관, 관세청장, 시 · 도지사나 시장 · 군수 · 구청장이 「행정기본법」 제29조 각 호 외의 부분 단서에 따라 법 제6조의2 제1항에 따른 과징금을 분할 납부하게 하는 경우 각 분할된 납부기한 간의 간격은 4개월 이내로 하며, 분할 횟수는 3회 이내로 한다. 〈개정 2023. 12. 12.〉

⑧ 삭제 〈2023. 12. 12.〉

⑨ 제3항에 따라 과징금을 받은 수납기관은 지체 없이 그 사실을 농림축산식품부장관, 해양수산부장관, 관세청장, 시 · 도지사나 시장 · 군수 · 구청장에게 알려야 한다. 〈개정 2016. 6. 30., 2018. 12. 11., 2021. 12. 31.〉

⑩ 제1항부터 제9항까지에서 규정한 사항 외에 과징금의 부과 · 징수에 필요한 사항은 농림축산식품부와 해양수산부의 공동부령으로 정한다. 〈개정 2016. 6. 30.〉

[본조신설 2015. 6. 1.]

● **시행규칙**

제4조의2(과징금 부과 · 징수절차) ① 영 제5조의2에 따른 과징금의 부과 · 징수절차에 관하여는 「국고금 관리법 시행규칙」을 준용한다. 이 경우 납입고지서에는 이의신청방법 및 이의신청기간을 함께 기재하여야 한다. 〈개정 2017. 5. 30.〉

② 영 제5조의2 제4항에 따른 과징금 납부기한 연장 또는 분할 납부 신청서는 별지 제1호 서식에 따른다. 〈신설 2017. 5. 30.〉

[본조신설 2015. 6. 3.]

제7조(원산지 표시 등의 조사) ① 농림축산식품부장관, 해양수산부장관, 관세청장, 시 · 도지사 또는 시장 · 군수 · 구청장은 제5조에 따른 원산지의 표시 여부 · 표시사항과 표시방법 등의 적정성을 확인하기 위하여 대통령령으로 정하는 바에 따라 관계 공무원으로 하여금 원산지 표시대상 농수산물이나 그 가공품을 수거하거나 조사하게 하여야 한다. 이 경우 관세청장의 수거 또는 조사 업무는 제5조 제1항의 원산지 표시 대상 중 수입하는 농수산물이나 농수산물 가공품(국내에서 가공한 가공품은 제외한다)에 한정한다. 〈개정 2013. 3. 23., 2014. 6. 3., 2017. 10. 13., 2020. 5. 26.〉

② 제1항에 따른 조사 시 필요한 경우 해당 영업장, 보관창고, 사무실 등에 출입하여 농수산물이나 그 가공품 등에 대하여 확인 · 조사 등을 할 수 있으며 영업과 관련된 장부나 서류의 열람을 할 수 있다.

③ 제1항이나 제2항에 따른 수거 · 조사 · 열람을 하는 때에는 원산지의 표시대상 농수산물이나 그 가공품을 판매하거나 가공하는 자 또는 조리하여 판매 · 제공하는 자는 정당한 사유 없이 이를 거부 · 방해하거나 기피하여서는 아니 된다.

④ 제1항이나 제2항에 따른 수거 또는 조사를 하는 관계 공무원은 그 권한을 표시하는 증표를 지니고 이를 관계인에게 내보여야 하며, 출입 시 성명·출입시간·출입목적 등이 표시된 문서를 관계인에게 교부하여야 한다.

⑤ 농림축산식품부장관, 해양수산부장관, 관세청장이나 시·도지사는 제1항에 따른 수거·조사를 하는 경우 업종, 규모, 거래 품목 및 거래 형태 등을 고려하여 매년 인력·재원 운영계획을 포함한 자체 계획(이하 이 조에서 "자체 계획"이라 한다)을 수립한 후 그에 따라 실시하여야 한다. 〈신설 2018. 12. 31.〉

⑥ 농림축산식품부장관, 해양수산부장관, 관세청장이나 시·도지사는 제1항에 따른 수거·조사를 실시한 경우 다음 각 호의 사항에 대하여 평가를 실시하여야 하며 그 결과를 자체 계획에 반영하여야 한다. 〈신설 2018. 12. 31.〉

1. 자체 계획에 따른 추진 실적

2. 그 밖에 원산지 표시 등의 조사와 관련하여 평가가 필요한 사항

⑦ 제6항에 따른 평가와 관련된 기준 및 절차에 관한 사항은 대통령령으로 정한다. 〈신설 2018. 12. 31.〉

● **시행령**

제6조(원산지 표시 등의 조사) ① 농림축산식품부장관과 해양수산부장관은 법 제7조 제1항에 따라 수거한 시료의 원산지를 판정하기 위하여 필요한 경우에는 검정기관을 지정·고시할 수 있다.

② 농림축산식품부장관 및 해양수산부장관은 원산지 검정방법 및 세부기준을 정하여 고시할 수 있다.

③ 농림축산식품부장관, 해양수산부장관, 관세청장이나 시·도지사는 법 제7조 제6항에 따라 원산지 표시대상 농수산물이나 그 가공품에 대한 수거·조사를 위한 자체 계획(이하 "자체계획"이라 한다)에 따른 추진 실적 등을 평가할 때에는 다음 각 호의 사항을 중심으로 평가해야 한다.

1. 자체계획 목표의 달성도

2. 추진 과정의 효율성

3. 인력 및 재원 활용의 적정성

[전문개정 2019. 6. 18.]

제8조(영수증 등의 비치) 제5조 제3항에 따라 원산지를 표시하여야 하는 자는 「축산물 위생관리법」 제31조나 「가축 및 축산물 이력관리에 관한 법률」 제18조 등 다른 법률에 따라 발급받은 원산지 등이 기재된 영수증이나 거래명세서 등을 매입일부터 6개월간 비치·보관하여야 한다. 〈개정 2013. 12. 27., 2016. 12. 2.〉

제9조(원산지 표시 등의 위반에 대한 처분 등) ① 농림축산식품부장관, 해양수산부장관, 관세청장, 시·도지사 또는 시장·군수·구청장은 제5조나 제6조를 위반한 자에 대하여 다음 각 호의 처분을 할 수 있다. 다만, 제5조 제3항을 위반한 자에 대한 처분은 제1호에 한정한다. 〈개정 2013. 3. 23., 2016. 12. 2., 2017. 10. 13., 2020. 5. 26.〉

1. 표시의 이행·변경·삭제 등 시정명령

2. 위반 농수산물이나 그 가공품의 판매 등 거래행위 금지

② 농림축산식품부장관, 해양수산부장관, 관세청장, 시·도지사 또는 시장·군수·구청장은 다음 각 호의 자가 제5조를 위반하여 2년 이내에 2회 이상 원산지를 표시하지 아니하거나, 제6조를 위반함에 따라 제1항에 따른 처분이 확정된 경우 처분과 관련된 사항을 공표하여야 한다. 다만, 농림축산식품부장관이나 해양수산부장관이 심의회의 심의를 거쳐 공표의 실효성이 없다고 인정하는 경우에는 처분과 관련된 사항을 공표하지 아니할 수 있다. 〈개정 2011. 7. 25., 2013. 3. 23., 2016. 5. 29., 2017. 10. 13., 2020. 5. 26.〉

1. 제5조 제1항에 따라 원산지의 표시를 하도록 한 농수산물이나 그 가공품을 생산·가공하여 출하하거나 판매 또는 판매할 목적으로 가공하는 자

2. 제5조 제3항에 따라 음식물을 조리하여 판매·제공하는 자

③ 제2항에 따라 공표를 하여야 하는 사항은 다음 각 호와 같다. 〈개정 2016. 5. 29.〉

1. 제1항에 따른 처분 내용

2. 해당 영업소의 명칭

3. 농수산물의 명칭

4. 제1항에 따른 처분을 받은 자가 입점하여 판매한 「방송법」 제9조 제5항에 따른 방송채널사용사업자 또는 「전자상거래 등에서의 소비자보호에 관한 법률」 제20조에 따른 통신판매중개업자의 명칭

5. 그 밖에 처분과 관련된 사항으로서 대통령령으로 정하는 사항

④ 제2항의 공표는 다음 각 호의 자의 홈페이지에 공표한다. 〈신설 2016. 5. 29., 2017. 10. 13.〉

1. 농림축산식품부

2. 해양수산부

2의2. 관세청

3. 국립농산물품질관리원

4. 대통령령으로 정하는 국가검역·검사기관

5. 특별시·광역시·특별자치시·도·특별자치도, 시·군·구(자치구를 말한다)

6. 한국소비자원

7. 그 밖에 대통령령으로 정하는 주요 인터넷 정보제공 사업자

⑤ 제1항에 따른 처분과 제2항에 따른 공표의 기준·방법 등에 관하여 필요한 사항은 대통령령으로 정한다. 〈신설 2016. 5. 29.〉

● **시행령**

제7조(원산지 표시 등의 위반에 대한 처분 및 공표) ① 법 제9조 제1항에 따른 처분은 다음 각 호의 구분에 따라 한다.

1. 법 제5조 제1항을 위반한 경우 : 표시의 이행명령 또는 거래행위 금지

2. 법 제5조 제3항을 위반한 경우 : 표시의 이행명령

3. 법 제6조를 위반한 경우 : 표시의 이행·변경·삭제 등 시정명령 또는 거래행위 금지

② 법 제9조 제2항에 따른 홈페이지 공표의 기준·방법은 다음 각 호와 같다. 〈신설 2012. 1. 25., 2013. 3. 23., 2016. 11. 15., 2017. 5. 29., 2018. 12. 11.〉

1. 공표기간 : 처분이 확정된 날부터 12개월

2. 공표방법

  가. 농림축산식품부, 해양수산부, 관세청, 국립농산물품질관리원, 국립수산물품질관리원, 특별시·광역시·특별자치시·도·특별자치도(이하 "시·도"라 한다), 시·군·구(자치구를 말한다. 이하 같다) 및 한국소비자원의 홈페이지에 공표하는 경우 : 이용자가 해당 기관의 인터넷 홈페이지 첫 화면에서 볼 수 있도록 공표

  나. 주요 인터넷 정보제공 사업자의 홈페이지에 공표하는 경우 : 이용자가 해당 사업자의 인터넷 홈페이지 화면 검색창에 "원산지"가 포함된 검색어를 입력하면 볼 수 있도록 공표

③ 법 제9조 제3항 제5호에서 "대통령령으로 정하는 사항"이란 다음 각 호의 사항을 말한다. 〈개정 2012. 1. 25., 2013. 3. 23., 2016. 11. 15., 2021. 12. 31.〉

1. 「농수산물의 원산지 표시 등에 관한 법률」 위반 사실의 공표"라는 내용의 표제

2. 영업의 종류

3. 영업소의 주소(「유통산업발전법」 제2조 제3호에 따른 대규모점포에 입점·판매한 경우 그 대규모점포의 명칭 및 주소를 포함한다)

4. 농수산물 가공품의 명칭

5. 위반 내용

6. 처분권자 및 처분일

7. 법 제9조 제1항에 따른 처분을 받은 자가 입점하여 판매한 「방송법」 제9조 제5항에 따른 방송채널사용사업자의 채널명 또는 「전자상거래 등에서의 소비자보호에 관한 법률」 제20조에 따른 통신판매중개업자의 홈페이지 주소

④ 법 제9조 제4항 제4호에서 "대통령령으로 정하는 국가검역·검사기관"이란 국립수산물품질관리원을 말한다. 〈신설 2016. 11. 15.〉

⑤ 법 제9조 제4항 제7호에서 "대통령령으로 정하는 주요 인터넷 정보제공 사업자"란 포털서비스(다른 인터넷주소·정보 등의 검색과 전자우편·커뮤니티 등을 제공하는 서비스를 말한다)를 제공하는 자로서 공표일이 속하는 연도의 전년도 말 기준 직전 3개월간의 일일평균 이용자수가 1천만 명 이상인 정보통신서비스 제공자를 말한다. 〈신설 2012. 1. 25., 2015. 6. 1., 2016. 11. 15.〉

제9조의2(원산지 표시 위반에 대한 교육) ① 농림축산식품부장관, 해양수산부장관, 관세청장, 시·도지사 또는 시장·군수·구청장은 제9조 제2항 각 호의 자가 제5조 또는 제6조를 위반하여 제9조 제1항에 따른 처분이 확정된 경우에는 농수산물 원산지 표시제도 교육을 이수하도록 명하여야 한다. 〈개정 2017. 10. 13., 2020. 5. 26.〉

② 제1항에 따른 이수명령의 이행기간은 교육 이수명령을 통지받은 날부터 최대 4개월 이내로 정한다. 〈개정 2020. 5. 26.〉

> **예제** 「농수산물의 원산지 표시 등에 관한 법률」상 (   ) 안에 들어갈 내용으로 옳은 것은?
>
> 원산지 표시 위반에 대한 처분이 확정된 경우에는 농수산물 원산지 표시제도 교육을 이수하도록 명하며, 교육 이수명령을 통지받은 날로부터 최대 (   ) 이내에 이행하도록 한다.

③ 농림축산식품부장관과 해양수산부장관은 제1항 및 제2항에 따른 농수산물 원산지 표시제도 교육을 위하여 교육시행지침을 마련하여 시행하여야 한다.

④ 제1항부터 제3항까지의 규정에 따른 교육내용, 교육대상, 교육기관, 교육기간 및 교육시행지침 등 필요한 사항은 대통령령으로 정한다.

[본조신설 2016. 5. 29.]

● **시행령**

제7조의2(농수산물 원산지 표시제도 교육) ① 법 제9조의2 제1항에 따른 농수산물 원산지 표시제도 교육(이하 이 조에서 "원산지 교육"이라 한다)은 다음 각 호의 내용을 포함하여야 한다.

1. 원산지 표시 관련 법령 및 제도

2. 원산지 표시방법 및 위반자 처벌에 관한 사항

② 원산지 교육은 2시간 이상 실시되어야 한다.

③ 원산지 교육의 대상은 법 제9조 제2항 각 호의 자 중에서 다음 각 호의 어느 하나에 해당하는 자로 한다. 〈개정 2019. 6. 18., 2021. 12. 31.〉

21 기출 「농수산물의 원산지 표시 등에 관한 법률」상 (   ) 안에 들어갈 내용으로 옳은 것은?

대통령령으로 정하는 농수산물을 판매하는 자가 원산지 표시를 거짓으로 하여 그 표시의 변경명령 처분이 확정된 경우, 그 사람은 농수산물 원산지 표시제도 교육을 (   ) 이상 이수하여야 한다.

① 2시간   ② 4시간   ③ 6시간
④ 8시간   ⑤ 10시간

정답 ①

1. 법 제5조를 위반하여 농수산물이나 그 가공품 등의 원산지 등을 표시하지 않아 법 제9조 제1항에 따른 처분을 2년 이내에 2회 이상 받은 자

2. 법 제6조 제1항이나 제2항을 위반하여 법 제9조 제1항에 따른 처분을 받은 자

④ 농림축산식품부장관, 해양수산부장관, 관세청장, 시 · 도지사나 시장 · 군수 · 구청장은 제3항에 따른 원산지 교육을 받아야 하는 자(이하 이 항에서 "원산지교육대상자"라 한다)에게 농림축산식품부와 해양수산부의 공동부령으로 정하는 사유가 있는 경우에는 원산지교육대상자의 종업원 중 원산지 표시의 관리책임을 맡은 자에게 원산지교육대상자를 대신하여 원산지 교육을 받게 할 수 있다. 〈개정 2018. 12. 11., 2021. 12. 31.〉

⑤ 원산지 교육을 실시하는 교육기관은 다음 각 호와 같다.

1. 「농업 · 농촌 및 식품산업 기본법」 제11조의2에 따른 농림수산식품교육문화정보원

2. 농림축산식품부장관과 해양수산부장관이 공동으로 정하여 고시하는 교육전문기관 또는 단체

⑥ 제1항부터 제5항까지에서 정한 사항 외에 원산지 교육의 방법, 절차, 그 밖에 교육에 필요한 사항은 법 제9조의2 제3항에 따른 교육시행지침으로 정한다.

[본조신설 2017. 5. 29.]

● **시행규칙**

제6조(농수산물 원산지 표시제도 교육 등) 영 제7조의2 제4항에서 "농림축산식품부와 해양수산부의 공동부령으로 정하는 사유"란 다음 각 호의 어느 하나에 해당하는 사유를 말한다.

1. 영 제7조의2 제3항에 따른 원산지 교육을 받아야 하는 자(이하 이 조에서 "원산지 교육대상자"라 한다)가 질병, 사고, 구속 및 천재지변으로 법 제9조의2 제2항에 따른 교육 이수명령의 이행기간 내에 교육을 받을 수 없는 경우

2. 원산지 교육대상자가 영업에 직접 종사하지 아니하는 경우

3. 원산지 교육대상자가 둘 이상의 장소에서 영업을 하는 경우

제10조(농수산물의 원산지 표시에 관한 정보제공) ① 농림축산식품부장관 또는 해양수산부장관은 농수산물의 원산지 표시와 관련된 정보 중 방사성물질이 유출된 국가 또는 지역 등 국민이 알아야 할 필요가 있다고 인정되는 정보에 대하여는 「공공기관의 정보공개에 관한 법률」에서 허용하는 범위에서 이를 국민에게 제공하도록 노력하여야 한다. 〈개정 2013. 3. 23., 2013. 8. 13.〉

② 제1항에 따라 정보를 제공하는 경우 제4조에 따른 심의회의 심의를 거칠 수 있다.

③ 농림축산식품부장관 또는 해양수산부장관은 제1항에 따라 국민에게 정보를 제공하고자 하는 경우 「농수산물 품질관리법」 제103조에 따른 농수산물안전정보시스템을 이용할 수 있다. 〈개정 2011. 7. 21., 2013. 3. 23.〉

3) 수입 농산물 및 농산물 가공품의 유통이력 관리

구 분	농수산물의 원산지 표시 등에 관한 법률	농수산물의 원산지 표시 등에 관한 법률 시행령	농수산물의 원산지 표시 등에 관한 법률 시행규칙
제2장의2 수입 농산물 및 농산물 가공품의 유통이력 관리	제10조의2(수입 농산물 등의 유통이력 관리)		제6조의2(수입 농산물 등의 유통이력 신고 절차 등)
	제10조의3(유통이력관리수입농산물 등의 사후관리)	제7조의3(유통이력관리수입 농수산물 등의 사후관리)	

법조문 요약

1. 수입 농산물 등의 유통이력 관리
농산물 및 농산물 가공품을 수입하는 자와 수입 농산물 등을 거래하는 자는 공정거래 또는 국민보건을 해칠 우려가 있는 것으로서 농림축산식품부장관이 지정하여 고시하는 농산물 등에 대한 유통이력을 농림축산식품부장관에게 신고하여야 함

2. 수입 농산물 등의 유통이력 신고 절차
유통이력 신고는 법 제10조의2 제1항에 따른 유통이력관리수입농산물 등의 양도일부터 5일 이내에 영 제6조의2 제2항에 따른 수입농산물 등 유통이력관리시스템에 접속하여 제1조의2 각 호의 사항을 입력하는 방식으로 해야 함

법조문 속 예제 및 기출문제

제10조의2(수입 농산물 등의 유통이력 관리) ① 농산물 및 농산물 가공품(이하 "농산물 등"이라 한다)을 수입하는 자와 수입 농산물 등을 거래하는 자(소비자에 대한 판매를 주된 영업으로 하는 사업자는 제외한다)는 공정거래 또는 국민보건을 해칠 우려가 있는 것으로서 농림축산식품부장관이 지정하

여 고시하는 농산물 등(이하 "유통이력관리수입농산물 등"이라 한다)에 대한 유통이력을 농림축산식품부장관에게 신고하여야 한다.

② 제1항에 따른 유통이력 신고의무가 있는 자(이하 "유통이력신고의무자"라 한다)는 유통이력을 장부에 기록(전자적 기록방식을 포함한다)하고, 그 자료를 거래일부터 1년간 보관하여야 한다.

③ 유통이력신고의무자가 유통이력관리수입농산물 등을 양도하는 경우에는 이를 양수하는 자에게 제1항에 따른 유통이력 신고의무가 있음을 농림축산식품부령으로 정하는 바에 따라 알려주어야 한다.

④ 농림축산식품부장관은 유통이력관리수입농산물 등을 지정하거나 유통이력의 범위 등을 정하는 경우에는 수입 농산물 등을 국내 농산물 등에 비하여 부당하게 차별하여서는 아니 되며, 이를 이행하는 유통이력신고의무자의 부담이 최소화되도록 하여야 한다.

⑤ 제1항부터 제4항까지에서 규정한 사항 외에 유통이력 신고의 절차 등에 관하여 필요한 사항은 농림축산식품부령으로 정한다.

[본조신설 2021. 11. 30.]

● **시행규칙**

제6조의2(수입 농산물 등의 유통이력 신고 절차 등) ① 법 제10조의2 제1항에 따른 유통이력 신고는 법 제10조의2 제1항에 따른 유통이력관리수입농산물등의 양도일부터 5일 이내에 영 제6조의2 제2항에 따른 수입농산물등유통이력관리시스템에 접속하여 제1조의2 각 호의 사항을 입력하는 방식으로 해야 한다.

② 법 제10조의2 제3항에 따라 유통이력 신고의무가 있음을 알리는 것은 거래명세서 등 서면(전자문서를 포함한다)에 명시하는 방법으로 해야 한다.

③ 제1항 및 제2항에서 규정한 사항 외에 유통이력의 신고 방법 등에 관하여 필요한 세부 사항은 농림축산식품부장관이 정하여 고시한다.

[본조신설 2021. 12. 31.]

제10조의3(유통이력관리수입농산물 등의 사후관리) ① 농림축산식품부장관은 제10조의2에 따른 유통이력 신고의무의 이행 여부를 확인하기 위하여 필요한 경우에는 관계 공무원으로 하여금 유통이력신고의무자의 사업장 등에 출입하여 유통이력관리수입농산물 등을 수거 또는 조사하거나 영업과 관련된 장부나 서류를 열람하게 할 수 있다.

② 유통이력신고의무자는 정당한 사유 없이 제1항에 따른 수거·조사 또는 열람을 거부·방해 또는 기피하여서는 아니 된다.

③ 제1항에 따라 수거·조사 또는 열람을 하는 관계 공무원은 그 권한을 표시하는 증표를 지니고 이를 관계인에게 내보여야 하며, 출입할 때에는 성명, 출입시간, 출입목적 등이 표시된 문서를 관계인에게 내주어야 한다.

④ 제1항부터 제3항까지에서 규정한 사항 외에 유통이력관리수입농산물 등의 수거·조사 또는 열람 등에 필요한 사항은 대통령령으로 정한다.

[본조신설 2021. 11. 30.]

● **시행령**

> 제7조의3(유통이력관리수입농수산물 등의 사후관리) 농림축산식품부장관은 법 제10조의3에 따라 유통이력관리수입농산물 등을 수거·조사하거나 영업과 관련된 장부나 서류를 열람하려는 경우에는 매년 업종, 규모와 거래 형태 등을 고려하여 사후관리 계획을 수립하고 그에 따라 수거·조사 또는 열람을 실시해야 한다.
>
> [본조신설 2021. 12. 31.]

4) 보 칙

구 분	농수산물의 원산지 표시 등에 관한 법률	농수산물의 원산지 표시 등에 관한 법률 시행령	농수산물의 원산지 표시 등에 관한 법률 시행규칙
제3장 보칙	제11조(명예감시원)		제7조(원산지 표시 우수사례에 대한 시상 등)
	제12조(포상금 지급 등)	제8조(포상금)	
	제13조(권한의 위임 및 위탁)	제9조(권한의 위임)	
	제13조의2(행정기관 등의 업무협조)	제9조의3(행정기관 등의 업무 협조 절차)	

법조문 요약

1. 명예감시원
농림축산식품부장관, 해양수산부장관, 시·도지사 또는 시장·군수·구청장은 「농수산물 품질관리법」에 따른 농수산물 명예감시원에게 농수산물이나 그 가공품의 원산지 표시를 지도·홍보·계몽하거나 위반사항을 신고하게 할 수 있음

2. 포상금 지급
포상금은 1천만 원의 범위에서 지급할 수 있음

제11조(명예감시원) ① 농림축산식품부장관, 해양수산부장관, 시·도지사 또는 시장·군수·구청장은 「농수산물 품질관리법」 제104조의 농수산물 명예감시원에게 농수산물이나 그 가공품의 원산지 표시를 지도·홍보·계몽하거나 위반사항을 신고하게 할 수 있다. 〈개정 2011. 7. 21., 2013. 3. 23., 2020. 5. 26.〉

② 농림축산식품부장관, 해양수산부장관, 시·도지사 또는 시장·군수·구청장은 제1항에 따른 활동에 필요한 경비를 지급할 수 있다. 〈개정 2013. 3. 23., 2020. 5. 26.〉

제12조(포상금 지급 등) ① 농림축산식품부장관, 해양수산부장관, 관세청장, 시·도지사 또는 시장·군수·구청장은 제5조 및 제6조를 위반한 자를 주무관청이나 수사기관에 신고하거나 고발한 자에 대하여 대통령령으로 정하는 바에 따라 예산의 범위에서 포상금을 지급할 수 있다. 〈개정 2013. 3. 23., 2016. 12. 2., 2017. 10. 13., 2020. 5. 26.〉

② 농림축산식품부장관 또는 해양수산부장관은 농수산물 원산지 표시의 활성화를 모범적으로 시행하고 있는 지방자치단체, 개인, 기업 또는 단체에 대하여 우수사례로 발굴하거나 시상할 수 있다. 〈신설 2016. 12. 2.〉

③ 제2항에 따른 시상의 내용 및 방법 등에 필요한 사항은 농림축산식품부와 해양수산부의 공동 부령으로 정한다. 〈신설 2016. 12. 2.〉

[제목개정 2016. 12. 2.]

● **시행령**

제8조(포상금) ① 법 제12조 제1항에 따른 포상금은 1천만 원의 범위에서 지급할 수 있다. 〈개정 2017. 5. 29., 2018. 12. 11.〉

② 법 제12조 제1항에 따른 신고 또는 고발이 있은 후에 같은 위반행위에 대하여 같은 내용의 신고 또는 고발을 한 사람에게는 포상금을 지급하지 아니한다. 〈개정 2017. 5. 29.〉

③ 제1항 및 제2항에서 규정한 사항 외에 포상금의 지급 대상자, 기준, 방법 및 절차 등에 관하여 필요한 사항은 농림축산식품부장관과 해양수산부장관이 공동으로 정하여 고시한다. 〈개정 2013. 3. 23., 2017. 5. 29.〉

● **시행규칙**

제7조(원산지 표시 우수사례에 대한 시상 등) ① 법 제12조 제2항에 따라 시상할 수 있는 농수산물 원산지 표시 우수사례는 다음 각 호와 같다.

1. 원산지 표시제도 활성화 우수사례

2. 원산지 표시 지도 · 점검 우수사례

3. 원산지 표시제도 개선 우수사례

② 제1항에서 규정한 사항 외에 농수산물 원산지 표시 우수사례 시상의 절차 및 방법은 「정부 표창 규정」에 따른다.

[본조신설 2017. 5. 30.]

제13조(권한의 위임 및 위탁) 이 법에 따른 농림축산식품부장관, 해양수산부장관 또는 관세청장의 권한 은 그 일부를 대통령령으로 정하는 바에 따라 소속 기관의 장, 관계 행정기관의 장에게 위임 또는 위 탁할 수 있다. 〈개정 2013. 3. 23., 2016. 12. 2., 2017. 10. 13., 2020. 5. 26.〉

[제목개정 2016. 12. 2.]

● **시행령**

제9조(권한의 위임) ① 법 제13조에 따라 농림축산식품부장관은 농산물과 그 가공품에 관한 다음 각 호 의 권한을 국립농산물품질관리원장에게 위임하고, 해양수산부장관은 수산물과 그 가공품에 관한 다 음 각 호의 권한(제2호의4 및 제7호의 권한은 제외한다)을 국립수산물품질관리원장에게 위임한다. 〈개정 2011. 6. 7., 2013. 3. 23., 2015. 6. 1., 2017. 5. 29., 2018. 12. 11., 2019. 6. 18., 2021. 12. 31., 2022. 4. 27., 2023. 2. 24.〉

1. 법 제6조의2에 따른 과징금의 부과 · 징수

1의2. 법 제7조에 따른 원산지 표시대상 농수산물이나 그 가공품의 수거 · 조사, 자체 계획의 수립 · 시행, 자체 계획에 따른 추진 실적 등의 평가 및 이 영 제6조의2에 따른 원산지통합관리시스템의 구축 · 운영

2. 법 제9조에 따른 처분 및 공표

2의2. 법 제9조의2에 따른 원산지 표시 위반에 대한 교육

2의3. 삭제 〈2023. 2. 24.〉

2의4. 법 제10조의3에 따른 유통이력관리수입농산물 등에 대한 사후관리

3. 법 제11조에 따른 명예감시원의 감독 · 운영 및 경비의 지급

4. 법 제12조에 따른 포상금의 지급

4의2. 삭제 〈2023. 2. 24.〉

5. 법 제18조에 따른 과태료의 부과 · 징수

6. 제6조 제2항에 따른 원산지 검정방법 · 세부기준 마련 및 그에 관한 고시

7. 제6조의2 제2항에 따른 수입농산물 등 유통이력관리시스템의 구축 · 운영

② 국립농산물품질관리원장 및 국립수산물품질관리원장은 농림축산식품부장관 또는 해양수산부장관의 승인을 받아 제1항에 따라 위임받은 권한의 일부를 소속 기관의 장에게 재위임할 수 있다. 이 경우 국립농산물품질관리원장 및 국립수산물품질관리원장은 그 재위임한 내용을 고시해야 한다. 〈개정 2011. 6. 7., 2013. 3. 23., 2022. 4. 27.〉

③ 삭제 〈2021. 12. 31.〉

④ 관세청장은 법 제13조에 따라 수입 농수산물과 그 가공품에 관한 다음 각 호의 권한을 세관장에게 위임한다. 〈신설 2017. 5. 29., 2018. 12. 11., 2021. 12. 31.〉

1. 법 제6조의2에 따른 과징금의 부과 · 징수

2. 법 제7조에 따른 원산지 표시대상 수입 농수산물이나 수입 농수산물가공품의 수거 · 조사

3. 법 제9조에 따른 처분 및 공표

4. 법 제9조의2에 따른 원산지 표시 위반에 대한 교육

5. 법 제12조에 따른 포상금의 지급

6. 법 제18조 제1항 제1호 · 제2호 · 제4호 및 같은 조 제2항 제1호에 따른 과태료의 부과 · 징수

⑤ 삭제 〈2018. 12. 11.〉

[제목개정 2018. 12. 11.]

제13조의2(행정기관 등의 업무협조) ① 국가 또는 지방자치단체, 그 밖에 법령 또는 조례에 따라 행정권한을 가지고 있거나 위임 또는 위탁받은 공공단체나 그 기관 또는 사인은 원산지 표시와 유통이력 관리제도의 효율적인 운영을 위하여 서로 협조하여야 한다. 〈개정 2021. 11. 30.〉

② 농림축산식품부장관, 해양수산부장관 또는 관세청장은 원산지 표시와 유통이력 관리제도의 효율적인 운영을 위하여 필요한 경우 국가 또는 지방자치단체의 전자정보처리 체계의 정보 이용 등에 대한 협조를 관계 중앙행정기관의 장, 시 · 도지사 또는 시장 · 군수 · 구청장에게 요청할 수 있다. 이 경우 협조를 요청받은 관계 중앙행정기관의 장, 시 · 도지사 또는 시장 · 군수 · 구청장은 특별한 사유가 없으면 이에 따라야 한다. 〈개정 2013. 3. 23., 2017. 10. 13., 2021. 11. 30.〉

③ 제1항 및 제2항에 따른 협조의 절차 등은 대통령령으로 정한다.

[본조신설 2011. 7. 25.]

● **시행령**

제9조의3(행정기관 등의 업무협조 절차) 농림축산식품부장관, 해양수산부장관 또는 관세청장은 법 제13조의2 제2항에 따라 전자정보처리 체계의 정보 이용 등에 대한 협조를 관계 중앙행정기관의 장, 시 · 도지사 또는 시장 · 군수 · 구청장에게 요청할 경우 다음 각 호의 사항을 구체적으로 밝혀야 한다. 〈개정 2013. 3. 23., 2018. 12. 11.〉

1. 협조 필요 사유

2. 협조 기간

3. 협조 방법

4. 그 밖에 필요한 사항

[본조신설 2012. 1. 25.]

5) 벌 칙

구 분	농수산물의 원산지 표시 등에 관한 법률	농수산물의 원산지 표시 등에 관한 법률 시행령	농수산물의 원산지 표시 등에 관한 법률 시행규칙
제4장 벌칙	제14조(벌칙) 19 · 23 기출 예제		
	제15조 삭제		
	제16조(벌칙)		
	제16조의2(자수자에 대한 특례)		
	제17조(양벌규정)		
	제18조(과태료)	제10조(과태료의 부과기준) 별표 2	

법조문 요약

1. 벌 칙

• 원산지 표시를 위반한 자는 7년 이하의 징역이나 1억 원 이하의 벌금에 처하거나 이를 병과(倂科)할 수 있음

• 원산지 표시 위반으로 형을 선고받고 그 형이 확정된 후 5년 이내에 다시 위반한 자는 1년 이상 10년 이하의 징역 또는 500만 원 이상 1억 5천만 원 이하의 벌금에 처하거나 이를 병과할 수 있음

2. 과태료

다음의 어느 하나에 해당하는 자에게는 1천만 원 이하의 과태료를 부과

• 원산지 표시를 하지 아니한 자

• 원산지의 표시방법을 위반한 자

• 임대점포의 임차인 등 운영자가 위반 행위를 하는 것을 알았거나 알 수 있었음에도 방치한 자

• 해당 방송채널 등에 물건 판매중개를 의뢰한 자가 위반 행위를 하는 것을 알았거나 알 수 있었음에도 방치한 자

• 수거 · 조사 · 열람을 거부 · 방해하거나 기피한 자

• 영수증이나 거래명세서 등을 비치 · 보관하지 아니한 자

다음 각 호의 어느 하나에 해당하는 자에게는 500만 원 이하의 과태료를 부과

• 교육 이수명령을 이행하지 아니한 자

• 유통이력을 신고하지 아니하거나 거짓으로 신고한 자

• 유통이력을 장부에 기록하지 아니하거나 보관하지 아니한 자

• 유통이력 신고의무가 있음을 알리지 아니한 자

• 수거 · 조사 또는 열람을 거부 · 방해 또는 기피한 자

제14조(벌칙) ① 제6조 제1항 또는 제2항을 위반한 자는 7년 이하의 징역이나 1억 원 이하의 벌금에 처하거나 이를 병과(倂科)할 수 있다. 〈개정 2016. 12. 2.〉

---

19 기출 「농수산물의 원산지 표시 등에 관한 법률」상 원산지 표시를 거짓으로 하거나 이를 혼동하게 할 우려가 있는 표시를 하였을 경우 벌칙은?

① 1년 이하의 징역이나 3천만 원 이하의 벌금에 처하거나 이를 병과할 수 있다.

② 3년 이하의 징역이나 5천만 원 이하의 벌금에 처하거나 이를 병과할 수 있다.

③ 5년 이하의 징역이나 7천만 원 이하의 벌금에 처하거나 이를 병과할 수 있다.

④ 7년 이하의 징역이나 1억 원 이하의 벌금에 처하거나 이를 병과할 수 있다.

⑤ 10년 이하의 징역이나 2억 원 이하의 벌금에 처하거나 이를 병과할 수 있다.

정답 ④

---

23 기출 「농수산물의 원산지 표시 등에 관한 법률」상 (㉠)과 (㉡)에 들어갈 내용으로 옳은 것은?

원산지가 중국산인 배추를 국내산 배추로 표시하여 판매하다 처음으로 적발되었다. 이 사람에게 처해지는 벌칙은 (㉠) 이하의 징역이나 (㉡) 이하의 벌금에 처하거나 이를 병과할 수 있다.

① ㉠ 1년, ㉡ 1천만 원　　　　　　② ㉠ 3년, ㉡ 3천만 원

③ ㉠ 5년, ㉡ 5천만 원　　　　　　④ ㉠ 7년, ㉡ 1억 원

⑤ ㉠ 10년, ㉡ 3억 원

정답 ④

---

② 제1항의 죄로 형을 선고받고 그 형이 확정된 후 5년 이내에 다시 제6조 제1항 또는 제2항을 위반한 자는 1년 이상 10년 이하의 징역 또는 500만 원 이상 1억 5천만 원 이하의 벌금에 처하거나 이를 병과할 수 있다. 〈신설 2016. 12. 2.〉

예제 「농수산물의 원산지 표시 등에 관한 법률」상 (　　) 안에 들어갈 내용으로 옳은 것은?

「농수산물의 원산지 표시 등에 관한 법률」상 원산지 표시를 거짓으로 하거나 이를 혼동하게 할 우려가 있는 표시 또는 원산지 표시를 손상·변경하는 행위 후 형을 선고 및 확정받은 후 (　　)년 이내에 다시 위반하였을 경우 1년 이상 10년 이하의 징역이나 500만 원 이상 1억 5천만 원 이하의 벌금에 처하거나 이를 병과할 수 있다.

제15조 삭제 〈2016. 12. 2.〉

제16조(벌칙) 제9조 제1항에 따른 처분을 이행하지 아니한 자는 1년 이하의 징역이나 1천만 원 이하의 벌금에 처한다.

제16조의2(자수자에 대한 특례) 제6조 제1항 또는 제2항을 위반한 자가 자신의 위반사실을 자수한 때에는 그 형을 감경하거나 면제한다. 이 경우 제7조에 따라 조사권한을 가진 자 또는 수사기관에 자신의 위반사실을 스스로 신고한 때를 자수한 때로 본다.

[본조신설 2020. 5. 26.]

제17조(양벌규정) 법인의 대표자나 법인 또는 개인의 대리인, 사용인, 그 밖의 종업원이 그 법인 또는 개인의 업무에 관하여 제14조 또는 제16조에 해당하는 위반행위를 하면 그 행위자를 벌하는 외에 그 법인이나 개인에게도 해당 조문의 벌금형을 과(科)한다. 다만, 법인 또는 개인이 그 위반행위를 방지하기 위하여 해당 업무에 관하여 상당한 주의와 감독을 게을리하지 아니한 경우에는 그러하지 아니하다. 〈개정 2020. 5. 26.〉

제18조(과태료) ① 다음 각 호의 어느 하나에 해당하는 자에게는 1천만 원 이하의 과태료를 부과한다. 〈개정 2011. 7. 25., 2016. 12. 2.〉

1. 제5조 제1항·제3항을 위반하여 원산지 표시를 하지 아니한 자

2. 제5조 제4항에 따른 원산지의 표시방법을 위반한 자

3. 제6조 제4항을 위반하여 임대점포의 임차인 등 운영자가 같은 조 제1항 각 호 또는 제2항 각 호의 어느 하나에 해당하는 행위를 하는 것을 알았거나 알 수 있었음에도 방치한 자

3의2. 제6조 제5항을 위반하여 해당 방송채널 등에 물건 판매중개를 의뢰한 자가 같은 조 제1항 각 호 또는 제2항 각 호의 어느 하나에 해당하는 행위를 하는 것을 알았거나 알 수 있었음에도 방치한 자

4. 제7조 제3항을 위반하여 수거·조사·열람을 거부·방해하거나 기피한 자

5. 제8조를 위반하여 영수증이나 거래명세서 등을 비치·보관하지 아니한 자

② 다음 각 호의 어느 하나에 해당하는 자에게는 500만 원 이하의 과태료를 부과한다. 〈개정 2021. 11. 30.〉

1. 제9조의2 제1항에 따른 교육 이수명령을 이행하지 아니한 자

2. 제10조의2 제1항을 위반하여 유통이력을 신고하지 아니하거나 거짓으로 신고한 자

3. 제10조의2 제2항을 위반하여 유통이력을 장부에 기록하지 아니하거나 보관하지 아니한 자

4. 제10조의2 제3항을 위반하여 같은 조 제1항에 따른 유통이력 신고의무가 있음을 알리지 아니한 자

5. 제10조의3 제2항을 위반하여 수거 · 조사 또는 열람을 거부 · 방해 또는 기피한 자

③ 제1항 및 제2항에 따른 과태료는 대통령령으로 정하는 바에 따라 다음 각 호의 자가 각각 부과 · 징수한다. 〈개정 2021. 11. 30.〉

1. 제1항 및 제2항 제1호의 과태료 : 농림축산식품부장관, 해양수산부장관, 관세청장, 시 · 도지사 또는 시장 · 군수 · 구청장

2. 제2항 제2호부터 제5호까지의 과태료 : 농림축산식품부장관

● 시행령

제10조(과태료의 부과기준) 법 제18조 제1항 및 제2항에 따른 과태료의 부과기준은 별표 2와 같다. 〈개정 2017. 5. 29.〉

농수산물의 원산지 표시 등에 관한 법률 시행령 별표 2 〈개정 2022. 12. 30.〉

과태료의 부과기준(제10조 관련)

1. 일반기준

가. 위반행위의 횟수에 따른 과태료의 가중된 부과기준은 최근 2년간 같은 유형(제2호 각 목을 기준으로 구분한다)의 위반행위로 과태료 부과처분을 받은 경우에 적용한다. 이 경우 기간의 계산은 위반행위에 대하여 과태료 부과처분을 받은 날과 그 처분 후 다시 같은 위반행위를 하여 적발된 날을 기준으로 한다.

나. 가목에 따라 가중된 부과처분을 하는 경우 가중처분의 적용 차수는 그 위반행위 전 부과처분 차수(가목에 따른 기간 내에 과태료 부과처분이 둘 이상 있었던 경우에는 높은 차수를 말한다)의 다음 차수로 한다.

다. 부과권자는 다음의 어느 하나에 해당하는 경우에는 제2호의 개별기준에 따른 과태료 금액의 2분의 1 범위에서 그 금액을 줄일 수 있다. 다만, 과태료를 체납하고 있는 위반행위자에 대해서는 그렇지 않다.

1) 위반행위자가 자연재해 · 화재 등으로 재산에 현저한 손실이 발생했거나 사업여건의 악화로 중대한 위기에 처하는 등의 사정이 있는 경우

2) 그 밖에 위반행위의 정도, 위반행위의 동기와 그 결과 등을 고려하여 과태료를 줄일 필요가 있다고 인정되는 경우

라. 부과권자는 다음의 어느 하나에 해당하는 경우에는 제2호의 개별기준에 따른 과태료 금액의 2분의 1 범위에서 그 금액을 늘릴 수 있다. 다만, 늘리는 경우에도 법 제18조 제1항 및 제2항에 따른 과태료 금액의 상한을 넘을 수 없다.

1) 위반의 내용 · 정도가 중대하여 이해관계인 등에게 미치는 피해가 크다고 인정되는 경우

2) 그 밖에 위반행위의 정도, 위반행위의 동기와 그 결과 등을 고려하여 과태료를 늘릴 필요가 있다고 인정되는 경우

2. 개별기준

위반행위	근거 법조문	과태료			
		1차 위반	2차 위반	3차 위반	4차 이상 위반
가. 법 제5조 제1항을 위반하여 원산지 표시를 하지 않은 경우	법 제18조 제1항 제1호	5만 원 이상 1,000만 원 이하			

위반행위	근거 법조문	과태료			
		1차 위반	2차 위반	3차 위반	4차 이상 위반
나. 법 제5조 제3항을 위반하여 원산지 표시를 하지 않은 경우					
1) 쇠고기의 원산지를 표시하지 않은 경우		100만 원	200만 원	300만 원	300만 원
2) 쇠고기 식육의 종류만 표시하지 않은 경우		30만 원	60만 원	100만 원	100만 원
3) 돼지고기의 원산지를 표시하지 않은 경우		30만 원	60만 원	100만 원	100만 원
4) 닭고기의 원산지를 표시하지 않은 경우		30만 원	60만 원	100만 원	100만 원
5) 오리고기의 원산지를 표시하지 않은 경우		30만 원	60만 원	100만 원	100만 원
6) 양고기 또는 염소고기의 원산지를 표시하지 않은 경우	법 제18조 제1항 제1호	품목별 30만 원	품목별 60만 원	품목별 100만 원	품목별 100만 원
7) 쌀의 원산지를 표시하지 않은 경우		30만 원	60만 원	100만 원	100만 원
8) 배추 또는 고춧가루의 원산지를 표시하지 않은 경우		30만 원	60만 원	100만 원	100만 원
9) 콩의 원산지를 표시하지 않은 경우		30만 원	60만 원	100만 원	100만 원
10) 넙치, 조피볼락, 참돔, 미꾸라지, 뱀장어, 낙지, 명태, 고등어, 갈치, 오징어, 꽃게, 참조기, 다랑어, 아귀, 주꾸미, 가리비, 우렁쉥이, 전복, 방어 및 부세의 원산지를 표시하지 않은 경우		품목별 30만 원	품목별 60만 원	품목별 100만 원	품목별 100만 원
11) 살아 있는 수산물의 원산지를 표시하지 않은 경우		5만 원 이상 1,000만 원 이하			
다. 법 제5조 제4항에 따른 원산지의 표시방법을 위반한 경우	법 제18조 제1항 제2호	5만 원 이상 1,000만 원 이하			
라. 법 제6조 제4항을 위반하여 임대점포의 임차인 등 운영자가 같은 조 제1항 각 호 또는 제2항 각 호의 어느 하나에 해당하는 행위를 하는 것을 알았거나 알 수 있었음에도 방치한 경우	법 제18조 제1항 제3호	100만 원	200만 원	400만 원	400만 원
마. 법 제6조 제5항을 위반하여 해당 방송채널 등에 물건 판매중개를 의뢰한 자가 같은 조 제1항 각 호 또는 제2항 각 호의 어느 하나에 해당하는 행위를 하는 것을 알았거나 알 수 있었음에도 방치한 경우	법 제18조 제1항 제3호의2	100만 원	200만 원	400만 원	400만 원
바. 법 제7조 제3항을 위반하여 수거 · 조사 · 열람을 거부 · 방해하거나 기피한 경우	법 제18조 제1항 제4호	100만 원	300만 원	500만 원	500만 원
사. 법 제8조를 위반하여 영수증이나 거래명세서 등을 비치 · 보관하지 않은 경우	법 제18조 제1항 제5호	20만 원	40만 원	80만 원	80만 원
아. 법 제9조의2 제1항에 따른 교육이수 명령을 이행하지 않은 경우	법 제18조 제2항 제1호	30만 원	60만 원	100만 원	100만 원
자. 법 제10조의2 제1항을 위반하여 유통이력을 신고하지 않거나 거짓으로 신고한 경우	법 제18조 제2항 제2호				
1) 유통이력을 신고하지 않은 경우		50만 원	100만 원	300만 원	500만 원
2) 유통이력을 거짓으로 신고한 경우		100만 원	200만 원	400만 원	500만 원
차. 법 제10조의2 제2항을 위반하여 유통이력을 장부에 기록하지 않거나 보관하지 않은 경우	법 제18조 제2항 제3호	50만 원	100만 원	300만 원	500만 원

위반행위	근거 법조문	과태료			
		1차 위반	**2차 위반**	**3차 위반**	**4차 이상 위반**
카. 법 제10조의2 제3항을 위반하여 유통이력 신고의무가 있음을 알리지 않은 경우	법 제18조 제2항 제4호	50만 원	100만 원	300만 원	500만 원
타. 법 제10조의3 제2항을 위반하여 수거·조사 또는 열람을 거부·방해 또는 기피한 경우	법 제18조 제2항 제5호	100만 원	200만 원	400만 원	500만 원

3. 제2호 가목 및 나목 11)의 원산지 표시를 하지 않은 경우의 세부 부과기준

　가. 농수산물(통관 단계 이후의 수입농수산물 등 및 반입농수산물 등을 포함하며, 통신판매의 경우는 제외한다)

　　1) 과태료 부과금액은 원산지 표시를 하지 않은 물량(판매를 목적으로 보관 또는 진열하고 있는 물량을 포함한다)에 적발 당일 해당 업소의 판매가격을 곱한 금액으로 하고, 위반행위의 횟수에 따른 과태료의 부과기준은 다음 표와 같다.

과태료 부과금액		
1차 위반	**2차 위반**	**3차 이상 위반**
1)의 금액	1)의 금액의 200퍼센트	1)의 금액의 300퍼센트

　　2) 1)의 해당 업소의 판매가격을 알 수 없는 경우에는 인근 2개 업소의 동일 품목 판매가격의 평균을 기준으로 한다. 다만, 평균가격을 산정할 수 없는 경우에는 해당 농수산물의 매입가격에 30퍼센트를 가산한 금액을 기준으로 한다.

　　3) 과태료 부과금액의 최소단위는 5만 원으로 하고, 5만 원 이상은 천 원 미만을 버리고 부과하되, 부과되는 총액은 1천만 원을 초과할 수 없다.

　나. 농수산물 가공품(통관 단계 이후의 수입농수산물 등 또는 반입농수산물 등을 국내에서 가공한 것을 포함하며, 통신판매의 경우는 제외한다)

　　1) 가공업자

기준액(연간 매출액)	과태료 부과금액(만 원)		
	1차 위반	**2차 위반**	**3차 이상 위반**
1억 원 미만	20	30	60
1억 원 이상 2억 원 미만	30	50	100
2억 원 이상 4억 원 미만	50	100	200
4억 원 이상 6억 원 미만	100	200	400
6억 원 이상 8억 원 미만	150	300	600
8억 원 이상 10억 원 미만	200	400	800
10억 원 이상 12억 원 미만	250	500	1,000
12억 원 이상 14억 원 미만	400	600	1,000
14억 원 이상 16억 원 미만	500	700	1,000
16억 원 이상 18억 원 미만	600	800	1,000
18억 원 이상 20억 원 미만	700	900	1,000
20억 원 이상	800	1,000	1,000

　　　가) 연간 매출액은 처분 전년도의 해당 품목의 1년간 매출액을 기준으로 한다.

　　　나) 신규영업·휴업 등 부득이한 사유로 처분 전년도의 1년간 매출액을 산출할 수 없거나 1년간 매출액을 기준으로 하는 것이 불합리한 것으로 인정되는 경우에는 전분기, 전월 또는 최근 1일 평균 매출액 중 가장 합리적인 기준에 따라 연간 매출액을 추계하여 산정한다.

　　　다) 1개 업소에서 2개 품목 이상이 동시에 적발된 경우에는 각 품목의 연간 매출액을 합산한 금액을 기준으로 부과한다.

2) 판매업자 : 가목의 기준을 준용하여 부과한다.

다. 통관 단계의 수입농수산물 등 및 반입농수산물 등

    1) 과태료 부과금액은 수입농수산물 등 및 반입농수산물 등의 세관 수입신고 금액의 100분의 10에 해당하는 금액으로 한다.

    2) 과태료 부과금액의 최소단위는 5만 원으로 하고, 5만 원 이상은 천 원 미만을 버리고 부과하되 부과되는 총액은 1천만 원을 초과할 수 없다.

라. 통신판매 : 나목 1)의 기준을 준용하여 부과한다.

4. 제2호 다목의 원산지의 표시방법을 위반한 경우의 세부 부과기준

가. 농수산물(통관 단계 이후의 수입농수산물 등 및 반입농수산물 등을 포함하며, 통신판매의 경우와 식품접객업을 하는 영업소 및 집단급식소에서 조리하여 판매 · 제공하는 경우는 제외한다)

    1) 제3호 가목의 기준에 따른 과태료 부과금액의 100분의 50을 부과한다.

    2) 과태료 부과금액의 최소단위는 5만 원으로 하고, 5만 원 이상은 천원 미만을 버리고 부과한다.

나. 농수산물 가공품(통관 단계 이후의 수입농수산물 등 또는 반입농수산물 등을 국내에서 가공한 것을 포함하며, 통신판매의 경우는 제외한다)

    1) 제3호 나목의 기준에 따른 과태료 부과금액의 100분의 50을 부과한다.

    2) 과태료 부과금액의 최소단위는 5만 원으로 하고, 5만 원 이상은 천 원 미만을 버리고 부과한다.

다. 통관 단계의 수입농수산물 등 및 반입농수산물 등

    1) 과태료 부과금액은 제3호 다목의 기준에 따른 과태료 부과금액의 100분의 50에 해당하는 금액으로 한다.

    2) 과태료 부과금액의 최소단위는 5만 원으로 하고, 5만 원 이상은 천 원 미만을 버리고 부과한다.

라. 통신판매

    1) 제3호 라목의 기준에 따른 과태료 부과금액의 100분의 50을 부과한다.

    2) 과태료 부과금액의 최소단위는 5만 원으로 하고, 5만 원 이상은 천 원 미만은 버리고 부과한다.

마. 식품접객업을 하는 영업소 및 집단급식소

위반행위	과태료 금액		
	1차 위반	2차 위반	3차 이상 위반
1) 삭제 <2017. 5. 29.>			
2) 쇠고기의 원산지 표시방법을 위반한 경우	25만 원	100만 원	150만 원
3) 쇠고기 식육의 종류의 표시방법만 위반한 경우	15만 원	30만 원	50만 원
4) 돼지고기의 원산지 표시방법을 위반한 경우	15만 원	30만 원	50만 원
5) 닭고기의 원산지 표시방법을 위반한 경우	15만 원	30만 원	50만 원
6) 오리고기의 원산지 표시방법을 위반한 경우	15만 원	30만 원	50만 원
7) 양고기 또는 염소고기의 원산지 표시방법을 위반한 경우	품목별 15만 원	품목별 30만 원	품목별 50만 원
8) 쌀의 원산지 표시방법을 위반한 경우	15만 원	30만 원	50만 원
9) 배추 또는 고춧가루의 원산지 표시방법을 위반한 경우	15만 원	30만 원	50만 원
10) 콩의 원산지 표시방법을 위반한 경우	15만 원	30만 원	50만 원
11) 넙치, 조피볼락, 참돔, 미꾸라지, 뱀장어, 낙지, 명태, 고등어, 갈치, 오징어, 꽃게, 참조기, 다랑어, 아귀, 주꾸미, 가리비, 우렁쉥이, 전복, 방어 및 부세의 원산지 표시방법을 위반한 경우	품목별 15만 원	품목별 30만 원	품목별 50만 원
12) 살아 있는 수산물의 원산지 표시방법을 위반한 경우	제2호 나목 11) 및 제3호 가목의 기준에 따른 부과금액의 100분의 50		

6. 식품 등의 표시 · 광고에 관한 법률

식품 등의 표시 · 광고에 관한 법률은 목적부터 과태료까지 총 31조로 구성되어 있다. 식품 등의 표시 · 광고에 관한 법률 시행령과 식품 등의 표시 · 광고에 관한 법률 시행규칙에서는 식품 등의 표시 · 광고에 관한 법률 시행을 위한 필요 사항을 규정하고 있다.

31조에 대한 조항은 목적, 정의, 다른 법률과의 관계, 표시의 기준, 영양표시, 나트륨 함량 비교 표시, 광고의 기준, 부당한 표시 또는 광고행위의 금지, 표시 또는 광고 내용의 실증, 표시 또는 광고의 자율 심의, 심의위원회의 설치 · 운영, 표시 또는 광고 정책 등에 관한 자문, 소비자 교육 및 홍보, 시정명령, 위해 식품 등의 회수 및 폐기처분 등, 영업정지 등, 품목 등의 제조정지, 행정 제재처분 효과의 승계, 영업정지 등의 처분에 갈음하여 부과하는 과징금 처분, 부당한 표시 · 광고에 따른 과징금 부과 등, 위반 사실의 공표, 국고 보조, 청문, 권한 등의 위임 및 위탁, 벌칙 적용에서 공무원 의제, 벌칙(제26조~제29조), 양벌규정, 과태료로 구성되어 있다.

식품 등의 표시 · 광고에 관한 법률 및 동법의 시행령, 시행규칙을 정리한 표는 다음과 같다.

식품 등의 표시 · 광고에 관한 법률 · 시행령 · 시행규칙 주요 법조문 목차

식품 등의 표시 · 광고에 관한 법률	식품 등의 표시 · 광고에 관한 법률 시행령	식품 등의 표시 · 광고에 관한 법률 시행규칙
[시행 2023. 1. 1.] [법률 제18445호, 2021. 8. 17., 일부개정]	[시행 2023. 12. 26.] [대통령령 제34060호, 2023. 12. 26., 타법개정]	[시행 2023. 1. 1.] [총리령 제1813호, 2022. 6. 30., 일부개정]
제1조(목적)		
제2조(정의)		
제3조(다른 법률과의 관계)		
제4조(표시의 기준)		제2조(일부 표시사항) 별표 1 제3조(표시사항) 제4조(표시의무자) 제5조(표시방법 등) 별표 2 별표 3
제4조의2(시각 · 청각 장애인을 위한 점자 및 음성 · 수어 영상변환용 코드의 표시)		
제5조(영양표시)		제6조(영양표시) 별표 3 별표 4 별표 5 20 · 22 기출
제6조(나트륨 함량 비교 표시)		제7조(나트륨 함량 비교 표시) 예제 별표 3
제7조(광고의 기준)		제8조(광고의 기준) 별표 6
제8조(부당한 표시 또는 광고행위의 금지)	제2조(부당한 표시 또는 광고행위의 금지 대상)	

(계속)

식품 등의 표시 · 광고에 관한 법률	식품 등의 표시 · 광고에 관한 법률 시행령	식품 등의 표시 · 광고에 관한 법률 시행규칙
제8조(부당한 표시 또는 광고행위의 금지)	제3조(부당한 표시 또는 광고의 내용) 별표 1	
제9조(표시 또는 광고 내용의 실증)		제9조(실증방법 등)
제10조(표시 또는 광고의 자율심의)	제4조(표시 또는 광고의 심의 기준 등) 제5조(자율심의기구의 등록 요건) 제6조(표시 또는 광고 심의 결과에 대한 이의신청)	제10조(표시 또는 광고 심의 대상 식품 등) 제11조(수수료) 제12조(자율심의기구의 등록) 제13조(등록사항의 변경)
제11조(심의위원회의 설치 · 운영)		
제12조(표시 또는 광고 정책 등에 관한 자문)		
제13조(소비자 교육 및 홍보) 예제	제7조(교육 및 홍보 위탁)	제14조(교육 및 홍보의 내용) 예제
제14조(시정명령)		
제15조(위해 식품 등의 회수 및 폐기 처분 등) 예제		
제16조(영업정지 등)		제16조(행정처분의 기준) 별표 7
제17조(품목 등의 제조정지)		제16조(행정처분의 기준) 별표 7
제18조(행정 제재처분 효과의 승계)		
제19조(영업정지 등의 처분에 갈음하여 부과하는 과징금 처분)	제8조(영업정지 등의 처분을 갈음하여 부과하는 과징금의 산정기준) 별표 2 제9조(과징금의 부과 및 납부) 제10조(과징금 납부기한의 연기 및 분할납부) 제11조(과징금 미납자에 대한 처분) 제12조(기금의 귀속비율)	제17조(과징금 부과 제외 대상) 별표 8
제20조(부당한 표시 · 광고에 따른 과징금 부과 등)	제13조(부당한 표시 · 광고에 따른 과징금 부과 기준 및 절차)	
제21조(위반사실의 공표)	제14조(위반사실의 공표)	
제22조(국고 보조)		
제23조(청문)		
제24조(권한 등의 위임 및 위탁)	제15조(권한의 위임)	
제25조(벌칙 적용에서 공무원 의제)		
제26조(벌칙)		
제27조(벌칙)		
제28조(벌칙)		
제29조(벌칙)		
제30조(양벌규정)		
제31조(과태료)	제16조(과태료의 부과기준) 별표 3	

1. 목 적

식품 등에 대하여 올바른 표시·광고를 하도록 하여 소비자의 알 권리를 보장하고 건전한 거래질서를 확립함으로써 소비자 보호에 이바지함을 목적으로 함

2. 정 의

- "식품"이란 「식품위생법」에 따른 식품(해외에서 국내로 수입되는 식품을 포함한다)을 말함
- "식품첨가물"이란 「식품위생법」에 따른 식품첨가물(해외에서 국내로 수입되는 식품첨가물을 포함한다)을 말함
- "기구"란 「식품위생법」 제2조 제4호에 따른 기구(해외에서 국내로 수입되는 기구를 포함한다)를 말함
- "용기·포장"이란 「식품위생법」에 따른 용기·포장(해외에서 국내로 수입되는 용기·포장을 포함한다)을 말함
- "건강기능식품"이란 「건강기능식품에 관한 법률」에 따른 건강기능식품(해외에서 국내로 수입되는 건강기능식품을 포함한다)을 말함
- "축산물"이란 「축산물 위생관리법」에 따른 축산물(해외에서 국내로 수입되는 축산물을 포함한다)을 말함
- "표시"란 식품, 식품첨가물, 기구, 용기·포장, 건강기능식품, 축산물(이하 "식품 등"이라 한다) 및 이를 넣거나 싸는 것(그 안에 첨부되는 종이 등을 포함한다)에 적는 문자·숫자 또는 도형을 말함
- "영양표시"란 식품, 식품첨가물, 건강기능식품, 축산물에 들어 있는 영양성분의 양(量) 등 영양에 관한 정보를 표시하는 것을 말함
- "나트륨 함량 비교 표시"란 식품의 나트륨 함량을 동일하거나 유사한 유형의 식품의 나트륨 함량과 비교하여 소비자가 알아보기 쉽게 색상과 모양을 이용하여 표시하는 것을 말함
- "광고"란 라디오·텔레비전·신문·잡지·인터넷·인쇄물·간판 또는 그 밖의 매체를 통하여 음성·음향·영상 등의 방법으로 식품 등에 관한 정보를 나타내거나 알리는 행위를 말함
- "영업자"란 다음의 어느 하나에 해당하는 자를 말함
  - 「건강기능식품에 관한 법률」에 따라 허가를 받은 자 또는 신고를 한 자
  - 「식품위생법」에 따라 허가를 받은 자 또는 신고하거나 등록을 한 자
  - 「축산물 위생관리법」에 따라 허가를 받은 자 또는 신고를 한 자
  - 「수입식품안전관리 특별법」에 따라 영업등록을 한 자
- "소비기한"이란 식품 등에 표시된 보관방법을 준수할 경우 섭취하여도 안전에 이상이 없는 기한을 말함

3. 표시의 기준

1) '식품, 식품첨가물 또는 축산물'의 표시 기준
- 제품명, 내용량 및 원재료명
- 영업소 명칭 및 소재지
- 소비자 안전을 위한 주의사항
- 제조연월일, 소비기한 또는 품질유지기한
- 그 밖에 소비자에게 해당 식품, 식품첨가물 또는 축산물에 관한 정보를 제공하기 위하여 필요한 사항으로서 총리령으로 정하는 사항

2) '기구 또는 용기·포장'의 표시 기준
- 재질

- 영업소 명칭 및 소재지
- 소비자 안전을 위한 주의사항
- 그 밖에 소비자에게 해당 기구 또는 용기 · 포장에 관한 정보를 제공하기 위하여 필요한 사항으로서 총리령으로 정하는 사항

3) '건강기능식품'의 표시 기준
- 제품명, 내용량 및 원료명
- 영업소 명칭 및 소재지
- 소비기한 및 보관방법
- 섭취량, 섭취방법 및 섭취 시 주의사항
- 건강기능식품이라는 문자 또는 건강기능식품임을 나타내는 도안
- 질병의 예방 및 치료를 위한 의약품이 아니라는 내용의 표현
- 「건강기능식품에 관한 법률」 제3조 제2호에 따른 기능성에 관한 정보 및 원료 중에 해당 기능성을 나타내는 성분 등의 함유량
- 그 밖에 소비자에게 해당 건강기능식품에 관한 정보를 제공하기 위하여 필요한 사항으로서 총리령으로 정하는 사항
  ※ 소비자 안전을 위한 주의사항의 구체적인 표시사항 준수 : <공통사항> 알레르기 유발물질 표시, 혼입(混入)될 우려가 있는 알레르기 유발물질 표시, 무(無) 글루텐의 표시, 고카페인의 함유 표시

4. 영양 표시

1) 영양 표시 대상 식품
- 레토르트식품(조리가공한 식품을 특수한 주머니에 넣어 밀봉한 후 고열로 가열 살균한 가공식품을 말하며, 축산물은 제외한다)
- 과자류, 빵류 또는 떡류 : 과자, 캔디류, 빵류 및 떡류
- 빙과류 : 아이스크림류 및 빙과
- 코코아 가공품류 또는 초콜릿류
- 당류 : 당류가공품
- 잼류
- 두부류 또는 묵류
- 식용유지류 : 식물성유지류 및 식용유지가공품(모조치즈 및 기타 식용유지가공품은 제외한다)
- 면류
- 음료류 : 다류(침출차 · 고형차는 제외한다), 커피(볶은커피 · 인스턴트커피는 제외한다), 과일 · 채소류음료, 탄산음료류, 두유류, 발효음료류, 인삼 · 홍삼음료 및 기타 음료
- 특수영양식품
- 특수의료용도식품
- 장류 : 개량메주, 한식간장(한식메주를 이용한 한식간장은 제외한다), 양조간장, 산분해간장, 효소분해간장, 혼합간장, 된장, 고추장, 춘장, 혼합장 및 기타 장류
- 조미식품 : 식초(발효식초만 해당한다), 소스류, 카레(카레만 해당한다) 및 향신료가공품(향신료조제품만 해당한다)
- 절임류 또는 조림류 : 김치류(김치는 배추김치만 해당한다), 절임류(절임식품 중 절임배추는 제외한다) 및 조림류

- 농산가공식품류 : 전분류, 밀가루류, 땅콩 또는 견과류가공품류, 시리얼류 및 기타 농산가공품류
- 식육가공품 : 햄류, 소시지류, 베이컨류, 건조저장육류, 양념육류(양념육 · 분쇄가공육제품만 해당한다), 식육추출가공품 및 식육함유가공품
- 알가공품류(알 내용물 100퍼센트 제품은 제외한다)
- 유가공품 : 우유류, 가공유류, 산양유, 발효유류, 치즈류 및 분유류
- 수산가공식품류(수산물 100퍼센트 제품은 제외한다) : 어육가공품류, 젓갈류, 건포류, 조미김 및 기타 수산물가공품
- 즉석식품류 : 즉석섭취 · 편의식품류(즉석섭취식품 · 즉석조리식품만 해당한다) 및 만두류
- 건강기능식품
- 위의 전 규정에 해당하지 않는 식품 및 축산물로서 영업자가 스스로 영양표시를 하는 식품 및 축산물

5. 나트륨 함량 비교 표시 식품
- 조미식품이 포함되어 있는 면류 중 유탕면(기름에 튀긴 면), 국수 또는 냉면
- 즉석섭취식품(동 · 식물성 원료에 식품이나 식품첨가물을 가하여 제조 · 가공한 것으로서 더 이상의 가열 또는 조리과정 없이 그대로 섭취할 수 있는 식품을 말한다) 중 햄버거 및 샌드위치

6. 소비자 교육 및 홍보
식품의약품안전처장은 소비자가 건강한 식생활을 할 수 있도록 식품 등의 표시 · 광고에 관한 교육 및 홍보를 하여야 함. '교육 및 홍보의 내용'은 다음과 같음
- 표시의 기준에 관한 사항
- 영양표시에 관한 사항
- 나트륨 함량의 비교 표시에 관한 사항
- 광고의 기준에 관한 사항
- 부당한 표시 또는 광고행위의 금지에 관한 사항
- 그 밖에 소비자의 식생활에 도움이 되는 식품 등의 표시 · 광고에 관한 사항

7. 시정명령
식품의약품안전처장, 특별시장 · 광역시장 · 특별자치시장 · 도지사 · 특별자치도지사 또는 시장 · 군수 · 구청장은 다음의 어느 하나에 해당하는 자에게 필요한 시정을 명할 수 있음
- 표시방법을 위반하여 식품 등을 판매하거나 판매할 목적으로 제조 · 가공 · 소분 · 수입 · 포장 · 보관 · 진열 또는 운반하거나 영업에 사용한 자
- 광고 기준을 위반하여 광고의 기준을 준수하지 아니한 자
- 부당한 표시 또는 광고행위의 금지를 위반하여 표시 또는 광고를 한 자
- 실증자료의 제출을 요청받은 자가 이를 위반하여 실증자료를 제출하지 아니한 자

8. 위해 식품 등의 회수 및 폐기처분
식품의약품안전처장, 시 · 도지사 또는 시장 · 군수 · 구청장은 영업자가 부당한 표시 또는 광고행위의 금지를 위반한 경우에는 관계 공무원에게 그 식품 등을 압류 또는 폐기하게 하거나 용도 · 처리방법 등을 정하여 영업자에게 위해를 없애는 조치를 할 것을 명하여야 함

9. 영업정지

식품의약품안전처장, 시 · 도지사 또는 시장 · 군수 · 구청장은 영업자 중 허가를 받거나 등록을 한 영업자가 다음 어느 하나에 해당하는 경우에는 6개월 이내의 기간을 정하여 그 영업의 전부 또는 일부를 정지하거나 영업허가 또는 등록을 취소할 수 있음

- 표시방법을 위반하여 식품 등을 판매하거나 판매할 목적으로 제조 · 가공 · 소분 · 수입 · 포장 · 보관 · 진열 또는 운반하거나 영업에 사용한 경우
- 부당한 표시 또는 광고행위의 금지를 위반하여 표시 또는 광고를 한 경우
- 표시 또는 광고의 중지명령을 위반하거나 시정 명령을 위반한 경우
- 법을 위반하고 회수 또는 회수하는 데에 필요한 조치를 하지 아니한 경우
- 법을 위반하고 회수계획 보고를 하지 아니하거나 거짓으로 보고한 경우
- 식품 압류 · 폐기, 위해 제거 조치를 위한 명령을 위반한 경우

10. 품목 등의 제조정지

식품의약품안전처장, 시 · 도지사 또는 시장 · 군수 · 구청장은 영업자가 다음의 어느 하나에 해당하면 식품 등의 품목 또는 품목류(「식품위생법」 제7조 · 제9조 또는 「건강기능식품에 관한 법률」 제14조에 따라 정해진 기준 및 규격 중 동일한 기준 및 규격을 적용받아 제조 · 가공되는 모든 품목을 말한다)에 대하여 기간을 정하여 6개월 이내의 제조정지를 명할 수 있음

- 식품 등에 표시사항이 없거나 표시방법을 위반한 식품 등을 판매하거나 판매할 목적으로 제조 · 가공 · 소분 · 수입 · 포장 · 보관 · 진열 또는 운반하거나 영업에 사용한 경우
- 부당한 표시 또는 광고행위의 금지를 위반하여 표시 또는 광고를 한 경우

11. 영업정지 등의 처분에 갈음하여 부과하는 과징금 처분

식품의약품안전처장, 시 · 도지사 또는 시장 · 군수 · 구청장은 영업자가 영업정지 또는 품목 제조정지 등을 명하여야 하는 경우로서 그 영업정지 또는 품목 제조정지 등이 이용자에게 심한 불편을 주거나 그 밖에 공익을 해칠 우려가 있을 때에는 영업정지 또는 품목 제조정지 등을 갈음하여 10억 원 이하의 과징금을 부과할 수 있음

12. 부당한 표시 · 광고에 따른 과징금 부과

식품의약품안전처장, 시 · 도지사 또는 시장 · 군수 · 구청장은 규정을 위반하여 2개월 이상의 영업정지 처분, 영업허가 및 등록의 취소 또는 영업소의 폐쇄명령을 받은 자에 대하여 그가 판매한 해당 식품 등의 판매가격에 상당하는 금액을 과징금으로 부과함

법조문 속 예제 및 기출문제

제1조(목적) 이 법은 식품 등에 대하여 올바른 표시 · 광고를 하도록 하여 소비자의 알 권리를 보장하고 건전한 거래질서를 확립함으로써 소비자 보호에 이바지함을 목적으로 한다.

제2조(정의) 이 법에서 사용하는 용어의 뜻은 다음과 같다. 〈개정 2021. 8. 17.〉

1. "식품"이란 「식품위생법」 제2조 제1호에 따른 식품(해외에서 국내로 수입되는 식품을 포함한다)을 말한다.

2. "식품첨가물"이란 「식품위생법」 제2조 제2호에 따른 식품첨가물(해외에서 국내로 수입되는 식품 첨가물을 포함한다)을 말한다.

3. "기구"란 「식품위생법」 제2조 제4호에 따른 기구(해외에서 국내로 수입되는 기구를 포함한다)를 말한다.

4. "용기 · 포장"이란 「식품위생법」 제2조 제5호에 따른 용기 · 포장(해외에서 국내로 수입되는 용기 · 포장을 포함한다)을 말한다.

5. "건강기능식품"이란 「건강기능식품에 관한 법률」 제3조 제1호에 따른 건강기능식품(해외에서 국내로 수입되는 건강기능식품을 포함한다)을 말한다.

6. "축산물"이란 「축산물 위생관리법」 제2조 제2호에 따른 축산물(해외에서 국내로 수입되는 축산물을 포함한다)을 말한다.

7. "표시"란 식품, 식품첨가물, 기구, 용기 · 포장, 건강기능식품, 축산물(이하 "식품 등"이라 한다) 및 이를 넣거나 싸는 것(그 안에 첨부되는 종이 등을 포함한다)에 적는 문자 · 숫자 또는 도형을 말한다.

8. "영양표시"란 식품, 식품첨가물, 건강기능식품, 축산물에 들어 있는 영양성분의 양(量) 등 영양에 관한 정보를 표시하는 것을 말한다.

9. "나트륨 함량 비교 표시"란 식품의 나트륨 함량을 동일하거나 유사한 유형의 식품의 나트륨 함량과 비교하여 소비자가 알아보기 쉽게 색상과 모양을 이용하여 표시하는 것을 말한다.

10. "광고"란 라디오 · 텔레비전 · 신문 · 잡지 · 인터넷 · 인쇄물 · 간판 또는 그 밖의 매체를 통하여 음성 · 음향 · 영상 등의 방법으로 식품 등에 관한 정보를 나타내거나 알리는 행위를 말한다.

11. "영업자"란 다음 각 목의 어느 하나에 해당하는 자를 말한다.

가. 「건강기능식품에 관한 법률」 제5조에 따라 허가를 받은 자 또는 같은 법 제6조에 따라 신고를 한 자

나. 「식품위생법」 제37조 제1항에 따라 허가를 받은 자 또는 같은 조 제4항에 따라 신고하거나 같은 조 제5항에 따라 등록을 한 자

다. 「축산물 위생관리법」 제22조에 따라 허가를 받은 자 또는 같은 법 제24조에 따라 신고를 한 자

라. 「수입식품안전관리 특별법」 제15조 제1항에 따라 영업등록을 한 자

12. "소비기한"이란 식품 등에 표시된 보관방법을 준수할 경우 섭취하여도 안전에 이상이 없는 기한을 말한다.

제3조(다른 법률과의 관계) 식품 등의 표시 또는 광고에 관하여 다른 법률에 우선하여 이 법을 적용한다.

제4조(표시의 기준) ① 식품 등에는 다음 각 호의 구분에 따른 사항을 표시하여야 한다. 다만, 총리령으

로 정하는 경우에는 그 일부만을 표시할 수 있다. 〈개정 2021. 8. 17.〉

1. 식품, 식품첨가물 또는 축산물

    가. 제품명, 내용량 및 원재료명

    나. 영업소 명칭 및 소재지

    다. 소비자 안전을 위한 주의사항

    라. 제조연월일, 소비기한 또는 품질유지기한

    마. 그 밖에 소비자에게 해당 식품, 식품첨가물 또는 축산물에 관한 정보를 제공하기 위하여 필요한 사항으로서 총리령으로 정하는 사항

2. 기구 또는 용기 · 포장

    가. 재질

    나. 영업소 명칭 및 소재지

    다. 소비자 안전을 위한 주의사항

    라. 그 밖에 소비자에게 해당 기구 또는 용기 · 포장에 관한 정보를 제공하기 위하여 필요한 사항으로서 총리령으로 정하는 사항

3. 건강기능식품

    가. 제품명, 내용량 및 원료명

    나. 영업소 명칭 및 소재지

    다. 소비기한 및 보관방법

    라. 섭취량, 섭취방법 및 섭취 시 주의사항

    마. 건강기능식품이라는 문자 또는 건강기능식품임을 나타내는 도안

    바. 질병의 예방 및 치료를 위한 의약품이 아니라는 내용의 표현

    사. 「건강기능식품에 관한 법률」 제3조 제2호에 따른 기능성에 관한 정보 및 원료 중에 해당 기능성을 나타내는 성분 등의 함유량

    아. 그 밖에 소비자에게 해당 건강기능식품에 관한 정보를 제공하기 위하여 필요한 사항으로서 총리령으로 정하는 사항

② 제1항에 따른 표시의무자, 표시사항 및 글씨크기 · 표시장소 등 표시방법에 관하여는 총리령으로 정한다.

③ 제1항에 따른 표시가 없거나 제2항에 따른 표시방법을 위반한 식품 등은 판매하거나 판매할 목적으로 제조 · 가공 · 소분[(小分) : 완제품을 나누어 유통을 목적으로 재포장하는 것을 말한다. 이하 같다] · 수입 · 포장 · 보관 · 진열 또는 운반하거나 영업에 사용해서는 아니 된다.

제2조(일부 표시사항) 「식품 등의 표시 · 광고에 관한 법률」(이하 "법"이라 한다) 제4조 제1항 각 호 외의 부분 단서에 따라 식품, 식품첨가물, 기구, 용기 · 포장, 건강기능식품, 축산물(이하 "식품 등"이라 한다. 이하 같다)에 표시사항 중 일부만을 표시할 수 있는 경우는 별표 1과 같다.

식품 등의 표시 · 광고에 관한 법률 시행규칙 [별표 1] <개정 2022. 6. 30.>

식품 등의 일부 표시사항(제2조 관련)

법 제4조 제1항 각 호 외의 부분 단서에 따라 표시사항의 일부만을 표시할 수 있는 식품 등과 해당 식품 등에 표시할 사항은 다음 각 호의 구분에 따른다.

1. 자사(自社)에서 제조 · 가공할 목적으로 수입하는 식품 등
   가. 제품명
   나. 영업소(제조 · 가공 영업소를 말한다) 명칭
   다. 제조연월일, 소비기한 또는 품질유지기한
   라. "건강기능식품"이라는 문자(건강기능식품만 해당한다)
   마. 「건강기능식품에 관한 법률」 제3조 제2호에 따른 기능성에 관한 정보(건강기능식품만 해당한다)

2. 「식품위생법 시행령」 제21조 제1호 및 제3호의 식품제조 · 가공업 및 식품첨가물제조업, 「축산물 위생관리법 시행령」 제21조 제3호의 축산물가공업, 「건강기능식품에 관한 법률 시행령」 제2조 제1호의 건강기능식품제조업에 사용될 목적으로 공급되는 원료용 식품 등
   가. 제품명
   나. 영업소의 명칭 및 소재지
   다. 제조연월일, 소비기한 또는 품질유지기한
   라. 보관방법
   마. 소비자 안전을 위한 주의사항 중 알레르기 유발물질
   바. 내용량, 원료명 및 함량(건강기능식품만 해당한다)
   사. "건강기능식품"이라는 문자(건강기능식품만 해당한다)
   아. 「건강기능식품에 관한 법률」 제3조 제2호에 따른 기능성에 관한 정보(건강기능식품만 해당한다)

3. 「식품위생법 시행령」 제21조 제1호의 식품제조 · 가공업 또는 「축산물 위생관리법 시행령」 제21조 제3호의 축산물가공업 영업자가 「가맹사업거래의 공정화에 관한 법률」에 따른 가맹본부 또는 가맹점사업자에게 제조 · 가공 또는 조리를 목적으로 공급하는 식품 및 축산물(가맹본부 또는 가맹점사업자가 「유통산업발전법」 제2조 제12호에 따른 판매시점 정보관리시스템 등을 통해 낱개 상품 여러 개를 한 포장에 담은 제품에 대하여 가목 및 나목의 사항을 알 수 있는 경우에는 그 표시를 생략할 수 있다)
   가. 제품명
   나. 영업소의 명칭 및 소재지
   다. 제조연월일, 소비기한 또는 품질유지기한
   라. 보관방법 또는 취급방법
   마. 소비자 안전을 위한 주의사항 중 알레르기 유발물질

4. 법 제4조 제1항에 따른 표시사항의 정보를 바코드 등을 이용하여 소비자에게 제공하는 다음 각 목의 식품 등
   가. 식품 및 축산물

---

      1) 제품명, 내용량 및 원재료명
      2) 영업소 명칭 및 소재지
      3) 소비자 안전을 위한 주의사항
      4) 제조연월일, 소비기한 또는 품질유지기한
      5) 품목보고번호
    나. 기구 또는 용기 · 포장
      1) 재질
      2) 영업소 명칭 및 소재지
      3) 소비자 안전을 위한 주의사항
      4) 식품용이라는 단어 또는 식품용 기구를 나타내는 도안
    다. 건강기능식품
      1) 제품명, 내용량 및 원재료명
      2) 영업소 명칭 및 소재지
      3) 소비기한
      4) 건강기능식품이라는 문자 또는 건강기능식품임을 나타내는 도안
      5) 「건강기능식품에 관한 법률」 제3조 제2호에 따른 기능성에 관한 정보 및 원료 중에 해당 기능성을 나타내는 성분 등의 함유량
      6) 소비자 안전을 위한 주의사항

5. 「축산물 위생관리법 시행령」 제21조 제7호 가목 및 제8호의 식육판매업 및 식육즉석판매가공업 영업자가 보관 · 판매하는 식육
  가. 식육의 종류, 부위명칭, 등급, 도축장명. 이 경우 식육의 부위명칭 및 구별방법, 식육의 종류 표시 등에 관한 세부 사항은 식품의약품안전처장이 정하여 고시하는 바에 따른다.
  나. 소비기한 및 보관방법. 이 경우 식육을 보관하거나 비닐 등으로 포장하여 판매하는 경우만 해당한다.
  다. 포장일자(식육을 비닐 등으로 포장하여 보관 · 판매하는 경우만 해당한다)

6. 「축산물 위생관리법 시행령」 제21조 제7호 나목의 식육부산물전문판매업 영업자가 보관 · 판매하는 식육부산물(도축 당일 도축장에서 위생용기에 넣어 운반 · 판매하는 경우에는 도축검사증명서로 그 표시를 대신할 수 있다)
  가. 식육부산물의 종류(식육부산물을 비닐 등으로 포장하지 않고 진열상자에 놓고 판매하는 경우에는 식육판매표지판에 표시하여 전면에 설치해야 한다)
  나. 소비기한 및 보관방법. 이 경우 식육부산물을 비닐 등으로 포장하여 보관 · 판매하는 경우만 해당한다.

제3조(표시사항) ① 법 제4조 제1항 제1호 마목에서 "총리령으로 정하는 사항"이란 다음 각 호의 사항을 말한다. 〈개정 2022. 6. 30.〉

1. 식품유형, 품목보고번호
2. 성분명 및 함량
3. 용기 · 포장의 재질
4. 조사처리(照射處理) 표시
5. 보관방법 또는 취급방법

6. 식육(食肉)의 종류, 부위 명칭, 등급 및 도축장명

7. 포장일자, 생산연월일 또는 산란일

② 법 제4조 제1항 제2호 라목에서 "총리령으로 정하는 사항"이란 식품용이라는 단어 또는 식품용 기구를 나타내는 도안을 말한다.

③ 법 제4조 제1항 제3호 아목에서 "총리령으로 정하는 사항"이란 다음 각 호의 사항을 말한다.

1. 원료의 함량

2. 소비자 안전을 위한 주의사항

제4조(표시의무자) 법 제4조 제2항에 따른 표시의무자는 다음 각 호에 해당하는 자로 한다.

1. 「식품위생법 시행령」 제21조에 따른 영업을 하는 자 중 다음 각 목의 어느 하나에 해당하는 자

    가. 「식품위생법 시행령」 제21조 제1호에 따른 식품제조·가공업을 하는 자(식용얼음의 경우에는 용기·포장에 5킬로그램 이하로 넣거나 싸서 생산하는 자만 해당한다)

    나. 「식품위생법 시행령」 제21조 제2호에 따른 즉석판매제조·가공업을 하는 자

    다. 「식품위생법 시행령」 제21조 제3호에 따른 식품첨가물제조업을 하는 자

    라. 「식품위생법 시행령」 제21조 제5호 가목에 따른 식품소분업을 하는 자, 같은 호 나목 1)에 따른 식용얼음판매업자(얼음을 용기·포장에 5킬로그램 이하로 넣거나 싸서 유통 또는 판매하는 자만 해당한다) 및 같은 호 나목 4)에 따른 집단급식소 식품판매업을 하는 자

    마. 「식품위생법 시행령」 제21조 제7호에 따른 용기·포장류제조업을 하는 자

2. 「축산물 위생관리법 시행령」 제21조에 따른 영업을 하는 자 중 다음 각 목의 어느 하나에 해당하는 자

    가. 「축산물 위생관리법 시행령」 제21조 제1호에 따른 도축업을 하는 자(닭·오리 식육을 포장하는 자만 해당한다)

    나. 「축산물 위생관리법 시행령」 제21조 제3호에 따른 축산물가공업을 하는 자

    다. 「축산물 위생관리법 시행령」 제21조 제3호의2에 따른 식용란선별포장업을 하는 자

    라. 「축산물 위생관리법 시행령」 제21조 제4호에 따른 식육포장처리업을 하는 자

    마. 「축산물 위생관리법 시행령」 제21조 제7호 가목에 따른 식육판매업을 하는 자, 같은 호 나목에 따른 식육부산물전문판매업을 하는 자 및 같은 호 바목에 따른 식용란수집판매업을 하는 자

    바. 「축산물 위생관리법 시행령」 제21조 제8호에 따른 식육즉석판매가공업을 하는 자

3. 「건강기능식품에 관한 법률」 제4조 제1호에 따른 건강기능식품제조업을 하는 자

4. 「수입식품안전관리 특별법 시행령」 제2조 제1호에 따른 수입식품 등 수입·판매업을 하는 자

5. 「축산법」 제22조 제1항 제4호에 따른 가축사육업을 하는 자 중 식용란을 출하하는 자

6. 농산물·임산물·수산물 또는 축산물을 용기·포장에 넣거나 싸서 출하·판매하는 자

7. 법 제2조 제3호에 따른 기구를 생산, 유통 또는 판매하는 자

제5조(표시방법 등) ① 법 제4조 제1항 및 제2항에 따른 소비자 안전을 위한 주의사항의 구체적인 표시사항은 별표 2와 같다.

식품 등의 표시 · 광고에 관한 법률 시행규칙 별표 2 <개정 2021. 8. 24.>

소비자 안전을 위한 표시사항(제5조 제1항 관련)

I. 공통사항

1. 알레르기 유발물질 표시

식품 등에 알레르기를 유발할 수 있는 원재료가 포함된 경우 그 원재료명을 표시해야 하며, 알레르기 유발물질, 표시대상 및 표시방법은 다음 각 목과 같다.

가. 알레르기 유발물질 : 알류(가금류만 해당한다), 우유, 메밀, 땅콩, 대두, 밀, 고등어, 게, 새우, 돼지고기, 복숭아, 토마토, 아황산류(이를 첨가하여 최종 제품에 이산화황이 1킬로그램당 10밀리그램 이상 함유된 경우만 해당한다), 호두, 닭고기, 쇠고기, 오징어, 조개류(굴, 전복, 홍합을 포함한다), 잣

나. 표시대상

1) 가목의 알레르기 유발물질을 원재료로 사용한 식품 등

2) 1)의 식품 등으로부터 추출 등의 방법으로 얻은 성분을 원재료로 사용한 식품 등

3) 1) 및 2)를 함유한 식품 등을 원재료로 사용한 식품 등

다. 표시방법 : 원재료명 표시란 근처에 바탕색과 구분되도록 알레르기 표시란을 마련하고, 제품에 함유된 알레르기 유발물질의 양과 관계없이 원재료로 사용된 모든 알레르기 유발물질을 표시해야 한다. 다만, 단일 원재료로 제조 · 가공한 식품이나 포장육 및 수입 식육의 제품명이 알레르기 표시 대상 원재료명과 동일한 경우에는 알레르기 유발물질 표시를 생략할 수 있다.

(예시) 달걀, 우유, 새우, 이산화황, 조개류(굴) 함유

2. 혼입(混入)될 우려가 있는 알레르기 유발물질 표시

알레르기 유발물질을 사용한 제품과 사용하지 않은 제품을 같은 제조 과정(작업자, 기구, 제조라인, 원재료보관 등 모든 제조과정을 포함한다)을 통해 생산하여 불가피하게 혼입될 우려가 있는 경우 "이 제품은 알레르기 발생 가능성이 있는 메밀을 사용한 제품과 같은 제조 시설에서 제조하고 있습니다", "메밀 혼입 가능성 있음", "메밀 혼입 가능" 등의 주의사항 문구를 표시해야 한다. 다만, 제품의 원재료가 제1호 가목에 따른 알레르기 유발물질인 경우에는 표시하지 않는다.

3. 무(無) 글루텐의 표시

다음 각 목의 어느 하나에 해당하는 경우 "무 글루텐"의 표시를 할 수 있다.

가. 밀, 호밀, 보리, 귀리 또는 이들의 교배종을 원재료로 사용하지 않고 총글루텐 함량이 1킬로그램당 20밀리그램 이하인 식품 등

나. 밀, 호밀, 보리, 귀리 또는 이들의 교배종에서 글루텐을 제거한 원재료를 사용하여 총글루텐 함량이 1킬로그램당 20밀리그램 이하인 식품 등

4. 고카페인의 함유 표시

가. 표시대상 : 1밀리리터당 0.15밀리그램 이상의 카페인을 함유한 액체 식품 등

나. 표시방법

1) 주표시면(식품 등의 표시면 중 상표 또는 로고 등이 인쇄되어 있어 소비자가 식품 등을 구매할 때 통상적으로 보이는 면을 말한다. 이하 같다)에 "고카페인 함유" 및 "총카페인 함량 ○○○밀리그램"의 문구를 표시할 것

2) "어린이, 임산부 및 카페인에 민감한 사람은 섭취에 주의해 주시기 바랍니다" 등의 문구를 표시할 것

다. 총카페인 함량의 허용오차 : 실제 총카페인 함량은 주표시면에 표시된 총카페인 함량의 90퍼센트 이상 110 퍼센트 이하의 범위에 있을 것. 다만, 커피, 다류(茶類) 또는 커피·다류를 원료로 한 액체 식품 등의 경우에는 주표시면에 표시된 총카페인 함량의 120퍼센트 미만의 범위에 있어야 한다.

Ⅱ. 식품 등의 주의사항 표시

1. 식품, 축산물

가. 냉동제품에는 "이미 냉동되었으니 해동 후 다시 냉동하지 마십시오" 등의 표시를 해야 한다.

나. 과일·채소류 음료, 우유류 등 개봉 후 부패·변질될 우려가 높은 제품에는 "개봉 후 냉장보관하거나 빨리 드시기 바랍니다" 등의 표시를 해야 한다.

다. "음주전후, 숙취해소" 등의 표시를 하는 제품에는 "과다한 음주는 건강을 해칩니다" 등의 표시를 해야 한다.

라. 아스파탐(aspatame, 감미료)을 첨가 사용한 제품에는 "페닐알라닌 함유"라는 내용을 표시해야 한다.

마. 당알코올류를 주요 원재료로 사용한 제품에는 해당 당알코올의 종류 및 함량과 "과량 섭취 시 설사를 일으킬 수 있습니다" 등의 표시를 해야 한다.

바. 별도 포장하여 넣은 신선도 유지제에는 "습기방지제", "습기제거제" 등 소비자가 그 용도를 쉽게 알 수 있게 표시하고, "먹어서는 안 됩니다" 등의 주의문구도 함께 표시해야 한다. 다만, 정보표시면(용기·포장의 표시면 중 소비자가 쉽게 알아볼 수 있게 표시사항을 모아서 표시하는 면을 말한다. 이하 같다) 등에 표시하기 어려운 경우에는 신선도 유지제에 직접 표시할 수 있다.

사. 식품 및 축산물에 대한 불만이나 소비자의 피해가 있는 경우에는 신속하게 신고할 수 있도록 "부정·불량식품 신고는 국번 없이 1399" 등의 표시를 해야 한다.

아. 삭제 <2020. 9. 9.>

자. 보존성을 증진시키기 위해 용기 또는 포장 등에 질소가스 등을 충전한 경우에는 "질소가스 충전" 등으로 그 사실을 표시해야 한다.

차. 원터치캔(한 번 조작으로 열리는 캔) 통조림 제품에는 "캔 절단 부분이 날카로우므로 개봉, 보관 및 폐기 시 주의하십시오" 등의 표시를 해야 한다.

카. 아마씨(아마씨유는 제외한다)를 원재료로 사용한 제품에는 "아마씨를 섭취할 때에는 일일섭취량이 16그램을 초과하지 않아야 하며, 1회 섭취량은 4그램을 초과하지 않도록 주의하십시오" 등의 표시를 해야 한다.

2. 식품첨가물

수산화암모늄, 초산, 빙초산, 염산, 황산, 수산화나트륨, 수산화칼륨, 차아염소산나트륨, 차아염소산칼슘, 액체질소, 액체 이산화탄소, 드라이아이스, 아산화질소, 아질산나트륨에는 "어린이 등의 손에 닿지 않는 곳에 보관하십시오", "직접 먹거나 마시지 마십시오", "눈·피부에 닿거나 마실 경우 인체에 치명적인 손상을 입힐 수 있습니다" 등의 취급상 주의문구를 표시해야 한다.

3. 기구 또는 용기·포장

가. 식품포장용 랩을 사용할 때에는 섭씨 100도를 초과하지 않은 상태에서만 사용하도록 표시해야 한다.

나. 식품포장용 랩은 지방성분이 많은 식품 및 주류에는 직접 접촉되지 않게 사용하도록 표시해야 한다.

다. 유리제 가열조리용 기구에는 "표시된 사용 용도 외에는 사용하지 마십시오" 등을 표시하고, 가열조리용이 아닌 유리제 기구에는 "가열조리용으로 사용하지 마십시오" 등의 표시를 해야 한다.

4. 건강기능식품

가. "음주전후, 숙취해소" 등의 표시를 하려는 경우에는 "과다한 음주는 건강을 해칩니다" 등의 표시를 해야 한다.

나. 아스파탐을 첨가 사용한 제품에는 "페닐알라닌 함유"라는 표시를 해야 한다.

다. 별도 포장하여 넣은 신선도 유지제에는 "습기방지제", "습기제거제" 등 소비자가 그 용도를 쉽게 알 수 있도록 표시하고, "먹어서는 안 됩니다" 등의 주의문구도 함께 표시해야 한다. 다만, 정보표시면 등에 표시하기 어려운 경우에는 신선도 유지제에 직접 표시할 수 있다.

라. 삭제 <2020. 9. 9.>

마. 건강기능식품의 섭취로 인하여 구토, 두드러기, 설사 등의 이상 증상이 의심되는 경우에는 신속하게 신고할 수 있도록 제품의 용기 · 포장에 "이상 사례 신고는 1577-2488"의 표시를 해야 한다.

② 법 제4조 제1항에 따른 표시를 할 때에는 소비자가 쉽고 명확하게 알아볼 수 있도록 선명하게 표시해야 하며, 글씨쓰기 · 표시장소 등 구체적인 표시방법은 별표 3과 같다. 〈개정 2024. 1. 12.〉

식품 등의 표시 · 광고에 관한 법률 시행규칙 별표 3 <개정 2024. 1. 12.>

식품 등의 표시방법(제5조 제2항, 제6조 제4항 및 제7조 제2항 관련)

1. 소비자에게 판매하는 제품의 최소 판매단위별 용기 · 포장에 법 제4조부터 제6조까지의 규정에 따른 사항을 표시해야 한다. 다만, 다음 각 목의 어느 하나에 해당하는 경우에는 제외한다.

   가. 캔디류, 추잉껌, 초콜릿류 및 잼류가 최소 판매단위 제품의 가장 넓은 면 면적이 30제곱센티미터 이하이고, 여러 개의 최소 판매단위 제품이 하나의 용기 · 포장으로 진열 · 판매될 수 있도록 포장된 경우에는 그 용기 · 포장에 대신 표시할 수 있다.

   나. 낱알모음을 하여 한 알씩 사용하는 건강기능식품은 그 낱알모음 포장에 제품명과 제조업소명을 표시해야 한다. 이 경우 「건강기능식품에 관한 법률 시행령」 제2조 제3호 나목에 따른 건강기능식품유통전문판매업소가 위탁한 제품은 건강기능식품유통전문판매업소명을 표시할 수 있다.

2. 한글로 표시하는 것을 원칙으로 하되, 한자나 외국어를 병기하거나 혼용하여 표시할 수 있으며, 한자나 외국어의 글씨크기는 한글의 글씨크기와 같거나 한글의 글씨크기보다 작게 표시해야 한다. 다만, 다음 각 목의 어느 하나에 해당하는 경우에는 제외한다.

   가. 한자나 외국어를 한글보다 크게 표시할 수 있는 경우

      1) 「수입식품안전관리 특별법」 제2조 제1호에 따른 수입식품 등의 경우. 다만, 같은 법 제18조 제2항에 따른 주문자상표부착수입식품 등에 표시하는 한자 또는 외국어의 글씨크기는 한글과 같거나 작게 표시해야 한다.

      2) 「상표법」에 따라 등록된 상표 및 주류의 제품명의 경우

   나. 한글표시를 생략할 수 있는 경우

      1) 별표 1 제1호에 따라 자사에서 제조 · 가공할 목적으로 수입하는 식품 등에 같은 호 각 목에 따른 사항을 영어 또는 수출국의 언어로 표시한 경우

      2) 「대외무역법 시행령」 제2조 제6호 및 제8호에 따른 외화획득용 원료 및 제품으로 수입하는 식품 등(「대외무역법 시행령」 제26조 제1항 제3호에 따른 관광 사업용으로 수입하는 식품 등은 제외한다)의 경우

      3) 수입축산물 중 지육(枝肉 : 머리, 꼬리, 발 및 내장 등을 제거한 몸체), 우지(쇠기름), 돈지(돼지기름) 등 표시가 불가능한 벌크(판매단위로 포장되지 않고, 선박의 탱크, 초대형 상자 등에 대용량으로 담긴 상태를 말한다) 상태의 축산물의 경우

      4) 「수입식품안전관리 특별법 시행규칙」 별표 9 제2호 가목 3)에 따른 연구 · 조사에 사용하는 수입식품 등의 경우

3. 소비자가 쉽게 알아볼 수 있도록 바탕색의 색상과 대비되는 색상을 사용하여 주표시면 및 정보표시면을 구분해서 표시해야 한다. 다만, 회수해서 다시 사용하는 병마개의 제품과 소비기한 등 일부 표시사항의 변조 등을 방지하기 위해 각인(刻印 : 새김도장) 또는 압인(壓印 : 찍힌 부분이 도드라져 나오거나 들어가도록 만든 도장) 등을 사용하여 그 내용을 알아볼 수 있도록 한 건강기능식품에는 바탕색의 색상과 대비되는 색상으로 표시하지 않을 수 있다.
4. 표시를 할 때에는 지워지지 않는 잉크·각인 또는 소인(燒印 : 열에 달구어 찍는 도장) 등을 사용해야 한다. 다만, 원료용 제품 또는 용기·포장의 특성상 잉크·각인 또는 소인 등이 어려운 경우 등에는 식품의약품안전처장이 정하여 고시하는 바에 따라 표시할 수 있다.
5. 글씨크기는 10포인트 이상으로 해야 한다. 다만, 영양성분에 관한 세부 사항이나 식육의 합격 표시를 하는 경우 또는 달걀껍데기에 표시하거나 정보표시면이 부족하여 표시하는 경우에는 식품의약품안전처장이 정하여 고시하는 바에 따른다.
6. 제5호에 따른 글씨는 정보표시면(건강기능식품의 경우에는 제품설명서를 포함한다)에 글자 비율(장평) 90퍼센트 이상, 글자 간격(자간) -5퍼센트 이상으로 표시해야 한다. 다만, 정보표시면 면적이 100제곱센티미터 미만인 경우에는 글자 비율 50퍼센트 이상, 글자 간격 -5퍼센트 이상으로 표시할 수 있다.
7. 표시를 할 때에는 각각의 글씨가 겹쳐지지 않도록 하고, 도안·사진 등으로 글씨가 가려지지 않도록 하여 가독성을 확보해야 한다.

③ 제1항 및 제2항에서 규정한 사항 외에 표시사항 및 표시방법에 관한 세부 사항은 식품의약품안전처장이 정하여 고시한다.

제4조의2(시각·청각장애인을 위한 점자 및 음성·수어영상변환용 코드의 표시) ① 식품 등을 제조·가공·소분하거나 수입하는 자는 식품 등에 시각·청각장애인이 활용할 수 있는 점자 및 음성·수어영상변환용 코드의 표시를 할 수 있다.

② 식품의약품안전처장은 시각·청각장애인을 위한 점자 및 음성·수어영상변환용 코드의 표시 대상·기준 및 방법 등에 관하여 가이드라인을 마련하여야 한다.

③ 식품의약품안전처장은 제1항에 따른 표시에 필요한 경우 행정적 지원을 할 수 있다.

[본조신설 2023. 6. 13.]

제5조(영양표시) ① 식품 등(기구 및 용기·포장은 제외한다. 이하 이 조에서 같다)을 제조·가공·소분하거나 수입하는 자는 총리령으로 정하는 식품 등에 영양표시를 하여야 한다.

② 제1항에 따른 영양성분 및 표시방법 등에 관하여 필요한 사항은 총리령으로 정한다.

③ 제1항에 따른 영양표시가 없거나 제2항에 따른 표시방법을 위반한 식품 등은 판매하거나 판매할 목적으로 제조·가공·소분·수입·포장·보관·진열 또는 운반하거나 영업에 사용해서는 아니 된다.

● **시행규칙**

제6조(영양표시) ① 법 제5조 제1항에서 "총리령으로 정하는 식품 등"이란 별표 4의 식품 등을 말한다.

식품 등의 표시 · 광고에 관한 법률 시행규칙 **별표 4** <개정 2021. 8. 24.>

[시행일] 다음 각 호의 구분에 따른 날
1. 해당 품목류의 2019년 매출액이 120억 원(배추김치의 경우 300억 원) 이상인 영업소에서 제조 · 가공 · 소분하거나 수입하는 식품 : 2022년 1월 1일
2. 해당 품목류의 2019년 매출액이 50억 원 이상 120억 원(배추김치의 경우 300억 원) 미만인 영업소에서 제조 · 가공 · 소분하거나 수입하는 식품 : 2024년 1월 1일
3. 해당 품목류의 2019년 매출액이 50억 원 미만인 영업소에서 제조 · 가공 · 소분하거나 수입하는 식품 : 2026년 1월 1일

영양표시 대상 식품 등(제6조 제1항 관련)

1. 영양표시 대상 식품 등은 다음 각 목과 같다.
   가. 레토르트식품(조리가공한 식품을 특수한 주머니에 넣어 밀봉한 후 고열로 가열 살균한 가공식품을 말하며, 축산물은 제외한다)
   나. 과자류, 빵류 또는 떡류 : 과자, 캔디류, 빵류 및 떡류
   다. 빙과류 : 아이스크림류 및 빙과
   라. 코코아 가공품류 또는 초콜릿류
   마. 당류 : 당류가공품
   바. 잼류
   사. 두부류 또는 묵류
   아. 식용유지류 : 식물성유지류 및 식용유지가공품(모조치즈 및 기타 식용유지가공품은 제외한다)
   자. 면류
   차. 음료류 : 다류(침출차 · 고형차는 제외한다), 커피(볶은커피 · 인스턴트커피는 제외한다), 과일 · 채소류음료, 탄산음료류, 두유류, 발효음료류, 인삼 · 홍삼음료 및 기타 음료
   카. 특수영양식품
   타. 특수의료용도식품
   파. 장류 : 개량메주, 한식간장(한식메주를 이용한 한식간장은 제외한다), 양조간장, 산분해간장, 효소분해간장, 혼합간장, 된장, 고추장, 춘장, 혼합장 및 기타 장류
   하. 조미식품 : 식초(발효식초만 해당한다), 소스류, 카레(카레만 해당한다) 및 향신료가공품(향신료조제품만 해당한다)
   거. 절임류 또는 조림류 : 김치류(김치는 배추김치만 해당한다), 절임류(절임식품 중 절임배추는 제외한다) 및 조림류
   너. 농산가공식품류 : 전분류, 밀가루류, 땅콩 또는 견과류가공품류, 시리얼류 및 기타 농산가공품류
   더. 식육가공품 : 햄류, 소시지류, 베이컨류, 건조저장육류, 양념육류(양념육 · 고분쇄가공육제품만 해당한다), 식육추출가공품 및 식육함유가공품
   러. 알가공품류(알 내용물 100퍼센트 제품은 제외한다)
   머. 유가공품 : 우유류, 가공유류, 산양유, 발효유류, 치즈류 및 분유류
   버. 수산가공식품류(수산물 100퍼센트 제품은 제외한다) : 어육가공품류, 젓갈류, 건포류, 조미김 및 기타 수산물가공품
   서. 즉석식품류 : 즉석섭취 · 고편의식품류(즉석섭취식품 · 고즉석조리식품만 해당한다) 및 만두류
   어. 건강기능식품
   저. 가목부터 어목까지의 규정에 해당하지 않는 식품 및 축산물로서 영업자가 스스로 영양표시를 하는 식품 및 축산물

---

2. 영양표시 대상에서 제외되는 식품 등은 다음 각 목과 같다.
　가. 「식품위생법 시행령」 제21조 제2호에 따른 즉석판매제조·가공업 영업자가 제조·가공하거나 덜어서
　　　판매하는 식품
　나. 「축산물 위생관리법 시행령」 제21조 제8호에 따른 식육즉석판매가공업 영업자가 만들거나 다시 나누어 판
　　　매하는 식육가공품
　다. 식품, 축산물 및 건강기능식품의 원료로 사용되어 그 자체로는 최종 소비자에게 제공되지 않는 식품, 축산물
　　　및 건강기능식품
　라. 포장 또는 용기의 주표시면 면적이 30제곱센티미터 이하인 식품 및 축산물
　마. 농산물·고임산물·고수산물, 식육 및 알류

② 법 제5조 제2항에 따른 표시 대상 영양성분은 다음 각 호와 같다. 다만, 건강기능식품의 경우에는
　　제6호부터 제8호까지의 영양성분은 표시하지 않을 수 있다.

1. 열량

2. 나트륨

3. 탄수화물

4. 당류[식품, 축산물, 건강기능식품에 존재하는 모든 단당류(單糖類)와 이당류(二糖類)를 말한다.
　　다만, 캡슐·정제·환·분말 형태의 건강기능식품은 제외한다]

5. 지방

6. 트랜스지방(Trans Fat)

7. 포화지방(Saturated Fat)

8. 콜레스테롤(Cholesterol)

9. 단백질

10. 영양표시나 영양강조표시를 하려는 경우에는 별표 5의 1일 영양성분 기준치에 명시된 영양성분

---

20 기출 「식품 등의 표시·광고에 관한 법률」상 과자에 영양표시를 하여야 하는 경우, 표시 대상 영양성
분이 아닌 것은?

① 열량　　　　　　　　　② 당류　　　　　　　　　③ 나트륨
④ 불포화지방　　　　　　⑤ 트랜스지방

정답 ④

---

22 기출 「식품 등의 표시·광고에 관한 법률」상 건강기능식품의 경우에 표시하지 않을 수 있는 영양성분은?

① 트랜스지방　　　　　　② 탄수화물　　　　　　　③ 단백질
④ 나트륨　　　　　　　　⑤ 열량

정답 ①

③ 제2항에 따른 영양성분을 표시할 때에는 다음 각 호의 사항을 표시해야 한다.

1. 영양성분의 명칭

2. 영양성분의 함량

3. 별표 5의 1일 영양성분 기준치에 대한 비율

식품 등의 표시 · 광고에 관한 법률 시행규칙 별표 5 <개정 2022. 11. 28.>

1일 영양성분 기준치(제6조 제2항 및 제3항 관련)

영양성분	기준치(단위)	영양성분	기준치(단위)	영양성분	기준치(단위)
탄수화물	324g	비타민 E	11mgα-TE	인	700mg
당류	100g	비타민 K	70μg	나트륨	2,000mg
식이섬유	25g	비타민 C	100mg	칼륨	3,500mg
단백질	55g	비타민 B_1	1.2mg	마그네슘	315mg
지방	54g	비타민 B_2	1.4mg	철분	12mg
리놀레산	10g	나이아신	15mg NE	아연	8.5mg
알파-리놀렌산	1.3g	비타민 B_6	1.5mg	구리	0.8mg
EPA와 DHA의 합	330mg	엽산	400μg DFE	망간	3.0mg
포화지방	15g	비타민 B_{12}	2.4	요오드	150μg
콜레스테롤	300mg	판토텐산	5mg	셀레늄	55μg
비타민 A	700μg RAE	바이오틴	30μg	몰리브덴	25μg
비타민 D	10μg	칼슘	700mg	크롬	30μg

[비고]
1. 비타민 A, 비타민 D 및 비타민 E는 위 표에 따른 단위로 표시하되, 괄호를 하여 IU(국제단위) 단위를 병기할 수 있다.
2. 위 표에도 불구하고 영유아(만 2세 이하의 사람을 말한다. 이하 같다)용으로 표시된 식품 등의 1일 영양성분 기준치에 대해서는 「국민영양관리법」 제14조 제1항의 영양소 섭취기준에 따른다. 다만, 만 1세 이상 2세 이하 영유아의 탄수화물, 당류, 단백질 및 지방의 1일 영양성분 기준치에 대해서는 탄수화물 150g, 당류 50g, 단백질 35g 및 지방 30g을 적용한다.

④ 제2항에 따른 영양성분을 표시할 때에는 소비자가 쉽고 명확하게 알아볼 수 있도록 선명하게 표시해야 하며, 글씨크기 · 표시장소 등 구체적인 표시방법은 별표 3과 같다. 〈개정 2024. 1. 12.〉

식품 등의 표시 · 광고에 관한 법률 시행규칙 별표 3 <개정 2024. 1. 12.>

식품 등의 표시방법(제5조 제2항, 제6조 제4항 및 제7조 제2항 관련)

1. 소비자에게 판매하는 제품의 최소 판매단위별 용기 · 포장에 법 제4조부터 제6조까지의 규정에 따른 사항을 표시해야 한다. 다만, 다음 각 목의 어느 하나에 해당하는 경우에는 제외한다.

　가. 캔디류, 추잉껌, 초콜릿류 및 잼류가 최소 판매단위 제품의 가장 넓은 면 면적이 30제곱센티미터 이하이고, 여러 개의 최소 판매단위 제품이 하나의 용기 · 포장으로 진열 · 판매될 수 있도록 포장된 경우에는 그 용기 · 포장에 대신 표시할 수 있다.

　나. 낱알모음을 하여 한 알씩 사용하는 건강기능식품은 그 낱알모음 포장에 제품명과 제조업소명을 표시해야 한다. 이 경우 「건강기능식품에 관한 법률 시행령」 제2조 제3호 나목에 따른 건강기능식품유통전문판매업소가 위탁한 제품은 건강기능식품유통전문판매업소명을 표시할 수 있다.

2. 한글로 표시하는 것을 원칙으로 하되, 한자나 외국어를 병기하거나 혼용하여 표시할 수 있으며, 한자나 외국어의 글씨크기는 한글의 글씨크기와 같거나 한글의 글씨크기보다 작게 표시해야 한다. 다만, 다음 각 목의 어느 하나에 해당하는 경우에는 제외한다.

가. 한자나 외국어를 한글보다 크게 표시할 수 있는 경우

　　1) 「수입식품안전관리 특별법」 제2조 제1호에 따른 수입식품 등의 경우. 다만, 같은 법 제18조 제2항에 따른 주문자상표부착수입식품 등에 표시하는 한자 또는 외국어의 글씨크기는 한글과 같거나 작게 표시해야 한다.

　　2) 「상표법」에 따라 등록된 상표 및 주류의 제품명의 경우

나. 한글표시를 생략할 수 있는 경우

　　1) 별표 1 제1호에 따라 자사에서 제조·가공할 목적으로 수입하는 식품 등에 같은 호 각 목에 따른 사항을 영어 또는 수출국의 언어로 표시한 경우

　　2) 「대외무역법 시행령」 제2조 제6호 및 제8호에 따른 외화획득용 원료 및 제품으로 수입하는 식품 등(「대외무역법 시행령」 제26조 제1항 제3호에 따른 관광 사업용으로 수입하는 식품 등은 제외한다)의 경우

　　3) 수입축산물 중 지육(枝肉 : 머리, 꼬리, 발 및 내장 등을 제거한 몸체), 우지(쇠기름), 돈지(돼지기름) 등 표시가 불가능한 벌크(판매단위로 포장되지 않고, 선박의 탱크, 초대형 상자 등에 대용량으로 담긴 상태를 말한다) 상태의 축산물의 경우

　　4) 「수입식품안전관리 특별법 시행규칙」 별표 9 제2호 가목 3)에 따른 연구·조사에 사용하는 수입식품 등의 경우

3. 소비자가 쉽게 알아볼 수 있도록 바탕색의 색상과 대비되는 색상을 사용하여 주표시면 및 정보표시면을 구분해서 표시해야 한다. 다만, 회수해서 다시 사용하는 병마개의 제품과 소비기한 등 일부 표시사항의 변조 등을 방지하기 위해 각인(刻印 : 새김도장) 또는 압인(壓印 : 찍힌 부분이 도드라져 나오거나 들어가도록 만든 도장) 등을 사용하여 그 내용을 알아볼 수 있도록 한 건강기능식품에는 바탕색의 색상과 대비되는 색상으로 표시하지 않을 수 있다.

4. 표시를 할 때에는 지워지지 않는 잉크·각인 또는 소인(燒印 : 열에 달구어 찍는 도장) 등을 사용해야 한다. 다만, 원료용 제품 또는 용기·포장의 특성상 잉크·각인 또는 소인 등이 어려운 경우 등에는 식품의약품안전처장이 정하여 고시하는 바에 따라 표시할 수 있다.

5. 글씨크기는 10포인트 이상으로 해야 한다. 다만, 영양성분에 관한 세부 사항이나 식육의 합격 표시를 하는 경우 또는 달걀껍데기에 표시하거나 정보표시면이 부족하여 표시하는 경우에는 식품의약품안전처장이 정하여 고시하는 바에 따른다.

6. 제5호에 따른 글씨는 정보표시면(건강기능식품의 경우에는 제품설명서를 포함한다)에 글자 비율(장평) 90퍼센트 이상, 글자 간격(자간) -5퍼센트 이상으로 표시해야 한다. 다만, 정보표시면 면적이 100제곱센티미터 미만인 경우에는 글자 비율 50퍼센트 이상, 글자 간격 -5퍼센트 이상으로 표시할 수 있다.

7. 표시를 할 때에는 각각의 글씨가 겹쳐지지 않도록 하고, 도안·사진 등으로 글씨가 가려지지 않도록 하여 가독성을 확보해야 한다.

⑤ 제1항부터 제4항까지에서 규정한 사항 외에 영양성분의 표시방법 등에 관한 세부 사항은 식품의약품안전처장이 정하여 고시한다. 〈개정 2021. 5. 27.〉

제6조(나트륨 함량 비교 표시) ① 식품을 제조·가공·소분하거나 수입하는 자는 총리령으로 정하는 식품에 나트륨 함량 비교 표시를 하여야 한다.

② 제1항에 따른 나트륨 함량 비교 표시의 기준 및 표시방법 등에 관하여 필요한 사항은 총리령으로 정한다.

③ 제1항에 따른 나트륨 함량 비교 표시가 없거나 제2항에 따른 표시방법을 위반한 식품은 판매하거나 판매할 목적으로 제조 · 가공 · 소분 · 수입 · 포장 · 보관 · 진열 또는 운반하거나 영업에 사용해서는 아니 된다.

● **시행규칙**

제7조(나트륨 함량 비교 표시) ① 법 제6조 제1항에서 "총리령으로 정하는 식품"이란 다음 각 호의 식품을 말한다.

1. 조미식품이 포함되어 있는 면류 중 유탕면(기름에 튀긴 면), 국수 또는 냉면

2. 즉석섭취식품(동 · 식물성 원료에 식품이나 식품첨가물을 가하여 제조 · 가공한 것으로서 더 이상의 가열 또는 조리과정 없이 그대로 섭취할 수 있는 식품을 말한다) 중 햄버거 및 샌드위치

> 예제 「식품 등의 표시 · 광고에 관한 법률」상 식품을 제조 · 가공 · 소분하거나 수입하는 자는 나트륨 함량 비교 표시를 하도록 되어 있다. 나트륨 함량 비교 표시를 하지 않아도 되는 식품은?

② 법 제6조 제2항에 따른 나트륨 함량 비교 표시를 할 때에는 소비자가 쉽고 명확하게 알아볼 수 있도록 선명하게 표시해야 하며, 글씨크기 · 표시장소 등 구체적인 표시방법은 별표 3과 같다. 〈개정 2024. 1. 12〉

식품 등의 표시 · 광고에 관한 법률 시행규칙 별표 3 〈개정 2024. 1. 12.〉

식품 등의 표시방법(제5조 제2항, 제6조 제4항 및 제7조 제2항 관련)

1. 소비자에게 판매하는 제품의 최소 판매단위별 용기 · 포장에 법 제4조부터 제6조까지의 규정에 따른 사항을 표시해야 한다. 다만, 다음 각 목의 어느 하나에 해당하는 경우에는 제외한다.

　가. 캔디류, 추잉껌, 초콜릿류 및 잼류가 최소 판매단위 제품의 가장 넓은 면 면적이 30제곱센티미터 이하이고, 여러 개의 최소 판매단위 제품이 하나의 용기 · 포장으로 진열 · 판매될 수 있도록 포장된 경우에는 그 용기 · 포장에 대신 표시할 수 있다.

　나. 낱알모음을 하여 한 알씩 사용하는 건강기능식품은 그 낱알모음 포장에 제품명과 제조업소명을 표시해야 한다. 이 경우 「건강기능식품에 관한 법률 시행령」 제2조 제3호 나목에 따른 건강기능식품유통전문판매업소가 위탁한 제품은 건강기능식품유통전문판매업소명을 표시할 수 있다.

2. 한글로 표시하는 것을 원칙으로 하되, 한자나 외국어를 병기하거나 혼용하여 표시할 수 있으며, 한자나 외국어의 글씨크기는 한글의 글씨크기와 같거나 한글의 글씨크기보다 작게 표시해야 한다. 다만, 다음 각 목의 어느 하나에 해당하는 경우에는 제외한다.

　가. 한자나 외국어를 한글보다 크게 표시할 수 있는 경우

　　1) 「수입식품안전관리 특별법」 제2조 제1호에 따른 수입식품 등의 경우. 다만, 같은 법 제18조 제2항에 따른 주문자상표부착수입식품 등에 표시하는 한자 또는 외국어의 글씨크기는 한글과 같거나 작게 표시해야 한다.

　　2) 「상표법」에 따라 등록된 상표 및 주류의 제품명의 경우

　나. 한글표시를 생략할 수 있는 경우

　　1) 별표 1 제1호에 따라 자사에서 제조 · 가공할 목적으로 수입하는 식품 등에 같은 호 각 목에 따른 사항을 영어 또는 수출국의 언어로 표시한 경우

---

2) 「대외무역법 시행령」 제2조 제6호 및 제8호에 따른 외화획득용 원료 및 제품으로 수입하는 식품 등(「대외무역법 시행령」 제26조 제1항 제3호에 따른 관광 사업용으로 수입하는 식품 등은 제외한다)의 경우

3) 수입축산물 중 지육(枝肉 : 머리, 꼬리, 발 및 내장 등을 제거한 몸체), 우지(쇠기름), 돈지(돼지기름) 등 표시가 불가능한 벌크(판매단위로 포장되지 않고, 선박의 탱크, 초대형 상자 등에 대용량으로 담긴 상태를 말한다) 상태의 축산물의 경우

4) 「수입식품안전관리 특별법 시행규칙」 별표 9 제2호 가목 3)에 따른 연구·조사에 사용하는 수입식품 등의 경우

3. 소비자가 쉽게 알아볼 수 있도록 바탕색의 색상과 대비되는 색상을 사용하여 주표시면 및 정보표시면을 구분해서 표시해야 한다. 다만, 회수해서 다시 사용하는 병마개의 제품과 소비기한 등 일부 표시사항의 변조 등을 방지하기 위해 각인(刻印 : 새김도장) 또는 압인(壓印 : 찍힌 부분이 도드라져 나오거나 들어가도록 만든 도장) 등을 사용하여 그 내용을 알아볼 수 있도록 한 건강기능식품에는 바탕색의 색상과 대비되는 색상으로 표시하지 않을 수 있다.

4. 표시를 할 때에는 지워지지 않는 잉크·각인 또는 소인(燒印 : 열에 달구어 찍는 도장) 등을 사용해야 한다. 다만, 원료용 제품 또는 용기·포장의 특성상 잉크·각인 또는 소인 등이 어려운 경우 등에는 식품의약품안전처장이 정하여 고시하는 바에 따라 표시할 수 있다.

5. 글씨크기는 10포인트 이상으로 해야 한다. 다만, 영양성분에 관한 세부 사항이나 식육의 합격 표시를 하는 경우 또는 달걀껍데기에 표시하거나 정보표시면이 부족하여 표시하는 경우에는 식품의약품안전처장이 정하여 고시하는 바에 따른다.

6. 제5호에 따른 글씨는 정보표시면(건강기능식품의 경우에는 제품설명서를 포함한다)에 글자 비율(장평) 90퍼센트 이상, 글자 간격(자간) -5퍼센트 이상으로 표시해야 한다. 다만, 정보표시면 면적이 100제곱센티미터 미만인 경우에는 글자 비율 50퍼센트 이상, 글자 간격 -5퍼센트 이상으로 표시할 수 있다.

7. 표시를 할 때에는 각각의 글씨가 겹쳐지지 않도록 하고, 도안·사진 등으로 글씨가 가려지지 않도록 하여 가독성을 확보해야 한다.

③ 제1항 및 제2항에서 규정한 사항 외에 나트륨 함량 비교 표시의 단위 및 도안 등의 표시기준, 표시사항 및 표시방법 등에 관한 세부 사항은 식품의약품안전처장이 정하여 고시한다. 〈개정 2021. 5. 27.〉

제7조(광고의 기준) ① 식품 등을 광고할 때에는 제품명 및 업소명을 포함시켜야 한다.

② 제1항에서 정한 사항 외에 식품 등을 광고할 때 준수하여야 할 사항은 총리령으로 정한다.

● 시행규칙

제8조(광고의 기준) 법 제7조 제2항에 따른 식품 등을 광고할 때 준수해야 할 사항은 별표 6과 같다.

식품 등의 표시·광고에 관한 법률 시행규칙 별표 6 〈개정 2024. 1. 12.〉
식품 등 광고 시 준수사항(제8조 관련)
1. 식품 등을 텔레비전·인쇄물 등을 통해 광고하는 경우에는 제품명, 제조·가공·처리·판매하는 업소명(관할 관청에 허가·등록·신고한 업소명을 말한다)을 그 광고에 포함시켜야 한다. 다만, 수입식품 등의 경우에는 제품명, 제조국(또는 생산국) 및 수입식품 등 수입·판매업의 업소명을 그 광고에 포함시켜야 한다.

2. 모유대용으로 사용하는 식품 등[조제유류(調製乳類 : 원유 또는 유가공품을 주원료로 하고, 이에 영유아의 성장 발육에 필요한 영양성분을 첨가하여 모유의 성분과 유사하게 가공한 것)는 제외한다], 영·유아의 이유식 또는 영양보충의 목적으로 제조·가공한 식품 등을 광고하는 경우에는 조제유류와 같은 명칭 또는 유사한 명칭을 사용하여 소비자를 혼동하게 할 우려가 있는 광고를 해서는 안 된다.

3. 조제유류에 관하여는 다음 각 목에 해당하는 광고 또는 판매촉진 행위를 해서는 안 된다.
　가. 신문·잡지·라디오·텔레비전·음악·영상·인쇄물·간판·인터넷, 그 밖의 방법으로 광고하는 행위. 다만, 인터넷에 법 제4조부터 제6조까지의 규정에 따른 표시사항을 게시하는 경우는 제외한다.
　나. 조제유류를 의료기관·모자보건시설·소비자 등에게 무료 또는 저가로 공급하는 판매촉진행위
　다. 홍보단, 시음단, 평가단 등을 모집하는 행위
　라. 제조사가 소비자에게 사용후기 등을 작성하게 하여 홈페이지 등에 게시하도록 유도하는 행위
　마. 소비자가 사용 후기 등을 작성하여 제조사 홈페이지 등에 연결하거나 직접 게시하는 행위
　바. 그 밖에 조제유류의 판매 증대를 목적으로 하는 광고나 판매촉진행위에 해당된다고 식품의약품안전처장이 인정하는 행위

4. 부당한 표시·광고를 하여 행정처분을 받은 영업자는 해당 광고를 즉시 중지해야 한다.

제8조(부당한 표시 또는 광고행위의 금지) ① 누구든지 식품 등의 명칭·제조방법·성분 등 대통령령으로 정하는 사항에 관하여 다음 각 호의 어느 하나에 해당하는 표시 또는 광고를 하여서는 아니 된다. 〈개정 2021. 8. 17.〉

1. 질병의 예방·치료에 효능이 있는 것으로 인식할 우려가 있는 표시 또는 광고
2. 식품 등을 의약품으로 인식할 우려가 있는 표시 또는 광고
3. 건강기능식품이 아닌 것을 건강기능식품으로 인식할 우려가 있는 표시 또는 광고
4. 거짓·과장된 표시 또는 광고
5. 소비자를 기만하는 표시 또는 광고
6. 다른 업체나 다른 업체의 제품을 비방하는 표시 또는 광고
7. 객관적인 근거 없이 자기 또는 자기의 식품 등을 다른 영업자나 다른 영업자의 식품 등과 부당하게 비교하는 표시 또는 광고
8. 사행심을 조장하거나 음란한 표현을 사용하여 공중도덕이나 사회윤리를 현저하게 침해하는 표시 또는 광고
9. 총리령으로 정하는 식품 등이 아닌 물품의 상호, 상표 또는 용기·포장 등과 동일하거나 유사한 것을 사용하여 해당 물품으로 오인·혼동할 수 있는 표시 또는 광고
10. 제10조 제1항에 따라 심의를 받지 아니하거나 같은 조 제4항을 위반하여 심의 결과에 따르지 아니한 표시 또는 광고

② 제1항 각 호의 표시 또는 광고의 구체적인 내용과 그 밖에 필요한 사항은 대통령령으로 정한다.

● **시행령**

제2조(부당한 표시 또는 광고행위의 금지 대상) 「식품 등의 표시 · 광고에 관한 법률」(이하 "법"이라 한다) 제8조 제1항 각 호 외의 부분에서 "식품 등의 명칭 · 제조방법 · 성분 등 대통령령으로 정하는 사항"이란 다음 각 호의 사항을 말한다. 〈개정 2022. 6. 7.〉

1. 식품, 식품첨가물, 기구, 용기 · 포장, 건강기능식품, 축산물(이하 "식품 등"이라 한다)의 명칭, 영업소 명칭, 종류, 원재료, 성분(영양성분을 포함한다), 내용량, 제조방법(축산물을 생산하기 위한 해당 가축의 사육방식을 포함한다), 등급, 품질 및 사용정보에 관한 사항

2. 식품 등의 제조연월일, 생산연월일, 소비기한, 품질유지기한 및 산란일에 관한 사항

3. 「식품위생법」 제12조의2에 따른 유전자변형식품 등의 표시 또는 「건강기능식품에 관한 법률」 제17조의2에 따른 유전자변형건강기능식품의 표시에 관한 사항

4. 다음 각 목의 이력추적관리에 관한 사항

   가. 「식품위생법」 제2조 제13호에 따른 식품이력추적관리

   나. 「건강기능식품에 관한 법률」 제3조 제6호에 따른 건강기능식품이력추적관리

   다. 「축산물 위생관리법」 제2조 제13호에 따른 축산물가공품이력추적관리

5. 축산물의 인증과 관련된 다음 각 목의 사항

   가. 「축산물 위생관리법」 제9조 제2항 본문에 따른 자체안전관리인증기준에 관한 사항

   나. 「축산물 위생관리법」 제9조 제3항에 따른 안전관리인증작업장 · 안전관리인증업소 또는 안전관리인증농장의 인증에 관한 사항

   다. 「축산물 위생관리법」 제9조 제4항 전단에 따른 안전관리통합인증업체의 인증에 관한 사항

제3조(부당한 표시 또는 광고의 내용) ① 법 제8조 제1항에 따른 부당한 표시 또는 광고의 구체적인 내용은 별표 1과 같다.

② 제1항에서 규정한 사항 외에 부당한 표시 또는 광고의 내용에 관한 세부적인 사항은 식품의약품안전처장이 정하여 고시한다.

식품 등의 표시 · 광고에 관한 법률 시행령 별표1 〈개정 2022. 6. 7.〉

부당한 표시 또는 광고의 내용(제3조 제1항 관련)

1. 질병의 예방 · 치료에 효능이 있는 것으로 인식할 우려가 있는 다음 각 목의 표시 또는 광고

   가. 질병 또는 질병군(疾病群)의 발생을 예방한다는 내용의 표시 · 광고. 다만, 다음의 어느 하나에 해당하는 경우는 제외한다.

      1) 특수의료용도식품(정상적으로 섭취, 소화, 흡수 또는 대사할 수 있는 능력이 제한되거나 질병 또는 수술 등의 임상적 상태로 인하여 일반인과 생리적으로 특별히 다른 영양요구량을 가지고 있어, 충분한 영양공급이 필요하거나 일부 영양성분의 제한 또는 보충이 필요한 사람에게 식사의 일부 또는 전부를 대신할 목적으로 직접 또는 튜브를 통해 입으로 공급할 수 있도록 제조 · 가공한 식품을 말한다. 이하 같다)에 섭취 대상자의 질병명 및 "영양조절"을 위한 식품임을 표시 · 광고하는 경우

2) 건강기능식품에 기능성을 인정받은 사항을 표시 · 광고하는 경우

나. 질병 또는 질병군에 치료 효과가 있다는 내용의 표시 · 광고

다. 질병의 특징적인 징후 또는 증상에 예방 · 치료 효과가 있다는 내용의 표시 · 광고

라. 질병 및 그 징후 또는 증상과 관련된 제품명, 학술자료, 사진 등(이하 이 목에서 "질병정보"라 한다)을 활용하여 질병과의 연관성을 암시하는 표시 · 광고. 다만, 건강기능식품의 경우 다음의 어느 하나에 해당하는 표시 · 광고는 제외한다.

1) 「건강기능식품에 관한 법률」 제15조에 따라 식품의약품안전처장이 고시하거나 안전성 및 기능성을 인정한 건강기능식품의 원료 또는 성분으로서 질병의 발생 위험을 감소시키는 데 도움이 된다는 내용의 표시 · 광고

2) 질병정보를 제품의 기능성 표시 · 광고와 명확하게 구분하고, "해당 질병정보는 제품과 직접적인 관련이 없습니다"라는 표현을 병기한 표시 · 광고

2. 식품 등을 의약품으로 인식할 우려가 있는 다음 각 목의 표시 또는 광고

가. 의약품에만 사용되는 명칭(한약의 처방명을 포함한다)을 사용하는 표시 · 광고

나. 의약품에 포함된다는 내용의 표시 · 광고

다. 의약품을 대체할 수 있다는 내용의 표시 · 광고

라. 의약품의 효능 또는 질병 치료의 효과를 증대시킨다는 내용의 표시 · 광고

3. 건강기능식품이 아닌 것을 건강기능식품으로 인식할 우려가 있는 표시 또는 광고 : 「건강기능식품에 관한 법률」 제3조 제2호에 따른 기능성이 있는 것으로 표현하는 표시 · 광고. 다만, 다음 각 목의 어느 하나에 해당하는 표시 · 광고는 제외한다.

가. 「건강기능식품에 관한 법률」 제14조에 따른 건강기능식품의 기준 및 규격에서 정한 영양성분의 기능 및 함량을 나타내는 표시 · 광고

나. 제품에 함유된 영양성분이나 원재료가 신체조직과 기능의 증진에 도움을 줄 수 있다는 내용으로서 식품의약품안전처장이 정하여 고시하는 내용의 표시 · 광고

다. 특수영양식품(영아 · 유아, 비만자 또는 임산부 · 수유부 등 특별한 영양관리가 필요한 대상을 위하여 식품과 영양성분을 배합하는 등의 방법으로 제조 · 가공한 식품을 말한다) 및 특수의료용도식품으로 임산부 · 수유부 · 노약자, 질병 후 회복 중인 사람 또는 환자의 영양보급 등에 도움을 준다는 내용의 표시 · 광고

라. 해당 제품이 발육기, 성장기, 임신수유기, 갱년기 등에 있는 사람의 영양보급을 목적으로 개발된 제품이라는 내용의 표시 · 광고

4. 거짓 · 과장된 다음 각 목의 표시 또는 광고

가. 다음의 어느 하나에 따라 허가받거나 등록 · 신고 또는 보고한 사항과 다르게 표현하는 표시 · 광고

1) 「식품위생법」 제37조

2) 「건강기능식품에 관한 법률」 제5조부터 제7조까지

3) 「축산물 위생관리법」 제22조, 제24조 및 제25조

4) 「수입식품안전관리 특별법」 제5조, 제15조 및 제20조

나. 건강기능식품의 경우 식품의약품안전처장이 인정하지 않은 기능성을 나타내는 내용의 표시 · 광고

다. 제2조 각 호의 사항을 표시 · 광고할 때 사실과 다른 내용으로 표현하는 표시 · 광고

라. 제2조 각 호의 사항을 표시 · 광고할 때 신체의 일부 또는 신체조직의 기능 · 작용 · 효과 · 효능에 관하여 표현하는 표시 · 광고

마. 정부 또는 관련 공인기관의 수상(受賞) · 인증 · 보증 · 선정 · 특허와 관련하여 사실과 다른 내용으로 표현하는 표시 · 광고

5. 소비자를 기만하는 다음 각 목의 표시 또는 광고

가. 식품학·영양학·축산가공학·수의공중보건학 등의 분야에서 공인되지 않은 제조방법에 관한 연구나 발견한 사실을 인용하거나 명시하는 표시·광고. 다만, 식품학 등 해당 분야의 문헌을 인용하여 내용을 정확히 표시하고, 연구자의 성명, 문헌명, 발표 연월일을 명시하는 표시·광고는 제외한다.

나. 가축이 먹는 사료나 물에 첨가한 성분의 효능·효과 또는 식품 등을 가공할 때 사용한 원재료나 성분의 효능·효과를 해당 식품 등의 효능·효과로 오인 또는 혼동하게 할 우려가 있는 표시·광고

다. 각종 감사장 또는 체험기 등을 이용하거나 "한방(韓方)", "특수제법", "주문쇄도", "단체추천" 또는 이와 유사한 표현으로 소비자를 현혹하는 표시·광고

라. 의사, 치과의사, 한의사, 수의사, 약사, 한약사, 대학교수 또는 그 밖의 사람이 제품의 기능성을 보증하거나, 제품을 지정·공인·추천·지도 또는 사용하고 있다는 내용의 표시·광고. 다만, 의사 등이 해당 제품의 연구·개발에 직접 참여한 사실만을 나타내는 표시·광고는 제외한다.

마. 외국어의 남용 등으로 인하여 외국 제품 또는 외국과 기술 제휴한 것으로 혼동하게 할 우려가 있는 내용의 표시·광고

바. 조제유류(調製乳類)의 용기 또는 포장에 유아·여성의 사진 또는 그림 등을 사용한 표시·광고

사. 조제유류가 모유와 같거나 모유보다 좋은 것으로 소비자를 오인 또는 혼동하게 할 수 있는 표시·광고

아. 「건강기능식품에 관한 법률」 제15조 제2항 본문에 따라 식품의약품안전처장이 인정한 사항의 일부 내용을 삭제하거나 변경하여 표현함으로써 해당 건강기능식품의 기능 또는 효과에 대하여 소비자를 오인하게 하거나 기만하는 표시·광고

자. 「건강기능식품에 관한 법률」 제15조 제2항 단서에 따라 기능성이 인정되지 않는 사항에 대하여 기능성이 인정되는 것처럼 표현하는 표시·광고

차. 이온수, 생명수, 약수 등 과학적 근거가 없는 추상적인 용어로 표현하는 표시·광고

카. 해당 제품에 사용이 금지된 식품첨가물이 함유되지 않았다는 내용을 강조함으로써 소비자로 하여금 해당 제품만 금지된 식품첨가물이 함유되지 않은 것으로 오인하게 할 수 있는 표시·광고

6. 다른 업체나 다른 업체의 제품을 비방하는 표시 또는 광고 : 비교하는 표현을 사용하여 다른 업체의 제품을 간접적으로 비방하거나 다른 업체의 제품보다 우수한 것으로 인식될 수 있는 표시·광고

7. 객관적인 근거 없이 자기 또는 자기의 식품 등을 다른 영업자나 다른 영업자의 식품 등과 부당하게 비교하는 다음 각 목의 표시 또는 광고

가. 비교표시·광고의 경우 그 비교대상 및 비교기준이 명확하지 않거나 비교내용 및 비교방법이 적정하지 않은 내용의 표시·광고

나. 제품의 제조방법·품질·영양가·원재료·성분 또는 효과와 직접적인 관련이 적은 내용이나 사용하지 않은 성분을 강조함으로써 다른 업소의 제품을 간접적으로 다르게 인식하게 하는 내용의 표시·광고

8. 사행심을 조장하거나 음란한 표현을 사용하여 공중도덕이나 사회윤리를 현저하게 침해하는 다음 각 목의 표시 또는 광고

가. 판매 사례품이나 경품의 제공 등 사행심을 조장하는 내용의 표시·광고(「독점규제 및 공정거래에 관한 법률」에 따라 허용되는 경우는 제외한다)

나. 미풍양속을 해치거나 해칠 우려가 있는 저속한 도안, 사진 또는 음향 등을 사용하는 표시·광고

[비고]
제1호 및 제3호에도 불구하고 다음 각 호에 해당하는 표시·광고는 부당한 표시 또는 광고행위로 보지 않는다.
1. 「식품위생법 시행령」 제21조 제8호의 식품접객업 영업소에서 조리·판매·제조·제공하는 식품에 대한 표시·광고
2. 「식품위생법 시행령」 제25조 제2항 제6호 각 목 외의 부분 본문에 따라 영업신고 대상에서 제외되거나 같은 영 제26조의2 제2항 제6호 각 목 외의 부분 본문에 따라 영업등록 대상에서 제외되는 경우로서 가공과정 중 위생상 위해가 발생할 우려가 없고 식품의 상태를 관능검사(官能檢査)로 확인할 수 있도록 가공하는 식품에 대한 표시·광고

제9조(표시 또는 광고 내용의 실증) ① 식품 등에 표시를 하거나 식품 등을 광고한 자는 자기가 한 표시 또는 광고에 대하여 실증(實證)할 수 있어야 한다.

② 식품의약품안전처장은 식품 등의 표시 또는 광고가 제8조 제1항을 위반할 우려가 있어 해당 식품 등에 대한 실증이 필요하다고 인정하는 경우에는 그 내용을 구체적으로 밝혀 해당 식품 등에 표시하거나 해당 식품 등을 광고한 자에게 실증자료를 제출할 것을 요청할 수 있다.

③ 제2항에 따라 실증자료의 제출을 요청받은 자는 요청받은 날부터 15일 이내에 그 실증자료를 식품의약품안전처장에게 제출하여야 한다. 다만, 식품의약품안전처장은 정당한 사유가 있다고 인정하는 경우에는 제출기간을 연장할 수 있다.

④ 식품의약품안전처장은 제2항에 따라 실증자료의 제출을 요청받은 자가 제3항에 따른 제출기간 내에 이를 제출하지 아니하고 계속하여 해당 표시 또는 광고를 하는 경우에는 실증자료를 제출할 때까지 그 표시 또는 광고 행위의 중지를 명할 수 있다.

⑤ 제2항에 따라 실증자료의 제출을 요청받은 자가 실증자료를 제출한 경우에는 「표시·광고의 공정화에 관한 법률」 등 다른 법률에 따라 다른 기관이 요구하는 자료제출을 거부할 수 있다. 다만, 식품의약품안전처장이 제출받은 실증자료를 제6항에 따라 다른 기관에 제공할 수 없는 경우에는 자료제출을 거부해서는 아니 된다.

⑥ 식품의약품안전처장은 제출받은 실증자료에 대하여 다른 기관이 「표시·광고의 공정화에 관한 법률」 등 다른 법률에 따라 해당 실증자료를 요청한 경우에는 특별한 사유가 없으면 이에 따라야 한다.

⑦ 제1항부터 제4항까지의 규정에 따른 실증의 대상, 실증자료의 범위 및 요건, 제출방법 등에 관하여 필요한 사항은 총리령으로 정한다.

● **시행규칙**

제9조(실증방법 등) ① 법 제9조 제2항에 따라 식품 등을 표시 또는 광고한 자가 표시 또는 광고에 대하여 실증(實證)하기 위하여 제출해야 하는 자료는 다음 각 호와 같다.

1. 시험 또는 조사 결과
2. 전문가 견해
3. 학술문헌
4. 그 밖에 식품의약품안전처장이 실증을 위하여 필요하다고 인정하는 자료

② 법 제9조 제3항에 따라 실증자료의 제출을 요청받은 자는 실증자료를 제출할 때 다음 각 호의 사항을 적은 서면에 그 내용을 증명하는 서류를 첨부해야 한다.

1. 실증자료의 종류

2. 시험·조사기관의 명칭, 대표자의 성명·주소·전화번호(시험·조사를 하는 경우만 해당한다)

3. 실증 내용

③ 식품의약품안전처장은 제2항에 따라 제출된 실증자료에 보완이 필요한 경우에는 지체 없이 실증자료를 제출한 자에게 보완을 요청할 수 있다.

④ 제1항부터 제3항까지에서 규정한 사항 외에 실증자료의 요건, 실증방법 등에 관한 세부 사항은 식품의약품안전처장이 정하여 고시한다.

제10조(표시 또는 광고의 자율심의) ① 식품 등에 관하여 표시 또는 광고하려는 자는 해당 표시·광고(제4조, 제4조의2, 제5조 및 제6조에 따른 표시사항만을 그대로 표시·광고하는 경우는 제외한다)에 대하여 제2항에 따라 등록한 기관 또는 단체(이하 "자율심의기구"라 한다)로부터 미리 심의를 받아야 한다. 다만, 자율심의기구가 구성되지 아니한 경우에는 대통령령으로 정하는 바에 따라 식품의약품안전처장으로부터 심의를 받아야 한다. 〈개정 2020. 12. 29., 2023. 6. 13.〉

② 제1항에 따른 식품 등의 표시·광고에 관한 심의를 하고자 하는 다음 각 호의 어느 하나에 해당하는 기관 또는 단체는 제11조에 따른 심의위원회 등 대통령령으로 정하는 요건을 갖추어 식품의약품안전처장에게 등록하여야 한다.

1. 「식품위생법」 제59조 제1항에 따른 동업자조합

2. 「식품위생법」 제64조 제1항에 따른 한국식품산업협회

3. 「건강기능식품에 관한 법률」 제28조에 따라 설립된 단체

4. 「소비자기본법」 제29조에 따라 등록한 소비자단체로서 대통령령으로 정하는 기준을 충족하는 단체

③ 자율심의기구는 제4조, 제4조의2, 제5조부터 제8조까지에 따라 공정하게 심의하여야 하며, 정당한 사유 없이 영업자의 표시·광고 또는 소비자에 대한 정보 제공을 제한해서는 아니 된다. 〈개정 2023. 6. 13.〉

④ 제1항에 따라 표시·광고의 심의를 받은 자는 심의 결과에 따라 식품 등의 표시·광고를 하여야 한다. 다만, 심의 결과에 이의가 있는 자는 그 결과를 통지받은 날부터 30일 이내에 대통령령으로 정하는 바에 따라 식품의약품안전처장에게 이의신청할 수 있다.

⑤ 제1항에 따라 표시·광고의 심의를 받으려는 자는 자율심의기구 등에 수수료를 납부하여야 한다.

⑥ 식품의약품안전처장은 자율심의기구가 제3항을 위반한 경우에는 그 시정을 명할 수 있다.

⑦ 식품의약품안전처장은 자율심의기구가 다음 각 호의 어느 하나에 해당하는 경우에는 그 등록을 취소할 수 있다.

1. 제2항에 따른 등록 요건을 갖추지 못하게 된 경우

2. 제3항을 위반하여 공정하게 심의하지 아니하거나 정당한 사유 없이 영업자의 표시ㆍ광고 또는 소
   비자에 대한 정보 제공을 제한한 경우

3. 제6항에 따른 시정명령을 정당한 사유 없이 따르지 아니한 경우

⑧ 제1항에 따른 심의 대상, 제2항에 따른 등록 방법ㆍ절차, 그 밖에 필요한 사항은 총리령으로 정
   한다.

● **시행령**

제4조(표시 또는 광고의 심의 기준 등) ① 법 제10조 제1항 본문에 따른 자율심의기구(이하 "자율심의기
구"라 한다)가 구성되지 않아 같은 항 단서에 따라 식품 등의 표시ㆍ광고에 대하여 식품의약품안전
처장의 심의를 받는 경우 그 심의 기준은 다음 각 호와 같다.

1. 법 제4조부터 제8조까지의 규정에 적합할 것

2. 다음 각 목에 따른 기준에 적합할 것

　　가.「식품위생법」제7조 및 제9조에 따른 기준

　　나.「건강기능식품에 관한 법률」제14조 및 제15조에 따른 기준

　　다.「축산물 위생관리법」제4조 및 제5조에 따른 기준

3. 객관적이고 과학적인 자료를 근거로 하여 표현할 것

② 식품의약품안전처장은 법 제10조 제1항 단서에 따라 심의 신청을 받은 경우에는 심의 신청을 받
   은 날부터 20일 이내에 심의 결과를 신청인에게 통지해야 한다. 다만, 부득이한 사유로 그 기간 내
   에 처리할 수 없는 경우에는 신청인에게 심의 지연 사유와 처리 예정기한을 통지해야 한다.

③ 제1항 및 제2항에서 규정한 사항 외에 심의 기준 및 심의 절차 등에 관한 세부적인 사항은 식품의
   약품안전처장이 정하여 고시한다.

제5조(자율심의기구의 등록 요건) ① 법 제10조 제2항 각 호 외의 부분에서 "심의위원회 등 대통령령으
로 정하는 요건"이란 다음 각 호의 요건을 말한다.

1. 법 제11조에 따른 심의위원회를 구성할 것

2. 표시ㆍ광고 심의 업무를 수행할 수 있는 전담 부서와 2명 이상의 상근 인력(식품 등에 관한 전문지
   식과 경험이 풍부한 사람이 포함되어야 한다)을 갖출 것

3. 표시ㆍ광고 심의 업무를 처리할 수 있는 전산장비와 사무실을 갖출 것

② 법 제10조 제2항 제4호에서 "대통령령으로 정하는 기준"이란 「소비자기본법 시행령」 제23조 제1
   항 각 호에 따른 기준을 말한다.

제6조(표시 또는 광고 심의 결과에 대한 이의신청) ① 식품 등의 표시·광고에 관한 심의 결과에 이의가 있는 자는 법 제10조 제4항 단서에 따라 심의 결과를 통지받은 날부터 30일 이내에 필요한 자료를 첨부하여 식품의약품안전처장에게 이의신청을 할 수 있다.

② 식품의약품안전처장은 이의신청을 받은 날부터 30일 이내에 이의를 신청한 자에게 그 결과를 통지해야 한다. 다만, 부득이한 사유로 그 기간 내에 처리할 수 없는 경우에는 이의를 신청한 자에게 결정 지연 사유와 처리 예정기한을 통지해야 한다.

③ 제1항 및 제2항에서 규정한 사항 외에 이의신청의 절차 등에 관한 세부적인 사항은 식품의약품안전처장이 정하여 고시한다.

● **시행규칙**

제10조(표시 또는 광고 심의 대상 식품 등) 식품 등에 관하여 표시 또는 광고하려는 자가 법 제10조 제1항 본문에 따른 자율심의기구(이하 "자율심의기구"라 한다)에 미리 심의를 받아야 하는 대상은 다음 각 호와 같다. 〈개정 2021. 5. 27., 2021. 8. 24.〉

1. 특수영양식품(영아·유아, 비만자 또는 임산부·수유부 등 특별한 영양관리가 필요한 대상을 위하여 식품과 영양성분을 배합하는 등의 방법으로 제조·가공한 식품을 말한다)

2. 특수의료용도식품(정상적으로 섭취, 소화, 흡수 또는 대사할 수 있는 능력이 제한되거나 질병 또는 수술 등의 임상적 상태로 인하여 일반인과 생리적으로 특별히 다른 영양요구량을 가지고 있어, 충분한 영양공급이 필요하거나 일부 영양성분의 제한 또는 보충이 필요한 사람에게 식사의 일부 또는 전부를 대신할 목적으로 직접 또는 튜브를 통해 입으로 공급할 수 있도록 제조·가공한 식품을 말한다)

3. 건강기능식품

4. 기능성표시식품[「식품 등의 표시·광고에 관한 법률 시행령」(이하 "영"이라 한다) 별표 1 제3호 나목에 따라 제품에 함유된 영양성분이나 원재료가 신체조직과 기능의 증진에 도움을 줄 수 있다는 내용으로서 식품의약품안전처장이 정하여 고시하는 내용을 표시·광고하는 식품을 말한다. 이하 같다]

제11조(수수료) ① 법 제10조 제1항 본문에 따라 자율심의기구로부터 심의를 받는 경우 법 제10조 제5항에 따른 심의 수수료는 해당 자율심의기구에서 정한다.

② 자율심의기구가 구성되지 않아 법 제10조 제1항 단서에 따라 식품의약품안전처장의 심의를 받는 경우 법 제10조 제5항에 따른 심의 수수료는 10만 원으로 한다.

제12조(자율심의기구의 등록) ① 법 제10조 제2항에 따라 자율심의기구로 등록을 하려는 기관 또는 단체는 영 제5조에 따른 요건을 갖춘 후 별지 제1호 서식의 자율심의기구 등록 신청서에 다음 각 호의 내용을 적은 서류를 첨부하여 식품의약품안전처장에게 제출해야 한다. 〈개정 2021. 5. 27.〉

1. 자율심의기구의 설립 근거

2. 자율심의기구의 운영 기준

3. 심의 대상

4. 심의 기준

5. 심의위원회의 설치·운영 기준

6. 심의 수수료

② 제1항에 따라 등록신청을 받은 식품의약품안전처장은 해당 기관 또는 단체가 등록 요건을 충족하는 경우 별지 제2호 서식의 자율심의기구 등록증을 발급해야 한다.

③ 제2항에 따라 등록증을 발급한 식품의약품안전처장은 자율심의기구 등록 관리대장을 작성·보관해야 한다.

④ 자율심의기구의 등록증을 잃어버렸거나 등록증이 헐어 못 쓰게 되어 등록증을 재발급받으려는 경우에는 별지 제3호 서식의 자율심의기구 등록증 재발급 신청서를 식품의약품안전처장에게 제출해야 한다. 이 경우 헐어서 못 쓰게 된 등록증을 첨부해야 한다.

제13조(등록사항의 변경) 제12조에 따라 자율심의기구로 등록을 한 기관 또는 단체는 다음 각 호의 사항이 변경된 경우에는 별지 제4호 서식의 자율심의기구 등록사항 변경 신청서에 등록증과 변경내용을 확인할 수 있는 서류를 첨부하여 변경 사유가 발생한 날부터 7일 이내에 식품의약품안전처장에 제출해야 한다.

1. 대표자 성명　　　　　2. 기관 명칭

3. 기관 소재지　　　　　4. 심의 대상

제11조(심의위원회의 설치·운영) 자율심의기구는 식품 등의 표시·광고를 심의하기 위하여 10명 이상 25명 이하의 위원으로 구성된 심의위원회를 설치·운영하여야 하며, 심의위원회의 위원은 다음 각 호의 어느 하나에 해당하는 사람 중에서 자율심의기구의 장이 위촉한다. 이 경우 제1호부터 제5호까지의 사람을 각각 1명 이상 포함하되, 제1호에 해당하는 위원 수는 전체 위원 수의 3분의 1 미만이어야 한다.

1. 식품 등 관련 산업계에 종사하는 사람

2. 「소비자기본법」 제2조 제3호에 따른 소비자단체의 장이 추천하는 사람

3. 「변호사법」 제7조 제1항에 따라 같은 법 제78조에 따른 대한변호사협회에 등록한 변호사로서 대한변호사협회의 장이 추천하는 사람

4. 「비영리민간단체 지원법」 제4조에 따라 등록된 단체로서 식품 등의 안전을 주된 목적으로 하는 단체의 장이 추천하는 사람

5. 그 밖에 식품 등의 표시 · 광고에 관한 학식과 경험이 풍부한 사람

제12조(표시 또는 광고 정책 등에 관한 자문) ① 식품의약품안전처장의 자문에 응하여 식품 등의 표시 또는 광고 정책 등을 조사 · 심의하기 위하여 식품의약품안전처 소속으로 식품등표시광고자문위원회를 둘 수 있다.

② 제1항에도 불구하고 식품의약품안전처장은 다음 각 호의 구분에 따른 식품 등에 대하여는 각각 같은 호에 따른 위원회로 하여금 자문하게 할 수 있다.

1. 건강기능식품의 표시 · 광고 : 「건강기능식품에 관한 법률」 제27조에 따른 건강기능식품심의위원회
2. 식품, 식품첨가물, 기구 또는 용기 · 포장의 표시 · 광고 : 「식품위생법」 제57조에 따른 식품위생심의위원회
3. 축산물의 표시 · 광고 : 「축산물 위생관리법」 제3조의2에 따른 축산물위생심의위원회

제13조(소비자 교육 및 홍보) ① 식품의약품안전처장은 소비자가 건강한 식생활을 할 수 있도록 식품 등의 표시 · 광고에 관한 교육 및 홍보를 하여야 한다.

② 식품의약품안전처장은 제1항에 따른 교육 및 홍보를 대통령령으로 정하는 기관 또는 단체에 위탁할 수 있다.

③ 제1항에 따른 교육 및 홍보의 내용 등에 관하여 필요한 사항은 총리령으로 정한다.

> 예제 「식품 등의 표시 · 광고에 관한 법률」상 소비자가 건강한 식생활을 할 수 있도록 식품 등의 표시 · 광고에 관한 교육 및 홍보를 해야 하는 자는?

● **시행령**

제7조(교육 및 홍보 위탁) 식품의약품안전처장은 법 제13조 제2항에 따라 식품 등의 표시 · 광고에 관한 교육 및 홍보 업무를 다음 각 호의 기관 또는 단체에 위탁한다.

1. 법 제10조 제2항 각 호의 어느 하나에 해당하는 기관 또는 단체
2. 그 밖에 식품 등에 관한 전문성을 갖춘 기관 또는 단체로서 식품의약품안전처장이 인정하는 기관 또는 단체

● **시행규칙**

제14조(교육 및 홍보의 내용) 법 제13조 제1항에 따라 식품 등의 표시 · 광고에 관하여 교육 및 홍보를 해야 하는 사항은 다음 각 호와 같다.

1. 법 제4조에 따른 표시의 기준에 관한 사항
2. 법 제5조에 따른 영양표시에 관한 사항

3. 법 제6조에 따른 나트륨 함량의 비교 표시에 관한 사항

4. 법 제7조에 따른 광고의 기준에 관한 사항

5. 법 제8조에 따른 부당한 표시 또는 광고행위의 금지에 관한 사항

6. 그 밖에 소비자의 식생활에 도움이 되는 식품 등의 표시 · 광고에 관한 사항

> 예제 「식품 등의 표시 · 광고에 관한 법률」상 식품 등의 표시 · 광고에 관하여 교육 및 홍보의 내용이 아닌 것은?

제14조(시정명령) 식품의약품안전처장, 시 · 도지사 또는 시장 · 군수 · 구청장은 다음 각 호의 어느 하나에 해당하는 자에게 필요한 시정을 명할 수 있다. 〈개정 2024. 1. 2.〉

1. 제4조 제3항, 제5조 제3항 또는 제6조 제3항을 위반하여 식품 등을 판매하거나 판매할 목적으로 제조 · 가공 · 소분 · 수입 · 포장 · 보관 · 진열 또는 운반하거나 영업에 사용한 자

2. 제7조를 위반하여 광고의 기준을 준수하지 아니한 자

3. 제8조 제1항을 위반하여 표시 또는 광고를 한 자

4. 제9조 제3항을 위반하여 실증자료를 제출하지 아니한 자

[시행일 2024. 7. 3.] 제14조

제15조(위해 식품 등의 회수 및 폐기처분 등) ① 판매의 목적으로 식품 등을 제조 · 가공 · 소분 또는 수입하거나 식품 등을 판매한 영업자는 해당 식품 등이 제4조 제3항 또는 제8조 제1항을 위반한 사실(식품 등의 위해와 관련이 없는 위반사항은 제외한다)을 알게 된 경우에는 지체 없이 유통 중인 해당 식품 등을 회수하거나 회수하는 데에 필요한 조치를 하여야 한다.

② 제1항에 따른 회수 또는 회수하는 데에 필요한 조치를 하려는 영업자는 회수계획을 식품의약품안전처장, 시 · 도지사 또는 시장 · 군수 · 구청장에게 미리 보고하여야 한다. 이 경우 회수결과를 보고받은 시 · 도지사 또는 시장 · 군수 · 구청장은 이를 지체 없이 식품의약품안전처장에게 보고하여야 한다.

③ 식품의약품안전처장, 시 · 도지사 또는 시장 · 군수 · 구청장은 영업자가 제4조 제3항 또는 제8조 제1항을 위반한 경우에는 관계 공무원에게 그 식품 등을 압류 또는 폐기하게 하거나 용도 · 처리방법 등을 정하여 영업자에게 위해를 없애는 조치를 할 것을 명하여야 한다.

④ 제1항부터 제3항까지의 규정에 따른 위해 식품 등의 회수, 압류 · 폐기처분의 기준 및 절차 등에 관하여는 「식품위생법」 제45조 및 제72조를 준용한다.

> 예제 「식품 등의 표시 · 광고에 관한 법률」상 판매의 목적으로 식품 등을 제조 · 가공 · 소분 또는 수입하거나 식품 등을 판매한 영업자가 식품 등의 위해와 관련이 있는 위반사항이 발생했을 경우 가장 먼저 취하는 조치는?

제16조(영업정지 등) ① 식품의약품안전처장, 시·도지사 또는 시장·군수·구청장은 영업자 중 허가를 받거나 등록을 한 영업자가 다음 각 호의 어느 하나에 해당하는 경우에는 6개월 이내의 기간을 정하여 그 영업의 전부 또는 일부를 정지하거나 영업허가 또는 등록을 취소할 수 있다. 〈개정 2020. 12. 29.〉

1. 제4조 제3항, 제5조 제3항 또는 제6조 제3항을 위반하여 식품 등을 판매하거나 판매할 목적으로 제조·가공·소분·수입·포장·보관·진열 또는 운반하거나 영업에 사용한 경우

2. 제8조 제1항을 위반하여 표시 또는 광고를 한 경우

3. 제9조 제4항에 따른 중지명령을 위반하거나 제14조에 따른 명령을 위반한 경우

4. 제15조 제1항을 위반하여 회수 또는 회수하는 데에 필요한 조치를 하지 아니한 경우

5. 제15조 제2항을 위반하여 회수계획 보고를 하지 아니하거나 거짓으로 보고한 경우

6. 제15조 제3항에 따른 명령을 위반한 경우

② 식품의약품안전처장, 시·도지사 또는 시장·군수·구청장은 영업자 중 허가를 받거나 등록을 한 영업자가 제1항에 따른 영업정지 명령을 위반하여 영업을 계속하면 영업허가 또는 등록을 취소할 수 있다.

③ 특별자치시장·특별자치도지사·시장·군수·구청장은 영업자 중 영업신고를 한 영업자가 다음 각 호의 어느 하나에 해당하는 경우에는 6개월 이내의 기간을 정하여 그 영업의 전부 또는 일부를 정지하거나 영업소 폐쇄를 명할 수 있다. 〈개정 2020. 12. 29.〉

1. 제4조 제3항, 제5조 제3항 또는 제6조 제3항을 위반하여 식품 등을 판매하거나 판매할 목적으로 제조·가공·소분·수입·포장·보관·진열 또는 운반하거나 영업에 사용한 경우

2. 제8조 제1항을 위반하여 표시 또는 광고를 한 경우

3. 제9조 제4항에 따른 중지명령을 위반하거나 제14조에 따른 명령을 위반한 경우

4. 제15조 제1항을 위반하여 회수 또는 회수하는 데에 필요한 조치를 하지 아니한 경우

5. 제15조 제2항을 위반하여 회수계획 보고를 하지 아니하거나 거짓으로 보고한 경우

6. 제15조 제3항에 따른 명령을 위반한 경우

④ 특별자치시장·특별자치도지사·시장·군수·구청장은 영업자 중 영업신고를 한 영업자가 제3항에 따른 영업정지 명령을 위반하여 영업을 계속하면 영업소 폐쇄를 명할 수 있다.

⑤ 제1항 및 제3항에 따른 행정처분의 기준은 그 위반행위의 유형과 위반의 정도 등을 고려하여 총리령으로 정한다.

● **시행규칙**

제16조(행정처분의 기준) 법 제14조부터 제17조까지의 규정에 따른 행정처분의 기준은 별표 7과 같다.

식품 등의 표시 · 광고에 관한 법률 시행규칙 **별표 7** <개정 2024. 1. 12.>

행정처분 기준(제16조 관련)

I. 일반기준

1. 둘 이상의 위반행위가 적발된 경우로서 위반행위가 다음 각 목의 어느 하나에 해당하는 경우에는 가장 무거운 정지처분 기간에 나머지 각각의 정지처분 기간의 2분의 1을 더하여 처분한다.

　가. 영업정지에만 해당하는 경우

　나. 한 품목 또는 품목류(식품 등의 기준 및 규격 중 같은 기준 및 규격을 적용받아 제조 · 가공되는 모든 품목을 말한다. 이하 같다)에 대하여 품목 또는 품목류 제조정지에만 해당하는 경우

2. 둘 이상의 위반행위가 적발된 경우로서 그 위반행위가 영업정지와 품목 또는 품목류 제조정지에 해당하는 경우에는 각각의 영업정지와 품목 또는 품목류 제조정지 처분기간을 제1호 일반기준에 따라 산정한 후 다음 각 목의 구분에 따라 처분한다.

　가. 영업정지 기간이 품목 또는 품목류 제조정지 기간보다 길거나 같으면 영업정지 처분만 할 것

　나. 영업정지 기간이 품목 또는 품목류 제조정지 기간보다 짧으면 그 영업정지 처분과 그 초과기간에 대한 품목 또는 품목류 제조정지 처분을 함께 부과할 것

　다. 품목류 제조정지 기간이 품목 제조정지 기간보다 길거나 같으면 품목류 제조정지 처분만 할 것

　라. 품목류 제조정지 기간이 품목 제조정지 기간보다 짧으면 그 품목류 제조정지 처분과 그 초과기간에 대한 품목 제조정지 처분을 함께 부과할 것

3. 같은 날 제조 · 가공한 같은 품목에 대하여 같은 위반사항이 적발된 경우에는 같은 위반행위로 본다. 다만, 부당한 광고는 같은 품목에 대하여 같은 날에 같은 매체로 광고한 경우 같은 위반행위로 본다.

4. 위반행위에 대하여 행정처분을 하기 위한 절차가 진행되는 기간(적발일부터 행정처분의 효력 발생일까지를 말한다) 중에 반복하여 같은 사항을 위반하는 경우에는 그 위반횟수마다 행정처분 기준의 2분의 1씩 더하여 처분한다.

5. 위반행위의 횟수에 따른 행정처분의 기준은 최근 1년간 같은 위반행위(품목류 제조정지의 경우에는 같은 품목에 대한 같은 위반행위를 말한다. 이하 같다)를 한 경우에 적용한다. 이 경우 기간의 계산은 위반행위에 대하여 행정처분을 받은 날과 그 처분 후 다시 같은 위반행위를 하여 적발된 날을 기준으로 한다.

6. 제5호에 따라 가중된 행정처분을 하는 경우 가중처분의 적용 차수는 그 위반행위 전 행정처분 차수(제5호에 따른 기간 내에 행정처분이 둘 이상 있었던 경우에는 높은 차수를 말한다)의 다음 차수로 한다.

7. 어떤 위반행위든 해당 위반 사항에 대하여 행정처분이 이루어진 경우에는 해당 처분 이전에 이루어진 같은 위반행위에 대해서도 행정처분이 이루어진 것으로 보아 다시 처분해서는 안 된다.

8. 제1호 및 제2호에 따른 행정처분이 있은 후 다시 행정처분을 하게 되는 경우 그 위반행위의 횟수에 따른 행정처분의 기준을 적용하는 경우에는 종전의 행정처분의 사유가 된 각각의 위반행위에 대하여 각각 행정처분을 했던 것으로 본다.

9. 4차 위반인 경우에는 다음 각 목의 기준에 따르고, 5차 위반의 경우로서 가목에 해당하는 경우에는 영업정지 6개월로 하며, 나목에 해당하는 경우에는 영업허가 · 등록 취소 또는 영업소 폐쇄를 한다. 가목을 6차 위반한 경우에는 영업허가 · 등록 취소 또는 영업소 폐쇄를 해야 한다.

　가. 3차 위반의 처분 기준이 품목 또는 품목류 제조정지인 경우에는 품목 또는 품목류 제조정지 6개월의 처분을 한다.

　나. 3차 위반의 처분 기준이 영업정지인 경우에는 3차 위반 처분 기준의 2배로 하되, 영업정지 6개월 이상인 경우에는 영업허가 · 등록 취소 또는 영업소 폐쇄를 한다.

---

10. 식품 등의 출입·검사·수거 등에 따른 위반행위에 대한 행정처분의 경우에는 그 위반행위가 해당 식품 등의 제조·가공·운반·진열·보관 또는 판매·조리과정 중의 어느 과정에서 기인하는지를 판단하여 그 원인 제공자에 대하여 처분해야 한다. 다만, 위반행위의 원인제공자가 식품 등을 제조·가공한 영업자(식용란 수집·처리를 의뢰받은 식용란수집판매업 영업자를 포함한다)인 경우에는 다음 각 목의 해당 영업자와 함께 처분해야 한다.
    가. 「식품위생법 시행령」 제21조 제5호 나목 3)의 유통전문판매업자
    나. 「축산물 위생관리법 시행령」 제21조 제7호 마목의 축산물유통전문판매업자
    다. 「축산물 위생관리법 시행령」 제21조 제7호 바목의 식용란수집판매업자가 식용란 수집·처리를 다른 식용란수집판매업자에게 의뢰하여 그 수집·처리된 식용란을 자신의 상표로 유통·판매하는 식용란수집판매업자
    라. 「건강기능식품에 관한 법률 시행령」 제2조 제3호 나목의 건강기능식품유통전문판매업자
11. 제10호 각 목 외의 부분 단서에 따라 「식품위생법 시행령」 제21조 제5호 나목 3)의 유통전문판매업, 「축산물 위생관리법 시행령」 제21조 제7호 마목의 축산물유통전문판매업, 「건강기능식품에 관한 법률 시행령」 제2조 제3호 나목의 건강기능식품유통전문판매업 영업자에 대하여 품목 또는 품목류 제조정지 처분을 하는 경우에는 이를 각각 그 위반행위의 원인제공자인 제조·가공업소에서 제조·가공한 해당 품목 또는 품목류의 판매정지에 해당하는 것으로 본다.
12. 다음 각 목의 영업을 하는 자에 대한 행정처분은 그 처분의 기준이 품목 제조정지에 해당하는 경우에는 품목 제조정지 기간의 3분의 1에 해당하는 기간으로 영업정지 처분을 하고, 그 처분의 기준이 품목류 제조정지에 해당하는 경우에는 품목류 제조정지 기간의 2분의 1에 해당하는 기간으로 영업정지 처분을 한다.
    가. 「식품위생법 시행령」 제21조에 따른 즉석판매제조·가공업, 식품소분업, 유통전문판매업, 식품조사처리업 및 용기·포장류제조업
    나. 「축산물 위생관리법 시행령」 제21조에 따른 식육포장처리업, 축산물유통전문판매업 및 식육즉석판매가공업
    다. 「건강기능식품에 관한 법률 시행령」 제2조에 따른 건강기능식품유통전문판매업
    라. 「수입식품안전관리 특별법 시행령」 제2조에 따른 수입식품 등 수입·판매업
13. 다음 각 목의 어느 하나에 해당하는 경우에는 행정처분의 기준이 영업정지 또는 품목·품목류 제조정지인 경우에는 정지처분 기간의 2분의 1 이하의 범위에서 그 처분을 경감할 수 있고, 영업허가·등록 취소 또는 영업장 폐쇄인 경우에는 영업정지 3개월 이상의 범위에서 그 처분을 경감할 수 있다.
    가. 표시기준의 위반사항 중 일부 제품에 대한 제조일자 등의 표시누락 등 그 위반사유가 영업자의 고의나 과실이 아닌 단순한 기계작동상의 오류에 기인한다고 인정되는 경우
    나. 식품 등을 제조·가공·수입·처리만 하고 시중에 유통시키지 않은 경우
    다. 식품 등을 제조·가공·수입 또는 판매하는 자가 해당 식품 등에 대해 식품이력추적관리, 축산물가공품이력추적관리 또는 건강기능식품이력추적관리 등록을 한 경우
    라. 위반사항 중 그 위반의 정도가 경미하거나 고의성이 없는 사소한 부주의로 인한 것인 경우
    마. 해당 위반사항에 관하여 검사로부터 기소유예의 처분을 받거나 법원으로부터 선고유예의 판결을 받은 경우로서 그 위반사항이 고의성이 없거나 국민보건상 인체의 건강을 해칠 우려가 없다고 인정되는 경우
    바. 「식품위생법 시행규칙」 별표 17 제7호 머목에 따라 공통찬통, 소형찬기 또는 복합찬기를 사용하거나, 손님이 남긴 음식물을 싸서 가지고 갈 수 있도록 포장용기를 갖춰 두고 이를 손님에게 알리는 등 음식문화개선을 위해 노력하는 식품접객업자인 경우. 다만, 1차 위반에 해당하는 경우에만 경감할 수 있다.
    사. 그 밖에 식품 등의 수급정책상 필요하다고 인정되는 경우
14. 조리·가공한 음식을 진열하고, 진열된 음식을 손님이 선택하여 먹을 수 있도록 제공하는 형태로 영업을 하는 일반음식점영업자가 「식품위생법 시행규칙」 별표 17 제7호 저목에 따라 빵류, 과자류, 떡류를 구입·제공하고 증명서를 보관한 경우에는 이 표 Ⅱ 제4호 가목 1) 가)에도 불구하고 행정처분을 하지 않을 수 있다.

식품위생관계법규

15. 영업정지 1개월은 30일을 기준으로 한다.
16. 행정처분의 기간이 소수점 이하로 산출되는 경우에는 소수점 이하를 버린다.

Ⅱ. 개별기준

1. 「식품위생법 시행령」 제21조 제1호부터 제3호까지, 제5호 가목 · 나목 3), 제6호 가목, 제7호의 식품제조 · 가공업, 즉석판매제조 · 가공업, 식품첨가물제조업, 식품소분업 · 유통전문판매업, 식품조사처리업, 용기 · 포장류제조업, 「축산물 위생관리법 시행령」 제21조 제3호 · 제4호 · 제7호 마목 · 제8호의 축산물가공업 · 식육포장처리업 · 축산물유통전문판매업 · 식육즉석판매가공업, 「건강기능식품에 관한 법률 시행령」 제2조 제1호 · 제3호 나목의 건강기능식품제조업 · 건강기능식품유통전문판매업 및 「수입식품안전관리 특별법 시행령」 제2조 제1호의 수입식품 등 수입 · 판매업

위반사항	근거 법조문	행정처분 기준		
		1차 위반	2차 위반	3차 위반
가. 법 제4조 제3항을 위반한 경우				
1) 식품 등에 대한 표시사항을 위반한 경우로서				
가) 표시 대상 식품 등에 표시사항 전부를 표시하지 않거나 표시하지 않은 식품 등을 영업에 사용한 경우		영업정지 1개월과 해당 제품 폐기	영업정지 2개월과 해당 제품 폐기	영업정지 3개월과 해당 제품 폐기
나) 법 제4조 제1항 각 호 외의 부분 단서 및 이 규칙 별표 1 제5호(「축산물 위생관리법 시행령」 제21조 제8호에 따른 식육즉석판매가공업만 해당한다)를 위반하여 표시해야 할 사항 전부 또는 일부를 표시하지 않는 경우		시정명령	영업정지 7일	영업정지 15일
다) 법 제4조 제1항 제3호 다목의 보관방법과 같은 호 라목 · 바목 · 사목의 표시기준을 위반한 건강기능식품을 제조 · 수입 · 판매한 경우	법 제14조부터 제17조까지	영업정지 15일	영업정지 1개월	영업정지 2개월
라) 법 제4조 제1항 제3호 마목의 표시기준을 위반한 건강기능식품을 제조 · 수입 · 판매한 경우		품목 제조정지 15일과 해당 제품 폐기	품목 제조정지 1개월과 해당 제품 폐기	품목 제조정지 2개월과 해당 제품 폐기
2) 주표시면에 표시해야 할 사항을 표시하지 않거나 표시기준에 부적합한 경우로서				
가) 주표시면에 제품명 및 내용량을 전부 표시하지 않은 경우		품목 제조정지 1개월	품목 제조정지 2개월	품목 제조정지 3개월
나) 주표시면에 제품명을 표시하지 않은 경우		품목 제조정지 15일	품목 제조정지 1개월	품목 제조정지 2개월
다) 주표시면에 내용량을 표시하지 않은 경우		시정명령	품목 제조정지 15일	품목 제조정지 1개월
3) 제품명 표시기준을 위반한 경우로서				
가) 특정 원재료 및 성분을 제품명에 사용 시 주표시면에 그 함량을 표시하지 않은 경우		품목 제조정지 15일	품목 제조정지 1개월	품목 제조정지 2개월
나) 표시기준을 위반한 제품명을 영업에 사용한 경우		품목 제조정지 15일	품목 제조정지 1개월	품목 제조정지 2개월

위반사항	근거 법조문	행정처분 기준		
		1차 위반	2차 위반	3차 위반
4) 제조연월일, 산란일, 소비기한 또는 품질유지기한을 표시하지 않거나 표시하지 않은 식품 등을 영업에 사용한 경우(제조연월일, 산란일, 소비기한 또는 품질유지기한을 표시해야 하는 식품 등만 해당한다)		품목 제조정지 15일과 해당 제품 폐기	품목 제조정지 1개월과 해당 제품 폐기	품목 제조정지 2개월과 해당 제품 폐기
5) 원재료명·성분 표시기준을 위반한 경우로서				
가) 사용한 원재료의 전부를 표시하지 않은 경우		품목 제조정지 15일	품목 제조정지 1개월	품목 제조정지 2개월
나) 사용한 원재료의 일부를 표시하지 않은 경우		시정명령	품목 제조정지 15일	품목 제조정지 1개월
다) 소비자 안전을 위한 주의사항 중 알레르기 유발물질 표시 대상을 별도 알레르기 표시란에 표시하지 않은 경우		품목 제조정지 15일과 해당 제품 폐기	품목 제조정지 1개월과 해당 제품 폐기	품목 제조정지 2개월과 해당 제품 폐기
라) 명칭과 용도를 함께 표시해야 하는 식품첨가물에 대해 그 용도를 함께 표시하지 않은 경우		시정명령	품목 제조정지 7일	품목 제조정지 15일
6) 식품 또는 식품첨가물을 소분할 때 원제품에 표시된 제조연월일 또는 소비기한을 초과하여 표시하는 등 원표시사항을 변경한 경우	법 제14조부터 제17조까지	영업정지 1개월과 해당 제품 폐기	영업정지 2개월과 해당 제품 폐기	영업정지 3개월과 해당 제품 폐기
7) 내용량을 표시할 때 부족량이 허용오차를 위반한 경우[8)에 해당하는 경우는 제외한다]로서				
가) 표시 내용량이 20퍼센트 이상 부족한 것		품목 제조정지 2개월	품목 제조정지 3개월	품목 제조정지 3개월
나) 표시 내용량이 10퍼센트 이상 20퍼센트 미만 부족한 것		품목 제조정지 1개월	품목 제조정지 2개월	품목 제조정지 3개월
다) 표시 내용량이 10퍼센트 미만 부족한 것		시정명령	품목 제조정지 15일	품목 제조정지 1개월
8) 다음의 어느 하나에 해당하는 경우로서 식품을 변조된 중량으로 판매하거나 판매할 목적으로 제조·가공·저장·운반 또는 진열 등 영업에 사용한 경우		영업허가·등록 취소 또는 영업소 폐쇄와 해당 제품 폐기		
가) 식품에 납·얼음·한천·물 등 이물을 혼입시킨 경우				
나) 냉동수산물의 내용량이 부족량 허용오차를 위반하면서 냉동수산물에 얼음막을 내용량의 20퍼센트를 초과하도록 생성시킨 경우				
9) 조사처리식품·축산물의 표시기준을 위반한 경우로서				
가) 조사처리된 식품·축산물을 표시하지 않은 경우		품목 제조정지 15일	품목 제조정지 1개월	품목 제조정지 2개월

위반사항	근거 법조문	행정처분 기준		
		1차 위반	2차 위반	3차 위반
나) 조사처리식품·축산물을 표시할 때 기준을 위반하여 표시한 경우	법 제14조부터 제17조까지	시정명령	품목 제조정지 15일	품목 제조정지 1개월
나. 법 제5조 제3항 및 제6조 제3항을 위반한 경우(법 제31조에 따른 과태료 부과 대상에 해당하는 위반사항은 제외한다)	법 제14조 및 제16조			
1) 영양성분 표시기준을 위반한 경우		시정명령	영업정지 5일	영업정지 10일
2) 나트륨 함량 비교 표시(전자적 표시를 포함한다)를 하지 않거나 비교 표시 기준 및 방법을 지키지 않은 경우		시정명령	영업정지 5일	영업정지 10일
다. 법 제7조 제2항을 위반한 경우로서 별표 6 제2호 또는 제3호를 위반한 경우	법 제14조	시정명령		
라. 법 제8조 제1항을 위반한 경우				
1) 질병의 예방·치료에 효능이 있는 것으로 인식할 우려가 있는 표시 또는 광고		영업정지 2개월과 해당 제품(표시된 제품만 해당한다) 폐기	영업허가·등록 취소 또는 영업소 폐쇄와 해당 제품(표시된 제품만 해당한다) 폐기	
2) 식품 등을 의약품으로 인식할 우려가 있는 표시 또는 광고		영업정지 15일(건강기능식품의 경우 영업정지 1개월로 한다)	영업정지 1개월(건강기능식품의 경우 영업정지 2개월로 한다)	영업정지 2개월(건강기능식품의 경우 영업허가를 취소한다)
3) 건강기능식품이 아닌 것을 건강기능식품으로 인식할 우려가 있는 표시 또는 광고		영업정지 15일	영업정지 1개월	영업정지 2개월
4) 거짓·과장된 표시 또는 광고, 소비자를 기만하는 표시 또는 광고, 다른 업체나 다른 업체의 제품을 비방하는 표시 또는 광고, 객관적인 근거 없이 자기 또는 자기의 식품 등을 다른 영업자나 다른 영업자의 식품 등과 부당하게 비교하는 표시 또는 광고, 사행심을 조장하거나 음란한 표현을 사용하여 공중도덕이나 사회윤리를 현저하게 침해하는 표시 또는 광고로서	법 제14조부터 제17조까지			
가) 소비기한을 품목제조보고, 품목제조신고 또는 수입신고한 기한보다 초과한 경우		영업정지 7일과 해당 제품 폐기	영업정지 15일과 해당 제품 폐기	영업정지 1개월과 해당 제품 폐기
나) 제조연월일 또는 산란일의 표시기준을 위반하여 다음의 어느 하나에 해당한 경우				
(1) 소비기한을 연장한 경우		영업정지 1개월과 해당 제품 폐기	영업정지 2개월과 해당 제품 폐기	영업정지 3개월과 해당 제품 폐기
(2) 소비기한을 연장하지 않은 경우		영업정지 7일	영업정지 15일	영업정지 1개월
다) 제조연월일, 산란일, 소비기한 또는 품질유지기한을 변조한 경우		영업허가·등록 취소 또는 영업소 폐쇄와 해당 제품 폐기		

위반사항	근거 법조문	행정처분 기준		
		1차 위반	2차 위반	3차 위반
라) 체험기 및 체험사례 등 이와 유사한 내용을 표현하는 표시·광고	법 제14조부터 제17조까지	품목 제조정지 1개월	품목 제조정지 2개월	품목 제조정지 3개월
마) 제품과 관련이 없거나 사실과 다른 수상(受賞) 또는 상장의 표시·광고를 한 경우		영업정지 7일	영업정지 15일	영업정지 1개월
바) 「식품위생법」 제12조의2 제1항 및 「건강기능식품에 관한 법률」 제17조의2에 따른 유전자변형식품 등을 유전자변형식품 등이 아닌 것으로 표시·광고한 경우		품목 제조정지 1개월	품목 제조정지 2개월	품목 제조정지 3개월
사) 다른 식품·축산물의 유형과 오인·혼동하게 하는 표시·광고를 한 경우		품목 제조정지 15일	품목 제조정지 1개월	품목 제조정지 2개월
아) 사용하지 않은 원재료명 또는 성분명을 표시·광고한 경우		품목 제조정지 1개월	품목 제조정지 2개월	품목 제조정지 3개월
자) 이온수·생명수 또는 약수 등 사용하지 못하도록 한 용어를 사용하여 표시·광고한 경우		영업정지 15일	영업정지 1개월	영업정지 2개월
차) 사용금지된 식품첨가물이 함유되지 않았다는 내용을 강조하기 위해 "첨가물무" 등으로 표시·광고한 경우		영업정지 15일	영업정지 1개월	영업정지 2개월
카) 사료·물에 첨가한 성분이나 축산물의 제조 시 혼합한 원재료 또는 성분이 가지는 효능·효과를 표시하여 해당 축산물 자체에는 그러한 효능·효과가 없음에도 불구하고 효능·효과가 있는 것처럼 혼동할 우려가 있는 것으로 표시·광고한 경우		영업정지 7일	영업정지 15일	영업정지 1개월
타) 「축산물 위생관리법」 제9조 제3항에 따른 안전관리인증작업장·안전관리인증업소 또는 안전관리인증농장으로 인증받지 않고 해당 명칭을 사용한 경우		영업정지 1개월	영업정지 2개월	영업정지 3개월
파) 법 제4조 제1항 각 호 외의 부분 단서 및 이 규칙 별표 1 제5호(「축산물 위생관리법 시행령」 제21조 제8호에 따른 식육즉석판매가공업만 해당한다) 표시사항 전부 또는 일부를 거짓으로 표시한 경우		영업정지 7일	영업정지 15일	영업정지 1개월
하) 기능성 함량 기준에 부적합한 기능성표시식품에 영 별표 1 제3호 나목에 따른 표시·광고를 한 경우		품목 제조정지 15일과 해당 제품 폐기	품목 제조정지 1개월과 해당 제품 폐기	품목 제조정지 2개월과 해당 제품 폐기
거) 그 밖에 가)부터 하)까지를 제외한 부당한 표시·광고를 한 경우		시정명령	품목 제조정지 15일	품목 제조정지 1개월
5) 표시·광고 심의 대상 중 심의를 받지 않거나 심의 결과에 따르지 않은 표시 또는 광고		품목 제조정지 15일	품목 제조정지 1개월	품목 제조정지 2개월
마. 법 제9조 제3항을 위반한 경우로서 실증자료 제출을 요청받은 자가 실증자료를 제출하지 않은 경우	법 제14조	시정명령		

위반사항	근거 법조문	행정처분 기준		
		1차 위반	2차 위반	3차 위반
바. 법 제9조 제4항에 따른 중지명령을 받고 그 표시 또는 광고 행위를 한 경우	법 제16조	영업정지 1개월	영업정지 2개월	영업정지 3개월
사. 법 제14조에 따른 시정명령을 이행하지 않은 경우		영업정지 15일	영업정지 1개월	영업정지 2개월
아. 법 제15조 제1항 및 제2항을 위반한 경우				
1) 회수조치를 하지 않은 경우		영업정지 2개월	영업정지 3개월	영업허가 · 등록 취소 또는 영업소 폐쇄
2) 회수계획을 보고하지 않거나 거짓으로 보고한 경우		영업정지 1개월	영업정지 2개월	영업정지 3개월
자. 법 제15조 제3항을 위반한 경우	법 제15조 및 제16조			
1) 회수하지 않고도 회수한 것으로 속인 경우		영업허가 · 등록 취소 또는 영업소 폐쇄와 해당 제품 폐기		
2) 그 밖에 회수명령을 받고 회수하지 않은 경우		영업정지 1개월	영업정지 2개월	영업정지 3개월
차. 영업정지 처분 기간 중에 영업을 한 경우	법 제16조	영업허가 · 등록 취소 또는 영업소 폐쇄		
카. 그 밖에 가목부터 차목까지를 제외한 법을 위반한 경우(법 제31조에 따른 과태료 부과 대상에 해당하는 위반사항은 제외한다)	법 제14조 및 제17조	시정명령	품목 제조정지 15일	품목 제조정지 1개월

2. 「축산물 위생관리법 시행령」 제21조 제1호 · 제2호 및 제3호의2의 도축업 · 집유업 및 식용란선별포장업

위반행위	근거 법조문	행정처분 기준		
		1차 위반	2차 위반	3차 위반
가. 법 제4조 제3항을 위반한 경우(닭, 오리 등 가금류의 식육 중 포장을 하는 경우만 해당한다)	법 제14조부터 제16조까지			
1) 표시 대상 축산물에 표시사항 전부(합격표시, 작업장의 명칭, 작업장의 소재지, 생산연월일, 소비기한, 보존방법 및 내용량)를 표시하지 않은 경우		영업정지 1개월과 해당 제품 폐기	영업정지 2개월과 해당 제품 폐기	영업정지 3개월과 해당 제품 폐기
2) 작업장의 명칭, 작업장의 소재지, 보존방법 및 내용량을 전부 표시하지 않은 경우		영업정지 15일과 해당 제품 폐기	영업정지 1개월과 해당 제품 폐기	영업정지 2개월과 해당 제품 폐기
3) 작업장의 명칭, 작업장의 소재지 또는 보존방법 중 1개 이상을 표시하지 않은 경우		영업정지 7일과 해당 제품 폐기	영업정지 15일과 해당 제품 폐기	영업정지 1개월과 해당 제품 폐기
4) 내용량만을 표시하지 않은 경우		시정명령	영업정지 7일과 해당 제품 폐기	영업정지 15일과 해당 제품 폐기
5) 생산연월일 또는 소비기한 중 1개 이상을 표시하지 않은 경우		영업정지 7일과 해당 제품 폐기	영업정지 15일과 해당 제품 폐기	영업정지 1개월과 해당 제품 폐기
6) 삭제 <2020. 9. 9.>				
7) 삭제 <2020. 9. 9.>				
8) 식육 포장지에 합격표시를 표시하지 않은 경우		시정명령	영업정지 10일	영업정지 20일

위반행위	근거 법조문	행정처분 기준		
		1차 위반	2차 위반	3차 위반
나. 법 제8조 제1항을 위반(닭, 오리 등 가금류의 식육 중 포장을 하는 경우만 해당한다)하여 거짓·과장된 표시 또는 광고, 소비자를 기만하는 표시 또는 광고, 다른 업체나 다른 업체의 제품을 비방하는 표시 또는 광고, 객관적인 근거 없이 자기 또는 자기의 식품 등을 다른 영업자나 다른 영업자의 식품 등과 부당하게 비교하는 표시 또는 광고, 사행심을 조장하거나 음란한 표현을 사용하여 공중도덕이나 사회윤리를 현저하게 침해하는 표시 또는 광고로서	법 제14조 및 제16조			
1) 생산연월일 표시기준을 위반하여 다음의 어느 하나에 해당한 경우				
가) 소비기한을 연장한 경우		영업정지 1개월과 해당 제품 폐기	영업정지 2개월과 해당 제품 폐기	영업정지 3개월과 해당 제품 폐기
나) 소비기한을 연장하지 않은 경우		영업정지 7일	영업정지 15일	영업정지 1개월
2) 생산연월일 또는 소비기한을 변조한 경우		영업허가·등록 취소와 해당 제품 폐기		
3) 「축산물 위생관리법」 제9조 제2항에 따라 작성·운용하고 있는 자체안전관리인증기준과 다른 내용의 표시·광고 또는 자체안전관리인증기준을 작성·운용하고 있지 않으면서 이를 작성·운용하고 있다는 내용의 표시·광고를 한 경우		영업정지 1개월	영업정지 2개월	영업정지 3개월
4) 1)부터 3)까지 외의 부당한 표시 또는 광고를 한 경우		시정명령	영업정지 10일	영업정지 20일
다. 법 제9조 제3항을 위반한 경우로서 실증자료 제출을 요청받은 자가 실증자료를 제출하지 않은 경우	법 제14조	시정명령		
라. 법 제9조 제4항에 따른 중지명령을 받고 그 표시 또는 광고 행위를 한 경우	법 제16조	영업정지 1개월	영업정지 2개월	영업정지 3개월
마. 법 제14조에 따른 시정명령을 이행하지 않은 경우		영업정지 15일	영업정지 1개월	영업정지 2개월
바. 영업정지 처분 기간 중에 영업을 한 경우		영업허가·등록 취소 또는 영업소 폐쇄		
사. 그 밖에 가목부터 바목까지를 제외한 법을 위반한 경우	법 제14조 및 제16조	시정명령	영업정지 15일	영업정지 1개월

3. 「식품위생법 시행령」 제21조 제4호·제5호 나목의 식품운반업·식품판매업[제5호 나목 3)의 유통전문판매업은 제외한다], 「축산물 위생관리법 시행령」 제21조 제5호부터 제7호까지의 축산물보관업·축산물운반업·축산물판매업(제7호 마목의 축산물유통전문판매업은 제외한다), 「건강기능식품에 관한 법률 시행령」 제2조 제3호의 건강기능식품판매업(제3호 나목의 건강기능식품유통전문판매업은 제외한다) 및 「수입식품안전관리 특별법 시행령」 제2조 제3호의 수입식품 등 인터넷 구매 대행업

위반사항	근거 법조문	행정처분 기준		
		1차 위반	2차 위반	3차 위반
가. 법 제4조 제3항을 위반한 경우				
1) 식품 등에 대한 표시사항을 위반한 경우				
가) 표시 대상 식품 등에 표시사항 전부를 표시하지 않은 것을 진열 · 운반 · 판매한 경우		영업정지 1개월과 해당 제품 폐기	영업정지 2개월과 해당 제품 폐기	영업정지 3개월과 해당 제품 폐기
나) 수입식품 등에 한글표시를 하지 않은 것을 진열 · 운반 · 판매한 경우		영업정지 1개월과 해당 제품 폐기	영업정지 2개월과 해당 제품 폐기	영업정지 3개월과 해당 제품 폐기
다) 법 제4조 제1항 각 호 외의 부분 단서 및 이 규칙 별표 1 제5호(「축산물 위생관리법 시행령」 제21조 제7호 가목에 따른 식육판매업만 해당한다) 및 제6호를 위반하여 표시해야 할 사항 전부 또는 일부를 표시하지 않는 경우	법 제14조부터 제16조까지	시정명령	영업정지 7일	영업정지 15일
라) 법 제4조 제1항 제3호 다목의 보관방법과 제3호 라목 · 바목 · 사목의 표시기준을 위반한 건강기능식품을 판매한 경우		영업정지 7일	영업정지 15일	영업정지 1개월
마) 법 제4조 제1항 제3호 마목의 표시기준을 위반한 건강기능식품을 제조 · 수입 · 판매한 경우		영업정지 5일	영업정지 10일	영업정지 15일
2) 주표시면에 제품명 및 내용량을 표시하지 않은 것을 진열 · 운반 · 판매한 경우		시정명령	영업정지 7일	영업정지 15일
3) 제조연월일, 산란일, 소비기한 또는 품질유지기한을 표시하지 않은 것을 진열 · 판매한 경우(제조연월일, 산란일, 소비기한 또는 품질유지기한 표시를 해야 하는 식품 등만 해당한다)		영업정지 7일과 해당 제품 폐기	영업정지 15일과 해당 제품 폐기	영업정지 1개월과 해당 제품 폐기
4) 달걀의 껍데기 표시기준을 위반하여 산란일 또는 「축산법 시행규칙」 제27조 제5항에 따라 축산업 허가를 받은 자에게 부여한 고유번호를 표시하지 않은 경우		영업정지 15일과 해당 제품 폐기	영업정지 1개월과 해당 제품 폐기	영업정지 2개월과 해당 제품 폐기
나. 법 제7조 제2항을 위반한 경우로서 별표 6 제2호 또는 제3호를 위반한 경우	법 제14조	시정명령		
다. 법 제8조 제1항을 위반한 경우				
1) 질병의 예방 · 치료에 효능이 있는 것으로 인식할 우려가 있는 표시 또는 광고	법 제14조부터 제16조까지	영업정지 2개월과 해당 제품 (표시된 제품만 해당한다) 폐기	영업허가 · 등록 취소 또는 영업소 폐쇄와 해당 제품 (표시된 제품만 해당한다) 폐기	
2) 식품 등을 의약품으로 인식할 우려가 있는 표시 또는 광고		영업정지 15일 (건강기능식품의 경우 영업정지 1개월로 한다)	영업정지 1개월 (건강기능식품의 경우 영업정지 2개월로 한다)	영업정지 2개월 (건강기능식품의 경우 영업소를 폐쇄한다)
3) 건강기능식품이 아닌 것을 건강기능식품으로 인식할 우려가 있는 표시 또는 광고		영업정지 15일	영업정지 1개월	영업정지 2개월

위반사항	근거 법조문	행정처분 기준		
		1차 위반	2차 위반	3차 위반
4) 거짓·과장된 표시 또는 광고, 소비자를 기만하는 표시 또는 광고, 다른 업체나 다른 업체의 제품을 비방하는 표시 또는 광고, 객관적인 근거 없이 자기 또는 자기의 식품 등을 다른 영업자나 다른 영업자의 식품 등과 부당하게 비교하는 표시 또는 광고, 사행심을 조장하거나 음란한 표현을 사용하여 공중도덕이나 사회윤리를 현저하게 침해하는 표시 또는 광고로서	법 제14조부터 제16조까지			
가) 제조연월일 또는 산란일 표시기준을 위반하여 다음의 어느 하나에 해당한 경우				
(1) 소비기한을 연장한 경우		영업정지 1개월과 해당 제품 폐기	영업정지 2개월과 해당 제품 폐기	영업정지 3개월과 해당 제품 폐기
(2) 소비기한을 연장하지 않은 경우		영업정지 7일	영업정지 15일	영업정지 1개월
나) 제조연월일, 산란일, 소비기한 또는 품질유지기한을 변조한 경우		영업허가·등록 취소 또는 영업소 폐쇄와 해당 제품 폐기		
다) 달걀의 껍데기 표시사항을 위조하거나 변조한 경우		영업허가·등록 취소 또는 영업소 폐쇄와 해낭 제품 폐기		
라) 체험기 및 체험사례 등 이와 유사한 내용을 표현하는 광고를 한 경우		영업정지 7일	영업정지 15일	영업정지 1개월
마) 사실과 다르거나 제품과 관련 없는 수상 또는 상장의 표시·광고를 한 경우		영업정지 7일	영업정지 15일	영업정지 1개월
바) 다른 식품·축산물의 유형과 오인·혼동하게 하는 표시·광고를 한 경우		영업정지 7일	영업정지 15일	영업정지 1개월
사) 사용하지 않은 원재료명 또는 성분명을 표시·광고한 경우		영업정지 7일	영업정지 15일	영업정지 1개월
아) 사료·물에 첨가한 성분이나 축산물의 제조 시 혼합한 원재료 또는 성분이 가지는 효능·효과를 표시하여 해당 축산물 자체에는 그러한 효능·효과가 없음에도 불구하고 효능·효과가 있는 것처럼 혼동할 우려가 있는 것으로 표시·광고한 경우		영업정지 7일	영업정지 15일	영업정지 1개월
자) 「축산물 위생관리법」 제9조 제3항에 따른 안전관리인증작업장·안전관리인증업소 또는 안전관리인증농장으로 인증받지 않고 해당 명칭을 사용한 경우		영업정지 1개월	영업정지 2개월	영업정지 3개월
차) 법 제4조 제1항 각 호 외의 부분 단서 및 이 규칙 별표 1 제5호(「축산물 위생관리법 시행령」 제21조 제7호 가목에 따른 식육판매업만 해당한다) 및 제6호의 표시사항 전부 또는 일부를 거짓으로 표시한 경우		영업정지 7일	영업정지 15일	영업정지 1개월

위반사항	근거 법조문	행정처분 기준		
		1차 위반	2차 위반	3차 위반
카) 그 밖에 가)부터 차)까지를 제외한 부당한 표시 · 광고를 한 경우	법 제14조부터 제16조까지	시정명령	영업정지 5일	영업정지 10일
5) 표시 · 광고 심의 대상 중 심의를 받지 않거나 심의 결과에 따르지 않은 표시 또는 광고		영업정지 5일	영업정지 10일	영업정지 20일
라. 법 제9조 제3항을 위반한 경우로서 실증자료 제출을 요청받은 자가 실증자료를 제출하지 않은 경우	법 제14조	시정명령		
마. 법 제9조 제4항에 따른 중지명령을 받고 그 표시 또는 광고 행위를 한 경우	법 제16조	영업정지 1개월	영업정지 2개월	영업정지 3개월
바. 법 제14조에 따른 시정명령을 이행하지 않은 경우		영업정지 7일	영업정지 15일	영업정지 1개월
사. 법 제15조 제1항 및 제2항을 위반한 경우				
1) 회수조치를 하지 않은 경우		영업정지 2개월	영업정지 3개월	영업허가 · 등록 취소 또는 영업소 폐쇄
2) 회수 계획을 보고하지 않거나 거짓으로 보고한 경우		영업정지 1개월	영업정지 2개월	영업정지 3개월
아. 영업정지 처분 기간 중에 영업을 한 경우		영업허가 취소 또는 영업소 폐쇄		
자. 그 밖에 가목부터 아목까지를 제외한 법을 위반한 경우(법 제31조에 따른 과태료 부과 대상에 해당하는 위반사항은 제외한다)	법 제14조 및 제16조	시정명령	영업정지 5일	영업정지 10일

4. 「식품위생법 시행령」 제21조 제8호의 식품접객업

위반사항	근거 법조문	행정처분 기준		
		1차 위반	2차 위반	3차 위반
가 법 제4조 제3항을 위반한 경우	법 제14조부터 제16조까지			
1) 식품 · 축산물 · 식품첨가물(수입품을 포함한다)에 대한 표시사항을 위반한 경우로서				
가) 표시사항 전부를 표시하지 않은 것을 사용한 경우		영업정지 1개월과 해당 제품 폐기	영업정지 2개월과 해당 제품 폐기	영업정지 3개월과 해당 제품 폐기
나) 수입식품 등에 한글표시를 하지 않은 것을 사용한 경우		영업정지 1개월과 해당 제품 폐기	영업정지 2개월과 해당 제품 폐기	영업정지 3개월과 해당 제품 폐기
2) 제조연월일, 산란일, 소비기한 또는 품질유지기한을 표시하지 않은 것을 사용한 경우(제조연월일, 산란일, 소비기한 또는 품질유지기한을 표시해야 하는 식품 등만 해당한다)		영업정지 7일과 해당 음식물 폐기	영업정지 15일과 해당 음식물 폐기	영업정지 1개월과 해당 음식물 폐기
나. 법 제8조 제1항을 위반한 경우	법 제14조 및 제16조			
1) 식품 등을 의약품으로 인식할 우려가 있는 표시 또는 광고		시정명령	영업정지 7일	영업정지 15일

위반사항	근거 법조문	행정처분 기준		
		1차 위반	2차 위반	3차 위반
2) 거짓·과장된 표시 또는 광고, 소비자를 기만하는 표시 또는 광고, 다른 업체나 다른 업체의 제품을 비방하는 표시 또는 광고, 객관적인 근거 없이 자기 또는 자기의 식품 등을 다른 영업자나 다른 영업자의 식품 등과 부당하게 비교하는 표시 또는 광고, 사행심을 조장하거나 음란한 표현을 사용하여 공중도덕이나 사회윤리를 현저하게 침해하는 표시 또는 광고로서	법 제14조 및 제16조			
가) 제조연월일 또는 산란일 표시기준을 위반하여 다음의 어느 하나에 해당한 경우				
(1) 소비기한을 연장한 경우		영업정지 1개월과 해당 제품 폐기	영업정지 2개월과 해당 제품 폐기	영업정지 3개월과 해당 제품 폐기
(2) 소비기한을 연장하지 않은 경우		영업정지 7일	영업정지 15일	영업정지 1개월
나) 제조연월일, 산란일, 소비기한 또는 품질유지기한을 변조한 경우		영업허가·등록 취소 또는 영업소 폐쇄와 해당 제품 폐기		
다) 가) 및 나) 외의 부당한 표시 또는 광고를 한 경우		시정명령	영업정지 5일	영업정지 10일
다. 법 제9조 제3항을 위반한 경우로서 실증자료 제출을 요청받은 자가 실증자료를 제출하지 않은 경우	법 제14조	시정명령		
라. 법 제9조 제4항에 따른 중지명령을 받고 그 표시 또는 광고 행위를 한 경우	법 제16조	영업정지 1개월	영업정지 2개월	영업정지 3개월
마. 법 제14조에 따른 시정명령을 이행하지 않은 경우		영업정지 15일	영업정지 1개월	영업정지 2개월
바. 영업정지 처분 기간 중에 영업을 한 경우		영업허가·등록 취소 또는 영업소 폐쇄		
사. 그 밖에 가목부터 바목까지를 제외한 법을 위반한 경우(법 제31조에 따른 과태료 부과 대상에 해당하는 위반 사항은 제외한다)	법 제14조 및 제16조	시정명령	영업정지 7일	영업정지 15일

제17조(품목 등의 제조정지) ① 식품의약품안전처장, 시·도지사 또는 시장·군수·구청장은 영업자가 다음 각 호의 어느 하나에 해당하면 식품 등의 품목 또는 품목류(「식품위생법」 제7조·제9조 또는 「건강기능식품에 관한 법률」 제14조에 따라 정해진 기준 및 규격 중 동일한 기준 및 규격을 적용받아 제조·가공되는 모든 품목을 말한다. 이하 같다)에 대하여 기간을 정하여 6개월 이내의 제조정지를 명할 수 있다.

1. 제4조 제3항을 위반하여 식품 등을 판매하거나 판매할 목적으로 제조 · 가공 · 소분 · 수입 · 포장 · 보관 · 진열 또는 운반하거나 영업에 사용한 경우

2. 제8조 제1항을 위반하여 표시 또는 광고를 한 경우

② 제1항에 따른 행정처분의 세부 기준은 그 위반행위의 유형과 위반 정도 등을 고려하여 총리령으로 정한다.

제18조(행정 제재처분 효과의 승계) 「건강기능식품에 관한 법률」 제11조, 「수입식품안전관리 특별법」 제16조, 「식품위생법」 제39조 또는 「축산물 위생관리법」 제26조에 따라 영업이 양수인 · 상속인 또는 합병 후 존속하는 법인이나 합병에 따라 설립되는 법인(이하 이 조에서 "양수인 등"이라 한다)에 승계된 경우에는 제16조 제1항 각 호, 같은 조 제3항 각 호 또는 제17조 제1항 각 호를 위반한 사유로 종전의 영업자에게 한 행정 제재처분이나 제16조 제2항 또는 제4항에 따라 종전의 영업자에게 한 행정 제재처분의 효과는 그 처분기간이 끝난 날부터 1년간 양수인 등에게 승계되며, 행정 제재처분 절차가 진행 중일 때에는 양수인 등에 대하여 그 절차를 계속할 수 있다. 다만, 양수인 등(상속으로 승계받은 자는 제외한다)이 영업을 승계할 때 그 처분 또는 위반사실을 알지 못하였음을 증명하면 그러하지 아니하다.

제19조(영업정지 등의 처분에 갈음하여 부과하는 과징금 처분) ① 식품의약품안전처장, 시 · 도지사 또는 시장 · 군수 · 구청장은 영업자가 제16조 제1항 각 호, 같은 조 제3항 각 호 또는 제17조 제1항 각 호의 어느 하나에 해당하여 영업정지 또는 품목 제조정지 등을 명하여야 하는 경우로서 그 영업정지 또는 품목 제조정지 등이 이용자에게 심한 불편을 주거나 그 밖에 공익을 해칠 우려가 있을 때에는 영업정지 또는 품목 제조정지 등을 갈음하여 10억 원 이하의 과징금을 부과할 수 있다. 다만, 제4조 제3항 또는 제8조 제1항을 위반하여 제16조 제1항, 같은 조 제3항 또는 제17조 제1항에 해당하는 경우로서 총리령으로 정하는 경우는 제외한다.

② 식품의약품안전처장, 시 · 도지사 또는 시장 · 군수 · 구청장은 제1항에 따른 과징금을 부과하기 위하여 필요한 경우에는 다음 각 호의 사항을 적은 문서로 관할 세무관서의 장에게 과세 정보 제공을 요청할 수 있다.

1. 납세자의 인적 사항

2. 과세 정보의 사용 목적

3. 과징금 부과기준이 되는 매출금액

③ 식품의약품안전처장, 시 · 도지사 또는 시장 · 군수 · 구청장은 영업자가 제1항에 따른 과징금을 기한 내에 납부하지 아니하는 때에는 대통령령으로 정하는 바에 따라 제1항에 따른 과징금 부과

처분을 취소하고 제16조 제1항 또는 제3항에 따른 영업정지, 제17조 제1항에 따른 품목 제조정지 또는 품목류 제조정지 처분을 하거나 국세 체납처분의 예 또는 「지방행정제재 · 부과금의 징수 등에 관한 법률」에 따라 징수한다. 다만, 다음 각 호의 어느 하나에 해당하여 영업정지, 품목 제조 정지 또는 품목류 제조정지의 처분을 할 수 없는 경우에는 국세 체납처분의 예 또는 「지방행정제 재 · 부과금의 징수 등에 관한 법률」에 따라 징수한다. 〈개정 2020. 3. 24.〉

1. 「건강기능식품에 관한 법률」 제5조 제2항 및 제6조 제3항에 따라 폐업을 한 경우
2. 「수입식품안전관리 특별법」 제15조 제3항에 따라 폐업을 한 경우
3. 「식품위생법」 제37조 제3항부터 제5항까지의 규정에 따라 폐업을 한 경우
4. 「축산물 위생관리법」 제22조 제5항 및 제24조 제2항에 따라 폐업을 한 경우

④ 식품의약품안전처장, 시 · 도지사 또는 시장 · 군수 · 구청장은 제3항에 따라 체납된 과징금을 징수하기 위하여 필요한 경우에는 「전자정부법」 제36조 제1항에 따른 행정정보의 공동이용을 통하여 다음 각 호의 사항을 확인할 수 있다.

1. 「건축법」 제38조에 따른 건축물대장 등본
2. 「공간정보의 구축 및 관리 등에 관한 법률」 제71조에 따른 토지대장 등본
3. 「자동차관리법」 제7조에 따른 자동차등록원부 등본

⑤ 제1항과 제3항 각 호 외의 부분 단서에 따라 징수한 과징금 중 식품의약품안전처장이 부과 · 징수한 과징금은 국가에 귀속되고, 시 · 도지사가 부과 · 징수한 과징금은 특별시 · 광역시 · 특별자치시 · 도 · 특별자치도(이하 "시 · 도"라 한다)의 식품진흥기금(「식품위생법」 제89조에 따른 식품진흥기금을 말한다. 이하 이 항에서 같다)에 귀속되며, 시장 · 군수 · 구청장이 부과 · 징수한 과징금은 대통령령으로 정하는 바에 따라 시 · 도와 시 · 군 · 구(자치구를 말한다)의 식품진흥기금에 귀속된다.

⑥ 제1항에 따른 과징금을 부과하는 위반행위의 종류와 위반 정도 등에 따른 과징금의 금액과 그 밖에 필요한 사항은 대통령령으로 정한다.

● **시행령**

> **제8조(영업정지 등의 처분을 갈음하여 부과하는 과징금의 산정기준)** 법 제19조 제1항 본문에 따라 부과하는 과징금의 산정기준은 별표 2와 같다.
>
> | 식품 등의 표시 · 광고에 관한 법률 시행령 별표 2 |
> | --- |
> | 영업정지 등의 처분을 갈음하여 부과하는 과징금의 산정기준(제8조 관련) |
> | 1. 일반기준
　가. 영업정지, 품목 제조정지 또는 품목류 제조정지 1개월은 30일을 기준으로 한다. |

나. 영업정지를 갈음한 과징금부과의 기준이 되는 매출금액은 처분일이 속한 연도의 전년도의 1년간 총매출금액을 기준으로 한다. 다만, 신규사업 · 휴업 등으로 인하여 1년간의 총매출금액을 산출할 수 없는 경우에는 분기별 · 월별 또는 일별 매출금액을 기준으로 연간 총매출금액으로 환산하여 산출한다.

다. 품목 제조정지를 갈음한 과징금부과의 기준이 되는 매출금액은 처분일이 속하는 달부터 소급하여 직전 3개월간 해당 품목의 총매출금액에 4를 곱하여 산출한다. 다만, 신규제조 또는 휴업 등으로 3개월의 총매출금액을 산출할 수 없는 경우에는 전월(전월의 실적을 알 수 없는 경우에는 당월을 말한다)의 1일 평균매출액에 365를 곱하여 산출한다.

라. 품목류 제조정지를 갈음한 과징금부과의 기준이 되는 매출금액은 품목류에 해당하는 품목들의 처분일이 속한 연도의 전년도의 1년간 총매출금액을 기준으로 한다. 다만, 신규제조 · 휴업 등으로 인하여 품목류에 해당하는 품목들의 1년간의 총매출금액을 산출할 수 없는 경우에는 분기별 · 월별 또는 일별 매출금액을 기준으로 연간 총매출금액으로 환산하여 산출한다.

2. 과징금 기준

가. 「식품위생법 시행령」제21조 제1호 및 제3호의 식품제조 · 가공업 및 식품첨가물제조업, 「축산물 위생관리법 시행령」제21조 제1호부터 제3호까지 · 제3호의2 · 제4호의 도축업 · 집유업 · 축산물가공업 · 식용란선별포장업 · 식육포장처리업 및 「건강기능식품에 관한 법률 시행령」제2조 제1호의 건강기능식품제조업에 대한 영업정지를 갈음하여 과징금을 부과하는 경우

등급	연간매출액(단위 : 백만 원)	영업정지 1일에 해당하는 과징금의 금액(단위 : 만 원)
1	100 이하	12
2	100 초과 ~ 200 이하	14
3	200 초과 ~ 310 이하	17
4	310 초과 ~ 430 이하	20
5	430 초과 ~ 560 이하	27
6	560 초과 ~ 700 이하	34
7	700 초과 ~ 860 이하	42
8	860 초과 ~ 1,040 이하	51
9	1,040 초과 ~ 1,240 이하	62
10	1,240 초과 ~ 1,460 이하	73
11	1,460 초과 ~ 1,710 이하	86
12	1,710 초과 ~ 2,000 이하	94
13	2,000 초과 ~ 2,300 이하	100
14	2,300 초과 ~ 2,600 이하	106
15	2,600 초과 ~ 3,000 이하	112
16	3,000 초과 ~ 3,400 이하	118
17	3,400 초과 ~ 3,800 이하	124
18	3,800 초과 ~ 4,300 이하	140
19	4,300 초과 ~ 4,800 이하	157
20	4,800 초과 ~ 5,400 이하	176
21	5,400 초과 ~ 6,000 이하	197
22	6,000 초과 ~ 6,700 이하	219
23	6,700 초과 ~ 7,500 이하	245
24	7,500 초과 ~ 8,600 이하	278
25	8,600 초과 ~ 10,000 이하	321

등급	연간매출액(단위 : 백만 원)	영업정지 1일에 해당하는 과징금의 금액(단위 : 만 원)
26	10,000 초과 ~ 12,000 이하	380
27	12,000 초과 ~ 15,000 이하	466
28	15,000 초과 ~ 20,000 이하	604
29	20,000 초과 ~ 25,000 이하	777
30	25,000 초과 ~ 30,000 이하	949
31	30,000 초과 ~ 35,000 이하	1,122
32	35,000 초과 ~ 40,000 이하	1,295
33	40,000 초과	1,381

나. 「식품위생법 시행령」 제21조 제2호·제4호부터 제8호까지의 즉석판매제조·가공업, 식품운반업, 식품소분·판매업, 식품보존업, 용기·포장류제조업, 식품접객업, 「축산물 위생관리법 시행령」 제21조 제5호부터 제8호까지의 축산물보관업·축산물운반업·축산물판매업·식육즉석판매가공업, 「건강기능식품에 관한 법률 시행령」 제2조 제3호의 건강기능식품판매업, 「수입식품안전관리 특별법 시행령」 제2조 제1호 및 제3호의 수입식품 등 수입·판매업 및 수입식품 등 인터넷 구매 대행업에 대한 영업정지를 갈음하여 과징금을 부과하는 경우

등급	연간매출액(단위 : 백만 원)	영업정지 1일에 해당하는 과징금의 금액(단위 : 만 원)
1	20 이하	5
2	20 초과 ~ 30 이하	8
3	30 초과 ~ 50 이하	10
4	50 초과 ~ 100 이하	13
5	100 초과 ~ 150 이하	16
6	150 초과 ~ 210 이하	23
7	210 초과 ~ 270 이하	31
8	270 초과 ~ 330 이하	39
9	330 초과 ~ 400 이하	47
10	400 초과 ~ 470 이하	56
11	470 초과 ~ 550 이하	66
12	550 초과 ~ 650 이하	78
13	650 초과 ~ 750 이하	88
14	750 초과 ~ 850 이하	94
15	850 초과 ~ 1,000 이하	100
16	1,000 초과 ~ 1,200 이하	106
17	1,200 초과 ~ 1,500 이하	112
18	1,500 초과 ~ 2,000 이하	118
19	2,000 초과 ~ 2,500 이하	124
20	2,500 초과 ~ 3,000 이하	130
21	3,000 초과 ~ 4,000 이하	136
22	4,000 초과 ~ 5,000 이하	165
23	5,000 초과 ~ 6,500 이하	211
24	6,500 초과 ~ 8,000 이하	266
25	8,000 초과 ~ 10,000 이하	330
26	10,000 초과	367

다. 품목 또는 품목류 제조정지를 갈음하여 과징금을 부과하는 경우

등급	연간매출액(단위 : 백만 원)	품목 또는 품목류 제조정지 1일에 해당하는 과징금의 금액(단위 : 만 원)
1	100 이하	12
2	100 초과 ~ 200 이하	14
3	200 초과 ~ 300 이하	16
4	300 초과 ~ 400 이하	19
5	400 초과 ~ 500 이하	24
6	500 초과 ~ 650 이하	31
7	650 초과 ~ 800 이하	39
8	800 초과 ~ 950 이하	47
9	950 초과 ~ 1,100 이하	55
10	1,100 초과 ~ 1,300 이하	65
11	1,300 초과 ~ 1,500 이하	76
12	1,500 초과 ~ 1,700 이하	86
13	1,700 초과 ~ 2,000 이하	100
14	2,000 초과 ~ 2,300 이하	106
15	2,300 초과 ~ 2,700 이하	112
16	2,700 초과 ~ 3,100 이하	118
17	3,100 초과 ~ 3,600 이하	124
18	3,600 초과 ~ 4,100 이하	142
19	4,100 초과 ~ 4,700 이하	163
20	4,700 초과 ~ 5,300 이하	185
21	5,300 초과 ~ 6,000 이하	209
22	6,000 초과 ~ 6,700 이하	235
23	6,700 초과 ~ 7,400 이하	261
24	7,400 초과 ~ 8,200 이하	289
25	8,200 초과 ~ 9,000 이하	318
26	9,000 초과 ~ 10,000 이하	351
27	10,000 초과 ~ 11,000 이하	388
28	11,000 초과 ~ 12,000 이하	425
29	12,000 초과 ~ 13,000 이하	462
30	13,000 초과 ~ 15,000 이하	518
31	15,000 초과 ~ 17,000 이하	592
32	17,000 초과 ~ 20,000 이하	684
33	20,000 초과	740

제9조(과징금의 부과 및 납부) ① 식품의약품안전처장, 특별시장 · 광역시장 · 특별자치시장 · 도지사 · 특별자치도지사(이하 "시 · 도지사"라 한다) 또는 시장 · 군수 · 구청장(자치구의 구청장을 말한다. 이하 같다)은 법 제19조 제1항 본문에 따라 과징금을 부과하려면 그 위반행위의 종류와 해당 과징금의 금액 등을 명시하여 이를 납부할 것을 서면으로 알려야 한다.

② 제1항에 따라 통지를 받은 자는 통지를 받은 날부터 20일 이내에 식품의약품안전처장, 시 · 도지사 또는 시장 · 군수 · 구청장이 정하는 수납기관에 과징금을 납부해야 한다. 〈개정 2023. 12. 12.〉

③ 제2항에 따라 과징금을 받은 수납기관은 그 납부자에게 영수증을 발급해야 하며, 납부받은 사실을 지체 없이 식품의약품안전처장, 시·도지사 또는 시장·군수·구청장에게 통보해야 한다.

제10조(과징금의 납부기한 연기 및 분할 납부) ① 식품의약품안전처장, 시·도지사 또는 시장·군수·구청장은 법 제19조 제1항 본문에 따라 과징금을 부과받은 자가 납부해야 하는 과징금의 금액이 100만원 이상인 경우에는 「행정기본법」 제29조 단서에 따라 과징금의 납부기한을 연기하거나 분할 납부하게 할 수 있다.

② 식품의약품안전처장, 시·도지사 또는 시장·군수·구청장이 제1항에 따라 과징금의 납부기한을 연기하는 경우에는 그 납부기한의 다음 날부터 1년을 초과할 수 없다.

③ 식품의약품안전처장, 시·도지사 또는 시장·군수·구청장이 제1항에 따라 과징금을 분할 납부하게 하는 경우 각 분할된 납부기한 간의 간격은 4개월 이내로 하며, 분할 납부의 횟수는 3회 이내로 한다.

[전문개정 2023. 12. 12.]

제11조(과징금 미납자에 대한 처분) ① 식품의약품안전처장, 시·도지사 또는 시장·군수·구청장은 법 제19조 제3항에 따라 과징금 부과처분을 취소하려는 경우 과징금납부의무자에게 과징금 부과의 납부기한(제10조 제1항에 따라 과징금의 납부기한을 연기하거나 분할 납부하게 한 경우로서 「행정기본법 시행령」 제7조 제3항에 따라 과징금을 한꺼번에 징수하는 경우에는 한꺼번에 납부하도록 한 기한을 말한다)이 지난 후 15일 이내에 독촉장을 발부해야 한다. 이 경우 납부기한은 독촉장을 발부하는 날부터 10일 이내로 해야 한다. 〈개정 2023. 12. 12.〉

② 식품의약품안전처장, 시·도지사 또는 시장·군수·구청장은 법 제19조 제3항에 따라 과징금 부과처분을 취소하고 영업정지, 품목 제조정지 또는 품목류 제조정지 처분을 하는 경우에는 처분이 변경된 사유와 처분의 기간 등 영업정지, 품목 제조정지 또는 품목류 제조정지 처분에 필요한 사항을 명시하여 서면으로 처분대상자에게 통지해야 한다.

제12조(기금의 귀속비율) 법 제19조 제5항에 따라 시장·군수·구청장이 부과·징수한 과징금의 특별시·광역시·특별자치시·도·특별자치도(이하 "시·도"라 한다) 및 시·군·구(자치구를 말한다. 이하 같다)의 식품진흥기금에 귀속되는 비율은 다음 각 호와 같다.

1. 시·도 : 40퍼센트
2. 시·군·구 : 60퍼센트

● **시행규칙**

제17조(과징금 부과 제외 대상) 법 제19조 제1항 단서에 따라 과징금 부과 대상에서 제외되는 대상은 별표 8과 같다.

식품 등의 표시 · 광고에 관한 법률 시행규칙 별표 8 <개정 2020. 9. 9.>

과징금 부과 제외 대상(제17조 관련)

다음 각 호의 어느 하나에 해당하는 경우에는 영업정지, 품목류 또는 품목 제조정지에 갈음하는 과징금을 부과해서는 안 된다. 다만, 제1호부터 제4호까지의 규정에도 불구하고 별표 7 I. 일반기준 제13호에 따른 경감 대상에 해당하는 경우에는 과징금 처분을 할 수 있다.

1. 「식품위생법 시행령」 제21조 제1호부터 제3호까지, 제5호 가목 · 나목 3), 제6호 가목, 제7호의 식품제조 · 가공업, 즉석판매제조 · 가공업, 식품첨가물제조업, 식품소분업 · 유통전문판매업, 식품조사처리업, 용기 · 포장류제조업, 「축산물 위생관리법 시행령」 제21조 제3호 · 제4호 · 제7호 마목 · 제8호의 축산물가공업 · 식육포장처리업 · 축산물유통전문판매업 · 식육즉석판매가공업, 「건강기능식품에 관한 법률 시행령」 제2조 제1호 · 제3호 나목의 건강기능식품제조업 · 건강기능식품유통전문판매업 및 「수입식품안전관리 특별법 시행령」 제2조 제1호의 수입식품 등 수입 · 판매업
   가. 별표 7 II. 개별기준 제1호 가목 1) 가)에 해당하는 경우
   나. 별표 7 II. 개별기준 제1호 라목 1), 같은 목 4) 다) 및 같은 목 5)에 해당하는 경우
   다. 1차 위반 시 영업정지 1개월 이상에 해당하는 위반행위를 다시 한 경우
   라. 3차 위반에 해당하는 경우
   마. 과징금을 체납 중인 경우

2. 「축산물 위생관리법 시행령」 제21조 제1호 · 제2호 및 제3호의2의 도축업 · 집유업 및 식용란선별포장업
   가. 별표 7 II. 개별기준 제2호 가목 1)에 해당하는 경우
   나. 별표 7 II. 개별기준 제2호 나목 2) · 3)에 해당하는 경우
   다. 1차 위반 시 영업정지 1개월 이상에 해당하는 위반행위를 다시 한 경우
   라. 3차 위반에 해당하는 경우
   마. 과징금을 체납 중인 경우

3. 「식품위생법 시행령」 제21조 제4호 · 제5호 나목의 식품운반업 · 식품판매업[제5호 나목 3)의 유통전문판매업은 제외한다], 「축산물 위생관리법 시행령」 제21조 제5호부터 제7호까지의 축산물보관업 · 축산물운반업 · 축산물판매업(제7호 마목의 축산물유통전문판매업은 제외한다), 「건강기능식품에 관한 법률 시행령」 제2조 제3호의 건강기능식품판매업(제3호 나목의 건강기능식품유통전문판매업은 제외한다) 및 「수입식품안전관리 특별법 시행령」 제2조 제3호의 수입식품 등 인터넷 구매 대행업
   가. 별표 7 II. 개별기준 제3호 가목 1) 가)에 해당하는 경우
   나. 별표 7 II. 개별기준 제3호 다목 1), 같은 목 4) 가) (1) 및 같은 목 4) 나)에 해당하는 경우
   다. 1차 위반 시 영업정지 1개월 이상에 해당하는 위반행위를 다시 한 경우
   라. 3차 위반사항에 해당하는 경우
   마. 과징금을 체납 중인 경우

4. 「식품위생법 시행령」 제21조 제8호의 식품접객업
   가. 3차 위반사항에 해당하는 경우
   나. 과징금을 체납 중인 경우

제20조(부당한 표시 · 광고에 따른 과징금 부과 등) ① 식품의약품안전처장, 시 · 도지사 또는 시장 · 군수 · 구청장은 제8조 제1항 제1호부터 제3호까지의 규정을 위반하여 제16조 제1항 또는 제3항에 따

라 2개월 이상의 영업정지 처분, 같은 조 제1항 또는 제2항에 따라 영업허가 및 등록의 취소 또는 같은 조 제3항 또는 제4항에 따라 영업소의 폐쇄명령을 받은 자에 대하여 그가 해당 식품 등을 판매한 금액의 2배 이하의 범위에서 과징금을 부과할 수 있다. 〈개정 2024. 1. 2.〉

② 식품의약품안전처장, 시·도지사 또는 시장·군수·구청장은 제1항에 따른 과징금을 부과하는 경우 다음 각 호의 사항을 고려하여야 한다. 〈신설 2024. 1. 2.〉

1. 위반행위의 내용 및 정도

2. 위반행위의 기간 및 횟수

3. 위반행위로 인하여 취득한 이익의 규모

③ 식품의약품안전처장, 시·도지사 또는 시장·군수·구청장은 제1항에 따른 과징금을 기한 내에 납부하지 아니하는 경우 또는 제19조 제3항 각 호의 어느 하나에 해당하는 경우에는 국세 체납처분의 예 또는 「지방행정제재·부과금의 징수 등에 관한 법률」에 따라 징수한다. 〈개정 2020. 3. 24., 2024. 1. 2.〉

④ 제1항에 따라 부과한 과징금의 징수절차 및 귀속 등에 관하여는 제19조 제4항 및 제5항을 준용한다. 〈개정 2024. 1. 2.〉

⑤ 제1항 및 제2항에 따른 과징금의 산출금액은 대통령령으로 정하는 바에 따라 결정한다. 〈개정 2024. 1. 2.〉

[시행일 2024. 7. 3.] 제20조

● **시행령**

제13조(부당한 표시·광고에 따른 과징금 부과 기준 및 절차) ① 법 제20조 제1항에 따라 부과하는 과징금의 금액은 부당한 표시·광고를 한 식품 등의 판매량에 판매가격을 곱한 금액으로 한다.

② 제1항에 따른 판매량은 부당한 표시·광고를 한 식품 등을 최초로 판매한 시점부터 적발시점까지의 판매량(출하량에서 회수량 및 반품·검사 등의 사유로 실제로 판매되지 않은 양을 제외한 수량을 말한다)으로 하고, 판매가격은 판매기간 중 판매가격이 변동된 경우에는 판매시기별로 가격을 산정한다.

③ 제1항 및 제2항에서 규정한 사항 외에 과징금의 부과·징수 절차 등에 관하여는 제9조 및 제10조를 준용한다.

제21조(위반사실의 공표) ① 식품의약품안전처장, 시·도지사 또는 시장·군수·구청장은 제15조부터 제20조까지의 규정에 따라 행정처분이 확정된 영업자에 대한 처분 내용, 해당 영업소와 식품 등의 명칭 등 처분과 관련한 영업 정보를 공표하여야 한다.

② 제1항에 따른 공표의 대상, 방법 및 절차 등에 관하여 필요한 사항은 대통령령으로 정한다.

● **시행령**

> **제14조(위반사실의 공표)** 식품의약품안전처장, 시·도지사 또는 시장·군수·구청장은 법 제21조에 따라 행정처분이 확정된 영업자에 대한 다음 각 호의 사항을 지체 없이 해당 기관의 인터넷 홈페이지 또는 「신문 등의 진흥에 관한 법률」 제9조 제1항 각 호 외의 부분 본문에 따라 등록한 전국을 보급지역으로 하는 일반일간신문에 게재해야 한다.
> 1. 「식품 등의 표시·광고에 관한 법률」 위반사실의 공표라는 내용의 표제
> 2. 영업의 종류
> 3. 영업소의 명칭·소재지 및 대표자의 성명
> 4. 식품 등의 명칭(식육의 경우 그 종류 및 부위의 명칭을 말한다)
> 5. 위반 내용(위반행위의 구체적인 내용과 근거 법령을 포함한다)
> 6. 행정처분의 내용, 처분일 및 기간
> 7. 단속기관 및 적발일

제22조(국고 보조) 식품의약품안전처장은 예산의 범위에서 제15조 제3항에 따른 폐기에 드는 비용의 전부 또는 일부를 보조할 수 있다.

제23조(청문) 식품의약품안전처장, 시·도지사 또는 시장·군수·구청장은 제10조 제7항에 따른 자율심의기구에 대한 등록의 취소, 제16조 제1항 또는 제2항에 따른 영업허가 또는 등록의 취소나 같은 조 제3항 또는 제4항에 따른 영업소 폐쇄를 명하려면 청문을 하여야 한다.

제24조(권한 등의 위임 및 위탁) ① 이 법에 따른 식품의약품안전처장의 권한은 대통령령으로 정하는 바에 따라 그 일부를 소속 기관의 장 또는 시·도지사에게 위임할 수 있다.
② 이 법에 따른 식품의약품안전처장의 업무는 대통령령으로 정하는 바에 따라 그 일부를 관계 전문기관 또는 단체에 위탁할 수 있다.

● **시행령**

> **제15조(권한의 위임)** ① 식품의약품안전처장은 법 제24조 제1항에 따라 법 제9조 제2항에 따른 식품 등의 표시 또는 광고의 실증자료에 대한 검토에 관한 권한을 식품의약품안전평가원장에게 위임한다.
> ② 식품의약품안전처장은 법 제24조 제1항에 따라 다음 각 호의 권한을 지방식품의약품안전청장에게 위임한다. 〈신설 2020. 8. 25.〉
> 1. 법 제14조에 따른 시정명령

제25조(벌칙 적용에서 공무원 의제) 제11조에 따른 심의위원회의 위원은 「형법」 제129조부터 제132조까지의 규정을 적용할 때에는 공무원으로 본다.

제26조(벌칙) ① 제8조 제1항 제1호부터 제3호까지의 규정을 위반하여 표시 또는 광고를 한 자는 10년 이하의 징역 또는 1억 원 이하의 벌금에 처하거나 이를 병과(並科)할 수 있다.

② 제1항의 죄로 형을 선고받고 그 형이 확정된 후 5년 이내에 다시 제1항의 죄를 범한 자는 1년 이상 10년 이하의 징역에 처한다.

③ 제2항의 경우 해당 식품 등을 판매하였을 때에는 그 판매가격의 4배 이상 10배 이하에 해당하는 벌금을 병과한다.

제27조(벌칙) 다음 각 호의 어느 하나에 해당하는 자는 5년 이하의 징역 또는 5천만 원 이하의 벌금에 처하거나 이를 병과할 수 있다. 〈개정 2021. 8. 17.〉

1. 제4조 제3항을 위반하여 건강기능식품을 판매하거나 판매할 목적으로 제조·가공·소분·수입·포장·보관·진열 또는 운반하거나 영업에 사용한 자

2. 제8조 제1항 제4호부터 제10호까지의 규정을 위반하여 표시 또는 광고를 한 자

3. 제15조 제1항에 따른 회수 또는 회수하는 데에 필요한 조치를 하지 아니한 자

4. 제15조 제3항에 따른 명령을 위반한 자

5. 「건강기능식품에 관한 법률」 제5조 제1항에 따라 영업허가를 받은 자로서 제16조 제1항에 따른 영업정지 명령을 위반하여 계속 영업한 자

6. 「건강기능식품에 관한 법률」 제6조 제2항에 따라 영업신고를 한 자로서 제16조 제3항에 따른 영업정지 명령을 위반하여 계속 영업한 자

7. 「식품위생법」 제37조 제1항에 따라 영업허가를 받은 자로서 제16조 제1항에 따른 영업정지 명령을 위반하여 계속 영업한 자

제28조(벌칙) 다음 각 호의 어느 하나에 해당하는 자는 3년 이하의 징역 또는 3천만 원 이하의 벌금에 처한다.

1. 제4조 제3항을 위반하여 식품 등(건강기능식품은 제외한다)을 판매하거나 판매할 목적으로 제조·가공·소분·수입·포장·보관·진열 또는 운반하거나 영업에 사용한 자

2. 제17조 제1항에 따른 품목 또는 품목류 제조정지 명령을 위반한 자

3. 「수입식품안전관리 특별법」 제15조 제1항에 따라 영업등록을 한 자로서 제16조 제1항에 따른 영업정지 명령을 위반하여 계속 영업한 자

4. 「식품위생법」 제37조 제4항에 따라 영업신고를 한 자로서 제16조 제3항 또는 제4항에 따른 영업정지 명령 또는 영업소 폐쇄명령을 위반하여 계속 영업한 자

5. 「식품위생법」 제37조 제5항에 따라 영업등록을 한 자로서 제16조 제1항에 따른 영업정지 명령을 위반하여 계속 영업한 자

6. 「축산물 위생관리법」 제22조 제1항에 따라 영업허가를 받은 자로서 제16조 제1항에 따른 영업정지 명령을 위반하여 계속 영업한 자

7. 「축산물 위생관리법」 제24조 제1항에 따라 영업신고를 한 자로서 제16조 제3항 또는 제4항에 따른 영업정지 명령 또는 영업소 폐쇄명령을 위반하여 계속 영업한 자

제29조(벌칙) 다음 각 호의 어느 하나에 해당하는 자는 1년 이하의 징역 또는 1천만 원 이하의 벌금에 처한다. 다만, 제1호의 경우 징역과 벌금을 병과할 수 있다.

1. 제9조 제4항에 따른 중지명령을 위반하여 계속하여 표시 또는 광고를 한 자

2. 제15조 제2항에 따른 회수계획 보고를 하지 아니하거나 거짓으로 보고한 자

제30조(양벌규정) 법인의 대표자나 법인 또는 개인의 대리인, 사용인, 그 밖의 종업원이 그 법인 또는 개인의 업무에 관하여 제26조부터 제29조까지의 어느 하나에 해당하는 위반행위를 하면 그 행위자를 벌하는 외에 그 법인 또는 개인에게도 해당 조문의 벌금형을 과(科)한다. 다만, 법인 또는 개인이 그 위반행위를 방지하기 위하여 해당 업무에 관하여 상당한 주의와 감독을 게을리하지 아니한 경우에는 그러하지 아니하다.

제31조(과태료) ① 다음 각 호의 어느 하나에 해당하는 자에게는 500만 원 이하의 과태료를 부과한다. 〈개정 2020. 4. 7.〉

1. 제5조 제3항을 위반하여 식품 등을 판매하거나 판매할 목적으로 제조 · 가공 · 소분 · 수입 · 포장 · 보관 · 진열 또는 운반하거나 영업에 사용한 자

2. 제6조 제3항을 위반하여 식품을 판매하거나 판매할 목적으로 제조 · 가공 · 소분 · 수입 · 포장 · 보관 · 진열 또는 운반하거나 영업에 사용한 자

② 제7조를 위반하여 광고를 한 자에게는 300만 원 이하의 과태료를 부과한다.

③ 제1항 및 제2항에 따른 과태료는 대통령령으로 정하는 바에 따라 식품의약품안전처장, 시 · 도지사 또는 시장 · 군수 · 구청장이 부과 · 징수한다.

● 시행령

제16조(과태료의 부과기준) 법 제31조 제1항 및 제2항에 따른 과태료의 부과기준은 별표 3과 같다.

식품 등의 표시 · 광고에 관한 법률 시행령 별표 3 <개정 2023. 12. 26.>
과태료의 부과기준(제16조 관련)

1. 일반기준

가. 위반행위의 횟수에 따른 과태료의 가중된 부과기준은 최근 2년간 같은 위반행위(법 제5조 제3항의 위반행위의 경우에는 품목과 영양성분이 같은 경우만 해당한다. 이하 같다)로 과태료 부과처분을 받은 경우에 적용한다. 이 경우 기간의 계산은 위반행위에 대하여 과태료 부과처분을 받은 날과 그 처분 후 다시 같은 위반행위를 하여 적발된 날을 기준으로 한다.

나. 가목에 따라 가중된 부과처분을 하는 경우 가중처분의 적용 차수는 그 위반행위 전 부과처분 차수(가목에 따른 기간 내에 과태료 부과처분이 둘 이상 있었던 경우에는 높은 차수를 말한다)의 다음 차수로 한다.

다. 같은 품목에 대한 법 제5조 제3항의 위반행위가 둘 이상인 경우에는 그중 가장 무거운 부과기준(무거운 부과기준이 같은 경우에는 그중 하나의 부과기준을 말한다)에 따른다.

라. 식품의약품안전처장, 시 · 도지사 또는 시장 · 군수 · 구청장은 다음의 어느 하나에 해당하는 경우에는 제2호의 개별기준에 따른 과태료 금액의 2분의 1 범위에서 그 금액을 줄일 수 있다. 다만, 과태료를 체납하고 있는 위반행위자의 경우에는 그 금액을 줄일 수 없다.

  1) 위반행위자가 「질서위반행위규제법 시행령」 제2조의2 제1항 각 호의 어느 하나에 해당하는 경우

  2) 위반행위가 사소한 부주의나 오류로 인한 것으로 인정되는 경우

  3) 고의 또는 중과실이 없는 위반행위자가 「소상공인기본법」 제2조에 따른 소상공인인 경우로서 위반행위자의 현실적인 부담능력, 경제위기 등으로 위반행위자가 속한 시장 · 산업 여건이 현저하게 변동되거나 지속적으로 악화된 상태인지 여부를 고려할 때 과태료를 감경할 필요가 있다고 인정되는 경우

  4) 그 밖에 위반행위의 정도, 동기 및 그 결과 등을 고려하여 과태료를 줄일 필요가 있다고 인정되는 경우

마. 식품의약품안전처장, 시 · 도지사 또는 시장 · 군수 · 구청장은 다음의 어느 하나에 해당하는 경우에는 제2호의 개별기준에 따른 과태료 금액의 2분의 1 범위에서 그 금액을 늘릴 수 있다. 다만, 금액을 늘리는 경우에도 법 제31조 제1항 및 제2항에 따른 과태료 금액의 상한을 넘을 수 없다.

  1) 위반의 내용 및 정도가 중대하여 이로 인한 피해가 크다고 인정되는 경우

    2) 법 위반상태의 기간이 6개월 이상인 경우
    3) 그 밖에 위반행위의 정도, 동기 및 그 결과 등을 고려하여 과태료를 늘릴 필요가 있다고 인정되는 경우

2. 개별기준

위반행위	근거 법조문	과태료 금액(단위 : 만 원)		
		1차 위반	2차 위반	3차 이상 위반
가. 법 제5조 제3항을 위반하여 식품 등을 판매하거나 판매할 목적으로 제조 · 가공 · 소분 · 수입 · 포장 · 보관 · 진열 또는 운반하거나 영업에 사용한 경우	법 제31조 제1항 제1호			
1) 영양성분 표시 시 지방(포화지방 및 트랜스지방), 콜레스테롤, 나트륨 중 1개 이상을 표시하지 않은 경우		100	200	300
2) 영양성분 표시 시 열량, 탄수화물, 당류, 단백질 중 1개 이상을 표시하지 않은 경우		30	40	60
3) 실제 측정값이 영양표시량 대비 허용오차범위를 넘은 경우				
가) 실제 측정값이 영양표시량 대비 50퍼센트 이상을 초과하거나 미달한 경우		50	100	150
나) 실제 측정값이 영양표시량 대비 20퍼센트 이상 50퍼센트 미만의 범위에서 초과하거나 미달한 경우		20	40	60
나. 법 제6조 제3항을 위반하여 식품을 판매하거나 판매할 목적으로 제조 · 가공 · 소분 · 수입 · 포장 · 보관 · 진열 또는 운반하거나 영업에 사용한 경우	법 제31조 제1항 제2호	100	200	300
다. 법 제7조를 위반하여 광고를 한 경우	법 제31조 제2항			
1) 식품 등을 광고하는 경우 그 광고에 제품명, 제조업소명(수입식품 등의 경우 제조국 또는 생산국) 및 판매업소명 중 전부 또는 일부를 포함하지 않은 경우		30	60	90
2) 부당한 표시 · 광고를 하여 행정처분을 받고도 해당 광고를 즉시 중지하지 않은 경우		100	100	100

FOOD SANITATION

CHAPTER 3 영양사 관련 법과 배치 기준
1. 영양사 관련 법
2. 영양사 배치 기준
3. 우리나라 영양사 현황

CHAPTER 4 식품위생법규 관련 벌칙 및 과태료
1. 식품위생법규 관련 벌칙
2. 식품위생법규 관련 과태료

CHAPTER 5 영양사 위생안전사고 및 업무 서식과 위생설비
1. 위생안전사고의 사례와 방지법
2. 영양사 업무 관련 서식
3. 반드시 갖춰야 할 급식소 위생설비

2

실무편

영양사 관련 법과 배치 기준

1. 영양사 관련 법

영양사에 관한 법에는 다음과 같은 것들이 있다. 특히 이 중에서 식품위생법, 학교급식법, 국민건강증진법, 국민영양관리법, 농수산물의 원산지 표시 등에 관한 법률, 식품 등의 표시·광고에 관한 법률은 영양사 시험 제출 범위에 포함된다.

- 감염병 예방 및 관리에 관한 법률
- 건강기능식품에 관한 법률
- 고열량·저영양 식품 영양성분 기준(식품의약품안전처 고시)
- 공공행정 등에서 현업 업무에 종사하는 사람의 기준(고용노동부 고시)
- 공무원 보수규정
- 공무원 행동강령
- 교원자격검정 실무편람(교육부 고시)
- 교원자격검정령
- 교육공무원 임용후보자 선정 경쟁 시험규칙
- 국민건강보험 요양급여의 기준에 관한 규칙
- 국민건강보험법
- 국민건강증진법
- 국민영양관리법
- 노숙인 등의 복지 및 자립지원에 관한 법률
- 노인복지법
- 노인장기요양보험법

- 농수산물의 원산지 표시 등에 관한 법률
- 보건교육 업무 및 민간단체의 보건교육사 양성과정 기준(보건복지부 고시)
- 보건의료기본법(같은 법 시행령)
- 사회복지시설 관리안내(보건복지부 고시)
- 산업안전보건법
- 산업체 등 근무 경력 교사의 임용 전 경력 환산율 상향 조정 업무 처리 지침(교육부 고시)
- 식생활교육지원법
- 식품 위생분야 종사자 등의 건강진단규칙(식품의약품안전처 고시)
- 식품안전관리인증기준(HACCP)(식품의약품안전처 고시)
- 식품위생법
- 아동복지법
- 어린이 기호식품 품질인증 기준(식품의약품안전처 고시)
- 어린이 식생활 안전지수의 조사항목 및 방법 등의 기준(식품의약품안전처 고시)
- 어린이 식생활안전관리 특별법
- 영유아보육법
- 유아교육법
- 유치원 및 초등 · 중등 · 특수학교 등의 교사자격 취득을 위한 세부 기준(교육부 고시)
- 의료법
- 자원의 절약과 재활용 촉진에 관한 법률
- 장애인복지법
- 정신요양시설의 설치 기준 및 운영 등에 관한 규칙
- 지방공무원수당 등에 관한 규정
- 지역보건법
- 직장에서의 뇌 · 심혈관질환 예방을 위한 발병위험도평가 및 사후관리지침(한국산업안전보건공단)
- 집단급식소 급식안전관리 기준(식품의약품안전처 고시)
- 초 · 중등교육법
- 학교급식법
- 한부모가족지원법

2. 영양사 배치 기준

구 분	영양사 배치 급식인원	관련 법
집단급식소	1회 50인 이상 ※ 2014년 5월 23일부터 산업체의 경우 1회 100명 이상	• 식품위생법 제2조(정의), 제52조(영양사) • 식품위생법 시행령 제2조(집단급식소의 범위)
학 교	50인 이상 ※ 급식시설과 설비를 갖춘 인접한 2 이상의 학교에 급식대상이 되는 총 학급수가 12학급을 초과하지 아니하는 범위 안에서 영양 교사를 공동으로 둘 수 있음	학교급식법 제7조(영양교사의 배치 등)
병 원	30개 이상의 병상	• 의료법 제3조의2(병원 등) • 의료법 시행규칙 제38조(의료인 등의 정원)
노인복지시설	1회 급식인원이 50인 이상	노인복지법 시행규칙 제17조(노인주거복지시설의 시설기준 등) 별표 2
노숙인시설	상시 50인 이상	노숙인 등의 복지 및 자립지원에 관한 법률 시행규칙 제4조(노숙인급식시설의 신고 · 운영 등) 별표 1
아동복지시설	아동 30인 이상	• 아동복지법 제54조(아동복지시설 종사자) • 아동복지법 시행령 제52조(아동복지시설 종사자의 배치기준 등) 별표 14
장애인 복지시설	장애인거주시설 ※ 시설거주자 50인 이상	장애인복지법 시행규칙 제42조(시설의 설치 · 운영기준) 별표 5
	장애인 직업 · 재활 시설 ※ 훈련장애인을 포함한 장애인이 30인 이상이고, 집단급식 제공 기능이 있는 경우	
한부모가족 복지시설	입소 또는 이용자 상시 50인 이상	한부모가족지원법 시행규칙 제10조의2(한부모가족 복지시설의 설치 기준 등) 별표 3
정신요양시설	입소자 50인 이상	정신요양시설의 설치 기준 및 운영 등에 관한 규칙 제3조(종사자의 수 및 자격) 별표 2
어린이집	영유아 100인 이상	영유아보육법 시행규칙 제10조(보육교직원의 배치 기준) 별표 2 ※ 영유아 200인 이상 단독 배치. 100인 이상 200인 미만 2개까지 공동관리(2021. 10. 1. 시행)
유치원	유아 100인 이상	학교급식법 제4조(학교급식 대상), 제7조(영양교사의 배치 등), 학교급식법 시행령 제2조의2(학교급식 대상), 제8조의2(유치원에 두는 교사의 배치 기준) ※ 유치원 급식이 학교급식법상 학교급식 대상으로 포함(2021. 1. 30. 시행) 유아 200인 이상 영양교사 단독 배치, 100인 이상 200명 미만 2개까지 공동관리

(계속)

구 분	영양사 배치 급식인원	관련 법
시·군·구 영양지도원	특별자치시장·특별자치도지사·시장·군수·구청장은 영양개선사업을 수행하기 위한 국민영양지도를 담당하는 사람(영양지도원)을 두어야 하며, 그 영양지도원은 영양사의 자격을 가진 사람으로 임명	국민건강증진법 시행령 제22조(영양조사원 및 영양지도원)
보건소	• 보건소 및 보건의료원이 설치된 군, 건강생활지원센터에는 영양에 관한 업무를 전담할 영양사를 배치하여야 함 • 방문건강관리 전담공무원으로 영양사 포함	• 지역보건법 시행령 제16조(전문인력의 배치 기준), 시행규칙 제4조(전문인력의 배치) 별표 2 • 지역보건법 제16조의2(방문건강관리 전담공무원), 시행규칙 제4조의2(방문건강관리 전담공무원)
산후조리원	1회 임산부 30인 이상	모자보건법 시행규칙 제14조(인력 및 시설 기준) 별표 3
어린이급식관리 지원센터	어린이급식관리지원센터에 두는 영양사와 위생업무 담당자 수는 지원 대상 급식소 20개당 각각 1명 이상	• 어린이 식생활안전관리 특별법 제21조의2(급식소의 등록), 시행규칙 제15조(등록 대상 급식소의 범위) • 어린이 식생활안전관리 특별법 시행령 제13조(어린이급식관리지원센터의 운영 등) ※ 100인 미만 어린이집 어린이급식관리지원센터 등록 의무화(2021. 12. 30. 시행)

3. 우리나라 영양사 현황

1) 영양사의 정의

식품, 영양의 전문인으로 법적 자격을 인정받아 개인, 단체, 지역사회를 대상으로 질병 예방과 건강증진을 위하여 급식관리 및 식품, 영양서비스를 수행하는 전문인이다.

2) 한국표준직업분류에서의 영양사 및 임상영양사

한국표준직업분류(통계청 고시 제2017-191호)
2. 전문가 및 관련 종사자
24 보건·사회복지 및 종교전문직
241 의료진료전문가, 242 약사 및 한의사, 243 간호사, 244 영양사
2440 영양사
24401 임상영양사, 24402 일반영양사, 24403 영양교사

3) 영양사 및 임상영양사의 직무 규정

- **국민영양관리법 제17조(영양사의 업무)** 영양사는 다음의 업무를 수행한다.

  1. 건강증진 및 환자를 위한 영양 · 식생활 교육 및 상담

  2. 식품영양정보의 제공

  3. 식단 작성, 검식(檢食) 및 배식관리

  4. 구매식품의 검수 및 관리

  5. 급식시설의 위생적 관리

  6. 집단급식소의 운영일지 작성

  7. 종업원에 대한 영양지도 및 위생교육

- **식품위생법 제52조(영양사)** 집단급식소에 근무하는 영양사는 다음의 직무를 수행한다.

  1. 집단급식소에서의 식단 작성, 검식(檢食) 및 배식관리

  2. 구매식품의 검수(檢受) 및 관리

  3. 급식시설의 위생적 관리

  4. 집단급식소의 운영일지 작성

  5. 종업원에 대한 영양 지도 및 식품위생교육

- **학교급식법 시행령 제8조(영양교사의 직무)** 영양교사는 학교의 장을 보좌하여 다음의 직무를 수행한다.

  1. 식단 작성, 식재료의 선정 및 검수

  2. 위생 · 안전 · 작업관리 및 검수

  3. 식생활 지도, 정보 제공 및 영양상담

  4. 조리실 종사자의 지도 · 감독

  5. 그 밖의 학교급식에 관한 사항

- **국민건강증진법 시행규칙 제17조(영양지도원)** 영양지도원의 업무는 다음과 같다.

  1. 영양지도의 기획 · 분석 및 평가

  2. 지역주민에 대한 영양상담 · 영양교육 및 영양평가

  3. 지역주민의 건강상태 및 식생활 개선을 위한 세부 방안 마련

  4. 집단급식시설에 대한 현황 파악 및 급식업무 지도

  5. 영양교육자료의 개발 · 보급 및 홍보

  6. 그 밖에 제1호부터 제5호까지의 규정에 준하는 업무로서 지역주민의 영양관리 및 영양개선을 위하여 특히 필요한 업무

- **국민영양관리법 시행규칙 제22조(임상영양사의 업무)** 임상영양사(이하 "임상영양사"라 한다)는 질병의 예방과 관리를 위하여 질병별로 전문화된 다음의 업무를 수행한다.

  1. 영양문제 수집 · 분석 및 영양요구량 산정 등의 영양판정
  2. 영양상담 및 교육
  3. 영양관리상태 점검을 위한 영양모니터링 및 평가
  4. 영양불량상태 개선을 위한 영양관리
  5. 임상영양 자문 및 연구
  6. 그 밖에 임상영양과 관련된 업무

식품위생법규 관련 벌칙 및 과태료

1. 식품위생법규 관련 벌칙

1) 질병에 걸린 동물을 사용하여 판매할 목적으로 식품 또는 식품첨가물을 제조 · 가공 · 수입 또는 조리한 자는 3년 이상의 징역

1. 소해면상뇌증(狂牛病)	2. 탄저병	3. 가금 인플루엔자

2) 원료 또는 성분 등을 사용하여 판매할 목적으로 식품 또는 식품첨가물을 제조 · 가공 수입 또는 조리한 자는 1년 이상의 징역

1. 마황(麻黃)	2. 부자(附子)	3. 천오(川烏)	4. 초오(草烏)
5. 백부자(白附子)	6. 섬수(蟾酥)	7. 백선피(白鮮皮)	8. 사리풀

3) 10년 이하의 징역 또는 1억 원 이하의 벌금에 처하거나 이를 병과(다음 각 조항을 어길 경우)

• **제4조(위해식품 등의 판매 등 금지)** 누구든지 다음 각 호의 어느 하나에 해당하는 식품 등을 판매하거나 판매할 목적으로 채취 · 제조 · 수입 · 가공 · 사용 · 조리 · 저장 · 소분 · 운반 또는 진열하여서는 아니 된다.

1. 썩거나 상하거나 설익어서 인체의 건강을 해칠 우려가 있는 것

2. 유독 · 유해물질이 들어 있거나 묻어 있는 것 또는 그러할 염려가 있는 것. 다만, 식품의약품안전처장이 인체의 건강을 해칠 우려가 없다고 인정하는 것은 제외한다.

3. 병(病)을 일으키는 미생물에 오염되었거나 그러할 염려가 있어 인체의 건강을 해칠 우려가 있는 것

4. 불결하거나 다른 물질이 섞이거나 첨가(添加)된 것 또는 그 밖의 사유로 인체의 건강을 해칠 우려가 있는 것

    5. 제18조에 따른 안전성 심사 대상인 농 · 축 · 수산물 등 가운데 안전성 심사를 받지 아니하였거나 안전성 심사에서 식용(食用)으로 부적합하다고 인정된 것

    6. 수입이 금지된 것 또는 「수입식품안전관리 특별법」 제20조 제1항에 따른 수입신고를 하지 아니하고 수입한 것

    7. 영업자가 아닌 자가 제조 · 가공 · 소분한 것

- **제5조(병든 동물고기 등의 판매 등 금지)** 누구든지 총리령으로 정하는 질병에 걸렸거나 걸렸을 염려가 있는 동물이나 그 질병에 걸려 죽은 동물의 고기 · 뼈 · 젖 · 장기 또는 혈액을 식품으로 판매하거나 판매할 목적으로 채취 · 수입 · 가공 · 사용 · 조리 · 저장 · 소분 또는 운반하거나 진열하여서는 아니 된다.

- **제6조(기준 · 규격이 정하여지지 아니한 화학적 합성품 등의 판매 등 금지)** 누구든지 다음 각 호의 어느 하나에 해당하는 행위를 하여서는 아니 된다. 다만, 식품의약품안전처장이 제57조에 따른 식품위생심의위원회(이하 "심의위원회"라 한다)의 심의를 거쳐 인체의 건강을 해칠 우려가 없다고 인정하는 경우에는 그러하지 아니하다.

    1. 제7조 제1항 및 제2항에 따라 기준 · 규격이 정하여지지 아니한 화학적 합성품인 첨가물과 이를 함유한 물질을 식품첨가물로 사용하는 행위

    2. 제1호에 따른 식품첨가물이 함유된 식품을 판매하거나 판매할 목적으로 제조 · 수입 · 가공 · 사용 · 조리 · 저장 · 소분 · 운반 또는 진열하는 행위

- **제8조(유독기구 등의 판매 · 사용금지)** 유독 · 유해물질이 들어 있거나 묻어 있어 인체의 건강을 해칠 우려가 있는 기구 및 용기 · 포장과 식품 또는 식품첨가물에 직접 닿으면 해로운 영향을 끼쳐 인체의 건강을 해칠 우려가 있는 기구 및 용기 · 포장을 판매하거나 판매할 목적으로 제조 · 수입 · 저장 · 운반 · 진열하거나 영업에 사용하여서는 아니 된다.

- **제37조(영업허가 등)** ① 제36조 제1항 각 호에 따른 영업 중 대통령령으로 정하는 영업을 하려는 자는 대통령령으로 정하는 바에 따라 영업종류별 또는 영업소별로 식품의약품안전처장 또는 특별자치시장 · 특별자치도지사 · 시장 · 군수 · 구청장의 허가를 받아야 한다.

4) 5년 이하의 징역 또는 5천만 원 이하의 벌금에 처하거나 이를 병과(다음 각 조항을 어길 경우)

- **제7조(식품 또는 식품첨가물에 관한 기준 및 규격)** ④ 기준과 규격에 맞지 아니하는 식품 또는 식품첨가물은 판매하거나 판매할 목적으로 제조 · 수입 · 가공 · 사용 · 조리 · 저장 · 소분 · 운반 · 보존 또는 진열하여서는 아니 된다.

- **제37조(영업허가 등)** ⑤ 제36조 제1항 각 호에 따른 영업 중 대통령령으로 정하는 영업을 하려는 자는 대통령령으로 정하는 바에 따라 영업종류별 또는 영업소별로 식품의약품안전처장 또는 특별자

치시장 · 특별자치도지사 · 시장 · 군수 · 구청장에게 등록하여야 하며, 등록한 사항 중 대통령령으로 정하는 중요한 사항을 변경할 때에도 또한 같다.

- **제43조(영업제한)** ① 특별자치시장 · 특별자치도지사 · 시장 · 군수 · 구청장은 영업질서와 선량한 풍속을 유지하는 데에 필요한 경우에는 영업자 중 식품접객영업자와 그 종업원에 대하여 영업시간 및 영업행위를 제한할 수 있다.

- **제45조(위해식품 등의 회수)** ① 판매의 목적으로 식품 등을 제조 · 가공 · 소분 · 수입 또는 판매한 영업자는 해당 식품 등이 제4조부터 제6조까지, 제7조 제4항, 제8조, 제9조 제4항 또는 제12조의2 제2항을 위반한 사실을 알게 된 경우에는 지체 없이 유통 중인 해당 식품 등을 회수하거나 회수하는 데에 필요한 조치를 하여야 한다. 이 경우 영업자는 회수계획을 식품의약품안전처장, 시 · 도지사 또는 는 시장 · 군수 · 구청장에게 미리 보고하여야 하며, 회수결과를 보고받은 시 · 도지사 또는 시장 · 군수 · 구청장은 이를 지체 없이 식품의약품안전처장에게 보고하여야 한다. 다만, 해당 식품 등이 「수입식품안전관리특별법」에 따라 수입한 식품 등이고, 보고의무자가 해당 식품 등을 수입한 자인 경우에는 식품의약품안전처장에게 보고하여야 한다.

- **제72조(폐기처분 등)** ① 식품의약품안전처장, 시 · 도지사 또는 시장 · 군수 · 구청장은 영업자(「수입식품안전관리특별법」 제15조에 따라 등록한 수입식품 등 수입 · 판매업자를 포함한다. 이하 이 조에서 같다)가 제4조부터 제6조까지, 제7조 제4항, 제8조, 제9조 제4항, 제12조의2 제2항 또는 제44조 제1항 제3호를 위반한 경우에는 관계공무원에게 그 식품 등을 압류 또는 폐기하게 하거나 용도 · 처리방법 등을 정하여 영업자에게 위해를 없애는 조치를 하도록 명하여야 한다. ③ 식품의약품안전처장, 시 · 도지사 또는 시장 · 군수 · 구청장은 식품위생상의 위해가 발생하였거나 발생할 우려가 있는 경우에는 영업자에게 유통 중인 해당 식품 등을 회수 · 폐기하게 하거나 해당 식품 등의 원료, 제조방법, 성분 또는 그 배합비율을 변경할 것을 명할 수 있다.

- **제73조(위해식품 등의 공표)** ① 식품의약품안전처장, 시 · 도지사 또는 시장 · 군수 · 구청장은 다음 각 호의 어느 하나에 해당되는 경우에는 해당 영업자에 대하여 그 사실의 공표를 명할 수 있다. 다만, 식품위생에 관한 위해가 발생한 경우에는 공표를 명하여야 한다.
  1. 제4조부터 제6조까지, 제7조 제4항, 제8조, 제9조 제4항 또는 제9조의3 등을 위반하여 식품위생에 관한 위해가 발생하였다고 인정되는 때
  2. 제45조 제1항 또는 「식품 등의 표시 · 광고에 관한 법률」 제15조 제2항에 따른 회수계획을 보고받은 때

- **제75조(허가취소 등)** ① 식품의약품안전처장 또는 특별자치시장 · 특별자치도지사 · 시장 · 군수 · 구청장은 영업자가 다음 각 호의 어느 하나에 해당하는 경우에는 대통령령으로 정하는 바에 따라

영업허가 또는 등록을 취소하거나 6개월 이내의 기간을 정하여 그 영업의 전부 또는 일부를 정지하거나 영업소 폐쇄(제37조 제4항에 따라 신고한 영업만 해당한다. 이하 이 조에서 같다)를 명할 수 있다. 다만, 식품접객영업자가 제13호(제44조 제2항에 관한 부분만 해당한다)를 위반한 경우로서 청소년의 신분증 위조 · 변조 또는 도용으로 식품접객영업자가 청소년인 사실을 알지 못하였거나 폭행 또는 협박으로 청소년임을 확인하지 못한 사정이 인정되는 경우에는 대통령령으로 정하는 바에 따라 해당 행정처분을 면제할 수 있다.

1. 제4조부터 제6조까지, 제7조 제4항, 제8조, 제9조 제4항, 제9조의3 또는 제12조의2 제2항을 위반한 경우

2. 삭제 〈2018. 3. 13.〉

3. 제17조 제4항을 위반한 경우

4. 제22조 제1항(제22조의3에 따라 비대면으로 실시하는 경우를 포함한다)에 따른 출입 · 검사 · 수거를 거부 · 방해 · 기피한 경우

4의2. 삭제 〈2015. 2. 3.〉

5. 제31조 제1항 및 제3항을 위반한 경우

6. 제36조를 위반한 경우

7. 제37조 제1항 후단, 제3항, 제4항 후단을 위반하거나 같은 조 제2항에 따른 조건을 위반한 경우

7의2. 제37조 제5항에 따른 변경 등록을 하지 아니하거나 같은 항 단서를 위반한 경우

8. 제38조 제1항 제8호에 해당하는 경우

9. 제40조 제3항을 위반한 경우

10. 제41조 제5항을 위반한 경우

10의2. 제41조의2 제1항을 위반한 경우

11. 삭제 〈2016. 2. 3.〉

12. 제43조에 따른 영업 제한을 위반한 경우

13. 제44조 제1항 · 제2항 및 제4항을 위반한 경우

14. 제45조 제1항 전단에 따른 회수 조치를 하지 아니한 경우

14의2. 제45조 제1항 후단에 따른 회수계획을 보고하지 아니하거나 거짓으로 보고한 경우

15. 제48조 제2항에 따른 식품안전관리인증기준을 지키지 아니한 경우

15의2. 제49조 제1항 단서에 따른 식품이력추적관리를 등록하지 아니한 경우

16. 제51조 제1항을 위반한 경우

17. 제71조 제1항, 제72조 제1항·제3항, 제73조 제1항 또는 제74조 제1항(제88조에 따라 준용되는 제71조 제1항, 제72조 제1항·제3항 또는 제74조 제1항을 포함한다)에 따른 명령을 위반한 경우

18. 제72조 제1항·제2항에 따른 압류·폐기를 거부·방해·기피한 경우

19. 「성매매알선 등 행위의 처벌에 관한 법률」 제4조에 따른 금지행위를 한 경우

5) 3년 이하의 징역 또는 3천만 원 이하의 벌금에 처하거나 이를 병과(다음 각 조항을 어길 경우)

- **제51조(조리사)** ① 집단급식소 운영자와 대통령령으로 정하는 식품접객업자는 조리사(調理士)를 두어야 한다.

- **제52조(영양사)** ① 집단급식소운영자는 영양사(營養士)를 두어야 한다.

6) 3년 이하의 징역 또는 3천만 원 이하의 벌금(다음 각 조항을 어길 경우)

- **제55조(명칭 사용 금지)** 조리사가 아니면 조리사라는 명칭을 사용하지 못한다.

- **제36조(시설기준)** ① 다음의 영업을 하려는 자는 총리령으로 정하는 시설기준에 맞는 시설을 갖추어야 한다.

  1. 식품 또는 식품첨가물의 제조업, 가공업, 운반업, 판매업 및 보존업
  2. 기구 또는 용기·포장의 제조업
  3. 식품접객업
  4. 공유주방 운영업(제2조 제5호의2에 따라 여러 영업자가 함께 사용하는 공유주방을 운영하는 경우로 한정한다. 이하 같다)

7) 1년 이하의 징역 또는 1천만 원 이하의 벌금(다음 각 조항을 어길 경우)

- 식품접객업 중 유흥종사자를 둘 수 없는 경우 유흥종사자를 두거나 이를 알선하는 경우
- 제46조 제1항을 위반하여 소비자로부터 이물발견의 신고를 접수하고 이를 거짓으로 보고한 자
- 이물의 발견을 거짓으로 신고한 자
- 제45조 제1항 후단을 위반하여 보고를 하지 아니하거나 거짓으로 보고한 자

8) 1천만 원 이하의 과태료를 부과(다음 각 조항을 어길 경우)

- **제86조(식중독에 관한 조사 보고)** ① 다음 각 호의 어느 하나에 해당하는 자는 지체 없이 관할 특별자치시장·시장·군수·구청장에게 보고하여야 한다. 이 경우 의사나 한의사는 대통령령으로 정하는 바에 따라 식중독 환자나 식중독이 의심되는 자의 혈액 또는 배설물을 보관하는 데에 필요한 조치를 하여야 한다.

1. 식중독 환자나 식중독이 의심되는 자를 진단하였거나 그 사체를 검안(檢案)한 의사 또는 한의사

2. 집단급식소에서 제공한 식품 등으로 인하여 식중독 환자나 식중독으로 의심되는 증세를 보이는 자를 발견한 집단급식소의 설치 · 운영자

- **제88조(집단급식소)** ② 집단급식소를 설치 · 운영하는 자는 집단급식소시설의 유지 · 관리 등 급식을 위생적으로 관리하기 위하여 다음 각 호의 사항을 지켜야 한다.

1. 식중독 환자가 발생하지 아니하도록 위생관리를 철저히 할 것

2. 조리 · 제공한 식품의 매회 1인분 분량을 총리령으로 정하는 바에 따라 144시간 이상 보관할 것

3. 영양사를 두고 있는 경우 그 업무를 방해하지 아니할 것

4. 영양사를 두고 있는 경우 영양사가 집단급식소의 위생관리를 위하여 요청하는 사항에 대하여는 정당한 사유가 없으면 따를 것

5. 「축산물 위생관리법」 제12조에 따라 검사를 받지 아니한 축산물 또는 실험 등의 용도로 사용한 동물을 음식물의 조리에 사용하지 말 것

6. 「야생생물 보호 및 관리에 관한 법률」을 위반하여 포획 · 채취한 야생생물을 음식물의 조리에 사용하지 말 것

7. 소비기한이 경과한 원재료 또는 완제품을 조리할 목적으로 보관하거나 이를 음식물의 조리에 사용하지 말 것

8. 수돗물이 아닌 지하수 등을 먹는 물 또는 식품의 조리 · 세척 등에 사용하는 경우에는 「먹는물 관리법」 제43조에 따른 먹는물 수질검사기관에서 총리령으로 정하는 바에 따라 검사를 받아 마시기에 적합하다고 인정된 물을 사용할 것. 다만, 둘 이상의 업소가 같은 건물에서 같은 수원(水源)을 사용하는 경우에는 하나의 업소에 대한 시험결과로 나머지 업소에 대한 검사를 갈음할 수 있다.

9. 제15조 제2항에 따라 위해평가가 완료되기 전까지 일시적으로 금지된 식품 등을 사용 · 조리하지 말 것

10. 식중독 발생 시 보관 또는 사용 중인 식품은 역학조사가 완료될 때까지 폐기하거나 소독 등으로 현장을 훼손하여서는 아니 되고 원상태로 보존하여야 하며, 식중독 원인규명을 위한 행위를 방해하지 말 것

11. 그 밖에 식품 등의 위생적 관리를 위하여 필요하다고 총리령으로 정하는 사항을 지킬 것

9) 500만 원 이하의 과태료(다음 각 조항을 어길 경우)

- **제3조(식품 등의 취급)** ① 누구든지 판매(판매 외의 불특정 다수인에 대한 제공을 포함한다. 이하 같다)를 목적으로 식품 또는 식품첨가물을 채취·제조·가공·사용·조리·저장·소분·운반 또는 진열을 할 때에는 깨끗하고 위생적으로 하여야 한다.

  ② 영업에 사용하는 기구 및 용기·포장은 깨끗하고 위생적으로 다루어야 한다.

  ③ 제1항 및 제2항에 따른 식품, 식품첨가물, 기구 또는 용기·포장(이하 "식품 등"이라 한다)의 위생적인 취급에 관한 기준은 총리령으로 정한다.
      - 검사기한 내에 검사를 받지 아니하거나 허위의 보고를 한 자
      - 식품 또는 식품첨가물 제조 시 보고를 하지 아니하거나 자료 등을 제출하지 아니한 영업자
      - 소비자로부터 이물발견신고를 받고 보고하지 아니한 자
      - 식품안전관리인증의 명칭을 허위로 사용한 자

10) 300만 원 이하의 과태료(다음 각 조항을 어길 경우)

- **제40조(건강진단)** ① 총리령으로 정하는 영업자 및 그 종업원은 건강진단을 받아야 한다.
    - 다만, 다른 법령에 따라 같은 내용의 건강진단을 받는 경우에는 이 법에 따른 건강진단을 받은 것으로 본다. 이를 어긴 영업종사자와 영업자
    - 공유주방의 위생관리책임자의 업무를 방해한 자, 위생관리책임자 선임·해임신고를 하지 아니한 자, 직무수행내역 등을 기록·보관하지 아니하거나 거짓으로 기록·보관한 자, 위생관리책임자의 교육을 받지 아니한 자, 공유주방책임보험에 가입하지 아니한 자
    - 식품이력추적관리등록사항이 변경된 경우 변경사유가 발생한 날부터 1개월 이내에 신고하지 아니한 자, 식품이력추적관리정보를 목적 외에 사용한 자

11) 100만 원 이하의 과태료(다음 각 조항을 어길 경우)

- **제41조(식품위생교육)** ① 대통령령으로 정하는 영업자 및 유흥종사자를 둘 수 있는 식품접객업 영업자의 종업원은 매년 식품위생에 관한 교육(이하 "식품위생교육"이라 한다)을 받아야 한다.

  ⑤ 영업자는 특별한 사유가 없는 한 식품위생교육을 받지 아니한 자를 그 영업에 종사하게 하여서는 아니 된다.

- **제42조(실적보고)** ② 식품 또는 식품첨가물을 제조·가공하는 영업자는 총리령으로 정하는 바에 따라 식품 및 식품첨가물을 생산한 실적 등을 식품의약품안전처장 또는 시·도지사에게 보고하여야 한다.

- **제56조(교육)** ① 식품의약품안전처장은 식품위생수준 및 자질의 향상을 위하여 필요한 경우 조리사와 영양사에게 교육(조리사의 경우 보수교육을 포함한다. 이하 이 조에서 같다)을 받을 것을 명할 수 있다. 다만, 집단급식소에 종사하는 조리사와 영양사는 1년마다 교육을 받아야 한다.

2. 식품위생법규 관련 과태료

위반행위	근거 법조문	과태료 금액(단위 : 만 원)		
		1차 위반	2차 위반	3차 이상 위반
가. 법 제3조(법 제88조에서 준용하는 경우를 포함한다)를 위반한 경우_식품 등의 위생적인 취급	법 제101조 제2항 제1호	20만 원 이상 200만 원 이하의 범위에서 총리령으로 정하는 금액		
라. 영업자가 법 제19조의4 제2항을 위반하여 검사 기한 내에 검사를 받지 않거나 자료 등을 제출하지 않은 경우	법 제101조 제2항 제1호의3	300	400	500
바. 법 제37조 제6항을 위반하여 보고를 하지 않거나 허위의 보고를 한 경우_식품 또는 식품첨가물의 제조업·가공업 제조보고	법 제101조 제2항 제3호	200	300	400
사. 법 제40조 제1항(법 제88조에서 준용하는 경우를 포함한다)을 위반한 경우				
1) 건강진단을 받지 않은 영업자 또는 집단급식소의 설치·운영자(위탁급식영업자에게 위탁한 집단급식소의 경우는 제외한다)		20	40	60
2) 건강진단을 받지 않은 종업원		10	20	30
아. 법 제40조 제3항(법 제88조에서 준용하는 경우를 포함한다)을 위반한 경우				
1) 건강진단을 받지 않은 자를 영업에 종사시킨 영업자				
가) 종업원 수가 5명 이상인 경우				
(1) 건강진단 대상자의 100분의 50 이상 위반		50	100	150
(2) 건강진단 대상자의 100분의 50 미만 위반		30	60	90
나) 종업원 수가 4명 이하인 경우	법 제101조 제3항 제1호			
(1) 건강진단 대상자의 100분의 50 이상 위반		30	60	90
(2) 건강진단 대상자의 100분의 50 미만 위반		20	40	60
2) 건강진단 결과 다른 사람에게 위해를 끼칠 우려가 있는 질병이 있다고 인정된 자를 영업에 종사시킨 영업자		100	200	300
자. 법 제41조 제1항(법 제88조에서 준용하는 경우를 포함한다)을 위반한 경우				
1) 위생교육을 받지 않은 영업자 또는 집단급식소의 설치·운영자(위탁급식영업자에게 위탁한 집단급식소의 경우는 제외한다)		20	40	60
2) 위생교육을 받지 않은 종업원		10	20	30
차. 법 제41조 제5항(법 제88조에서 준용하는 경우를 포함한다)을 위반하여 위생교육을 받지 않은 종업원을 영업에 종사시킨 영업자 또는 집단급식소의 설치·운영자(위탁급식영업자에게 위탁한 집단급식소의 경우는 제외한다)		20	40	60

(계속)

위반행위	근거 법조문	과태료 금액(단위 : 만 원)		
		1차 위반	2차 위반	3차 이상 위반
카. 법 제41조의2 제3항을 위반하여 위생관리책임자의 업무를 방해한 경우	법 제101조 제3항 제1호의2	100	200	300
타. 법 제41조의2 제4항에 따른 위생관리책임자의 선임·해임신고를 하지 않은 경우	법 제101조 제3항 제1호의3	100	200	300
파. 법 제41조의2 제7항을 위반하여 직무 수행내역 등을 기록·보관하지 않거나 거짓으로 기록·보관하는 경우	법 제101조 제3항 제1호의4	100	200	300
하. 법 제41조의2 제8항에 따른 교육을 받지 않은 경우	법 제101조 제3항 제1호의5	100	200	300
거. 법 제42조 제2항을 위반하여 보고를 하지 않거나 허위의 보고를 한 경우	법 제101조 제4항 제2호	30	60	90
너. 법 제44조 제1항에 따라 영업자가 지켜야 할 사항 중 총리령으로 정하는 경미한 사항을 지키지 않은 경우	법 제101조 제4항 제3호	10	20	30
더. 법 제44조의2 제1항을 위반하여 책임보험에 가입하지 않은 경우	법 제101조 제3항 제2호의2			
1) 가입하지 않은 기간이 1개월 미만인 경우		35		
2) 가입하지 않은 기간이 1개월 이상 3개월 미만인 경우		70		
3) 가입하지 않은 기간이 3개월 이상인 경우		100		
러. 법 제46조 제1항을 위반하여 소비자로부터 이물 발견신고를 받고 보고하지 않은 경우	법 제101조 제2항 제5호의2			
1) 이물 발견신고를 보고하지 않은 경우		300	300	300
2) 이물 발견신고의 보고를 지체한 경우		100	200	300
머. 법 제48조 제9항(법 제88조에서 준용하는 경우를 포함한다)을 위반한 경우	법 제101조 제2항 제6호	300	400	500
버. 법 제49조 제3항을 위반하여 식품이력추적관리 등록사항이 변경된 경우 변경사유가 발생한 날부터 1개월 이내에 신고하지 않은 경우	법 제101조 제3항 제4호	30	60	90
서. 법 제49조의3 제4항을 위반하여 식품이력추적관리정보를 목적 외에 사용한 경우	법 제101조 제3항 제5호	100	200	300
어. 법 제56조 제1항을 위반하여 교육을 받지 않은 경우	법 제101조 제4항 제4호	20	40	60
저. 법 제74조 제1항(법 제88조에서 준용하는 경우를 포함한다)에 따른 명령을 위반한 경우	법 제101조 제2항 제8호	200	300	400
처. 법 제86조 제1항을 위반한 경우	법 제101조 제1항 제1호			
1) 식중독 환자나 식중독이 의심되는 자를 진단하였거나 그 사체를 검안한 의사 또는 한의사		100	200	300
2) 집단급식소에서 제공한 식품 등으로 인하여 식중독 환자나 식중독으로 의심되는 증세를 보이는 자를 발견한 집단급식소의 설치·운영자		500	750	1,000

(계속)

위반행위	근거 법조문	과태료 금액(단위 : 만 원)		
		1차 위반	2차 위반	3차 이상 위반
커. 법 제88조 제1항 전단을 위반하여 신고를 하지 않거나 허위의 신고를 한 경우	법 제101조 제1항 제2호	300	400	500
터. 법 제88조 제2항을 위반한 경우(위탁급식영업 자에게 위탁한 집단급식소의 경우는 제외한다)				
1) 집단급식소(법 제86조 제2항 및 이 영 제59 조 제2항에 따른 식중독 원인의 조사 결과 해 당 집단급식소에서 조리·제공한 식품이 식 중독의 발생 원인으로 확정된 집단급식소를 말한다)에서 식중독 환자가 발생한 경우		500	750	1,000
2) 조리·제공한 식품의 매회 1인분 분량을 총 리령으로 정하는 바에 따라 144시간 이상 보 관하지 않은 경우		400	600	800
3) 영양사의 업무를 방해한 경우		300	400	500
4) 영양사가 집단급식소의 위생관리를 위해 요 청하는 사항에 대해 정당한 사유 없이 따르지 않은 경우	법 제101조 제1항 제3호	300	400	500
5) 「축산물 위생관리법」 제12조에 따른 검사를 받지 않은 축산물 또는 실험 등의 용도로 사 용한 동물을 음식물의 조리에 사용한 경우		300	400	500
6) 「야생생물 보호 및 관리에 관한 법률」을 위반 하여 포획·채취한 야생생물을 음식물의 조 리에 사용한 경우		300	400	500
7) 유통기한이 경과한 원재료 또는 완제품을 조 리할 목적으로 보관하거나 이를 음식물의 조 리에 사용한 경우		300	400	500
8) 「먹는물관리법」 제43조에 따른 먹는물 수질 검사기관에서 수질검사를 실시한 결과 부적 합 판정된 지하수 등을 먹는 물 또는 식품의 조리·세척 등에 사용한 경우		400	600	800
9) 법 제15조 제2항에 따라 일시적으로 금지 된 식품 등을 위해평가가 완료되기 전에 사 용·조리한 경우		300	400	500
10) 식중독 발생 시 역학조사가 완료되기 전에 보관 또는 사용 중인 식품의 폐기·소독 등 으로 현장을 훼손하여 원상태로 보존하지 않는 등 식중독 원인규명을 위한 행위를 방 해한 경우		500	750	1,000
11) 그 밖에 총리령으로 정하는 준수사항을 지키 지 않은 경우	법 제101조 제3항 제6호	50만 원 이상 300만 원 이하의 범위에서 총리령으로 정하는 금액		

영양사 위생안전사고 및
업무 서식과 위생설비

1. 위생안전사고의 사례와 방지법

1) 식품저장의 불량 사례와 개선 사례

구 분	불량 사례	개선 사례	세부 내용
원부자재			식자재 취급 전까지 밀봉된 상태로 보관해야 한다.
전처리 식자재 냉장보관		 비닐, 뚜껑 등 활용	냉장고 내부 응결수 혼입, 내부 공기 흐름에 따라 오염식자재로부터의 교차오염이 일어날 수 있다. 비닐이나 뚜껑을 활용하여 이물질 혼입이나 교차오염을 방지해야 한다.
전처리 작업 중 밀폐보관			전처리/조리 식자재의 물을 빼기 위해 식자재를 상온에 방치하면 안 된다. 삶은 나물 등의 수분 제거 시에는 비닐 덮개를 덮고, 수분이 제거된 후에는 밀폐용기에 담아 냉장보관한다.
조리식품 보관			조리완제품을 뚜껑 없이 상온에 방치하면 안 된다. 뚜껑으로 밀폐하여 배식 전까지 적온 보관해야 한다.

2) 잘못된 개인위생 습관

음식 쪽으로 재채기하기

장갑 허리에 차기

면장갑만 착용 후 조리하기

옆사람과 잡담하기

조리장 바닥에 침 뱉기

행주로 땀 닦기

조리 중 껌 씹기

조리 중 핸드폰 사용하기

3) 안전사고의 원인과 예방대책

① 식자재 운반 시 사고 발생

구 분	내 용	그 림
사고 내용	식자재 운반 중 미끄러짐, 넘어짐	
사고 원인	• 시야 미확보 • 정리정돈 미흡 • 작업통로에 물건 적재	
사고 예방 대책	• 작업통로를 확보하고, 통로에는 물건 적재 금지 • 바닥 평평하게 유지 • 미끄러짐 방지장비(안전장화 등) 착용 • 인력운반보다 이동차 등 보조설비 사용	

② 신체 부담 작업에 따른 질환 발생

구분	내용	그림
사고 내용	신체 부담으로 인한 근골격계질환 발생	
사고 원인	• 지속적인 신체부담작업(중량물)에 노출 • 초기증상 발생 후 적절한 관리 미흡 • 불안정한 작업 자세	
사고 예방 대책	• 중량물 권고기준에 따른 중량 작업 제한 • 무거운 물건은 2인 1조로 작업 수행 • 최대한 동선을 줄이고 이동차 등 보조설비 활용	

③ 식재료 손질 시 절단 사고 발생

구분	내용	그림
사고 내용	칼 등 날카로운 도구 사용으로 인한 베임, 절단 사고 발생	
사고 원인	• 다루기 힘든 재료를 무리하게 자르는 행동 • 부적절한 도구 사용 • 작업 시 부주의(주의 집중 부족)	
사고 예방 대책	• 무리한 힘을 주어 작업하지 않기 • 칼을 사용할 경우 베임방지용 장갑 착용 • 대체 가능한 도구(자동)가 있을 경우 사용	

④ 기계 사용 중 손가락 끼임 사고 발생

구분	내용	그림
사고 내용	동력을 이용한 기계 사용 중 손가락 끼임, 감김, 절단 사고 발생	
사고 원인	• 조리기구 사용 미숙 • 안전수칙 주지 미흡 • 기계에 방호조치 미흡 • 작업 시 부주의	
사고 예방 대책	• 재료 투입 시 맨손 금지(누름봉 등 사용) • 끼임주의 등 경고 부착 • 비상시 손이 닿는 곳에 정지버튼 설치 • 입구에 손이 들어가지 않도록 방호장치 설치	

⑤ 조리작업 시 화상 재해 발생

구분	내용	그림
사고 내용	조리작업 시 뜨거운 재료 및 용기에 화상 재해 발생	
사고 원인	• 뜨거운 기름에 물기 등이 들어감 • 화상에 대비한 보호구 미착용 • 위험작업에 대한 안전수칙 주지 미흡	
사고 예방 대책	• 보호장비(보호장갑, 보조앞치마, 보호장화) 착용 • 튀김을 할 경우 물기 제거 등 위험요소 확인 • 열원을 이용한 작업 시 주의 집중	

⑥ 고열작업 중 온열 질환 발생

구분	내용	그림
사고 내용	고열작업으로 인한 온열 질환(열사병 등) 발생	
사고 원인	• 환기가 잘 되지 않고 냉방시설이 노후한 환경 • 고열작업을 휴식시간 없이 오래 유지 • 한여름에 고열작업 시	
사고 예방 대책	• 적절한 환기 및 냉방장치 설치 • 고온열원을 이용하는 장치는 적절한 간격 유지 • 고열작업 시 충분한 휴식과 수분 섭취	

⑦ 배식 시 운반 사고로 화상 재해 발생

구분	내용	그림
사고 내용	배식 시 뜨거운 음식을 운반하면서 화상 재해 발생	
사고 원인	• 위험하고 무거운 용기를 무리하게 운반 • 화상을 대비한 보호용구 미착용 • 위험작업에 대한 안전수칙 미흡	
사고 예방 대책	• 보호장비(보호장갑, 보조앞치마, 보호장화) 착용 • 위험한 작업 시 집중 • 2인 1조 작업 • 인력작업 시 중량의 제한	

⑧ 작업장에서 미끄러짐 사고 발생

구 분	내 용	그 림
사고 내용	물기 있는 작업(청소, 세척 등) 시 미끄러짐	
사고 원인	• 바닥의 이물질 또는 물기 방치 • 보호장화가 닳아서 미끄러짐 방지 역할을 못함 • 이동경로를 미리 파악하지 않고 서두름	
사고 예방 대책	• 바닥을 미끄러짐 방지 재질로 공사 • 미끄러짐 방지 장화 착용 • 물기는 될 수 있으면 없도록 유지 • 결빙구간, 호스, 배수로, 구멍, 방애물 관리 철저	

⑨ 습한 작업환경에 따른 피부 질환 발생

구 분	내 용	그 림
사고 내용	지속적인 세정제 사용과 습한 작업환경에서 피부 질환 발생	
사고 원인	• 세정제에 직접적으로 지속적 노출 • 계속적으로 습한 환경에 노출	
사고 예방 대책	• 작업 시 보호장갑 등 보호장비 착용 • 작업 후 손을 말리고 청결히 관리 • 물기지역과 건조지역을 나누어 관리	

⑩ 기물 파손에 따른 화상 재해 발생

구 분	내 용	그 림
사고 내용	기물의 바퀴가 탈락되거나 부서지면서 뜨거운 음식물이 쏟아져 화상	
사고 원인	• 개인 부주의 • 시설설비 안전관리 미흡	
사고 예방 대책	• 정기적인 시설관리(바퀴, 녹슴, 부서짐) • 기물 사용 전 철저한 점검	

⑪ 부주의로 넘어짐 사고 발생

구분	내 용	그림
사고 내용	통화 등 개인활동에 따른 전방주시 태만으로 부딪힘 또는 넘어짐	
사고 원인	개인 부주의	
사고 예방 대책	• 작업 중에는 업무에 집중 • 식당/조리장 내에서는 뛰지 않도록 교육 • 작업장 통로 시 전방 주시하며 통행	

⑫ 누수로 전기합선 사고 발생

구분	내 용	그림
사고 내용	전기합선으로 인한 화재	
사고 원인	• 물기가 마르지 않은 상태에서 전기를 가동 • 누수가 있는 경우	
사고 예방 대책	• 전기구역에서는 물기 사용 금지 • 퇴근 시 화재 가능성이 있는 위험구역 점검 • 평소 누전차단기 및 비상유도등 등 시험	

2. 영양사 업무 관련 서식

별표 3 식재료 검수일지(제5조 관련)(집단급식소 급식안전관리 기준)

식재료 검수일지

검수자 :　　　　　　(인)

검수 일자 (월/일)	식재료명	단위	수량	소비기한 (또는 제조일)	납품 업체명 (또는 제조업체)	검수 사항			조치사항
						배송 온도 (℃)	포장 상태	품질 상태	

<검수일지 작성 방법>

◎ 식재료 검수일지 작성 대상 : 육류, 어류, 냉동식품, 가공식품(다만, 완제품 그대로 급식 시 제공하여 보존식에 포함되는 것은 제외)

◎ 주요 검수 사항 : 배송온도, 포장상태, 품질상태

◎ 배송온도(유통 또는 검수온도) 기록 : 운반차량 적재고 내부온도를 측정하여 기록하거나 제품온도를 측정하여 기록. 다만 운반차량 온도 기록지로 유통온도 확인 시 기록지 부착 등으로 배송온도 기록 생략 가능

◎ 포장상태 기록 : 적합 ○, 미흡 △, 부적합 × 표기, 부적합 식재료는 반품 또는 폐기하고 조치사항 기록

◎ 품질상태 기록 : 신선도(부패 · 변질, 색깔, 냄새 등), 이물질 혼입, 식품표시사항 등을 확인하고 양호 ○, 미흡 △, 부적합 × 표기, 부적합 식재료는 반품 또는 폐기하고 조치사항 기록

◎ 조치사항 : 반품 또는 폐기 등 조치한 내용을 기록

※ 급식소별 자체 식재료 검수일지, 납품서 등에 배송온도, 포장상태, 품질상태, 조치사항 등 상기 검수일지 내용을 포함하여 기록 · 관리하는 경우에는 검수일지 작성 생략 가능

별표 2 위생관리 점검표(제5조 관련)(집단급식소 급식안전관리 기준)

위생관리 점검표

점검자 :　　　　　　(인)

구 분	점검사항		점검결과							조치사항
			월	화	수	목	금	토	일	
			월/일	월/일	월/일	월/일	월/일	월/일	월/일	
1. 개인위생 관리	복장관리	위생복, 위생모, 마스크, 앞치마 착용, 장신구 미착용 여부								
	건강상태	식품취급자(조리종사자 포함) 건강상태								
2. 식재료 검수 및 보관관리	검수일지	식재료 검수일지 작성, 보관 여부								
	유통기한	식재료의 소비기한 경과 확인								
	구분 보관	식품, 비식품(세척제, 소독제 등)을 구분 보관 여부								
	냉장·냉동고 관리	냉장고·냉동고 적정온도 여부								
3. 조리 관리	세척 및 소독	가열하지 않고 생으로 제공하는 야채·과일을 소독할 경우에는 식품첨가물로 허용된 살균제 사용 및 충분한 헹굼 여부								
	조리 시 주의사항	육류, 어류 등 동물성 원료(돈가스, 만두, 떡갈비 등 분쇄육 등)를 가열조리하는 경우에는 식품의 중심부까지 충분히 익힘 여부								
		해동은 위생적인 방법으로 실시하고, 해동식품 재냉동 금지 확인								
	구분 사용	칼·도마(어류·육류·채소류) 용도별 구분 사용 여부								
4. 배식 및 보존식 관리	배식	배식용 보관용기는 세척·소독·건조된 것을 사용하며 조리된 음식은 뚜껑 등을 덮어 교차오염되지 않도록 관리								
	배식 후 관리	배식대에서 배식하고 남은 음식물을 다시 사용·조리 또는 보관 여부								
	보존식	보존식 보관 및 관리기준(-18℃ 이하, 144시간 이상) 준수 여부								
5. 시설관리	시설	자외선 또는 전기살균소독기, 열탕세척 소독시설, 환기시설 정상 작동 확인								
		배수구 청결관리 여부(조리장 바닥에 배수구 있는 경우)								

※ 기록 방법 : 적합 ○, 미흡 △, 부적합 ×, 해당 사항 없을 경우 - 표기, 부적합 시 조치사항 기록

(앞쪽)

음식물류 폐기물 관리대장

(단위 : kg)

연월일	발생량	① 자가처리내용									② 자가재활용내용				③ 위탁재활용내용						보관량	결재
		자가처리방법	자가처리용량	자가처리누계	부산물처리						연월일	재활용량	재활용방법	누계	연월일	위탁처리량	운반자	재활용자	재활용방법	위탁재활용누계		
					발생량	처리량	처리방법	처리자	보관량													

364mm×257mm[백상지 80g/m^2(재활용품)]

(뒤쪽)

작성방법

1. 폐기물의 발생 및 처리 시마다 날짜별로 작성하되, 누계는 매월 말일을 기준으로 합산하여 적고 연말에 최종누계를 적습니다.
2. ①란은 폐기물처리시설을 설치하여 스스로 처리하는 자가 적으며, 처리방법은 건조 · 발효 · 발효건조에 의한 부숙 등으로 구분하여 적습니다.
3. ②란은 스스로 가축의 먹이나 퇴비로 직접 재활용하는 경우에 적습니다.
4. ③란은 폐기물을 위탁하여 재활용하는 경우에 그 세부사항을 적습니다.

감염병의 예방 및 관리에 관한 법률 시행규칙 [별지 제28호 서식]

제 호				
소 독 증 명 서				
대상 시설	상호(명칭)		실시 면적(용적)	m²(m³)
	소재지			
	관리(운영)자 확인	직위		
		성명		(인)
소독 기간	~			
소독 내용	종류			
	약품 사용 내용			

　「감염병의 예방 및 관리에 관한 법률」 제54조 제1항 및 같은 법 시행규칙 제40조 제2항에 따라 위와 같이 소독을 실시하였음을 증명합니다.

년   월   일

소독 실시자 상호(명칭)

소재지

성명(대표자)　　　　　　　　(인)

210mm×297mm(일반용지 60g/m²)

음식물류 폐기물 발생 억제 및 처리 계획

[ ] 신고서
[ ] 변경신고서

※ 뒤쪽의 작성방법을 읽고 작성하시기 바라며, [ ]에는 해당되는 곳에 √ 표를 합니다.

(앞쪽)

접수번호		접수일		처리기간	7일

신고인	① 상호(명칭)		② 사업자등록번호	
	③ 성명(대표자)		④ 생년월일	
	⑤ 주소(사업장)			(전화번호 :)

⑥ 사업장 규모	[ ] 집단급식소 : 1일 평균 총급식인원	명
	[ ] 음 식 점 : 사업장 면적	m²
	[ ] 대규모점포 : 사업장 면적	m²
	[ ] 농수산물도매시장(공판장 · 유통센터) : 사업장 면적	m²
	[ ] 호텔 · 콘도 : 객실 수	실

음식물류 폐기물의 발생 억제 및 처리 계획

⑦ 음식물류 폐기물 배출예상량	kg/월 (1일 kg)
⑧ 발생억제계획	

⑨ 자가처리계획	⑩ 자가처리(가열 · 발효 등에 의한 건조 등)				⑪ 건조 등 부산물처리		
	처리방법	처리능력 (kg/일)	설치 신고일	처리량 (kg/일)	부산물 발생량 (kg/일)	처리방법	처리자

⑫ 자가재활용계획	재활용량(kg/월)		재활용방법		재활용장소

⑬ 위탁재활용계획	위탁 재활용량 (kg/일)	위탁계약 비용 (원/kg)	위탁 업소명	업종	재활용 방법	위탁업소 주소 · 전화

⑭ 변경사항	변경 전	변경 후
⑮ 변경사유		

「폐기물관리법」 제15조의2 제2항 및 같은 법 시행규칙 제16조의10 제1항 제1호 제16조의10 제4항 에 따라

음식물류 폐기물 발생 억제 및 처리 계획을 [ ] 신고 [ ] 변경신고 합니다.

년   월   일

신고인   (서명 또는 인)

특별자치시장, 특별자치도지사, 시장 · 군수 · 구청장 귀하

210mm×297mm[백상지 80g/m²(재활용품)]

폐기물관리법 시행규칙 [별지 제48호의4 서식] <개정 2016. 1. 21.>

(앞쪽)

(년도) 음식물류 폐기물 발생 억제 및 처리 실적보고

문서번호   시행일

수신 : 특별자치시장, 특별자치도지사, 시장 · 군수 · 구청장

발신 : (업소명)   (대표자)   ㉑

① 업소명		② 소재지	분류번호	(시 · 군 · 구) (읍 · 면 · 동)		
③ 대표자		④ 전 화		⑤ 사업자등록번호		
⑥ 업 종						
사업장 규 모	[ ] 집단급식소 : 1일평균 총급식인원 [ ] 음 식 점 : 사업장 면적 [ ] 대규모점포 : 사업장 면적 [ ] 농수산물도매시장(공판장 · 유통센터) : 사업장 면적 [ ] 호텔 · 콘도 : 객실 수				명 m² m² m² 실	
⑦ 음식물류 폐기물 발생 억제 및 처리 계획 확인사항	1. 신고번호 제 호 2. 신고일 : . . .					
연간 음식물류 폐기물 총발생량	kg/년					

발생억제실적						
발생억제방법			발생량 감량성과		(전년대비 발생량 감량, %)	

처리실적						
자가처리			부산물처리			
자가처리 방법	처리시설 능력 (kg/일)	연간 처리량 (kg/연)	부산물 발생량 (kg/연)	처리방법		처리자

재활용실적							
(1) 자가재활용의 경우		(2) 위탁재활용의 경우					
재활용량 (kg/연)	재활용 방법	위탁량 (kg/연)	위탁계약비용 (원/kg)	재활용 방법	업체명	업종	주소 · 전화

우○○○-○○○ / 주소 담당부서	/ 전화번호( )○○○-○○○○ 담당자	/ 전송( )○○○-○○○○	

210mm×297mm[백상지 80g/m²(재활용품)]

3. 반드시 갖춰야 할 급식소 위생설비

설비명	사 진	설비명	사 진
수저 소독기 (배식구역에 설치)		컵 소독기 (퇴식구역에 설치)	
신발 살균기 (조리원 탈의실에 설치)		장화 살균기 (조리원 탈의실에 설치)	
이물질 제거기 (주방 출입문 쪽에 설치)		에어 커튼 (주방 출입문 쪽에 설치)	
포충기 (주방 출입문 쪽에 설치)		위생복 살균기 (조리원 탈의실에 설치)	

(계속)

설비명	사 진	설비명	사 진
발판 소독기 (주방 출입문 쪽에 설치)		손 세정대 (주방 출입문 쪽에 설치)	
손 소독기 (손 세정대 위에 설치)		에어 샤워기 (주방 출입구에 설치)	
청소용 호스릴 (세척실, 전처리실, 조리구역에 설치)		칼·도마 소독기 (전처리구역에 설치)	
식기 소독기 (세척실에 설치)		고무장갑 살균기 (전처리실에 설치)	

FOOD SANITATION

CHAPTER 6 위생 관련 자격증

1. 영양사
2. 위생사

CHAPTER 7 식품위생 관련 법규 요약

1. 식품위생법
2. 학교급식법
3. 국민건강증진법
4. 국민영양관리법
5. 농수산물의 원산지 표시 등에 관한 법률
6. 식품 등의 표시 · 광고에 관한 법률

CHAPTER 8 최근 5개년 영양사 국가시험 기출문제

CHAPTER 9 출제예상문제

3

시험 대비 편

위생 관련 자격증

1. 영양사

1) 개 요

영양사는 개인 및 단체에 균형 잡힌 급식 서비스를 제공하기 위해 식단을 계획하고 조리 및 공급을 감독하는 등 급식을 담당하며, 산업체에서 급식관리 업무 외에 영양교육 및 상담, 영양지원 등 영양서비스를 관리하는 업무를 수행하는 자를 말한다(통계청 한국표준직업분류).

2) 수행 직무

영양사는 국민영양관리법 제17조에 따라 다음의 업무를 수행한다.

① 건강증진 및 환자를 위한 영양 · 식생활 교육 및 상담
② 식품영양정보의 제공
③ 식단 작성, 검식 및 배식관리
④ 구매식품의 검수 및 관리
⑤ 급식시설의 위생적 관리
⑥ 집단급식소의 운영일지 작성
⑦ 종업원에 대한 영양지도 및 위생교육

3) 응시 자격

① 2016년 3월 1일 이후 입학자

응시자격 관련 법령
국민영양관리법 제15조 ① 영양사가 되고자 하는 사람은 다음 각 호의 어느 하나에 해당하는 사람으로서 영양사 국가시험에 합격한 후 보건복지부장관의 면허를 받아야 한다. 1. 「고등교육법」에 따른 대학, 산업대학, 전문대학 또는 방송통신대학에서 식품학 또는 영양학을 전공한 자 로서 <u>교과목 및 학점이수 등에 관하여 보건복지부령으로 정하는 요건을 갖춘 사람</u> **국민영양관리법 시행규칙 제7조** ① 법 제15조 제1항 제1호에서 '보건복지부령으로 정하는 요건을 갖춘 사람'이란 <u>별표 1에 따른 교과목 및 학점을 이수하고, 별표 1의2에 따른 학과 또는 학부(전공)를 졸업한 사람</u> 및 제8조에 따른 <u>영양사 국가시험의 응시일로부터 3개월 이내에 졸업이 예정된 사람</u>을 말한다. 이 경우 졸업이 예정된 사람은 그 졸업예정시기에 별표 1에 따른 교과목 및 학점을 이수하고, 별표 1의2에 따른 학과 또는 학부(전공)를 졸업하여야 한다.

다음에 모두 해당하는 자가 응시할 수 있다.

- 다음의 학과 또는 학부(전공) 중 1가지
    - 학과 : 영양학과, 식품영양학과, 영양식품학과
    - 학부(전공) : 식품학, 영양학, 식품영양학, 영양식품학
    - ※ 학칙에 의거한 '학과명' 또는 '학부의 전공명'이어야 하며, 위와 명칭이 상이한 경우 반드시 담당자 확인 요망(1544-4244)
- 교과목(학점) 이수
    - '영양 관련 교과목 이수증명서'로 교과목(학점) 확인 가능(국시원 홈페이지 [시험정보]-[서식모음] 메뉴의 '영양 관련 교과목 이수증명서, 영양 관련 18과목 52학점 인정대학 목록' 게시글 첨부파일 참조)
    - 영양 관련 교과목 이수증명서에 따른 18과목 52학점을 전공(필수 또는 선택) 과목으로 이수해야 함
    - 2016년 3월 1일 이후 영양사 현장실습 교과목 이수 시 80시간 이상(2주 이상), 영양사가 배치된 집단급식소, 의료기관, 보건소 등에서 현장 실습하여야 함
    - 법정과목과 그에 해당하는 유사인정과목은 동일한 과목이므로, 여러 개 이수해도 1개 과목 이수로만 인정(단, 학점은 합산 가능)

② 2010년 5월 23일 이후~2016년 2월 29일 입학자

응시자격 관련 법령

국민영양관리법 제15조

① 영양사가 되고자 하는 사람은 다음 각 호의 어느 하나에 해당하는 사람으로서 영양사 국가시험에 합격한 후 보건복지부장관의 면허를 받아야 한다.

1. 「고등교육법」에 따른 대학, 산업대학, 전문대학 또는 방송통신대학에서 식품학 또는 영양학을 전공한 자로서 교과목 및 학점이수 등에 관하여 보건복지부령으로 정하는 요건을 갖춘 사람

국민영양관리법 시행규칙 제7조

① 법 제15조 제1항 제1호에서 '교과목 및 학점이수 등에 관하여 보건복지부령으로 정하는 요건을 갖춘 사람'이란 별표 1에 따른 교과목 및 학점을 이수하고 졸업한 사람 및 제8조에 따른 영양사 국가시험의 응시일로부터 3개월 이내에 졸업이 예정된 사람을 말한다. 이 경우 졸업이 예정된 사람은 그 졸업예정시기에 별표 1에 따른 교과목 및 학점을 이수하고 졸업하여야 한다.

다음에 모두 해당하는 자가 응시할 수 있다.

- 식품학 또는 영양학 전공 : 식품학, 영양학, 식품영양학, 영양식품학 중 1가지

  ※ 학칙에 의거한 '전공명'이어야 하며, 위와 명칭이 상이한 경우 반드시 담당자 확인 요망(1544-4244)

- 교과목(학점) 이수

  - '영양 관련 교과목 이수증명서'로 교과목(학점) 확인 가능(국시원 홈페이지 [시험정보]–[서식모음] 메뉴의 '영양 관련 교과목 이수증명서, 영양 관련 18과목 52학점 인정대학 목록' 게시글 첨부파일 참조)

  - 영양 관련 교과목 이수증명서에 따른 18과목 52학점을 전공(필수 또는 선택)과목으로 이수해야 함

  - 2016년 3월 1일 이후 영양사 현장실습 교과목 이수 시 80시간 이상(2주 이상), 영양사가 배치된 집단급식소, 의료기관, 보건소 등에서 현장 실습하여야 함

  - 법정과목과 그에 해당하는 유사인정과목은 동일한 과목이므로, 여러 개 이수해도 1개 과목 이수로만 인정(단, 학점은 합산 가능)

③ 2010년 5월 23일 이전 입학자

2010년 5월 23일 이전 「고등교육법」에 따른 학교에 입학한 자로서 종전의 규정에 따라 응시자격을 갖춘 자는 「국민영양관리법」 제15조 제1항 및 동법 시행규칙 제7조 제1항의 개정규정에도 불구하고 시험에 응시할 수 있다.

다음에 모두 해당하는 자가 응시할 수 있다.

- 식품학 또는 영양학 전공 : 식품학, 영양학, 식품영양학, 영양식품학 중 1가지

  ※ 학칙에 의거한 '전공명'이어야 하며, 위와 명칭이 상이한 경우 반드시 담당자 확인 요망(1544-4244)

④ 국내 대학 졸업자가 아닌 경우

다음의 어느 하나에 해당하는 자가 응시할 수 있다.

- 외국에서 영양사면허를 받은 사람
- 외국의 영양사 양성학교 중 보건복지부장관이 인정하는 학교를 졸업한 사람

다음 어느 하나에 해당하는 자는 응시 불가능
- 「정신건강증진 및 정신질환자 복지서비스 지원에 관한 법률」 제3조 제1호에 따른 정신질환자(다만, 전문의가 영양사로서 적합하다고 인정하는 사람은 그러하지 아니하다)
- 「감염병의 예방 및 관리에 관한 법률」 제2조 제13호에 따른 감염병환자 중 보건복지부령으로 정하는 사람("감염병환자 중 보건복지부령으로 정하는 사람"은 B형간염 환자를 제외한 감염병환자를 말한다)
- 마약 · 대마 또는 향정신성의약품 중독자
- 영양사 면허의 취소처분을 받고 그 취소된 날부터 1년이 지나지 아니한 자

---

2. 위생사

1) 개 요

「위생업무」란 지역사회단위의 모든 사람의 일상생활과 관련하여 사람에게 영향을 미치거나 미칠 가능성이 있는 일체의 위해요인을 관리하여 중독 또는 감염으로부터 사전예방을 위한 6개호의 위생업무를 법률로 정하고 동 업무수행에 필요한 전문지식과 기능을 가진 사람으로서 보건복지부장관의 면허를 받은 사람을 "위생사"라 한다(통계청 한국표준직업분류).

2) 수행 직무

위생사는 「공중위생관리법령」에 따라 다음과 같은 업무를 수행한다.

① 공중위생영업소, 공중이용시설 및 위생용품의 위생관리
② 음료수의 처리 및 위생관리
③ 쓰레기, 분뇨, 하수, 그 밖의 폐기물의 처리

④ 식품·식품첨가물과 이에 관련된 기구·용기 및 포장의 제조와 가공에 관한 위생관리

⑤ 유해 곤충·설치류 및 매개체 관리

⑥ 그 밖에 보건위생에 영향을 미치는 것으로서 소독업무, 보건관리업무

3) 응시 자격

① 다음의 자격이 있는 자가 응시 가능

- 전문대학이나 이와 같은 수준 이상에 해당된다고 교육부장관이 인정하는 학교(보건복지부장관이 인정하는 외국의 학교를 포함한다. 이하 같다)에서 보건 또는 위생에 관한 교육과정을 이수한 사람

- 「학점인정 등에 관한 법률」 제8조에 따라 전문대학을 졸업한 사람과 같은 수준 이상의 학력이 있는 것으로 인정되어 같은 법 제9조에 따라 보건 또는 위생에 관한 학위를 취득한 사람

- 보건복지부장관이 인정하는 외국의 위생사 면허 또는 자격을 가진 사람

  ※ 공중위생관리법률 제13983호 부칙 제5조에 따라 위생업무 종사자 응시자격은 2021. 8. 3.까지 유효하므로 2021년도 위생사 국가시험부터는 해당 응시자격으로는 응시가 불가함

> **'보건위생에 관한 교육과정 이수자'의 정의**
>
> 공중위생관리법 제6조의2 제1항 제1호 중 '전문대학이나 이와 같은 수준 이상에 해당된다고 교육부장관이 인정하는 학교에서 보건 또는 위생에 관한 교육 과정을 이수한 자'라 함은 전공필수 또는 전공 선택과목으로 다음의 1과목 이상을 이수한 자를 말함
> - 식품 보건 또는 위생과 관련된 분야 : 식품학, 조리학, 영양학, 식품미생물학, 식품위생학, 식품분석학, 식품발효학, 식품가공학, 식품재료학, 식품보건 또는 저장학, 식품공학 또는 식품화학, 첨가물학
> - 환경 보건 또는 위생과 관련된 분야 : 공중보건학, 위생곤충학, 환경위생학, 미생물학, 기생충학, 환경생태학, 전염병관리학, 상하수도공학, 대기오염학, 수질오염학, 수질학, 수질시험학, 오물·폐기물 또는 폐수처리학, 산업위생학, 환경공학
> - 기타 분야 : 위생화학, 위생공학

② 다음에 해당하는 자는 응시 불가능

- 「정신건강증진 및 정신질환자 복지서비스 지원에 관한 법률」(약칭 : 정신건강복지법) 제3조 제1호에 따른 정신질환자. 다만, 전문의가 위생사로서 적합하다고 인정하는 사람은 그러하지 아니하다.

- 마약·대마 또는 향정신성의약품 중독자

- 「공중위생관리법」, 「감염병의 예방 및 관리에 관한 법률」, 「검역법」, 「식품위생법」, 「의료법」, 「약사법」, 「마약류 관리에 관한 법률」 또는 「보건범죄 단속에 관한 특별조치법」을 위반하여 금고 이상의 실형을 선고받고 그 집행이 끝나지 아니하거나 그 집행을 받지 아니하기로 확정되지 아니한 사람

CHAPTER 7

식품위생 관련 법규 요약

1. 식품위생법

식품위생법은 총 13장으로 구성되어 있다. 식품위생법 시행령과 식품위생법 시행규칙에서는 식품위생법 시행을 위한 필요 사항을 규정하고 있다.

제1장 총칙은 식품위생법의 목적, 정의, 식품 등의 취급으로 구성되어 있다. 제2장 식품과 식품첨가물은 위해식품 등의 판매 등 금지, 병든 동물 고기 등의 판매 등 금지, 기준·규격이 정하여지지 아니한 화학적 합성품 등의 판매 등 금지, 식품 또는 식품첨가물에 관한 기준 및 규격, 권장규격, 농약 등의 잔류허용기준 설정 요청 등, 식품 등의 기준 및 규격 관리계획 등, 식품 등의 기준 및 규격의 재평가 등으로 구성되어 있다. 제3장 기구와 용기·포장은 유독기구 등의 판매·사용 금지, 기구 및 용기·포장에 관한 기준 및 규격, 기구 및 용기·포장에 사용하는 재생원료에 관한 인정, 인정받지 않은 재생원료의 기구 및 용기·포장에의 사용 등 금지로 구성되어 있다. 제4장 표시는 유전자변형식품 등의 표시에 대한 내용이며, 제5장은 식품 등의 공전으로 구성되어 있다. 제6장 검사 등은 위해평가, 위해평가 결과 등에 관한 공표, 소비자 등의 위생검사 등 요청, 위해식품 등에 대한 긴급대응, 유전자변형식품 등의 안전성 심사 등, 검사명령 등, 특정 식품 등의 수입·판매 등 금지, 출입·검사·수거 등, 영업소 등에 대한 비대면 조사 등, 식품 등의 재검사, 자가품질검사 의무, 자가품질검사 의무의 면제, 자가품질검사의 확인검사, 식품위생감시원, 소비자식품위생감시원, 소비자 위생점검 참여 등으로 구성되어 있다. 제7장 영업은 시설기준, 영업허가 등, 영업허가 등의 제한, 영업 승계, 건강진단, 식품위생교육, 위생관리책임자, 실적보고, 영업 제한, 영업자 등의 준수사항, 보험 가입, 위해식품 등의 회수, 식품 등의 이물 발견보고 등, 식품 등의 오염사고의 보고 등, 모범업소의 지정 등, 식품접객업소의 위생등급 지정 등, 식품안전관리인증기준, 인증 유효기간, 식품안전관리인증기준적용업소에 대한 조사·평가 등, 식품안전관리인증기준의 교육훈련기관 지정 등, 교육훈련기관의 지정취소 등, 식품이력추적관리 등록기준 등, 식품이력추적관리정보의 기록·보관 등, 식품이력추적관리시스템의 구축 등으로 구성되어 있다. 제8장

조리사 등은 조리사, 영양사, 조리사의 면허, 결격사유, 명칭 사용 금지, 교육으로 구성되어 있다. 제12장 보칙은 국고 보조, 식중독에 관한 조사 보고, 식중독대책협의기구 설치, 집단급식소, 식품진흥기금, 영업자 등에 대한 행정적·기술적 지원, 포상금 지급, 정보공개, 식품안전관리 업무 평가, 벌칙 적용에서 공무원 의제, 권한의 위임, 수수료로 구성되어 있다. 제13장 벌칙에서는 벌칙과 양벌규정, 과태료, 과태료에 관한 규정 적용의 특례를 다룬다.

식품위생법 및 동법의 시행령, 시행규칙을 정리한 표는 다음과 같다.

식품위생법·시행령·시행규칙 주요 법조문 목차

구 분	식품위생법	식품위생법 시행령	식품위생법 시행규칙
법 시행·공포일	[시행 2024. 1. 2.] [법률 제19917호, 2024. 1. 2., 일부개정]	[시행 2024. 3. 29.] [대통령령 제34372호, 2024. 3. 29., 일부개정]	[시행 2024. 1. 1.] [총리령 제1879호, 2023. 5. 19., 일부개정]
제1장 총칙	제1조(목적)	제1조(목적)	제1조(목적)
	제2조(정의) 20·21·22 기출	제2조(집단급식소의 범위)	
	제3조(식품 등의 취급)		제2조(식품 등의 위생적인 취급에 관한 기준) 제2조 관련 별표 1
제2장 식품과 식품첨가물	제4조(위해식품 등의 판매 등 금지)		제3조(판매 등이 허용되는 식품 등)
	제5조(병든 동물 고기 등의 판매 등 금지)		제4조(판매 등이 금지되는 병든 동물 고기 등) 20 기출 제4조 제1호 관련 「축산물위생관리법」 별표 3
	제6조(기준·규격이 정하여지지 아니한 화학적 합성품 등의 판매 등 금지)		
	제7조(식품 또는 식품첨가물에 관한 기준 및 규격) 22 기출		제5조(식품 등의 한시적 기준 및 규격의 인정 등)
	제7조의2(권장규격)		
	제7조의3(농약 등의 잔류허용기준 설정 요청 등)		제5조의2(농약 또는 동물용 의약품 잔류허용기준의 설정)
	제7조의4(식품 등의 기준 및 규격 관리계획 등)		제5조의4(식품 등의 기준 및 규격 관리 기본계획 등의 수립·시행)
제3장 기구와 용기·포장	제8조(유독기구 등의 판매·사용 금지)		
	제9조(기구 및 용기·포장에 관한 기준 및 규격)		
	제9조의2(기구 및 용기·포장에 사용하는 재생원료에 관한 인정)		제6조(기구 및 용기·포장에 사용하는 재생원료에 관한 인정 절차 등)
제4장 표시	제12조의2(유전자변형식품 등의 표시)		

(계속)

구 분	식품위생법	식품위생법 시행령	식품위생법 시행규칙
제5장 식품 등의 공전	제14조 식품 등의 공전 19 기출	식품공전	
	제2. 식품일반에 대한 공통기준 및 규격		
	제3. 영·유아 또는 고령자를 섭취대상으로 표시하여 판매하는 식품의 기준 및 규격		
	제4. 장기보존식품의 기준 및 규격		
	제6. 식품접객업소(집단급식소 포함)의 조리식품 등에 대한 기준 및 규격		
제6장 검사 등	제16조(소비자 등의 위생검사 등 요청)	제6조(소비자 등의 위생검사 등 요청)	제9조의2(위생검사 등 요청기관)
	제18조(유전자변형식품 등의 안전성 심사 등)	제9조(유전자변형식품 등의 안전성 심사)	
	제22조(출입·검사·수거 등)		제19조(출입·검사·수거 등) 제20조(수거량 및 검사 의뢰 등)
	제31조(자가품질검사 의무)		제31조(자가품질검사)
	제32조(식품위생감시원)	제16조(식품위생감시원의 자격 및 임명)	제31조의6(식품위생감시원의 교육시간 등)
제7장 영업	제36조(시설기준)	제21조(영업의 종류)	제36조(업종별 시설기준) 별표 14
	제37조(영업허가 등)	제22조(유흥종사자의 범위) 제23조(허가를 받아야 하는 영업 및 허가관청) 제24조(허가를 받아야 하는 변경사항) 제25조(영업신고를 하여야 하는 업종) 제26조(신고를 하여야 하는 변경사항) 제26조의2(등록하여야 하는 영업) 제26조의3(등록하여야 하는 변경사항)	제37조(즉석판매제조·가공업의 대상) 별표 15 제38조(식품소분업의 신고대상) 제39조(기타 식품판매업의 신고대상) 제40조(영업허가의 신청) 제41조(허가사항의 변경) 제42조(영업의 신고 등) 제43조(신고사항의 변경) 제43조의2(영업의 등록 등) 제43조의3(등록사항의 변경) 제44조(폐업신고) 제45조(품목제조의 보고 등) 제46조(품목제조보고사항 등의 변경) 제47조(영업허가 등의 보고) 제47조의2(영업 신고 또는 등록 사항의 직권말소 절차)
	제38조(영업허가 등의 제한)		
	제39조(영업 승계)		제48조(영업자 지위승계 신고)
	제40조(건강진단)		제49조(건강진단 대상자) 21 기출 「식품위생 분야 종사자의 건강진단 규칙」 20 기출 제50조(영업에 종사하지 못하는 질병의 종류) 19 기출

(계속)

구 분	식품위생법	식품위생법 시행령	식품위생법 시행규칙
제7장 영업	제41조(식품위생교육)	제27조(식품위생교육의 대상)	제51조(식품위생교육기관 등) 제52조(교육시간) 19 · 22 · 23 기출 제53조(교육교재 등) 제54조(도서 · 벽지 등의 영업자 등에 대한 식품위생교육)
	제41조의2(위생관리책임자)	제27조의2(위생관리책임자의 자격기준)	제55조(위생관리책임자의 선임 · 해임 신고) 제55조의2(위생관리책임자의 기록 · 보관) 제55조의3(위생관리책임자의 교육훈련)
	제42조(실적보고)		제56조(생산실적 등의 보고)
	제43조(영업 제한)	제28조(영업의 제한 등)	
	제44조(영업자 등의 준수사항)	제29조(준수사항 적용 대상 영업자의 범위)	제57조(식품접객영업자 등의 준수사항 등)
	제44조의2(보험 가입)	제30조(책임보험의 종류 등)	
	제45조(위해식품 등의 회수)	제31조(위해식품 등을 회수한 영업자에 대한 행정처분의 감면)	제58조(회수대상 식품 등의 기준) 제59조(위해식품 등의 회수계획 및 절차 등)
	제46조(식품 등의 이물 발견보고 등)		제60조(이물 보고의 대상 등)
	제47조의2(식품접객업소의 위생등급 지정 등)	제32조(위생등급) 제32조의2(위생등급 지정에 관한 업무의 위탁)	제61조(우수업소 · 모범업소의 지정 등) 제61조의2(위생등급의 지정절차 및 위생등급 공표 · 표시의 방법 등) 제61조의3(위생등급 유효기간의 연장 등)
	제48조(식품안전관리인증기준)	제33조(식품안전관리인증기준)	제62조(식품안전관리인증기준 대상 식품) 19 기출 제63조(식품안전관리인증기준 적용업소의 인증신청 등) 제64조(식품안전관리인증기준 적용업소의 영업자 및 종업원에 대한 교육훈련) 제65조(식품안전관리인증기준 적용업소에 대한 지원 등) 제66조(식품안전관리인증기준 적용업소에 대한 조사 · 평가) 제67조(식품안전관리인증기준 적용업소 인증취소 등) 제68조(식품안전관리인증기준적용업소에 대한 출입 · 검사 면제)
	제48조의2(인증 유효기간)		제68조의2(인증유효기간의 연장신청 등)

(계속)

구 분	식품위생법	식품위생법 시행령	식품위생법 시행규칙
제7장 영업	제48조의3(식품안전관리인증기준적 용업소에 대한 조사·평가 등)	제34조(식품안전관리인증기 준적용업소에 관한 업무의 위탁 등)	
	제48조의4(식품안전관리인증기준의 교육훈련기관 지정 등)		제68조의3(식품안전관리인증기 준의 교육훈련기관 지정 등) 제68조의4(교육훈련기관의 교 육내용 및 준수사항 등)
	제48조의5(교육훈련기관의 지정취 소 등)		제68조의5(교육훈련기관의 행 정처분 기준)
	제49조(식품이력추적관리 등록기준 등)		제69조의2(식품이력추적관리 등록 대상) 제70조(등록사항) 제71조(등록사항의 변경신고) 제72조(조사·평가 등) 제73조(자금지원 대상 등) 제74조(식품이력추적관리 등록 증의 반납) 제74조의2(식품이력추적관리 등록취소 등의 기준)
	제49조의2(식품이력추적관리정보의 기록·보관 등)		제74조의3(식품이력추적관리 정보의 기록·보관)
	제49조의3(식품이력추적관리시스템 의 구축 등)		제74조의4(식품이력추적관리시 스템에 연계된 정보의 공개)
제8장 조리사 등	제51조(조리사) 21 기출	제36조(조리사를 두어야 하는 식품접객업자)	
	제52조(영양사) 22 기출		
	제53조(조리사의 면허) 22 기출		제80조(조리사의 면허신청 등) 제81조(면허증의 재발급 등) 제82조(조리사 면허증의 반납)
	제54조(결격사유)		
	제55조(명칭 사용 금지)		
	제56조(교육)	제38조(교육의 위탁)	제83조(조리사 및 영양사의 교육) 제84조(조리사 및 영양사의 교 육기관 등) 19·22·23 기출
제12장 보칙	제85조(국고 보조)		
	제86조(식중독에 관한 조사 보고)	제59조(식중독 원인의 조사)	제93조(식중독환자 또는 그 사 체에 관한 보고)
	제87조(식중독대책협의기구 설치)	제60조(식중독대책협의기구 의 구성·운영 등)	
	제88조(집단급식소)		제94조(집단급식소의 신고 등) 제95조(집단급식소의 설치·운 영자 준수사항) 별표 24 제96조(집단급식소의 시설기준) 별표 25

(계속)

구분	식품위생법	식품위생법 시행령	식품위생법 시행규칙
제12장 보칙	제89조(식품진흥기금)	제61조(기금사업) 제62조(기금의 운용)	
	제89조의2(영업자 등에 대한 행정 적·기술적 지원)		
	제90조(포상금 지급)	제63조(포상금의 지급기준) 제64조(신고자 비밀보장)	
	제90조의2(정보공개)	제64조의2(정보공개)	
	제90조의3(식품안전관리 업무 평가)		제96조의2(식품안전관리 업무 평가 기준 및 방법 등)
	제90조의4(벌칙 적용에서 공무원 의제)		
	제91조(권한의 위임)	제65조(권한의 위임)	
	제92조(수수료)		제97조(수수료) 별표 26
제13장 벌칙	제93조(벌칙)		
	제94조(벌칙)		
	제95조(벌칙)		
	제96조(벌칙)		
	제97조(벌칙)		제98조(벌칙에서 제외되는 사항)
	제98조(벌칙)		
	제99조 삭제		
	제100조(양벌규정)		
	제101조(과태료)	제67조(과태료의 부과기준) 별표 2	제101조(과태료의 부과대상) 별표 17
	제102조(과태료에 관한 규정 적용의 특례)		

1) 총 칙

구분	식품위생법	식품위생법 시행령	식품위생법 시행규칙
제1장 총칙	제1조(목적)	제1조(목적)	제1조(목적)
	제2조(정의) 20 · 21 · 22 기출	제2조(집단급식소의 범위)	
	제3조(식품 등의 취급)		제2조(식품 등의 위생적인 취급 에 관한 기준) 제2조 관련 별표1

법조문 요약

1. 목 적
식품으로 인하여 생기는 위생상의 위해(危害)를 방지하고 식품영양의 질적 향상을 도모하며 식품에 관한 올바른 정보를 제공함으로써 국민 건강의 보호·증진에 이바지함

2. 정 의
• 식품 : 모든 음식물(의약으로 섭취하는 것은 제외)

     식품위생관계법규

- 식품첨가물 : 식품을 제조 · 가공 · 조리 또는 보존하는 과정에서 감미(甘味), 착색(着色), 표백(漂白) 또는 산화 방지 등을 목적으로 식품에 사용되는 물질. 이 경우 기구(器具) · 용기 · 포장을 살균 · 소독하는 데에 사용되어 간접적으로 식품으로 옮아갈 수 있는 물질을 포함
- 화학적 합성품 : 화학적 수단으로 원소(元素) 또는 화합물에 분해 반응 외의 화학 반응을 일으켜서 얻은 물질
- 기구 : 음식을 먹을 때 사용하거나 담는 것이나, 식품 또는 식품첨가물을 채취 · 제조 · 가공 · 조리 · 저장 · 소분 [(小分) : 완제품을 나누어 유통을 목적으로 재포장하는 것] · 운반 · 진열할 때 사용하는 것 중 어느 하나에 해당하는 것으로서 식품 또는 식품첨가물에 직접 닿는 기계 · 기구나 그 밖의 물건(농업과 수산업에서 식품을 채취하는 데에 쓰는 기계 · 기구나 그 밖의 물건 및 「위생용품 관리법」 제2조 제1호에 따른 위생용품은 제외)
- 용기 · 포장 : 식품 또는 식품첨가물을 넣거나 싸는 것으로서 식품 또는 식품첨가물을 주고받을 때 함께 건네는 물품
- 공유주방 : 식품의 제조 · 가공 · 조리 · 저장 · 소분 · 운반에 필요한 시설 또는 기계 · 기구 등을 여러 영업자가 함께 사용하거나, 동일한 영업자가 여러 종류의 영업에 사용할 수 있는 시설 또는 기계 · 기구 등이 갖춰진 장소
- 위해 : 식품, 식품첨가물, 기구 또는 용기 · 포장에 존재하는 위험요소로서 인체의 건강을 해치거나 해칠 우려가 있는 것
- 영업 : 식품 또는 식품첨가물을 채취 · 제조 · 가공 · 조리 · 저장 · 소분 · 운반 또는 판매하거나 기구 또는 용기 · 포장을 제조 · 운반 · 판매하는 업(농업과 수산업에 속하는 식품 채취업은 제외)
- 영업자 : 영업허가를 받은 자나 영업신고를 한 자 또는 영업등록을 한 자
- 식품위생 : 식품, 식품첨가물, 기구 또는 용기 · 포장을 대상으로 하는 음식에 관한 위생
- 집단급식소 : 영리를 목적으로 하지 아니하면서 특정 다수인에게 계속하여 음식물을 공급하는 급식시설로서 기숙사, 학교, 유치원, 어린이집, 병원, 사회복지시설, 산업체, 국가, 지방자치단체 및 공공기관, 그 밖의 후생기관 등. 1회 50명 이상에게 식사를 제공하는 급식소
- 식품이력추적관리 : 식품을 제조 · 가공 단계부터 판매 단계까지 각 단계별로 정보를 기록 · 관리하여 그 식품의 안전성 등에 문제가 발생할 경우 그 식품을 추적하여 원인을 규명하고 필요한 조치를 할 수 있도록 관리하는 것
- 식중독 : 식품 섭취로 인하여 인체에 유해한 미생물 또는 유독물질에 의하여 발생하였거나 발생한 것으로 판단되는 감염성 질환 또는 독소형 질환
- 집단급식소에서의 식단 : 급식대상 집단의 영양섭취기준에 따라 음식명, 식재료, 영양성분, 조리방법, 조리인력 등을 고려하여 작성한 급식계획서

3. 식품 등의 취급
- 판매를 목적으로 식품 또는 식품첨가물을 채취 · 제조 · 가공 · 사용 · 조리 · 저장 · 소분 · 운반 또는 진열을 할 때에는 깨끗하고 위생적으로 하여야 함
- 영업에 사용하는 기구 및 용기 · 포장은 깨끗하고 위생적으로 다루어야 함

2) 식품과 식품첨가물

구 분	식품위생법	식품위생법 시행령	식품위생법 시행규칙
제2장 식품과 식품첨가물	제4조(위해식품 등의 판매 등 금지)		제3조(판매 등이 허용되는 식품 등)
	제5조(병든 동물 고기 등의 판매 등 금지)		제4조(판매 등이 금지되는 병든 동물 고기 등) 20 기출 제4조 제1호 관련 「축산물위생 관리법」 별표 3

(계속)

구분	식품위생법	식품위생법 시행령	식품위생법 시행규칙
제2장 식품과 식품첨가물	제6조(기준·규격이 정하여지지 아니한 화학적 합성품 등의 판매 등 금지)		
	제7조(식품 또는 식품첨가물에 관한 기준 및 규격) `22 기출`		제5조(식품 등의 한시적 기준 및 규격의 인정 등)
	제7조의2(권장규격)		
	제7조의3(농약 등의 잔류허용기준 설정 요청 등)		제5조의2(농약 또는 동물용 의약품 잔류허용기준의 설정)
	제7조의4(식품 등의 기준 및 규격 관리계획 등)		제5조의4(식품 등의 기준 및 규격 관리 기본계획 등의 수립·시행)

법조문 요약

1. 위해식품 등의 판매 등(판매할 목적으로 채취·제조·수입·가공·사용·조리·저장·소분·운반 또는 진열) 금지

- 썩거나 상하거나 설익어서 인체의 건강을 해칠 우려가 있는 것
- 유독·유해물질이 들어 있거나 묻어 있는 것 또는 그러할 염려가 있는 것. 다만, 식품의약품안전처장이 인체의 건강을 해칠 우려가 없다고 인정하는 것은 제외
- 병(病)을 일으키는 미생물에 오염되었거나 그러할 염려가 있어 인체의 건강을 해칠 우려가 있는 것
- 불결하거나 다른 물질이 섞이거나 첨가(添加)된 것 또는 그 밖의 사유로 인체의 건강을 해칠 우려가 있는 것
- 안전성 심사 대상인 농·축·수산물 등 가운데 안전성 심사를 받지 아니하였거나 인진성 심사에서 식용(食用)으로 부적합하다고 인정된 것
- 수입이 금지된 것 또는 「수입식품안전관리 특별법」에 따른 수입신고를 하지 아니하고 수입한 것
- 영업자가 아닌 자가 제조·가공·소분한 것

2. 병든 동물 고기 등의 판매 등 금지

- 「축산물 위생관리법 시행규칙」 별표 3 제1호 다목에 따라 도축이 금지되는 가축전염병
- 리스테리아병, 살모넬라병, 파스튜렐라병 및 선모충증

3. 기준·규격이 정하여지지 아니한 화학적 합성품 등의 판매 등 금지

식품의약품안전처장이 식품위생심의위원회의 심의를 거쳐 인체의 건강을 해칠 우려가 없다고 인정하는 경우에는 제외

4. 식품 또는 식품첨가물에 관한 기준 및 규격

식품의약품안전처장은 국민 건강을 보호·증진하기 위하여 필요하면 판매를 목적으로 하는 식품 또는 식품첨가물에 관한 제조·가공·사용·조리·보존 방법에 관한 기준, 성분에 관한 규격 사항을 정하여 고시

5. 권장규격

- 식품의약품안전처장은 판매를 목적으로 하는 기준 및 규격이 설정되지 아니한 식품 등이 국민 건강에 위해를 미칠 우려가 있어 예방조치가 필요하다고 인정하는 경우에는 그 기준 및 규격이 설정될 때까지 위해 우려가 있는 성분 등의 안전관리를 권장하기 위한 규격을 정할 수 있음

- 식품의약품안전처장은 권장규격을 정할 때에는 국제식품규격위원회 및 외국의 규격 또는 다른 식품 등에 이미 규격이 신설되어 있는 유사한 성분 등을 고려하여야 하고 심의위원회의 심의를 거쳐야 함
- 식품의약품안전처장은 영업자가 권장규격을 준수하도록 요청할 수 있으며 이행하지 아니한 경우 그 사실을 공개할 수 있음

6. 농약 등의 잔류허용기준 설정 요청 등

식품에 잔류하는 농약, 동물용 의약품의 잔류허용기준 설정이 필요한 자, 수입식품에 대한 농약 및 동물용 의약품의 잔류허용기준 설정을 원하는 자는 식품의약품안전처장에게 신청

7. 식품 등의 기준 및 규격 관리계획 등

- 식품의약품안전처장은 관계 중앙행정기관의 장과 협의 및 심의위원회의 심의를 거쳐 식품 등의 기준 및 규격 관리 기본계획을 5년마다 수립 · 추진
- 식품의약품안전처장은 관리계획을 시행하기 위하여 해마다 관계 중앙행정기관의 장과 협의하여 식품 등의 기준 및 규격 관리 시행계획을 수립
- 식품의약품안전처장은 관리계획 및 시행계획을 수립 · 시행하기 위하여 필요한 때에는 관계 중앙행정기관의 장 및 지방자치단체의 장에게 협조를 요청할 수 있고, 협조를 요청받은 관계 중앙행정기관의 장 등은 특별한 사유가 없으면 이에 따름
- 관리계획에 포함되는 노출량 평가 · 관리의 대상이 되는 유해물질의 종류, 관리계획 및 시행계획의 수립 · 시행 등에 필요한 사항은 총리령으로 정함

3) 기구와 용기 · 포장

구 분	식품위생법	식품위생법 시행령	식품위생법 시행규칙
제3장 기구와 용기 · 포장	제8조(유독기구 등의 판매 · 사용 금지)		
	제9조(기구 및 용기 · 포장에 관한 기준 및 규격)		
	제9조의2(기구 및 용기 · 포장에 사용하는 재생원료에 관한 인정)		제6조(기구 및 용기 · 포장에 사용하는 재생원료에 관한 인정 절차 등)

법조문 요약

1. 유독기구 등의 판매 · 사용 금지

유독 · 유해물질이 들어 있거나 묻어 있어 인체의 건강을 해칠 우려가 있는 기구 및 용기 · 포장과 식품 또는 식품첨가물에 직접 닿으면 해로운 영향을 끼쳐 인체의 건강을 해칠 우려가 있는 기구 및 용기 · 포장을 판매하거나 판매할 목적으로 제조 · 수입 · 저장 · 운반 · 진열하거나 영업에 사용하여서는 아니 됨

2. 기구 및 용기 · 포장에 관한 기준 및 규격

- 식품의약품안전처장은 국민보건을 위하여 필요한 경우에는 판매하거나 영업에 사용하는 기구 및 용기 · 포장에 관하여 제조 방법에 관한 기준, 기구 및 용기 · 포장과 그 원재료에 관한 규격사항을 정하여 고시함

- 식품의약품안전처장은 기준과 규격이 고시되지 아니한 기구 및 용기·포장의 기준과 규격을 인정받으려는 자에게 제조 방법에 관한 기준, 기구 및 용기·포장과 그 원재료에 관한 규격사항을 제출하게 하여 식품의약품안전처장이 지정한 식품전문 시험·검사기관 또는 총리령으로 정하는 시험·검사기관의 검토를 거쳐 기준과 규격이 고시될 때까지 해당 기구 및 용기·포장의 기준과 규격으로 인정할 수 있음
- 수출할 기구 및 용기·포장과 그 원재료에 관한 기준과 규격은 수입자가 요구하는 기준과 규격을 따를 수 있음
- 기준과 규격이 정하여진 기구 및 용기·포장은 그 기준에 따라 제조하여야 하며, 그 기준과 규격에 맞지 아니한 기구 및 용기·포장은 판매하거나 판매할 목적으로 제조·수입·저장·운반·진열하거나 영업에 사용하여서는 아니 됨

3. 기구 및 용기·포장에 사용하는 재생원료에 관한 인정

식품의약품안전처장은 기구 및 용기·포장을 제조할 때 원재료로 사용하기에 적합한 재생원료(이미 사용한 기구 및 용기·포장을 다시 사용할 수 있도록 처리한 원료물질)의 기준을 정하여 고시

4) 표 시

구 분	식품위생법	식품위생법 시행령	식품위생법 시행규칙
제4장 표시	제12조의2(유전자변형식품 등의 표시)		

법조문 요약

1. 유전자변형식품 등의 표시
- 인위적으로 유전자를 재조합하거나 유전자를 구성하는 핵산을 세포 또는 세포 내 소기관으로 직접 주입하는 기술이나 분류학에 따른 과(科)의 범위를 넘는 세포융합기술 중 하나에 해당하는 생명공학기술을 활용하여 재배·육성된 농산물·축산물·수산물 등을 원재료로 하여 제조·가공한 식품 또는 식품첨가물은 유전자변형식품임을 표시하여야 함. 다만, 제조·가공 후에 유전자변형 디엔에이(DNA, Deoxyribonucleic acid) 또는 유전자변형 단백질이 남아 있는 유전자변형식품 등에 한정
- 표시하여야 하는 유전자변형식품 등은 표시가 없으면 판매하거나 판매할 목적으로 수입·진열·운반하거나 영업에 사용하여서는 아니 됨
- 표시의무자, 표시대상 및 표시방법 등에 필요한 사항은 식품의약품안전처장이 정함

5) 식품 등의 공전

구 분	식품위생법	식품위생법 시행령	식품위생법 시행규칙
제5장 식품 등의 공전	제14조 식품 등의 공전 `19 기출` 제2. 식품일반에 대한 공통기준 및 규격 제3. 영·유아 또는 고령자를 섭취대상으로 표시하여 판매하는 식품의 기준 및 규격	식품공전	

(계속)

구분	식품위생법	식품위생법 시행령	식품위생법 시행규칙
제5장 식품 등의 공전	제4. 장기보존식품의 기준 및 규격	식품공전	
	제6. 식품접객업소(집단급식소 포함) 의 조리식품 등에 대 한 기준 및 규격		

6) 검사 등

구 분	식품위생법	식품위생법 시행령	식품위생법 시행규칙
제6장 검사 등	제16조(소비자 등의 위생검사 등 요청)	제6조(소비자 등의 위생검사 등 요청)	제9조의2(위생검사 등 요청기관)
	제18조(유전자변형식품 등의 안전성 심사 등)	제9조(유전자변형식품 등의 안전성 심사)	
	제22조(출입 · 검사 · 수거 등)		제19조(출입 · 검사 · 수거 등) 제20조(수거량 및 검사 의뢰 등)
	제31조(자가품질검사 의무)		제31조(자가품질검사)
	제32조(식품위생감시원)	제16조(식품위생감시원의 자 격 및 임명)	제31조의6(식품위생감시원의 교육시간 등)

법조문 요약

1. 소비자 등의 위생검사 등 요청
• 식품의약품안전처장(대통령령으로 정하는 그 소속 기관의 장을 포함), 시 · 도지사 또는 시장 · 군수 · 구청장은 대통령령으로 정하는 일정 수 이상의 소비자, 소비자단체 또는 시험 · 검사기관 중 총리령으로 정하는 시험 · 검사기관이 식품 등 또는 영업시설 등에 대하여 출입 · 검사 · 수거 등(위생검사 등)을 요청하는 경우에는 이에 따라야 함. 다만, 다음 중 어느 하나에 해당하는 경우에는 그러하지 아니함
  - 같은 소비자, 소비자단체 또는 시험 · 검사기관이 특정 영업자의 영업을 방해할 목적으로 같은 내용의 위생검사 등을 반복적으로 요청하는 경우
  - 식품의약품안전처장, 시 · 도지사 또는 시장 · 군수 · 구청장이 기술 또는 시설, 재원(財源) 등의 사유로 위생검사 등을 할 수 없다고 인정하는 경우
• 식품의약품안전처장, 시 · 도지사 또는 시장 · 군수 · 구청장은 위생검사 등의 요청에 따르는 경우 14일 이내에 위생검사 등을 하고 그 결과를 대통령령으로 정하는 바에 따라 위생검사 등의 요청을 한 소비자, 소비자단체 또는 시험 · 검사기관에 알리고 인터넷 홈페이지에 게시하여야 함
• 위생검사 등의 요청 요건 및 절차, 그 밖에 필요한 사항은 대통령령으로 정함

2. 유전자변형식품 등의 안전성 심사 등
• 유전자변형식품 등을 식용으로 수입 · 개발 · 생산하는 자는 최초로 유전자변형식품 등을 수입하는 경우 등 대통령령으로 정하는 경우에는 식품의약품안전처장에게 해당 식품 등에 대한 안전성 심사를 받아야 함
  - 최초로 유전자변형식품 등을 수입하거나 개발 또는 생산하는 경우
  - 안전성 심사를 받은 후 10년이 지난 유전자변형식품 등으로서 시중에 유통되어 판매되고 있는 경우

- 안전성 심사를 받은 후 10년이 지나지 아니한 유전자변형식품 등으로서 식품의약품안전처장이 새로운 위해요소가 발견되었다는 등의 사유로 인체의 건강을 해칠 우려가 있다고 인정하여 심의위원회의 심의를 거쳐 고시하는 경우
- 식품의약품안전처장은 유전자변형식품 등의 안전성 심사를 위하여 식품의약품안전처에 유전자변형식품 등 안전성심사위원회를 둠

3. 출입 · 검사 · 수거 등
- 식품의약품안전처장(대통령령으로 정하는 그 소속 기관의 장을 포함), 시 · 도지사 또는 시장 · 군수 · 구청장은 식품 등의 위해방지 · 위생관리와 영업질서의 유지를 위하여 필요하면 영업자나 그 밖의 관계인에게 필요한 서류나 그 밖의 자료의 제출 요구, 관계 공무원으로 출입 · 검사 · 수거 등의 조치를 할 수 있음
- 행정처분을 받은 업소에 대한 출입 · 검사 · 수거 등은 그 처분일부터 6개월 이내에 1회 이상 실시하여야 함. 다만, 행정처분을 받은 영업자가 그 처분의 이행 결과를 보고하는 경우에는 제외

4. 자가품질검사 의무
- 식품 등을 제조 · 가공하는 영업자는 총리령으로 정하는 바에 따라 제조 · 가공하는 식품 등이 기준과 규격에 맞는지를 검사하여야 함
- 자가품질검사에 관한 기록서는 2년간 보관

5. 식품위생감시원
- 관계 공무원의 직무와 그 밖에 식품위생에 관한 지도 등을 하기 위하여 식품의약품안전처(대통령령으로 정하는 그 소속 기관을 포함), 특별시 · 광역시 · 특별자치시 · 도 · 특별자치도(시 · 도) 또는 시 · 군 · 구(자치구)에 식품위생감시원을 둠
- 식품위생감시원의 자격 · 임명 · 직무범위, 그 밖에 필요한 사항은 대통령령으로 정함
- 식품위생감시원은 매년 7시간 이상 식품위생감시원 직무교육을 받아야 함. 다만, 식품위생감시원으로 임명된 최초의 해에는 21시간 이상을 받아야 함

7) 영 업

구 분	식품위생법	식품위생법 시행령	식품위생법 시행규칙
제7장 영업	제36조(시설기준)	제21조(영업의 종류)	제36조(업종별 시설기준) 별표 14
	제37조(영업허가 등)	제22조(유흥종사자의 범위) 제23조(허가를 받아야 하는 영업 및 허가관청) 제24조(허가를 받아야 하는 변경사항) 제25조(영업신고를 하여야 하는 업종)	제37조(즉석판매제조 · 가공업의 대상) 별표 15 제38조(식품소분업의 신고대상) 제39조(기타 식품판매업의 신고대상) 제40조(영업허가의 신청) 제41조(허가사항의 변경) 제42조(영업의 신고 등)

(계속)

구 분	식품위생법	식품위생법 시행령	식품위생법 시행규칙
제7장 영업	제37조(영업허가 등)	제26조(신고를 하여야 하는 변경사항) 제26조의2(등록하여야 하는 영업) 제26조의3(등록하여야 하는 변경사항)	제43조(신고사항의 변경) 제43조의2(영업의 등록 등) 제43조의3(등록사항의 변경) 제44조(폐업신고) 제45조(품목제조의 보고 등) 제46조(품목제조보고사항 등의 변경) 제47조(영업허가 등의 보고) 제47조의2(영업 신고 또는 등록사항의 직권말소 절차)
	제38조(영업허가 등의 제한)		
	제39조(영업 승계)		제48조(영업자 지위승계 신고)
	제40조(건강진단)		제49조(건강진단 대상자) 21 기출 「식품위생 분야 종사자의 건강진단 규칙」 20 기출 제50조(영업에 종사하지 못하는 질병의 종류) 19 기출
	제41조(식품위생교육)	제27조(식품위생교육의 대상)	제51조(식품위생교육기관 등) 제52조(교육시간) 19·22·23 기출 제53조(교육교재 등) 제54조(도서·벽지 등의 영업자 등에 대한 식품위생교육)
	제41조의2(위생관리책임자)	제27조의2(위생관리책임자의 자격기준)	제55조(위생관리책임자의 선임·해임 신고) 제55조의2(위생관리책임자의 기록·보관) 제55조의3(위생관리책임자의 교육훈련)
	제42조(실적보고)		제56조(생산실적 등의 보고)
	제43조(영업 제한)	제28조(영업의 제한 등)	
	제44조(영업자 등의 준수사항)	제29조(준수사항 적용 대상 영업자의 범위)	제57조(식품접객영업자 등의 준수사항 등)
	제44조의2(보험 가입)	제30조(책임보험의 종류 등)	
	제45조(위해식품 등의 회수)	제31조(위해식품 등을 회수한 영업자에 대한 행정처분의 감면)	제58조(회수대상 식품 등의 기준) 제59조(위해식품 등의 회수계획 및 절차 등)
	제46조(식품 등의 이물 발견보고 등)		제60조(이물 보고의 대상 등)
	제47조의2(식품접객업소의 위생등급 지정 등)	제32조(위생등급) 제32조의2(위생등급 지정에 관한 업무의 위탁)	제61조(우수업소·모범업소의 지정 등) 제61조의2(위생등급의 지정절차 및 위생등급 공표·표시의 방법 등) 제61조의3(위생등급 유효기간의 연장 등)

(계속)

구 분	식품위생법	식품위생법 시행령	식품위생법 시행규칙
제7장 영업	제48조(식품안전관리인증기준)	제33조(식품안전관리인증기준)	제62조(식품안전관리인증기준 대상 식품) 19 기출 제63조(식품안전관리인증기준 적용업소의 인증신청 등) 제64조(식품안전관리인증기준 적용업소의 영업자 및 종업원에 대한 교육훈련) 제65조(식품안전관리인증기준 적용 업소에 대한 지원 등) 제66조(식품안전관리인증기준 적용업소에 대한 조사 · 평가) 제67조(식품안전관리인증기준 적용업소 인증취소 등) 제68조(식품안전관리인증기준 적용업소에 대한 출입 · 검사 면제)
	제48조의2(인증 유효기간)		제68조의2(인증유효기간의 연장신청 등)
	제48조의3(식품안전관리인증기준적용업소에 대한 조사 · 평가 등)	제34조(식품안전관리인증기준적용업소에 관한 업무의 위탁 등)	
	세48소의4(식품안전관리인증기준의 교육훈련기관 지정 등)		제68조의3(식품안전관리인증기준의 교육훈련기관 지정 등) 제68조의4(교육훈련기관의 교육내용 및 준수사항 등)
	제48조의5(교육훈련기관의 지정취소 등)		제68조의5(교육훈련기관의 행정처분 기준)
	제49조(식품이력추적관리 등록기준 등)		제69조의2(식품이력추적관리 등록 대상) 제70조(등록사항) 제71조(등록사항의 변경신고) 제72조(조사 · 평가 등) 제73조(자금지원 대상 등) 제74조(식품이력추적관리 등록증의 반납) 제74조의2(식품이력추적관리 등록취소 등의 기준)
	제49조의2(식품이력추적관리정보의 기록 · 보관 등)		제74조의3(식품이력추적관리 정보의 기록 · 보관)
	제49조의3(식품이력추적관리시스템의 구축 등)		제74조의4(식품이력추적관리시스템에 연계된 정보의 공개)

법조문 요약

1. 영업의 종류

- 식품 제조 · 가공업 : 식품을 제조, 가공하는 영업
- 즉석 판매 제조 · 가공업 : 총리령이 정하는 식품을 제조, 가공업소에서 직접 최종 소비자에게 판매하는 영업
- 식품 첨가물 제조업
- 식품 운반업
- 식품 소분 · 판매업
- 식품 보존업
- 용기 · 포장류 제조업
- 식품 접객업
- 공유주방 운영업

2. 영업의 허가

3. 영업의 신고와 등록

4. 영업의 승계

5. 건강진단

- 건강진단 대상자 : 식품 또는 식품첨가물(화학적 합성품 또는 기구 등의 살균, 소독제 제외)을 채취 · 제조 · 가 공 · 조리 · 저장 · 운반 또는 판매하는 데 직접 종사하는 자(단, 영업자 또는 종업원 중 완전 포장된 식품 또는 식품 첨가물을 운반 또는 판매하는 데 종사하는 자 제외)
- 영업에 종사하지 못하는 질병의 종류
  - 콜레라, 장티푸스, 파라티푸스, 세균성 이질, 장출혈성 대장균감염증, A형간염
  - 제2급 감염병 : 결핵(비감염성인 경우 제외)
  - 피부병 또는 그 밖의 고름 형성(화농성) 질환
  - 후천성면역결핍증(성병에 관한 건강진단을 받아야 하는 영업에 종사하는 자에 한함 예 유흥접객원)

6. 식품위생교육

7. 식품안전관리인증기준

8) 조리사 등

구 분	식품위생법	식품위생법 시행령	식품위생법 시행규칙
제8장 조리사 등	제51조(조리사) 21 기출	제36조(조리사를 두어야 하는 식품접객업자)	
	제52조(영양사) 22 기출		
	제53조(조리사의 면허) 22 기출		제80조(조리사의 면허신청 등) 제81조(면허증의 재발급 등) 제82조(조리사 면허증의 반납)
	제54조(결격사유)		
	제55조(명칭 사용 금지)		

(계속)

구 분	식품위생법	식품위생법 시행령	식품위생법 시행규칙
제8장 조리사 등	제56조(교육)	제38조(교육의 위탁)	제83조(조리사 및 영양사의 교육) 제84조(조리사 및 영양사의 교육기관 등) **19 · 22 · 23 기출**

법조문 요약

1. 조리사

2. 영양사

3. 조리사 결격사유 및 면허취소

4. 교 육

- 식약처장은 현직에 종사하고 있는 조리사 및 영양사에게 교육을 받을 것을 명할 수 있음
  ※ 감염병이 식품으로 인해 유행되거나 집단식중독의 발생 및 확산 등으로 국민건강을 해칠 우려가 있다고 인정되거나 시 · 도지사가 국제적 행사나 대규모 특별행사 등으로 식품위생 수준의 향상이 필요하여 교육 실시를 요청 시 교육을 명할 수 있음
- 집단급식소에 종사하는 조리사와 영양사는 1년마다 교육을 받아야 함
  - 조리사를 두어야 하는 식품접객업소 또는 집단급식소에 종사하는 조리사
  - 영양사를 두어야 하는 집단급식소에 종사하는 영양사
- 교육을 받아야 하는 조리사, 영양사가 보건복지부장관이 정하는 질병치료 등 부득이한 사유로 교육 참석이 어려운 경우 교육교재를 배부하여 익히고 활용
- 교육내용과 시간(6시간)
  - 식품위생법령 및 시책
  - 집단급식 위생관리
  - 식중독 예방 및 관리 대책
  - 조리사 및 영양사의 자질 향상에 관한 사항
  - 그 밖에 식품위생을 위하여 필요한 사항

9) 보 칙

구 분	식품위생법	식품위생법 시행령	식품위생법 시행규칙
제12장 보칙	제85조(국고 보조)		
	제86조(식중독에 관한 조사 보고)	제59조(식중독 원인의 조사)	제93조(식중독환자 또는 그 사체에 관한 보고)
	제87조(식중독대책협의기구 설치)	제60조(식중독대책협의기구의 구성 · 운영 등)	
	제88조(집단급식소)		제94조(집단급식소의 신고 등) 제95조(집단급식소의 설치 · 운영자 준수사항) **별표 24** 제96조(집단급식소의 시설기준) **별표 25**

(계속)

구 분	식품위생법	식품위생법 시행령	식품위생법 시행규칙
제12장 보칙	제89조(식품진흥기금)	제61조(기금사업) 제62조(기금의 운용)	
	제89조의2(영업자 등에 대한 행정 적 · 기술적 지원)		
	제90조(포상금 지급)	제63조(포상금의 지급기준) 제64조(신고자 비밀보장)	
	제90조의2(정보공개)	제64조의2(정보공개)	
	제90조의3(식품안전관리 업무 평가)		제96조의2(식품안전관리 업무 평가 기준 및 방법 등)
	제90조의4(벌칙 적용에서 공무원 의제)		
	제91조(권한의 위임)	제65조(권한의 위임)	
	제92조(수수료)		제97조(수수료) 별표 26

법조문 요약

1. 국고 보조
식품의약품안전처장의 경비 보조 범위 : 수거비, 교육훈련비, 식품위생감시원 · 소비자식품위생감시원 운영비, 정보원 설립 · 운영비 외

2. 식중독에 관한 조사 보고
식중독 환자나 식중독이 의심되는 자를 진단하였거나 그 사체를 검안한 의사 또는 한의사, 집단급식소에서 제공한 식품 등으로 인하여 식중독 환자나 식중독으로 의심되는 증세를 보이는 자를 발견한 집단급식소의 설치 · 운영자는 지체 없이 관할 특별자치시장 · 시장 · 군수 · 구청장에게 보고하여야 함

3. 식중독대책협의기구 설치
식품의약품안전처장은 식중독 발생의 효율적인 예방 및 확산 방지를 위하여 교육부, 농림축산식품부, 보건복지부, 환경부, 해양수산부, 식품의약품안전처, 질병관리청, 시 · 도 등 유관기관으로 구성된 식중독대책협의기구를 설치 · 운영하여야 함

4. 집단급식소
집단급식소 신고 의무 및 시설의 유지 · 관리를 위해 지켜야 할 사항 : 철저한 위생관리, 보존식 보관, 영양사의 업무방해 금지, 사용 가능한 식재료 범위 외

5. 식품진흥기금
식품위생과 국민의 영양 수준 향상을 위한 사업을 하는 데에 필요한 재원을 충당하기 위하여 시 · 도 및 시 · 군 · 구에 식품진흥기금을 설치할 수 있음

6. 영업자 등에 대한 행정적 · 기술적 지원
국가와 지방자치단체는 식품안전에 대한 영업자 등의 관리 능력을 향상하기 위해 행정적 · 기술적 지원을 할 수 있음

7. 포상금 지급
식품위생법에 위반되는 행위를 신고한 자에게 신고 내용별로 1천만 원까지 포상금을 줄 수 있음

8. 정보공개

식품의약품안전처장은 식품 등의 안전에 관한 정보 중 국민이 알아야 할 필요가 있다고 인정하는 정보에 대하여는 제공하도록 노력해야 함

9. 식품안전관리 업무 평가

식품의약품안전처장은 시 · 도 및 시 · 군 · 구에서 수행하는 식품안전관리업무를 평가할 수 있음

10. 벌칙 적용에서 공무원 의제

안전성심사위원회 및 심의위원회 위원 중 공무원이 아닌 사람은 형법 제129조부터 132조까지의 규정을 적용할 때에는 공무원으로 봄

11. 권한의 위임

식품의약품안전처장의 권한 일부를 대통령령으로 정하는 바에 따라 위임할 수 있음

10) 벌 칙

구 분	식품위생법	식품위생법 시행령	식품위생법 시행규칙
제13장 벌칙	제93조(벌칙)		
	제94조(벌칙)		
	제95조(벌칙)		
	제96조(벌칙)		
	제97조(벌칙)		제98조(벌칙에서 제외되는 사항)
	제98조(벌칙)		
	제99조 삭제		
	제100조(양벌규정)		
	제101조(과태료)	제67조(과태료의 부과기준) 별표 2	제101조(과태료의 부과대상) 별표 17
	제102조(과태료에 관한 규정 적용의 특례)		

법조문 요약

1. 벌 칙

식품 또는 식품첨가물로 사용 불가능한 동물 및 원료 · 성분

2. 벌 칙

10년 이하의 징역 또는 1억 원 이하의 벌금에 처하거나 이를 병과할 수 있는 사안 : 판매금지된 식재료를 판매한 경우, 유독기구를 판매한 경우, 영업허가를 받지 않은 경우

3. 벌 칙

5년 이하의 징역 또는 5천만 원 이하의 벌금에 처하거나 이를 병과할 수 있는 사안 : 식품첨가물 규격에 위반한 경우, 기구 및 용기 · 포장에 관한 규격을 어긴 경우, 영업허가를 어긴 경우 외

4. 벌 칙

3년 이하의 징역 또는 3천만 원 이하의 벌금에 처하거나 이를 병과할 수 있는 사안 : 조리사 및 영양사를 두어야 하는 경우를 어기거나 해당 직무를 어긴 경우

5. 벌 칙

3년 이하의 징역 또는 3천만 원 이하의 벌금에 처하거나 이를 병과할 수 있는 사안 : 유전자변형식품 표시 위반, 시설 기준 위반, 영업정지 위반, 제조정비 명령 위반 외

6. 벌 칙

1년 이하의 징역 또는 1천만 원 이하의 벌금에 처하거나 이를 병과할 수 있는 사안 : 이물 발견의 신고를 접수하고 거짓으로 보고한 경우, 이물의 발견을 거짓으로 신고한 경우 외

7. 삭 제

8. 양벌규정

행위자를 벌하는 외에 그 법인 또는 개인에게도 벌금형을 과할 수 있음

9. 과태료

- 1천만 원 이하 : 식중독 보고 위반, 집단급식소 신고 위반, 집단급식소 시설의 유지·관리 등 급식을 위생적으로 관리하지 않았을 경우
- 500만 원 이하 : 식품 등 취급 위반, 식품검사기한 내에 검사를 받지 아니하거나 자료 등을 제출하지 않았을 경우, 영업허가 위반, 소비자로부터 이물 발견신고를 받고 보고하지 아니한 자, 식품안전관리인증기준 위반, 시설 개수 위반
- 300만 원 이하 : 위생관리책임자의 업무를 방해한 경우, 위생관리책임자 선임·해임 신고를 하지 아니한 경우, 직무 수행내역 등을 기록·보관하지 아니하거나 거짓으로 기록·보관한 경우 외
- 100만 원 이하 : 식품위생교육 보고를 하지 않거나 허위의 보고를 한 경우, 영업자가 지켜야 할 사항을 지키지 않았을 경우 외

10. 과태료에 관한 규정 적용의 특례

과징금을 부과한 행위에 대해 과태료를 부과할 수 없음

2. 학교급식법

학교급식법은 총 5장(총칙, 학교급식 시설·설비 기준, 학교급식 관리·운영, 보칙, 벌칙)으로 구성되어 있다. 학교급식법 시행령과 학교급식법 시행규칙에서는 학교급식법 시행을 위한 필요 사항을 규정하고 있다.

　제1장 총칙은 학교급식의 목적, 정의, 국가·지방자치단체의 임무, 학교급식 대상, 학교급식위원회 등으로 구성되어 있다. 제2장 학교급식 시설·설비 기준 등은 급식시설·설비, 영양교사의 배치 등, 경

비 부담 등, 급식에 관한 경비의 지원으로 구성되어 있다. 제3장 학교급식 관리 · 운영은 식재료, 영양 관리, 위생 · 안전관리, 식생활 지도 등, 영양상담, 학교급식의 운영방식, 품질 및 안전을 위한 준수사 항, 생산품의 직접사용 등으로 구성되어 있다. 제4장 보칙은 학교급식 운영평가, 출입 · 검사 · 수거 등, 권한의 위임, 행정처분 등의 요청, 징계로 구성되어 있다. 제5장 벌칙은 벌칙, 양벌규정, 과태료로 구성 되어 있다.

학교급식법 및 동법의 시행령, 시행규칙을 정리한 표는 다음과 같다.

학교급식법 · 시행령 · 시행규칙 주요 법조문 목차

구 분	학교급식법	학교급식법 시행령	학교급식법 시행규칙
법 시행 · 공포일	[시행 2022. 6. 29.] [법률 제18639호, 2021. 12. 28., 일부개정]	[시행 2023. 4. 25.] [대통령령 제33434호, 2023. 4. 25., 타법개정]	[시행 2021. 6. 30.] [교육부령 제240호, 2021. 6. 30., 타법개정]
제1장 총칙	제1조(목적) 제2조(정의) 제3조(국가 · 지방자치단체의 임무)	제1조(목적) 제2조(학교급식의 운영원칙) 제3조(학교급식의 개시보고 등) 제4조(학교급식 운영계획의 수립 등)	제1조(목적) 제2조(학교급식의 개시보고 등)
	제4조(학교급식 대상)	제2조의2(학교급식 대상)	
	제5조(학교급식위원회 등)	제5조(학교급식위원회의 구성) 제6조(학교급식위원회의 운영)	
제2장 학교급식 시설 · 설비 기준 등	제6조(급식시설 · 설비)	제7조(시설 · 설비의 종류와 기준)	제3조(급식시설의 세부기준) **별표 1** **22 기출** 제11조(규제의 재검토)
	제7조(영양교사의 배치 등)	제8조(영양교사의 직무) 제8조의2(유치원에 두는 교사 의 배치기준 등)	
	제8조(경비부담 등)	제9조(급식운영비 부담)	
	제9조(급식에 관한 경비의 지원)	제10조(급식비 지원기준 등)	
제3장 학교급식 관리 · 운영	제10조(식재료)		제4조(학교급식 식재료의 품질 관리기준 등) **별표 2**
	제11조(영양관리)		제5조(학교급식의 영양관리기 준 등) **별표 3**
	제12조(위생 · 안전관리)		제6조(학교급식의 위생 · 안전 관리기준 등) **별표 4** **20 · 21 기출**
	제13조(식생활 지도 등) 제14조(영양상담)	제16조(급식연구학교 등의 지 정 · 운영)	
	제15조(학교급식의 운영방식)	제11조(업무위탁의 범위 등) 제12조(업무위탁 등의 계약방법)	
	제16조(품질 및 안전을 위한 준수사항)		제7조(품질 및 안전을 위한 준 수사항)
	제17조(생산품의 직접사용 등)		

(계속)

구 분	학교급식법	학교급식법 시행령	학교급식법 시행규칙
제4장 보칙	제18조(학교급식 운영평가)	제13조(학교급식 운영평가 방법 및 기준) 19 기출	
	제19조(출입·검사·수거 등)	제14조(출입·검사·수거 등 대상시설) 제15조(관계공무원의 교육)	제8조(출입·검사 등) 제9조(수거 및 검사의뢰 등)
	제20조(권한의 위임)	제17조(권한의 위임)	
	제21조(행정처분 등의 요청)		제10조(행정처분의 요청 등)
	제22조(징계)		
제5장 벌칙	제23조(벌칙) 21 기출		
	제24조(양벌규정)		
	제25조(과태료)	제18조(과태료의 부과기준) 별표 과태료의 부과기준	

1) 총 칙

구 분	학교급식법	학교급식법 시행령	학교급식법 시행규칙
제1장 총칙	제1조(목적) 제2조(정의) 제3조(국가·지방자치단체의 임무)	제1조(목적) 제2조(학교급식의 운영원칙) 제3조(학교급식의 개시보고 등) 제4조(학교급식 운영계획의 수립 등)	제1조(목적) 제2조(학교급식의 개시보고 등)
	제4조(학교급식 대상)	제2조의2(학교급식 대상)	
	제5조(학교급식위원회 등)	제5조(학교급식위원회의 구성) 제6조(학교급식위원회의 운영)	

법조문 요약

1. 목 적

학교급식의 질 향상, 학생의 건전한 심신의 발달, 국민 식생활 개선에 기여

2. 정 의

- 학교급식 : 학교 또는 학생을 대상으로 학교의 장이 실시하는 급식
- 학교급식공급업자 : 학교의 장과 계약에 의하여 학교급식에 관한 업무를 위탁받아 행하는 자
- 급식에 관한 경비 : 학교급식을 위한 식품비, 급식운영비, 급식시설·설비비

3. 국가·지방자치단체의 임무

양질의 안전한 학교급식을 위한 행정적·재정적 지원, 영양교육 시책 강구, 학교급식에 관한 계획 수립·시행

4. 대 상

- 유치원. 다만, 대통령령으로 정하는 규모 이하의 유치원(사립유치원 중 매년 10월에 공시되는 연령별 원아 수 현원의 합계가 50명 미만인 유치원)은 제외
- 초·중등교육법에 해당하는 학교(초, 중·고등공민, 고등·고등기술, 특수학교)

- 근로청소년을 위한 특별학급 및 산업체부설 중 · 고등학교
- 대안학교
- 그 밖에 교육감이 필요하다고 인정하는 학교

5. 학교급식위원회 등
- 구성 : 위원장 1인 포함 15인 이내
- 심의내용 : 학교급식에 관한 계획, 급식에 관한 경비 및 식재료 등의 지원, 그 밖에 학교급식의 운영 및 지원에 관한 사항으로 교육감이 필요하다고 인정한 사항

2) 학교급식 시설 · 설비 기준 등

구 분	학교급식법	학교급식법 시행령	학교급식법 시행규칙
제2장 학교급식 시설 · 설비 기준 등	제6조(급식시설 · 설비)	제7조(시설 · 설비의 종류와 기준)	제3조(급식시설의 세부기준) 별표 1 22 기출 제11조(규제의 재검토)
	제7조(영양교사의 배치 등)	제8조(영양교사의 직무) 제8조의2(유치원에 두는 교사의 배치기준 등)	
	제8조(경비부담 등)	제9조(급식운영비 부담)	
	제9조(급식에 관한 경비의 지원)	제10조(급식비 지원기준 등)	

법조문 요약

1. 급식시설 · 설비
- 학교급식을 실시할 학교는 학교급식을 위하여 필요한 시설과 설비를 갖추어야 함
- 둘 이상의 학교가 인접하여 있는 경우에는 학교급식을 위한 시설과 설비를 공동으로 할 수 있음
- 급식시설 · 설비의 종류 및 세부기준
  - 조리장 : 교실과 떨어지거나 차단, 식품의 운반과 배식이 편리한 곳, 능률적이고 안전한 시설 · 기기 등
  - 식품보관실 : 환기 · 방습 용이, 식품과 식재료를 위생적으로 보관하기에 적합한 위치, 방충 및 쥐막기 시설
  - 급식관리실 : 조리장과 인접한 위치, 컴퓨터 등 사무장비
  - 편의시설 : 조리장과 인접한 위치, 조리종사자 수에 맞는 옷장과 샤워시설 등
  - 식당 : 안전하고 위생적인 공간, 급식인원 수를 고려한 크기, 식당을 따로 갖추기 곤란한 학교는 교실배식에 필요한 운반기구와 위생적인 배식도구
  - 기타 : 식품위생법령의 집단급식소 시설기준에 따름

2. 영양교사의 배치
- 학교급식을 위한 시설과 설비를 갖춘 학교
- 학교급식 대상 학교(유치원의 경우 국립 · 공립유치원과 원아 수가 100명 이상인 사립유치원)
- 영양교사를 두어야 하는 유치원 중 원아 수가 200명 미만인 유치원으로 같은 교육지원청의 관할구역에 있는 유치원의 경우, 2개의 유치원마다 공동으로 영양교사 1명 배치 가능

- 영양교사를 두어야 하는 유치원이 아닌 경우(100명 미만의 사립유치원), 시 · 도 교육청 또는 교육지원청의 영양교사가 급식 관리 지원 가능

3. 영양교사의 직무

- 식단 작성, 식재료의 선정 및 검수
- 식생활 지도, 정보 제공 및 영양상담
- 그 밖에 학교급식에 관한 사항
- 위생 · 안전 · 작업관리 및 검수
- 조리실 종사자의 지도 · 감독

4. 경비부담

- 급식시설 · 설비비 : 해당 학교의 설립 · 경영자가 부담, 국가 또는 지방자치단체가 지원 가능
- 급식운영비(급식시설, 설비의 유지비, 종사자의 인건비, 연료비, 소모품비 등의 경비) : 학교의 설립 · 경영자가 부담하는 것이 원칙, 보호자가 경비 일부를 부담할 수 있음
- 식품비 : 보호자가 부담하는 것이 원칙

  ※ 특별시장 · 광역시장 · 도지사 · 특별자치도지사 및 시장 · 군수 · 자치구의 구청장은 학교급식에 품질이 우수한 농수산물 사용 등 급식의 질 향상과 급식시설 · 설비의 확충을 위하여 식품비 및 시설 · 설비비 등 급식에 관한 경비를 지원할 수 있음

  ※ 급식에 관한 경비지원 : 국가 또는 지방자치단체는 보호자가 부담할 경비의 전부 또는 일부를 지원할 수 있음

3) 학교급식 관리 · 운영

구 분	학교급식법	학교급식법 시행령	학교급식법 시행규칙
제3장 학교급식 관리 · 운영	제10조(식재료)		제4조(학교급식 식재료의 품질 관리기준 등) 별표 2
	제11조(영양관리)		제5조(학교급식의 영양관리기준 등) 별표 3
	제12조(위생 · 안전관리)		제6조(학교급식의 위생 · 안전 관리기준 등) 별표 4 20 · 21 기출
	제13조(식생활 지도 등) 제14조(영양상담)	제16조(급식연구학교 등의 지정 · 운영)	
	제15조(학교급식의 운영방식)	제11조(업무위탁의 범위 등) 제12조(업무위탁 등의 계약방법)	
	제16조(품질 및 안전을 위한 준수사항)		제7조(품질 및 안전을 위한 준수사항)
	제17조(생산품의 직접사용 등)		

법조문 요약

1. 식재료

- 품질이 우수하고 안전한 식재료 사용
- 학교급식 식재료의 품질관리기준 : 농산물, 축산물, 수산물, 가공식품 및 기타

※ 수해, 가뭄, 천재지변 등으로 식품수급이 원활하지 않은 경우에는 품질관리기준 미적용 가능

2. 영양관리
- 학생의 발육과 건강에 필요한 영양을 충족하고 올바른 식생활습관 형성에 도움을 줄 수 있도록 다양한 식품으로 구성
- 학교급식의 영양관리 기준
- 식단 작성 시 고려해야 할 사항

3. 위생 · 안전관리
- 식단 작성, 식재료 구매 · 검수 · 보관 · 세척 · 조리, 운반, 배식, 급식기구 세척 및 소독 등 모든 과정에서 위해한 물질이 식품에 혼입되거나 식품이 오염되지 않도록 위생과 안전관리를 철저히 해야 함
- 학교급식의 위생 · 안전관리기준 : 시설관리, 개인위생, 식재료 관리, 작업위생, 배식 및 검식, 세척 및 소독 등, 안전관리, 기타

4. 식생활 지도
학교의 장은 학생에게 식생활 관련 교육 및 지도를 하며, 보호자에게는 관련 정보를 제공함

5. 영양상담
학교의 장은 식생활에서 기인하는 영양불균형을 시정하고 질병을 사전에 예방하기 위하여 영양상담과 필요한 지도를 실시함

6. 학교급식의 운영방식
- 학교의 장은 학교급식을 직접 관리 · 운영하되, 유치원운영위원회 및 학교운영위원회의 심의 · 자문을 거쳐 일정한 요건을 갖춘 자에게 학교급식에 관한 업무를 위탁하여 이를 행하게 할 수 있음. 다만, 식재료의 선정 및 구매 · 검수에 관한 업무는 학교급식 여건상 불가피한 경우를 제외하고는 위탁하지 않음
- 업무위탁을 하고자 하는 경우에는 미리 관할청의 승인을 얻어야 함

7. 품질 및 안전을 위한 준수사항
- 사용 불가능한 식재료 : 원산지 표시, 유전자변형농수산물 표시, 축산물 등급, 표준규격품 표시, 품질인증 표시, 지리적 표시를 거짓으로 적은 식재료
- 지켜야 하는 사항 : 학교급식 식재료 품질관리기준, 학교급식 영양관리기준, 학교급식 위생 · 안전관리기준
- 알레르기를 유발할 수 있는 식재료가 사용되는 경우 : 급식 전에 급식 대상 학생에게 알리고, 급식 시에 표시함
  - 공지방법 : 알레르기를 유발할 수 있는 식재료가 표시된 월간 식단표를 가정통신문으로 안내, 학교 인터넷 홈페이지에 게재
  - 표시방법 : 알레르기를 유발할 수 있는 식재료가 표시된 주간 식단표를 식당 및 교실에 게시
- 매 학기별 보호자부담 급식비 중 식품비 사용비율의 공개, 학교급식 관련 서류의 비치 및 3년간 보관(학교급식일지, 식재료 검수일지, 거래명세표)

8. 생산품의 직접사용 등
학교에서 작물재배 · 동물사육 그 밖에 각종 생산활동으로 얻은 생산품이나 그 생산품의 매각대금은 다른 법률의 규정에도 불구하고 학교급식을 위하여 직접 사용할 수 있음

4) 보 칙

구 분	학교급식법	학교급식법 시행령	학교급식법 시행규칙
제4장 보칙	제18조(학교급식 운영평가)	제13조(학교급식 운영평가 방법 및 기준) 19 기출	
	제19조(출입·검사·수거 등)	제14조(출입·검사·수거 등 대상시설) 제15조(관계공무원의 교육)	제8조(출입·검사 등) 제9조(수거 및 검사의뢰 등)
	제20조(권한의 위임)	제17조(권한의 위임)	
	제21조(행정처분 등의 요청)		제10조(행정처분의 요청 등)
	제22조(징계)		

법조문 요약

1. 학교급식 운영평가 기준
- 학교급식 위생·영양·경영 등 급식운영관리
- 학생 식생활 지도 및 영양상담
- 학교급식에 대한 수요자의 만족도
- 급식예산의 편성 및 운용
- 그 밖에 평가기준으로 필요하다고 인정하는 사항

2. 출입·검사·수거 등
- 대상시설 : 학교 안에 설치된 학교급식시설, 학교급식에 식재료 또는 제조·가공한 식품을 공급하는 업체의 제조·가공시설
- 학교급식 위생·안전관리기준 이행 여부의 확인·지도 : 연 2회 이상 실시
- 학교급식 식재료 품질관리기준, 영양관리기준, 학교급식법 시행규칙 제7조의 준수사항 이행 여부의 확인·지도 : 연 1회 이상 실시(위생·안전관리기준 이행 여부의 확인·지도 시 함께 실시 가능)
- 출입·검사를 실시한 관계공무원은 해당 학교급식 관련 시설에 비치된 출입·검사 등 기록부에 결과 기록
- 검사의 종류 : 미생물 검사, 식재료의 원산지, 품질 및 안전성 검사

3. 권한의 위임
- 교육부장관, 교육감의 권한은 그 일부를 교육감 또는 교육장에게 위임 가능
- 교육감은 출입·검사·수거 등, 행정처분 등의 요청, 과태료 부과·징수권한을 교육장에게 위임 가능

4. 행정처분 등의 요청
검사 등의 결과가 법령을 위반한 경우 행정처분 등을 요청할 수 있음

5. 징계대상자
- 고의 또는 과실로 식중독 등 위생·안전상의 사고를 발생하게 한 자
- 계약해지 사유가 발생하였음에도 불구하고 정당한 사유 없이 계약해지를 하지 아니한 자
- 시정명령을 받았음에도 불구하고 정당한 사유 없이 이행하지 아니한 자
- 학교급식과 관련하여 비리가 적발된 자

5) 벌 칙

구 분	학교급식법	학교급식법 시행령	학교급식법 시행규칙
제5장 벌칙	제23조(벌칙) 21 기출		
	제24조(양벌규정)		
	제25조(과태료)	제18조(과태료의 부과기준) 별표 과태료의 부과기준	

법조문 요약

1. 벌 칙

- 7년 이하의 징역 또는 1억 원 이하의 벌금 : 원산지 표시, 유전자변형농수산물 표시 규정을 위반한 학교급식공급
  업자
- 5년 이하의 징역 또는 5천만 원 이하의 벌금 : 축산물의 등급 규정을 위반한 학교급식공급업자
- 3년 이하의 징역 또는 3천만 원 이하의 벌금
  - 표준규격품 표시, 품질인증 표시, 지리적 표시 규정을 위반한 학교급식공급업자
  - 출입·검사·수거 등의 규정에 따른 출입·검사·열람 또는 수거를 정당한 사유 없이 거부하거나 방해 또는 기
    피한 자

2. 양벌규정

벌칙 위반 행위자(법인의 대표자, 종업원 등) 외에 그 법인 또는 개인에게도 벌금을 과함. 단, 법인 또는 개인이 그 위
반행위를 방지하기 위한 상당한 주의와 감독을 게을리하지 않은 경우는 부과하지 않음

3. 과태료

- 500만 원 이하의 과태료 : 학교급식 식재료 품질관리기준, 학교급식 영양관리기준, 학교급식 위생·안전관리기준
  을 위반하여 시정명령을 받았음에도 정당한 사유 없이 이를 이행하지 아니한 학교급식공급업자(1회 위반 100만
  원, 2회 위반 300만 원, 3회 위반 500만 원)
- 300만 원 이하의 과태료 : 매 학기별 보호자부담 급식비 중 식품비 사용비율의 공개, 학교급식 관련 서류의 비치 및
  3년간 보관(학교급식일지, 식재료 검수일지, 거래명세표), 알레르기를 유발할 수 있는 식재료가 사용되는 경우 급식
  전에 급식 대상 학생에게 알리고 급식 시에 표시하는 규정을 위반하여 시정명령을 받았음에도 불구하고 정당한 사
  유 없이 이를 이행하지 아니한 학교급식공급업자(1회 위반 100만 원, 2회 위반 200만 원, 3회 위반 300만 원)

3. 국민건강증진법

국민건강증진법은 총 5장(총칙, 국민건강의 관리, 국민건강증진기금, 보칙, 벌칙)으로 구성되어 있다.
국민건강증진법 시행령과 국민건강증진법 시행규칙에서는 국민건강증진법 시행을 위한 필요 사항을
규정하고 있다.

　　제1장 총칙은 국민건강증진법의 목적, 정의, 책임, 국민건강증진종합계획의 수립, 국민건강증진정책심의위원회로 구성되어 있다. 제2장 국민건강의 관리는 건강친화 환경 조성 및 건강생활의 지원 등, 광고의 금지 등, 금연 및 절주운동 등, 금연을 위한 조치, 건강생활실천협의회, 보건교육의 관장, 보건교육의 실시 등, 보건교육의 평가, 보건교육의 개발 등, 영양개선, 국민건강영양조사 등, 구강건강사업의 계획수립·시행, 구강건강사업, 건강증진사업 등, 검진, 검진결과의 공개금지로 구성되어 있다. 제3장 국민건강증진기금은 기금의 설치 등, 국민건강증진부담금의 부과·징수 등, 기금의 관리·운용, 기금의 사용 등으로 구성되어 있다. 제4장 보칙은 비용의 보조, 지도·훈련, 보고·검사, 권한의 위임·위탁, 수수료로 구성되어 있다. 제5장 벌칙은 벌칙, 양벌규정, 과태료로 구성되어 있다.

　　국민건강증진법 및 동법의 시행령, 시행규칙을 정리한 표는 다음과 같다.

국민건강증진법·시행령·시행규칙 주요 법조문 목차

구 분	국민건강증진법	국민건강증진법 시행령	국민건강증진법 시행규칙
법 시행·공포일	[시행 2024. 2. 20.] [법률 제20325호, 2024. 2. 20., 일부개정]	[시행 2023. 9. 29.] [대통령령 제33755호, 2023. 9. 26., 일부개정]	[시행 2023. 12. 22.] [보건복지부령 제980호, 2023. 11. 29., 일부개정]
제1장 총칙	제1조(목적) **23 기출**		
	제2조(정의)		
	제3조(책임)		
	제3조의2(보건의 날)		
	제4조(국민건강증진종합계획의 수립)		
	제4조의2(실행계획의 수립 등)		
	제4조의3(계획수립의 협조)		
	제5조(국민건강증진정책심의위원회)		
	제5조의2(위원회의 구성과 운영)	제4조(국민건강증진정책심의위원회 위원의 임기 및 운영 등) 제4조의2(위원회 위원의 해촉 등) 제5조(수당의 지급 등) 제6조(간사)	
	제5조의3(한국건강증진개발원의 설립 및 운영)		
제2장 국민건강의 관리	제6조(건강친화 환경 조성 및 건강생활의 지원 등)		제3조(건강확인의 내용 및 절차)
	제6조의2(건강친화기업 인증)		
	제6조의3(인증의 유효기간)		
	제6조의4(인증의 취소)		
	제6조의5(건강도시의 조성 등)		
	제7조(광고의 금지 등)		

(계속)

구 분	국민건강증진법	국민건강증진법 시행령	국민건강증진법 시행규칙
제2장 국민건강의 관리	제8조(금연 및 절주운동 등)	제13조(경고문구의 표기대상 주류)	제4조(과음에 관한 경고문구의 표시내용 등)
	제8조의2(주류광고의 제한·금지 특례)	제10조(주류광고의 기준) 별표 1	
	제8조의3(절주문화 조성 및 알코올 남용·의존 관리)		제4조의2(음주폐해예방위원회 의 구성 및 운영)
	제8조의4(금주구역 지정)		제5조(금주구역 안내표지의 설 치 방법) 별표 1의3
	제9조(금연을 위한 조치)	제15조(담배자동판매기의 설 치장소)	제5조의2(성인인증장치) 제6조(금연구역 등) 제6조의2(공동주택 금연구역의 지정) 제6조의3(공동주택 금연구역 안내표지)
	제9조의2(담배에 관한 경고문구 등 표시)	제16조(담배갑포장지에 대한 경고그림 등의 표기내용 및 표기방법) 제16조의2(전자담배 등에 대 한 경고그림 등의 표기내용 및 표기방법) 별표 1의2 제16조의3(담배광고에 대한 경고문구 등의 표기내용 및 표기방법) 별표 1의3	제7조(담배에 관한 광고) 제6조의4(금연상담전화 전화 번호)
	제9조의3(가향물질 함유 표시 제한)		
	제9조의4(담배에 관한 광고의 금지 또는 제한)	제16조의4(광고내용의 검증 방법 및 절차 등)	제6조의6(광고내용의 사실 여 부에 대한 검증 신청) 제7조(담배에 관한 광고)
	제9조의5(금연지도원)	제16조의5(금연지도원의 자격 등) 별표 1의4	
	제10조(건강생활실천협의회)		
	제11조(보건교육의 관장)		
	제12조(보건교육의 실시 등)	제17조(보건교육의 내용)	
	제12조의2(보건교육사자격증의 교부 등)	제18조(보건교육사 등급별 자 격기준 등) 별표 2	제7조의3(보건교육사 자격증 발급절차)
	제12조의3(국가시험)	제18조의2(국가시험의 시행 등) 제18조의3(시험의 응시자격 및 시험관리) 제18조의4(시험위원) 제18조의5(관계 기관 등에의 협조요청)	제7조의4(응시수수료)
	제12조의4(보건교육사의 채용)		
	제12조의5(보건교육사의 자격취소)		
	제12조의6(청문)		
	제13조(보건교육의 평가)		제8조(보건교육의 평가방법 및 내용)

(계속)

식품위생관계법규

구 분	국민건강증진법	국민건강증진법 시행령	국민건강증진법 시행규칙
제2장 국민건강의 관리	제14조(보건교육의 개발 등)		
	제15조(영양개선)		제9조(영양개선사업)
	제16조(국민건강영양조사 등)	제19조(국민건강영양조사의 주기) 제20조(조사대상) 제21조(조사항목) 제22조(국민건강영양조사원 및 영양지도원) 19 기출	제12조(조사내용) 21 · 22 기출 제13조(국민건강영양조사원) 제14조(조사원증) 제17조(영양지도원)
	제16조의2(신체활동장려사업의 계획 수립 · 시행)		
	제16조의3(신체활동장려사업)	제22조의2(신체활동장려사업)	제17조의2(신체활동장려사업)
	제17조(구강건강사업의 계획수립 · 시행)		
	제18조(구강건강사업)	제23조(구강건강사업)	제18조(구강건강사업의 내용 등)
	제19조(건강증진사업 등)		제19조(건강증진사업의 실시 등)
	제19조의2(시 · 도건강증진사업지원 단 설치 및 운영 등)		제19조의2(시 · 도건강증진사 업지원단의 운영 등)
	제20조(검진)		제20조(건강검진)
	제21조(검진결과의 공개금지)		
제3장 국민건강 증진기금	제22조(기금의 설치 등)		
	제23조(국민건강증진부담금의 부 과 · 징수 등)	제27조의2(담배의 구분)	
	제23조의2(부담금의 납부담보)	제27조의3(국민건강증진부담 금의 납부담보) 제27조의4(담보의 제공방법 및 평가 등) 제27조의5(담보제공요구의 제외)	제20조의3(납부담보확인서 등)
	제23조의3(부담금 부과 · 징수의 협조)		
	제24조(기금의 관리 · 운용)	제26조(기금계정) 제27조(기금의 회계기관)	
	제25조(기금의 사용 등)	제30조(기금의 사용)	
제4장 보칙	제26조(비용의 보조)		
	제27조(지도 · 훈련)		제21조(지도 · 훈련대상) 제22조(훈련방법 등)
	제28조(보고 · 검사)		
	제29조(권한의 위임 · 위탁)	제31조(권한의 위임) 제32조(업무위탁)	
	제30조(수수료)		
제5장 벌칙	제31조(벌칙)		
	제31조의2(벌칙)		
	제32조(벌칙)		
	제33조(양벌규정)		

(계속)

구 분	국민건강증진법	국민건강증진법 시행령	국민건강증진법 시행규칙
제5장 벌칙	제34조(과태료)	제33조(과태료의 부과기준 등) 별표 5 제34조(과태료 감면의 기준 및 절차)	제22조의2(과태료 감면 신청 서 등)
	제35조 삭제		
	제36조 삭제		

1) 총 칙

구 분	국민건강증진법	국민건강증진법 시행령	국민건강증진법 시행규칙
제1장 총칙	제1조(목적) 23 기출		
	제2조(정의)		
	제3조(책임)		
	제3조의2(보건의 날)		
	제4조(국민건강증진종합계획의 수립)		
	제4조의2(실행계획의 수립 등)		
	제4조의3(계획수립의 협조)		
	제5조(국민건강증진정책심의위원회)		
	제5조의2(위원회의 구성과 운영)	제4조(국민건강증진정책심의위 원회 위원의 임기 및 운영 등) 제4조의2(위원회 위원의 해촉 등) 제5조(수당의 지급 등) 제6조(간사)	
	제5조의3(한국건강증진개발원의 설 립 및 운영)		

법조문 요약

1. 목 적
국민에게 건강에 대한 가치와 책임의식을 함양하도록 건강에 관한 바른 지식을 보급하고 스스로 건강생활을 실천할 수 있는 여건을 조성함으로써 국민의 건강 증진을 목적으로 함

2. 정 의
- "국민건강증진사업"이라 함은 보건교육, 질병예방, 영양개선, 신체활동장려, 건강관리 및 건강생활의 실천 등을 통하여 국민의 건강을 증진시키는 사업을 말함
- "보건교육"이라 함은 개인 또는 집단으로 하여금 건강에 유익한 행위를 자발적으로 수행하도록 하는 교육을 말함
- "영양개선"이라 함은 개인 또는 집단이 균형된 식생활을 통하여 건강을 개선시키는 것을 말함
- "신체활동장려"란 개인 또는 집단이 일상생활 중 신체의 근육을 활용하여 에너지를 소비하는 모든 활동을 자발적으로 적극 수행하도록 장려하는 것을 말함
- "건강관리"란 개인 또는 집단이 건강에 유익한 행위를 지속적으로 수행함으로써 건강한 상태를 유지하는 것을 말함

• "건강친화제도"란 근로자의 건강증진을 위하여 직장 내 문화 및 환경을 건강친화적으로 조성하고, 근로자가 자신의 건강관리를 적극적으로 수행할 수 있도록 교육·상담 프로그램 등을 지원하는 것을 말함

3. 국민건강증진종합계획의 수립
보건복지부장관은 국민건강증진정책심의위원회의 심의를 거쳐 국민건강증진종합계획을 5년마다 수립하여야 함

4. 한국건강증진개발원의 설립 및 운영
보건복지부장관은 국민건강증진기금의 효율적인 운영과 국민건강증진사업의 원활한 추진을 위하여 필요한 정책 수립의 지원과 사업평가 등의 업무를 수행할 수 있도록 한국건강증진개발원을 설립 및 운영하도록 함

2) 국민건강의 관리

구 분	국민건강증진법	국민건강증진법 시행령	국민건강증진법 시행규칙
제2장 국민건강의 관리	제6조(건강친화 환경 조성 및 건강생활의 지원 등)		제3조(건강확인의 내용 및 절차)
	제6조의2(건강친화기업 인증)		
	제6조의3(인증의 유효기간)		
	제6조의4(인증의 취소)		
	제6조의5(건강도시의 조성 등)		
	제7조(광고의 금지 등)		
	제8조(금연 및 절주운동 등)	제13조(경고문구의 표기대상 주류)	제4조(과음에 관한 경고문구의 표시내용 등)
	제8조의2(주류광고의 제한·금지 특례)	제10조(주류광고의 기준) 별표 1	
	제8조의3(절주문화 조성 및 알코올 남용·의존 관리)		제4조의2(음주폐해예방위원회의 구성 및 운영)
	제8조의4(금주구역 지정)		제5조(금주구역 안내표지의 설치 방법) 별표 1의3
	제9조(금연을 위한 조치)	제15조(담배자동판매기의 설치장소)	제5조의2(성인인증장치) 제6조(금연구역 등) 제6조의2(공동주택 금연구역의 지정) 제6조의3(공동주택 금연구역 안내표지)
	제9조의2(담배에 관한 경고문구 등 표시)	제16조(담배갑포장지에 대한 경고그림 등의 표기내용 및 표기방법) 제16조의2(전자담배 등에 대한 경고그림 등의 표기내용 및 표기방법) 별표 1의2 제16조의3(담배광고에 대한 경고문구 등의 표기내용 및 표기방법) 별표 1의3	제7조(담배에 관한 광고) 제6조의4(금연상담전화 전화번호)
	제9조의3(가향물질 함유 표시 제한)		

(계속)

구 분	국민건강증진법	국민건강증진법 시행령	국민건강증진법 시행규칙
제2장 국민건강의 관리	제9조의4(담배에 관한 광고의 금지 또는 제한)	제16조의4(광고내용의 검증 방법 및 절차 등)	제6조의6(광고내용의 사실 여 부에 대한 검증 신청) 제7조(담배에 관한 광고)
	제9조의5(금연지도원)	제16조의5(금연지도원의 자격 등) 별표 1의4	
	제10조(건강생활실천협의회)		
	제11조(보건교육의 관장)		
	제12조(보건교육의 실시 등)	제17조(보건교육의 내용)	
	제12조의2(보건교육사자격증의 교부 등)	제18조(보건교육사 등급별 자 격기준 등) 별표 2	제7조의3(보건교육사 자격증 발급절차)
	제12조의3(국가시험)	제18조의2(국가시험의 시행 등) 제18조의3(시험의 응시자격 및 시험관리) 제18조의4(시험위원) 제18조의5(관계 기관 등에의 협조요청)	제7조의4(응시수수료)
	제12조의4(보건교육사의 채용)		
	제12조의5(보건교육사의 자격취소)		
	제12조의6(청문)		
	제13조(보건교육의 평가)		제8조(보건교육의 평가방법 및 내용)
	제14조(보건교육의 개발 등)		
	제15조(영양개선)		제9조(영양개선사업)
	제16조(국민건강영양조사 등)	제19조(국민건강영양조사의 주기) 제20조(조사대상) 제21조(조사항목) 제22조(국민건강영양조사원 및 영양지도원) 19 기출	제12조(조사내용) 21·22 기출 제13조(국민건강영양조사원) 제14조(조사원증) 제17조(영양지도원)
	제16조의2(신체활동장려사업의 계획 수립·시행)		
	제16조의3(신체활동장려사업)	제22조의2(신체활동장려사업)	제17조의2(신체활동장려사업)
	제17조(구강건강사업의 계획수립· 시행)		
	제18조(구강건강사업)	제23조(구강건강사업)	제18조(구강건강사업의 내용 등)
	제19조(건강증진사업 등)		제19조(건강증진사업의 실시 등)
	제19조의2(시·도건강증진사업지원 단 설치 및 운영 등)		제19조의2(시·도건강증진사 업지원단의 운영 등)
	제20조(검진)		제20조(건강검진)
	제21조(검진결과의 공개금지)		

법조문 요약

1. 건강친화 환경 조성 및 건강생활의 지원
국가 및 지방자치단체는 건강친화 환경을 조성하고, 국민이 건강생활을 실천할 수 있도록 지원하여야 함

2. 건강친화기업 인증
보건복지부장관은 건강친화 환경의 조성을 촉진하기 위하여 건강친화제도를 모범적으로 운영하고 있는 기업에 대하여 건강친화인증을 할 수 있음
- 인증의 유효기간은 인증을 받은 날부터 3년
- 거짓이나 그 밖의 부정한 방법으로 인증을 받거나, 인증기준에 적합할 때는 인증을 취소할 수 있음

3. 건강도시의 조성
국가와 지방자치단체는 지역사회 구성원들의 건강을 실현하도록 시민의 건강을 증진하고 도시의 물리적·사회적 환경을 지속적으로 조성·개선하는 도시를 이루도록 노력하여야 함

4. 광고의 금지
보건복지부장관은 국민건강의식을 잘못 이끄는 광고를 한 자에 대하여 그 내용의 변경 등 시정을 요구하거나 금지를 명할 수 있음

5. 금연 및 절주운동
국가 및 지방자치단체는 국민에게 담배의 직접흡연 또는 간접흡연과 과다한 음주가 국민건강에 해롭다는 것을 교육·홍보하여야 함

6. 주류광고의 제한·금지 특례
주류 제조면허나 주류 판매업면허를 받은 자 및 주류를 수입하는 자를 제외하고는 주류에 관한 광고를 하여서는 안 됨

7. 절주문화 조성 및 알코올 남용·의존 관리
국가 및 지방자치단체는 절주문화 조성 및 알코올 남용·의존의 예방 및 치료를 위하여 노력하여야 하며, 이를 위한 조사·연구 또는 사업을 추진할 수 있음

8. 담배에 관한 경고문구 등 표시
담배의 제조자 또는 수입판매업자(이하 "제조자 등"이라 한다)는 담배갑포장지 앞면·뒷면·옆면 및 대통령령으로 정하는 광고에 법률에서 정하는 내용을 인쇄하여 표기하여야 함

9. 금연지도원
시·도지사 또는 시장·군수·구청장은 금연을 위한 조치를 위하여 대통령령으로 정하는 자격이 있는 사람 중에서 금연지도원을 위촉할 수 있음

10. 보건교육의 실시
국가 및 지방자치단체는 모든 국민이 올바른 보건의료의 이용과 건강한 생활습관을 실천할 수 있도록 그 대상이 되는 개인 또는 집단의 특성·건강상태·건강의식 수준 등에 따라 적절한 보건교육을 실시함

- 보건교육사자격증의 교부 : 보건복지부장관은 국민건강증진 및 보건교육에 관한 전문지식을 가진 자에게 보건교육사의 자격증을 교부할 수 있음
- 국가시험 : 보건복지부장관은 국가시험의 관리를 대통령령이 정하는 바에 의하여 「한국보건의료인국가시험원법」에 따른 한국보건의료인국가시험원에 위탁할 수 있음

11. 보건교육의 개발
보건복지부장관은 「정부출연연구기관 등의 설립 · 운영 및 육성에 관한 법률」에 의한 한국보건사회연구원으로 하여금 보건교육에 관한 정보 · 자료의 수집 · 개발 및 조사, 그 교육의 평가 기타 필요한 업무를 행하게 할 수 있음

12. 영양개선
국가 및 지방자치단체는 국민의 영양상태를 조사하여 국민의 영양개선 방안을 강구하고 영양에 관한 지도를 실시하여야 함

13. 국민건강영양조사
질병관리청장은 보건복지부장관과 협의하여 국민의 건강상태 · 식품섭취 · 식생활조사 등 국민의 건강과 영양에 관한 조사를 정기적으로 실시함
- 조사 항목 : 국민건강영양조사는 건강조사와 영양조사로 구분하여 실시
  - 건강조사 : 건강상태[신체계측, 질환별 유병(有病) 및 치료 여부, 의료 이용 정도], 건강행태(흡연 · 음주 행태, 신체활동 정도, 안전의식 수준)
  - 영양조사 : 식품섭취(섭취 식품의 종류 및 섭취량 등), 식생활(식사 횟수 및 외식 빈도 등)
- 국민건강영양조사원 및 영양지도원 : 질병관리청장은 국민건강영양조사를 담당하는 사람으로 건강조사원 및 영양조사원을 두어야 함

14. 신체활동장려사업의 계획 수립 · 시행
국가 및 지방자치단체는 신체활동장려에 관한 사업 계획을 수립 · 시행하여야 하며, 국민의 건강증진을 위하여 신체활동을 장려할 수 있도록 교육사업, 조사 · 연구사업, 대통령령으로 정하는 사업을 해야 함

15. 구강건강사업
국가 및 지방자치단체는 국민의 구강질환 예방과 구강건강 증진을 위하여 사업을 해야 함

16. 건강증진사업
특별자치시장 · 특별자치도지사 · 시장 · 군수 · 구청장은 지역주민의 건강증진을 위하여 보건복지부령이 정하는 바에 의하여 보건소장으로 하여금 보건교육 및 건강상담, 영양관리, 신체활동장려, 구강건강 관리, 질병의 조기발견을 위한 검진 및 처방, 지역사회의 보건문제에 관한 조사 · 연구, 기타 건강교실의 운영 등 건강증진사업에 관한 사항사업을 하게 해야 함

17. 검 진
국가는 건강증진을 위하여 필요한 경우에 보건복지부령이 정하는 바에 의하여 국민에 대하여 건강검진을 실시할 수 있음

3) 국민건강증진기금

구 분	국민건강증진법	국민건강증진법 시행령	국민건강증진법 시행규칙
제3장 국민건강 증진기금	제22조(기금의 설치 등)		
	제23조(국민건강증진부담금의 부과·징수 등)	제27조의2(담배의 구분)	
	제23조의2(부담금의 납부담보)	제27조의3(국민건강증진부담 금의 납부담보) 제27조의4(담보의 제공방법 및 평가 등) 제27조의5(담보제공요구의 제외)	제20조의3(납부담보확인서 등)
	제23조의3(부담금 부과·징수의 협조)		
	제24조(기금의 관리·운용)	제26조(기금계정) 제27조(기금의 회계기관)	
	제25조(기금의 사용 등)	제30조(기금의 사용)	

법조문 요약

1. 국민건강증진기금
보건복지부장관은 국민건강증진사업의 원활한 추진에 필요한 재원을 확보하기 위하여 국민건강증진기금을 설치하도록 함

2. 국민건강증진기금의 관리·운용
보건복지부장관은 기금의 운용성과 및 재정상태를 명확히 하기 위하여 대통령령이 정하는 바에 의하여 회계처리하도록 함

3. 국민건강증진기금의 사용
· 금연교육 및 광고, 흡연피해 예방 및 흡연피해자 지원 등 국민건강관리사업
· 건강생활의 지원사업
· 보건교육 및 그 자료의 개발
· 보건통계의 작성·보급과 보건의료 관련 조사·연구 및 개발에 관한 사업
· 질병의 예방·검진·관리 및 암의 치료를 위한 사업
· 국민영양관리사업
· 신체활동장려사업
· 구강건강관리사업
· 시·도지사 및 시장·군수·구청장이 행하는 건강증진사업
· 공공보건의료 및 건강증진을 위한 시설·장비의 확충
· 기금의 관리·운용에 필요한 경비
· 그 밖에 국민건강증진사업에 소요되는 경비로서 대통령령이 정하는 사업

4) 보 칙

구 분	국민건강증진법	국민건강증진법 시행령	국민건강증진법 시행규칙
제4장 보칙	제26조(비용의 보조)		
	제27조(지도 · 훈련)		제21조(지도 · 훈련대상) 제22조(훈련방법 등)
	제28조(보고 · 검사)		
	제29조(권한의 위임 · 위탁)	제31조(권한의 위임) 제32조(업무위탁)	
	제30조(수수료)		

법조문 요약

1. 비용의 보조

국가 또는 지방자치단체는 매 회계연도마다 예산의 범위 안에서 건강증진사업의 수행에 필요한 비용의 일부를 부담하거나 이를 수행하는 법인 또는 단체에 보조할 수 있도록 함

2. 지도 · 훈련

보건복지부장관 또는 질병관리청장은 보건교육을 담당하거나 국민건강영양조사 및 영양에 관한 지도를 담당하는 공무원 또는 보건복지부령으로 정하는 단체 및 공공기관에 종사하는 담당자의 자질 향상을 위하여 필요한 지도와 훈련을 할 수 있도록 함

5) 벌 칙

구 분	국민건강증진법	국민건강증진법 시행령	국민건강증진법 시행규칙
제5장 벌칙	제31조(벌칙)		
	제31조의2(벌칙)		
	제32조(벌칙)		
	제33조(양벌규정)		
	제34조(과태료)	제33조(과태료의 부과기준 등) 별표 5 제34조(과태료 감면의 기준 및 절차)	제22조의2(과태료 감면 신청서 등)
	제35조 삭제		
	제36조 삭제		

법조문 요약

1. 벌 칙

- 제21조(검진결과의 공개금지)를 위반하여 정당한 사유 없이 건강검진의 결과를 공개한 자는 3년 이하의 징역 또는 3천만 원 이하의 벌금에 처함
- 다음 사항에 해당하는 자는 1년 이하의 징역 또는 1천만 원 이하의 벌금에 처함
  - 정당한 사유 없이 광고내용의 변경 등 명령이나 광고의 금지 명령을 이행하지 아니한 자
  - 주류 면허 등에 관한 법률에 의하여 주류제조의 면허를 받은 자 또는 주류를 수입하여 판매하는 자는 대통령령이 정하는 주류의 판매용 용기에 과다한 음주는 건강에 해롭다는 내용과 임신 중 음주는 태아의 건강을 해칠 수 있다는 내용의 경고문구를 표기하여야 하는데, 이를 위반하여 경고문구를 표기하지 아니하거나 이와 다른 경고문구를 표기한 자
  - 담배에 관한 경고문구 등 표시를 위반하여 경고그림·경고문구·발암성물질·금연상담전화번호를 표기하지 아니하거나 이와 다른 경고그림·경고문구·발암성물질·금연상담전화번호를 표기한 자
  - 담배에 관한 광고의 금지 또는 제한을 위반하여 담배에 관한 광고를 한 자
  - 자격증을 교부받은 사람은 다른 사람에게 그 자격증을 빌려주어서는 아니 되고, 누구든지 그 자격증을 빌려서는 안 되는데, 이를 위반하여 다른 사람에게 자격증을 빌려주거나 빌린 자
  - 누구든지 금지된 행위를 알선하여서는 안 되는데, 이를 위반하여 자격증을 빌려주거나 빌리는 것을 알선한 자
- 보건복지부장관은 국민건강의식을 잘못 이끄는 광고를 한 자에 대하여 그 내용의 변경 등 시정을 요구하거나 금지를 명할 수 있다는 제7조 제1항의 규정을 위반하여 정당한 사유 없이 광고의 내용변경 또는 금지의 명령을 이행하지 아니한 자는 100만 원 이하의 벌금에 처함
- 다음 중 어느 하나에 해당하는 자에게는 500만 원 이하의 과태료를 부과
  - 거짓이나 그 밖의 부정한 방법으로 건강친화기업 인증을 받은 자
  - 인증을 받지 아니한 기업이 이를 위반하여 인증표시 또는 이와 유사한 표시를 한 자
  - 담배사업법에 의한 지정소매인 기타 담배를 판매하는 자는 대통령령이 정하는 장소 외에서 담배자동판매기를 설치하여 담배를 판매하여서는 아니 되는데, 이를 위반하여 담배자동판매기를 설치하여 담배를 판매한 자
  - 특별자치시장·특별자치도지사·시장·군수·구청장은 시설의 소유자·점유자 또는 관리자가 전단을 위반하여 금연구역을 지정하지 아니하거나 금연구역을 알리는 표지를 설치하지 아니하거나, 후단에 따른 금연구역을 알리는 표지 또는 흡연실의 설치 기준·방법 등을 위반한 경우에는 일정한 기간을 정하여 그 시정을 명할 수 있는데, 이에 따른 시정명령을 따르지 아니한 자
  - 가향물질 함유 표시 제한을 위반하여 가향물질을 표시하는 문구나 그림·사진을 제품의 포장이나 광고에 사용한 자
  - 제조자 및 수입판매업자는 매월 1일부터 말일까지 제조장 또는 보세구역에서 반출된 담배의 수량과 산출된 부담금의 내역에 관한 자료를 다음 달 15일까지 보건복지부장관에게 제출하여야 하는데, 이를 위반하여 자료를 제출하지 아니하거나 허위의 자료를 제출한 자

4. 국민영양관리법

국민영양관리법은 총 6장(총칙, 국민영양관리기본계획 등, 영양관리사업, 영양사의 면허 및 교육 등, 보칙, 벌칙)으로 구성되어 있다. 국민영양관리법 시행령과 국민영양관리법 시행규칙에서는 국민영양관리법 시행을 위한 필요 사항을 규정하고 있다.

　제1장 총칙은 국민영양관리법의 목적, 정의, 국가 및 지방자치단체의 의무, 영양사 등의 책임, 국민의 권리 등, 다른 법률과의 관계로 구성되어 있다. 제2장 국민영양관리기본계획 등은 국민영양관리기본계획, 국민영양관리시행계획, 국민영양정책 등의 심의로 구성되어 있다. 제3장 영양관리사업은 영양ㆍ식생활 교육사업, 영양취약계층 등의 영양관리사업, 통계ㆍ정보, 영양관리를 위한 영양 및 식생활 조사, 영양소 섭취기준 및 식생활 지침의 제정 및 보급으로 구성되어 있다. 제4장 영양사의 면허 및 교육 등은 영양사의 면허, 결격사유, 영양사의 업무, 면허의 등록, 명칭사용의 금지, 보수교육, 면허취소 등, 영양사협회로 구성되어 있다. 제5장 보칙은 임상영양사, 비용의 보조, 권한의 위임ㆍ위탁, 수수료, 벌칙 적용에서의 공무원 의제로 구성되어 있다. 제6장 벌칙은 벌칙으로 구성되어 있다.

　국민영양관리법 및 동법의 시행령, 시행규칙을 정리한 표는 다음과 같다.

국민영양관리법ㆍ시행령ㆍ시행규칙 주요 법조문 목차

구 분	국민영양관리법	국민영양관리법 시행령	국민영양관리법 시행규칙
법 시행ㆍ공포일	[시행 2020. 9. 12.] [법률 제17472호, 2020. 8. 11., 타법개정]	[시행 2023. 9. 29.] [대통령령 제33755호, 2023. 9. 26., 타법개정]	[시행 2022. 12. 13.] [보건복지부령 제922호, 2022. 12. 13., 일부개정]
제1장 총칙	제1조(목적)		
	제2조(정의)		
	제3조(국가 및 지방자치단체의 의무)		
	제4조(영양사 등의 책임)		
	제5조(국민의 권리 등)		
	제6조(다른 법률과의 관계)		
제2장 국민영양관리기본계획 등	제7조(국민영양관리기본계획)	제2조(영양관리사업의 유형)	제2조(국민영양관리기본계획 협의절차 등)
	제8조(국민영양관리시행계획)		제3조(시행계획의 수립시기 및 추진절차 등) 제4조(국민영양관리 시행계획 및 추진실적의 평가)
	제9조(국민영양정책 등의 심의)		
제3장 영양관리사업	제10조(영양ㆍ식생활 교육사업)		제5조(영양ㆍ식생활 교육의 대상ㆍ내용ㆍ방법 등) 21 기출

(계속)

구 분	국민영양관리법	국민영양관리법 시행령	국민영양관리법 시행규칙
제3장 영양관리 사업	제11조(영양취약계층 등의 영양관리 사업)		
	제12조(통계 · 정보)		
	제13조(영양관리를 위한 영양 및 식 생활 조사)	제3조(영양 및 식생활 조사의 유형) 제4조(영양 및 식생활 조사의 시기와 방법 등)	
	제14조(영양소 섭취기준 및 식생활 지침의 제정 및 보급)		제6조(영양소 섭취기준과 식생 활 지침의 주요 내용 및 발간 주기 등)
제4장 영양사의 면허 및 교육 등	제15조(영양사의 면허)		제7조(영양사 면허 자격 요건) 별표 1, 별표 1의2 제8조(영양사 국가시험의 시행 과 공고) 제9조(영양사 국가시험 과목 등) 제10조(영양사 국가시험 응시 제한) 별표 4 제11조(시험위원) 제12조(영양사 국가시험의 응 시 및 합격자 발표 등) 제13조(관계 기관 등에의 협조 요청)
	제15조의2(응시자격의 제한 등)		제10조(영양사 국가시험 응시 제한) 별표 4
	제16조(결격사유)		제14조(감염병환자)
	제17조(영양사의 업무)		
	제18조(면허의 등록)		제15조(영양사 면허증의 교부) 제16조(면허증의 재발급) 제17조(면허증의 반환)
	제19조(명칭사용의 금지)		
	제20조(보수교육)		제18조(보수교육의 시기 · 대 상 · 비용 · 방법 등) 제19조(보수교육계획 및 실적 보고 등) 제20조(보수교육 관계 서류의 보존)
	제20조의2(실태 등의 신고)	제4조의2(영양사의 실태 등의 신고)	제20조의2(영양사의 실태 등의 신고 및 보고)
	제21조(면허취소 등) 19 · 22 · 23 기출	제5조(행정처분의 세부기준) 별표	
	제22조(영양사협회)	제6조(협회의 설립허가) 제7조(정관의 기재사항) 제8조(정관의 변경허가) 제9조(협회의 지부 및 분회)	

(계속)

구 분	국민영양관리법	국민영양관리법 시행령	국민영양관리법 시행규칙
제5장 보칙	제23조(임상영양사)		제22조(임상영양사의 업무)
			제23조(임상영양사의 자격기준)
			제24조(임상영양사의 교육과정)
			제25조(임상영양사 교육기관의 지정 기준 및 절차)
			제26조(임상영양사 교육생 정원)
			제27조(임상영양사 교육과정의 과목 및 수료증 발급)
			제28조(임상영양사 자격시험의 시행과 공고)
			제29조(임상영양사 자격시험의 응시자격 및 응시절차)
			제30조(임상영양사 자격시험의 시험방법 등)
			제31조(임상영양사 합격자 발표 등)
			제32조(임상영양사 자격증 발급 등)
	제23조의2(임상영양사의 자격취소 등)		
	제24조(비용의 보조)		
	제25조(권한의 위임 · 위탁)	제10조(업무의 위탁)	
	제26조(수수료)		제33조(수수료)
	제27조(벌칙 적용에서의 공무원 의제)		
제6장 벌칙	제28조(벌칙) 20 기출		
	제29조 삭제		

1) 총 칙

구 분	국민영양관리법	국민영양관리법 시행령	국민영양관리법 시행규칙
제1장 총칙	제1조(목적)		
	제2조(정의)		
	제3조(국가 및 지방자치단체의 의무)		
	제4조(영양사 등의 책임)		
	제5조(국민의 권리 등)		
	제6조(다른 법률과의 관계)		

법조문 요약

1. 목 적

국민의 식생활에 대한 과학적인 조사 · 연구를 바탕으로 체계적인 국가영양정책을 수립 · 시행함으로써 국민의 영양 및 건강 증진을 도모하고 삶의 질 향상에 이바지하는 것을 목적으로 함

2. 정 의

- "식생활"이란 식문화, 식습관, 식품의 선택 및 소비 등 식품의 섭취와 관련된 모든 양식화된 행위를 말함
- "영양관리"란 적절한 영양의 공급과 올바른 식생활 개선을 통하여 국민이 질병을 예방하고 건강한 상태를 유지하도록 하는 것을 말함
- "영양관리사업"이란 국민의 영양관리를 위하여 생애주기 등 영양관리 특성을 고려하여 실시하는 교육·상담 등의 사업을 말함

3. 국가 및 지방자치단체의 의무

국가 및 지방자치단체는 올바른 식생활 및 영양관리에 관한 정보를 국민에게 제공하여야 함

4. 영양사 등의 책임

- 영양사는 지속적으로 영양지식과 기술의 습득으로 전문능력을 향상시켜 국민영양 개선 및 건강 증진을 위하여 노력하여야 함
- 식품·영양 및 식생활 관련 단체와 그 종사자, 영양관리사업 참여자는 자발적 참여와 연대를 통하여 국민의 건강 증진을 위하여 노력하여야 함

2) 국민영양관리기본계획 등

구 분	국민영양관리법	국민영양관리법 시행령	국민영양관리법 시행규칙
제2장 국민영양 관리기본 계획 등	제7조(국민영양관리기본계획)	제2조(영양관리사업의 유형)	제2조(국민영양관리기본계획 협의절차 등)
	제8조(국민영양관리시행계획)		제3조(시행계획의 수립시기 및 추진절차 등) 제4조(국민영양관리 시행계획 및 추진실적의 평가)
	제9조(국민영양정책 등의 심의)		

법조문 요약

1. 국민영양관리기본계획

보건복지부장관은 관계 중앙행정기관의 장과 협의하고 「국민건강증진법」 제5조에 따른 국민건강증진정책심의위원회의 심의를 거쳐 국민영양관리기본계획을 5년마다 수립하여야 함

2. 국민영양관리시행계획

시장·군수·구청장은 기본계획에 따라 매년 국민영양관리시행계획을 수립·시행하여야 하며, 그 시행계획 및 추진실적을 시·도지사를 거쳐 보건복지부장관에게 제출하여야 함

3) 영양관리사업

구 분	국민영양관리법	국민영양관리법 시행령	국민영양관리법 시행규칙
제3장 영양관리 사업	제10조(영양 · 식생활 교육사업)		제5조(영양 · 식생활 교육의 대상 · 내용 · 방법 등) 21 기출
	제11조(영양취약계층 등의 영양관리사업)		
	제12조(통계 · 정보)		
	제13조(영양관리를 위한 영양 및 식생활 조사)	제3조(영양 및 식생활 조사의 유형) 제4조(영양 및 식생활 조사의 시기와 방법 등)	
	제14조(영양소 섭취기준 및 식생활 지침의 제정 및 보급)		제6조(영양소 섭취기준과 식생활 지침의 주요 내용 및 발간 주기 등)

법조문 요약

1. 영양 · 식생활 교육사업
국가 및 지방자치단체는 국민의 건강을 위하여 영양 · 식생활 교육을 실시하여야 하며, 영양 · 식생활 교육에 필요한 프로그램 및 자료를 개발하여 보급하여야 함

2. 영양취약계층 등의 영양관리사업
국가 및 지방자치단체는 다음의 영양관리사업을 실시할 수 있어야 함
- 영유아, 임산부, 아동, 노인, 노숙인 및 사회복지시설 수용자 등 영양취약계층을 위한 영양관리사업
- 어린이집, 유치원, 학교, 집단급식소, 의료기관 및 사회복지시설 등 시설 및 단체에 대한 영양관리사업
- 생활습관질병 등 질병예방을 위한 영양관리사업

3. 영양관리를 위한 영양 및 식생활 조사
국가 및 지방자치단체는 지역사회의 영양문제에 관한 연구를 위하여 다음의 조사를 실시할 수 있음
- 식품 및 영양소 섭취조사
- 식생활 행태 조사
- 영양상태 조사
- 그 밖에 영양문제에 필요한 조사로서 대통령령으로 정하는 사항

4. 영양소 섭취기준 및 식생활 지침의 제정 및 보급
보건복지부장관은 국민건강 증진에 필요한 영양소 섭취기준을 제정하고 정기적으로 개정하여 학계 · 산업계 및 관련 기관 등에 체계적으로 보급하여야 함

4) 영양사의 면허 및 교육 등

구 분	국민영양관리법	국민영양관리법 시행령	국민영양관리법 시행규칙
제4장 영양사의 면허 및 교육 등	제15조(영양사의 면허)		제7조(영양사 면허 자격 요건) 별표 1 별표 1의2 제8조(영양사 국가시험의 시행과 공고) 제9조(영양사 국가시험 과목 등) 제10조(영양사 국가시험 응시 제한) 별표 4 제11조(시험위원) 제12조(영양사 국가시험의 응시 및 합격자 발표 등) 제13조(관계 기관 등에의 협조 요청)
	제15조의2(응시자격의 제한 등)		제10조(영양사 국가시험 응시 제한) 별표 4
	제16조(결격사유)		제14조(감염병환자)
	제17조(영양사의 업무)		
	제18조(면허의 등록)		제15조(영양사 면허증의 교부) 제16조(면허증의 재발급) 제17조(면허증의 반환)
	제19조(명칭사용의 금지)		
	제20조(보수교육)		제18조(보수교육의 시기·대상·비용·방법 등) 제19조(보수교육계획 및 실적 보고 등) 제20조(보수교육 관계 서류의 보존)
	제20조의2(실태 등의 신고)	제4조의2(영양사의 실태 등의 신고)	제20조의2(영양사의 실태 등의 신고 및 보고)
	제21조(면허취소 등) 19·22·23 기출	제5조(행정처분의 세부기준) 별표	
	제22조(영양사협회)	제6조(협회의 설립허가) 제7조(정관의 기재사항) 제8조(정관의 변경허가) 제9조(협회의 지부 및 분회)	

법조문 요약

1. 영양사의 면허
영양사가 되고자 하는 사람은 다음의 어느 하나에 해당하는 사람으로서 영양사 국가시험에 합격한 후 보건복지부장관의 면허를 받아야 함

- 「고등교육법」에 따른 대학, 산업대학, 전문대학 또는 방송통신대학에서 식품학 또는 영양학을 전공한 자로서 교과목 및 학점이수 등에 관하여 보건복지부령으로 정하는 요건을 갖춘 사람
- 외국에서 영양사면허(보건복지부장관이 정하여 고시하는 인정기준에 해당하는 면허를 말한다)를 받은 사람
- 외국의 영양사 양성학교(보건복지부장관이 정하여 고시하는 인정기준에 해당하는 학교를 말한다)를 졸업한 사람

2. 결격사유

다음의 어느 하나에 해당하는 사람은 영양사의 면허를 받을 수 없음

- 「정신건강증진 및 정신질환자 복지서비스 지원에 관한 법률」에 따른 정신질환자. 다만, 전문의가 영양사로서 적합하다고 인정하는 사람은 그러하지 아니함
- 「감염병의 예방 및 관리에 관한 법률」에 따른 감염병환자 중 보건복지부령으로 정하는 사람
- 마약 · 대마 또는 향정신성의약품 중독자
- 영양사 면허의 취소처분을 받고 그 취소된 날부터 1년이 지나지 아니한 사람

3. 영양사의 업무

- 건강증진 및 환자를 위한 영양 · 식생활 교육 및 상담
- 식품영양정보의 제공
- 식단 작성, 검식(檢食) 및 배식관리
- 구매식품의 검수 및 관리
- 급식시설의 위생적 관리
- 집단급식소의 운영일지 작성
- 종업원에 대한 영양지도 및 위생교육

4. 보수교육

보건기관 · 의료기관 · 집단급식소 등에서 각각 그 업무에 종사하는 영양사는 영양관리 수준 및 자질 향상을 위하여 보수교육을 받아야 함(2년마다 6시간 이상 실시)

- 직업윤리에 관한 사항
- 업무 전문성 향상 및 업무 개선에 관한 사항
- 국민영양 관계 법령의 준수에 관한 사항
- 선진 영양관리 동향 및 추세에 관한 사항
- 그 밖에 보건복지부장관이 영양사의 전문성 향상에 필요하다고 인정하는 사항

5. 실태 등의 신고

영양사는 대통령령으로 정하는 바에 따라 최초로 면허를 받은 후부터 3년마다 그 실태와 취업상황 등을 보건복지부장관에게 신고하여야 함

6. 면허취소 등

보건복지부장관은 영양사가 다음의 어느 하나에 해당하는 경우 그 면허를 취소할 수 있음

- 다음 중의 어느 하나에 해당하는 경우
  - 「정신건강증진 및 정신질환자 복지서비스 지원에 관한 법률」에 따른 정신질환자. 다만, 전문의가 영양사로서 적합하다고 인정하는 사람은 그러하지 아니함

- - 「감염병의 예방 및 관리에 관한 법률」에 따른 감염병환자 중 보건복지부령으로 정하는 사람
- - 마약 · 대마 또는 향정신성의약품 중독자
- • 면허정지처분 기간 중에 영양사의 업무를 하는 경우
- • 3회 이상 면허정지처분을 받은 경우

7. 영양사협회

영양사는 영양에 관한 연구, 영양사의 윤리 확립 및 영양사의 권익 증진 및 자질 향상을 위하여 대통령령으로 정하는 바에 따라 영양사협회(이하 "협회"라 한다)를 설립할 수 있음

5) 보칙

구 분	국민영양관리법	국민영양관리법 시행령	국민영양관리법 시행규칙
제5장 보칙	제23조(임상영양사)		제22조(임상영양사의 업무) 제23조(임상영양사의 자격기준) 제24조(임상영양사의 교육과정) 제25조(임상영양사 교육기관의 지정 기준 및 절차) 제26조(임상영양사 교육생 정원) 제27조(임상영양사 교육과정의 과목 및 수료증 발급) 제28조(임상영양사 자격시험의 시행과 공고) 제29조(임상영양사 자격시험의 응시자격 및 응시절차) 제30조(임상영양사 자격시험의 시험방법 등) 제31조(임상영양사 합격자 발표 등) 제32조(임상영양사 자격증 발급 등)
	제23조의2(임상영양사의 자격취소 등)		
	제24조(비용의 보조)		
	제25조(권한의 위임 · 위탁)	제10조(업무의 위탁)	
	제26조(수수료)		제33조(수수료)
	제27조(벌칙 적용에서의 공무원 의제)		

법조문 요약

1. 임상영양사

보건복지부장관은 건강관리를 위하여 영양판정, 영양상담, 영양소 모니터링 및 평가 등의 업무를 수행하는 영양사에게 영양사 면허 외에 임상영양사 자격을 인정할 수 있음

2. 비용의 보조

국가나 지방자치단체는 회계연도마다 예산의 범위에서 영양관리사업의 수행에 필요한 비용의 일부를 부담하거나 사업을 수행하는 법인 또는 단체에 보조할 수 있음

3. 권한의 위임 · 위탁

보건복지부장관의 권한은 대통령령으로 정하는 바에 따라 그 일부를 시 · 도지사에게 위임할 수 있음

※ 보건복지부장관은 법 제25조(권한의 위임 · 위탁) 제2항에 따라 법 제20조(보수교육)에 따른 보수교육업무를 협회에 위탁

4. 수수료

- 지방자치단체의 장은 영양관리사업에 드는 경비 중 일부에 대하여 그 이용자로부터 조례로 정하는 바에 따라 수수료를 징수할 수 있음
- 영양사의 면허를 받거나 면허증을 재교부받으려는 사람 또는 국가시험에 응시하려는 사람은 보건복지부령으로 정하는 바에 따라 수수료를 내야 함

6) 벌 칙

구 분	국민영양관리법	국민영양관리법 시행령	국민영양관리법 시행규칙
제6장 벌칙	제28조(벌칙) **20 기출**		
	제29조 삭제		

법조문 요약

1. 벌 칙

다음의 어느 하나에 해당하는 자는 1년 이하의 징역 또는 1천만 원 이하의 벌금에 처함
- 다른 사람에게 영양사의 면허증 또는 임상영양사의 자격증을 빌려주거나 빌린 자
- 영양사의 면허증 또는 임상영양사의 자격증을 빌려주거나 빌리는 것을 알선한 자

5. 농수산물의 원산지 표시 등에 관한 법률

농수산물의 원산지 표시 등에 관한 법률은 총 4장(총칙, 농수산물 및 농수산물 가공품의 원산지 표시 등, 수입 농산물 및 농산물 가공품의 유통이력 관리, 보칙, 벌칙)으로 구성되어 있다. 농수산물의 원산지 표시 등에 관한 법률 시행령, 농수산물의 원산지 표시 등에 관한 법률 시행규칙에서는 농수산물의 원산지 표시 등에 관한 법률 시행을 위한 필요 사항을 규정하고 있다.

제1장 총칙은 농수산물의 원산지 표시 등에 관한 법률의 목적, 정의, 다른 법률과의 관계, 농수산물

의 원산지 표시의 심의로 구성되어 있다. 제2장 농수산물 및 농수산물 가공품의 원산지 표시 등은 원산지 표시, 거짓 표시 등의 금지, 원산지 표시 등의 조사, 영수증 등의 비치, 원산지 표시 등의 위반에 대한 처분 등, 농수산물의 원산지 표시에 관한 정보제공으로 구성되어 있다. 제2장의2 수입 농산물 및 농산물 가공품의 유통이력 관리는 수입 농산물 등의 유통이력 관리, 유통이력관리수입농산물 등의 사후관리로 구성되어 있다. 제3장 보칙은 명예감시원, 포상금 지급 등, 권한의 위임 및 위탁으로 구성되어 있다. 제4장 벌칙은 벌칙, 양벌규정, 과태료로 구성되어 있다.

농수산물의 원산지 표시 등에 관한 법률 및 동법의 시행령, 시행규칙을 정리한 표는 다음과 같다.

농수산물의 원산지 표시 등에 관한 법률·시행령·시행규칙 주요 법조문 목차

구 분	농수산물의 원산지 표시 등에 관한 법률	농수산물의 원산지 표시 등에 관한 법률 시행령	농수산물의 원산지 표시 등에 관한 법률 시행규칙
법 시행 · 공포일	[시행 2022. 1. 1.] [법률 제18525호, 2021. 11. 30., 일부개정]	[시행 2023. 7. 1.] [대통령령 제33189호, 2022. 12. 30., 일부개정]	[시행 2022. 1. 1.] [농림축산식품부령 제511호, 2021. 12. 31., 일부개정] [해양수산부령 제524호, 2021. 12. 31., 일부개정]
제1장 총칙	제1조(목적)		
	제2조(정의)	제2조(통신판매의 범위)	제1조의2(유통이력의 범위)
	제3조(다른 법률과의 관계)		
	제4조(농수산물의 원산지 표시의 심의)		
제2장 농수산물 및 농수산물 가공품의 원산지 표시 등	제5조(원산지 표시)	제3조(원산지의 표시대상) 제4조(원산지 표시를 하여야 할 자) 제5조(원산지의 표시기준) 별표 1	제3조(원산지의 표시방법) 별표 2 별표 3 별표 4 20 기출
	제6조(거짓 표시 등의 금지)		제4조(원산지를 혼동하게 할 우려가 있는 표시 등) 별표 5
	제6조의2(과징금)	제5조의2(과징금의 부과 및 징수) 별표 1의2	제4조의2(과징금 부과·징수절차)
	제7조(원산지 표시 등의 조사)	제6조(원산지 표시 등의 조사)	
	제8조(영수증 등의 비치)		
	제9조(원산지 표시 등의 위반에 대한 처분 등)	제7조(원산지 표시 등의 위반에 대한 처분 및 공표)	
	제9조의2(원산지 표시 위반에 대한 교육)	제7조의2(농수산물 원산지 표시제도 교육) 21 기출	제6조(농수산물 원산지 표시제도 교육 등)
	제10조(농수산물의 원산지 표시에 관한 정보제공)		

(계속)

구 분	농수산물의 원산지 표시 등에 관한 법률	농수산물의 원산지 표시 등에 관한 법률 시행령	농수산물의 원산지 표시 등에 관한 법률 시행규칙
제2장의2 수입 농산물 및 농산물 가공품의 유통이력 관리	제10조의2(수입 농산물 등의 유통이 력 관리)		제6조의2(수입 농산물 등의 유 통이력 신고 절차 등)
	제10조의3(유통이력관리수입농산물 등의 사후관리)	제7조의3(유통이력관리수입 농수산물 등의 사후관리)	
제3장 보칙	제11조(명예감시원)		
	제12조(포상금 지급 등)	제8조(포상금)	제7조(원산지 표시 우수사례에 대한 시상 등)
	제13조(권한의 위임 및 위탁)	제9조(권한의 위임)	
	제13조의2(행정기관 등의 업무협조)	제9조의3(행정기관 등의 업무 협조 절차)	
제4장 벌칙	제14조(벌칙) 19 · 23 기출		
	제15조 삭제		
	제16조(벌칙)		
	제16조의2(자수자에 대한 특례)		
	제17조(양벌규정)		
	제18조(과태료)	제10조(과태료의 부과기준) 별표 2	

1) 총 칙

구 분	농수산물의 원산지 표시 등에 관한 법률	농수산물의 원산지 표시 등에 관한 법률 시행령	농수산물의 원산지 표시 등에 관한 법률 시행규칙
제1장 총칙	제1조(목적)		
	제2조(정의)	제2조(통신판매의 범위)	제1조의2(유통이력의 범위)
	제3조(다른 법률과의 관계)		
	제4조(농수산물의 원산지 표시의 심의)		

법조문 요약

1. 목 적
농산물 · 수산물과 그 가공품 등에 대하여 적정하고 합리적인 원산지 표시와 유통이력 관리를 하도록 함으로써 공정한 거래를 유도하고 소비자의 알 권리를 보장하여 생산자와 소비자를 보호하는 것을 목적으로 함

2. 정 의
- "농산물"이란 「농업 · 농촌 및 식품산업 기본법」에 따른 농산물을 말함
- "수산물"이란 「수산업 · 어촌 발전 기본법」 제3조 제1호 가목에 따른 어업활동 및 같은 호 마목에 따른 양식업활동으로부터 생산되는 산물을 말함
- "농수산물"이란 농산물과 수산물을 말함

- "원산지"란 농산물이나 수산물이 생산 · 채취 · 포획된 국가 · 지역이나 해역을 말함
- "유통이력"이란 수입 농산물 및 농산물 가공품에 대한 수입 이후부터 소비자 판매 이전까지의 유통단계별 거래명세를 말하며, 그 구체적인 범위는 농림축산식품부령으로 정함
- "식품접객업"이란 「식품위생법」에 따른 식품접객업을 말함
- "집단급식소"란 「식품위생법」에 따른 집단급식소를 말함
- "통신판매"란 「전자상거래 등에서의 소비자보호에 관한 법률」에 따른 통신판매(같은 법 제2조 제1호의 전자상거래로 판매되는 경우를 포함한다. 이하 같다) 중 대통령령으로 정하는 판매를 말함
- 이 법에서 사용하는 용어의 뜻은 이 법에 특별한 규정이 있는 것을 제외하고는 「농수산물 품질관리법」, 「식품위생법」, 「대외무역법」이나 「축산물 위생관리법」에서 정하는 바에 따름

2) 농수산물 및 농수산물 가공품의 원산지 표시 등

구 분	농수산물의 원산지 표시 등에 관한 법률	농수산물의 원산지 표시 등에 관한 법률 시행령	농수산물의 원산지 표시 등에 관한 법률 시행규칙
제2장 농수산물 및 농수산물 가공품의 원산지 표시 등	제5조(원산지 표시)	제3조(원산지의 표시대상) 제4조(원산지 표시를 하여야 할 자) 제5조(원산지의 표시기준) 별표 1	제3조(원산지의 표시방법) 별표 2 별표 3 별표 4 20 기출
	제6조(거짓 표시 등의 금지)		제4조(원산지를 혼동하게 할 우려가 있는 표시 등) 별표 5
	제6조의2(과징금)	제5조의2(과징금의 부과 및 징수) 별표 1의2	제4조의2(과징금 부과 · 징수절차)
	제7조(원산지 표시 등의 조사)	제6조(원산지 표시 등의 조사)	
	제8조(영수증 등의 비치)		
	제9조(원산지 표시 등의 위반에 대한 처분 등)	제7조(원산지 표시 등의 위반에 대한 처분 및 공표)	
	제9조의2(원산지 표시 위반에 대한 교육)	제7조의2(농수산물 원산지 표시제도 교육) 21 기출	제6조(농수산물 원산지 표시제도 교육 등)
	제10조(농수산물의 원산지 표시에 관한 정보제공)		

법조문 요약

1. 원산지 표시
대통령령으로 정하는 농수산물 또는 그 가공품을 수입하는 자, 생산 · 가공하여 출하하거나 판매하는 자 또는 판매할 목적으로 보관 · 진열하는 자는 다음에 대하여 원산지를 표시하여야 함

- 농수산물
- 농수산물 가공품(국내에서 가공한 가공품은 제외한다)
- 농수산물 가공품(국내에서 가공한 가공품에 한정한다)의 원료

2. 원산지 표시를 하여야 할 자

식품접객업 및 집단급식소 중 대통령령으로 정하는 영업소나 집단급식소를 설치·운영하는 자는 다음의 어느 하나에 해당하는 경우에 그 농수산물이나 그 가공품의 원료에 대하여 원산지를 표시하여야 함

- 대통령령으로 정하는 농수산물이나 그 가공품을 조리하여 판매·제공(배달을 통한 판매·제공을 포함한다)하는 경우
- 농수산물이나 그 가공품을 조리하여 판매·제공할 목적으로 보관하거나 진열하는 경우

3. 원산지의 표시기준

대통령령에 따른 원산지의 표시기준에 맞게 표시해야 함

- 농수산물(국산 농수산물, 원양산 수산물, 원산지가 다른 동일 품목을 혼합한 농수산물)
- 수입 농수산물과 그 가공품 및 반입 농수산물과 그 가공품
- 농수산물 가공품(수입농수산물 등 또는 반입농수산물 등을 국내에서 가공한 것을 포함한다)

4. 원산지의 표시방법

- 농수산물 또는 그 가공품을 수입하는 자, 생산·가공하여 출하하거나 판매(통신판매를 포함한다. 이하 같다)하는 자 또는 판매할 목적으로 보관·진열하는 자 : 원산지의 표시기준(제5조 제1항 관련), 농수산물 가공품의 원산지 표시방법(제3조 제1호 관련), 통신판매의 경우 원산지 표시방법(제3조 제1호 및 제2호 관련)
- 식품접객업 및 집단급식소 : 통신판매의 경우 원산지 표시방법(제3조 제1호 및 제2호 관련), 영업소 및 집단급식소의 원산지 표시방법(제3조 제2호 관련)

5. 거짓 표시 등의 금지

- 원산지 표시를 거짓으로 하거나 이를 혼동하게 할 우려가 있는 표시를 하는 행위
- 원산지 표시를 혼동하게 할 목적으로 그 표시를 손상·변경하는 행위
- 원산지를 위장하여 판매하거나, 원산지 표시를 한 농수산물이나 그 가공품에 다른 농수산물이나 가공품을 혼합하여 판매하거나 판매할 목적으로 보관이나 진열하는 행위

6. 과징금

농림축산식품부장관, 해양수산부장관, 관세청장, 특별시장·광역시장·특별자치시장·도지사·특별자치도지사 또는 시장·군수·구청장은 제6조 제1항 또는 제2항을 2년 이내에 2회 이상 위반한 자에게 그 위반금액의 5배 이하에 해당하는 금액을 과징금으로 부과·징수할 수 있음. 이 경우 제6조 제1항을 위반한 횟수와 같은 조 제2항을 위반한 횟수는 합산함

- 제6조 제1항
  - 원산지 표시를 거짓으로 하거나 이를 혼동하게 할 우려가 있는 표시를 하는 행위
  - 원산지 표시를 혼동하게 할 목적으로 그 표시를 손상·변경하는 행위
  - 원산지를 위장하여 판매하거나, 원산지 표시를 한 농수산물이나 그 가공품에 다른 농수산물이나 가공품을 혼합하여 판매하거나 판매할 목적으로 보관이나 진열하는 행위
- 제6조 제2항
  - 원산지 표시를 거짓으로 하거나 이를 혼동하게 할 우려가 있는 표시를 하는 행위
  - 원산지를 위장하여 조리·판매·제공하거나, 조리하여 판매·제공할 목적으로 농수산물이나 그 가공품의 원산지 표시를 손상·변경하여 보관·진열하는 행위

- 원산지 표시를 한 농수산물이나 그 가공품에 원산지가 다른 동일 농수산물이나 그 가공품을 혼합하여 조리 · 판매 · 제공하는 행위

7. 영수증 등의 비치

원산지를 표시하여야 하는 자는 「축산물 위생관리법」 제31조나 「가축 및 축산물 이력관리에 관한 법률」 제18조 등 다른 법률에 따라 발급받은 원산지 등이 기재된 영수증이나 거래명세서 등을 매입일부터 6개월간 비치 · 보관하여야 함

8. 원산지 표시 등의 위반에 대한 처분

농림축산식품부장관, 해양수산부장관, 관세청장, 시 · 도지사 또는 시장 · 군수 · 구청장은 원산지 표시나 거짓 표시 등의 금지를 위반한 자에 대하여 다음의 처분을 할 수 있음
- 표시의 이행 · 변경 · 삭제 등 시정명령
- 위반 농수산물이나 그 가공품의 판매 등 거래행위 금지

※ 원산지 표시 위반에 대한 교육

농림축산식품부장관, 해양수산부장관, 관세청장, 시 · 도지사 또는 시장 · 군수 · 구청장은 원산지 표시를 위반하여 처분이 확정된 경우에는 농수산물 원산지 표시제도 교육을 이수하도록 명하여야 함
- 교육내용 : 원산지 표시 관련 법령 및 제도, 원산지 표시방법 및 위반자 처벌에 관한 사항
- 교육시간 : 2시간 이상 실시

3) 수입 농산물 및 농산물 가공품의 유통이력 관리

구 분	농수산물의 원산지 표시 등에 관한 법률	농수산물의 원산지 표시 등에 관한 법률 시행령	농수산물의 원산지 표시 등에 관한 법률 시행규칙
제2장의2 수입 농산물 및 농산물 가공품의 유통이력 관리	제10조의2(수입 농산물 등의 유통이력 관리)		제6조의2(수입 농산물 등의 유통이력 신고 절차 등)
	제10조의3(유통이력관리수입농산물 등의 사후관리)	제7조의3(유통이력관리수입 농수산물 등의 사후관리)	

법조문 요약

1. 수입 농산물 등의 유통이력 관리

농산물 및 농산물 가공품을 수입하는 자와 수입 농산물 등을 거래하는 자는 공정거래 또는 국민보건을 해칠 우려가 있는 것으로서 농림축산식품부장관이 지정하여 고시하는 농산물 등에 대한 유통이력을 농림축산식품부장관에게 신고하여야 함

2. 수입 농산물 등의 유통이력 신고 절차

유통이력 신고는 법 제10조의2 제1항에 따른 유통이력관리수입농산물 등의 양도일부터 5일 이내에 영 제6조의2 제2항에 따른 수입농산물 등 유통이력관리시스템에 접속하여 제1조의2 각 호의 사항을 입력하는 방식으로 해야 함

4) 보 칙

구 분	농수산물의 원산지 표시 등에 관한 법률	농수산물의 원산지 표시 등에 관한 법률 시행령	농수산물의 원산지 표시 등에 관한 법률 시행규칙
제3장 보칙	제11조(명예감시원)		
	제12조(포상금 지급 등)	제8조(포상금)	제7조(원산지 표시 우수사례에 대한 시상 등)
	제13조(권한의 위임 및 위탁)	제9조(권한의 위임)	
	제13조의2(행정기관 등의 업무협조)	제9조의3(행정기관 등의 업무 협조 절차)	

법조문 요약

1. 명예감시원
농림축산식품부장관, 해양수산부장관, 시·도지사 또는 시장·군수·구청장은 「농수산물 품질관리법」에 따른 농수산물 명예감시원에게 농수산물이나 그 가공품의 원산지 표시를 지도·홍보·계몽하거나 위반사항을 신고하게 할 수 있음

2. 포상금 지급
포상금은 1천만 원의 범위에서 지급할 수 있음

5) 벌 칙

구 분	농수산물의 원산지 표시 등에 관한 법률	농수산물의 원산지 표시 등에 관한 법률 시행령	농수산물의 원산지 표시 등에 관한 법률 시행규칙
제4장 벌칙	제14조(벌칙) 19·23 기출		
	제15조 삭제		
	제16조(벌칙)		
	제16조의2(자수자에 대한 특례)		
	제17조(양벌규정)		
	제18조(과태료)	제10조(과태료의 부과기준) 별표 2	

법조문 요약

1. 벌 칙
- 원산지 표시를 위반한 자는 7년 이하의 징역이나 1억 원 이하의 벌금에 처하거나 이를 병과(倂科)할 수 있음
- 원산지 표시 위반으로 형을 선고받고 그 형이 확정된 후 5년 이내에 다시 위반한 자는 1년 이상 10년 이하의 징역 또는 500만 원 이상 1억 5천만 원 이하의 벌금에 처하거나 이를 병과할 수 있음

2. 과태료

다음의 어느 하나에 해당하는 자에게는 1천만 원 이하의 과태료를 부과

- 원산지 표시를 하지 아니한 자
- 원산지의 표시방법을 위반한 자
- 임대점포의 임차인 등 운영자가 위반 행위를 하는 것을 알았거나 알 수 있었음에도 방치한 자
- 해당 방송채널 등에 물건 판매중개를 의뢰한 자가 위반 행위를 하는 것을 알았거나 알 수 있었음에도 방치한 자
- 수거 · 조사 · 열람을 거부 · 방해하거나 기피한 자
- 영수증이나 거래명세서 등을 비치 · 보관하지 아니한 자

다음 각 호의 어느 하나에 해당하는 자에게는 500만 원 이하의 과태료를 부과

- 교육 이수명령을 이행하지 아니한 자
- 유통이력을 신고하지 아니하거나 거짓으로 신고한 자
- 유통이력을 장부에 기록하지 아니하거나 보관하지 아니한 자
- 유통이력 신고의무가 있음을 알리지 아니한 자
- 수거 · 조사 또는 열람을 거부 · 방해 또는 기피한 자

6. 식품 등의 표시 · 광고에 관한 법률

식품 등의 표시 · 광고에 관한 법률은 목적부터 과태료까지 총 31조로 구성되어 있다. 식품 등의 표시 · 광고에 관한 법률 시행령과 식품 등의 표시 · 광고에 관한 법률 시행규칙에서는 식품 등의 표시 · 광고에 관한 법률 시행을 위한 필요 사항을 규정하고 있다.

31조에 대한 조항은 목적, 정의, 다른 법률과의 관계, 표시의 기준, 영양표시, 나트륨 함량 비교 표시, 광고의 기준, 부당한 표시 또는 광고행위의 금지, 표시 또는 광고 내용의 실증, 표시 또는 광고의 자율 심의, 심의위원회의 설치 · 운영, 표시 또는 광고 정책 등에 관한 자문, 소비자 교육 및 홍보, 시정명령, 위해 식품 등의 회수 및 폐기처분 등, 영업정지 등, 품목 등의 제조정지, 행정 제재처분 효과의 승계, 영업정지 등의 처분에 갈음하여 부과하는 과징금 처분, 부당한 표시 · 광고에 따른 과징금 부과 등, 위반 사실의 공표, 국고 보조, 청문, 권한 등의 위임 및 위탁, 벌칙 적용에서 공무원 의제, 벌칙(제26조~제29조), 양벌규정, 과태료로 구성되어 있다.

식품 등의 표시 · 광고에 관한 법률 및 동법의 시행령, 시행규칙을 정리한 표는 다음과 같다.

식품 등의 표시 · 광고에 관한 법률 · 시행령 · 시행규칙 주요 법조문 목차

식품 등의 표시 · 광고에 관한 법률	식품 등의 표시 · 광고에 관한 법률 시행령	식품 등의 표시 · 광고에 관한 법률 시행규칙
[시행 2023. 1. 1.] [법률 제18445호, 2021. 8. 17., 일부개정]	[시행 2023. 12. 26.] [대통령령 제34060호, 2023. 12. 26., 타법개정]	[시행 2023. 1. 1.] [총리령 제1813호, 2022. 6. 30., 일부개정]
제1조(목적)		
제2조(정의)		
제3조(다른 법률과의 관계)		
제4조(표시의 기준)		제2조(일부 표시사항) 별표1 제3조(표시사항) 제4조(표시의무자) 제5조(표시방법 등) 별표2 별표3
제4조의2(시각 · 청각 장애인을 위한 점자 및 음성 · 수어 영상변환용 코드의 표시)		
제5조(영양표시)		제6조(영양표시) 별표3 별표4 별표5 20 · 22 기출
제6조(나트륨 함량 비교 표시)		제7조(나트륨 함량 비교 표시) 별표3
제7조(광고의 기준)		제8조(광고의 기준) 별표6
제8조(부당한 표시 또는 광고행위의 금지)	제2조(부당한 표시 또는 광고행위의 금지 대상)	
제8조(부당한 표시 또는 광고행위의 금지)	제3조(부당한 표시 또는 광고의 내용) 별표1	
제9조(표시 또는 광고 내용의 실증)		제9조(실증방법 등)
제10조(표시 또는 광고의 자율심의)	제4조(표시 또는 광고의 심의 기준 등) 제5조(자율심의기구의 등록 요건) 제6조(표시 또는 광고 심의 결과에 대한 이의신청)	제10조(표시 또는 광고 심의 대상 식품 등) 제11조(수수료) 제12조(자율심의기구의 등록) 제13조(등록사항의 변경)
제11조(심의위원회의 설치 · 운영)		
제12조(표시 또는 광고 정책 등에 관한 자문)		
제13조(소비자 교육 및 홍보)	제7조(교육 및 홍보 위탁)	제14조(교육 및 홍보의 내용)
제14조(시정명령)		
제15조(위해 식품 등의 회수 및 폐기 처분 등)		
제16조(영업정지 등)		제16조(행정처분의 기준) 별표7
제17조(품목 등의 제조정지)		제16조(행정처분의 기준) 별표7
제18조(행정 제재처분 효과의 승계)		
제19조(영업정지 등의 처분에 갈음하여 부과하는 과징금 처분)	제8조(영업정지 등의 처분을 갈음하여 부과하는 과징금의 산정기준) 별표2	제17조(과징금 부과 제외 대상) 별표8

(계속)

식품 등의 표시 · 광고에 관한 법률	식품 등의 표시 · 광고에 관한 법률 시행령	식품 등의 표시 · 광고에 관한 법률 시행규칙
제19조(영업정지 등의 처분에 갈음하여 부과하는 과징금 처분)	제9조(과징금의 부과 및 납부) 제10조(과징금 납부기한의 연기 및 분할납부) 제11조(과징금 미납자에 대한 처분) 제12조(기금의 귀속비율)	제17조(과징금 부과 제외 대상) 별표 8
제20조(부당한 표시 · 광고에 따른 과징금 부과 등)	제13조(부당한 표시 · 광고에 따른 과징금 부과 기준 및 절차)	
제21조(위반사실의 공표)	제14조(위반사실의 공표)	
제22조(국고 보조)		
제23조(청문)		
제24조(권한 등의 위임 및 위탁)	제15조(권한의 위임)	
제25조(벌칙 적용에서 공무원 의제)		
제26조(벌칙)		
제27조(벌칙)		
제28조(벌칙)		
제29조(벌칙)		
제30조(양벌규정)		
제31조(과태료)	제16조(과태료의 부과기준) 별표 3	

법조문 요약

1. 목 적

식품 등에 대하여 올바른 표시 · 광고를 하도록 하여 소비자의 알 권리를 보장하고 건전한 거래질서를 확립함으로써 소비자 보호에 이바지함을 목적으로 함

2. 정 의

- "식품"이란 「식품위생법」에 따른 식품(해외에서 국내로 수입되는 식품을 포함한다)을 말함
- "식품첨가물"이란 「식품위생법」에 따른 식품첨가물(해외에서 국내로 수입되는 식품첨가물을 포함한다)을 말함
- "기구"란 「식품위생법」 제2조 제4호에 따른 기구(해외에서 국내로 수입되는 기구를 포함한다)를 말함
- "용기 · 포장"이란 「식품위생법」에 따른 용기 · 포장(해외에서 국내로 수입되는 용기 · 포장을 포함한다)을 말함
- "건강기능식품"이란 「건강기능식품에 관한 법률」에 따른 건강기능식품(해외에서 국내로 수입되는 건강기능식품을 포함한다)을 말함
- "축산물"이란 「축산물 위생관리법」에 따른 축산물(해외에서 국내로 수입되는 축산물을 포함한다)을 말함
- "표시"란 식품, 식품첨가물, 기구, 용기 · 포장, 건강기능식품, 축산물(이하 "식품 등"이라 한다) 및 이를 넣거나 싸는 것(그 안에 첨부되는 종이 등을 포함한다)에 적는 문자 · 숫자 또는 도형을 말함
- "영양표시"란 식품, 식품첨가물, 건강기능식품, 축산물에 들어 있는 영양성분의 양(量) 등 영양에 관한 정보를 표시하는 것을 말함
- "나트륨 함량 비교 표시"란 식품의 나트륨 함량을 동일하거나 유사한 유형의 식품의 나트륨 함량과 비교하여 소비자가 알아보기 쉽게 색상과 모양을 이용하여 표시하는 것을 말함

- "광고"란 라디오 · 텔레비전 · 신문 · 잡지 · 인터넷 · 인쇄물 · 간판 또는 그 밖의 매체를 통하여 음성 · 음향 · 영상 등의 방법으로 식품 등에 관한 정보를 나타내거나 알리는 행위를 말함
- "영업자"란 다음의 어느 하나에 해당하는 자를 말함
  - 「건강기능식품에 관한 법률」에 따라 허가를 받은 자 또는 신고를 한 자
  - 「식품위생법」에 따라 허가를 받은 자 또는 신고하거나 등록을 한 자
  - 「축산물 위생관리법」에 따라 허가를 받은 자 또는 신고를 한 자
  - 「수입식품안전관리 특별법」에 따라 영업등록을 한 자
- "소비기한"이란 식품 등에 표시된 보관방법을 준수할 경우 섭취하여도 안전에 이상이 없는 기한을 말함

3. 표시의 기준

1) '식품, 식품첨가물 또는 축산물'의 표시 기준
- 제품명, 내용량 및 원재료명
- 영업소 명칭 및 소재지
- 소비자 안전을 위한 주의사항
- 제조연월일, 소비기한 또는 품질유지기한
- 그 밖에 소비자에게 해당 식품, 식품첨가물 또는 축산물에 관한 정보를 제공하기 위하여 필요한 사항으로서 총리령으로 정하는 사항

2) '기구 또는 용기 · 포장'의 표시 기준
- 재질
- 영업소 명칭 및 소재지
- 소비자 안전을 위한 주의사항
- 그 밖에 소비자에게 해당 기구 또는 용기 · 포장에 관한 정보를 제공하기 위하여 필요한 사항으로서 총리령으로 정하는 사항

3) '건강기능식품'의 표시 기준
- 제품명, 내용량 및 원료명
- 영업소 명칭 및 소재지
- 소비기한 및 보관방법
- 섭취량, 섭취방법 및 섭취 시 주의사항
- 건강기능식품이라는 문자 또는 건강기능식품임을 나타내는 도안
- 질병의 예방 및 치료를 위한 의약품이 아니라는 내용의 표현
- 「건강기능식품에 관한 법률」 제3조 제2호에 따른 기능성에 관한 정보 및 원료 중에 해당 기능성을 나타내는 성분 등의 함유량
- 그 밖에 소비자에게 해당 건강기능식품에 관한 정보를 제공하기 위하여 필요한 사항으로서 총리령으로 정하는 사항
  ※ 소비자 안전을 위한 주의사항의 구체적인 표시사항 준수 : <공통사항> 알레르기 유발물질 표시, 혼입(混入)될 우려가 있는 알레르기 유발물질 표시, 무(無) 글루텐의 표시, 고카페인의 함유 표시

4. 영양 표시

1) 영양 표시 대상 식품

- 레토르트식품(조리가공한 식품을 특수한 주머니에 넣어 밀봉한 후 고열로 가열 살균한 가공식품을 말하며, 축산물은 제외한다)
- 과자류, 빵류 또는 떡류 : 과자, 캔디류, 빵류 및 떡류
- 빙과류 : 아이스크림류 및 빙과
- 코코아 가공품류 또는 초콜릿류
- 당류 : 당류가공품
- 잼류
- 두부류 또는 묵류
- 식용유지류 : 식물성유지류 및 식용유지가공품(모조치즈 및 기타 식용유지가공품은 제외한다)
- 면류
- 음료류 : 다류(침출차 · 고형차는 제외한다), 커피(볶은커피 · 인스턴트커피는 제외한다), 과일 · 채소류음료, 탄산음료류, 두유류, 발효음료류, 인삼 · 홍삼음료 및 기타 음료
- 특수영양식품
- 특수의료용도식품
- 장류 : 개량메주, 한식간장(한식메주를 이용한 한식간장은 제외한다), 양조간장, 산분해간장, 효소분해간장, 혼합간장, 된장, 고추장, 춘장, 혼합장 및 기타 장류
- 조미식품 : 식초(발효식초만 해당한다), 소스류, 카레(카레만 해당한다) 및 향신료가공품(향신료조제품만 해당한다)
- 절임류 또는 조림류 : 김치류(김치는 배추김치만 해당한다), 절임류(절임식품 중 절임배추는 제외한다) 및 조림류
- 농산가공식품류 : 전분류, 밀가루류, 땅콩 또는 견과류가공품류, 시리얼류 및 기타 농산가공품류
- 식육가공품 : 햄류, 소시지류, 베이컨류, 건조저장육류, 양념육류(양념육 · 분쇄가공육제품만 해당한다), 식육추출가공품 및 식육함유가공품
- 알가공품류(알 내용물 100퍼센트 제품은 제외한다)
- 유가공품 : 우유류, 가공유류, 산양유, 발효유류, 치즈류 및 분유류
- 수산가공식품류(수산물 100퍼센트 제품은 제외한다) : 어육가공품류, 젓갈류, 건포류, 조미김 및 기타 수산물가공품
- 즉석식품류 : 즉석섭취 · 편의식품류(즉석섭취식품 · 즉석조리식품만 해당한다) 및 만두류
- 건강기능식품
- 위의 전 규정에 해당하지 않는 식품 및 축산물로서 영업자가 스스로 영양표시를 하는 식품 및 축산물

5. 나트륨 함량 비교 표시 식품

- 조미식품이 포함되어 있는 면류 중 유탕면(기름에 튀긴 면), 국수 또는 냉면
- 즉석섭취식품(동 · 식물성 원료에 식품이나 식품첨가물을 가하여 제조 · 가공한 것으로서 더 이상의 가열 또는 조리과정 없이 그대로 섭취할 수 있는 식품을 말한다) 중 햄버거 및 샌드위치

6. 소비자 교육 및 홍보

식품의약품안전처장은 소비자가 건강한 식생활을 할 수 있도록 식품 등의 표시 · 광고에 관한 교육 및 홍보를 하여야 함. '교육 및 홍보의 내용'은 다음과 같음

- 표시의 기준에 관한 사항
- 영양표시에 관한 사항
- 나트륨 함량의 비교 표시에 관한 사항
- 광고의 기준에 관한 사항
- 부당한 표시 또는 광고행위의 금지에 관한 사항
- 그 밖에 소비자의 식생활에 도움이 되는 식품 등의 표시 · 광고에 관한 사항

7. 시정명령

식품의약품안전처장, 특별시장 · 광역시장 · 특별자치시장 · 도지사 · 특별자치도지사 또는 시장 · 군수 · 구청장은 다음의 어느 하나에 해당하는 자에게 필요한 시정을 명할 수 있음

- 표시방법을 위반하여 식품 등을 판매하거나 판매할 목적으로 제조 · 가공 · 소분 · 수입 · 포장 · 보관 · 진열 또는 운반하거나 영업에 사용한 자
- 광고 기준을 위반하여 광고의 기준을 준수하지 아니한 자
- 부당한 표시 또는 광고행위의 금지를 위반하여 표시 또는 광고를 한 자
- 실증자료의 제출을 요청받은 자가 이를 위반하여 실증자료를 제출하지 아니한 자

8. 위해 식품 등의 회수 및 폐기처분

식품의약품안전처장, 시 · 도지사 또는 시장 · 군수 · 구청장은 영업자가 부당한 표시 또는 광고행위의 금지를 위반한 경우에는 관계 공무원에게 그 식품 등을 압류 또는 폐기하게 하거나 용도 · 처리방법 등을 정하여 영업자에게 위해를 없애는 조치를 할 것을 명하여야 함

9. 영업정지

식품의약품안전처장, 시 · 도지사 또는 시장 · 군수 · 구청장은 영업자 중 허가를 받거나 등록을 한 영업자가 다음 어느 하나에 해당하는 경우에는 6개월 이내의 기간을 정하여 그 영업의 전부 또는 일부를 정지하거나 영업허가 또는 등록을 취소할 수 있음

- 표시방법을 위반하여 식품 등을 판매하거나 판매할 목적으로 제조 · 가공 · 소분 · 수입 · 포장 · 보관 · 진열 또는 운반하거나 영업에 사용한 경우
- 부당한 표시 또는 광고행위의 금지를 위반하여 표시 또는 광고를 한 경우
- 표시 또는 광고의 중지명령을 위반하거나 시정 명령을 위반한 경우
- 법을 위반하고 회수 또는 회수하는 데에 필요한 조치를 하지 아니한 경우
- 법을 위반하고 회수계획 보고를 하지 아니하거나 거짓으로 보고한 경우
- 식품 압류 · 폐기, 위해 제거 조치를 위한 명령을 위반한 경우

10. 품목 등의 제조정지

식품의약품안전처장, 시 · 도지사 또는 시장 · 군수 · 구청장은 영업자가 다음의 어느 하나에 해당하면 식품 등의 품목 또는 품목류(「식품위생법」 제7조 · 제9조 또는 「건강기능식품에 관한 법률」 제14조에 따라 정해진 기준 및 규격 중 동일한 기준 및 규격을 적용받아 제조 · 가공되는 모든 품목을 말한다)에 대하여 기간을 정하여 6개월 이내의 제조정지를 명할 수 있음

- 식품 등에 표시사항이 없거나 표시방법을 위반한 식품 등을 판매하거나 판매할 목적으로 제조 · 가공 · 소분 · 수입 · 포장 · 보관 · 진열 또는 운반하거나 영업에 사용한 경우
- 부당한 표시 또는 광고행위의 금지를 위반하여 표시 또는 광고를 한 경우

11. 영업정지 등의 처분에 갈음하여 부과하는 과징금 처분

식품의약품안전처장, 시 · 도지사 또는 시장 · 군수 · 구청장은 영업자가 영업정지 또는 품목 제조정지 등을 명하여야 하는 경우로서 그 영업정지 또는 품목 제조정지 등이 이용자에게 심한 불편을 주거나 그 밖에 공익을 해칠 우려가 있을 때에는 영업정지 또는 품목 제조정지 등을 갈음하여 10억 원 이하의 과징금을 부과할 수 있음

12. 부당한 표시 · 광고에 따른 과징금 부과

식품의약품안전처장, 시 · 도지사 또는 시장 · 군수 · 구청장은 규정을 위반하여 2개월 이상의 영업정지 처분, 영업허가 및 등록의 취소 또는 영업소의 폐쇄명령을 받은 자에 대하여 그가 판매한 해당 식품 등의 판매가격에 상당하는 금액을 과징금으로 부과함

최근 5개년 영양사 국가시험 기출문제

식품위생법

2019 제43회

01 「식품위생법」상 식품 등의 공전을 작성 · 보급하여야 하는 자는?

    ① 국립보건원장   ② 보건복지부장관

    ③ 질병관리본부장   ④ 식품의약품안전처장

    ⑤ 식품위생심의위원회 위원장

해설 << 「식품위생법」 제14조

2020 제44회

02 「식품위생법」상 질병에 걸린 동물의 고기를 식품으로 판매할 수 있는 경우에 해당하는 질병은?

    ① 선모충증   ② 살모넬라병

    ③ 제1위비장염   ④ 리스테리아병

    ⑤ 파스튜렐라병

해설 << 「식품위생법」 제5조, 「식품위생법 시행규칙」 제4조

2020 제44회

03 「식품위생법」상 기구에 해당되는 것은?

    ① 도마   ② 호미

    ③ 종이 냅킨   ④ 위생물수건

    ⑤ 조리용 시계

해설 << 「식품위생법」 제2조

정답 01 ④   02 ③   03 ①

2021 제45회

04 「식품위생법」상 '집단급식소' 정의에 해당하는 시설이 아닌 곳은?

① 병원

② 학교

③ 산업체

④ 유치원

⑤ 고속도로 휴게음식점

해설 << 「식품위생법」제2조

2022 제46회

05 「식품위생법」상 '식품'의 정의는?

① 음식물과 먹는 의약품

② 음식물, 기구, 용기 · 포장

③ 의약품, 음식물, 식품첨가물

④ 식품첨가물을 제외한 모든 음식물

⑤ 의약으로 섭취하는 것을 제외한 모든 음식물

해설 << 「식품위생법」제2조

2022 제46회

06 「식품위생법」상 식품 또는 식품첨가물에 관한 제조 · 가공 · 사용 · 조리 · 보존 방법에 관한 기준, 성분에 관한 규격을 정하여 고시하는 자는?

① 시 · 도지사

② 해양수산부장관

③ 농림축산식품부장관

④ 식품의약품안전처장

⑤ 식품위생심의위원회 위원장

해설 << 「식품위생법」제7조

2023 제47회

07 「식품위생법」상 '한시적으로 인정하는 식품 등의 제조 · 가공 등에 관한 기준과 성분의 규격에 관하여 필요한 세부검토기준 등을 정하여 고시하는 사람은?

① 식품의약품안전처장

② 농촌진흥청장

③ 보건복지부장관

④ 한국보건산업진흥원장

⑤ 서울대병원장

해설 << 「식품위생법 시행규칙」제5조

정답 04 ⑤ 05 ⑤ 06 ④ 07 ①

08 「식품위생법」상 건강진단 결과 영업에 종사하지 못하는 사람의 질병은?

① 성홍열   ② 폴리오

③ B형간염   ④ 디프테리아

⑤ 피부병

해설 << 「식품위생법 시행규칙」 제50조

09 「식품위생법」상 식품안전관리인증기준 대상 식품은?

① 다류   ② 오이지

③ 특수용도식품   ④ 요구르트

⑤ 냉동감자

해설 << 「식품위생법 시행규칙」 제62조

10 「식품위생법」상 조리사가 되려는 자는 「국가기술자격법」에 따라 해당 기능분야의 자격을 얻은 후 누구의 면허를 받아야 하는가?

① 질병관리본부장

② 식품의약품안전처장

③ 한국조리사협회중앙회장

④ 특별자치시장 · 특별자치도지사 · 시장 · 군수 · 구청장

⑤ 한국산업인력관리공단이사장

해설 << 「식품위생법」 제53조

11 「식품위생법」상 집단급식소를 설치 · 운영하려는 자가 받아야 하는 식품위생 교육시간은?

① 2시간   ② 3시간

③ 4시간   ④ 5시간

⑤ 6시간

해설 << 「식품위생법 시행규칙」 제84조

정답 08 ⑤   09 ③   10 ④   11 ⑤

2020 제44회

12 「식품위생법」상 식품의 조리에 직접 종사하는 종업원이 받아야 하는 건강진단의 횟수에 관한 설명이다. ( ) 안에 들어갈 것으로 옳은 것은?

> ( ) 1회(건강진단 검진을 받은 날을 기준으로 한다)

① 매월   ② 매년

③ 매 3개월   ④ 매 2년

⑤ 매 5년

해설 << 「식품위생 분야 종사자의 건강진단 규칙」 제2조

2021 제45회

13 「식품위생법」상 건강진단을 받아야 하는 사람은?

① 화학적 합성품 제조자   ② 식품 조리자

③ 완전 포장된 식품 운반자   ④ 기구 등의 살균·소독제 제조자

⑤ 완전 포장된 식품첨가물 판매자

해설 << 「식품위생법 시행규칙」 제49조

2021 제45회

14 「식품위생법」상 집단급식소에 종사하는 조리사 및 영양사가 식품위생 수준 및 자질의 향상을 위하여 식품의약품안전처장이 지정하는 교육기관에서 받아야 하는 교육시간은?

① 2시간   ② 4시간

③ 6시간   ④ 8시간

⑤ 10시간

해설 << 「식품위생법 시행규칙」 제84조

2021 제45회

15 「식품위생법」상 집단급식소에 근무하는 조리사의 직무가 아닌 것은?

① 식재료의 전처리   ② 식단에 따른 조리

③ 구매식품의 검수 지원   ④ 종업원에 대한 영양 지도 및 식품위생교육

⑤ 급식설비 및 기구의 위생·안전 실무

해설 << 「식품위생법」 제51조

정답 12 ② 13 ② 14 ③ 15 ④

---

16 「식품위생법」상 집단급식소에 근무하는 영양사의 직무가 아닌 것은?

① 집단급식소에서의 배식관리　　② 구매식품의 검수 지원

③ 집단급식소에서의 식단 작성　　④ 집단급식소의 운영일지 작성

⑤ 종업원에 대한 영양 지도 및 식품위생교육

해설 << 「식품위생법」 제52조

17 「식품위생법」상 조리사가 되려는 자는 「국가기술자격법」에 따라 해당 기능분야의 자격을 얻은 후 누구의 면허를 받아야 하는가?

① 한국산업인력공단 이사장

② 지방식품의약품안전청장

③ 특별자치시장·특별자치도지사·시장·군수·구청장

④ 보건복지부장관

⑤ 질병관리청장

해설 << 「식품위생법」 제53조

18 「식품위생법」상 집단급식소를 설치·운영하는 자가 매년 받아야 하는 식품위생 교육시간은?

① 2시간　　② 3시간

③ 4시간　　④ 5시간

⑤ 6시간

해설 << 「식품위생법 시행규칙」 제84조

19 「식품위생법」상 (　) 안에 들어갈 내용으로 옳은 것은?

> 식품위생교육기관은 식품위생교육을 수료한 사람에게 수료증을 발급하고, 교육 실시 결과를 교육 후 1개월 이내에 허가관청, 신고관청 또는 등록관청에, 해당 연도 종료 후 1개월 이내에 식품의약품안전처장에게 각각 보고하여야 하며, 수료증 발급대장 등 교육에 관한 기록을 (　) 이상 보관하여야 한다.

① 3개월　　② 6개월

③ 1년　　④ 2년

⑤ 3년

해설 << 「식품위생법 시행규칙」 제53조

정답 16 ② 17 ③ 18 ⑤ 19 ④

20 「식품위생법」상 2023년도에 식품위생 수준 및 자질 향상을 위한 교육을 이수한 집단급식소에 종사하는 조리사와 영양사의 다음 교육 연도는?

① 2023년   ② 2024년

③ 2025년   ④ 2026년

⑤ 2027년

해설 << 「식품위생법」 제56조, 「식품위생법 시행규칙」 제84조

21 「식품위생법」상 집단급식소를 설치 · 운영하려는 자가 받아야 하는 식품위생 교육시간은?

① 3시간   ② 6시간

③ 8시간   ④ 10시간

⑤ 12시간

해설 << 「식품위생법 시행규칙」 제52조

22 「식품위생법」상 집단급식소를 설치 · 운영하는 자가 지켜야 할 준수사항이 아닌 것은?

① 영양사의 업무를 방해하지 말 것

② 식중독 환자가 발생하지 않도록 위생관리를 철저히 할 것

③ 조리한 식품은 매회 1인분 분량을 120시간 동안 보관할 것

④ 영양사로부터 집단급식소의 위생관리에 필요한 요청을 받은 때에는 정당한 사유가 없으면 이에 따를 것

⑤ 집단급식소에서 제공한 식품으로 인한 식중독 환자를 발견한 경우 특별자치시장 · 시장 · 군수 · 구청장에게 보고할 것

해설 << 「식품위생법」 제88조

23 「식품위생법」상 식품 제조 원료로 사용할 수 있는 것은?

① 곰취   ② 섬수

③ 천오   ④ 백부자

⑤ 사리풀

해설 << 「식품위생법」 제93조

정답 20 ③   21 ②   22 ③   23 ①

24 「식품위생법」상 '집단급식소' 정의에 해당하는 시설이 아닌 곳은?

① 병원   ② 학교

③ 산업체   ④ 유치원

⑤ 고속도로 휴게음식점

해설 << 「식품위생법」 제88조

25 「식품위생법」상 집단급식소에서 제공한 식품으로 인하여 식중독 환자나 식중독으로 의심되는 증상을 보이는 자를 발견할 경우, 이를 관할 특별자치시장·시장·군수·구청장에게 보고하여야 하는 사람은?

① 식중독 환자

② 식중독 환자를 간호한 간호사

③ 집단급식소의 영양사

④ 집단급식소의 조리사

⑤ 집단급식소의 설치·운영자

해설 << 「식품위생법」 제86조

학교급식법

26 「학교급식법」상 학교급식 운영의 내실화와 질적 향상을 위하여 실시하는 학교급식의 운영평가 기준이 아닌 것은?

① 학교급식에 대한 수요자의 만족도

② 학생 식생활지도 및 영양상담

③ 급식예산의 편성 및 운용

④ 학교급식 위생·영양·경영 등 급식운영관리

⑤ 조리실 종사자의 지도·감독

해설 << 「학교급식법 시행령」 제13조

정답 24 ⑤   25 ⑤   26 ⑤

27 「학교급식법」상 학교급식의 위생·안전관리기준과 관련하여 (   ) 안에 들어갈 것으로 옳은 것은?

> 패류를 제외한 가열조리 식품은 중심부가 (㉠)℃ 이상에서 (㉡)분 이상으로 가열되고 있는지 온도계로 확인하고, 그 온도를 기록·유지하여야 한다.

① ㉠ 65, ㉡ 3   ② ㉠ 70, ㉡ 1

③ ㉠ 70, ㉡ 3   ④ ㉠ 75, ㉡ 1

⑤ ㉠ 85, ㉡ 1

해설 << 「학교급식법 시행규칙」 제6조

28 「학교급식법」상 학교급식 조리작업자의 건강진단 주기는?

① 월 1회   ② 3개월에 1회

③ 6개월에 1회   ④ 9개월에 1회

⑤ 연 1회

해설 << 「학교급식법 시행규칙」 제6조

29 「학교급식법」상 (   ) 안에 들어갈 벌칙 내용으로 옳은 것은?

> 학교급식 관계공무원이 학교급식 관련 시설에 출입하여 식품·시설·서류 또는 작업상황 등을 검사하는 것을 정당한 사유 없이 거부하거나 방해 또는 기피한 자는 (㉠) 이하의 징역 또는 (㉡) 이하의 벌금에 처한다.

① ㉠ 6개월, ㉡ 500만 원   ② ㉠ 6개월, ㉡ 1천만 원

③ ㉠ 1년, ㉡ 1천만 원   ④ ㉠ 1년, ㉡ 3천만 원

⑤ ㉠ 3년, ㉡ 3천만 원

해설 << 「학교급식법」 제23조

정답 27 ④   28 ③   29 ⑤

30 「학교급식법」상 조리장의 시설 · 설비기준에 대한 설명 중 옳지 않은 것은?

① 출입구에는 신발소독 설비를 갖추어야 한다.

② 내부벽은 내수성이 없는 표면이 매끈한 재질이어야 한다.

③ 검수구역의 조명은 540룩스 이상이 되도록 한다.

④ 필요한 위치에 손 씻는 시설을 설치하여야 한다.

⑤ 주변 환경이 위생적이며 쾌적한 곳에 위치하여야 한다.

해설 << 「학교급식법 시행규칙」 제3조

31 「학교급식법」상 학교급식시설 중 조리장의 시설 · 설비가 아닌 것은?

① 전처리실   ② 냉장냉동시설

③ 급배기시설   ④ 세척소독시설

⑤ 식품보관실

해설 << 「학교급식법 시행령」 제7조

국민건강증진법

32 「국민건강증진법」상 영양조사원을 임명 또는 위촉할 수 있는 자는?

① 보건소장   ② 질병관리본부장

③ 대한영양사협회장   ④ 식품의약품안전처장

⑤ 보건복지부장관 또는 시 · 도지사

해설 << 「국민건강증진법 시행령」 제22조

33 「국민건강증진법」상 국민영양조사 조사사항의 세부내용 중 식품섭취조사에 해당하는 것은?

① 식품의 재료에 관한 사항   ② 혈압 등 신체계측에 관한 사항

③ 규칙적인 식사 여부에 관한 사항   ④ 영유아의 수유기간에 관한 사항

⑤ 식품섭취의 과다 여부에 관한 사항

해설 << 「국민건강증진법 시행규칙」 제12조

정답 30 ② 31 ⑤ 32 ⑤ 33 ①

34 「국민건강증진법」상 영양조사 항목 중 식생활조사 사항은?

① 신체상태
② 영양관계 증후
③ 조사가구의 일반사항
④ 일정한 기간의 식품섭취 상황
⑤ 조사가구의 조리시설과 환경

해설 << 「국민건강증진법 시행규칙」 제12조

35 「국민건강증진법」의 목적으로 옳은 것은?

① 국가 영양정책 수립
② 식품영양의 질적 향상 도모
③ 식품에 관한 올바른 정보 제공
④ 식생활에 대한 과학적인 조사·연구
⑤ 국민의 건강을 증진

해설 << 「국민건강증진법」 제1조

국민영양관리법

36 「국민영양관리법」상 영양사가 향정신성의약품 중독자가 되었을 경우 행정처분은?

① 시정명령
② 업무정지 3개월
③ 업무정지 6개월
④ 업무정지 1년
⑤ 면허취소

해설 << 「국민영양관리법」 제16조

37 「국민영양관리법」상 벌칙과 관련하여 (   ) 안에 들어갈 것으로 옳은 것은?

> 다른 사람에게 영양사의 면허증을 빌려주거나 빌린 자는 (㉠) 이하의 징역 또는 (㉡) 이하의 벌금에 처한다.

① ㉠ 6월, ㉡ 5백만 원
② ㉠ 1년, ㉡ 1천만 원
③ ㉠ 2년, ㉡ 2천만 원
④ ㉠ 3년, ㉡ 3천만 원
⑤ ㉠ 5년, ㉡ 5천만 원

해설 << 「국민영양관리법」 제28조

정답 34 ⑤ 35 ⑤ 36 ⑤ 37 ②

38 「국민영양관리법」상 영양 · 식생활 교육의 내용이 아닌 것은?

① 질병 예방 및 관리

② 공중위생에 관한 사항

③ 비만 및 저체중 예방 · 관리

④ 식생활 지침 및 영양소 섭취기준

⑤ 생애주기별 올바른 식습관 형성 · 실천에 관한 사항

해설 << 「국민영양관리법 시행규칙」 제5조

39 「국민영양관리법」상 1차 위반으로 영양사 면허를 취소할 수 있는 사유는?

① 영양사 보수교육에 불참한 경우

② 식중독 발생에 직무상의 책임이 있는 경우

③ 면허를 타인에게 대여하여 사용하게 한 경우

④ 면허정지처분 기간 중에 영양사의 업무를 하는 경우

⑤ 위생과 관련한 중대한 사고 발생에 직무상의 책임이 있는 경우

해설 << 「국민영양관리법」 제21조

40 「국민영양관리법」상 중대한 식중독 사고 발생에 책임이 있는 영양사에게 명할 수 있는 면허정지 처분 기간은?

① 1개월 이내   ② 2개월 이내

③ 3개월 이내   ④ 6개월 이내

⑤ 1년 이내

해설 << 「국민영양관리법」 제21조

정답 38 ② 39 ④ 40 ④

농수산물의 원산지 표시 등에 관한 법률

41 「농수산물의 원산지 표시에 관한 법률」상 원산지 표시를 거짓으로 하거나 이를 혼동하게 할 우려가 있는 표시를 하였을 경우 벌칙은?

① 1년 이하의 징역이나 3천만 원 이하의 벌금에 처하거나 이를 병과할 수 있다.

② 3년 이하의 징역이나 5천만 원 이하의 벌금에 처하거나 이를 병과할 수 있다.

③ 5년 이하의 징역이나 7천만 원 이하의 벌금에 처하거나 이를 병과할 수 있다.

④ 7년 이하의 징역이나 1억 원 이하의 벌금에 처하거나 이를 병과할 수 있다.

⑤ 10년 이하의 징역이나 2억 원 이하의 벌금에 처하거나 이를 병과할 수 있다.

해설 << 「농수산물의 원산지 표시 등에 관한 법률」 제14조

42 국내산 배추와 중국산 고춧가루를 사용하여 국내에서 배추김치를 제조하였다. 집단급식소에서 이를 구입하여 제공할 때 「농수산물의 원산지 표시 등에 관한 법률」상 원산지 표시방법은?

① 배추김치(국내산)

② 배추김치(중국산)

③ 배추김치(배추 : 국내산)

④ 배추김치(고춧가루 : 중국산)

⑤ 배추김치(배추 : 국내산, 고춧가루 : 중국산)

해설 << 「농수산물의 원산지 표시 등에 관한 법률」 제14조, 「농수산물의 원산지 표시 등에 관한 법률 시행규칙」 제3조

43 「농수산물의 원산지 표시 등에 관한 법률」상 (   ) 안에 들어갈 내용으로 옳은 것은?

> 대통령령으로 정하는 농수산물을 판매하는 자가 원산지 표시를 거짓으로 하여 그 표시의 변경명령 처분이 확정된 경우, 그 사람은 농수산물 원산지 표시제도 교육을 (   ) 이상 이수하여야 한다.

① 2시간   ② 4시간

③ 6시간   ④ 8시간

⑤ 10시간

해설 << 「농수산물의 원산지 표시 등에 관한 법률 시행령」 제7조의2

정답 41 ④ 42 ⑤ 43 ①

44 「농수산물의 원산지 표시 등에 관한 법률」상 (㉠)과 (㉡)에 들어갈 내용으로 옳은 것은?

> 원산지가 중국산인 배추를 국내산 배추로 표시하여 판매하다 처음으로 적발되었다. 이 사람에게 처해지는 벌칙은 (㉠) 이하의 징역이나 (㉡) 이하의 벌금에 처하거나 이를 병과할 수 있다.

	㉠	㉡		㉠	㉡
①	1년	1천만 원	②	3년	3천만 원
③	5년	5천만 원	④	7년	1억 원
⑤	10년	3억 원			

해설 << 「농수산물의 원산지 표시 등에 관한 법률」 제14조

식품 등의 표시 · 광고에 관한 법률

45 「식품 등의 표시 · 광고에 관한 법률」상 과자에 영양표시를 하여야 하는 경우, 표시 대상 영양성분이 아닌 것은?

① 열량
② 당류
③ 나트륨
④ 불포화지방
⑤ 트랜스지방

해설 << 「식품 등의 표시·광고에 관한 법률 시행규칙」 제6조

46 「식품 등의 표시 · 광고에 관한 법률」상 건강기능식품의 경우에 표시하지 않을 수 있는 영양성분은?

① 트랜스지방
② 탄수화물
③ 단백질
④ 나트륨
⑤ 열량

해설 << 「식품 등의 표시·광고에 관한 법률 시행규칙」 제6조

정답 44 ④ 45 ④ 46 ①

출제예상문제

01 「식품위생법」의 목적으로 옳은 것은?

① 식품의 위생사고 방지
② 먹는물에 대한 위생관리
③ 식품첨가물의 위생사고 방지
④ 식품매개감염병의 발생과 유행 방지
⑤ 식품으로 인한 위생상의 위해 방지

해설 << 「식품위생법」 제1조

02 「식품위생법」상 식품의 정의로 옳은 것은?

① 먹는 의약품과 음식물
② 음식물, 의약품, 식품첨가물
③ 식품첨가물을 제외한 모든 음식물
④ 의약품으로 섭취하는 것을 제외한 모든 식품
⑤ 음식물이 닿는 기구 · 용기 포장을 포함한 모든 음식물

해설 << 「식품위생법」 제2조

03 「식품위생법」상 집단급식소의 정의로 옳은 것은?

① 영리를 목적으로 한다.
② 불특정 다수를 대상으로 한다.
③ 1회 50명 이상에게 계속적으로 식사를 제공한다.
④ 일반음식점, 휴게음식점, 산업체, 병원 등이 대표적이다.
⑤ 특정 다수인에게 식사를 제공하는 일반음식점, 군대, 학교 등이다.

해설 << 「식품위생법」 제2조, 「식품위생법 시행령」 제2조

정답 01 ⑤ 02 ④ 03 ③

04 「식품위생법」상 판매할 수 있는 식품으로 옳은 것은?

① 썩거나 설익은 것

② 다른 물질이 섞이거나 첨가된 것

③ 영업자가 아닌 자가 제조 · 가공 · 소분한 것

④ 식품의 제조 · 가공 등에 관한 기준 및 규격에 적합한 것

⑤ 병을 일으키는 미생물에 오염될 염려가 있어 건강을 해칠 우려가 있는 것

해설 << 「식품위생법」제4조

05 「식품위생법」상 식품에 대한 기준이 의미하는 것은?

① 식품의 제조 · 조리 · 보존의 방법에 관한 기준

② 식품의 제조 · 조리 · 소분의 방법에 관한 기준

③ 식품의 제조 · 사용 · 운반의 방법에 관한 기준

④ 식품의 가공 · 사용 · 운반의 방법에 관한 기준

⑤ 식품의 가공 · 사용 · 섭취의 방법에 관한 기준

해설 << 「식품위생법」제7조

06 「식품위생법」상 기구 및 용기 · 포장의 기준 및 규격에 대한 설명으로 옳은 것은?

① 기구 및 용기 · 포장에 관한 기준 및 규격은 식품의약품안전처장이 정한다.

② 기구 및 용기 · 포장에 관한 기준은 조리 및 가공 방법에 관한 기준이다.

③ 규격은 기구와 그 원재료 및 식품첨가물, 화학적 합성품에 관한 규격을 의미한다.

④ 수출할 기구 및 용기 · 포장의 기준과 규격은 생산자가 요구하는 기준과 규격을 따를 수 있다.

⑤ 기준과 규격에 맞지 아니한 기구 및 용기 · 포장도 판매할 목적으로 진열하거나 영업에 사용할 수 있다.

해설 << 「식품위생법」제9조

07 「식품위생법」상 식품 등의 공전을 작성하여 보급하여야 하는 자는?

① 대통령   ② 국립보건원장

③ 질병관리청장   ④ 식품의약품안전처장

⑤ 식품위생심의위원회 위원장

해설 << 「식품위생법」제14조

정답 04 ④ 05 ① 06 ① 07 ④

08 「식품위생법」상 출입·검사·수거에 대한 설명으로 옳은 것은?

① 영업자는 출입·검사·수거 등의 조치를 할 수 있다.

② 관계공무원은 출입·검사·수거 등을 1개월에 1회 이상 실시한다.

③ 수거한 식품은 수거 장소에서 봉함하고 영업자의 인장으로 봉인한다.

④ 행정처분을 받지 않은 업소는 10개월 이내에 1회 이상 실시하여야 한다.

⑤ 행정처분을 받은 업소는 그 처분일부터 6개월 이내에 1회 이상 실시하여야 한다.

해설 << 「식품위생법」 제22조, 「식품위생법 시행규칙」 제19조

09 「식품위생법」상 건강진단을 받아야 하는 사람은 직전 건강진단을 받은 날을 기준으로 얼마나 자주 건강진단을 받아야 하는가?

① 매 1년마다 1회　　　　　　　　② 매 1년마다 2회

③ 매 2년마다 1회　　　　　　　　④ 매 3년마다 1회

⑤ 아무런 증상이 없다면 건강진단을 받지 않아도 된다.

해설 << 「식품위생 분야 종사자의 건강진단 규칙」 제2조

10 「식품위생법」상 집단급식소에 근무하는 조리사의 직무로 옳지 않은 것은?

① 집단급식소에서의 식단에 따른 식재료의 전처리에서부터 조리, 배식 등의 전 과정

② 집단급식소에서의 고객 만족도 조사

③ 구매식품의 검수 지원

④ 급식설비 및 기구의 위생·안전 실무

⑤ 그 밖에 조리실무에 관한 사항

해설 << 「식품위생법」 제51조

11 다음 중 「식품위생법」에서 설명하고 있는 조리사에 대한 내용으로 옳지 않은 것은?

① 집단급식소 운영자 또는 식품접객영업자 자신이 조리사로서 직접 음식물을 조리하는 경우 조리사를 두지 아니하여도 된다.

② 1회 급식인원 50명 미만의 산업체인 경우 조리사를 두지 아니하여도 된다.

③ 조리사 면허의 취소처분을 받고 그 취소된 날부터 1년이 지나지 아니한 자는 조리사 면허를 받을 수 없다.

정답 08 ⑤　09 ①　10 ②　11 ②

④ 식품위생법 제52조 제1항에 따른 영양사가 조리사의 면허를 받은 경우 조리사를 두지 아니하여도 된다.

⑤ 집단급식소에 종사하는 조리사는 1년마다 교육을 받아야 한다.

해설 << 「식품위생법」 제8장 제51조, 제52조, 제53조, 제56조

12 「식품위생법」상 식품접객업 영업을 하려는 자의 교육시간으로 옳은 것은?

① 2시간   ② 3시간

③ 4시간   ④ 6시간

⑤ 8시간

해설 << 「식품위생법 시행규칙」 제52조

13 「식품위생법」상 식품안전관리인증기준 대상 식품으로 옳지 않은 것은?

① 수산가공식품류의 어육가공품류 중 어묵 어육소시지

② 식품제조 가공업의 영업소 중 전년도 총매출액이 50억 원 이상인 영업소에서 제조 · 가공하는 식품

③ 레토르트식품

④ 즉석섭취 편의식품류 중 즉석섭취식품

⑤ 빙과류 중 빙과

해설 << 「식품위생법 시행규칙」 제62조

14 「식품위생법」에 따른 식품접객업 중 일반음식점영업에 대한 설명으로 옳은 것은?

① 음식류를 조리 · 판매하는 영업으로서 식사와 함께 부수적으로 음주행위가 허용되는 영업

② 주로 주류를 조리 · 판매하는 영업으로서 손님이 노래를 부르는 행위가 허용되는 영업

③ 집단급식소를 설치 · 운영하는 자와의 계약에 따라 그 집단급식소에서 음식류를 조리하여 제공하는 영업

④ 주로 빵, 떡, 과자 등을 제조 · 판매하는 영업으로서 음주행위가 허용되지 아니하는 영업

⑤ 주로 다류, 아이스크림류 등을 조리 · 판매하거나 패스트푸드점, 분식점 형태의 영업 등 음식류를 조리 판매하는 영업으로서 음주행위가 허용되지 아니하는 영업, 다만 편의점, 슈퍼마켓, 휴게소, 그 밖에 음식류를 판매하는 장소에서 컵라면, 일회용 다류 또는 그 밖의 음식류에 물을 부어 주는 경우는 제외한다.

해설 << 「식품위생법 시행령」 제21조 제8항

정답 12 ④   13 ②   14 ①

식품위생관계법규

15 다음 중 「식품위생법」에 따른 건강진단 대상자에 대한 설명으로 옳지 않은 것은?

① 완전 포장된 식품 또는 식품첨가물을 운반하거나 판매하는 일에 종사하는 사람

② 식품 또는 식품첨가물을 채취 · 제조 · 가공 · 조리하는 사람

③ 영업자 및 그 종업원은 영업 시작 전 또는 영업에 종사하기 전에 미리 건강진단을 받아야 한다.

④ 식품 또는 식품첨가물을 저장 · 운반 또는 판매하는 일에 직접 종사하는 영업자 및 종업원

⑤ 건강진단은 「식품위생 분야 종사자의 건강진단 규칙」에서 정하는 바에 따른다.

해설 << 「식품위생법 시행규칙」 제49조

16 「식품위생법」에 따른 집단급식소 및 식품접객업 영업에 감염력이 소멸되는 날까지 일시적으로 종사하지 못하는 질병이 아닌 것은?

① 콜레라

② 장티푸스

③ 파라티푸스

④ 세균성 이질

⑤ 비감염성 결핵

해설 << 「식품위생법 시행규칙」 제50조, 「감염병의 예방 및 관리에 관한 법률 시행규칙」 제33조

17 「식품위생법」 제88조 제1항에 따르면 집단급식소를 설치 · 운영하려는 자는 총리령으로 정하는 바에 따라 특별자치시장 · 특별자치도지사 · 시장 · 군수 · 구청장에게 신고하여야 한다. 집단급식소를 설치 · 운영하는 자가 받아야 하는 교육시간은 몇 시간인가?

① 2시간

② 3시간

③ 4시간

④ 6시간

⑤ 8시간

해설 << 「식품위생법 시행규칙」 제52조

18 「식품위생법」에 제46조 식품 등의 이물 발견보고 등에 따르면 섭취 시 위생상 위해가 발생할 우려가 있거나 섭취하기에 부적합한 물질을 발견한 사실을 신고받은 경우 보고해야 할 대상이 아닌 것은?

① 식품의약품안전처장

② 시 · 도지사

③ 시장

④ 군수 · 구청장

⑤ 시의원

해설 << 「식품위생법」 제46조

정답 15 ①　16 ⑤　17 ④　18 ⑤

---

19 「식품위생법」에 따른 소분·판매해서는 안 되는 식품으로 옳지 않은 것은?

① 어육 제품
② 통·병조림 제품
③ 레토르트 제품
④ 특수용도식품(체중조절용 조제식품 제외)
⑤ 빵류

해설 << 「식품위생법 시행규칙」 제38조

20 「식품위생법」상 집단급식소의 설치·운영자의 준수사항이 아닌 것은?

① 물수건, 숟가락, 젓가락, 식기, 찬기, 도마, 칼, 행주 및 그 밖의 주방용구는 기구 등의 살균·소독제, 열탕, 자외선 살균 또는 전기살균의 방법으로 소독한 것을 사용해야 한다.

② 배식하고 남은 음식물을 다시 사용·조리 또는 보관(폐기용이라는 표시를 명확하게 하여 보관하는 경우는 제외한다)해서는 안 된다.

③ 식재료의 검수 및 조리 등에 대해서는 식품의약품안전처장이 정하여 고시하는 위생관리 사항의 점검 결과를 사실대로 기록해야 한다. 이 경우 그 기록에 관한 서류는 해당 기록을 한 날부터 3년간 보관해야 한다.

④ 동물의 내장을 조리하면서 사용한 기계·기구류 등을 세척하고 살균해야 한다.

⑤ 당일 제조·가공한 빵류·과자류 및 떡류를 구입하여 구입 당일 급식자에게 제공하는 경우 이를 확인할 수 있는 증명서를 6개월간 보관해야 한다.

해설 << 「식품위생법 시행규칙」 제95조 별표 24
3개월간 보관해야 한다

21 「식품위생법」상 집단급식소의 시설기준이 아닌 것은?

① 조리장 바닥은 배수구가 있는 경우에는 덮개를 설치하여야 한다.

② 조리장에는 주방용 식기류를 소독하기 위한 자외선 또는 전기살균소독기를 설치하거나 열탕 세척소독시설을 갖추어야 한다.

③ 지하수를 사용하는 경우 취수원은 화장실·폐기물처리시설·동물사육장 그 밖에 지하수가 오염될 우려가 있는 장소로부터 영향을 받지 아니하는 곳에 위치하여야 한다.

④ 식품과 직접 접촉하는 부분은 위생적인 내수성 재질로서 씻기 쉬우며, 열탕·증기·살균제 등으로 소독·살균이 가능한 것이어야 한다.

⑤ 식품보관 창고에는 반드시 냉장·냉동시설을 갖춰야 하며 냉장·냉동시설에는 온도계 또는 온도를 측정하는 계기를 설치한 후 적정온도가 유지되도록 관리하여야 한다.

해설 << 「식품위생법 시행규칙」 제96조 별표 25
조리장에 갖춘 냉장·냉동시설에 식품을 충분히 보관할 수 있는 경우에는 식품보관 창고에 냉장·냉동시설을 갖추지 않아도 된다.

정답 19 ⑤ 20 ③ 21 ⑤

---

22 「식품위생법」상 식품 제조 원료로 사용할 수 없는 것은?

① 가금 인플루엔자에 걸린 닭   ② 시들어 있는 상추

③ 신선도가 저하된 고등어   ④ 사후강직 단계인 소고기

⑤ 비계가 많은 돼지고기

해설 << 「식품위생법」 제93조
소해면상뇌증(광우병), 탄저병, 가금 인플루엔자에 걸린 동물을 식품 재료로 사용할 경우 3년 이상의 징역에 처한다.

23 「식품위생법」상 식중독 발생 시 역학조사가 완료되기 전에 보관 또는 사용 중인 식품을 고의로 폐기할 경우 1차 위반 시 과태료 금액은 얼마인가?

① 100만 원   ② 250만 원

③ 500만 원   ④ 750만 원

⑤ 1,000만 원

해설 << 「식품위생법 시행령」 제67조 별표 2
1차 위반 시 500만 원, 2차 위반 시 750만 원, 3차 위반 시 1,000만 원을 부과한다.

24 「식품위생법」상 과태료 부과 대상이 아닌 것은?

① 먹는물 수질검사기관에서 수질검사를 실시한 결과 적합 판정된 지하수를 사용할 경우

② 건강진단을 받지 않은 조리사가 근무할 경우

③ 위생교육을 받지 않은 영양사가 근무할 경우

④ 소비기한이 경과한 원재료 또는 완제품을 조리할 목적으로 보관한 경우

⑤ 영양사의 업무를 방해할 경우

해설 << 「식품위생법 시행령」 제67조 별표 2
먹는물 기준 적합 판정을 받은 지하수는 사용할 수 있다.

25 「식품위생법」상 집단급식소를 설치하고자 할 때 신고 대상이 아닌 것은?

① 시장   ② 동장

③ 특별자치시장   ④ 특별자치도지사

⑤ 구청장

해설 << 「식품위생법」 제88조
집단급식소를 설치·운영하려는 자는 총리령으로 정하는 바에 따라 특별자치시장·특별자치도지사·시장·군수·구청장에게 신고하여야 한다.

정답 22 ① 23 ③ 24 ① 25 ②

26 「식품위생법」상 집단급식소 설치·운영 신고 시 수수료는 얼마인가?

① 18,000원   ② 20,000원

③ 28,000원   ④ 30,000원

⑤ 32,000원

해설 << 「식품위생법 시행규칙」 제97조 별표 26

27 「식품위생법」상 집단급식소의 조리장 시설 기준으로 맞는 것은?

① 조리장은 모든 급식소에서 음식물을 먹는 객석에서 그 내부를 볼 수 있는 구조로 되어 있어야 한다.

② 조리장 바닥은 배수구가 있는 경우에는 덮개를 설치하지 않아도 된다.

③ 조리장에는 쥐·해충 등을 막을 수 있는 시설을 갖추지 않아도 된다.

④ 조리장에는 주방용 식기류를 소독하기 위한 자외선 또는 전기살균소독기를 설치하거나 열탕 세척소독시설을 갖추지 않아도 된다.

⑤ 자연적으로 통풍이 가능한 구조의 경우 별도의 환기시설을 갖추지 않아도 된다.

해설 << 「식품위생법 시행규칙」 제96조 별표 25

조리장은 환기를 충분히 시킬 수 있는 시설을 갖추어야 한다. 다만, 자연적으로 통풍이 가능한 구조의 경우에는 그러하지 아니하다.

28 「식품위생법」상 식중독 보고 경로가 맞는 것은?

① 집단급식소 설치·운영자 → 식품의약품안전처장 및 시·도지사 → 특별자치시장·시장·군수·구청장

② 의사 → 특별자치시장·시장·군수·구청장 → 식품의약품안전처장 및 시·도지사

③ 의사 → 특별자치시장·시장·군수·구청장 → 식품의약품안전처장, 시·도지사, 보건복지부장

④ 환자 → 식품의약품안전처장 및 시·도지사 → 특별자치시장·시장·군수·구청장

⑤ 한의사 → 특별자치시장·시장·군수·구청장 → 식품의약품안전처장 및 시·도지사, 보건복지부장

해설 << 「식품위생법」 제36조

의사·한의사·집단급식소 설치·운영자 → 특별자치시장·시장·군수·구청장

→ 식품의약품안전처장 및 시·도지사(특별자치시장은 제외한다)

정답 26 ③   27 ⑤   28 ②

29 「학교급식법」상 조리장의 시설 · 설비 기준에 대한 설명 중 옳지 않은 것은?

① 조리장의 소음 · 냄새 등으로 인하여 학생의 학습에 지장을 주지 않도록 해야 한다.

② 천장은 내수성 및 내화성(耐火性)이 없고 청소가 용이한 재질로 한다.

③ 출입구와 창문에는 해충 및 쥐의 침입을 막을 수 있는 방충망 등 적절한 설비를 갖추어야 한다.

④ 조리장의 조명은 220룩스(lx) 이상이 되도록 한다.

⑤ 온도 및 습도관리를 위하여 적정 용량의 급배기시설, 냉 · 난방시설 또는 공기조화시설 등을 갖추도록 한다.

해설 << 「학교급식법 시행규칙」 제3조 별표 1

30 「학교급식법」상 설비 · 기구의 기준에 대한 설명 중 옳지 않은 것은?

① 냉장고는 10℃ 이하를 유지하여야 한다.

② 냉동실은 -18℃ 이하를 유지하여야 한다.

③ 식기세척기는 세척, 헹굼 기능이 자동적으로 이루어지는 것이어야 한다.

④ 급식기구 및 배식도구 등을 안전하고 위생적으로 세척할 수 있도록 온수공급 설비를 갖추어야 한다.

⑤ 식품과 접촉하는 부분은 내수성 및 내부식성 재질로 씻기 쉽고 소독 · 살균이 가능한 것이어야 한다.

해설 << 「학교급식법 시행규칙」 제3조 별표 1

31 「학교급식법」상 식재료의 품질관리기준으로 옳은 것은?

① 쌀은 수확연도부터 2년 이내의 것을 사용한다.

② 전처리 농산물은 사용하지 않는다.

③ 계란은 등급판정 결과 1등급 이상을 사용한다.

④ 돼지고기는 등급판정의 결과 2등급 이상을 사용한다.

⑤ 수해, 가뭄, 천재지변 등으로 식품수급이 원활하지 않은 경우에도 품질관리기준을 준수하여야 한다.

해설 << 「학교급식법 시행규칙」 제4조 별표 2

정답 29 ② 30 ① 31 ④

32 「학교급식법」상 영양관리기준으로 옳지 않은 것은?

① 전통 식문화(食文化)의 계승·발전을 고려할 것

② 다양한 종류의 식품을 사용할 것

③ 가급적 자연식품과 계절식품을 사용할 것

④ 염분·유지류·단순당류 또는 식품첨가물 등을 과다하게 사용하지 않을 것

⑤ 튀김보다는 찜, 구이의 조리방법을 이용할 것

해설 << 「학교급식법 시행규칙」 제5조

33 「학교급식법」상 학교급식의 위생·안전관리기준 중 작업 위생에 관한 내용이다. ( ) 안에 알맞은 숫자는?

> 해동은 냉장해동((   )℃ 이하), 전자레인지 해동 또는 흐르는 물((   )℃ 이하)에서 실시하여야 한다.

① 5, 10   ② 7, 15

③ 7, 21   ④ 10, 21

⑤ 15, 25

해설 << 「학교급식법 시행규칙」 제6조

34 「학교급식법」상 위생·안전관리기준 중 보존식 관리에 관한 내용이다. ( ) 안에 알맞은 숫자는?

> 조리된 식품은 매회 1인분 분량을 섭씨 영하 (   )℃ 이하에서 (   )시간 이상 보관해야 한다.

① 10, 120   ② 18, 120

③ 18, 144   ④ 21, 144

⑤ 21, 168

해설 << 「학교급식법 시행규칙」 제6조 별표 4

정답 32 ⑤ 33 ④ 34 ③

35 「학교급식법」상 학교의 장은 학교급식을 직접 관리·운영하되, 「유아교육법」 제19조의3에 따른 유치원운영위원회 및 「초·중등교육법」 제31조에 따른 학교운영위원회의 심의·자문을 거쳐 일정한 요건을 갖춘 자에게 학교급식에 관한 업무를 위탁하여 이를 행하게 할 수 있다. 다만, 불가피한 경우를 제외하고 위탁하지 아니하는 업무인 것은?

① 식재료의 선정 및 구매·검수에 관한 업무

② 식재료의 조리 및 배식에 관한 업무

③ 급식기구의 세척 및 소독에 관한 업무

④ 조리원의 지도·감독에 관한 업무

⑤ 식단의 작성에 관한 업무

해설 << 「학교급식법」 제15조

36 「학교급식법」상 급식운영비에 해당하지 않는 항목은?

① 급식시설·설비의 유지비   ② 통신비

③ 종사자의 인건비   ④ 연료비

⑤ 소모품비

해설 << 「학교급식법 시행령」 제9조

37 「학교급식법」상 영양교사의 직무가 아닌 것은?

① 식단 작성, 식재료의 선정 및 검수   ② 위생·안전·작업관리 및 검식

③ 식생활 지도, 정보 제공 및 영양상담   ④ 조리실 종사자의 지도·감독

⑤ 학교급식위원회 회의 소집

해설 << 「학교급식법 시행령」 제6조, 제8조

38 「국민건강증진법」상 국민건강영양조사와 관련한 내용이 아닌 것은?

① 보건복지부장관은 국민건강영양조사를 총괄하는 권한이 있다.

② 질병관리청장은 국민건강영양조사를 정기적으로 실시한다.

③ 국민건강영양조사 담당 공무원은 그 권한을 나타내는 증표를 관계인에게 보여줘야 한다.

④ 국민건강영양조사와 관련한 필요한 사항은 대통령령으로 정한다.

⑤ 특별시·광역시 및 도에서는 국민건강영양조사 담당 공무원을 두어야 한다.

해설 << 「국민건강증진법」 제16조

정답 35 ①   36 ②   37 ⑤   38 ①

---

39 「국민건강증진법」상 국민영양조사 내용이 아닌 것은?

① 가구 현황   ② 신체계측

③ 흡연 · 음주 행태   ④ 건강과 관련한 지식 정도

⑤ 질환별 유병(有病) 및 치료 여부

해설 << 「국민건강증진법 시행규칙」 제12조

40 「국민건강증진법」상 건강증진사업을 수행할 때 확보해야 하는 시설 및 장비가 아닌 것은?

① 시청각교육실 및 시청각교육장비

② 구강건강사업에 필요한 시설 및 장비

③ 건강검진실 및 건강검진에 필요한 장비

④ 요리실습실 및 요리실습이 가능한 장비

⑤ 신체활동지도실 및 신체활동지도에 필요한 장비

해설 << 「국민건강증진법 시행규칙」 제19조

41 「국민영양관리법」상 영양사 등의 책임에 해당하는 것은?

① 영양관리정책을 수립해야 한다.

② 영양 · 식생활 교육사업 계획을 수립해야 한다.

③ 영양취약계층 등의 영양관리사업을 추진해야 한다.

④ 국민의 영양개선 및 건강증진을 위하여 노력해야 한다.

⑤ 주민 대상 영양관리를 위한 영양 및 식생활 조사를 실시해야 한다.

해설 << 「국민영양관리법」 제4조

42 「국민영양관리법」상 국민영양관리기본계획과 관련하여 (　　) 안에 들어갈 것으로 옳은 것은?

> 보건복지부장관은 관계 중앙행정기관의 장과 협의하고 「국민건강증진법」 제5조에 따른 국민건
> 강증진정책심의위원회의 심의를 거쳐 국민영양관리기본계획을 (　　)년마다 수립하여야 한다.

① 1년   ② 3년

③ 5년   ④ 7년

⑤ 10년

해설 << 「국민영양관리법」 제7조

정답 39 ④ 40 ④ 41 ④ 42 ③

43 「국민영양관리법」상 영양·식생활 교육 사업의 대상·내용·방법 등에 필요한 사항을 정하는 자는?

① 대통령   ② 보건복지부장관

③ 지방자치단체장   ④ 질병관리청장

⑤ 식품의약품안전처장

해설 << 「국민영양관리법」 제10조

44 「국민영양관리법」상 영양관리사업 대상이 아닌 것은?

① 노인   ② 노숙인

③ 영유아   ④ 임산부

⑤ 외국인근로자

해설 << 「국민영양관리법」 제11조

45 「국민영양관리법」상 영양소 섭취기준의 내용이 아닌 것은?

① 식사 모형   ② 제철 음식

③ 권장 섭취량   ④ 상한 섭취량

⑤ 식사 구성안

해설 << 「국민영양관리법 시행규칙」 제6조

46 「국민영양관리법」상 식생활 지침의 내용이 아닌 것은?

① 바람직한 식생활 문화

② 감염병 대응 및 예방관리

③ 비만과 저체중의 예방관리

④ 건강을 고려한 음식 만들기

⑤ 생애주기별 특성에 따른 영양관리

해설 << 「국민영양관리법 시행규칙」 제6조

정답 43 ③   44 ⑤   45 ②   46 ②

47 「국민영양관리법」상 실태 등의 신고와 관련하여 (   ) 안에 들어갈 것으로 옳은 것은?

> 영양사는 대통령령으로 정하는 바에 따라 최초로 면허를 받은 후부터 (   )년마다 그 실태와 취업상황 등을 보건복지부장관에게 신고하여야 한다.

① 1년   ② 3년

③ 5년   ④ 7년

⑤ 10년

해설 << 「국민영양관리법」 제20조의2

48 「국민영양관리법」상 행정처분과 관련하여 (   ) 안에 들어갈 것으로 옳은 것은?

> 영양사가 그 업무를 행함에 있어서 식중독이나 그 밖에 위생과 관련한 중대한 사고 발생에 직무상의 책임이 있는 경우 1차 위반 시 (㉠), 2차 위반 시 (㉡), 3차 이상 위반 시 (㉢) 행정처분에 처한다.

| ㉠ | ㉡ | ㉢ |

① 면허정지 1개월, 면허정지 2개월, 면허정지 3개월

② 면허정지 1개월, 면허정지 3개월, 면허정지 5개월

③ 면허정지 3개월, 면허정지 6개월, 면허정지 1년

④ 면허정지 1개월, 면허정지 2개월, 면허취소

⑤ 면허정지 2개월, 면허정지 3개월, 면허취소

해설 << 「국민영양관리법 시행령」 제5조

49 「국민영양관리법」상 영양사가 아닌 자가 영양사라는 명칭을 사용할 경우 행정처분은?

① 50만 원   ② 100만 원

③ 300만 원   ④ 500만 원

⑤ 1,000만 원

해설 << 「국민영양관리법」 제28조

정답 47 ②   48 ④   49 ③

50 집단급식소에서 쇠고기(국내산 한우)와 돼지고기(덴마크산)를 섞은 햄버그스테이크를 메뉴로 제공할 때 「농수산물의 원산지 표시 등에 관한 법률」상 원산지 표시방법은?

① 햄버그스테이크(국내산, 덴마크산)

② 햄버그스테이크(돼지고기 : 덴마크산)

③ 햄버그스테이크(쇠고기 : 국내산 한우)

④ 햄버그스테이크(쇠고기 : 국내산 한우, 돼지고기 : 덴마크산)

⑤ 햄버그스테이크(쇠고기, 돼지고기 : 국내산 한우, 덴마크산)

해설 << 「농수산물의 원산지 표시 등에 관한 법률 시행규칙」 제3조

51 「농수산물의 원산지 표시 등에 관한 법률」상 일반음식점에서 원산지 표시판을 별도로 사용할 때, 원산지 표시방법이 아닌 것은?

① 제목을 "원산지 표시판"이라고 제시해야 한다.

② 원산지 표시대상별 표시방법에 따라 표시해야 한다.

③ 원산지 표시 글자색은 바탕색과 다른 색으로 선명하게 표시해야 한다.

④ 원산지 표시는 음식명과 같은 포인트(음식명 30포인트 이상)로 제시해야 한다.

⑤ 표시판 크기는 가로×세로(또는 세로×가로) 29cm×42cm 이상이어야 한다.

해설 << 「농수산물의 원산지 표시 등에 관한 법률 시행규칙」 제3조

52 「농수산물의 원산지 표시 등에 관한 법률」상 ( ) 안에 들어갈 내용으로 옳은 것은?

> ( ) 대상 집단급식소의 경우 식당에 메뉴판이나 게시판 등에 원산지 표시를 하고 추가적으로 통신문 또는 인터넷 홈페이지에 공개하도록 한다.

① 노인   ② 환자

③ 대학생   ④ 어린이

⑤ 직장인

해설 << 「농수산물의 원산지 표시 등에 관한 법률 시행규칙」 제3조

정답 50 ④ 51 ④ 52 ④

53 집단급식소에서 제공하는 콩류 식품 중 원산지 표시를 하지 않아도 되는 식품은?

① 콩   ② 두유
③ 두부   ④ 콩국수
⑤ 콩비지

해설 << 「농수산물의 원산지 표시 등에 관한 법률 시행규칙」 제3조

54 「농수산물의 원산지 표시 등에 관한 법률」상 (   ) 안에 들어갈 내용으로 옳은 것은?

> 원산지 표시 위반에 대한 처분이 확정된 경우에는 농수산물 원산지 표시제도 교육을 이수하
> 도록 명하며, 교육 이수명령을 통지받은 날로부터 최대 (   ) 이내에 이행하도록 한다.

① 1개월   ② 2개월
③ 4개월   ④ 8개월
⑤ 12개월

해설 << 「농수산물의 원산지 표시 등에 관한 법률」 제9조의2

55 「농수산물의 원산지 표시 등에 관한 법률」상 (   ) 안에 들어갈 내용으로 옳은 것은?

> 「농수산물의 원산지 표시에 관한 법률」상 원산지 표시를 거짓으로 하거나 이를 혼동하게 할
> 우려가 있는 표시 또는 원산지 표시를 손상·변경하는 행위 후 형을 선고 및 확정받고 (   )
> 이내에 다시 위반하였을 경우 1년 이상 10년 이하의 징역이나 500만 원 이상 1억 5천만 원 이
> 하의 벌금에 처하거나 이를 병과할 수 있다.

① 1년   ② 3년
③ 5년   ④ 7년
⑤ 10년

해설 << 「농수산물의 원산지 표시 등에 관한 법률」 제14조

정답 53 ② 54 ③ 55 ④

56 「식품 등의 표시 · 광고에 관한 법률」상 식품을 제조 · 가공 · 소분하거나 수입하는 자는 나트륨 함량 비교 표시를 하도록 되어 있다. 나트륨 함량 비교 표시를 하지 않아도 되는 식품은?

① 국수

② 냉면

③ 유탕면

④ 핫도그

⑤ 햄버거

해설 << 「식품 등의 표시 · 광고에 관한 법률 시행규칙」 제7조

57 「식품 등의 표시 · 광고에 관한 법률」상 소비자가 건강한 식생활을 할 수 있도록 식품 등의 표시 · 광고에 관한 교육 및 홍보를 해야 하는 자는?

① 보건소장

② 질병관리본부장

③ 보건복지부장관

④ 대한영양사협회장

⑤ 식품의약품안전처장

해설 << 「식품 등의 표시 · 광고에 관한 법률」 제13조

58 「식품 등의 표시 · 광고에 관한 법률」상 식품 등의 표시 · 광고에 관하여 교육 및 홍보의 내용이 아닌 것은?

① 영양표시

② 광고의 기준

③ 당류 함량 비교 표시

④ 나트륨 함량 비교 표시

⑤ 부당한 표시 또는 광고행위의 금지

해설 << 「식품 등의 표시 · 광고에 관한 법률 시행규칙」 제14조

59 「식품 등의 표시 · 광고에 관한 법률」상 판매의 목적으로 식품 등을 제조 · 가공 · 소분 또는 수입하거나 식품 등을 판매한 영업자가 식품 등의 위해와 관련이 있는 위반사항이 발생했을 경우 가장 먼저 취하는 조치는?

① 즉시 폐기한다.

② 유통 중인 식품을 즉시 회수한다.

③ 시 · 도지사 또는 시장 · 군수 · 구청장이 압류하도록 한다.

④ 식품의약품안전처장은 담당 공무원에게 압류 또는 폐기하도록 명한다.

⑤ 회수 계획을 식품의약품안전처장, 시 · 도지사 또는 시장 · 군수 · 구청장 등에게 보고한다.

해설 << 「식품 등의 표시 · 광고에 관한 법률」 제15조

정답 56 ④ 57 ⑤ 58 ③ 59 ②

60 「식품 등의 표시ㆍ광고에 관한 법률」상 (   ) 안에 들어갈 내용으로 옳은 것은?

> 「식품 등의 표시ㆍ광고에 관한 법률」상 다음 어느 하나에 해당하면 식품 등의 품목 또는 품목류에 대하여 기간을 정하여 (   ) 이내의 제조정지를 명할 수 있다.

① 1개월   ② 3개월

③ 6개월   ④ 1년

⑤ 3년

해설 << 「식품 등의 표시ㆍ광고에 관한 법률」 제17조